高等学校数字媒体专业教材

3ds Max 2011 标准教程

黄心渊 杜萌 董芳菲 郭美卉 等 编著

清华大学出版社
北京

内容简介

本书是 3ds Max 2011 的标准教材。

全书共有 13 章，分为 7 个部分。前 3 章为第一部分，主要介绍 3ds Max 2011 的基本操作，较为详细地介绍了 3ds Max 2011 的界面和界面的定制方法、如何使用文件和对象工作以及如何进行变换。第 4～6 章为第二部分，主要是关于建模的内容，较为详细地讲述了二维图形建模、编辑修改器和复合对象以及多边形建模技术。第三部分包括第 7、8 章，主要是关于基本动画的内容，讲述了关键帧动画技术、轨迹视图(Track View)和动画控制器。第四部分为第 9、10 章，是关于材质的内容，较为详细地讨论了 3ds Max 2011 的基本材质和贴图材质。第五部分为第 11、12 章，较为详细地介绍了灯光、摄影机和渲染等内容。最后一章为第七部分，以两个综合实例进一步说明了在 3ds Max 中的具体动画设计过程。

本书由多年从事计算机动画教学的资深教师编著，新增了 3ds Max 2011 的新特性，图文并茂，内容翔实、全面，可作为高等院校以及各培训中心的电脑动画教材，也可以作为电脑动画爱好者的自学教材。

配书光盘包含书中全部实例所需要的场景文件和贴图，以及全程视频演示，可供读者学习时使用和参考。

图书在版编目（CIP）数据

3ds Max 2011 标准教程 / 黄心渊等编著. --北京：清华大学出版社，2011.8
(高等学校数字媒体专业教材)
ISBN 978-7-302-25966-4

Ⅰ. ①3… Ⅱ. ①黄… Ⅲ. ①三维动画软件，3DS MAX 2011—教材
Ⅳ. ①TP391.41

中国版本图书馆 CIP 数据核字(2011)第 124160 号

责任编辑：焦　虹　战晓雷
责任校对：白　蕾
责任印制：王秀菊

出版发行：清华大学出版社　　**地　址**：北京清华大学学研大厦 A 座
http://www.tup.com.cn　　**邮　编**：100084
社 总 机：010-62770175　　**邮　购**：010-62786544
投稿与读者服务：010-62795954，jsjjc@tup.tsinghua.edu.cn
质 量 反 馈：010-62772015，zhiliang@tup.tsinghua.edu.cn
印 刷 者：北京市密云胶印厂
装 订 者：北京市密云县京文制本装订厂
经　销：全国新华书店
开　本：185×260　　**印　张**：25.75　　**字　数**：611 千字
版　次：2011 年 8 月第 1 版　　**印　次**：2011 年 8 月第 1 次印刷
印　数：1～3000
定　价：39.00 元

产品编号：041898-01

出版说明

在教育部关于高等学校计算机基础教育三层次方案的指导下，我国高等学校的计算机基础教育事业蓬勃发展。经过多年的教学改革与实践，全国很多学校在计算机基础教育这一领域中积累了大量宝贵的经验，取得了许多可喜的成果。

随着科教兴国战略的实施及社会信息化进程的加快，目前我国的高等教育事业正面临着新的发展机遇，但同时也必须面对新的挑战。这些都对高等学校的计算机基础教育提出了更高的要求。为了适应教学改革的需要，进一步推动我国高等学校计算机基础教育事业的发展，我们在全国各高等学校精心挖掘和遴选了一批经过教学实践检验的优秀的教学成果，编辑出版了这套教材。教材的选题范围涵盖了计算机基础教育的三个层次，包括面向各高校开设的计算机必修课、选修课，以及与各类专业相结合的计算机课程。

为了保证出版质量，同时更好地适应教学需求，本套教材将采取开放的体系和滚动出版的方式（即成熟一本、出版一本，并保持不断更新）。坚持宁缺毋滥的原则，力求反映我国高等学校计算机基础教育的最新成果，使本套丛书无论在技术质量上还是出版质量上均成为真正的"精选"。

清华大学出版社一直致力于计算机教育用书的出版工作，在计算机基础教育领域出版了许多优秀的教材。本套教材的出版将进一步丰富和扩大我社在这一领域的选题范围、层次和深度，以适应高校计算机基础教育课程层次化、多样化的趋势，从而更好地满足各学校由于条件、师资和生源水平、专业领域等的差异而产生的不同需求。我们热切期望全国广大教师能够积极参与到本套丛书的编写工作中来，把自己的教学成果与全国的同行们分享；同时也欢迎广大读者对本套教材提出宝贵意见，以便我们改进工作，为读者提供更好的服务。

我们的电子邮件地址是 jiaoh@tup.tsinghua.edu.cn。联系人：焦虹。

清华大学出版社

前言

3ds Max 是 Autodesk 公司出品的软件，从最初的版本发展到今天，已经经历了十多年的历史。3ds Max 的教程也随着软件版本的升级不断改进、不断更新，到今天，3ds Max 2011 的软件上市了，本教材也随之出版了。

本教材是在原来 Autodesk 公司标准教程的基础上，结合 3ds Max 2011 软件的新特性，讲解新功能，替换新实例，使内容更符合大学教学的需要。本教材是艺术设计、数字媒体艺术、动画、计算机科学与技术、工业设计、建筑学等专业的适用教材，可作为高等院校以及各培训中心的电脑动画教材，也可以作为电脑动画爱好者的自学教材。本书由多年从事计算机动画教学的资深教师根据多年教学实践的经验进行编著，作者的讲义经过多年在教学上的使用，具有很好的教学效果。

本教材详细地讲解了 3ds Max 的各种基本操作，以及 3ds Max 2011 的新特性，内容全面，结构清晰，知识点覆盖面广泛，重视实例的分析和制作，结合实例介绍动画的特点及应用。全书共分为 13 章。第 1 章介绍了 3ds Max 2011 软件的界面、系统设置、基本操作。第 2 章介绍了如何使用文件以及如何为场景设置测量单位。第 3 章介绍了如何使用工具变换对象。第 4 章介绍了如何创建、编辑二维图形。第 5 章介绍了编辑修改器和复合对象的操作。第 6 章介绍了如何使用多边形建模的方法来创建模型。第 7 章介绍了 3ds Max 2011 的基本动画技术和轨迹视图(Track View)。第 8 章介绍了动画和动画控制器。第 9 章介绍了材质编辑器的使用。第 10 章介绍了各种材质和贴图的用法。第 11 章介绍了灯光的不同类型、基本的布光知识、各种灯光参数的调节和高级灯光的应用。第 12 章介绍了渲染场景对话框和 mental ray 渲染器的使用。第 13 章是综合练习，通过两个较为综合的例子介绍了场景漫游中摄影及动画的制作方法和常见片头动画的一般制作方法。

本教材实用性强，从理论到实践，从概念到应用，逐步深入，通过大量优秀实例的操作说明，使学习者对理论加深理解并创造性地进行动画设计，掌握各种动画元素的制作技巧和实现方法，培养学生掌握专业水平的应用类动画制作，为就业打好必要的基础。

由于编者水平有限，书中难免有疏漏和不足之处，敬请广大读者批评指正并提出宝贵意见。

编　者

2011 年 4 月

目录

▲ 底视口(Bottom)：B。

▲ 左视口(Left)：L。

▲ 右视口(Right)：R。

▲ 用户视口(User)：U。

▲ 前视口(Front)：F。

▲ 后视口(Back)：B。

▲ 透视视口(Perspective)：P。

▲ 摄影机视口(Camera)：C。

1.2.4 视口的明暗显示

视口菜单上的明暗显示选项是非常重要的，所定义的明暗选项将决定观察三维场景的方式。

透视视口的默认设置是“平滑＋高光”(Smooth＋Highlights)，这将在场景中增加灯光并使观察对象上的高光变得非常容易。在默认的情况下，正交视口的明暗选项设置为“线框”(Wireframe)，这对节省系统资源非常重要，“线框”(Wireframe)方式比其他方式要求的系统资源要少。这些选项的更改可以通过右击视口标签菜单中的“明暗处理”选项进行。

例 1-4 改变视口

(1) 启动 3ds Max 2011。选取在菜单栏中的“应用程序”按钮选项“打开”(Open)命令，从本书配套光盘中打开 Samples-01-01. max 文件。场景中显示一个在 3ds Max 中制作的虫子，见图 1-19。

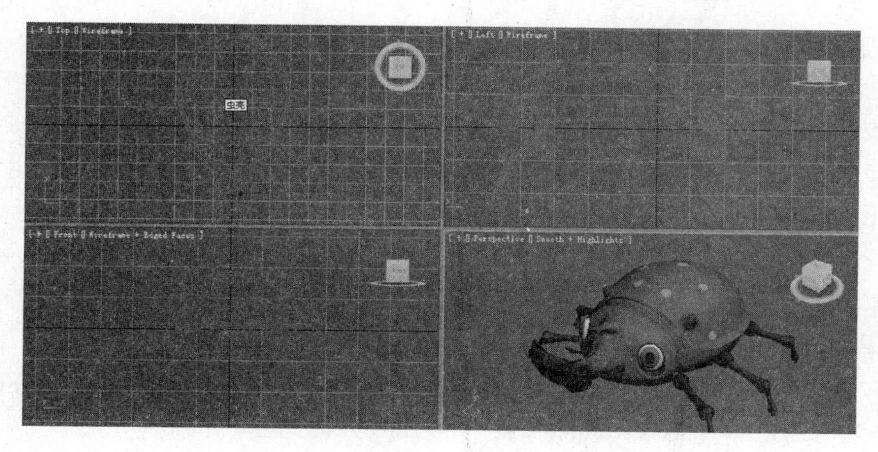

图 1-19

(2) 在“顶视口”(Top)上单击鼠标右键激活它。

(3) 按键盘上的 B 键，“顶视口”(Top)变成了“底视口”(Bottom)。

(4) 在视口导航控制区域单击“所有视图最大化显示”(Zoom Extents All)按钮。

(5) 在“左视口”(Left)的“线框”(Wireframe)标签上单击鼠标右键，然后选取“平滑＋高光”(Smooth＋Highlights)，这样就按明暗方式显示模型了(见图 1-20)。

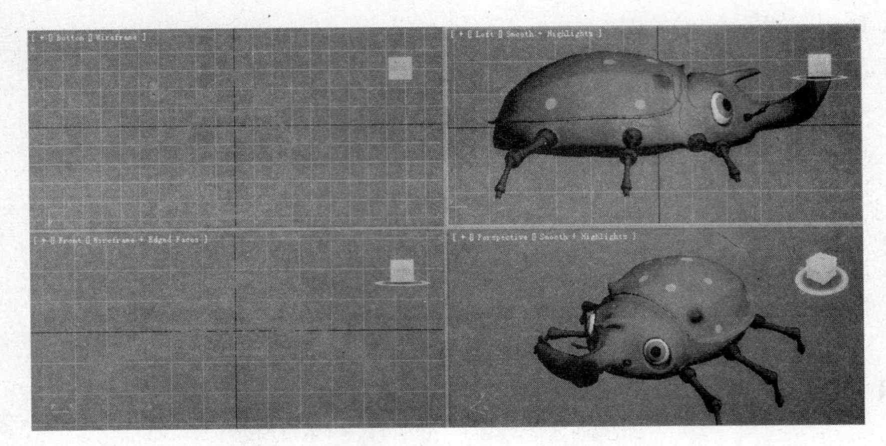

图 1-20

1.3 菜单栏的实际应用

3ds Max 中菜单的用法与 Windows 下的办公软件类似。

例 1-5 使用 3ds Max 的菜单栏

(1) 继续前面的练习，或者启动 3ds Max，选取“文件/打开”(File/Open)，从本书配套光盘中打开 Samples-01-01. max 文件。

(2) 在主工具栏中单击“选择并移动”(Select and Move)按钮，在顶视口中随意移动虫子头的任何部分。

(3) 在菜单栏中选取“编辑/撤销移动”(Edit/Undo Move)。

技巧：该命令的键盘快捷键是 Ctrl+Z。

(4) 在视口导航控制区域单击“所有视图最大化显示”(Zoom Extents All)按钮。

(5) 在透视视口单击鼠标右键激活它。

(6) 在菜单栏中选取“视图/撤销视图更改”(Views/Undo View Change)，透视视口恢复到使用“所有视图最大化显示”(Zoom Extents All)以前的样子。

技巧：该命令的键盘快捷键是 Shift+Z。

(7) 在菜单栏选取“自定义/自定义用户界面”(Customize/Customize User Interface)，出现“自定义用户界面”(Customize User Interface)对话框。

(8) 在“自定义用户界面”(Customize User Interface)对话框中单击“颜色”(Colors)标签(见图 1-21)。

(9) 在“元素”(Elements)下拉式列表中确认选取了“视口”(Viewports)选项，在列表中选取“视口背景”(Viewport Background)选项。

(10) 单击对话框顶部的颜色样本，出现“颜色选择器”(Color Selector)对话框。在该对话框中，使用颜色滑动块选取一个紫红色，见图 1-22。

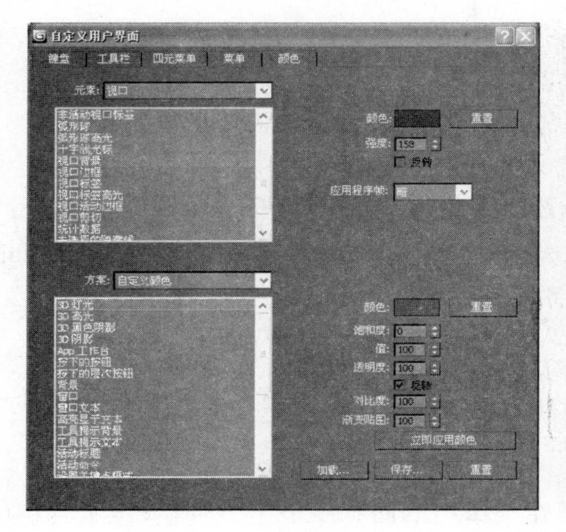

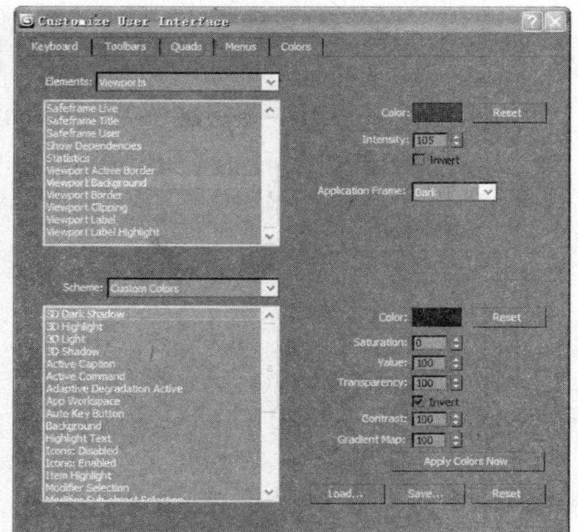

图　1-21

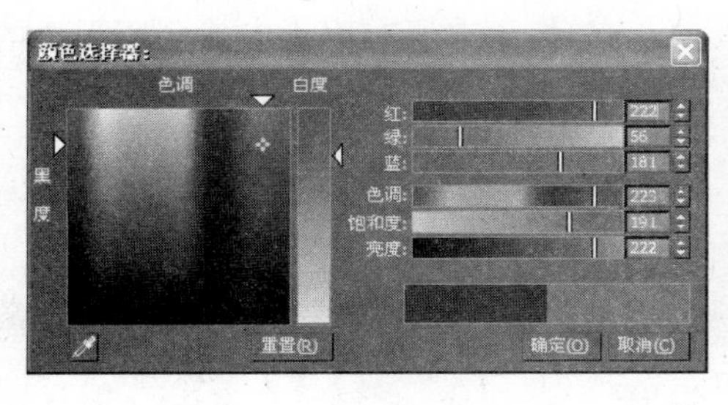

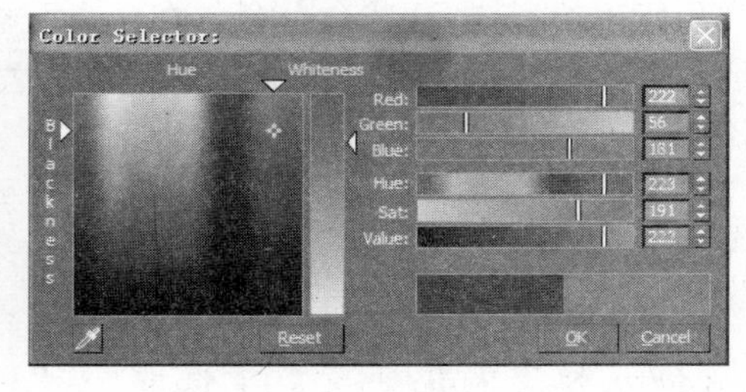

图　1-22

(11) 在“颜色选择器”(Color Selector)对话框中单击“关闭”(Close)按钮。

(12) 在“自定义用户界面”(Customize User Interface)对话框中单击“立即应用颜色”(Apply Colors Now)按钮,视口背景变成了紫红色。

(13) 在“自定义用户界面”对话框单击“键盘”(Keyboard)标签,见图 1-23。

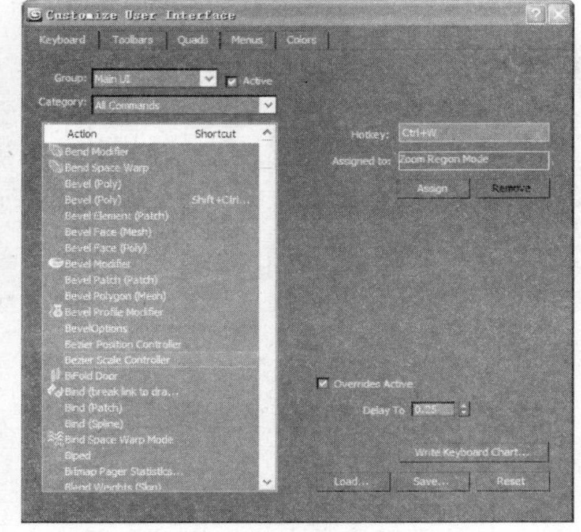

图　1-23

(14) 在“热键”输入区按 Ctrl+W 键，将这一快捷键指定到 Bezier 缩放控制器中，单击“指定”按钮就为缩放区域模式创建了新的热键。

(15) 对于本身存在快捷键的选项，需要先将原热键移除，再输入新指定的热键。

(16) 关闭“自定义用户界面”对话框。

技巧：如果想要取消之前对界面所做的改动，可通过“自定义/加载自定义 UI 方案”(Customize/Load Custom UI Scheme)操作选择重新加载默认界面设置(Default UI. ui)文件来实现。同样，也可以加载软件自带的另外几种界面方案。

1.4 标签面板(Tab Panels)和工具栏(Toolbars)

当第一次启动 3ds Max 2011 时，会发现在菜单栏下面有一个主工具栏，主工具栏中有许多重要的功能，包括在场景中变换对象和组织对象等。但是，主工具栏中没有创建和修改几何体的命令，这些命令通常在命令面板中。有时，要在所有面板中找到所需要的命令是困难的。标签面板可以帮助我们解决这个问题，它用非常友好的图标来分类组织命令，从而可以帮助寻找所需要的命令。

例 1-6 使用标签面板和工具栏

(1) 启动 3ds Max 2011。

(2) 在主工具栏的空白区域单击鼠标右键。

(3) 从弹出的快捷菜单中选取“层”(Layers)(见图 1-24)，则“层”(Layers)工具栏以浮动形式显示在主工具栏的下面。

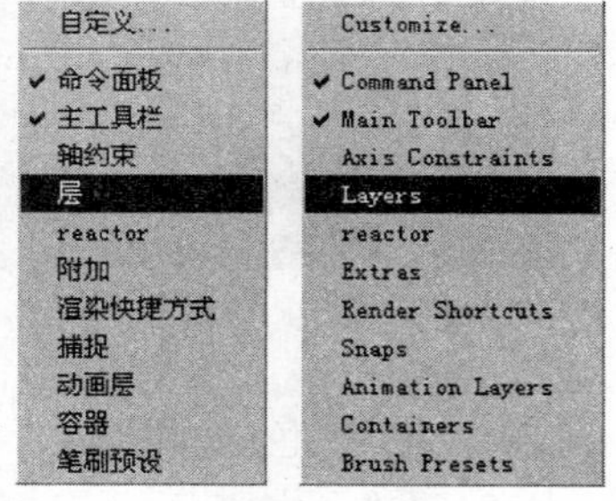

图 1-24

(4) 在“层”(Layers)工具栏的蓝色标题栏上单击鼠标右键，在弹出的快捷菜单上选取“停靠”(Dock)，然后选择各种停靠方式，就可以将工具栏置于视图的顶部、底部、左部和右部(见图 1-25)。

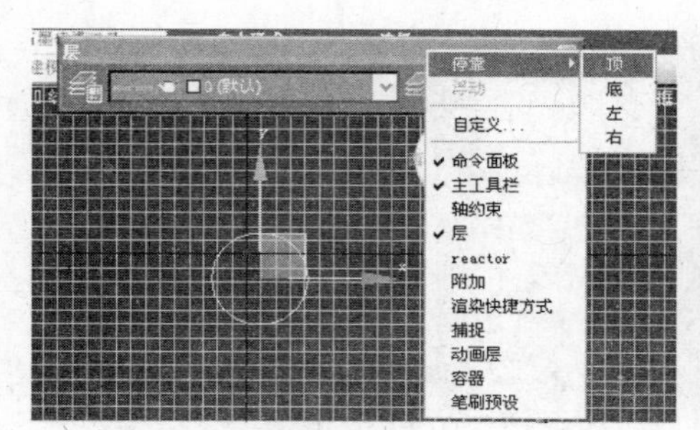

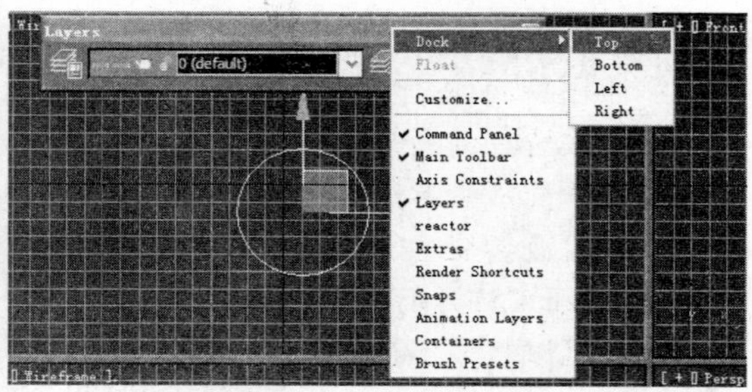

图 1-25

(5) 在菜单栏上选取“自定义/还原为启动布局”(Customize/Revert to Startup Layout)，见图 1-26。

(6) 在弹出的消息框中单击“是(Y)”按钮，界面恢复到原始的外观。

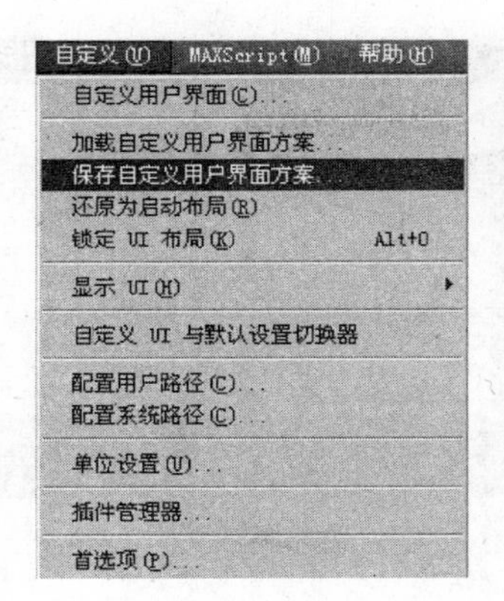

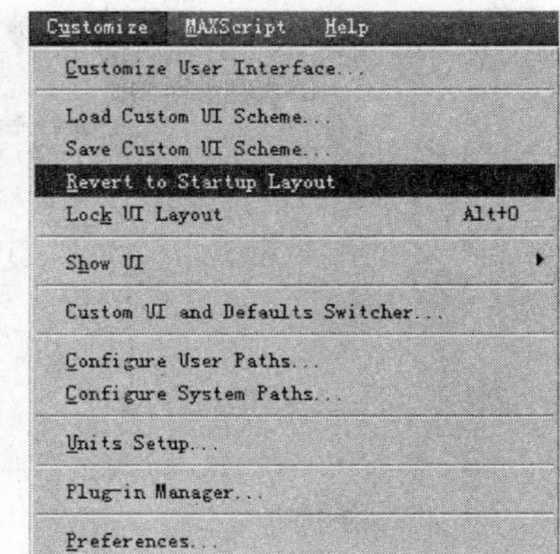

图 1-26

1.5 命令面板

命令面板中包含创建和编辑对象的所有命令，使用选项卡和菜单栏也可以访问命令面板的大部分命令。命令面板包含“创建”(Create)、“修改”(Modify)、“层次”(Hierarchy)、“运动”(Motion)、“显示”(Display)和“工具”(Utilities) 6 个面板。

当使用命令面板选择一个命令后，就显示该命令的选项。例如当单击“球体”(Sphere)创建球的时候，对应于创建球体的参数，如“半径”(Radius)、“分段”(Segments)和“半球”(Hemisphere)等参数就显示在命令面板上。

有些命令有很多参数和选项，按各参数和选项的功能相似性，所有这些选项将显示在不同的卷展栏中。卷展栏是一个有标题的特定参数组，在卷展栏标题的左侧有加号(+)或者减号(—)。当显示减号的时候，可以单击卷展栏标题来卷起卷展栏，以便给命令面板留出更多空间。当显示加号的时候，可以单击标题栏来展开卷展栏，并显示卷展栏的参数。

在某些情况下，当卷起一个卷展栏的时候，会发现下面有更多的卷展栏。在命令面板中灵活使用卷展栏并访问卷展栏中的工具是十分重要的。在命令面板中导航的一种方法是将鼠标放置在卷展栏的空白处，待光标变成手形状的时候，就可以上下移动卷展栏了。

在命令面板中导航的另外一种方法是在卷展栏的空白处单击鼠标右键，这样就出现一个包含所有卷展栏标题的快捷菜单(见图 1-27)。该菜单上还有一个“打开全部”(Open All)命令，用来打开所有卷展栏。

一次可以打开所有卷展栏，但是如果命令面板上参数太多，那么上下移动命令面板将是非常费时间的。有两种方法可以解决这个问题。第一，可以移动卷展栏的位置。例如，如果一个卷展栏在命令面板的底部，可以将它移动到命令面板的顶部。第二，可以展开命令面板来显示所有的卷展栏。但是，这样做将损失很有价值的视口空间。

例 1-7 使用命令面板

(1) 在菜单栏中的“应用程序”按钮选项中选取“重置”(Reset)。

(2) 在命令面板的“对象类型”(Object Type)卷展栏中单击“球体”(Sphere)，默认的

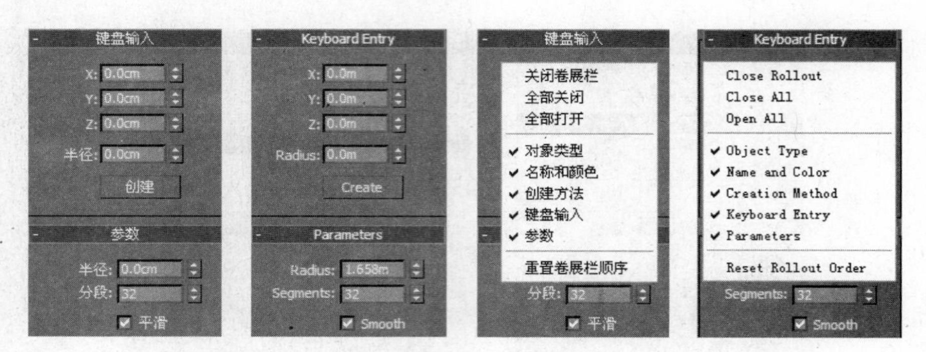

图 1-27

命令面板是“创建”(Create)命令面板。

(3) 在顶视口用单击并拖曳的方法来创建一个球。

(4) 在“创建”(Create)命令面板中,单击“键盘输入”(Keyboard Entry)卷展栏标题来展开它,见图 1-28。

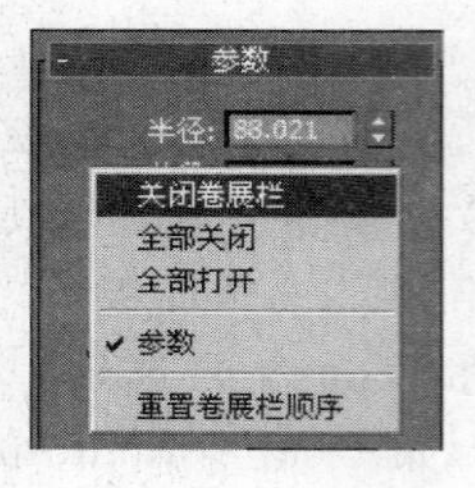

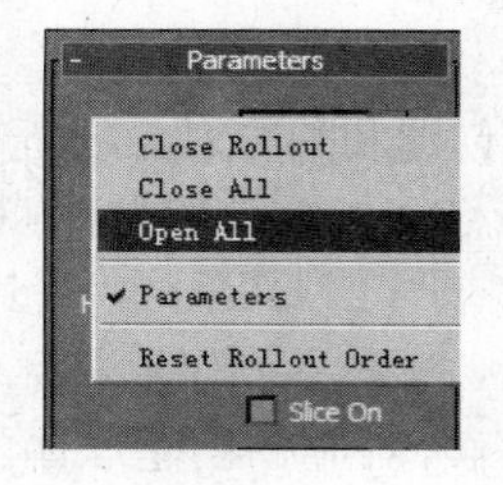

图 1-28

(5) 在“创建”(Create)命令面板,将鼠标光标移动到“键盘输入”(Keyboard Entry)卷展栏的空白处,鼠标光标变成了手的形状。

(6) 单击并向上拖曳,以观察“创建”(Create)面板的更多内容。

(7) 在“创建”(Create)面板,单击“键盘输入”(Keyboard Entry)卷展栏标题,卷起该卷展栏。

(8) 在“创建”(Create)面板,将“参数”(Parameters)卷展栏标题拖曳到“创建方法”(Creation Method)卷展栏标题的下面,然后释放鼠标键。

在移动过程中,“创建方法”(Creation Method)卷展栏标题上面的蓝线指明“参数”(Parameters)卷展栏被移动到的位置。

(9) 将鼠标光标放置在透视视口和命令面板的中间,直到出现双箭头为止。

(10) 单击并向左拖曳来改变命令面板的大小。

1.6 对 话 框

在 3ds Max 2011 中,根据选取的命令不同,可能显示不同的界面,例如有复选框、单选按钮或者微调器的对话框。主工具栏有许多按钮,例如“镜像”(Mirror)和“对齐”

(Align)，通过选择这些按钮可以访问一个个对话框，如图 1-29 所示，它对应于复制命令的“克隆选项”(Clone Options)对话框，图 1-30 是“移动变换输入”(Move Transform Type-In)对话框，它们是两类不同的对话框，图 1-29 所示的对话框是模式对话框，而图 1-30 所示的对话框是非模式对话框。

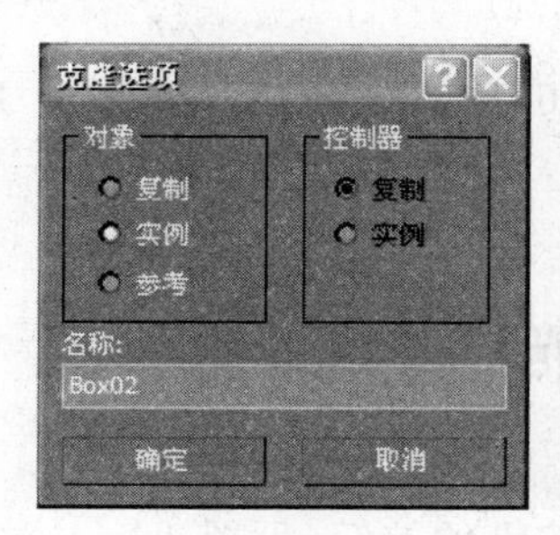

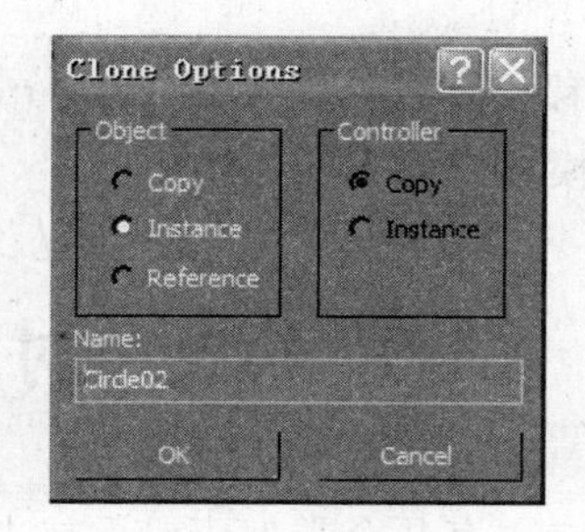

图 1-29

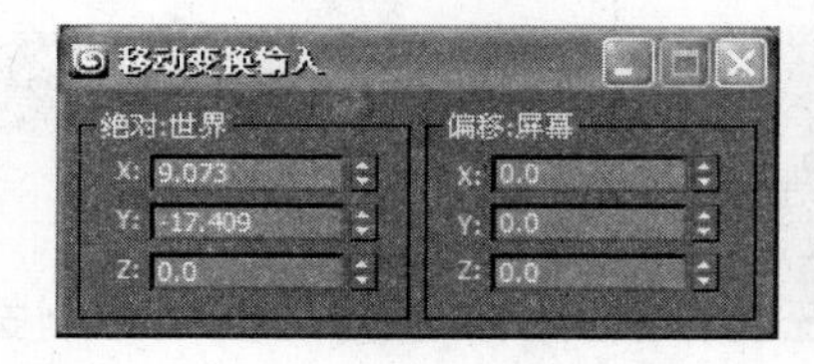

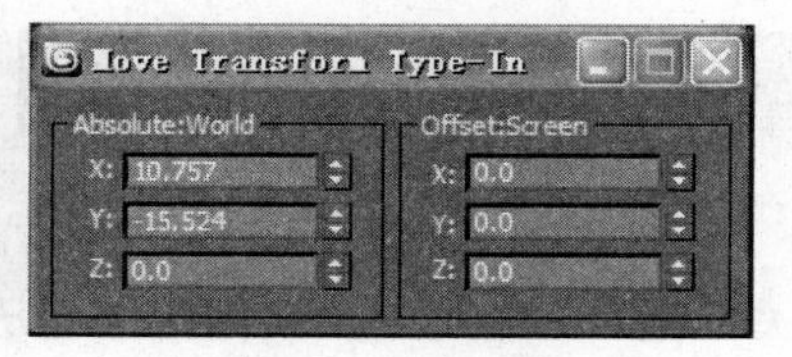

图 1-30

模式对话框要求在使用其他工具之前关闭该对话框。在使用其他工具的时候，非模式对话框可以保留在屏幕上。当参数改变的时候，它立即起作用。非模式对话框也可能有“取消”(Cancel)按钮、“应用”(Apply)按钮、“关闭”(Close)按钮或者“选择”(Select)按钮，但是单击右上角的 ⊠ 按钮就可以关闭某些非模式对话框。

1.7 状态区域和提示行

界面底部的状态区域显示与场景活动相关的信息和消息。这个区域也可以显示创建脚本时的宏记录功能。当宏记录被打开后，将在粉色的区域中显示文字(见图 1-31)。该区域称为“侦听器”(Listener)窗口。要深入了解 3ds Max 的脚本语言和宏记录功能，请参考 3ds Max 的在线帮助。

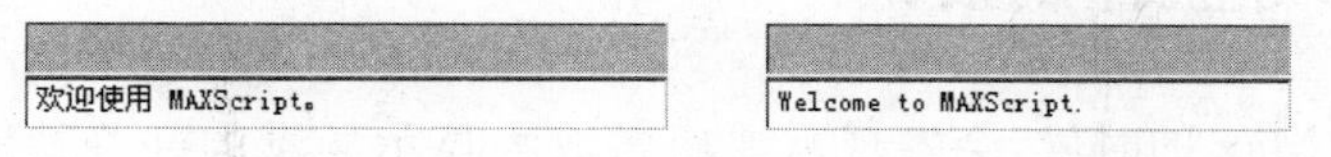

图 1-31

宏记录区域的右边是“提示行”(Prompt Line)，见图 1-32。提示行的顶部显示选择的对象数目。提示行的底部根据当前的命令和下一步的工作给出操作的提示。

X、Y 和 Z 显示区(变换输入区)(见图 1-33)告诉用户当前选择对象的位置，或者当前对象被移动、旋转和缩放的多少。也可以使用这个区域变换对象。

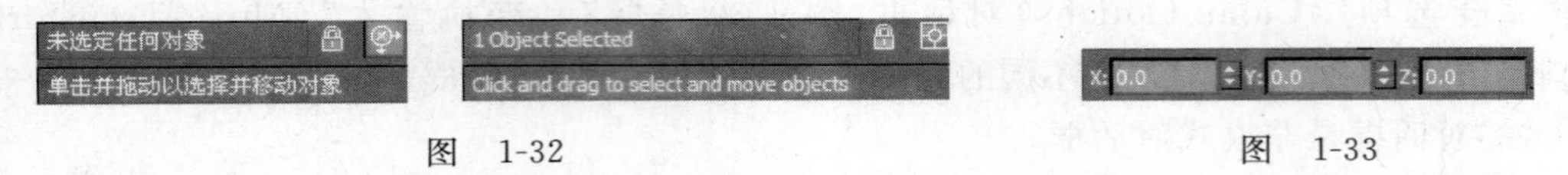

图 1-32　　　　图 1-33

“绝对/偏移模式变换输入”(Absolute/Offset Mode Transform Type-In)：在绝对和相对键盘输入模式之间进行切换。

1.8 时 间 控 制

触发按钮的右边有几个类似于录像机上按键的按钮(见图 1-34)，这些是动画和时间控制按钮，可以使用这些按钮在屏幕上连续播放动画，也可以一帧一帧地观察动画。

图 1-34

“自动关键点”(Auto Key)按钮用来打开或者关闭动画模式。时间控制按钮中的输入数据框用来将动画移动到指定的帧。按钮用来在屏幕上播放动画。关键点模式选择按钮用来设置关键点的显示模式(见图 1-35)。

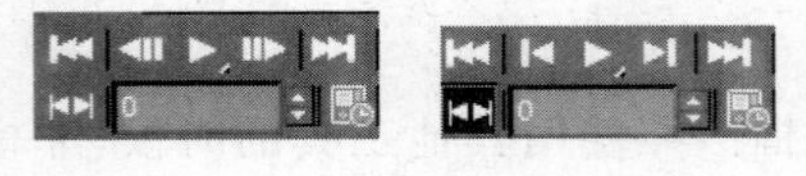

图 1-35

在图 1-35 中，左图显示的是关键帧模式，右图显示的是关键点模式。关键帧模式中前进与后退都是以关键帧为单位进行的，而关键点模式中的前进和后退都是在有记录信息的关键点之间切换。

当“自动关键点”(Auto Key)按钮按下后，在非第 0 帧给对象设置的任何变化将会被记录成动画。例如，如果按下“自动关键点”(Auto Key)按钮并移动该对象，就将创建对象移动的动画。

1.9 视 口 导 航

1.9.1 视口导航控制按钮

当使用 3ds Max 的时候，会发现需要经常放大显示场景的某些特殊部分，以便进行细节调整。计算机屏幕的右下角是视口导航控制按钮(见图 1-36)。使用这些按钮可以用各种方法放大和缩小场景。

图 1-36

“放大/缩小”(Zoom)：放大或者缩小激活的视口。

“放大/缩小所有视口”(Zoom All)：放大/缩小所有视口。

“最大化显示”(Zoom Extents)和“最大化显示选定对象”(Zoom Extents Selected)：这个弹出按钮有两个选项。第一个按钮是灰色的，它将激活的视口中的所有对象以最大的方式显示。第二个按钮是白色的，它只将激活视口中的选定对象以最大的方式显示。

“所有视图最大化显示”(Zoom Extents All)和“所有视图最大化显示选定对象”(Zoom Extents Selected All)：这个弹出按钮有两个选项。第一个按钮是灰色的，它将所有视口中的所有对象以最大的方式显示。第二个按钮是白色的，它只将所有视口中的选择对象以最大的方式显示。

“视野”(Area)和“缩放区域”(Region Zoom)：缩放视口中的指定区域。

“平移”(Pan)：沿着任何方向移动视口。

“环绕”(Arc Rotate)、“环绕子对象”(Arc Rotate SubObject)和“选定的环绕”(Arc Rotate Selected)：这是一个有三个选项的弹出按钮。第一个按钮是灰色的，它围绕场景旋转视图；第二个按钮是黄色的，它围绕子对象旋转视图；第三个按钮是白色的，它围绕选择的对象旋转视图。

“最小/最大化切换”(Min/Max Toggle)：在满屏和分割屏幕之间切换激活的视口。

例 1-8 使用视口导航控制按钮

(1) 启动 3ds Max。在菜单栏上选取“应用程序”，“打开”(Open)，从本书配套光盘上打开 Samples-01-02. max 文件。

该文件包含一个鸟的场景，见图 1-37。

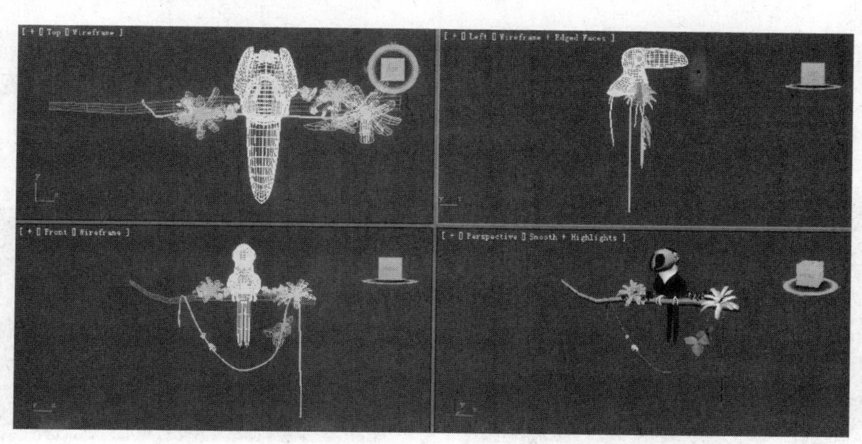

图 1-37

(2) 单击视口导航控制区域的“放大/缩小”(Zoom)按钮。

(3) 单击前视口的中心，并向上拖曳鼠标，前视口的显示被放大了，见图 1-38。

(4) 在前视口中单击并向下拖曳鼠标，前视口的显示被缩小了，见图 1-39。

(5) 单击视口导航控制区域的“放大/缩小所有视口”(Zoom All)按钮。

(6) 在前视口单击并向上拖曳，所有视口的显示都被放大了，见图 1-40。

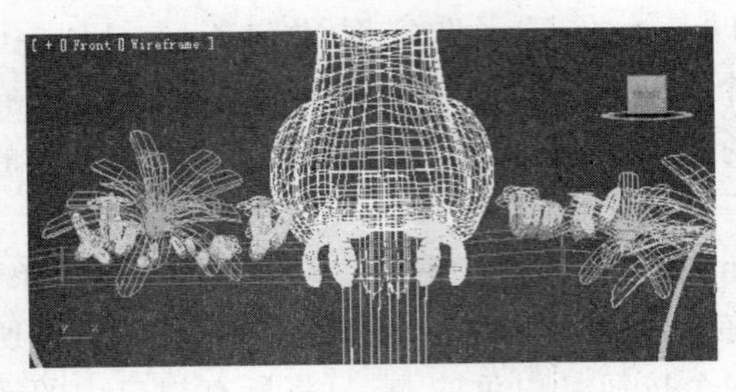

图 1-38

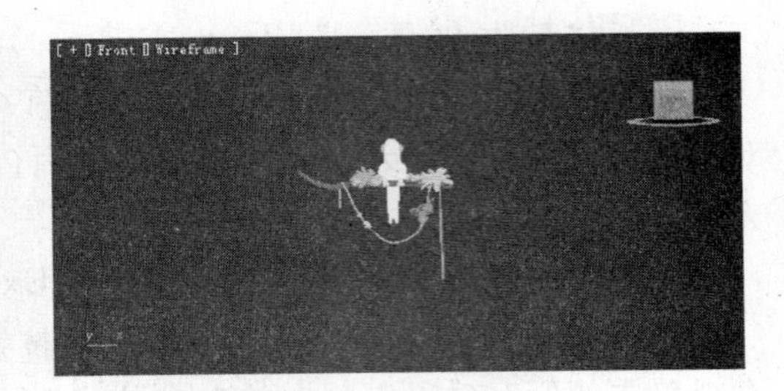

图 1-39

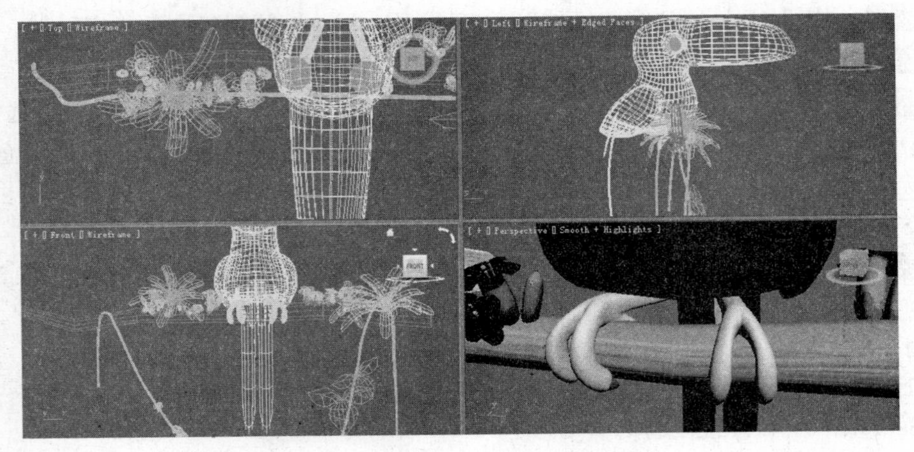

图 1-40

(7) 在透视视口单击鼠标右键(激活)。

(8) 单击视口导航控制中的"环绕"(Arc Rotate)按钮,在透视视口中出现了圆(见图 1-41),表明激活了弧形旋转模式。

(9) 单击透视视口的中心并向右拖曳,透视视口被旋转了,见图 1-42。

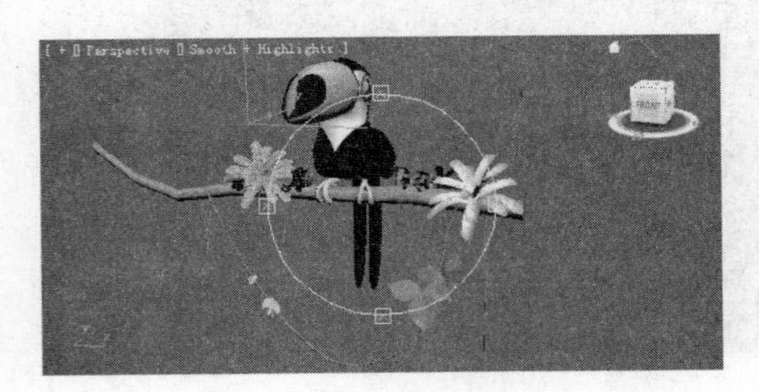

图 1-41

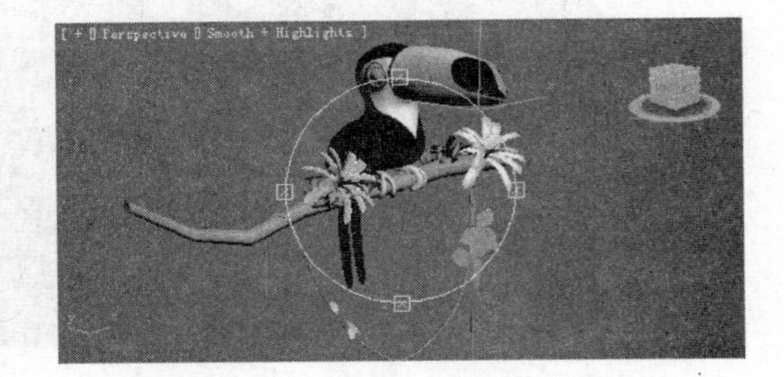

图 1-42

1.9.2 SteeringWheels

SteeringWheels 导航控件也称作轮子,可以通过它从单一的工具访问不同的 2D 和 3D 导航工具。SteeringWheels 分成多个称为"楔形体"的部分,轮子上的每个楔形体都代

表一种导航工具，见图 1-43。

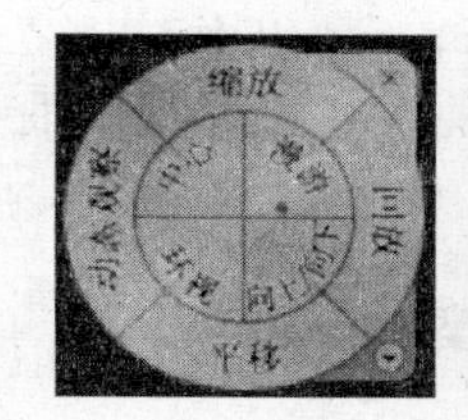

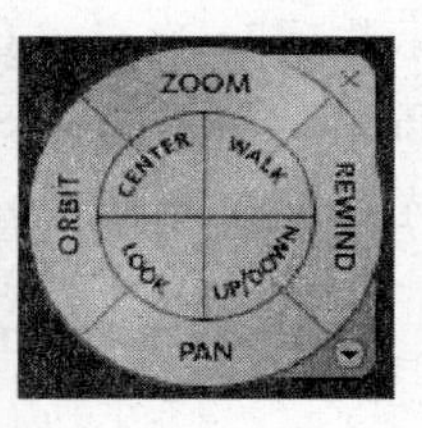

图 1-43

1. 使用轮子

1）显示并使用轮子

要切换轮子的显示，在菜单栏选取“视图”(Views)，然后选取“SteeringWheels”，而后选取“切换 SteeringWheels”(Toggle SteeringWheels)命令，或按键盘快捷键 Shift＋W。当显示轮子时，可以通过单击轮子上的某个楔形体来激活其导航工具，右键单击可以关闭轮子。

2）关闭轮子

使用以下方法之一可以关闭轮子：

- 按下 Esc 键。
- 按下 Shift＋W 键(切换轮子)。
- 单击“关闭”按钮(轮子右上角的 ☒)。
- 右键单击轮子。

3）更改轮子的大小

打开“视口配置”(Viewport Configuration)对话框的“SteeringWheels”面板。在“显示选项”(Display Options)组的“大轮子”或“迷你轮子”下，左右拖动“大小”(Size)滑块。向左拖动滑块可以减小轮子的大小，向右拖动滑块可以增加轮子大小，见图 1-44。

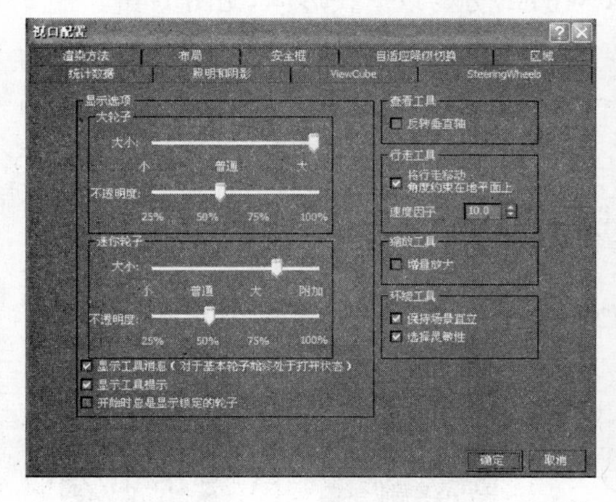

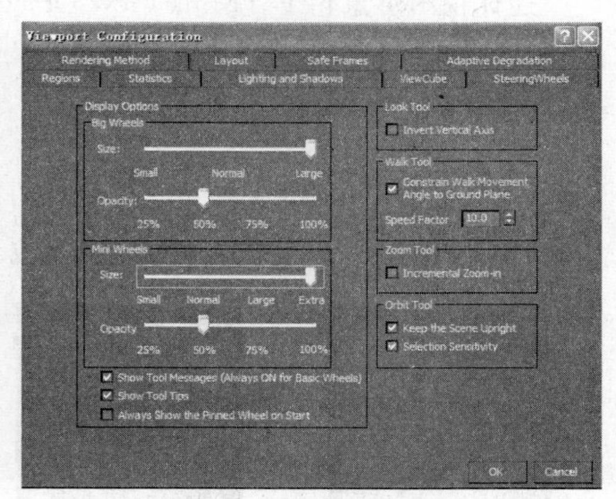

图 1-44

4）更改轮子的不透明度

打开“视口配置”(Viewport Configuration)对话框的“SteeringWheels”面板。在“显示选项”(Display Options)组的“大轮子”或“迷你轮子”下，左右拖动“不透明度”(Opacity)滑块。向左拖动滑块可以增加轮子的透明度，向右拖动滑块将减小轮子的透明度，见图 1-44。

5）控制轮子的启动显示

打开“视口配置”(Viewport Configuration)对话框的“SteeringWheels”面板。在“显

示选项”(Display Options)组中，切换“开始时总是显示锁定的轮子”(Always Show the Pinned Wheel on Start)复选框。启用该选项时，无论何时启动3ds Max，轮子都会显示在光标位置(已锁定)。禁用该选项时，必须明确地调用轮子(按下Shift+W键)，见图1-44。

2. 轮子的分类

轮子分为三种：视图对象轮子(View Object Wheel)、漫游建筑轮子(Tour Building Wheel)和完整导航轮子(Full Navigation Wheel)。轮子具有两种大小：大轮子和迷你轮子。大轮子比光标大，标签位于轮子的每个楔形体上。迷你轮子与光标大小相近，标签不会显示在轮子楔形体上。

1) 视图对象轮子(View Object Wheel)

“视图对象轮子”用于常规3D导航；它包括环绕3D导航工具，可以从外部检查3D对象。

“视图对象轮子”分为以下楔形体，见图1-45。

- 中心(Center)：在模型上指定一个点以调整当前视图的中心或者更改用于某些导航工具的目标点。
- 缩放(Zoom)：调整当前视图的放大倍数。
- 回放(Rewind)：还原最近的视图。可以在之前的视图之间前后移动。
- 动态观察(Orbit)：围绕固定的轴点旋转当前的视图。

“迷你视图对象轮子”(Mini View Object Wheel)分为以下楔形体，见图1-46。

- “缩放”(Zoom)。
- “回放”(Rewind)。
- “平移”(Pan)。
- “动态观察”(Orbit)。

其中“平移”(Pan)是通过平移重新定位当前视图。

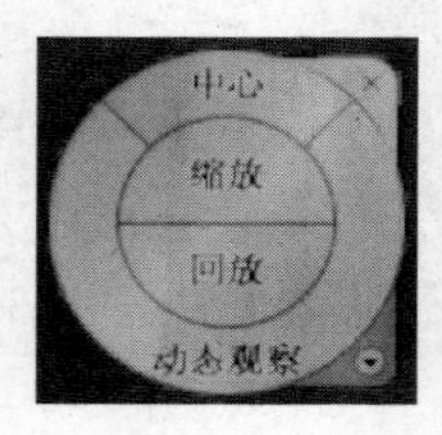

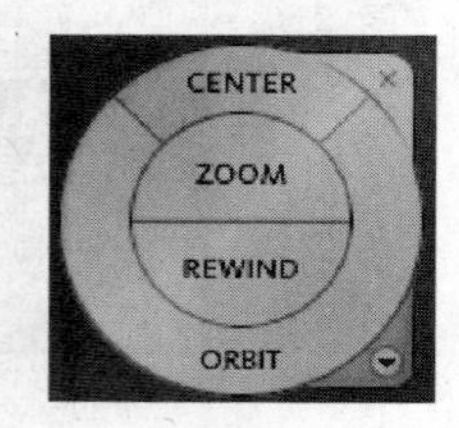

图 1-45

图 1-46

2) 漫游建筑轮子(Tour Building Wheel)

“漫游建筑轮子”专为模型内部的3D导航而设计。

“漫游建筑轮子”分为以下楔形体，见图1-47。

- 向前(Forward)：调整视图的当前点与模型的已定义轴点之间的距离。
- 环视(Look)：旋转当前视图。
- 回放(Rewind)：还原最近的视图。可以在之前的视图之间前后移动。

• 向上/向下(Up/Down)：在屏幕垂直轴上移动视图。

“迷你漫游建筑轮子”(Mini Tour Building Wheel)分为以下楔形体，见图 1-48。

• “行走”(Walk)。
• “回放”(Rewind)。
• “向上/向下 ”(Up/Down)。
• “环视”(Look)。

其中“行走”(Walk)是用于模拟穿行模型。

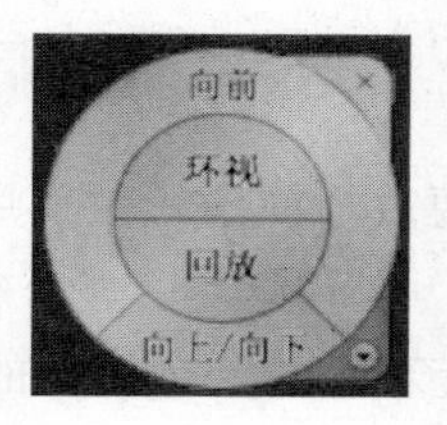

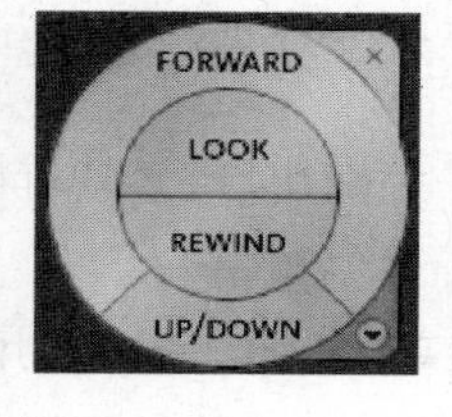

图 1-47

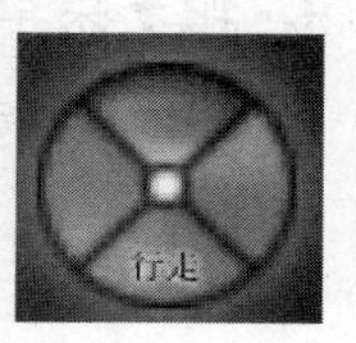

图 1-48

3) 完整导航轮子(Full Navigation Wheel)

“完整导航轮子”组合了“视图对象”(View Object)和“漫游建筑”(Tour Building)轮子中的导航工具。

“完整导航轮子”分为以下楔形体，见图 1-49。

“迷你完整导航轮子”(Mini Full navigation Wheel)分为以下楔形体，见图 1-50。

• “缩放”(Zoom)。
• “漫游”(Walk)。
• “回放”(Rewind)。
• “向上/向下 ”(Up/Down)。
• “平移”(Pan)。
• “环视”(Look)。
• “动态观察”(Orbit)。
• “中心”(Center)。

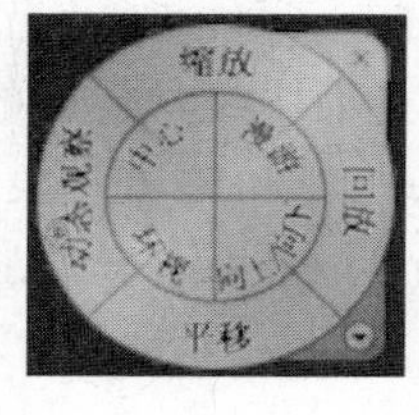

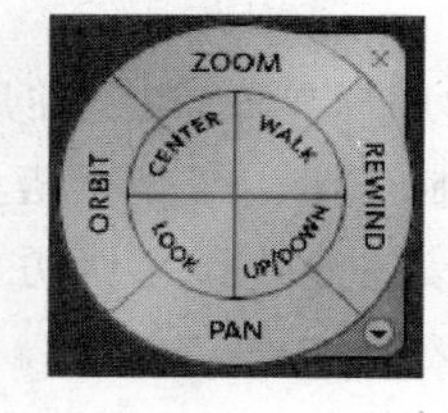

图 1-49

图 1-50

3. 轮子的切换

以视图对象轮子为例。

切换到大“视图对象轮子”(View Object Wheel),使用下列方法之一:

- 从“视图”(Views)菜单中选择“SteeringWheels”,然后选择“视图对象轮子”。
- 单击大轮子右下角的轮子菜单按钮,选择“基本轮子”(Basic Wheels),然后选择“视图对象轮子”。

切换到“迷你视图对象轮子”(Mini View Object Wheel),使用下列方法之一:

- 从“视图”(Views)菜单中选择“SteeringWheels”,然后选择“迷你视图对象轮子”。
- 单击大轮子右下角的轮子菜单按钮,选择“迷你视图对象轮子”。

4. 轮子菜单

通过“轮子”菜单,可以实现在不同的轮子之间切换,并且可以更改当前轮子中某些导航工具的行为。

通过轮子右下角的箭头访问“轮子”菜单,如图 1-51,使用该菜单可以在提供的大轮子和迷你轮子间进行切换、转至“主栅格”视图、更改轮子配置和控制行走导航工具的行为。“轮子”菜单上某些项的可用性取决于当前轮子。

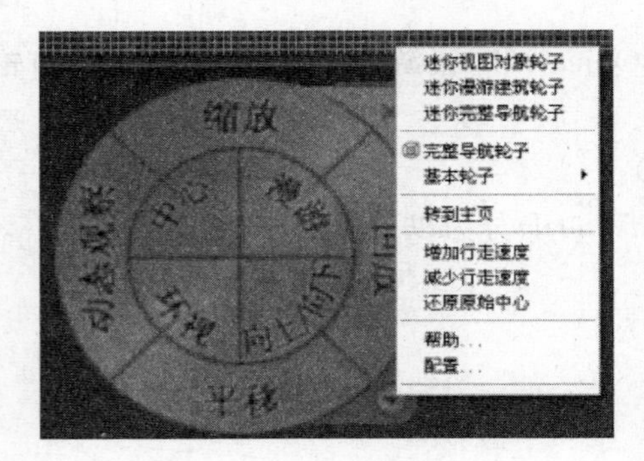

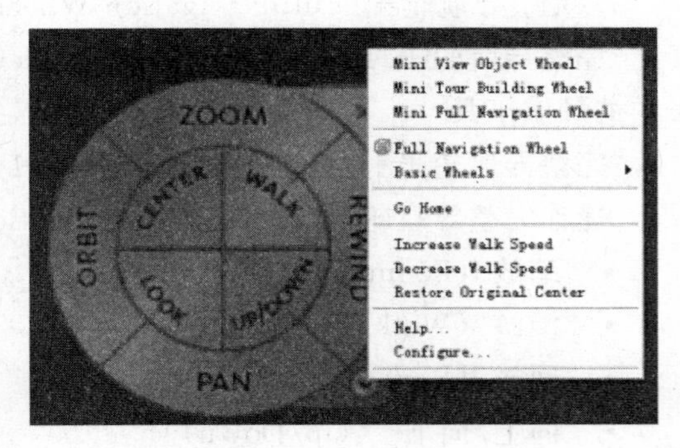

图　1-51

小　　结

本章较为详细地介绍了 3ds Max 2011 的用户界面,以及在用户界面中经常使用的命令面板、工具栏、视图导航控制按钮和动画控制按钮。命令面板用来创建和编辑对象,而主工具栏用来变换这些对象。视图导航控制按钮允许以多种方式放大、缩小或者旋转视图。动画控制按钮用来控制动画的设置和播放。

3ds Max 2011 的用户界面并不是固定不变的,可以采用各种方法来定制自己独特的界面。不过,在学习 3ds Max 阶段,建议不要定制自己的用户界面,还是使用标准的界面为好。

习　题

一、判断题

1. 通常在 3ds Max 中单击右键用来选取和执行命令。

2. 透视视口的默认设置线框(Wireframe)对节省系统资源非常重要。

3. 撤销命令的快捷键是 Ctrl+Z。

4. 我们可以通过“全部打开”(Open All)命令打开所有卷展栏,但是不能移动卷展栏的位置。

5. 复制命令的“克隆选项”(Clone Options)对话框是模式对话框。

6. 用户可以使用 X、Y 和 Z 显示区(变换输入区)来变换对象。

7. 当“自动关键点”(Auto Key)按钮按下后,在任何关键帧上为对象设置的变化都将会被记录成动画。

8. 用来放大/缩小所有视口。

二、选择题

1. 透视图的英文名称是________。

A. Left　　B. Top　　C. Perspective　　D. Front

2. 能够实现放大和缩小一个视图的视图工具为________。

A.　　B.　　C.　　D.

3. 在默认的状态下打开“自动关键点”(Auto Key)按钮的快捷键是________。

A. M　　B. N　　C. 1　　D. W

4. 在默认状态下视口的快捷键是________。

A. Alt+M　　B. N　　C. 1　　D. Alt+W

5. 显示/隐藏主工具栏的快捷键是________。

A. 3　　B. 1　　C. 4　　D. Alt+6

6. 显示浮动工具栏的快捷键是________。

A. 3　　B. 1

C. 没有默认的,需要自己定制　　D. Alt+6

7. 要在所有视口中以明暗方式显示选择的对象,需要使用的命令是________。

A. 视图/明暗处理选定对象(Views/Shade Selected)

B. 视图/显示变换 Gizmo(Views/Show Transform Gizmo)

C. 视图/显示背景(Views/Show Background)

D. 视图/显示关键点时间(Views/Show Key Times)

8. 在场景中打开和关闭对象的变换坐标系图标的命令是________。

A. 视图/显示背景(Views/Show Background)

B. 视图/显示变换 Gizmo(Views/Show Transform Gizmo)

C. 视图/显示重影(Views/Show Ghosting)

D. 视图/显示关键点时间(Views/Show Key Times)

三、简答题

1. 视图的导航控制按钮有哪些?如何合理使用各个按钮?
2. 动画控制按钮有哪些?如何设置动画时间长短?
3. 用户是否可以定制用户界面?
4. 主工具栏中各个按钮的主要作用是什么?
5. 如何定制快捷键?
6. 如何在不同视口之间切换?如何使视口最大、最小化?如何推拉一个视口?

第2章 场景管理和对象工作

为了更有效地使用 3ds Max 2011，就需要深入理解文件组织和对象创建的基本概念。本章学习如何使用文件以及如何为场景设置测量单位。同时，还将进一步熟悉创建对象、选择对象和修改对象的操作。

本章重点内容：

- 打开、关闭、保存和合并文件；
- 理解三维绘图的基本单位；
- 创建三维基本几何体；
- 创建二维图形；
- 理解编辑修改器堆栈的显示；
- 使用对象选择集；
- 组合对象。

2.1 场景和项目管理

在 3ds Max 2011 中，一次只能打开一个场景。类似于所有的 Windows 应用程序，3ds Max 2011 也拥有打开和保存文件的基本命令。这两个命令在菜单栏的文件菜单中。

在 3ds Max 中打开文件是一项非常简单的操作，只要在菜单栏中的“应用程序”按钮选项中选取 “打开”(Open)即可。发出该命令后就出现“打开文件”(Open File)对话框，见图 2-1。利用这个对话框可以找到要打开的文件。在 3ds Max 中，只能使用“打开文件”(Open File)对话框打开扩展名为 max 的文件。

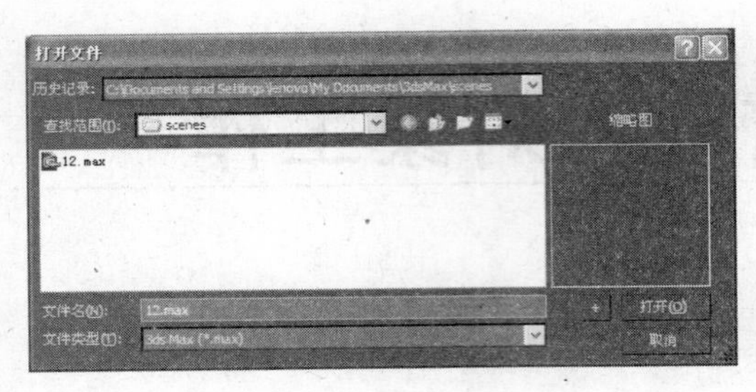

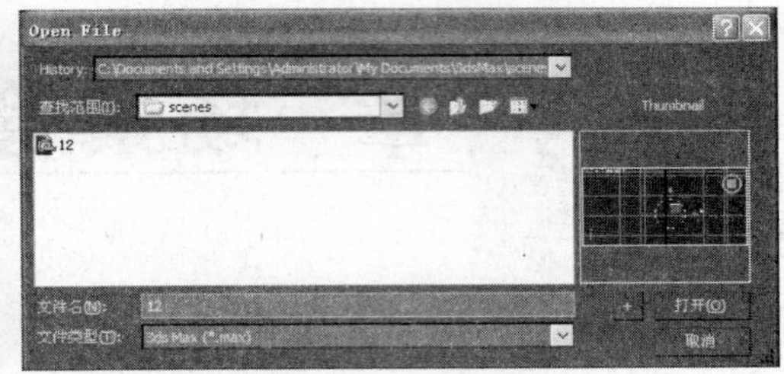

图 2-1

在 3ds Max 中保存文件也是一件简单的事情。对于新创建的场景来讲，只需要在菜单栏中的“应用程序”按钮选项中选取“保存”(Save)即可保存文件。选择该命令后，就出现“文件另存为”(Save File As)对话框，在这个对话框中找到文件即将保存的文件夹即可。在菜单栏中的“应用程序”按钮选项中还有一个命令是“另存为”(Save As)，它可以用一个新的文件名保存场景文件。

2.1.1 Save File As 对话框

当在 3ds Max 的菜单栏中的“应用程序”按钮选项中选取“另存为”(Save As)后，就出现“文件另存为”(Save File As)对话框，见图 2-2。

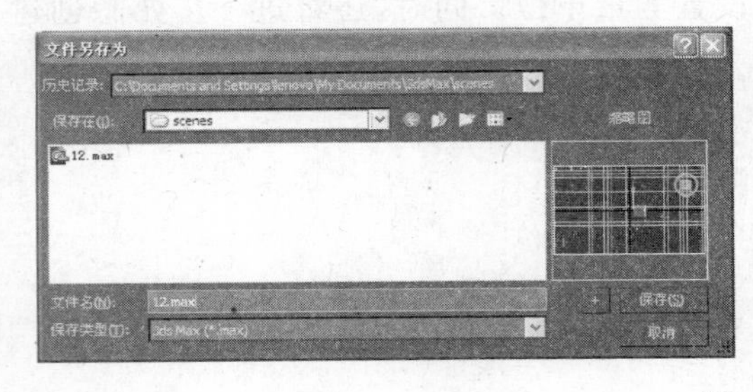

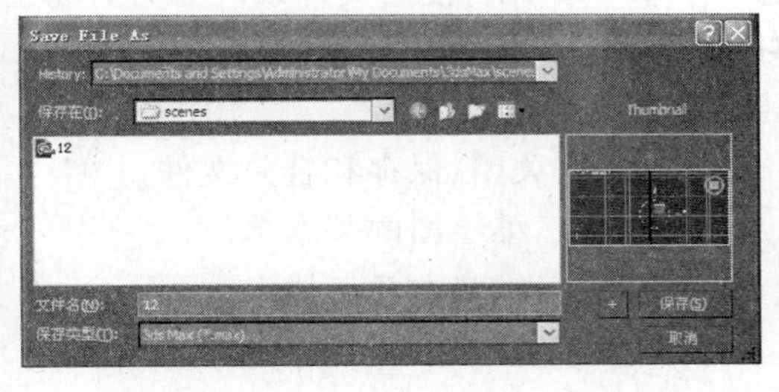

图 2-2

这个对话框有一个独特的功能，它体现在靠近“保存(S)”按钮旁边的十号按钮。当单击该按钮后，文件自动使用一个新的名字保存。如果原来的文件名末尾是数字，那么该数字自动增加 1。如果原来的文件名末尾不是数字，那么新文件名在原来文件名后面增加数字 01，再次单击＋号按钮后，文件名后面的数字自动增加成 02，然后是 03，依此类推。这使用户在工作中保存不同版本的文件变得非常方便。

在 3ds Max 2011 中可以将场景保存为以前的版本，特别是 3ds Max 2010 的格式，见图 2-3。

2.1.2 保存场景(Hold)和恢复保存的场景(Fetch)

除了使用“保存”(Save)命令保存文件外，还可以在菜单栏中选取“编辑/暂存”(Edit/

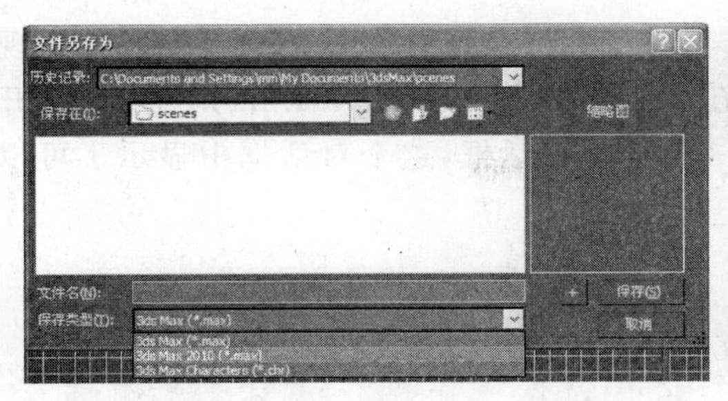

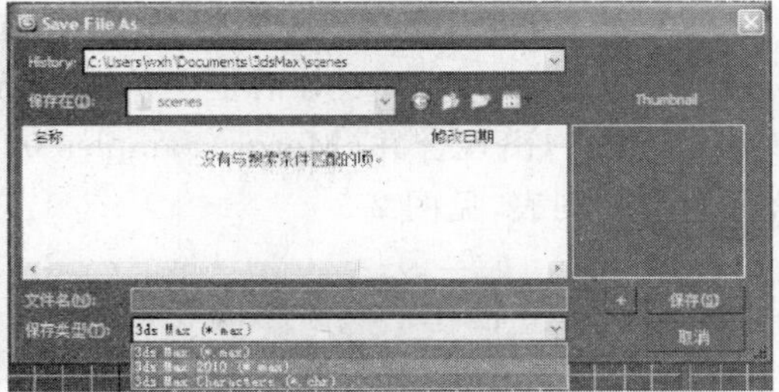

图 2-3

Hold)，将文件临时保存在磁盘上。临时保存完成后，就可以继续使用原来的场景工作或者装载一个新场景。要恢复使用“暂存”(Hold)保存的场景，可以从菜单栏中选取“编辑/取回”(Edit/Fetch)命令。这样将使用暂存的场景取代当前的场景。使用“暂存”(Hold)命令只能保存一个场景。

“暂存”(Hold)的键盘快捷键是 Alt+Ctrl+H，“取回”(Fetch)的键盘快捷键是 Alt+Ctrl+F。

2.1.3 合并(Merge)文件

合并文件允许用户从另外一个场景文件中选择一个或者多个对象，然后将选择的对象放置到当前的场景中。例如，用户可能正在使用一个室内场景工作，而另外一个没有打开的文件中有许多制作好的家具。如果希望将家具放置到当前的室内场景中，那么可以使用“应用程序”按钮选项中的“导入/合并”(Import/Merge)将家具合并到室内场景中。该命令只能合并 max 格式的文件。

例 2-1 使用“合并”(Merge)命令合并文件

(1) 启动 3ds Max。在菜单栏中选取“应用程序”按钮选项中的“打开”(Open)，打开本书配套光盘中的 Samples-02-05. max 文件，一个没有家具的空房间出现在屏幕上，见图 2-4。

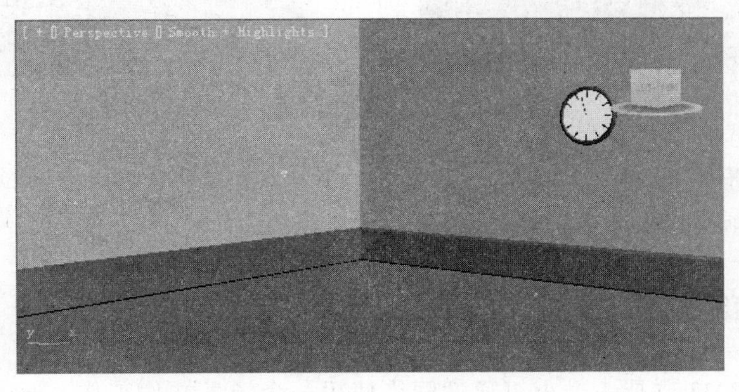

图 2-4

(2) 在菜单栏上选取"应用程序"按钮选项中的"导入/合并"(Import/Merge),出现"合并文件"(Merge File)对话框。从配套光盘中选取 Samples-02-06. max,单击"打开(Open)"按钮,出现合并(Merge) Samples-02-06. max 对话框,这个对话框中显示了可以合并对象的列表,见图 2-5。

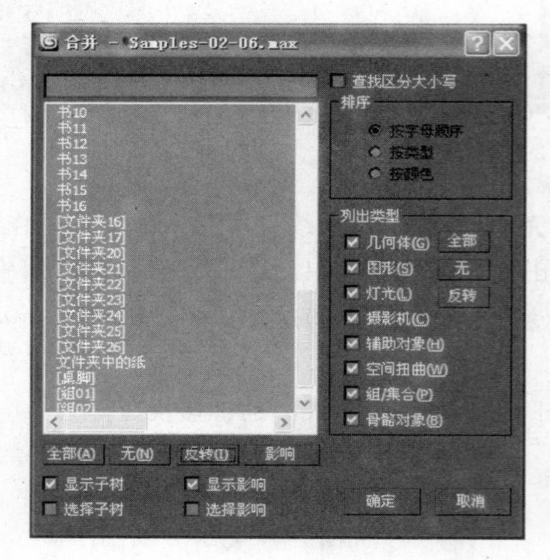

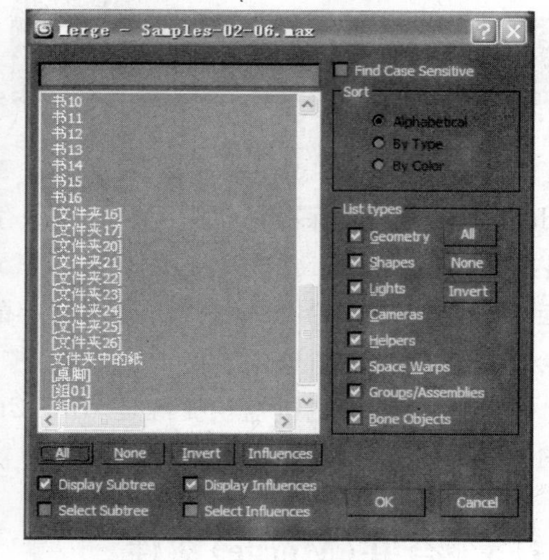

图 2-5

(3) 单击对象列表下面的 All 按钮,再单击 OK 按钮,一组家具就被合并到房间的场景中了,见图 2-5。

本书配套光盘的"第 2 章 实例源文件"文件夹中还有一个文件名为 Samples-02-02. max 的文件。该文件中有几本书的对象,请将这几本书的对象合并到场景中。合并后的场景见图 2-6 和图 2-7。

图 2-6

图 2-7

说明:合并进来的对象保持它们原来的大小以及在世界坐标系中的位置不变。有时必须移动或者缩放合并进来的文件,以便适应当前场景的比例。

2.1.4 外部参考对象和场景(Xref)

3ds Max 2011 支持一个小组通过网络使用一个场景文件工作。通过使用"参考外部"(Xref),可以实现该工作流程。在菜单栏上与外部参考有关的命令有两个,它们是"应用程序”/“参考/参考外部对象”(References/Xref Objects)和“应用程序”/“参考/参考外部场景”(References/Xref Scenes)。

例如,假设你正在设计一个场景的环境,而另外一个艺术家正在设计同一个场景中角色的动画。这时可以使用“文件/参考外部对象”(File/Xref Objects)命令将角色以只读的方式打开到你的三维环境中,以便观察两者是否协调。可以周期性地更新参考对象,以便观察角色动画工作的最新进展。

2.1.5 资源浏览器(Asset Browser)

使用“资源浏览器”(Asset Browser)也可以打开、合并外部参考文件。资源浏览器的优点是它可以显示图像、max 文件和 MAXScript 文件的缩略图。

还可以使用“资源浏览器”(Asset Browser)与因特网相连。这意味着用户可以从 Web 上浏览 max 的资源,并将它们拖放到当前 max 场景中。

所有教程和关联文件只在联机情况下提供,网址如下:http://docs.autodesk.com/3DSMAX/2011/CHS/landing.htm。

例 2-2 使用“资源浏览器”(Asset Browser)

(1) 启动 3ds Max。在菜单栏中选取“应用程序”按钮选项中的“打开”(Open),打开本书配套光盘中的 Samples-02-01.max 文件。该场景是一个有简单家具的房间,见图 2-7。

(2) 在“工具”(Utilities)命令面板的“工具”(Utilities)卷展栏中单击“资源浏览器”(Asset Browser)按钮,见图 2-8,出现“资源浏览器”(Asset Browser)对话框,见图 2-9。

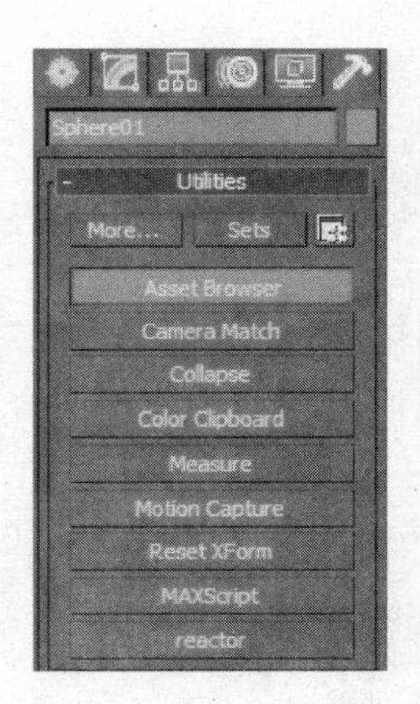

图 2-8

(3) 在“资源浏览器”(Asset Browser)中,打开本书配套光盘的 Samples\ch02 文件夹,见图 2-9。Samples\ch02 中的所有文件都显示在“资源浏览器”(Asset Browser)中。

(4) 在对话框右侧的缩略图区域单击 Samples-02-02.max,然后将它拖曳到摄像机视

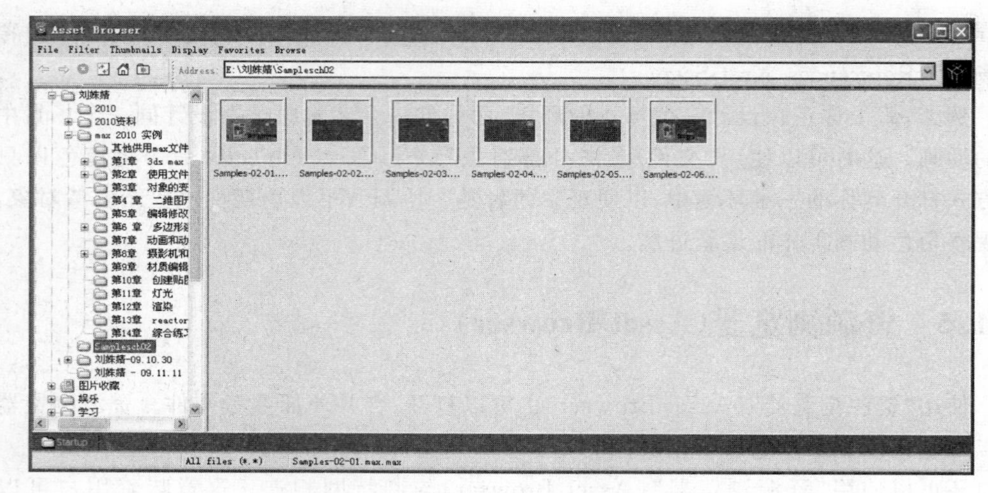

图 2-9

口中，此时出现一个快捷菜单，见图 2-10。

(5) 从出现的快捷菜单中选取“合并文件”(Merge File)。

书对象被合并到场景中，但是它好像仍然与鼠标连在一起，随鼠标一起移动。

(6) 在 Camera01 视口，将书移动到合适的位置，见图 2-11，然后单击鼠标左键。

图 2-10

图 2-11

(7) 在“资源浏览器”(Asset Browser)对话框中单击 Samples-02-03. max，然后将它拖放到 Camera01 视口。

(8) 从弹出的菜单上选取“合并对象”(Merge File)，钟表被“沾”到鼠标上。

(9) 在摄像机视口中将钟表移动到合适的位置(见图 2-12)，然后单击鼠标左键，固定它的位置。

(10) 用同样的方法将文件 Samples-02-04. max 合并到场景中来，见图 2-13。

图 2-12

图 2-13

说明：前面合并进来的对象与场景匹配得都非常好，这是因为在建模过程中仔细考虑了比例问题。如果在建模的时候不考虑比例问题，可能会发现从其他场景中合并进来的文件与当前工作的场景不匹配。在这种情况下，就必须变换合并进来的对象，以便匹配场景的比例和方位。

2.1.6 单位(Units)

在 3ds Max 中有很多地方都要使用数值进行工作。例如，当创建一个圆柱的时候，需要设置圆柱的半径(Radius)。那么 3ds Max 中这些数值究竟代表什么意思呢？

在默认的情况下，3ds Max 使用称为“一般单位”(Generic Unit)的度量单位制。可以将一般单位设定为代表用户喜欢的单位。例如，每个一般单位可以代表 1 英寸、1 米、5 米或者 100 海里。

当使用由多个场景组合出来的项目工作的时候，所有项目组成员必须使用一致的单位。

还可以给 3ds Max 显式地指定测量单位。例如，对某些特定的场景来讲，可以指定使用“英尺/英寸”(Feet/Inches)度量系统。这样，如果场景中有一个圆柱，那么它的“半径”(Radius)将不用很长的小数表示，而是使用“英尺/英寸”(Feet/Inches)来表示，例如 3′6″。当需要非常准确的模型时(例如建筑或者工程建模)该功能非常有用。

在 3ds Max 2011 中，进行正确的单位设置显得更为重要。这是因为新增的高级光照特性使用真实世界的尺寸进行计算，因此要求建立的模型与真实世界的尺寸一致。

例 2-3 使用 3ds Max 的度量单位制

(1) 启动 3ds Max，或者在菜单栏选取“文件/重置”(File/Reset)，复位 3ds Max。

(2) 在菜单栏选取“自定义/单位设置”(Customize/Units Setup)，出现“单位设置”(Units Setup)对话框，见图 2-14。

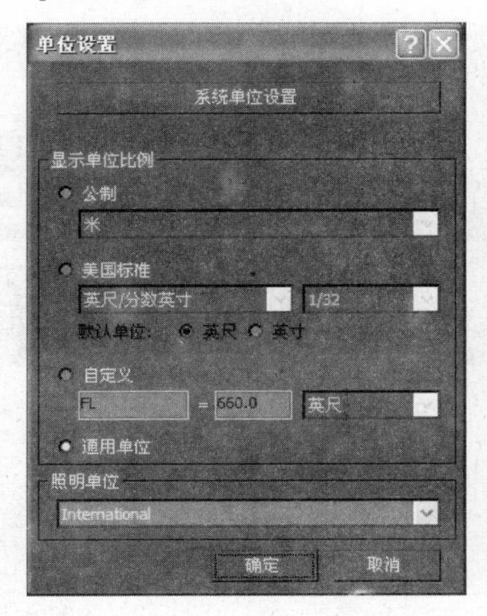

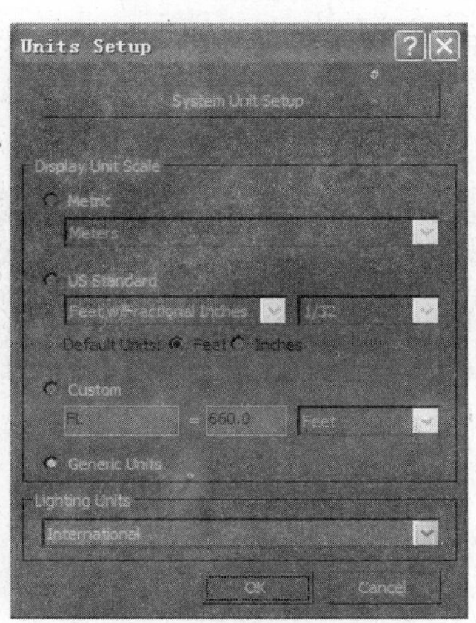

图 2-14

(3) 在“单位设置”(Units Setup)对话框中选择“公制”(Metric)单选钮。

(4) 从“公制”(Metric)下拉式列表中选取“米”(Meters),见图 2-15。

(5) 单击“确定”(OK)按钮关闭“单位设置”(Units Setup)对话框。

(6) 在“创建”(Create)面板中,单击“球体”(Sphere)按钮。在顶视口单击并拖曳鼠标,创建一个任意大小的球。现在“半径”(Radius)的数值后面有一个 m,这个 m 是米的国际单位符号,见图 2-16。

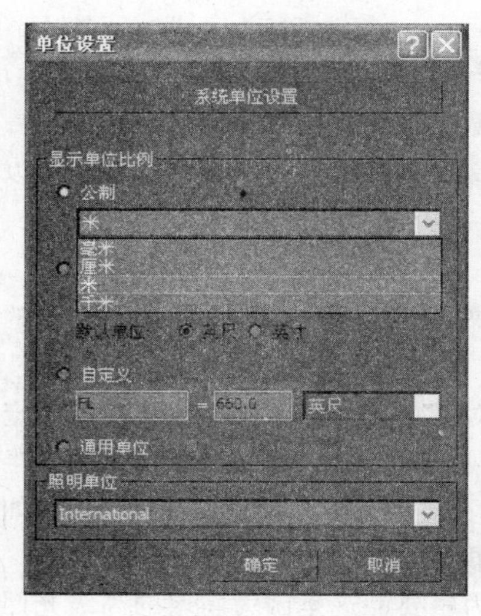

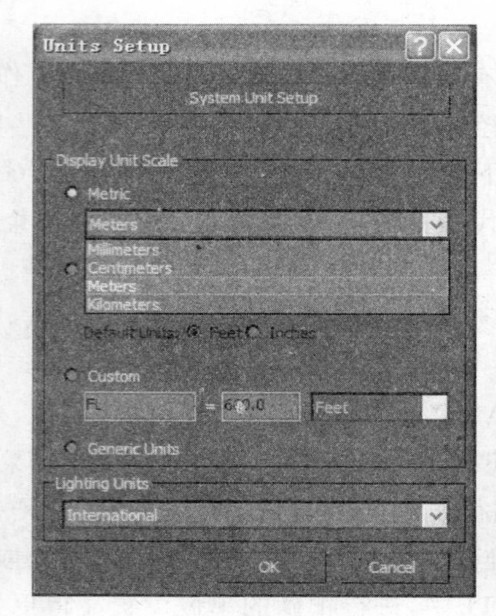

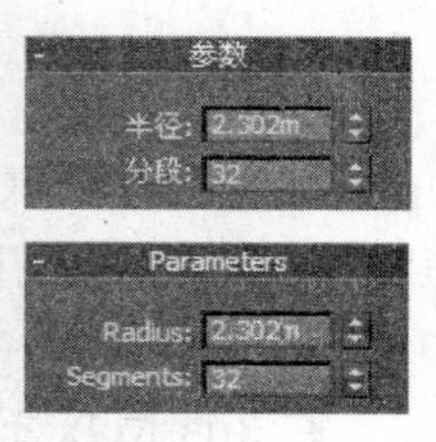

图 2-15　　图 2-16

(7) 在菜单栏选取“自定义/单位设置”(Customize/Units Setup)。在“单位设置”(Units Setup)对话框中单击“美国标准”(US Standard)单选钮。

(8) 从“美国标准”(US Standard)的下拉式列表中选取“英尺/分数英寸”(Feet w/Fractional Inches),见图 2-17。

(9) 单击“确定”(OK)按钮,关闭“单位设置”(Units Setup)对话框。现在球的半径以英尺/英寸的方式显示,见图 2-18。

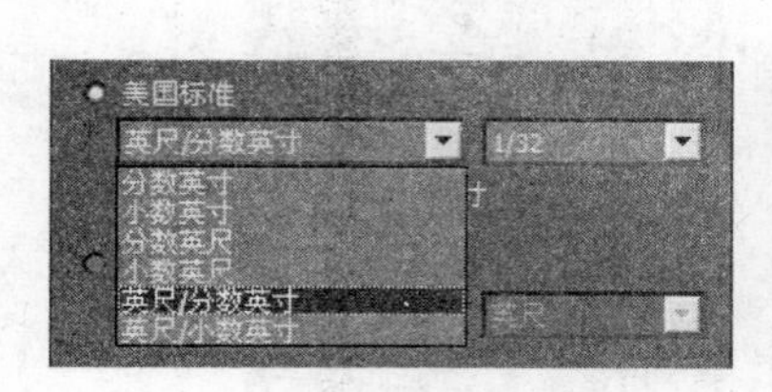

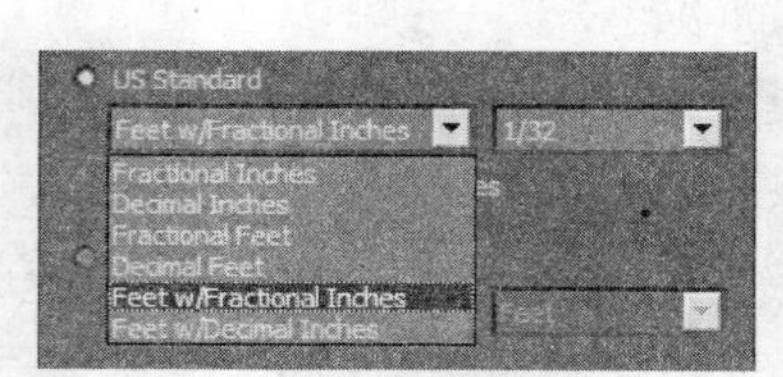

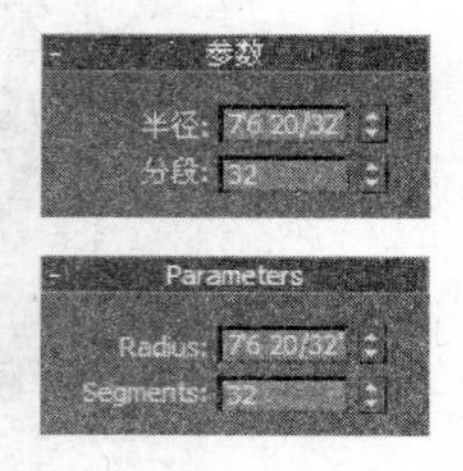

图 2-17　　图 2-18

2.1.7 SketchUp 文件导入

所有版本的谷歌 SketchUp 中的场景文件都可以通过 SketchUp 导入器直接导入。

在把 SKP 文件导入 3ds Max 时，可以选择是否将隐藏对象也导入，导入后原有的 3ds Max 场景内容保持完好。

导入 SKP 文件后，生成的对象在 3ds Max 中的组、组件和层是由 SketchUp 场景决定的。

在这里对 SketchUp 导入器只做简单介绍，初学者一般用不到这个功能，如果想深入了解，可以使用 3ds Max 的帮助文件进行学习。

2.1.8 Revit FBX 文件的文件链接

从 Revit 导出的 FBX 文件可以使用文件链接管理器进行链接，在 3ds Max 中创建高质量的渲染。

文件链接设置的界面如图 2-19 所示。"文件链接设置：FBX 文件"对话框可以控制如何从 FBX 文件转换几何体，以及在 3ds Max 中解释几何体的一些详细信息。"合并实体"(Combine Entities)选项可以控制合并 FBX 几何体和减少 3ds Max 场景复杂度的方法。

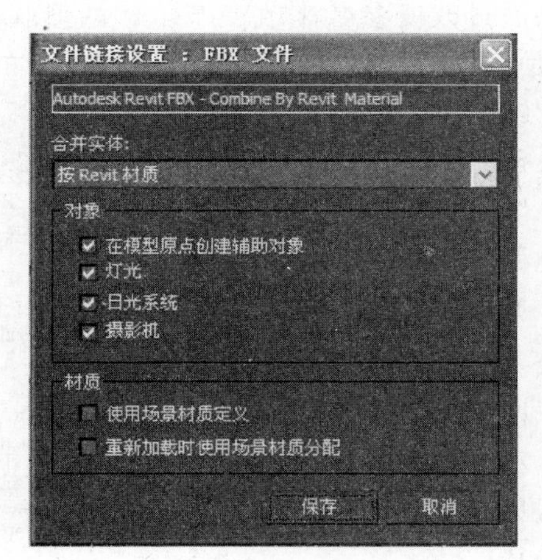

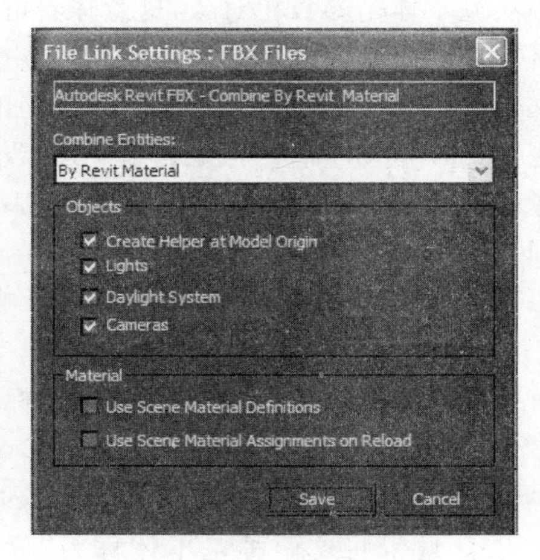

图 2-19

在这里对 SketchUp 导入器只做简单介绍，初学者一般用不到这个功能，如果想深入了解，可以使用 3ds Max 的帮助文件进行学习。

2.2 创建对象和修改对象

在"创建"(Create)命令面板中有 7 个图标，它们分别用来创建"几何体"(Geometry)、"二维图形"(Shapes)、"灯光"(Lights)、"摄像机"(Cameras)、"辅助对象"(Helpers)、"空间扭曲"(Space Warps)、"系统"(Systems)。

每个图标下面都有不同的命令集合，每个选项都有下拉式列表。在默认的情况下，启动 3ds Max 后显示的是“创建”(Create)命令面板中“几何体”(Geometry)图标下的下拉式列表中的“标准基本体”(Standard Primitives)选项。

2.2.1 原始基本体(Primitives)

在三维世界中，基本的建筑块被称为“原始基本体”(Primitives)。原始基本体通常是简单的对象，见图 2-20。它们是建立复杂对象的基础。

图 2-20

原始基本体是参数化对象，这意味着可以通过改变参数来改变基本体的形状。所有原始基本体的命令面板中的卷展栏的名字都是一样的，而且在卷展栏中也有类似的参数。可以在屏幕上交互地创建对象，也可以使用“键盘输入”(Keyboard)卷展栏通过输入参数来创建对象。当使用交互的方式创建原始基本体时，可以通过观察“参数”(Parameters)卷展栏中的参数数值的变化来了解调整时的影响，见图 2-21。

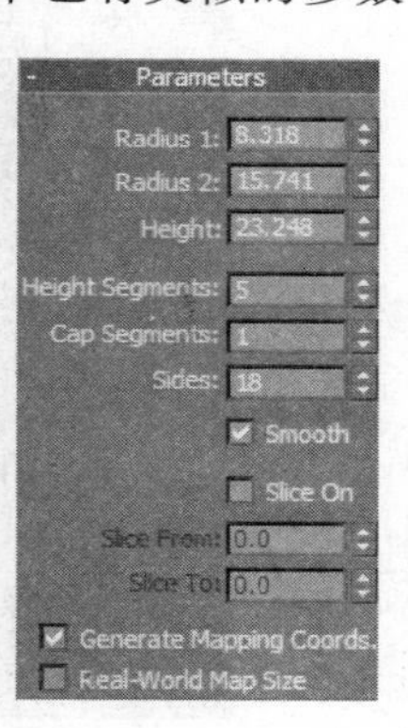

图 2-21

有两种类型的原始基本体，它们是“标准原始基本体”(Standard Primitives)，见图 2-20 左和“扩展原始基本体”(Extended Primitives)，见图 2-20 右。通常将这两种基本体称为“标准基本体”和“扩展基本体”。

要创建原始基本体，首先要从命令面板(或者 Object 标签面板)中选取基本体的类型，然后在视口中单击并拖曳即可。某些对象要求在视口中进行一次单击和拖曳操作，而另外一些对象则要求在视口中进行多次单击和鼠标移动操作。

在默认的情况下，所有对象都被创建在“主栅格”(Home Grid)上。但是可以使用“自动栅格”(AutoGrid)功能来改变这个默认设置。这个对象允许在一个已经存在对象的表面创建新的基本体。

例 2-4 创建原始基本体

(1) 启动 3ds Max，在“创建”(Create)命令面板单击“对象类型”(Object Type)卷展栏下面的“球体”(Sphere)按钮。

(2) 在顶视口的右侧单击并拖曳，创建一个占据视口一小半空间的球。

(3) 单击“对象类型”(Object Type)卷展栏下面的“长方体”(Box)按钮。

(4) 在顶视口的左侧单击并拖曳创建盒子的底,然后释放鼠标键,向上移动,待对盒子的高度满意后单击鼠标左键定位盒子的高度。

这样,场景中就创建了两个原始几何体,见图 2-22。在创建的过程中注意观察 Parameters 卷展栏中参数数值的变化。

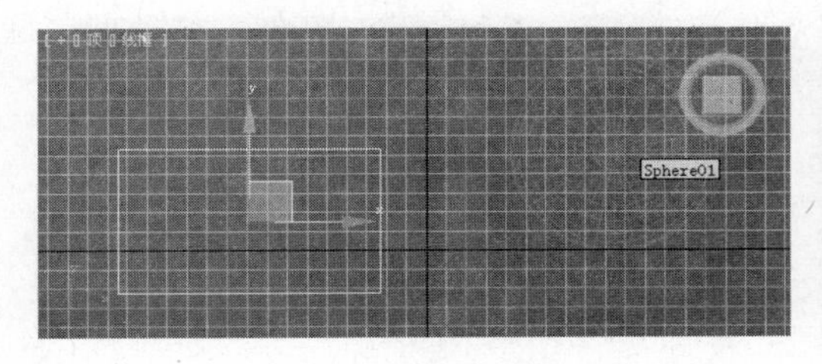

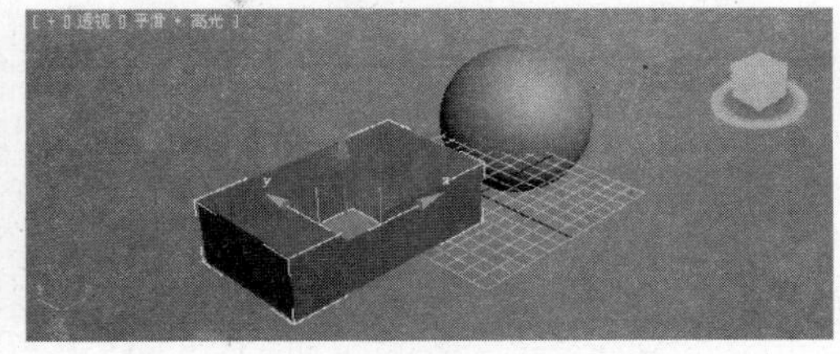

图 2-22

(5) 单击“对象类型”(Object Type)卷展栏下面的“圆锥体”(Cone)按钮。

(6) 在顶视口单击并拖曳创建圆锥的底面半径,然后释放鼠标键,向上移动,待对圆锥的高度满意后单击鼠标左键设置圆锥的高度。再向下移动鼠标,对圆锥的顶面半径满意后单击鼠标左键设置圆锥的顶面半径。这时的场景如图 2-23 所示。

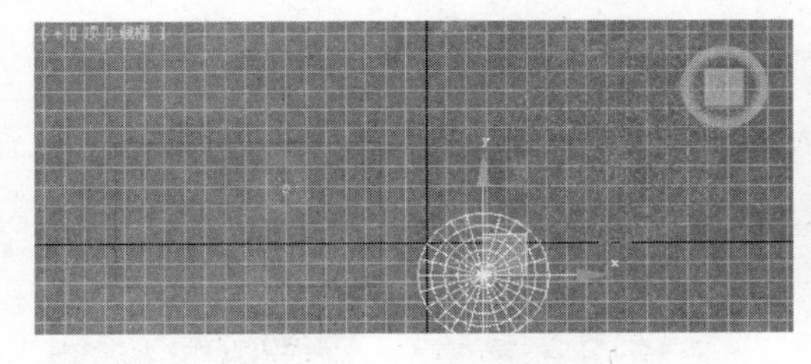
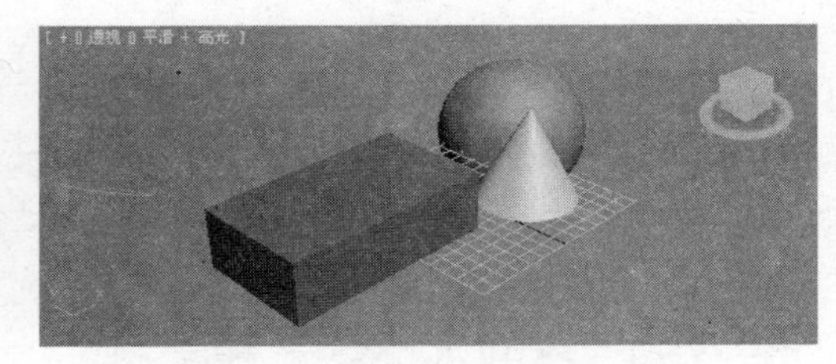

图 2-23

(7) 单击“对象类型”(Object Type)卷展栏下面的“长方体”(Box)按钮。选择“自动栅格”(AutoGrid)复选框,见图 2-24。

(8) 在透视视口,将鼠标移动到圆锥的侧面,然后单击并拖曳,创建一个盒子。盒子被创建在圆锥的侧面,见图 2-25。

对象类型	
☑ 自动栅格	
长方体	圆锥体
球体	几何球体
圆柱体	管状体
圆环	四棱锥
茶壶	平面

Object Type	
☑ AutoGrid	
Box	Cone
Sphere	GeoSphere
Cylinder	Tube
Torus	Pyramid
Teapot	Plane

图 2-24

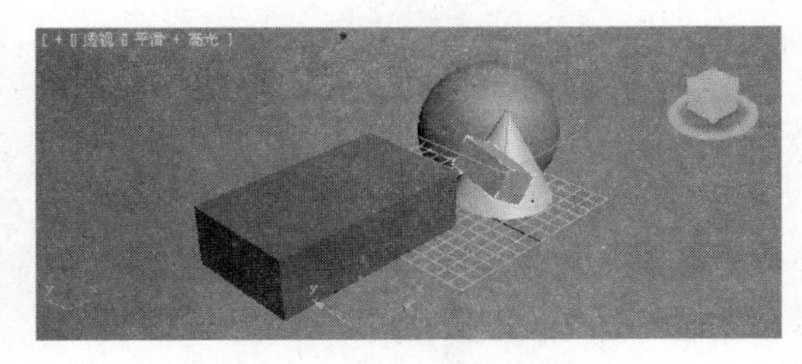

图 2-25

(9) 继续在场景中创建其他基本体。

例 2-5 利用原始基本体创建简单的物体

(1) 单击“对象类型”卷展栏下面的“圆锥体”按钮。

(2) 在顶视口创建圆锥体，并在修改(Modify)面板修改其参数，见图 2-26。

(3) 单击“对象类型”卷展栏下面的“圆锥体”按钮。选择“自动栅格”(AutoGrid)复选框，在透视视口，将鼠标移动到圆锥的侧面，然后单击并拖曳，创建一个圆锥。圆锥被创建在圆锥的侧面。

(4) 同样的方法，继续创建两个球体在初始的圆锥表面，调整参数，见图 2-27。

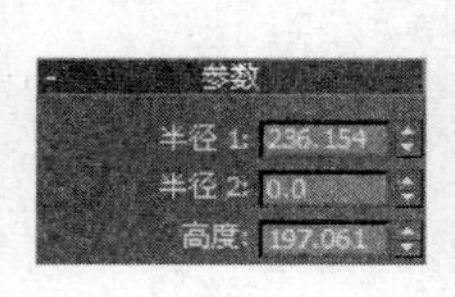

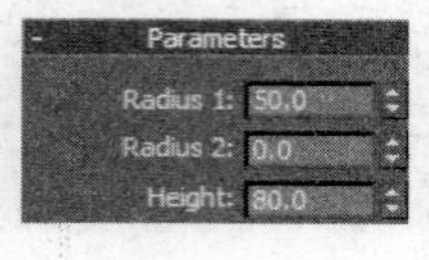

图 2-26

图 2-27

(5) 一个简单对象创建完毕。

例 2-6 创建一个简单的沙发

(1) 单击创建面板下的下拉菜单，选择“扩展基本体”(Extended Primitives)，见图 2-28。

(2) 单击“对象类型”下的“切角长方体”(ChamferBox)，在顶视图创建一个切角长方体，见图 2-29。

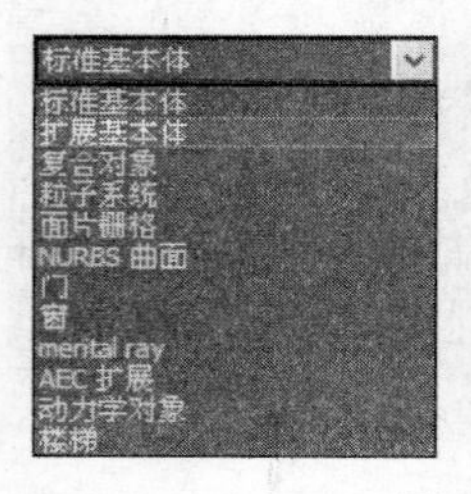

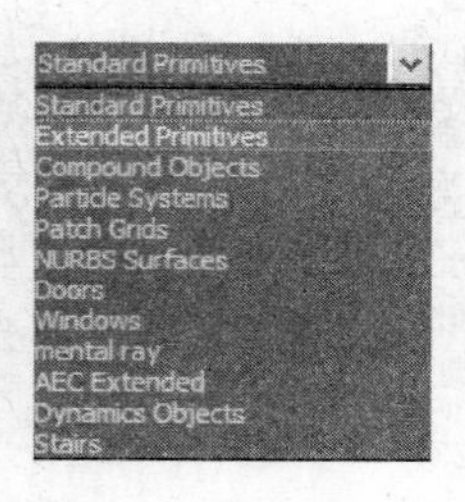

图 2-28

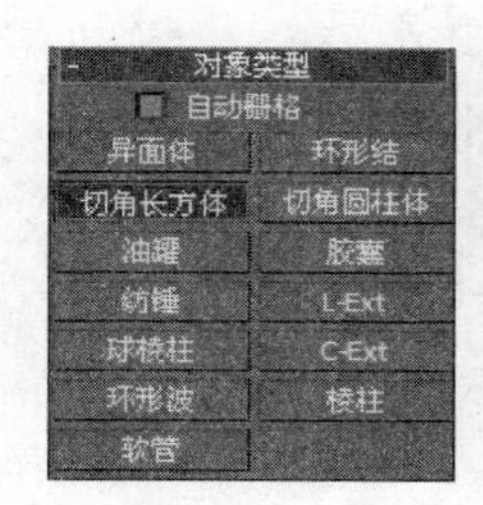

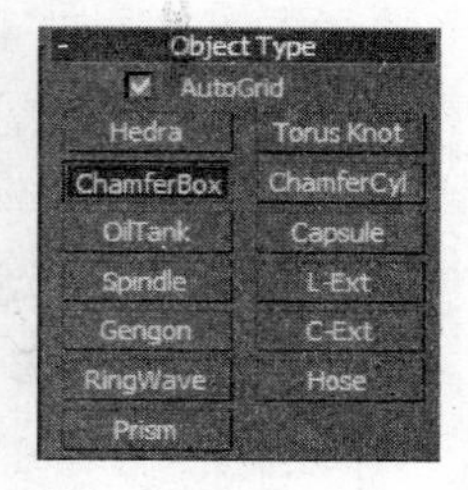

图 2-29

(3) 设置参数，见图 2-30。

(4) 继续应用切角长方体创建沙发的其他部分，见图 2-31。

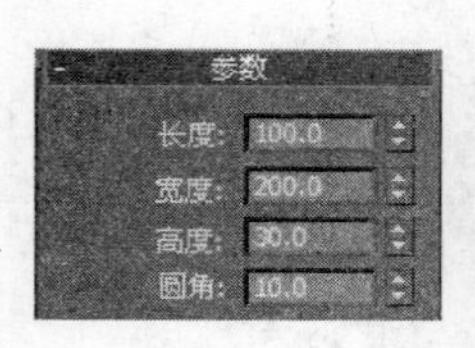

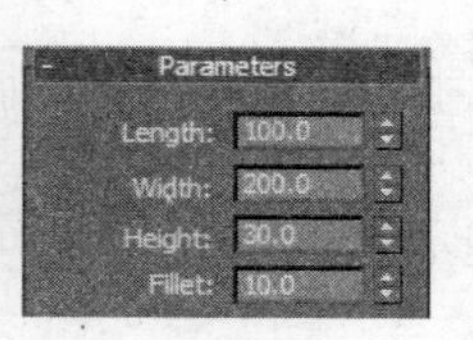

图 2-30

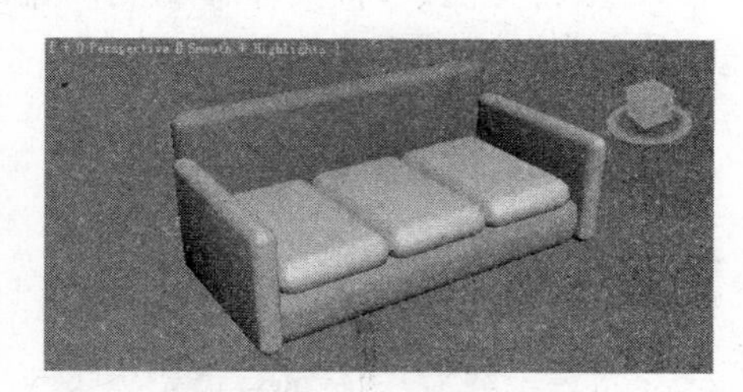

图 2-31

2.2.2 修改原始基本体

在刚刚创建完对象，且在进行任何操作之前，还可以在“创建”(Create)命令面板改变对象的参数。但是，一旦选择了其他对象或者选取了其他选项后，就必须使用“修改”(Modify)面板来调整对象的参数。

技巧：一个好的习惯是创建对象后立即进入修改(Modify)面板。这样做有两个好处：一是离开创建(Create)面板后不会意外地创建不需要的对象；二是在参数(Paramters)面板做的修改一定起作用。

1. 改变对象参数

当创建了一个对象后，可以采用如下三种方法中的一种来改变参数的数值。

(1) 突出显示原始数值，然后输入一个新的数值覆盖原始数值，最后按键盘上的Enter键。

(2) 单击微调器的任何一个小箭头，小幅度地增加或者减少数值。

(3) 单击并拖曳微调器的任何一个小箭头，较大幅度地增加或者减少数值。

技巧：调整微调器按钮的时候按下Ctrl键将以较大的增量增加或者减少数值；调整微调器按钮的时候按下Alt键将以较小的增量增加或者减少数值。

2. 对象的名字和颜色

当创建一个对象后，它被指定了一个颜色和唯一的名字。对象的名字由对象类型加上数字组成。例如，在场景中创建的第一个盒子的名字是“Box01”，下一个盒子的名字就是“Box02”。对象的名字显示在“名字和颜色”(Name and Color)卷展栏中，见图2-32。在“创建”(Create)面板中，该卷展栏在面板的底部；在“修改”(Modify)面板中，该卷展栏在面板的顶部。

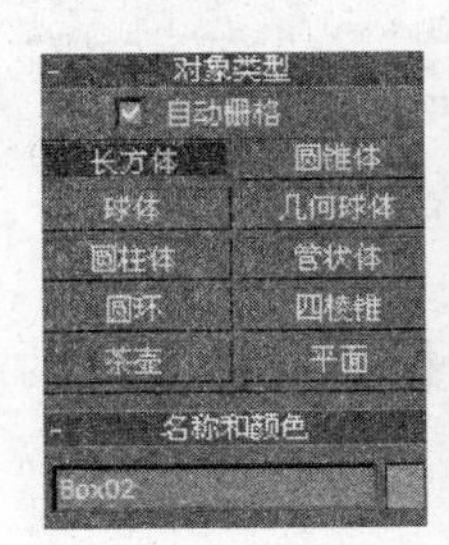

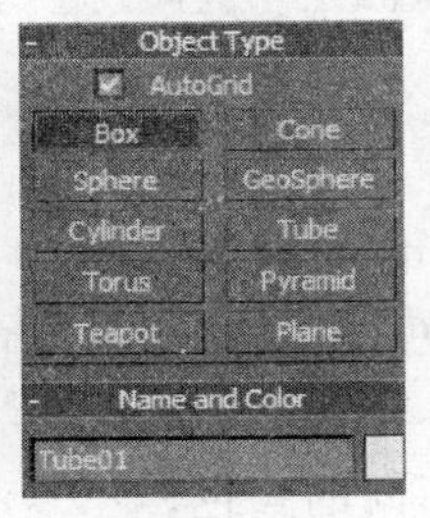

(a) 在Create面板中

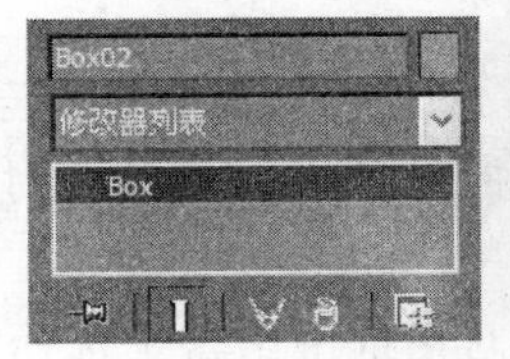

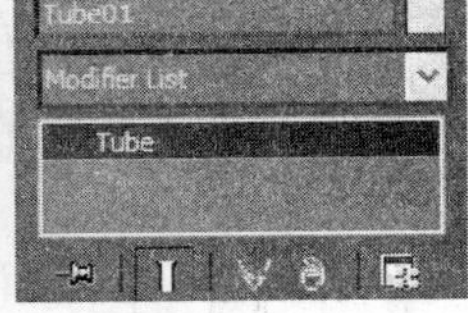

(b) 在Modify面板中

图 2-32

在默认的情况下，3ds Max随机地给创建的对象指定颜色。这样可以使用户在创建的过程中方便地区分不同的对象。

可以在任何时候改变默认的对象名字和颜色。

说明：对象的默认颜色与它的材质不同。指定给对象的默认颜色是为了在建模过程中区分对象，指定给对象的材质是为了最后渲染的时候得到好的图像。

单击“名字”(Name)区域(Box01)右边的颜色样本就出现“对象颜色”(Object Color)对话框，见图2-33。

可以在这个对话框中选择预先设置的颜色，也可以在这个对话框中单击“添加自定义

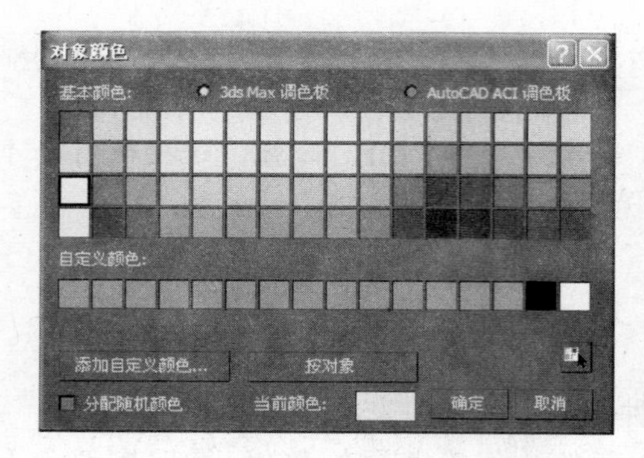

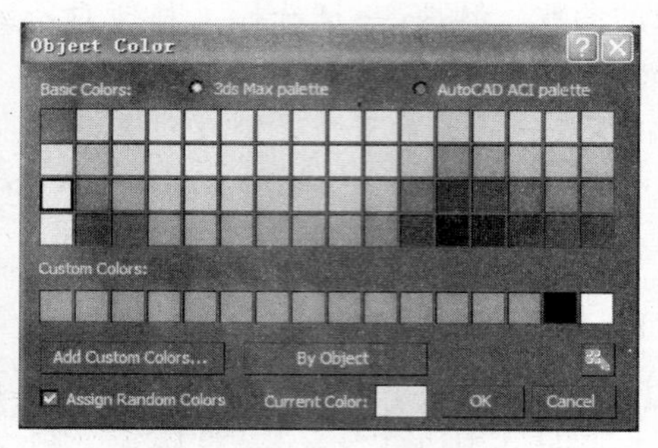

图　2-33

颜色”(Add Custom Colors)按钮创建定制的颜色。如果不希望让系统随机指定颜色，可以关闭“分配随机颜色”(Assign Random Colors)复选框。

例 2-7　改变对象的参数和颜色应用举例

(1) 启动 3ds Max，或者在菜单栏中选取“应用程序”按钮选项中的“重置”(Reset)，复位 3ds Max。

(2) 单击“创建对象”(Create)下拉列表，在弹出的下拉列表中选择“扩展基本体”(Extended Primitives)选项，在“对象类型”(Object Type)卷展栏中单击“油罐”(Oil Tank)按钮。

(3) 在透视视口中创建一个任意大小的油罐对象 OilTank01，见图 2-34。

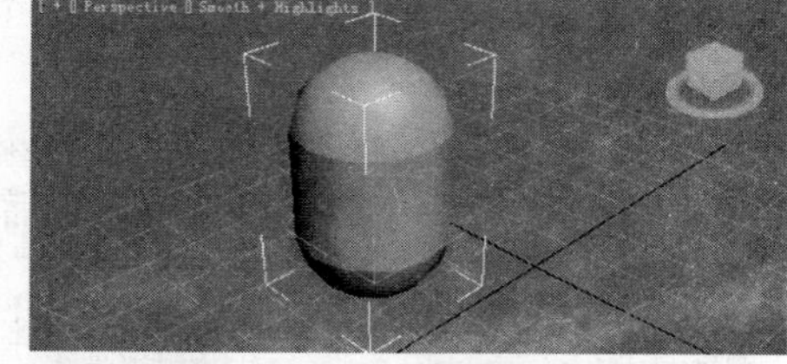

图　2-34

(4) 进入修改命令面板，在靠近命令面板的底部显示了油罐对象 OilTank01 的参数。

(5) 在修改命令面板的顶部，突出显示默认的对象名字“OilTank01”。

(6) 输入一个新名字“油罐”，然后按回车键(Enter)确认。

(7) 单击名字右边的颜色样本，出现“对象颜色”对话框，该对话框有 64 个默认的颜色供选择。

(8) 在“对象颜色”对话框中给盒子选择一个不同的颜色。

(9) 单击“确定”(OK)按钮设置颜色并关闭对话框。油罐的名字和颜色都变了，见图 2-35。

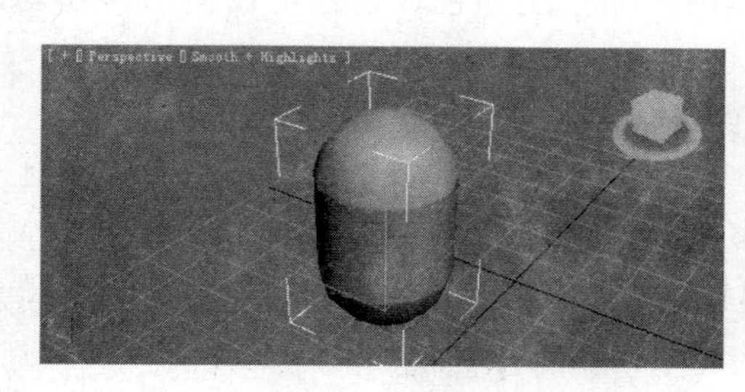
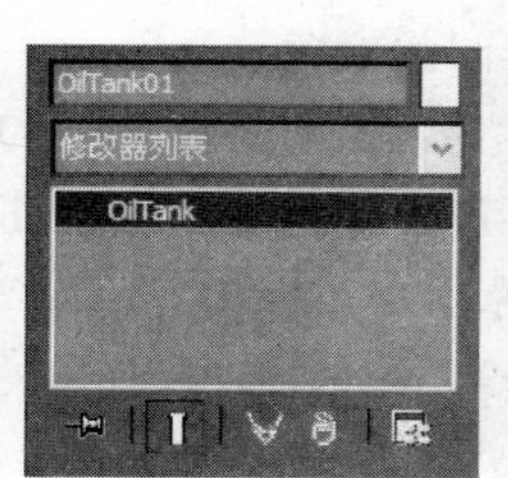

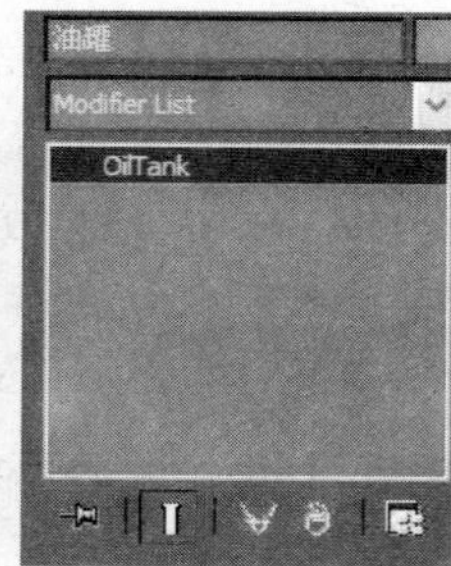

图　2-35

(10) 在“参数”卷展栏中将“封口高度”设为最小值，并将“边数”设为 4。这时场景中的油罐对象变成了一个长方体，见图 2-36。

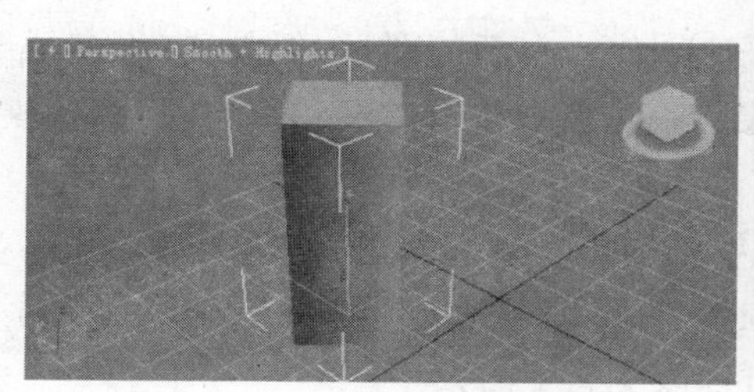

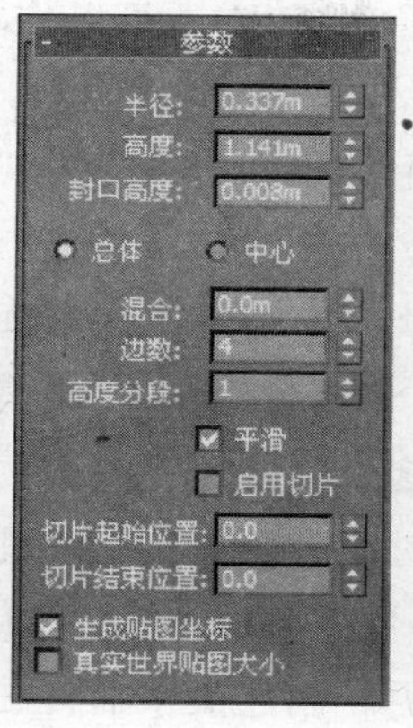

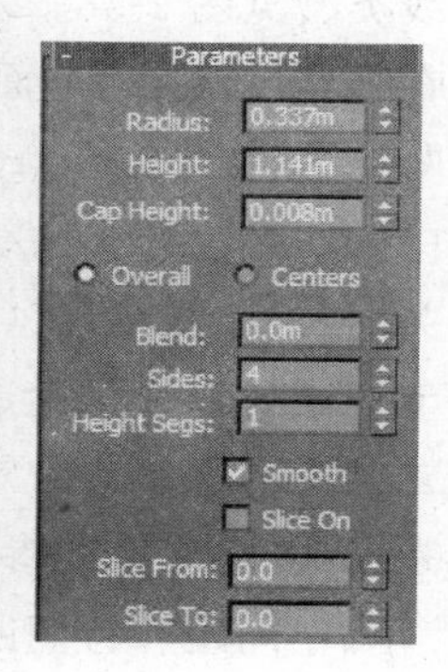

图 2-36

(11) 单击“自动关键点”(Auto Key)按钮，将关键点移动到第 100 帧的位置。

(12) 调整参数，将“边数”改为 25，将“封口高度”设为当前可设置的最大值，按“高度”微调按钮改变高度到合适的位置，使油罐形如一个球体，见图 2-37。

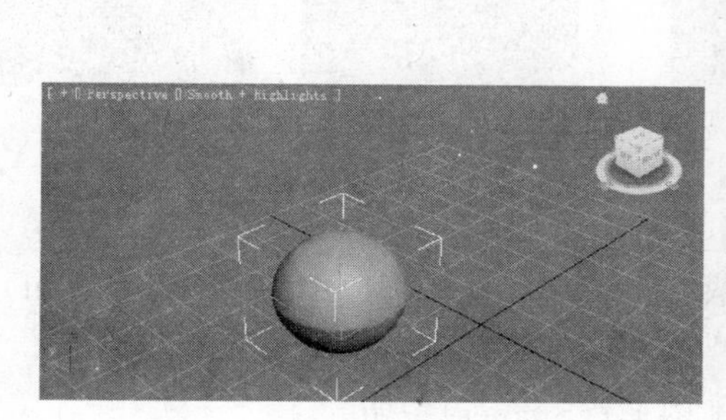

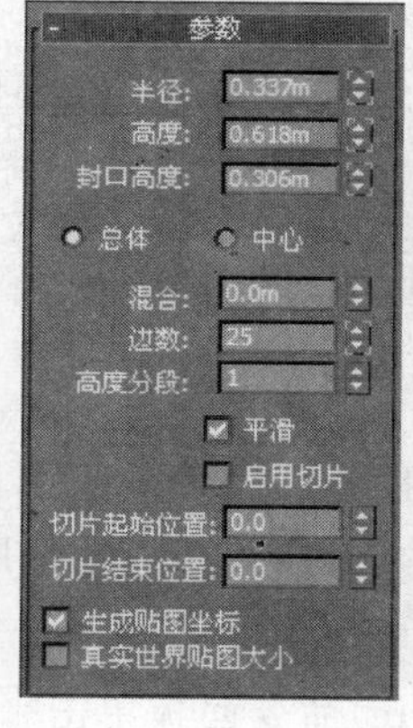

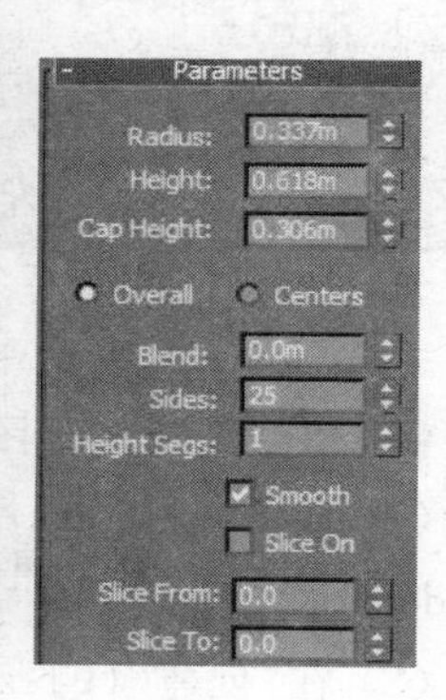

图 2-37

(13) 关闭“自动关键点”(Auto Key)按钮，单击▶“播放动画”(Play Animation)按钮查看效果，可以看到长方体逐渐变成了球体。

2.2.3 样条线(Splines)

样条线是二维图形，它是一个没有深度的连续线(可以是开的，也可以是封闭的)。创建样条线对建立三维对象的模型至关重要。例如，可以创建一个矩形，然后再定义一个厚度来生成一个盒子。也可以通过创建一组样条线来生成一个人物的头部模型。

在默认的情况下，样条线是不可以渲染的对象。这就意味着如果创建一个样条线并进行渲染，那么在视频帧缓存中将不显示样条线。但是，每个样条线都有一个可以打开的厚度选项。这个选项对创建霓虹灯的文字、一组电线或者电缆的效果非常有用。

样条线本身可以设置动画，它还可以作为对象运动的路径。3ds Max 2011 中常见的样条线类型见图 2-38。

在“创建”(Create)面板的“图形”(Shapes)中，“对象类型”(Object Type)卷展栏中有一个“开始新图形”(Start New Shape)复选框。可以将这个复选框关闭来创建一个二维图形中的一系列样条曲线。默认情况下是每次创建一个新的图形，但是，在很多情况下，需要关闭“开始新图形”(Start New Shape)复选框来创建嵌套的多边形，在后续建模的有关章节中还要详细讨论这个问题。

二维图形也是参数对象，在创建之后也可以编辑二维对象的参数。例如，图 2-39 给出的是创建文字时的“参数”(Parameters)卷展栏。可以在这个卷展栏中改变文字的字体、大小、字间距和行间距。创建文字后还可以改变文字的大小。

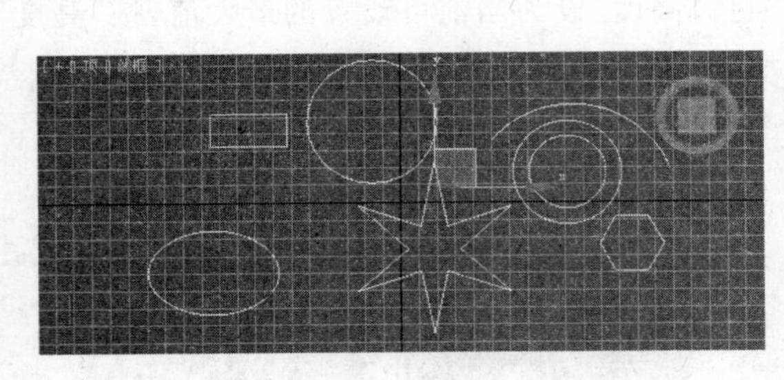

图 2-38

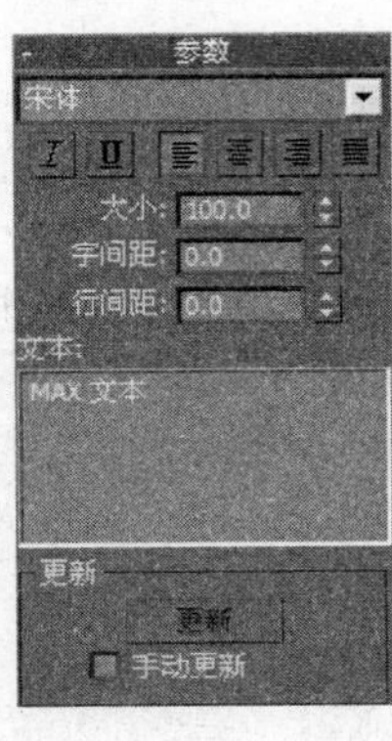

Parameters
Arial
Size: 100.0
Kerning: 0.0
Leading: 0.0
Text:
MAX Text
Update
Update
Manual Update

图 2-39

例 2-8 创建二维图形

(1) 启动 3ds Max，或者在菜单栏中选取“应用程序”按钮选项中的“重置”(Reset)，复位 3ds Max。

(2) 在“创建”(Create)命令面板单击“图形”(Shapes)按钮。

(3) 在“对象类型”(Object Type)卷展栏单击“球体”(Circle)按钮。

(4) 在前视口单击并拖曳创建一个圆。

(5) 单击命令面板中“对象类型”(Object Type)卷展栏下面的“矩形”(Rectangle)按钮。

(6) 在前视口中单击并拖曳来创建一个矩形，见图 2-40。

(7) 单击视口导航控制中的“平移视图”(PanView)按钮。

(8) 在前视口单击并向左拖曳，给视口的右边留一些空间，见图 2-41。

(9) 单击命令面板中“对象类型”(Object Type)卷展栏下面的“星形”(Star)按钮。

(10) 在前视口的空白区域单击并拖曳来创建星星的外径。释放鼠标再向内移动来定义星星的内径，然后单击完成星星的创建，见图 2-42。

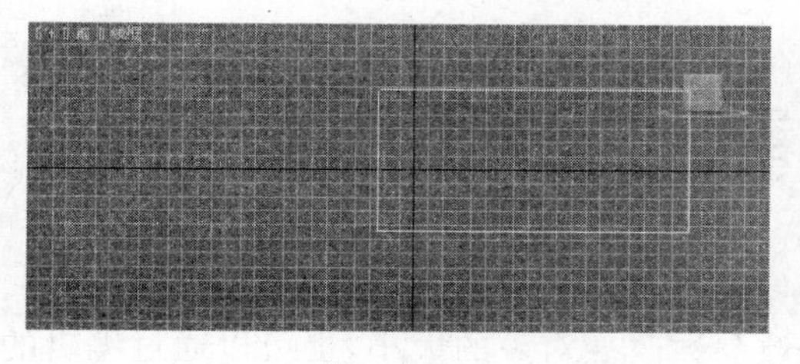

图 2-40

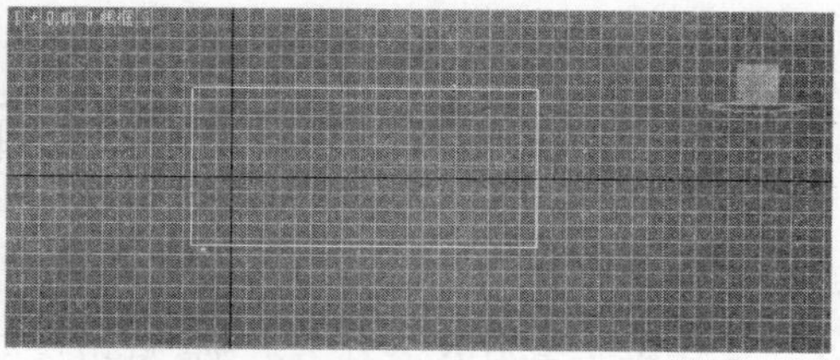

图 2-41

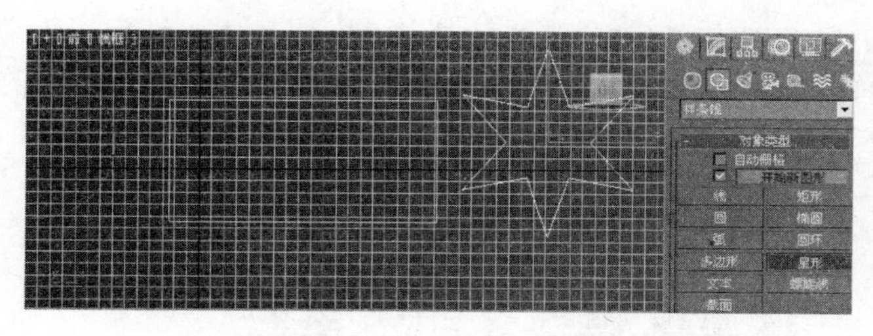

图 2-42

(11) 在“创建”(Create)命令面板的“参数”(Parameters)卷展栏,将“点”(Points)改为 5。星星变成了五角形,见图 2-43。

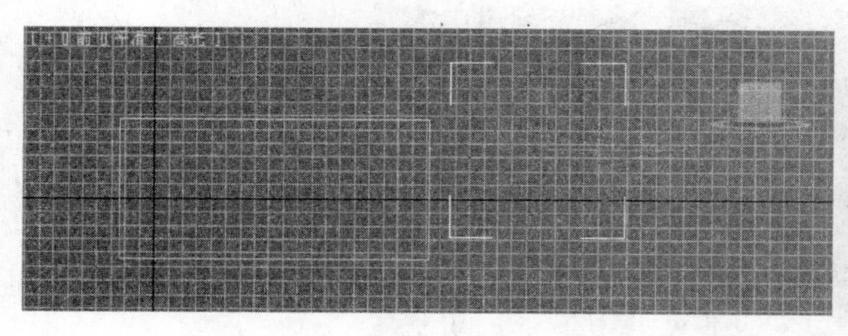

图 2-43

(12) 单击视口导航控制中的“平移视图”(PanView)按钮。

(13) 在前视口单击并向左拖曳,给视口的右边留一些空间,见图 2-44。

(14) 单击命令面板中“对象类型”(Object Type)卷展栏下面的“线”(Line)按钮。

(15) 在前视口中单击开始画线,移动光标再次单击画一条直线,然后继续移动光标,再次单击,画另外一条直线。

(16) 依次进行操作,直到对画的线满意后单击鼠标右键结束画线操作。现在的前视口如图 2-45 所示。

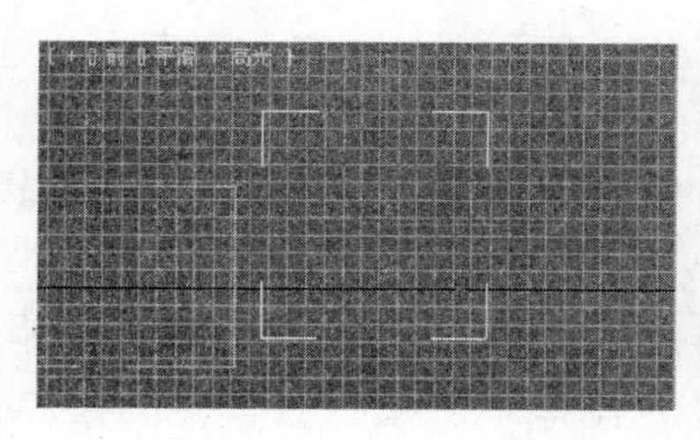

图 2-44

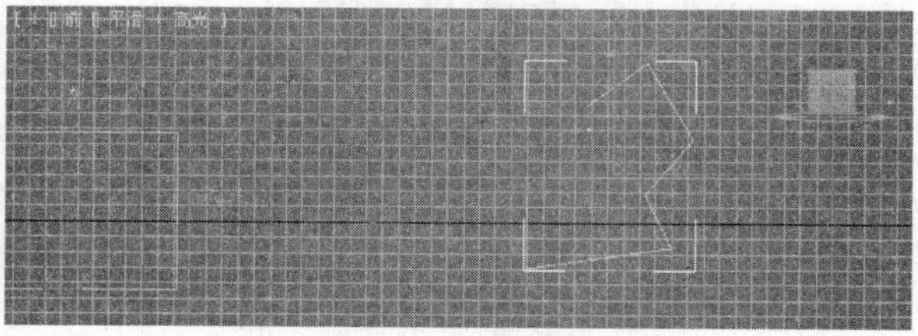

图 2-45

2.3 编辑修改器堆栈的显示

创建完对象(几何体、二维图形、灯光和摄像机等)后,就需要对创建的对象进行修改。对对象的修改可以是多种多样的,可以通过修改参数改变对象的大小,也可以通过编辑的方法改变对象的形状。

要修改对象,就要使用"修改"(Modify)命令面板。"修改"(Modify)面板被分为两个区域:编辑修改器堆栈显示区和对象的卷展栏区域(见图 2-46)。

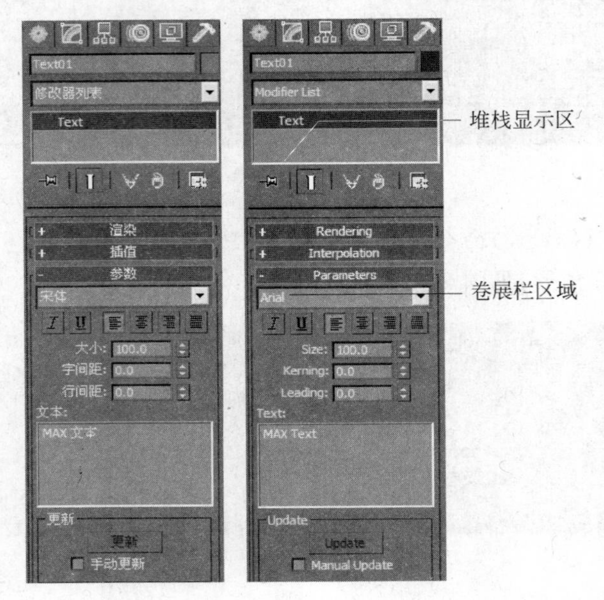

图 2-46

本节将介绍编辑修改器堆栈显示的基本概念。后面还要更为深入地讨论与编辑修改器堆栈相关的问题。

2.3.1 编辑修改器列表

在靠近"修改"(Modify)命令面板顶部的地方显示"修改器列表"(Modifier List)。可以通过单击"修改器列表"(Modifier List)右边的箭头打开一个下拉式列表。列表中的选项就是编辑修改器,见图 2-47。

列表中的编辑修改器是根据功能的不同进行分类的。尽管初看起来列表很长,编辑修改器很多,但是这些编辑修改器中的一部分是常用的,而另外一些则很少用。

当在"修改器列表"(Modifier List)上单击鼠标右键后,会出现一个弹出菜单,见图 2-48。可以使用这个菜单完成如下工作:

- 过滤在列表中显示的编辑修改器;

• 在“修改器列表”(Modifier List)下显示出编辑修改器的按钮；
• 定制自己的编辑修改器集合。

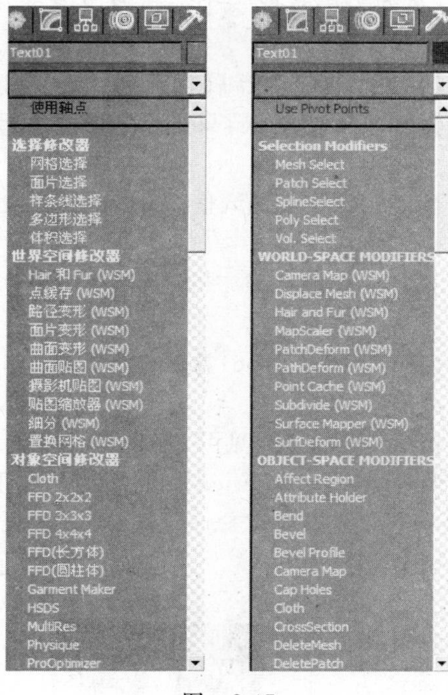

图 2-47

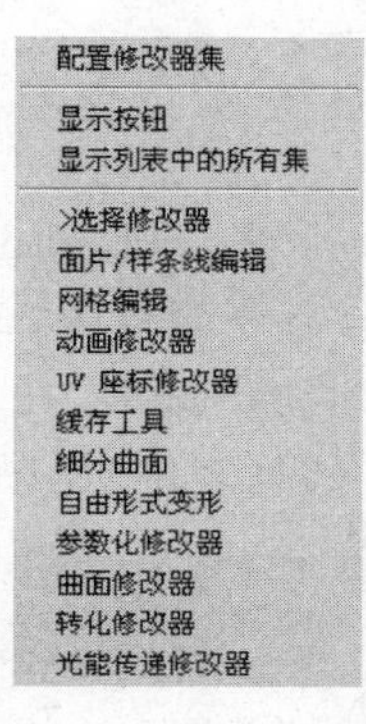

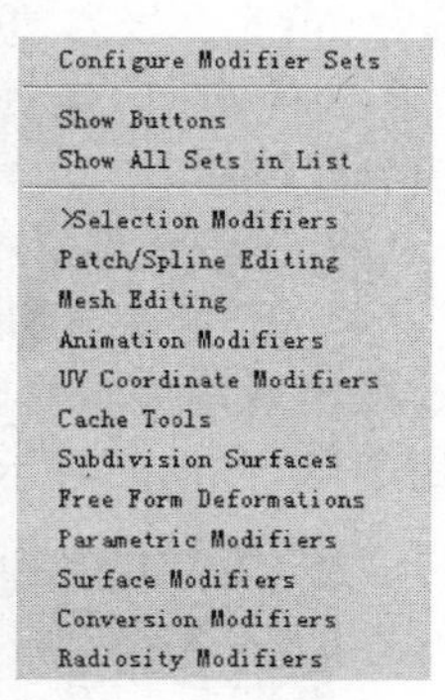

图 2-48

2.3.2 应用编辑修改器

要使用某个编辑修改器，需要从列表中选择。一旦选择了某个编辑修改器，它会出现在堆栈的显示区域中。可以将编辑修改器堆栈想象成为一个历史记录堆栈。这个历史的最底层是对象的类型(称之为基本对象)，后面是基本对象应用的编辑修改器。在图 2-49 中，基本对象是“圆柱”(Cylinder)，编辑修改器是“弯曲”(Bend)。

当给一个对象应用编辑修改器后，它并不立即发生变化。但是编辑修改器的参数显示在命令面板中的“参数”(Parameters)卷展栏，见图 2-50。要使编辑修改器起作用，就必须调整“参数”(Parameters)卷展栏中的参数。

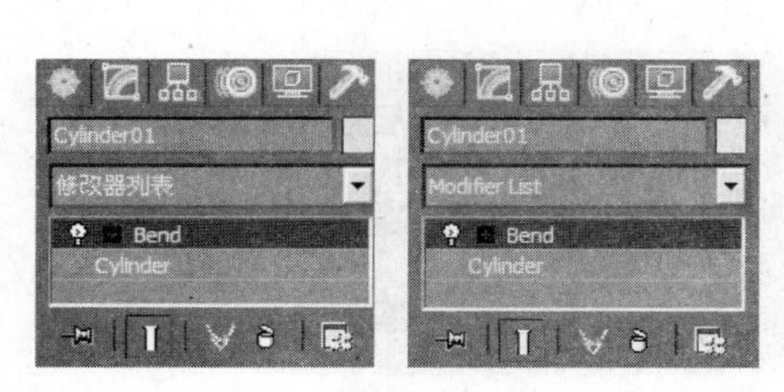

图 2-49

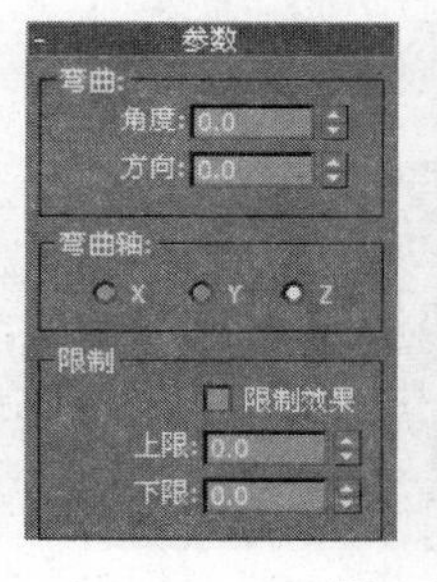

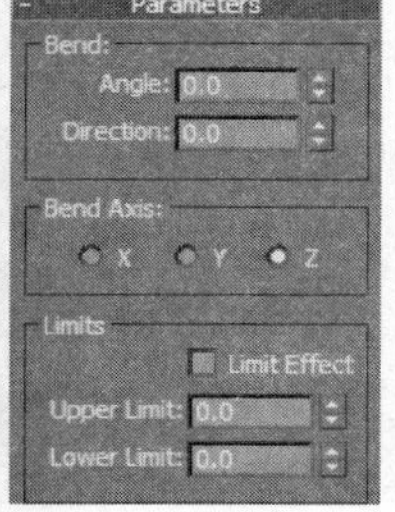

图 2-50

可以给对象应用许多编辑修改器，这些编辑修改器按应用的次序显示在堆栈的列表中。最后应用的编辑修改器在最顶部，基本对象总是在堆栈的最底部。

当堆栈中有多个编辑修改器的时候，可以通过在列表中选取一个编辑修改器来在命令面板中显示它的参数。

不同的对象类型有不同的编辑修改器。例如，有些编辑修改器只能应用于二维图形，而不能应用于三维图形。当用下拉式列表显示编辑修改器的时候，只显示能够应用于选择对象的编辑修改器。

可以从一个对象向另外一个对象拖放编辑修改器，也可以交互地调整编辑修改器的次序。

例 2-9 使用编辑修改器

(1) 启动 3ds Max，或者在菜单栏中选取“应用程序”按钮选项中的“重置”(Reset)，复位 3ds Max。

(2) 单击“创建”(Create)命令面板上“对象类型”(Object Type)卷展栏下面的“球体”(Sphere)按钮。

(3) 在透视视口创建一个半径(Radius)约为 40 个单位的球，见图 2-51。

(4) 在“修改”(Modify)命令面板中，单击“修改器列表”(Modifier List)右边的向下箭头。在出现的编辑修改器列表中选取“拉伸”(Stretch)。“拉伸”(Stretch)编辑修改器被应用于球，并同时显示在堆栈列表中，见图 2-52。

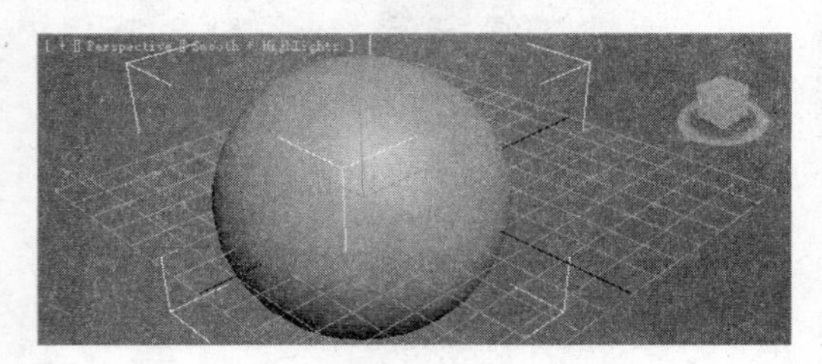

图 2-51

图 2-52

(5) 在“修改”(Modify)面板的“参数”(Parameters)卷展栏，将“拉伸”(Stretch)改为 1，将 Amplify 改为 3.0。现在球变形了，见图 2-53。

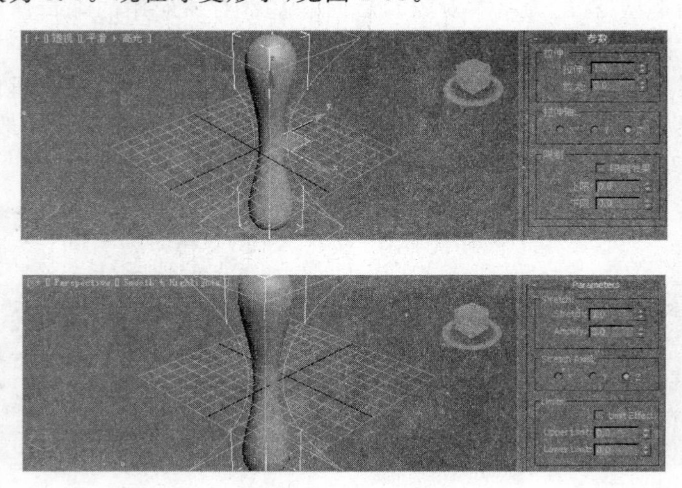

图 2-53

(6) 在"创建"(Create)命令面板中，单击"对象类型"(Object Type)卷展栏中的"圆柱体"(Cylinder)按钮。

(7) 在透视视口中球的旁边创建一个圆柱。

(8) 在"创建"(Create)面板的"参数"(Parameters)卷展栏将"半径"(Radius)改为 6，将"高"(Height)改为 80。

(9) 切换到"修改"(Modify)命令面板，单击"修改器列表"(Modifier List)右边的向下箭头，在编辑修改器列表中选取"弯曲"(Bend)。"弯曲"(Bend)编辑修改器应用于圆柱，并同时显示在堆栈列表中。

(10) 在"修改"(Modify)面板的"参数"(Parameters)卷展栏将"角度"(Angle)改为－90，圆柱变弯曲了，见图 2-54。

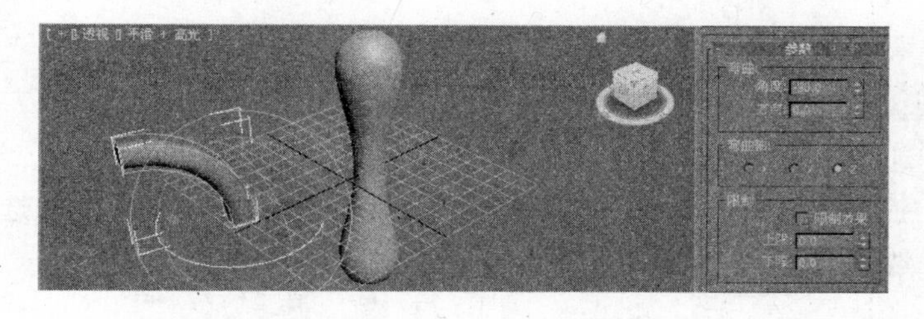

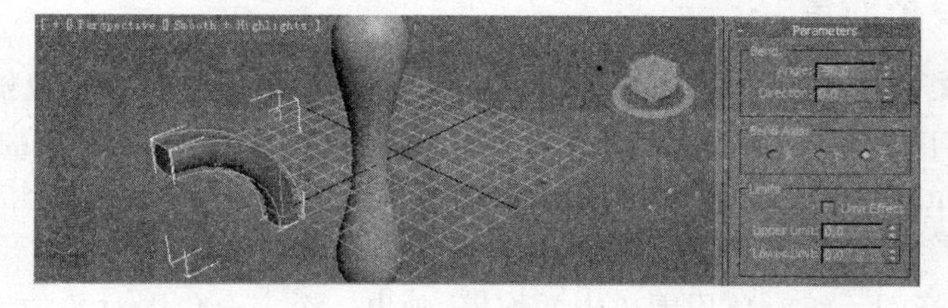

图 2-54

(11) 从圆柱的堆栈列表中将"弯曲"(Bend)拖曳到场景中拉伸后的球上。球也变得弯曲了，同时它的堆栈中也出现了 Bend 编辑修改器，见图 2-55。

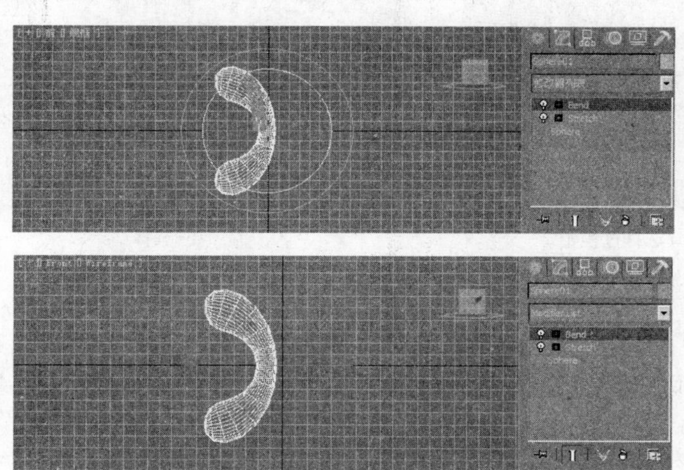

图 2-55

2.4　对象的选择

在对某个对象进行修改之前，必须先选择对象。选择对象的技术将直接影响在 3ds Max 中的工作效率。

1. 选择一个对象

选择对象最简单的方法是使用选择工具在视口中单击。下面是主工具栏中常用的选择对象工具。

仅仅用来选择对象，单击即可选择一个对象。

为 5 种不同的区域选择方式，分别是矩形方式、圆形方式、自由多边形方式、套索方式，以及绘制选择区域方式。

根据名字选择对象，可以在“选取对象”(Select Objects)对话框中选择一个对象。

交叉选择方式/窗口选择方式。

2. 选择多个对象

当选择对象的时候，常常希望选择多个对象或者从选择的对象中取消某个对象的选择，这就需要将鼠标操作与键盘操作结合起来。下面给出选择多个对象的方法。

- Ctrl＋单击：向选择的对象中增加对象。
- Alt＋单击：从当前选择的对象中取消某个对象的选择。
- 在要选择的一组对象周围单击并拖曳，画出一个完全包围对象的区域。当释放鼠标键的时候，框内的对象被选择。

图 2-56 是使用画矩形区域的方式选择对象的操作。

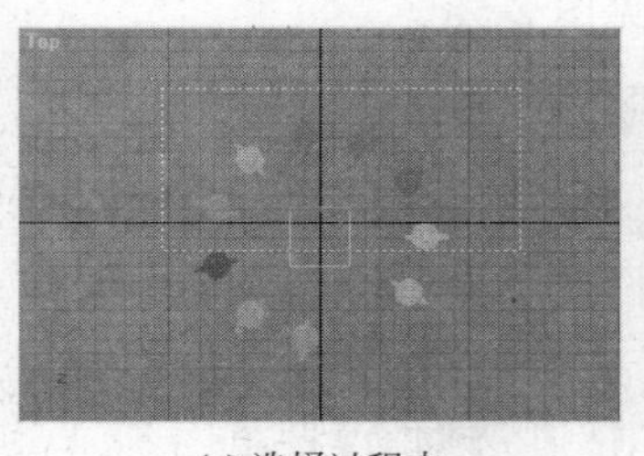

(a) 选择过程中

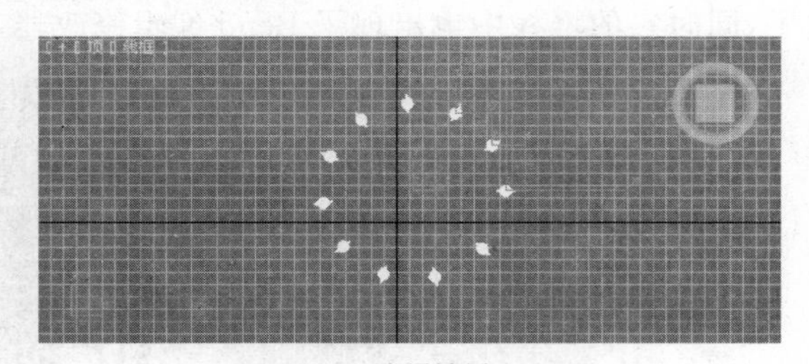

(b) 选择结果

图　2-56

注意：在默认的状态下，所画的选择区域是矩形的。还可以通过主工具栏的按钮将选择方式改为“圆形”(Circular)区域选择方式、“任意”(Fence)形状区域选择方式或者“套索”(Lasso)选择方式。

当使用矩形选择区域选择对象的时候，主工具栏有一个按钮用来决定矩形区域如何影响对象。这个触发按钮有两个选项：

Window Selection(窗口选择)：选择完全在选择框内的对象。

Crossing Selection(交叉选择)：在选择框内和与选择框线交叉的对象都被选择。

3. 根据名称来选择

在主工具栏上有一个“按名字选择对象”(Select by Name)按钮。单击这个按钮后就会出现“从场景选择”(Select From Scene)对话框，该对话框显示场景中所有对象的列表。按键盘上的 H 键也可以访问这个对话框。该对话框也可以用来选择场景中的对象。

技巧：当场景中有许多对象的时候，它们会在视口中相互重叠，这时在视口中采用单击的方法选择它们将是很困难的。但是使用 Select from Scene 对话框就可以很好地解决这个问题。

例 2-10 根据名称来选择对象

(1) 启动 3ds Max，或者继续前面的练习，在菜单栏上选取“应用程序”按钮选项中的“打开”(Open)，打开本书配套光盘中的 Samples-02-01. max 文件。该场景是一个有简单家具的房间，见图 2-57。

图 2-57

(2) 在主工具栏上单击“按名字选择对象”(Select by Name)按钮，出现“从场景选择”(Select From Scene)对话框，见图 2-58。

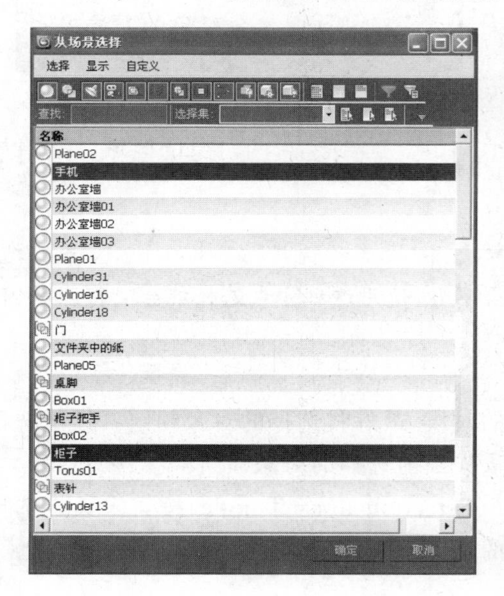

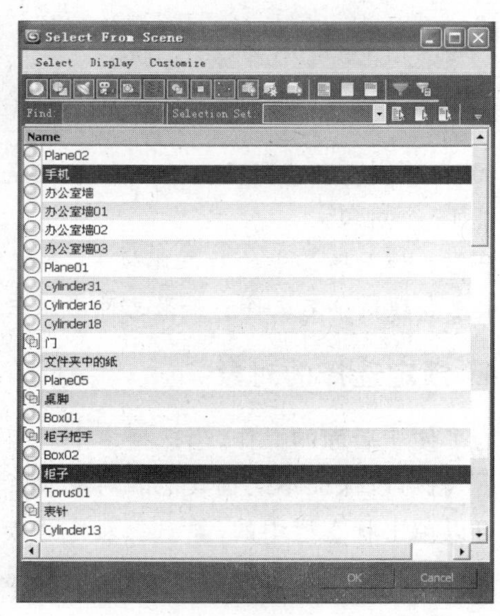

图 2-58

(3) 在“从场景选择”(Select From Scene)对话框中单击“手机”。

(4) 在“从场景选择”(Select From Scene)对话框中按下 Ctrl 键，然后单击“柜子”。这时“从场景选择”(Select From Scene)对话框的列表中有两个对象被选择，见图 2-58。

(5) 在“从场景选择”(Select From Scene)对话框中单击“确定”(OK)按钮。这时“从场景选择”(Select From Scene)对话框消失，场景中有两个对象被选择，在被选择的对象周围有白色框。

(6) 按键盘上的 H 键，出现“从场景选择”(Select From Scene)对话框。

(7) 在“从场景选择”(Select From Scene)对话框中单击文件夹。

(8) 按下 Shift 键，然后单击文件夹 14。在两个被选择对象中间的对象都被选择了，见图 2-59。

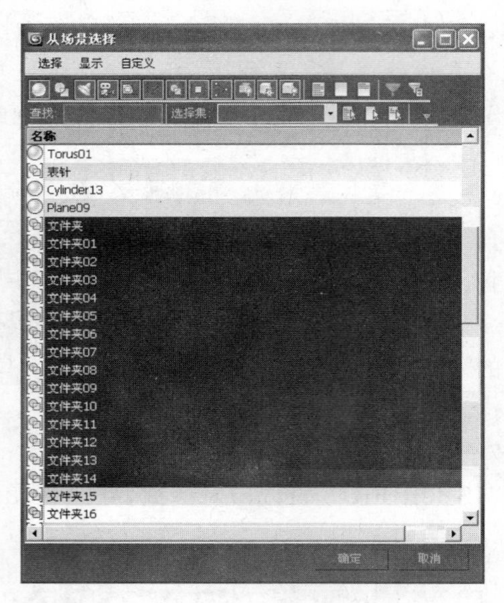

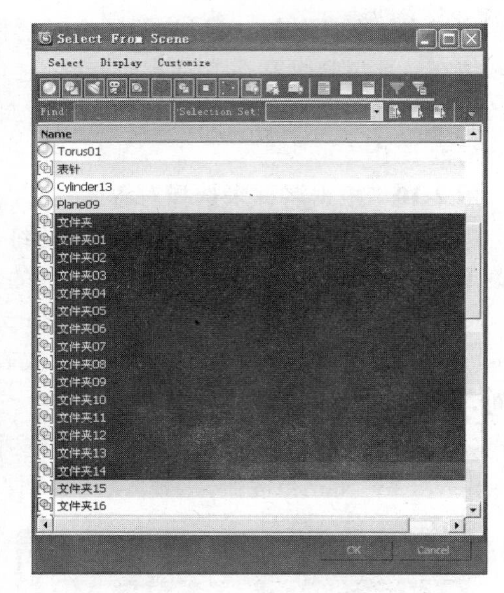

图 2-59

(9) 在“从场景选择”(Select From Scene)对话框单击“确定”(OK)按钮。在场景中选择了 15 个对象。

注意：如果场景中的对象比较多，会经常使用“按名称选择”(Select by Name)功能。这就要求合理地命名文件。如果文件名组织得不好，使用这种方式选择就会变得非常困难。

4. 锁定选择的对象

为了便于后面的操作，当选择多个对象的时候，最好将选择的对象锁定。锁定选择的对象后，就可以保证不误选其他的对象或者丢失当前选择的对象。

可以单击状态栏中的“选择锁定切换”(Selection Lock Toggle)按钮来锁定选择的对象，也可以按键盘上的空格键来锁定选择的对象。

2.5 选择集(Selection Sets)和组(Group)

“选择集”(Selection Sets)和“组”(Group)用来帮助在场景中组织对象。尽管这两个选项的功能有点类似，但是工作流程却不同。此外，选择集在对象的次对象层次非常有用，而组在对象层次非常有用。

2.5.1 选择集

“选择集”(Selection Sets)允许给一组选择对象的集合指定一个名字。由于经常需要对一组对象进行变换等操作，所以选择集非常有用。当定义选择集后，就可以通过一次操作选择一组对象。

例 2-11 创建和使用命名的选择集

(1) 继续前面的练习，或者在菜单栏上选取“应用程序”按钮选项中的“打开”(Open)，打开本书配套光盘中的 Samples-02-01.max 文件。

(2) 在主工具栏上单击“按名称选择”(Select by Name)按钮，出现“从场景选择”(Select From Scene)对话框。

(3) 在“从场景选择”(Select From Scene)对话框中单击“桌子”。

(4) 在“从场景选择”(Select From Scene)对话框中按下 Ctrl 键并单击“笔筒”和“电脑”，见图 2-60。

(5) 在“从场景选择”(Select From Scene)对话框单击“确定”(OK)按钮，组成桌子的 3 个对象被选择了，见图 2-61。

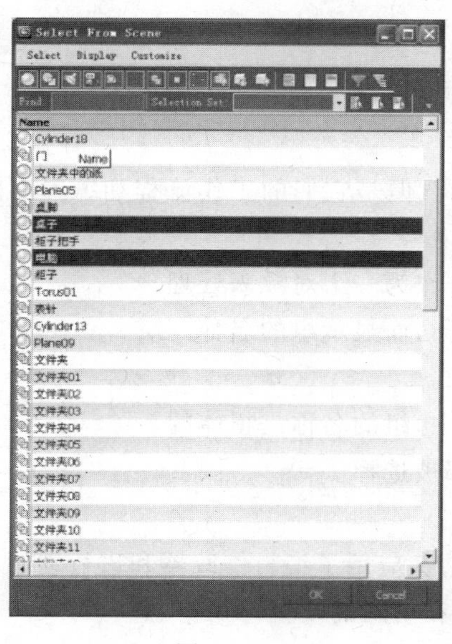

图 2-60

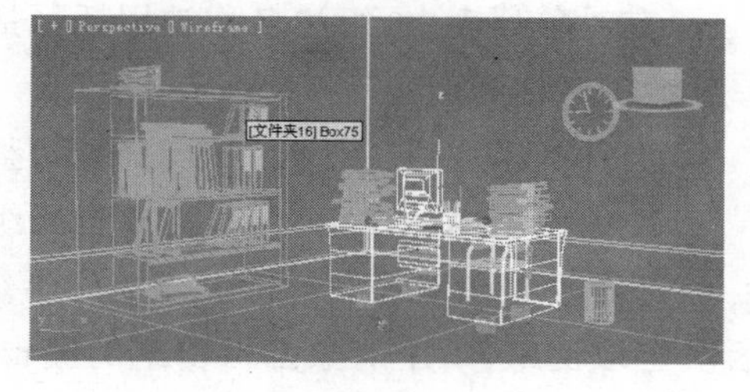

图 2-61

(6) 单击状态栏的“选择锁定切换”(Selection Lock Toggle)按钮。

(7) 在前视口中用单击的方式选择其他对象。

由于“选择锁定切换”(Selection Lock Toggle)已经处于打开状态，因此不能选择其他对象。

(8) 在主工具栏将鼠标光标移动到 Create Selection Set "创建选择集"(Create Selection Sets)区域。

(9) 在 table "创建选择集"(Create Selection Sets)键盘输入区域输入Table,然后按Enter键,这样就命名了选择集。

注意:如果没有按Enter键,选择集的命名将不起作用。这是初学者经常遇到的问题。

(10) 按空格键关闭"选择锁定切换"(Selection Lock Toggle)按钮的设定。

(11) 在前视口的任何地方单击,原来选择的对象将不再被选择。

(12) 在主工具栏单击"创建选择集"(Create Selection Sets)区域向下的箭头,然后在弹出的列表中选取 Table。桌子的对象又被选择了。

(13) 按键盘上的H键,出现"从场景选择"(Select From Scene)对话框。

(14) 在"从场景选择"(Select From Scene)对话框中,对象仍然是作为个体被选择的。该对话框中也有一个Selection Sets选择列表。

(15) 在"从场景选择"(Select From Scene)对话框单击"取消"(Cancel)按钮,关闭该对话框。

(16) 保存文件,以便后面使用。

2.5.2 组(Group)

1. 组和选择集的区别

"组"(Group)也被用来在场景中组织多个对象。但是它们的工作流程和编辑功能与选择集不同。下面给出了组和选择集的不同之处:

- 当创建一个组后,组成组的多个单个对象被作为一个对象来处理。
- 不再在场景中显示组成组的单个对象的名称,而显示组的名称。
- 在对象列表中,组的名称被用括号括了起来。
- 在"名称和颜色"(Name and Color)卷展栏中,组的名称是粗体的。
- 当选择组成组的任何一个对象后,整个组都被选择。
- 要编辑组内的单个对象,需要打开组。

编辑修改器和动画设置都可以应用给组。如果在应用了编辑修改器和进行动画设置之后决定取消组,每个对象都保留组的编辑修改器和动画的设置。

在一般情况下,尽量不要对组内的对象或者选择集内的对象进行动画设置。可以使用链接选项设置多个对象一起运动的动画。

如果对一个组进行了动画设置,将发现所有对象都有关键帧。这就意味着如果设置组的位置动画,并且观察组的位置轨迹线的话,那么将显示组内每个对象的轨迹。如果是对有很多对象的组设置了动画,那么显示轨迹线后将使屏幕变得非常混乱。实际上,组主要用来建模,而不是用来制作动画。

2. 创建组

例 2-12 练习组的创建

(1) 继续前面的练习，或者在菜单栏上选取"应用程序"按钮选项中的"打开"(Open)，打开本书配套光盘中的 Samples-02-01. max 文件。

(2) 在主工具栏上将选择方式改为"交叉选择"(Crossing Selection)。

(3) 在前视口从右侧凳子的顶部单击并拖曳，向下画一个方框，见图 2-62。被方框接触的对象都被选择了，见图 2-63。

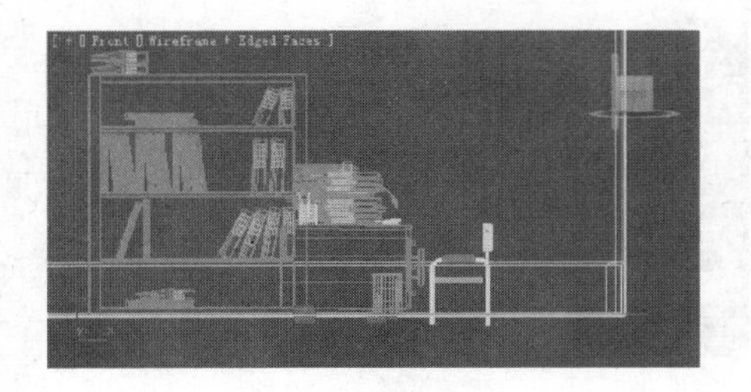

图 2-62

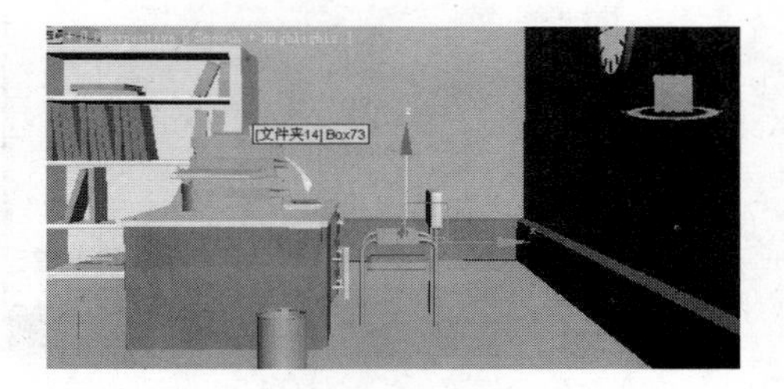

图 2-63

(4) 在菜单栏选取"组/成组"(Group/Group)，出现"组"(Group)对话框，见图 2-64。

(5) 在"组"(Group)对话框的"组名"(Group name)区域，输入 stool，然后单击"确定"(OK)按钮。

(6) 到"修改"(Modify)面板，注意观察"名称和颜色"(Name and Color)区域，stool 是粗体的，见图 2-65。

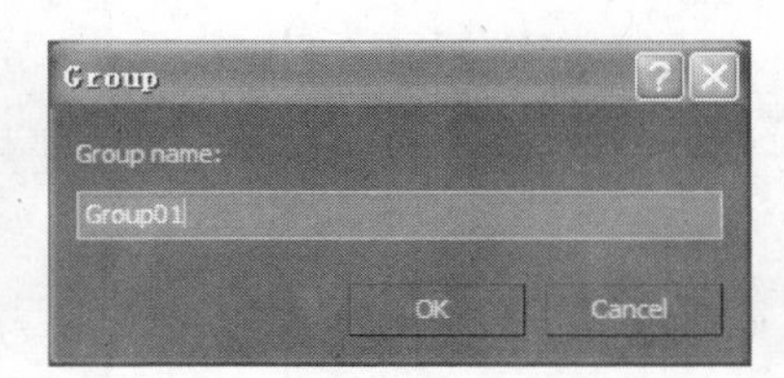

图 2-64

图 2-65

(7) 按键盘上的 H 键，出现"从场景选择"(Select From Scene)对话框。

(8) 在"从场景选择"(Select From Scene)对话框，stool 被用方括号括了起来，组内的对象不再在列表中出现，见图 2-66。

(9) 在"从场景选择"(Select From Scene)对话框中单击"确定"(OK)按钮。

(10) 在前视口单击组外的对象，组不再被选择。

(11) 在前视口单击 stool 组中的任何对象，组内的所有对象都被选择了。

(12) 在菜单栏选取"组/解组"(Group/UnGroup)，组被取消了。

(13) 按键盘上的 H 键。在"从场景选择"(Select From Scene)对话框中看不到组 stool 了，列表框中显示单个对象的列表，见图 2-67。

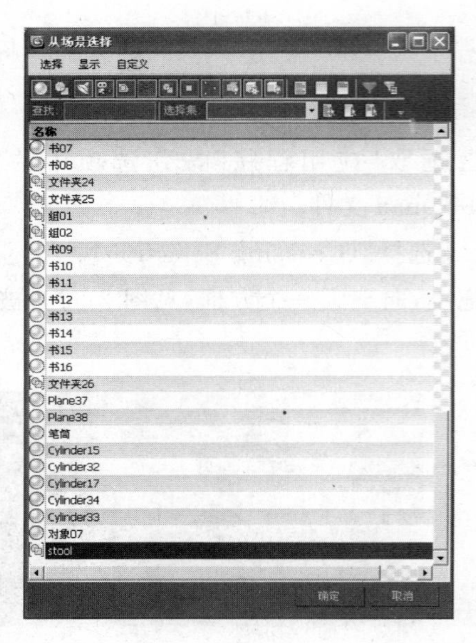

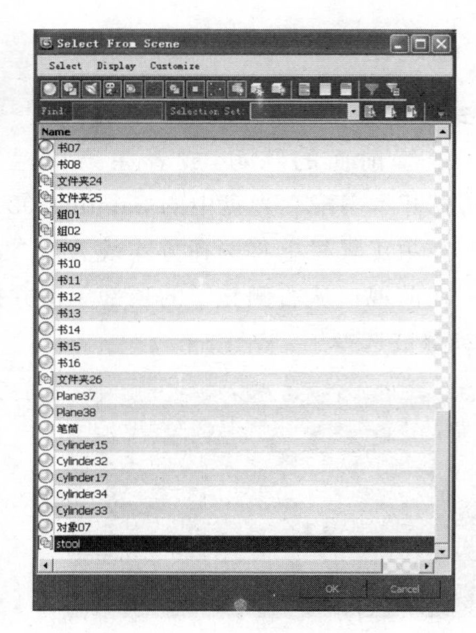

图 2-66

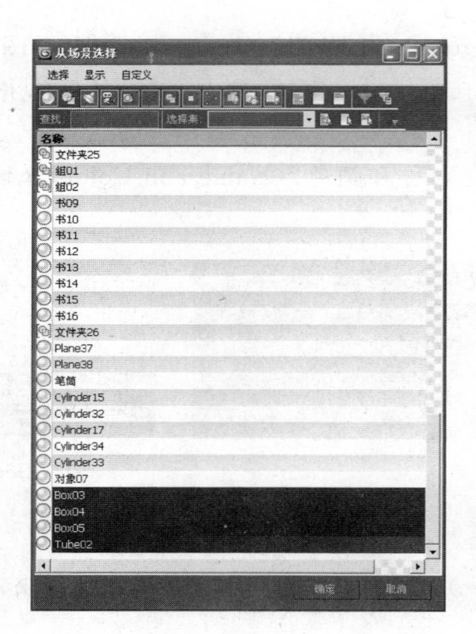

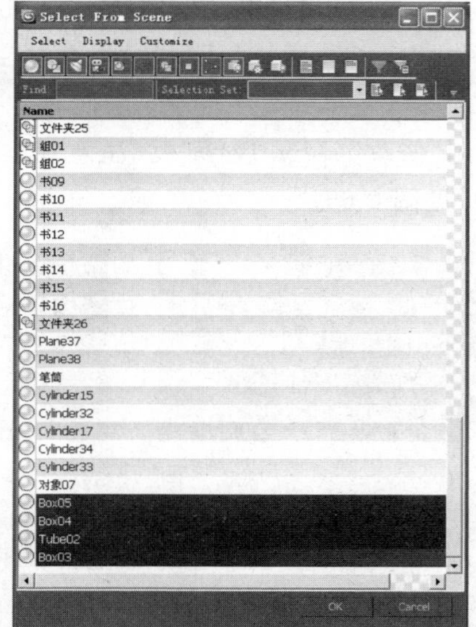

图 2-67

2.6 AEC 扩展对象

本节将应用创建命令面板中的 AEC 扩展来制作一个简单的房子。

例 2-13 应用门、窗、墙体来创建房子

(1) 启动或者重新设置 3ds Max。

(2) 首先创建墙体。在创建命令面板，从选项集中选择“AEC 扩展”(AEC Extended)，如图 2-68 所示。

(3) 在“对象类型”(Object Type)卷展栏中单击“墙”(Wall)按钮。

(4) 在顶视口，以单击松开后拖动的方式创建四面封闭的墙体。在创建第 4 面墙体时，会弹出“是否要焊接点”对话框，单击“是”按钮，然后单击右键结束创建操作，如图 2-69 所示。

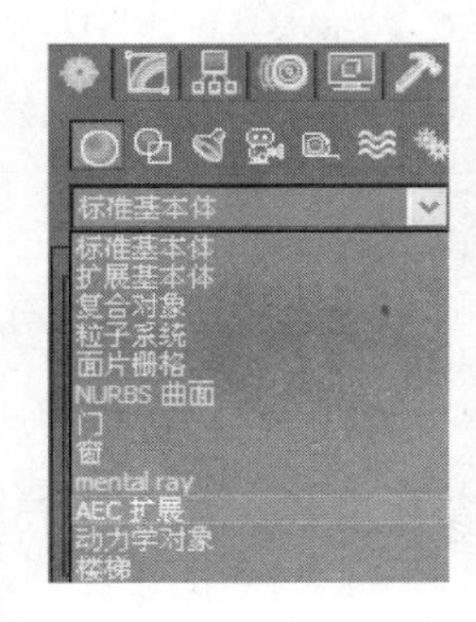

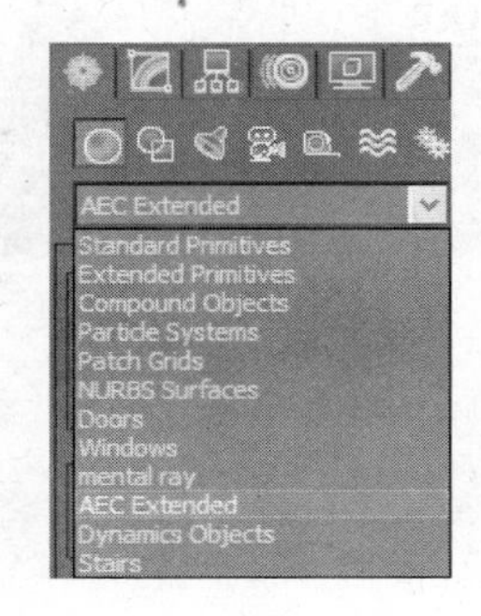

图 2-68

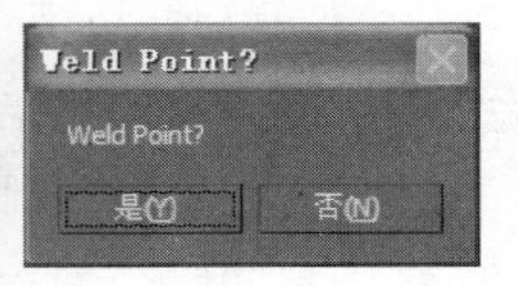

图 2-69

(5) 在创建命令面板的“参数”(Parameter)卷展栏中，将其“宽度”(Width)改为 2.0，“高度”(Height)改为 48.0，如图 2-70 和图 2-71 所示。

(6) 确定选择了墙体，在创建命令面板，从选项集中选择“门”(Doors)，在“对象类型”(Object Type)卷展栏中选取“枢轴门”(Pivot)，如图 2-72 所示。

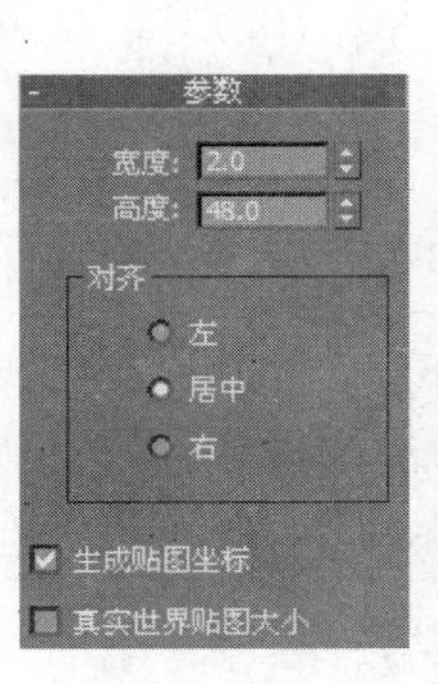

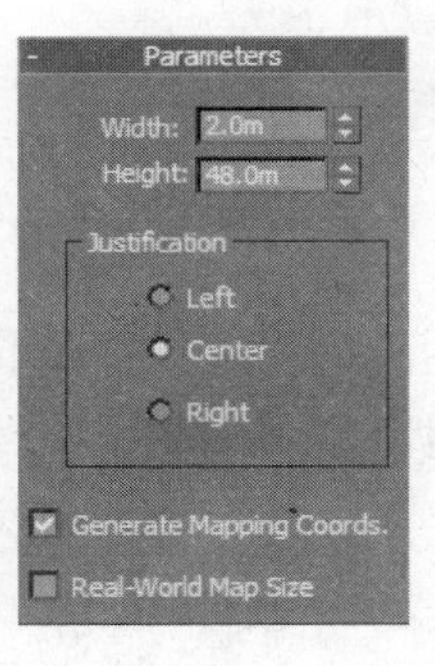

图 2-70

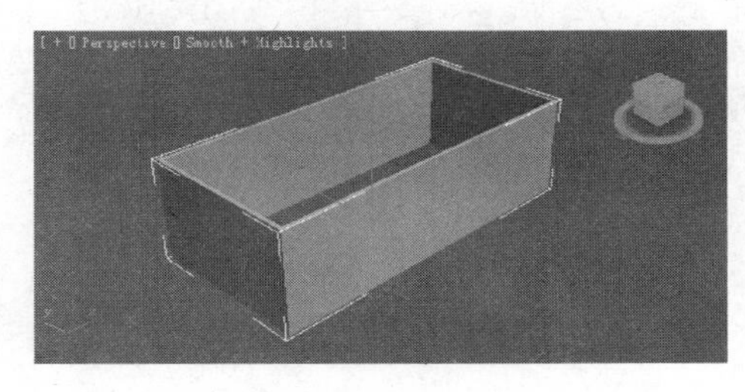

图 2-71

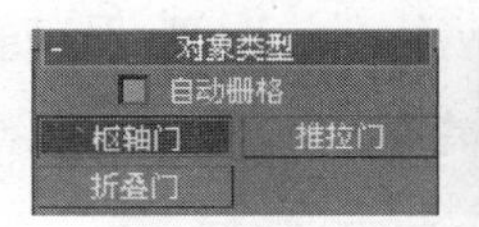

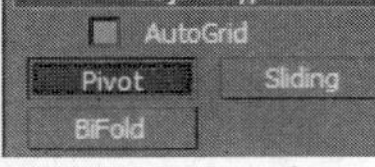

图 2-72

(7) 到顶视口，在墙体的前部靠右的位置创建一扇门。在视口中拖动鼠标创建前两个点，用于定义门的宽度，释放鼠标并移动调整门的深度，移动鼠标以调整高度，然后单击完成设置，如图 2-73 所示。

(8) 到修改命令面板，在“参数”(Parameter)卷展栏中将“高度”(Height)设置为 35.0，“宽度”(Width)设置为 18.0，“深度”设置为 2.0，并选择“翻转转枢”(Flip Hinge)复

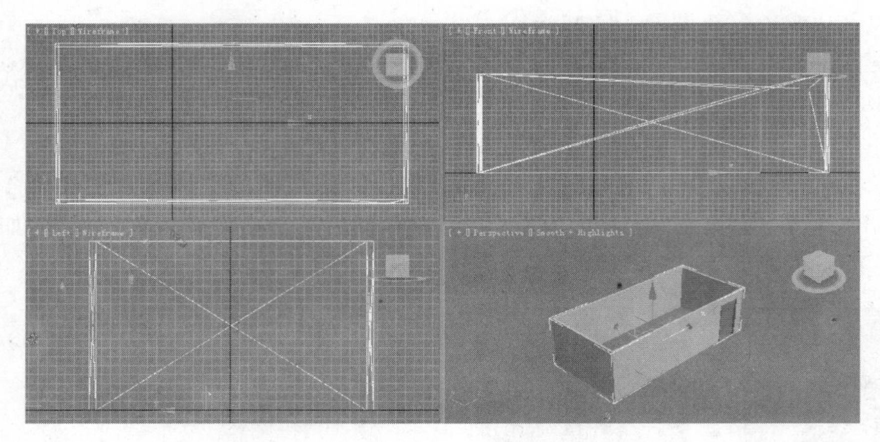

图 2-73

选框，如图 2-74 所示。

(9) 在修改命令面板的“页扇参数”(Leaf Parameters)卷展栏中将参数设置为如图 2-75 所示。

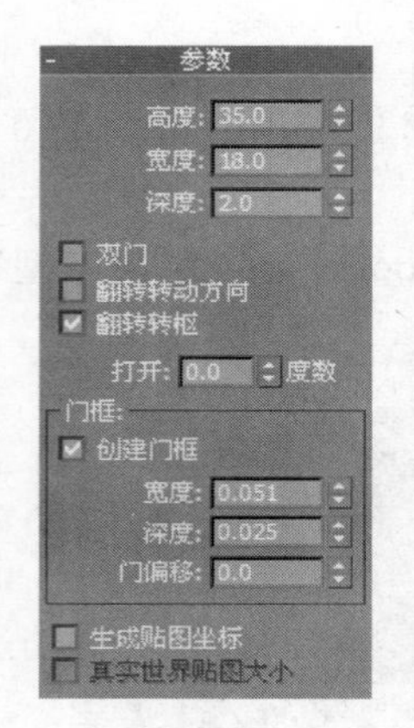

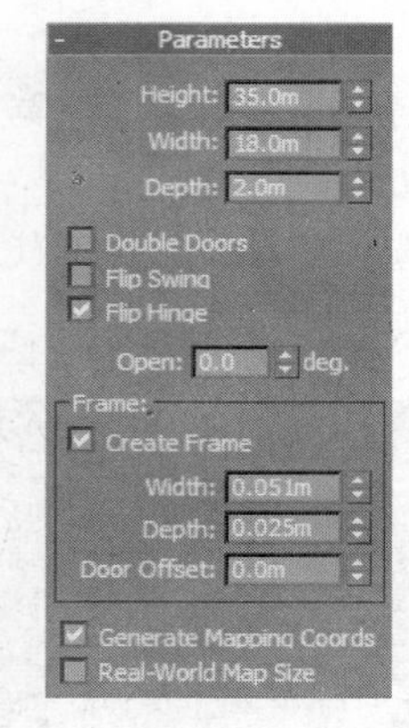

图 2-74

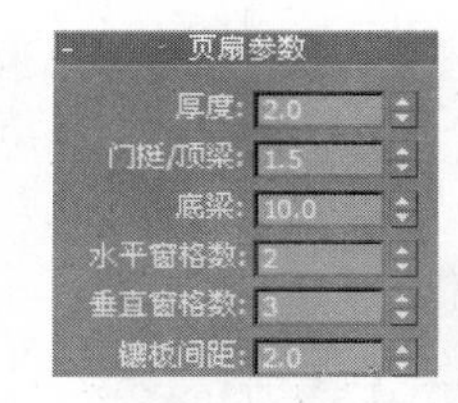

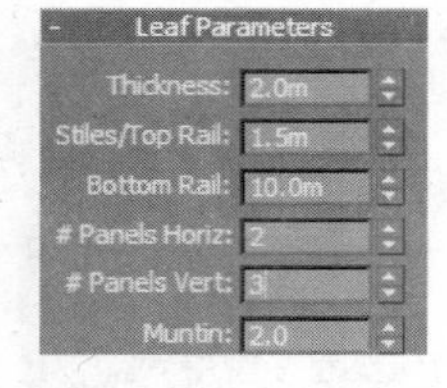

图 2-75

(10) 在修改命令面板的“页扇参数”(Leaf Parameters)卷展栏中，在“镶板”(Panels)区域选择“有倒角”(Beveled)单选钮，保存默认参数设置，如图 2-76 和图 2-77 所示。

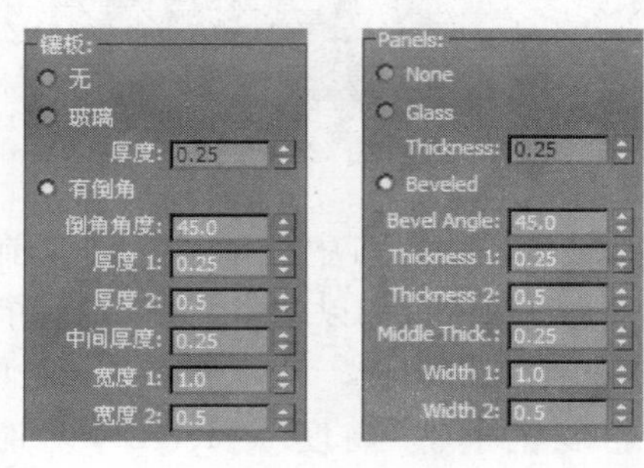

图 2-76

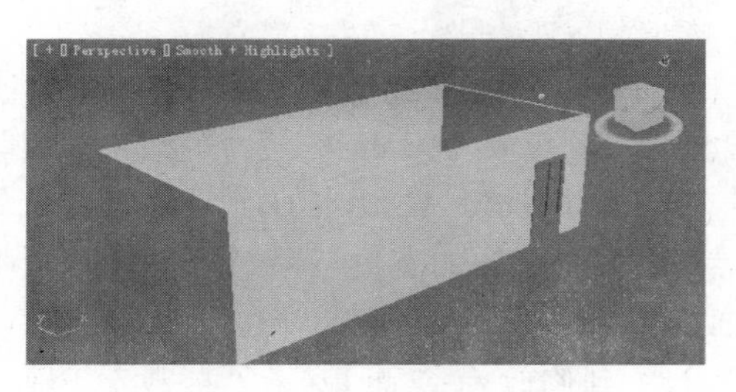

图 2-77

第3章　对象的变换

3ds Max 2011 提供了许多工具，而并不是在每个场景的工作中都要使用所有的工具。但是基本上在每个场景的工作中都要移动、旋转和缩放对象。完成这些功能的基本工具称为变换。在变换的时候，还需要理解变换中使用的变换坐标系、变换轴和变换中心，还要经常使用捕捉功能。另外，在进行变换的时候还经常需要复制对象。因此，本章还要讨论与变换相关的一些功能，例如复制、阵列复制、镜像和对齐等。

本章重点内容：

- 使用主工具栏的工具直接进行变换；
- 通过输入精确的数值变换对象；
- 使用捕捉工具；
- 使用不同的坐标系；
- 使用拾取坐标系；
- 使用对齐工具对其对象；
- 使用镜像工具镜像对象。

3.1　变换(Transform)

可以使用变换移动、旋转和缩放对象。要进行变换，可以从主工具栏上访问变换工具，也可以使用快捷菜单访问变换工具。

主工具栏上的变换工具见表 3-1。

表 3-1

	选择并移动 Select and Move
	选择并旋转 Select and Rotate
	选择并等比例缩 Select and Uniform Scale
	选择并不等比例缩 Select and Non-uniform Scale
	选择并挤压变形 Select and Squash

3.1.1 变换轴

选择对象后，每个对象上都显示一个有三个轴的坐标系的图标，如图 3-1 所示。坐标系的原点就是轴心点。每个坐标系上有三个箭头，分别标记为 X、Y 和 Z，代表三个坐标轴。被创建的对象将自动显示坐标系。

当选择变换工具后，坐标系将变成变换 Gizmo，图 3-2、图 3-3 和图 3-4 分别是移动、旋转和缩放的 Gizmo。

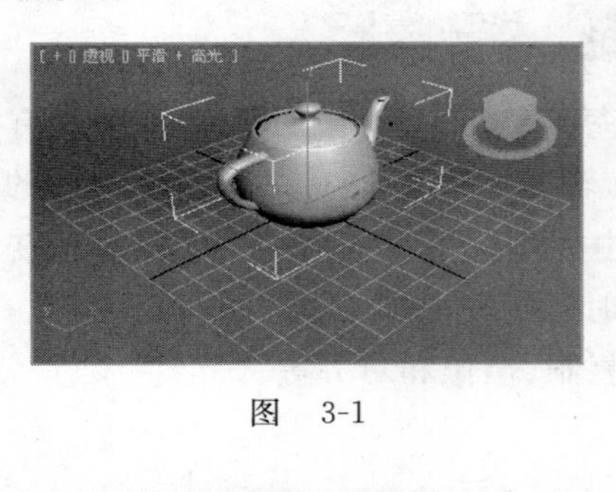

图 3-1

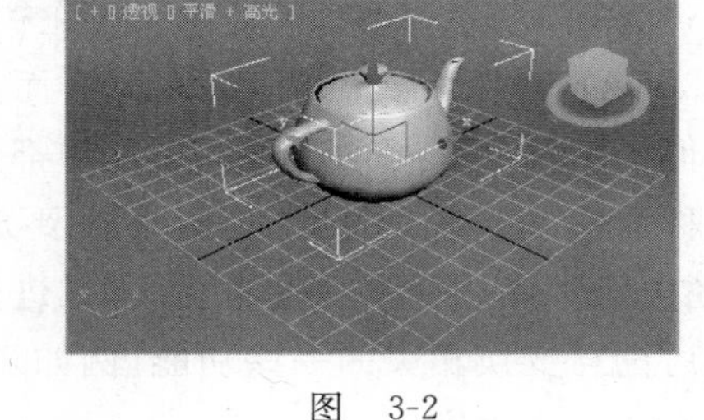

图 3-2

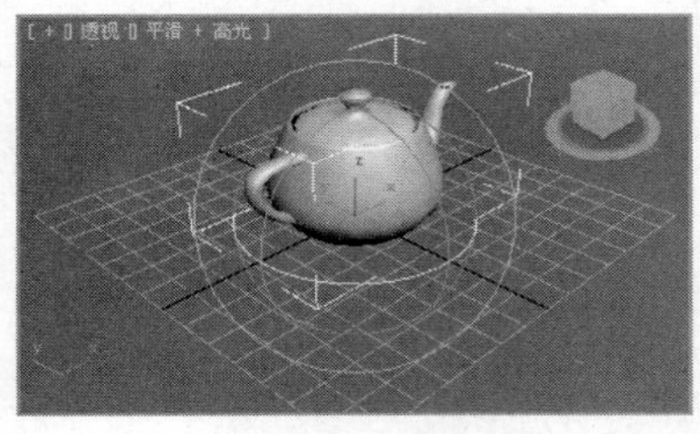

图 3-3

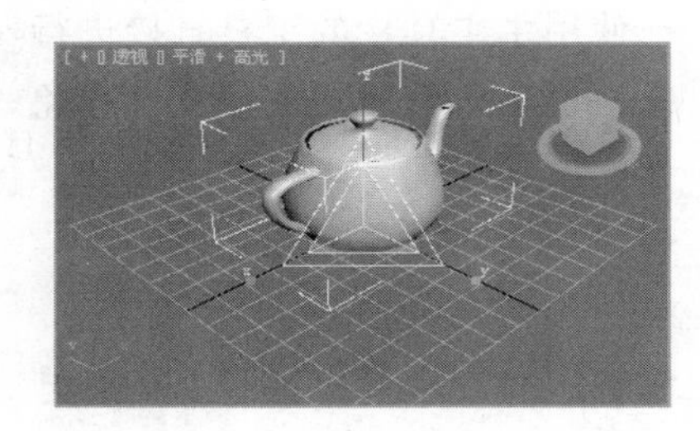

图 3-4

3.1.2 变换的键盘输入

有时需要通过键盘输入而不是通过鼠标操作来调整数值。3ds Max 支持许多键盘输入功能，包括使用键盘输入给出对象在场景中的准确位置，使用键盘输入给出具体的参数数值等。可以使用“移动变换输入”(Move Transform Type-In)对话框(见图 3-5)进行变换数值的输入。可以通过在主工具栏的变换工具上单击鼠标右键来访问“移动变换输入”

(Move Transform Type-In)对话框,也可以直接使用状态栏中的键盘输入区域。

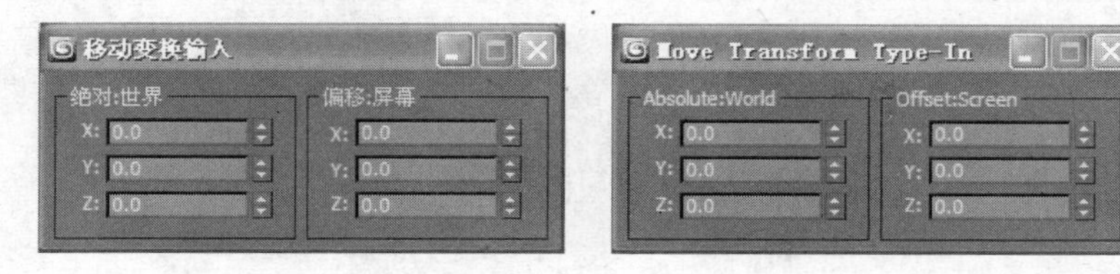

图 3-5

说明:要显示"移动变换输入"(Move Transform Type-In)对话框,必须首先单击变换工具来激活它,然后再在激活的变换工具上单击鼠标右键。

"移动变换输入"(Move Transform Type-In)对话框由两个数字栏组成。一栏是"绝对:世界"(Absolute:World),另外一栏是"偏移:屏幕"(Offset:Screen)(如果选择的视图不同,可能有不同的显示)。下面的数字是被变换对象在世界坐标系中的准确位置,输入新的数值后,将使对象移动到该数值指定的位置。例如,如果在"移动变换输入"(Move Transform Type-In)对话框的"绝对:世界"(Absolute:World)下面分别给 X、Y 和 Z 输入数值 0、0、40,那么对象将移动到世界坐标系中的 0、0、40 处。

在"偏移:屏幕"(Offset:Screen)一栏中输入数值将相对于对象的当前位置、旋转角度和缩放比例变换对象。例如,在偏移一栏中分别给 X、Y 和 Z 输入数值 0、0、40,那么将把对象沿着 Z 轴移动 40 个单位。

"移动变换输入"(Move Transform Type-In)对话框是非模式对话框,这就意味着当执行其他操作的时候,对话框仍然可以被保留在屏幕上。

也可以在状态栏中通过键盘输入数值(见图 3-6)。它的功能类似于"移动变换输入"(Move Transform Type-In)对话框,只是需要通过按钮来切换"绝对"(Absolute)和"偏移"(Offset)。

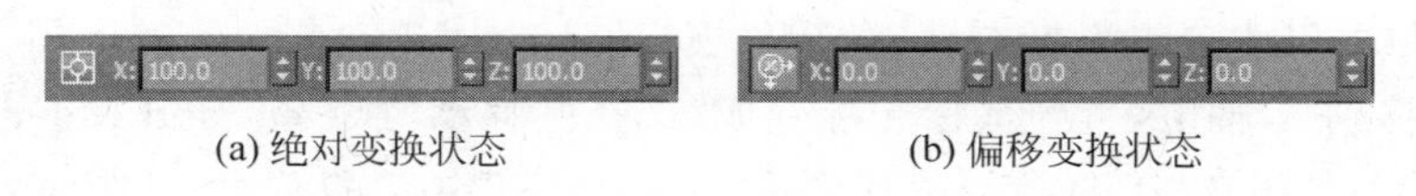

(a) 绝对变换状态　　(b) 偏移变换状态

图 3-6

例 3-1　使用变换来安排对象

(1) 启动 3ds Max,在主工具栏上选取"文件/打开"(File/Open),打开本书配套光盘中的 Samples-03-01. max 文件。

这是一个有档案柜、办公桌、时钟、垃圾桶及一些文件夹的简单静物场景,见图 3-7。

(2) 按下键盘上的 F4 键,使透视视口处于显示"边面"状态,以便于观察物体的被选择状态,见图 3-8。

(3) 单击主工具栏中的"按名称选择"(Select by Name)按钮。

(4) 在"从场景选择"(Select From Scene)对话框中,单击 Cylinder18,然后单击"确定"(OK)按钮。此时在透视视口中,右边垃圾桶的轮廓变成了白色的线条,表明它处于被选择状态,见图 3-9。

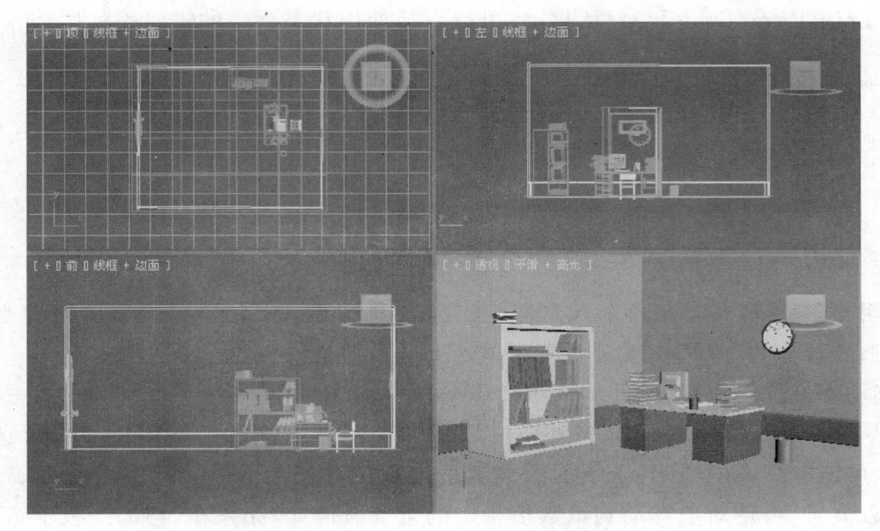

图　3-7

图　3-8

图　3-9

(5) 单击主工具栏中的"选择并移动"(Select and Move)按钮。

(6) 在顶视口中单击鼠标右键,激活顶视口。

将鼠标移到 Y 轴上,直到鼠标光标变成"选择并移动"(Select and Move)图标的样子后单击并拖曳,见图 3-10,将垃圾桶移到平面"办公室墙 01"的右边,见图 3-11。

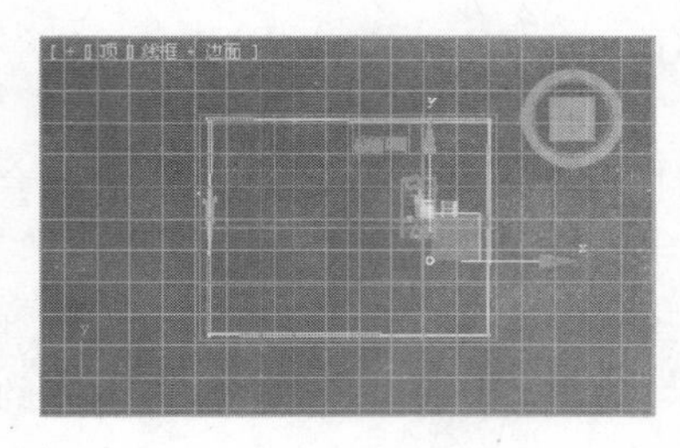

图　3-10

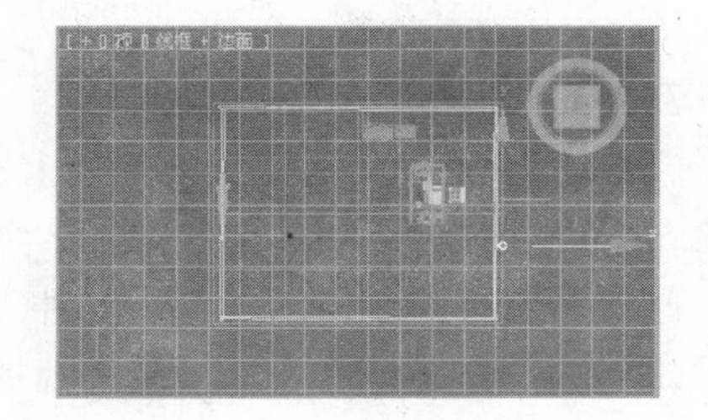

图　3-11

注意观察透视视口中的变化,这时,垃圾桶基本已经移出了视野,见图 3-12。

(7) 在透视视口单击办公桌,办公桌上出现变换的 Gizmo,见图 3-13。

技巧:如果已启用 2D、2.5D 或 3D 捕捉且"移动"工具处于活动状态,"移动 Gizmo"将在其中心显示一个小圆形,见图 3-10。在移动物体时,3ds Max 都会显示对象

图 3-12

图 3-13

的原始位置，并默认显示一条从原始位置拉伸至新目标位置的橡皮筋线。

(8) 单击主工具栏上的"选择并旋转"(Select and Rotate)按钮，激活它。

(9) 在前视口将鼠标光标移动到办公桌变换 Gizmo 的 Z 轴上(水平圆代表的轴)。

(10) 单击并拖曳办公桌，将它绕 Z 轴旋转大约 40°。这时的透视视口如图 3-14 所示。

技巧：当旋转对象的时候，仔细观察状态栏中变换数值的键盘输入区域，可以了解具体的旋转角度。

(11) 在透视视口单击办公桌上的显示器，选择它，见图 3-15。

(12) 在主工具栏单击"选择并均匀缩放"(Select and Uniform Scale)按钮。

(13) 将鼠标移动到变换 Gizmo 的中心，在透视视口将显示器放大到大约 200％的样子，见图 3-16。

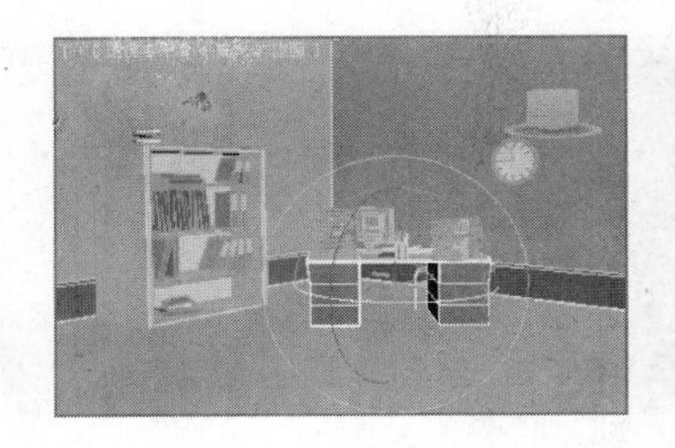

图 3-14

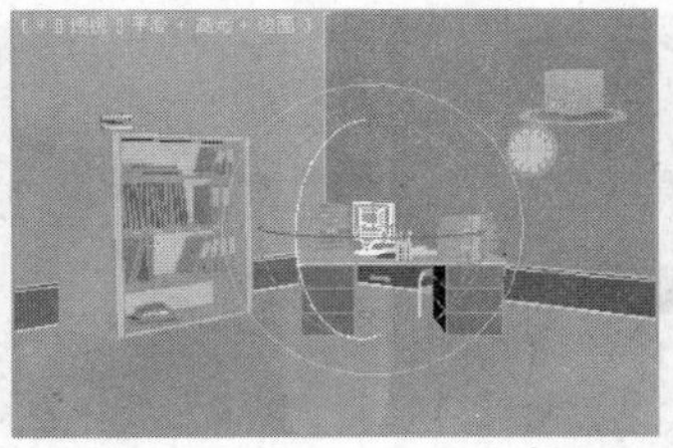

图 3-15

图 3-16

注意：在 3ds Max 2011 中，旋转和缩放工具的用法变化较大。即使选取了等比例缩放工具，也可以进行不均匀比例缩放。因此，一定要将鼠标定位在变换 Gizmo 的中心，以确保进行等比例缩放。

技巧：当缩放对象的时候，仔细观察状态栏中变换数值的键盘输入区域，可以了解具体的缩放百分比。

(14) 在主工具栏的"选择并均匀缩放"(Select and Uniform Scale)按钮上单击鼠标右键，出现"缩放变换输入"(Scale Transform Type-In)对话框，见图 3-17。

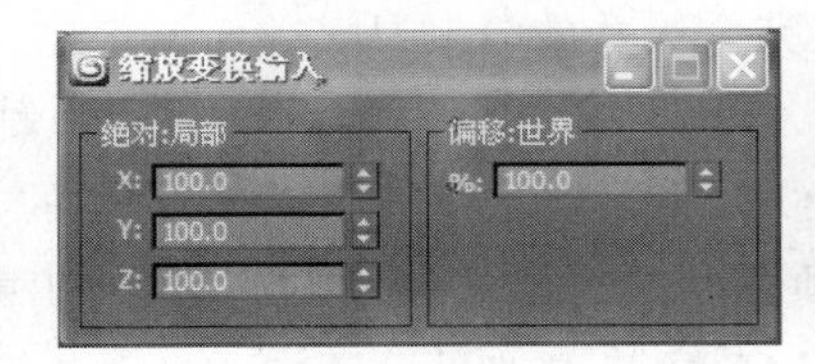

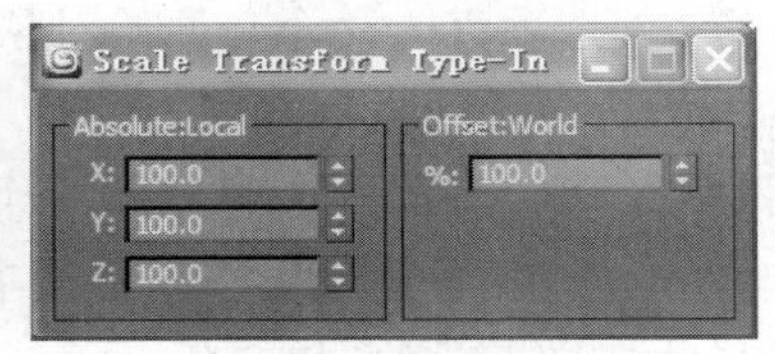

图 3-17

(15) 在“缩放变换输入”(Scale Transform Type-In)对话框的“绝对：局部”(Absolute：Local)一栏中将每个轴的缩放数值设置为100。显示器被恢复到原来的大小。

(16) 关闭“缩放变换输入”(Scale Transform Type-In)对话框。

3.2 克隆对象

为场景创建几何体称为建模。一个重要且非常有用的建模技术就是克隆对象(即复制对象)。克隆的对象可以被用作精确的复制品,也可以作为进一步建模的基础。例如,如果场景中需要很多灯泡,就可以创建其中的一个,然后复制出其他的。如果场景需要很多灯泡,但是这些灯泡还有一些细微的差别,则可以先复制原始对象,然后再对复制品做些修改。

克隆对象的方法有两个。第一种方法是按住 Shift 键执行变换操作(移动、旋转和比例缩放);第二种方法是从菜单栏中选取“编辑/克隆”(Edit/Clone)命令。

无论使用哪种方法进行变换,都会出现“克隆选项”(Clone Options)对话框,见图 3-18。

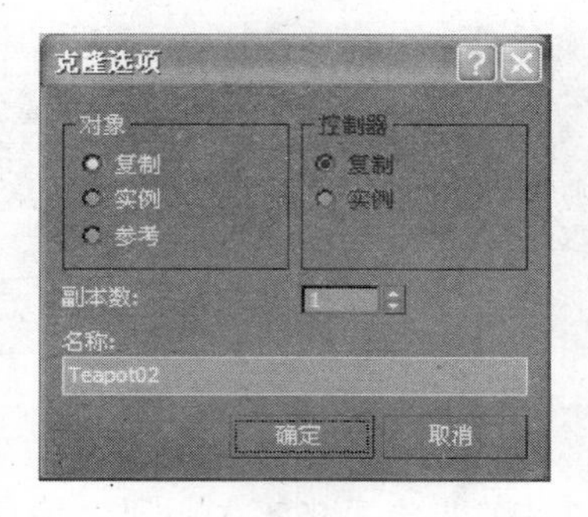

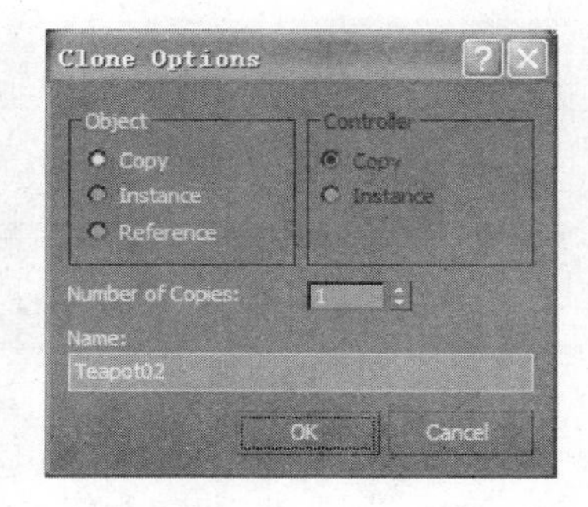

图 3-18

在“克隆选项”(Clone Options)对话框中,可以指定克隆对象的数目和克隆的类型等。克隆有 3 种类型,分别是:

- 复制(Copy);
- 实例(Instance);
- 参考(Reference)。

“复制”(Copy)选项克隆一个与原始对象完全无关的复制品。

“实例”(Instance)选项也克隆一个对象,但是该对象与原始对象仍有某种关系。例如,如果使用“实例”(Instance)选项克隆一个球,那么如果改变其中一个球的半径,另一个球也跟着改变。使用“实例”(Instance)选项复制的对象之间是通过参数和编辑修改器相关联的,各自的变换无关,是相互独立的。这就意味着如果给其中一个对象应用了编辑修改器，使用“实例”(Instance)选项克隆的另外一些对象也将自动应用相同的编辑修改器。但是如果变换一个对象，使用“实例”(Instance)选项克隆的其他对象并不一起变换。此外，使用“实例”(Instance)选项克隆的对象可以有不同的材质和动画。使用“实例”(Instance)选项克隆的对象比使用“复制”(Copy)选项克隆的对象需要更少的内存和磁盘空间，使文件装载和渲染的速度要快一些。

“参考”(Reference)选项是特别的“实例”(Instance)。它与克隆对象的关系是单向的。例如，如果场景中有两个对象，一个是原始对象，另一个是使用“参考”(Reference)选项克隆的对象。这样如果给原始对象增加一个编辑修改器，克隆的对象也被增加了同样的编辑修改器。但是，如果给使用“参考”(Reference)选项克隆的对象增加一个编辑修改器，则它将不影响原始的对象。实际上，使用“参考”(Reference)选项操作常用于如面片一类的建模过程。

例 3-2 克隆对象

(1) 启动 3ds Max，在主工具栏上选取“文件/打开”(File/Open)，打开本书配套光盘中的 Samples-03-03. max 文件。文件中包含一个国际象棋棋盘和若干棋子，其中“兵”这个棋子双方共只有一个，见图 3-19。本练习将克隆“兵”这个棋子，从而将整套国际象棋的棋子补充完整。

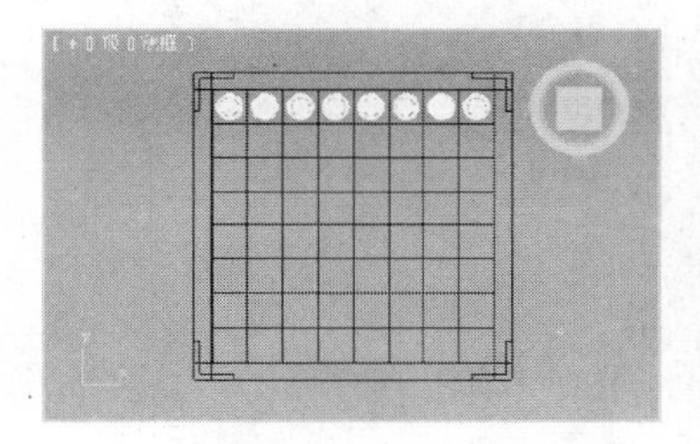

图 3-19

(2) 在透视视口单击白色的“兵”棋子(对象名称是 bing01)，以选择它。

(3) 单击主工具栏上的“选择并移动”(Select and Move)按钮。

(4) 在顶视口单击鼠标右键，激活它。

(5) 按 Shift 键，将选择的“兵”棋子向左数第二个棋盘格内移动，见图 3-20，出现“克隆选项”(Clone Options)对话框，见图 3-21。

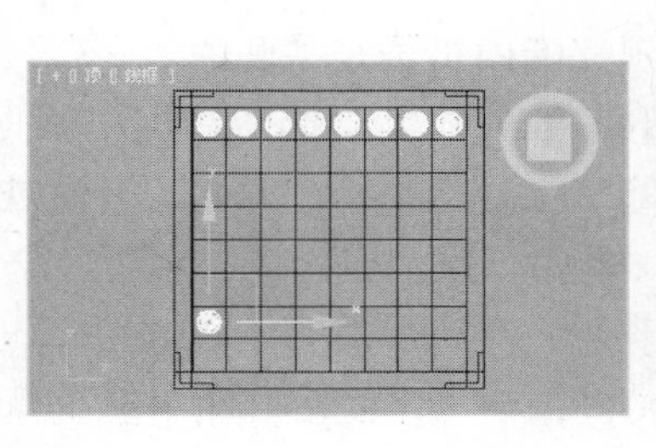

图 3-20

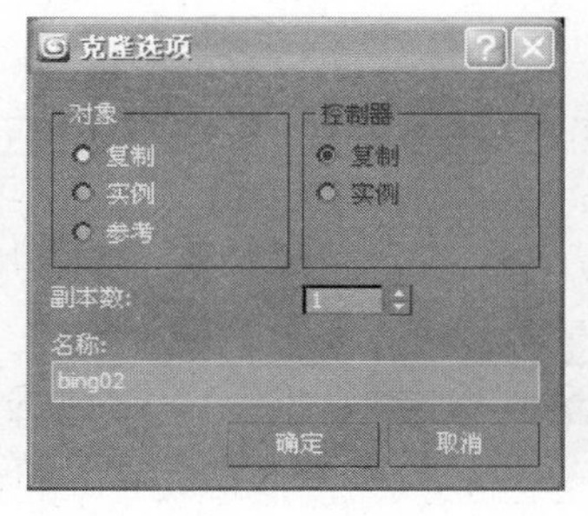

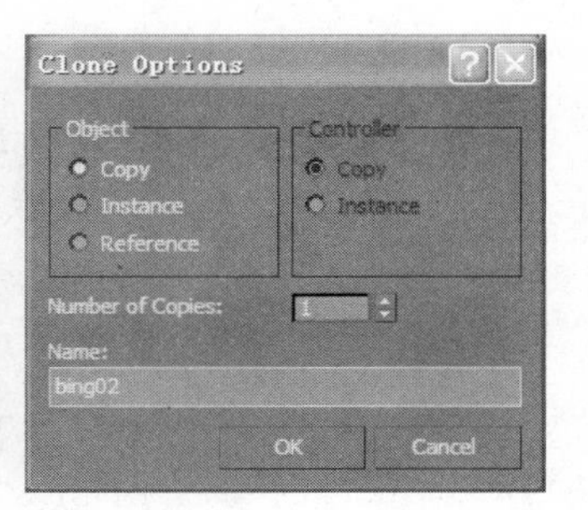

图 3-21

技巧：系统建议的克隆对象名称是 bing02。在克隆对象的时候，系统建议的克隆对象的名称总是在原始对象的名字后增加一个数字。由于原始对象的名字后面有 01，因此“克隆选项”(Clone Options)对话框建议的名字就是 bing02。如果计划克隆对象，在创建对象时就在原始对象名后面增加数字 01，以便克隆的对象被正确命名。

(6) 在“克隆选项”(Clone Options)对话框保留默认的设置，然后单击“确定”(OK)按钮。

(7) 在透视视口单击原始的棋子，选择它。

(8) 在顶视口，按 Shift 键，然后将选择的原始棋子克隆到左数第三个棋盘格内，见图 3-22。

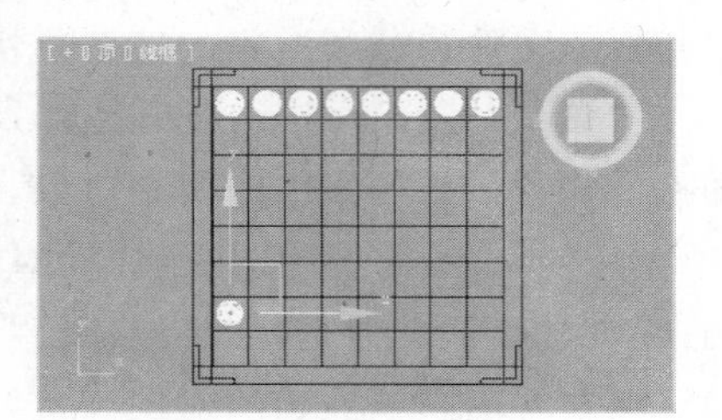

图 3-22

(9) 在“克隆选项”(Clone Options)对话框，单击“实例”(Instance)单选按钮，将“副本数”(Number of Copies)改成 2，然后单击“确定”(OK)按钮，见图 3-23。

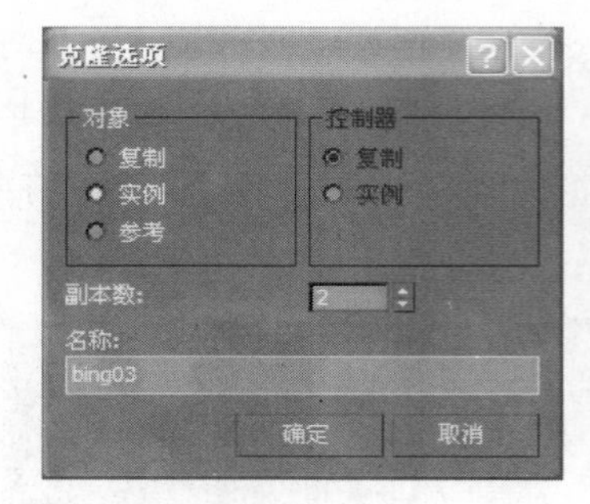

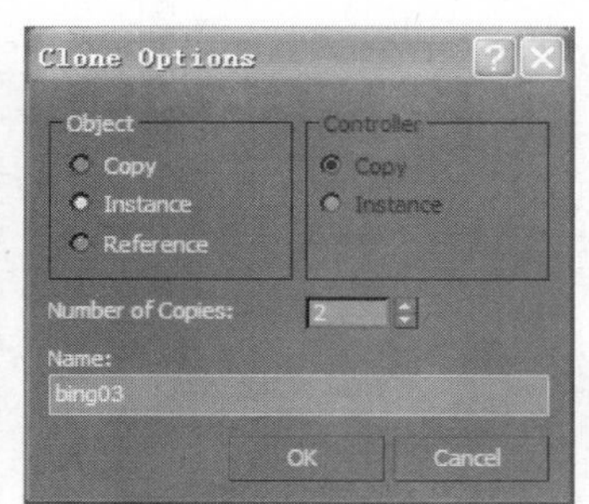

图 3-23

现在场景中共有 4 个棋子，一个原始棋子、一个使用“复制”(Copy)选项克隆的棋子和两个使用“实例”(Instance)选项克隆的棋子，见图 3-24。

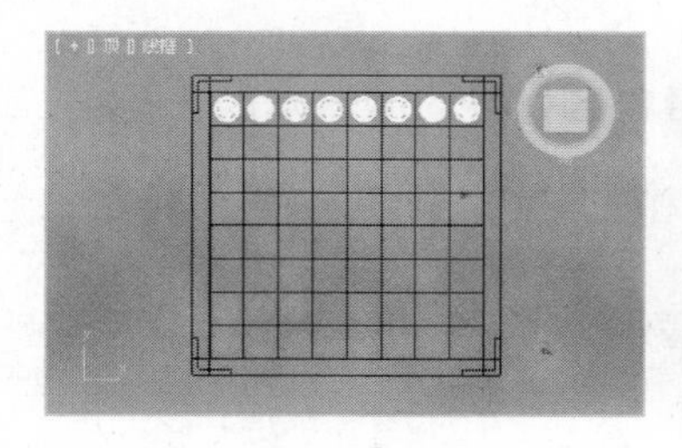

图 3-24

在这些棋子中，原始棋子和使用“实例”(Instance)选项克隆的棋子是关联的。

假设现在认为棋子有点高了，希望将它改矮一点。可以通过改变其中的一个关联棋子的高度来改变所有关联棋子的高度。下面进行这项操作。

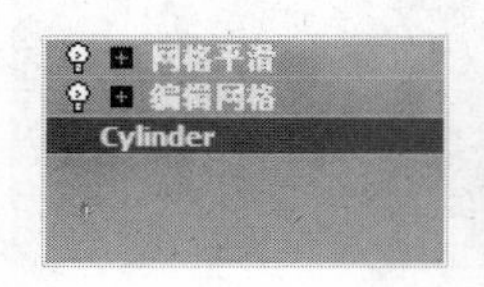

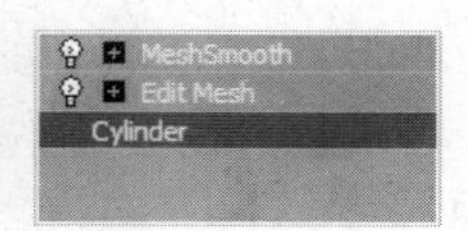

图 3-25

(10) 在透视视口单击原始棋子，选择它。

(11) 到修改命令面板，在编辑修改器堆栈区域单击 Cylinder，见图 3-25。

（12）在出现的警告消息框（见图 3-26）中单击“是”（Y）按钮。

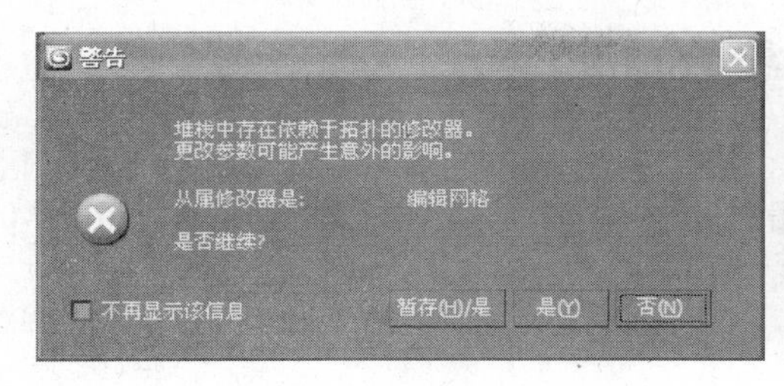

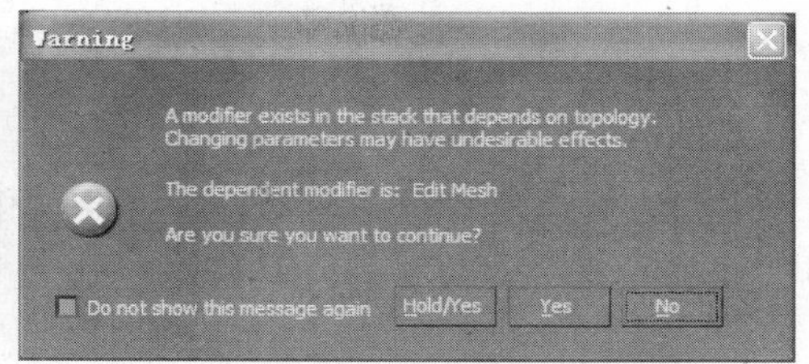

图 3-26

这时在命令面板下方出现 Cylinder 的参数。

（13）在“参数”（Parameters）卷展栏将“高度”（Height）参数改为 1.5。可以在透视视口看到有三个棋子的高度变低了，一个棋子的高度没有改变，见图 3-27。也就是通过使用“实例”（Instance）选项克隆的棋子的高度都改变了，而使用“复制”（Copy）选项克隆的棋子的高度没有改变。

（14）在透视视口单击 bing02 选择它，然后按 Delete 键删除它。

（15）在透视视口单击原始棋子，选择它。

（16）在顶视口再使用“复制”（Copy）选项在上数第二个棋盘格内克隆一个棋子，见图 3-28。

图 3-27

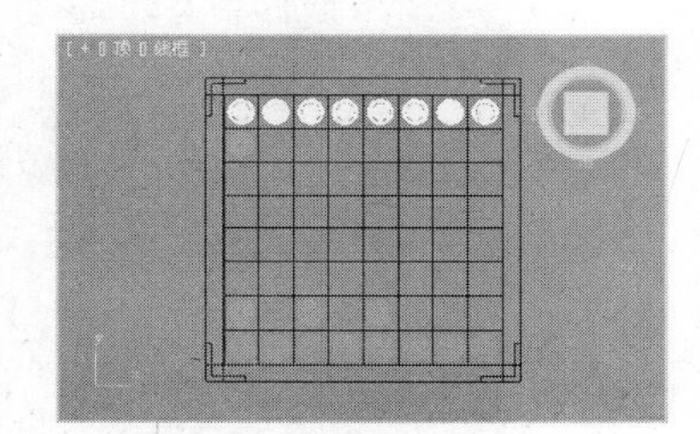

图 3-28

（17）在透视视口单击这个复制后的褐色棋子，选择它。

（18）在修改命令面板单击靠近对象名称处的颜色样本，出现“对象颜色”（Object Color）对话框。

（19）在“对象颜色”（Object Color）对话框，单击白颜色，再单击“确定”（OK）按钮，这样就将选择棋子的颜色改为白颜色，见图 3-29。

（20）用克隆的方法将剩余的棋子补充完整，最后的效果如图 3-30 所示。

图 3-29

图 3-30

3.3 对象的捕捉

当变换对象的时候，经常需要捕捉到栅格点或者捕捉到对象的节点上。3ds Max 2011 支持精确的对象捕捉，捕捉选项都在主工具栏上。

3.3.1 绘图中的捕捉

有 3 个选项支持绘图时对象的捕捉，它们是“三维捕捉”(3D Snap)、“2.5 维捕捉”(2.5D Snap)和“二维捕捉”(2D Snap)。

不管选择了哪个捕捉选项，都可以选择是捕捉到对象的栅格点、节点、边界，还是捕捉到其他的点。要选取捕捉的元素，可以在捕捉按钮上单击鼠标右键。这时就出现“栅格和捕捉设置”(Grid and Snap Settings)对话框，见图 3-31。可以在这个对话框上进行捕捉的设置。

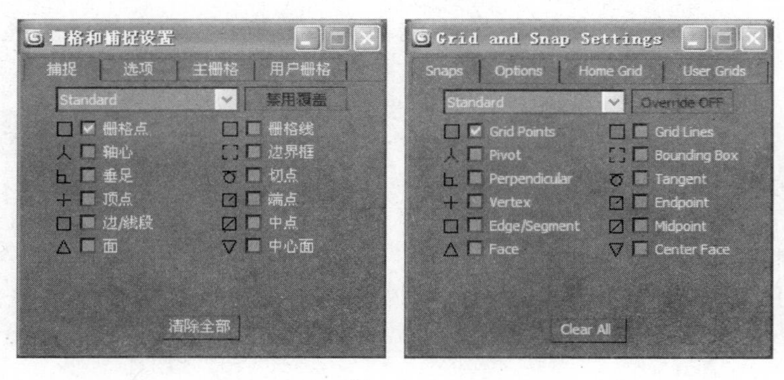

图 3-31

在默认的情况下，“栅格点”(Grid Points)复选框是选中的，所有其他复选框是未选中的。这就意味着在绘图的时候光标将捕捉栅格线的交点。一次可以打开多个复选框。如果一次打开的复选框多于一个，那么在绘图的时候将捕捉到最近的元素。

说明：在“栅格和捕捉设置”(Grid and Snap Settings)对话框复选了某个选项后，可以关闭该对话框，也可以将它保留在屏幕上。即使对话框关闭，复选框的设置仍然起作用。

1. 三维捕捉

当三维捕捉打开的情况下、绘制二维图形或者创建三维对象的时候，鼠标光标可以在三维空间的任何地方进行捕捉。例如，如果在“栅格和捕捉设置”(Grid and Snap Settings)对话框中选取了“顶点”(Vertex)选项，鼠标光标将在三维空间中捕捉二维图形或者三维几何体上最靠近鼠标光标处的节点。

2. 二维捕捉

三维捕捉的弹出按钮中还有 2D Snap 和 2.5D Snap 捕捉两个按钮。按住 3D Snap 按钮将会看到弹出按钮，找到合适的按钮后释放鼠标键即可选择该按钮。

3D Snap 捕捉三维场景中的任何元素，而二维捕捉只捕捉激活视口构建平面上的元素。例如，如果打开 2D Snap 捕捉并在顶视口中绘图，鼠标光标将只捕捉位于 XY 平面上的元素。

3. 2.5 维捕捉

2.5D Snap 是 2D Snap 和 3D Snap 的混合。2.5D Snap 将捕捉三维空间中二维图形和几何体上的点在激活的视口的构建平面上的投影。

下面举例解释这个问题。假设有一个一面倾斜的字母 E(见图 3-32)。该对象位于构建平面之下，面向顶视图。

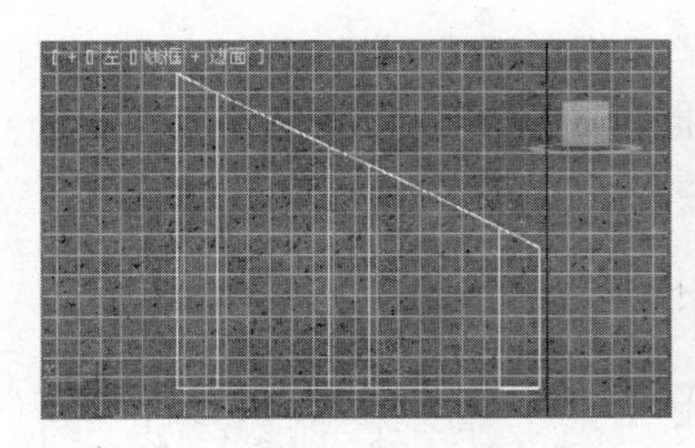

图 3-32

如果要跟踪字母 E 的形状，可以使用"顶点"(Vertex)选项在顶视图中画线。如果打开的是 3D Snap，那么画线时捕捉的是三维图形的实际节点，见图 3-33。

如果使用的是 2.5D Snap 捕捉，那么所绘制的线是在对象之上的构建平面上，见图 3-34。

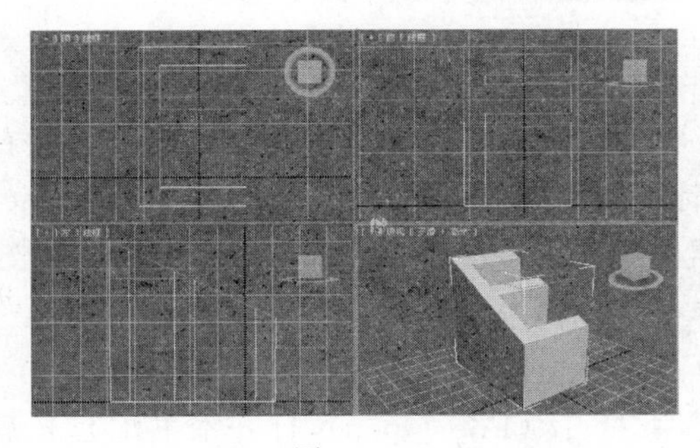

图 3-33

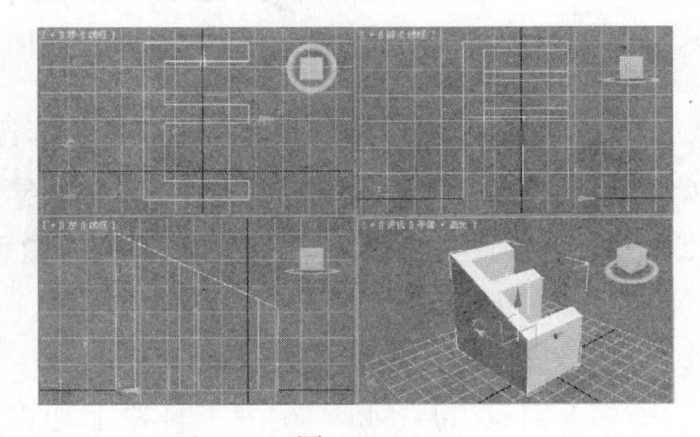

图 3-34

3.3.2 增量捕捉

除了对象捕捉之外，3ds Max 2011 还支持增量捕捉。通过使用角度捕捉(Angle

Snap)，可以使旋转按固定的增量(如 10°)进行；通过使用百分比捕捉(Percent Snap)，可以使比例缩放按固定的增量(如 10%)进行；通过使用微调器捕捉(Spinner Snap)，可以使微调器的数据按固定的增量(如 1)进行。

角度捕捉触发按钮(Angle Snap Toggle)：使对象或者视口的旋转按固定的增量进行。在默认状态下的增量是 5°。例如，如果打开“角度捕捉触发”(Angle Snap Toggle)按钮并旋转对象，它将先旋转 5°，然后旋转 10°、15°，等等。

“角度捕捉”(Angle Snap)也可以用于旋转视口。当打开“角度捕捉触发按钮”(Angle Snap Toggle)后使用“弧型旋转”(Arc Rotate)按钮旋转视口，那么旋转将按固定的增量进行。

百分比捕捉(Percent Snap)：使比例缩放按固定的增量进行。例如，当打开“百分比捕捉”(Percent Snap)按钮后，任何对象的缩放将按 10%的增量进行。

微调器捕捉触发按钮(Spinner Snap Toggle)：打开该按钮后，当单击微调器箭头的时候，参数的数值按固定的增量增加或者减少。

增量捕捉的增量是可以改变的，要改变“角度捕捉”(Angle Snap)和“百分比捕捉”(Percent Snap)的增量，需要使用“栅格和捕捉设置”(Grid and Snap Settings)对话框的“选项”(Options)标签，见图 3-35。

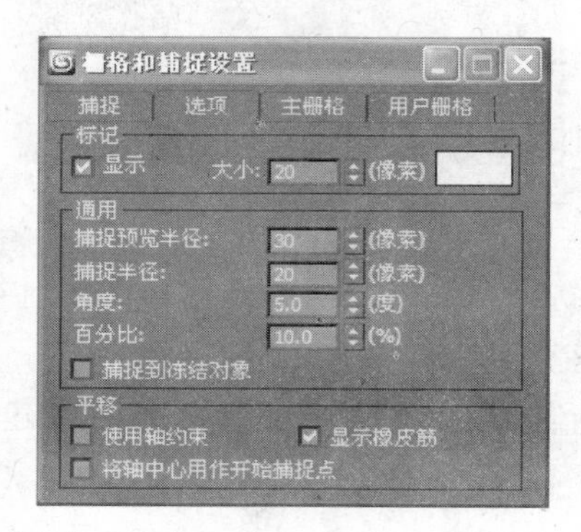

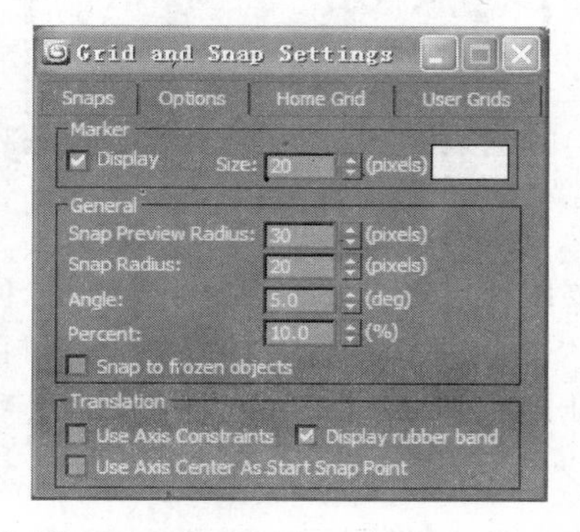

图 3-35

“微调捕捉器”(Spinner Snap)的增量设置是通过在“微调器捕捉”按钮上单击鼠标右键进行的。当在“微调器捕捉”按钮上单击鼠标右键后就出现“首选项设置”(Preference Settings)对话框。可以在该对话框的“微调器”(Spinners)区域设置“捕捉”(Snap)的数值，见图 3-36。

例 3-3 使用捕捉变换对象

(1) 启动 3ds Max，在主工具栏上选取“文件/打开”(File/Open)，打开本书配套光盘中的 Samples\ Samples-03-02. max 文件。这是一个有桌子、凳子、茶杯和茶壶的简单室内场景。

(2) 在摄像机视口单击茶壶，选择它。

(3) 单击主工具栏的“选择并旋转”(Select and Rotate)按钮。

(4) 单击“捕捉”(Snap)区域的“角度捕捉切换”(Angle Snap Toggle)按钮。

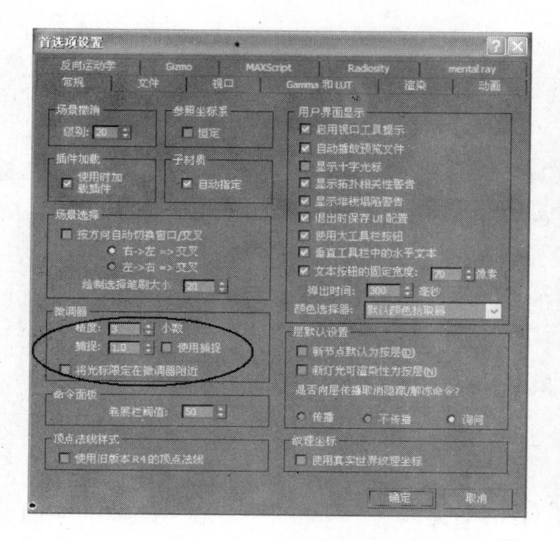

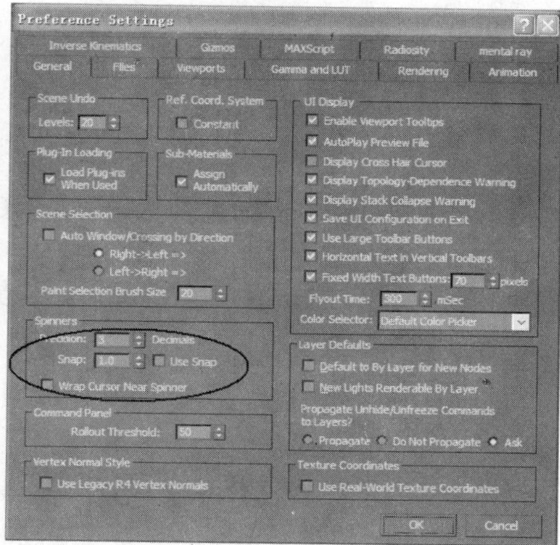

图 3-36

(5) 在透视视口上单击鼠标右键,激活它。

(6) 在顶视口绕 Z 轴旋转茶壶。

(7) 注意观察状态栏中键盘输入区域数字的变化,旋转的增量是 5°。

(8) 在摄像机视口,单击其中的一个高脚杯,以选择它。

(9) 单击"捕捉"Snap 区域的"百分比捕捉"(Percent Snap)按钮。

(10) 单击主工具栏的"选择并等比例缩放"(Select and Uniform Scale)按钮。

(11) 在顶视口缩放高脚杯,同时注意观察状态栏中数据的变化。高脚杯放大或者缩小的增量为 10%。

3.4 变换坐标系

在每个视口的左下角有一个由红、绿和蓝 3 个轴组成的坐标系图标。这个可视化的图标代表的是 3ds Max 2011 的世界坐标系(World Reference Coordinate System)。三维视口(摄像机视口、用户视口、透视视口和灯光视口)中的所有对象都使用世界坐标系。

下面就来介绍如何改变坐标系,并讨论各个坐标系的特征。

1. 改变坐标系

通过在主工具栏中单击"参考坐标系"按钮,然后在下拉式列表中选取一个坐标系(见图 3-37)可以改变变换中使用的坐标系。

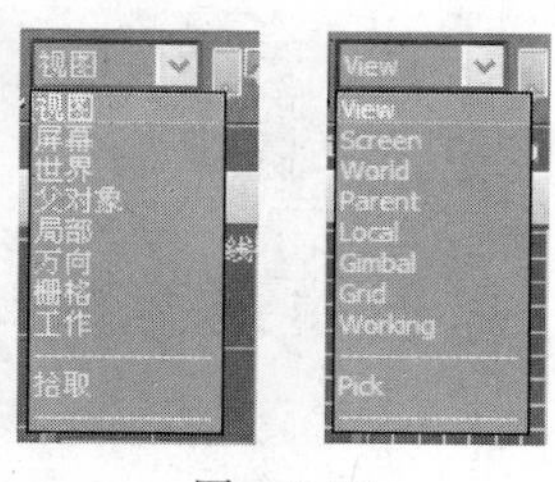

图 3-37

当选择了一个对象后,对应各选择坐标系的轴将出现在对象的轴心点或者中心位置。在默认状态下,使用坐标系是"视图"(View)坐标系。为了理解各个坐标系的作用原理,必须首先了解世界坐标系。

2. 世界坐标系

世界坐标系的图标总是显示在每个视口的左下角。如果在变换时想使用这个坐标系,那么可以从"参考坐标系"(Reference Coordinate System)列表中选取它。

当选取了世界坐标系后,每个选择对象的轴显示的是世界坐标系的轴,见图 3-38。

可以使用这些轴来移动、旋转和缩放对象。

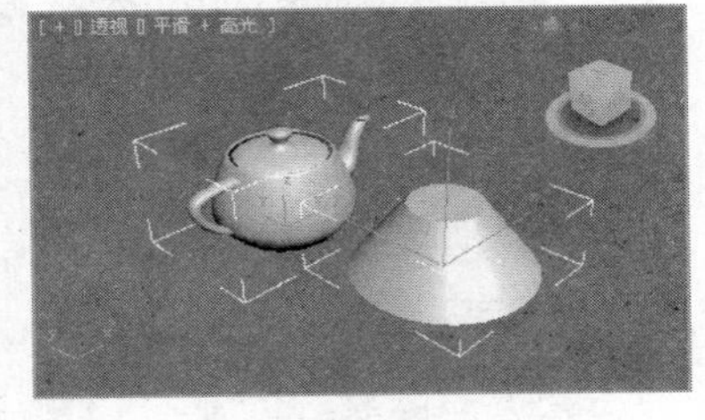

图 3-38

3. 屏幕坐标系

当参考坐标系被设置为"屏幕坐标系"(Screen)的时候,每次激活不同的视口,对象的坐标系就发生改变。不论激活哪个视口,X 轴总是水平指向视口的右边,Y 轴总是垂直指向视口的上面。这意味着在激活的视口中,变换的 XY 平面总是面向用户。

在诸如前视口、顶视口和左视口等正交视口中,使用屏幕坐标系是非常方便的。但是在透视视口或者其他三维视口中,使用屏幕坐标系就会出现问题。由于 XY 平面总是与视口平行,会使变换的结果不可预测。

视图坐标系可以解决在屏幕坐标系中所遇到的问题。

4. 视图坐标系

视图坐标系是世界坐标系和屏幕坐标系的混合体。在正交视口,视图坐标系与屏幕坐标系一致,而在透视视口或者其他三维视口,视图坐标系与世界坐标系一致。

视图坐标系结合了屏幕坐标系和世界坐标系的优点。

5. 局部坐标系

创建对象后,会指定一个局部坐标系。局部坐标系的方向与对象被创建的视口相关。例如,当圆柱被创建后,它的局部坐标系的 Z 轴总是垂直于视口,它的局部坐标系的 XY 平面总是平行于计算机屏幕。即使切换视口或者旋转圆柱,它的局部坐标系的 Z 轴总是指向高度方向。

当从参考坐标系列表中选取"局部坐标系"(Local Coordinate System)后,就可以看到局部坐标系,见图 3-39。

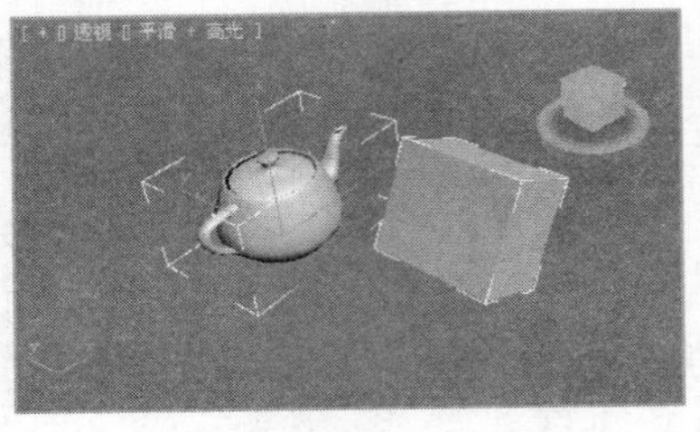

图 3-39

说明:通过轴心点可以移动或者旋转对象的局部坐标系。对象的局部坐标系的原点就是对象的轴心点。

6. 其他坐标系

除了世界坐标系、屏幕坐标系、视图坐标系和局部坐标系外，还有 4 个坐标系，分别是：

- 父对象坐标系(Parent)：该坐标系只对有链接关系的对象起作用。如果使用这个坐标系，当变换子对象的时候，它使用父对象的变换坐标系。
- 栅格坐标系(Grid)：该坐标系使用当前激活栅格系统的原点作为变换的中心。
- 万向坐标系(Gimbal)：该坐标系与局部坐标系类似，但其三个旋转轴并不一定要相互正交。它通常与 Euler xy2 旋转控制器一起使用。
- 拾取坐标系(Pick)：该坐标系使用特别的对象作为变换的中心。该坐标系非常重要，将在后面详细讨论。

7. 变换和变换坐标系

每次变换的时候都可以设置不同的坐标系。3ds Max 2011 会记住上次在某种变换中使用的坐标系。例如，选择了主工具栏中的"选择并移动"(Select and Move)工具，并将变换坐标系改为"局部"(Local)。此后又选取主工具栏中的"选择并旋转"(Select and Rotate)工具，并将变换坐标系改为世界(World)。这样当返回到"选择并移动"(Select and Move)工具时，坐标系自动改变到局部(Local)。

技巧：当用户想使用特定的坐标系时，首先选取变换图标，再选取变换坐标系。这样，当执行变换操作的时候，才能保证使用的是正确的坐标系。

8. 变换中心

在主工具栏上参考坐标系右边的按钮是变换中心弹出按钮，见图 3-40。每次执行旋转或者比例缩放操作的时候，都是关于轴心点进行变换的。这是因为默认的变换中心是轴心点。

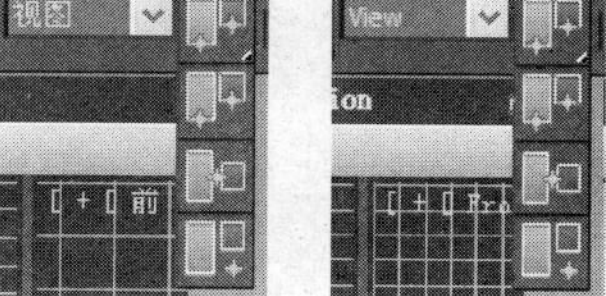

图 3-40

3ds Max 的变换中心有 3 个，分别是：

使用轴心点中心(Use Pivot Point Center)：使用选择对象的轴心点作为变换中心。

使用选择集中心(Use Selection Center)：当多个对象被选择的时候，使用选择的对象的中心作为变换中心。

使用变换坐标系的中心(Use Transform Coordinate Center)：使用当前激活坐标系的原点作为变换中心。

当旋转多个对象的时候，这些选项非常有用。"使用轴心点中心"(Use Pivot Point Center)将关于自己的轴心点旋转每个对象，而"使用选择集中心"(Use Selection Center)将关于选择对象的共同中心点旋转对象。

"使用变换坐标系的中心"(Use Transform Coordinate Center)对于拾取坐标系非常有用，下面介绍拾取坐标系的方法。

9. 拾取坐标系

假如希望绕空间中某个特定点旋转一系列对象，最好使用拾取坐标系。即使选择了其他对象，变换的中心仍然是特定对象的轴心点。

如果要绕某个对象周围按圆形排列一组对象，那么使用拾取坐标系将非常方便。例如，可以使用拾取坐标系安排桌子和椅子等。

例 3-4 使用拾取坐标系

(1) 启动 3ds Max，在主工具栏上选取“文件/打开”(File/Open)，打开本书配套光盘中的 Samples-03-04. max 文件。这个场景非常简单，有一个花心、一个花瓣和一片叶子，见图 3-41。

下面将在花心周围复制花瓣和叶子，以便创建一个完整的花。

(2) 单击主工具栏中的“角度捕捉切换”(Angle Snap Toggle)按钮。

(3) 单击主工具栏的“选择并旋转”(Select and Rotate)按钮。

(4) 在参考坐标系列表中选取“拾取”(Pick)。

(5) 在顶视口单击花心，选择它，对象名 Flower Center 出现在参考坐标系区域，见图 3-42。

(6) 在主工具栏选取“使用变换坐标系的中心”(Use Transform Coordinate Center)。

接下来将绕着中心旋转并复制花瓣。

(7) 在顶视口单击花瓣 Petal01，选择它，见图 3-43。

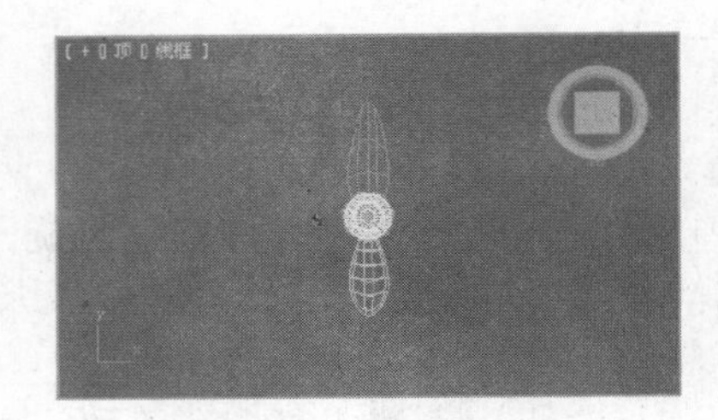

图 3-41

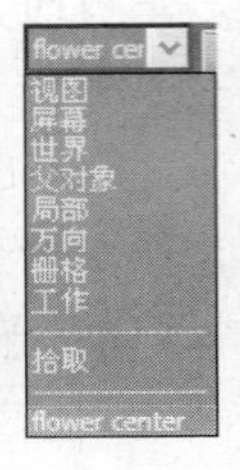

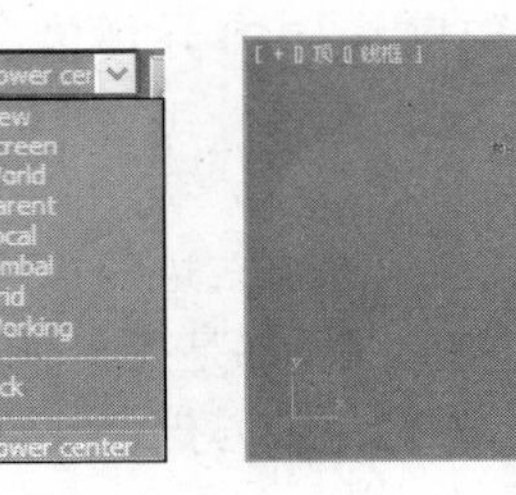

图 3-42

图 3-43

从图 3-42 可以看出，即使选择了花瓣，但是变换中心仍然在花心。这是因为现在使用的是变换坐标系的中心，而变换坐标系被设置在花心。

(8) 在顶视口，按下 Shift 键，并绕 Z 轴旋转 45°，见图 3-44。

当释放鼠标键后，出现“克隆选项”(Clone Options)对话框。

(9) 在“克隆选项”(Clone Options)对话框选取“实例”(Instance)，并将“副本数”(Number of Copies)改为 7，然后单击“确定”按钮。

这时，在花心的周围又克隆了 7 个花瓣，见图 3-45。

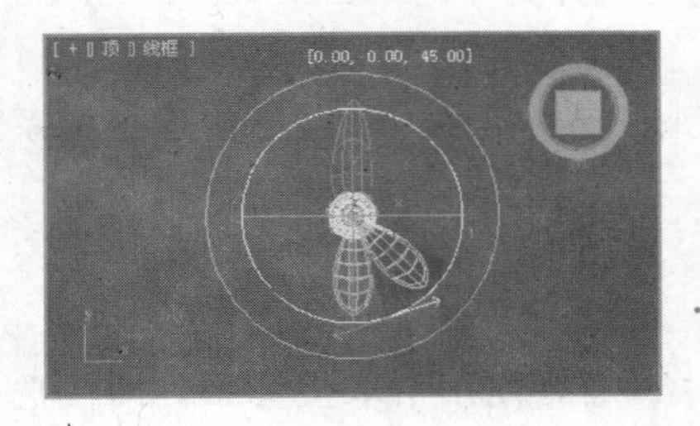

图 3-44

图 3-45

(10) 用同样的方法将叶子克隆完整，见图 3-46。

(11) 最后的效果如图 3-47 所示。

图 3-46

图 3-47

拾取坐标系可以使其他进行操作的对象采用特定对象的坐标系。下面就来介绍如何制作小球从木板上滚下来的动画。

(1) 启动 3ds Max，或者在菜单栏中选取“文件/重置”(File/Reset)，复位 3ds Max。

(2) 单击创建命令面板上“对象类型”(Object Type)卷展栏下面的“长方体”(Box)按钮。

(3) 在顶视口中创建一个长方形木板，创建参数如图 3-48 所示。

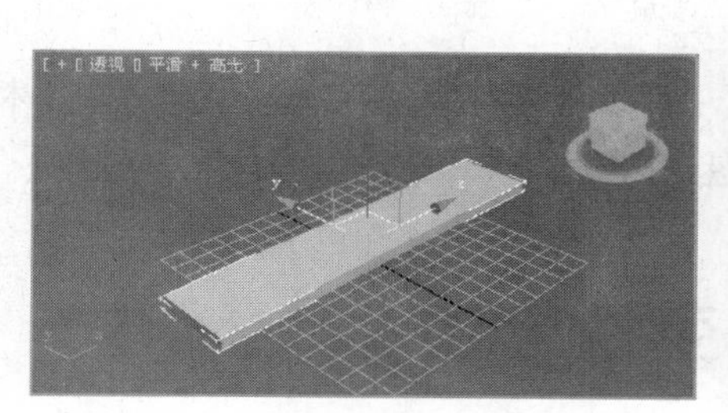

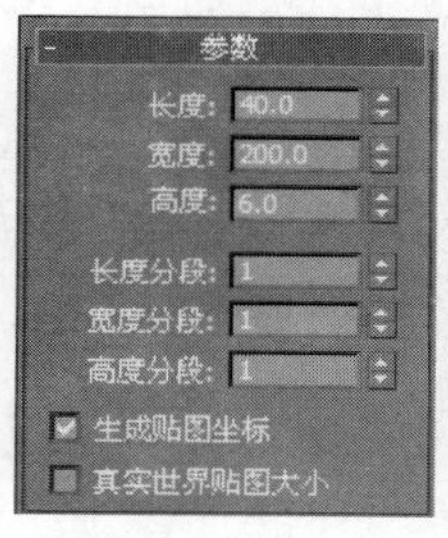

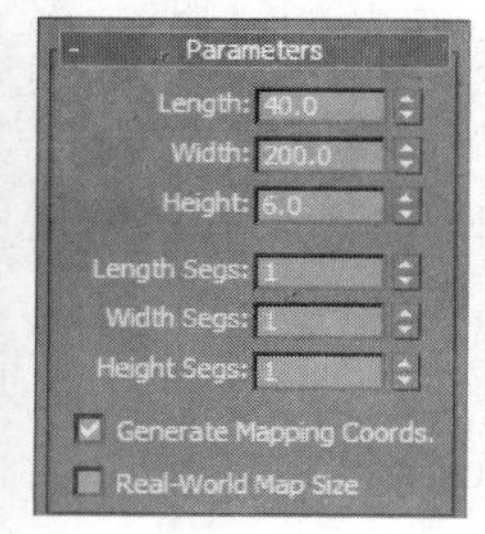

图 3-48

(4) 在主工具栏中选择“选择并旋转”(Select and Rotate)命令，在前视口中旋转木板，使其有一定倾斜，如图 3-49 所示。

(5) 单击创建命令面板上的“球体”(Sphere)按钮。创建一个“半径”(Radius)约为 10 单位的球，并使用“移动工具”将小球的位置移到木板的上方，如图 3-50 所示。在调节时可以在四个视口中从各个角度进行移动，以方便观察。

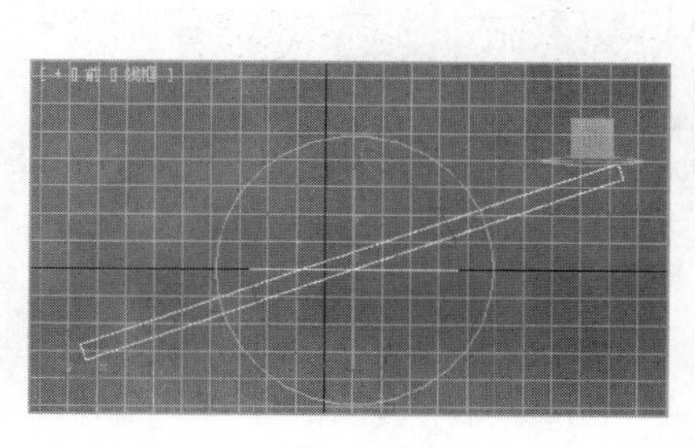

图 3-49

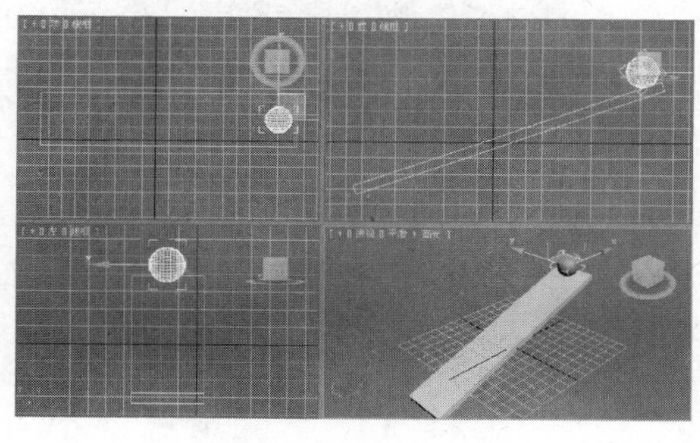

图 3-50

(6) 选中小球,在参考坐标系列表中选取“拾取”(Pick)坐标系。

(7) 在透视视口中单击木板,选择它,则对象名Box01出现在参考坐标系区域。同时在视口中,小球的变换坐标发生变化。前视口中的状态如图3-51所示。

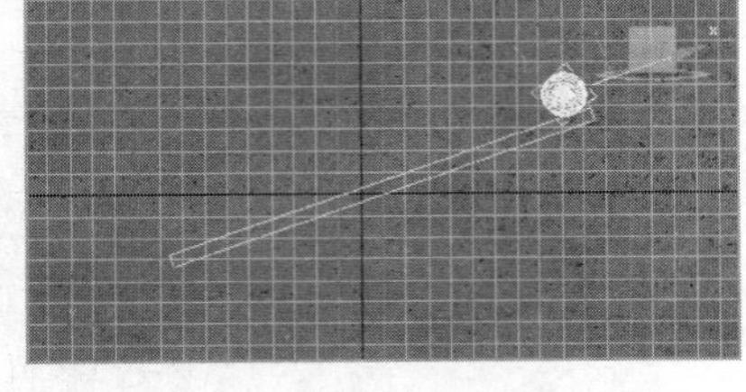

图　3-51

(8) 单击“自动关键点”(Auto Key)按钮,将时间滑块移动到第100帧。

(9) 将小球移动至木板的底端,如图3-52所示。

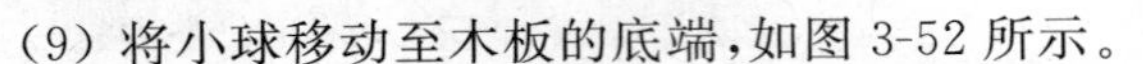

(10) 使用“旋转工具”将小球转动几圈,如图3-53所示。

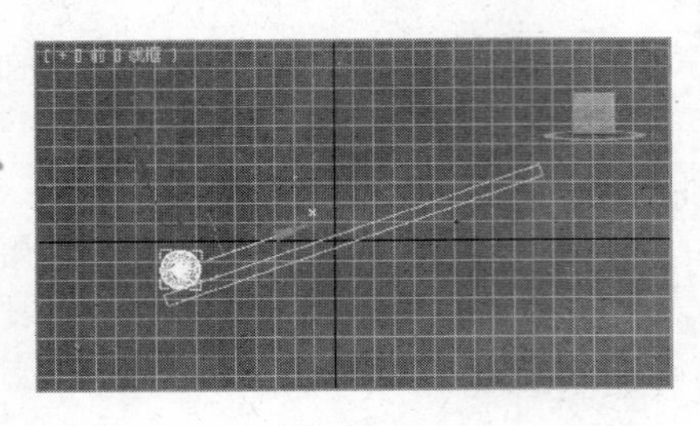

图　3-52

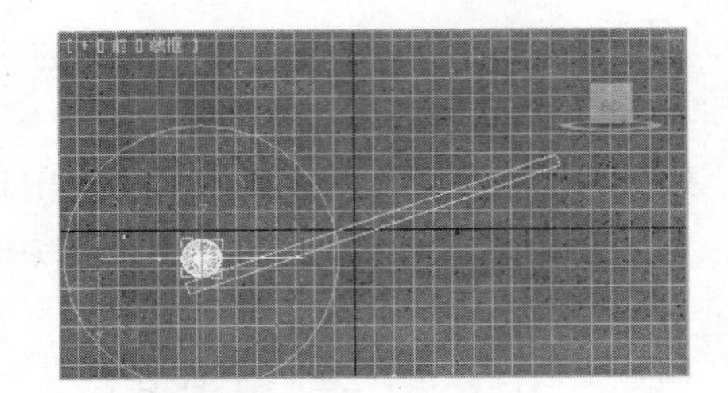

图　3-53

(11) 关闭动画按钮。单击“播放”(Play)按钮播放动画,可以看到小球沿着木板下滑的同时滚动。本例结果文件在本书配套光盘Samples-03-05.max中。

3.5　其他变换方法

在主工具栏上还有一些其他变换方法,分别是:“对齐”(Align)、“镜像”(Mirror)、“阵列”(Array)、对象绘制(Object Paint)。

(1) 对齐(Align):将一个对象的位置、旋转和/或比例与另外一个对象对齐。可以根据对象的物理中心、轴心点或者边界区域对齐。在图3-54中,左边的图片是对齐前的样子,而右边的图片是沿着X轴对齐后的样子。

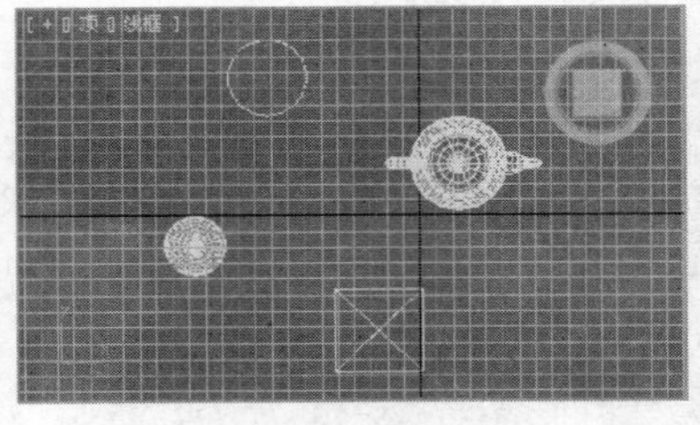

(a) 对齐前

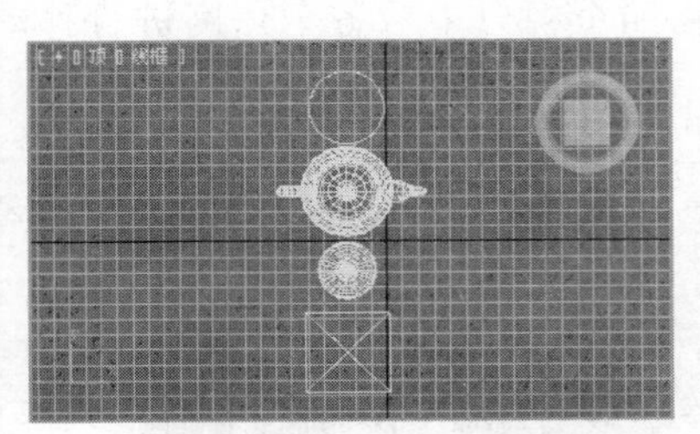

(b) 对齐后

图　3-54

(2) 镜像(Mirror)：沿着坐标轴镜像对象，如果需要的话还可以复制对象，图 3-55 是使用镜像复制的对象。

(3) 阵列(Array)：可以沿着任意方向克隆一系列对象。阵列支持“移动”(position)、“旋转”(rotation)和“缩放”(scale)等变换。图 3-56 是阵列复制的例子。

图 3-55

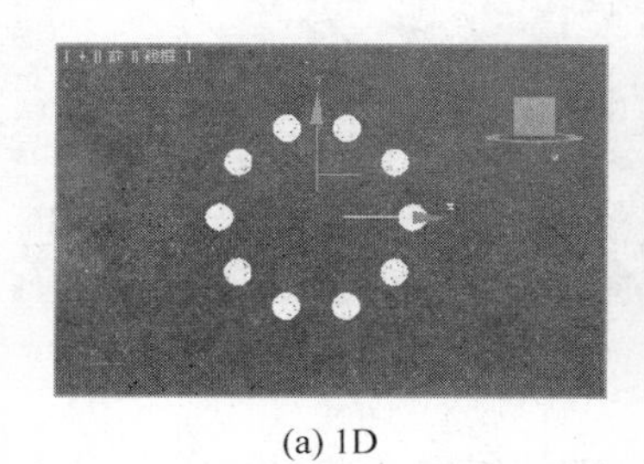

(a) 1D

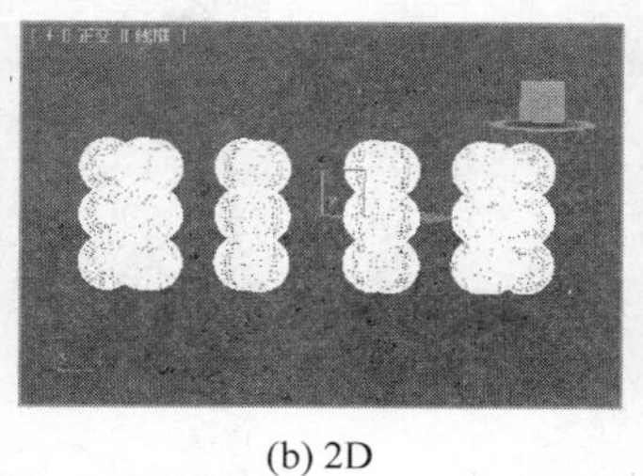

(b) 2D

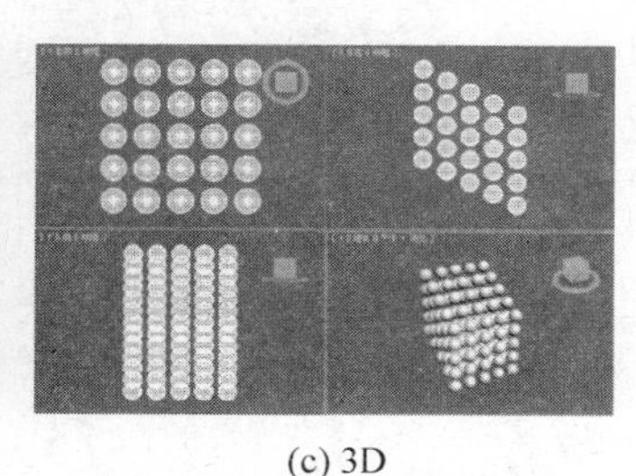

(c) 3D

图 3-56

(4) 对象绘制(Object Paint)：能够在场景中使用笔刷工具直接分布对象，使创建具有大量重复模型的场景变得更为简单。

3.5.1 对齐(Align)对话框

要对齐一个对象，必须先选择一个对象，然后单击主工具栏上的“对齐”(Align)按钮，再单击想要对齐的对象，之后出现“对齐当前选择”(Align Selection)对话框，见图 3-57。

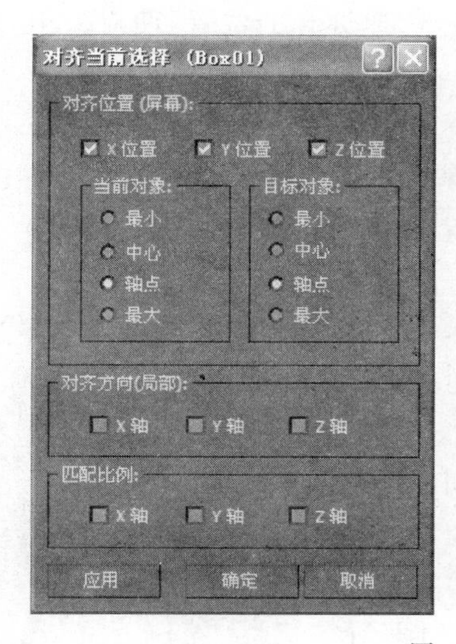

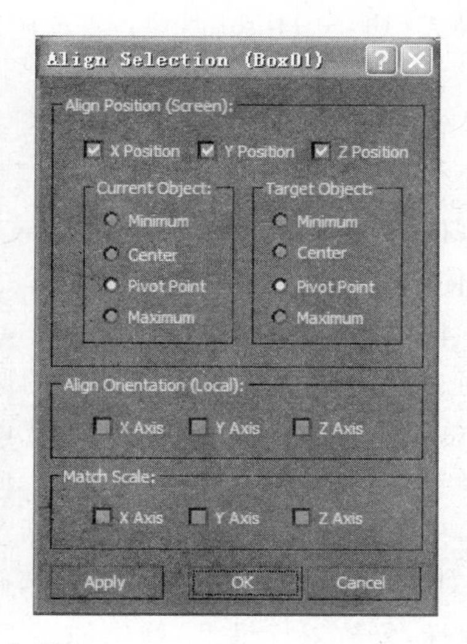

图 3-57

这个对话框有 3 个区域，分别是“对齐位置”、“对齐方向”和“匹配比例”。“对齐位置”、“对齐方向”选项区提示对齐的时候使用的是哪个坐标系。

打开了某个选项，其对齐效果就立即显示在视口中。

对齐(Align)按钮是一个弹出按钮，其下面还有一些选项。

快速对齐(Quick Align)：将两个对象按照轴心点的位置快速对齐，见图 3-58。

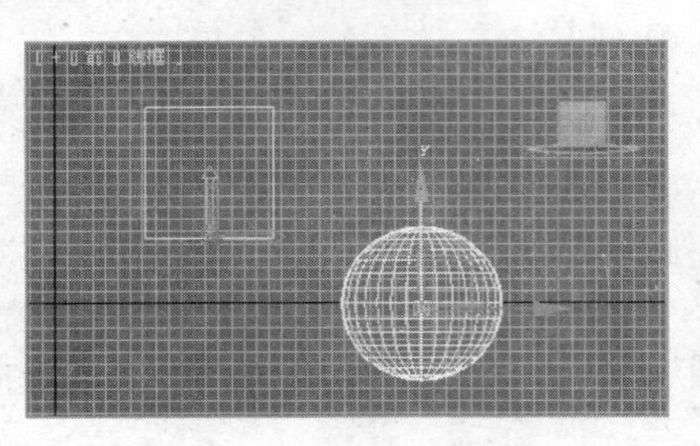
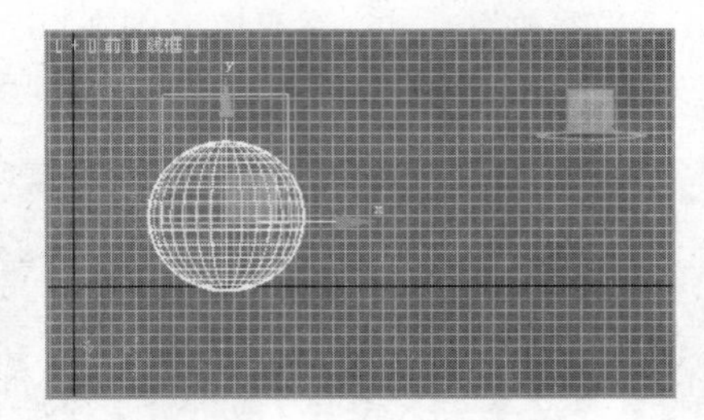

图 3-58

法线对齐(Normal Align)：根据两个对象上选择的面的法线对齐两个对象。对齐后两个选择面的法线完全相对，图 3-59 是法线对齐的结果。

图 3-59

放置高光(Place Highlight)：通过调整选择灯光的位置，使对象上指定面上出现高光点。

技巧：这个功能也可以放置在镜面上反射的对象。

对齐摄像机(Align Camera)：设置摄像机使其观察特定的面。

对齐视图(Align to View)：将对象或者摄像机与特定的视口对齐。

例 3-5 使用法线对齐制作动画的过程

(1) 打开本书配套光盘中的文件 Samples-03-06.max，或者创建一个类似的场景。该文件包含地面、4 个有弯曲方向变化动画的圆柱和一个盒子，动画总长度为 200 帧，如图 3-60 所示。

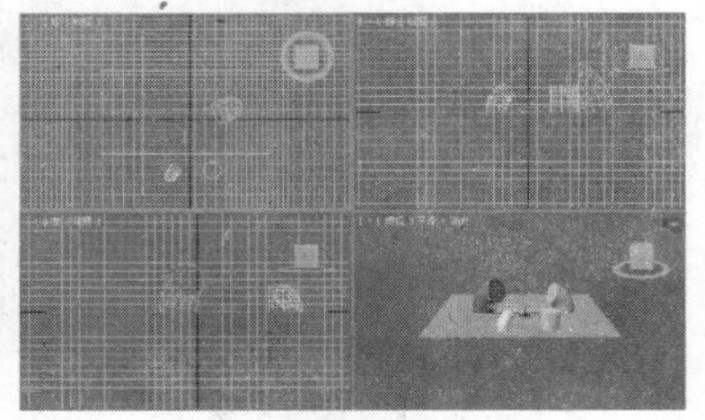

图 3-60

(2) 按 N 键，进入设置动画状态。将时间滑块移动到第 40 帧，确认选择了盒子 Box01，激活主工具栏中的“法线对齐”(Normal Align)按钮，然后在盒子的顶面拖曳鼠标，释放鼠标键后，弹出如图 3-61 所示的“法线对齐”对话框，输入相应数值以确定盒子的精确位置，单击“确定”按钮确认。

盒子顶面就与圆柱的顶面结合在一起，如图 3-62 所示。此时自动生成一个动画关键帧。

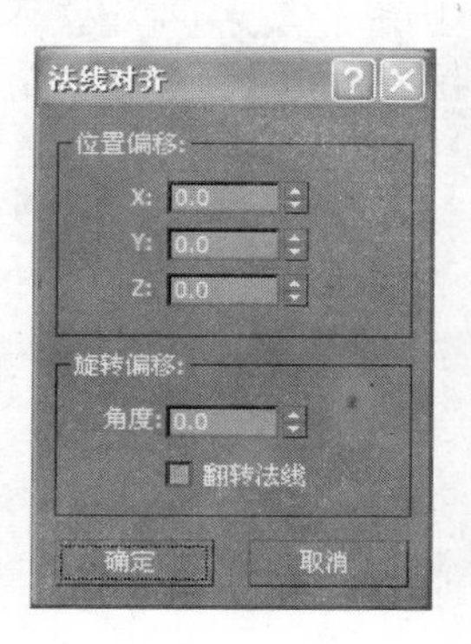

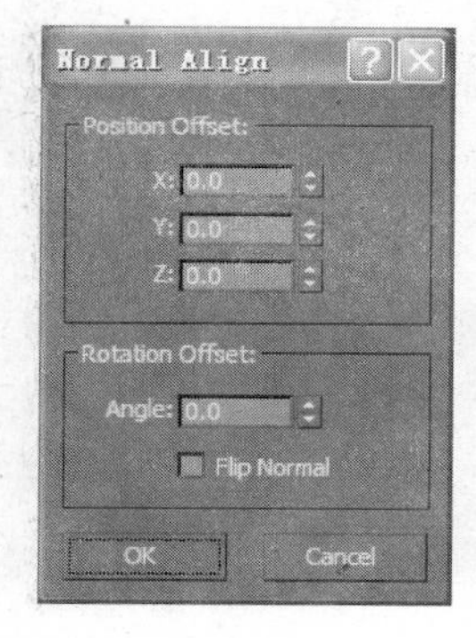

图 3-61

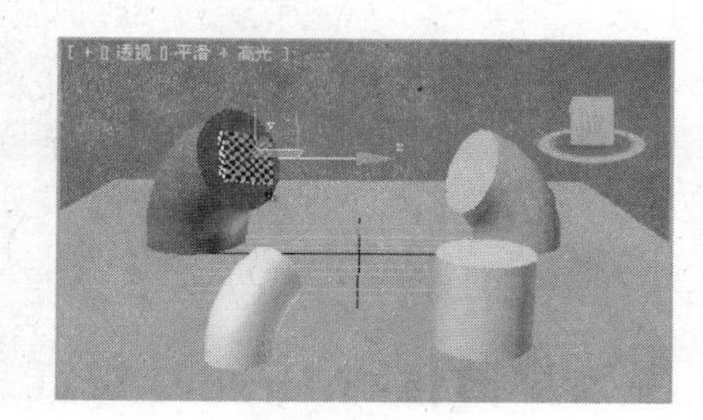

图 3-62

(3) 将时间滑块移动到第 80 帧，在盒子的底面(与顶面对应的面)拖曳鼠标，确定对其的法线。释放鼠标后，将光标移动到右上角圆柱的顶面拖曳，确定对齐的法线。释放鼠标键后，盒子底面就与圆柱的顶面结合在一起，如图 3-63 所示。

(4) 将时间滑块移动到第 120 帧，在盒子的顶面拖曳鼠标，确定对齐的法线。释放鼠标键后，将光标移动到左下角圆柱的顶面拖曳，确定对齐的法线。释放鼠标键后，盒子顶面就与圆柱的顶面结合在一起，如图 3-64 所示。

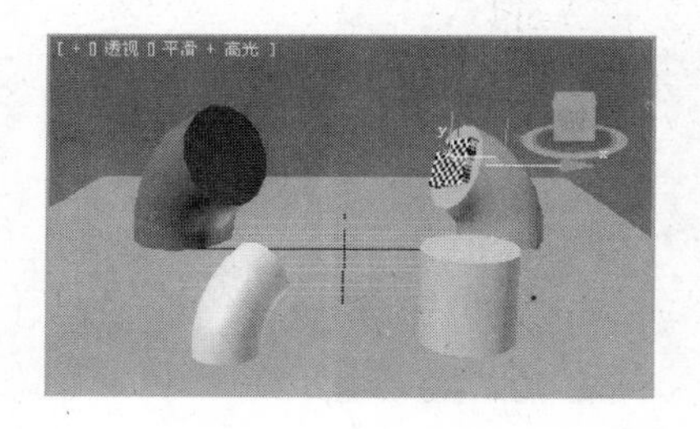

图 3-63

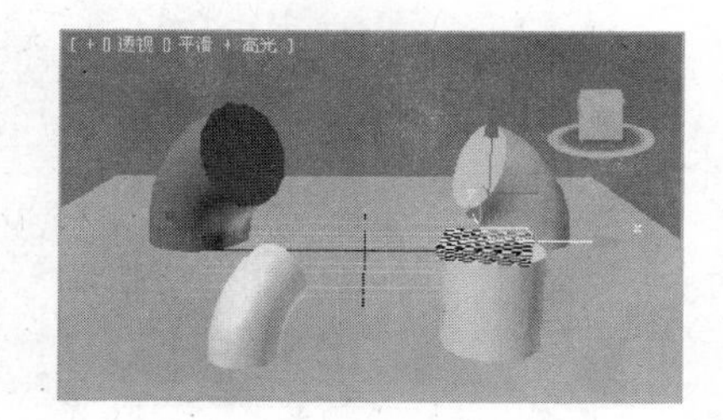

图 3-64

(5) 将时间滑块移动到第 160 帧，在盒子的顶面拖曳鼠标，确定对齐的法线。释放鼠标键后，将光标移动到右下角圆柱的顶面拖曳，确定对齐的法线。释放鼠标键后，盒子顶面就与圆柱的顶面结合在一起，如图 3-65 所示。

将时间滑块移动到第 200 帧，在盒子的底面拖曳鼠标，确定对齐的法线。释放鼠标键后，将光标移动场景底面中央拖曳，确定对齐的法线。释放鼠标键后，盒子顶面就与底面结合在一起，如图 3-66 所示。

该实例的最终文件存储于光盘配套文件 Samples-03-06f.max。

说明：该例子是 3ds Max 教师和工程师认证的一个考题。考试时没有提供任何场景文件，因此读者也应该熟练掌握如何制作圆柱弯曲摆动的动画。

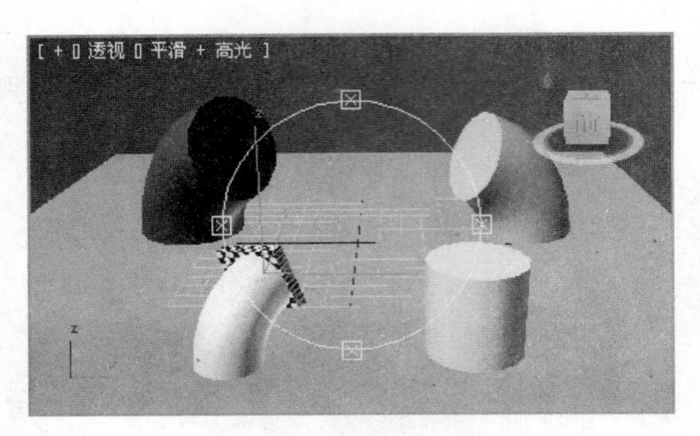

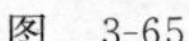

图 3-65

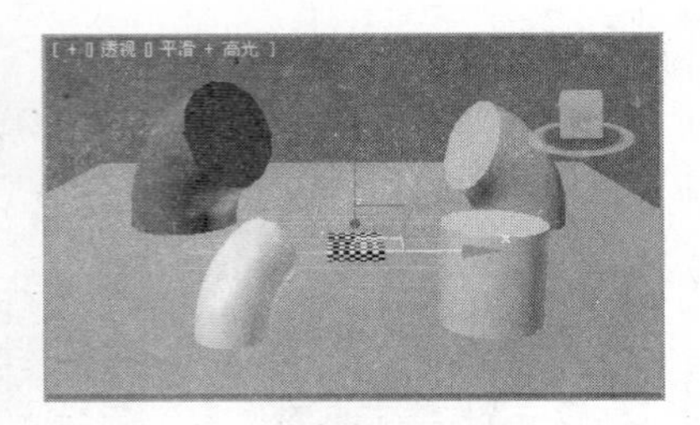

图 3-66

3.5.2 镜像(Mirror)对话框

当镜像对象的时候,必须首先选择对象,然后单击主工具栏上的"镜像"(Mirror)按钮。单击该按钮后显示"镜像"(Mirror)对话框,见图 3-67。

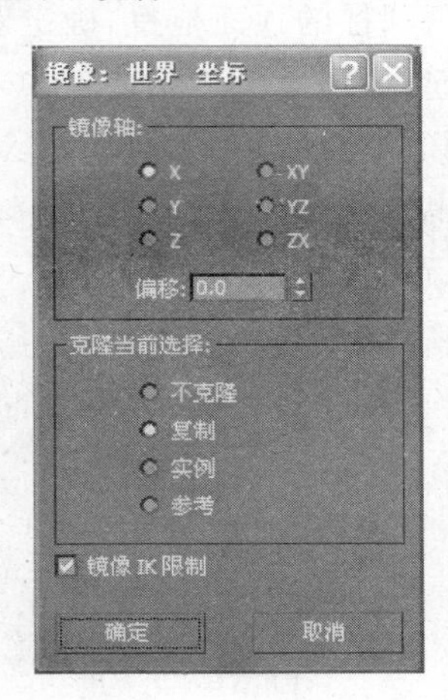

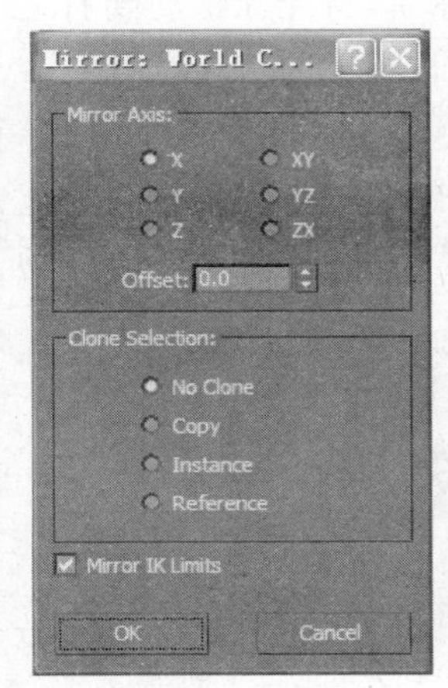

图 3-67

在"镜像"(Mirror)对话框中,用户不但可以选取镜像的轴,还可以选取是否克隆对象以及克隆的类型。当改变对话框的选项后,被镜像的对象也在视口中发生变化。

3.5.3 阵列(Array)对话框

要阵列对象,必须首先选择对象,然后选取"工具"(Tools)菜单下的"阵列"(Array)命令。选择该命令后就出现"阵列"(Array)对话框。该操作还可以通过在工具栏的空白处单击鼠标右键,在弹出的对话框中选择"附加"命令,这样就出现了附件工具栏,如图 3-68 所示,单击"阵列"(Array)按钮,就会出现"阵列"(Array)对话框,如图 3-69 所示。

"阵列"(Array)对话框被分为 3 个部分。分别是"阵列变换"(Array Transformation)

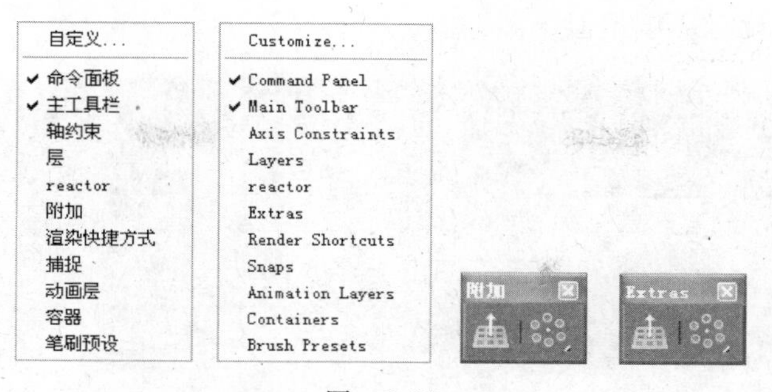

图 3-68

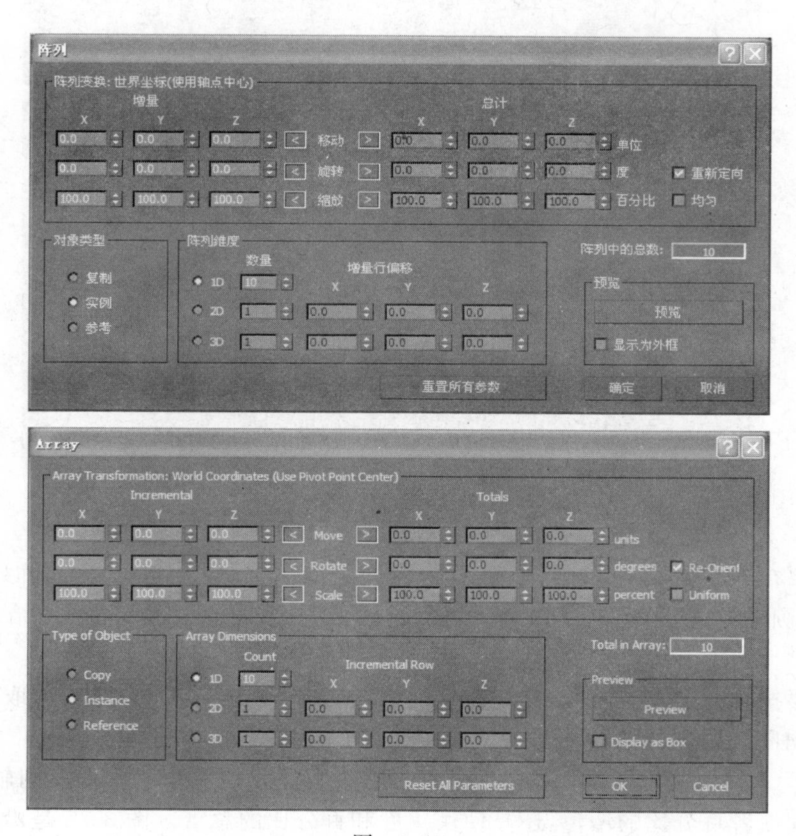

图 3-69

区域、“对象类型”(Type of Object)区域、“阵列维度”(Array Dimensions)区域。“阵列变换”(Array Transformation)区域提示了在阵列时对象使用的坐标系和轴心点，还可以设置使用位移、旋转和缩放变换进行阵列。在这个区域还可以设置计算数据的方法，例如是使用增量(Incremental)计算还是使用总量(Totals)计算等。

“对象类型”(Type of Object)区域决定阵列时克隆的类型。

“阵列维度”(Array Dimensions)区域决定在某个轴上的阵列数目。

例如，如果希望在X轴上阵列10个对象，对象之间的距离是10个单位，那么“阵列”

(Array)对话框的设置应该类似于图 3-70。

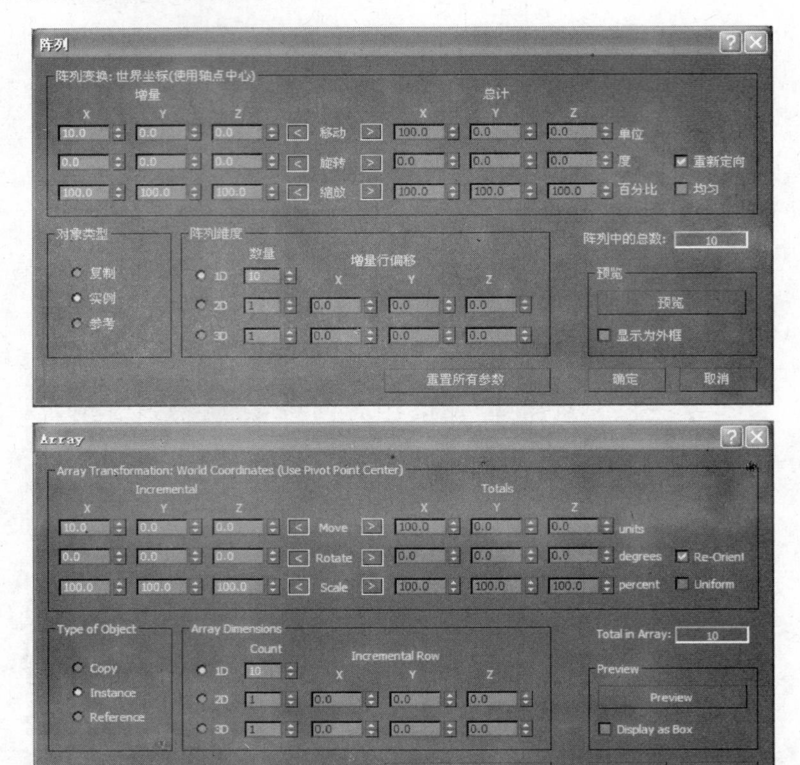

图 3-70

如果要在 X 方向阵列 10 个对象，对象的间距是 10 个单位，在 Y 方向阵列 5 个对象，间距是 25，那么应按图 3-71 设置对话框。这样就阵列 50 个对象，阵列的结果如图 3-71 所示。

如果要执行三维阵列，那么在“阵列维度”(Array Dimensions)区域选取 3D，然后设置在 Z 方向阵列对象的个数和间距。

“旋转”(Rotate)和“缩放”(Scale)选项的用法类似。首先选取一个阵列轴向，然后设置使用角度或者百分比的增量，还是使用角度和百分比的总量。图 3-72 是沿圆周方向阵列的设置，图 3-73 是该设置的阵列结果。

注意：*在应用阵列之前先要改动对象的轴心位置。*

“Array”(阵列)按钮也是一个弹出式按钮，它下面还有 3 个按钮，它们是 Snapshot、 Spacing Tool 和 Clone and Align。

快摄(Snapshot)：只能用于动画的对象。对动画对象使用该按钮后，就沿着动画路径克隆一系列对象。这样就像在动画期间拿着一个摄像机快速拍摄照片一样，因此将该功能称之为快摄。

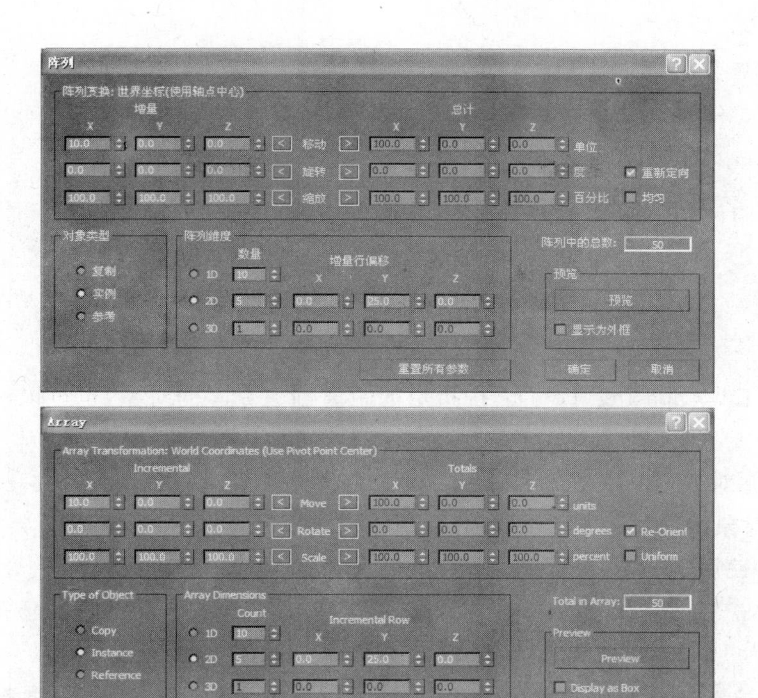
阵列
阵列变换：世界坐标(使用轴点中心)
增量
总计
X Y Z
10.0 0.0 0.0 移动 100.0 0.0 0.0 单位
0.0 0.0 0.0 旋转 0.0 0.0 0.0 度
重新定向
100.0 100.0 100.0 缩放 100.0 100.0 100.0 百分比
均匀
对象类型
复制
实例
参考
阵列维度
数量
增量行偏移
1D 10
2D 5 0.0 25.0 0.0
3D 1 0.0 0.0 0.0
阵列中的总数：50
预览
预览
显示为外框
重置所有参数
确定
取消
Array
Array Transformation: World Coordinates (Use Pivot Point Center)
Incremental
Totals
10.0 0.0 0.0 Move 100.0 0.0 0.0 units
0.0 0.0 0.0 Rotate 0.0 0.0 0.0 degrees
Re-Orient
100.0 100.0 100.0 Scale 100.0 100.0 100.0 percent
Uniform
Type of Object
Copy
Instance
Reference
Array Dimensions
Count
Incremental Row
1D 10
2D 5 0.0 25.0 0.0
3D 1 0.0 0.0 0.0
Total in Array: 50
Preview
Preview
Display as Box
Reset All Parameters
OK
Cancel

图 3-71

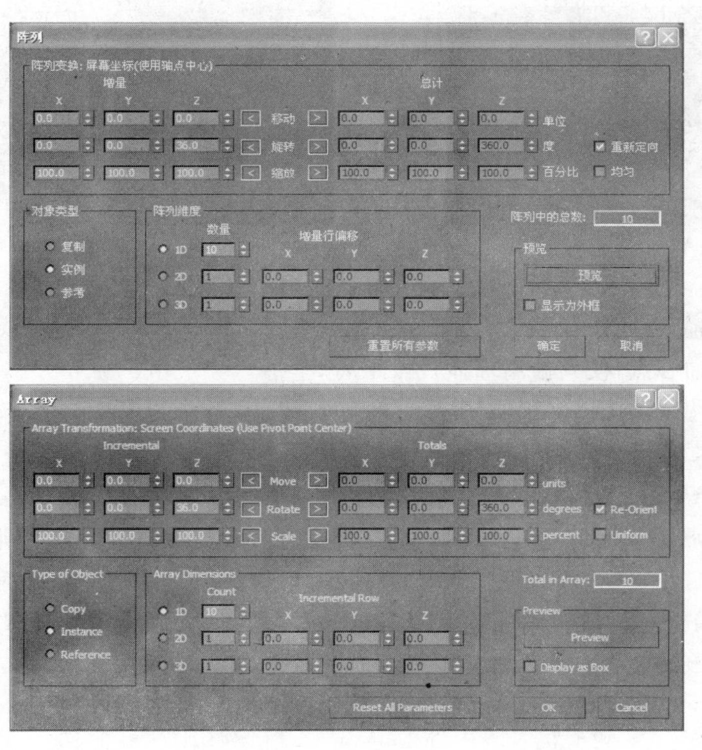
阵列
阵列变换：屏幕坐标(使用轴点中心)
增量
总计
X Y Z
0.0 0.0 0.0 移动 0.0 0.0 0.0 单位
0.0 0.0 36.0 旋转 0.0 0.0 360.0 度
重新定向
100.0 100.0 100.0 缩放 100.0 100.0 100.0 百分比
均匀
对象类型
复制
实例
参考
阵列维度
数量
增量行偏移
1D 10
2D 1 0.0 0.0 0.0
3D 1 0.0 0.0 0.0
阵列中的总数：10
预览
预览
显示为外框
重置所有参数
确定
取消
Array
Array Transformation: Screen Coordinates (Use Pivot Point Center)
Incremental
Totals
0.0 0.0 0.0 Move 0.0 0.0 0.0 units
0.0 0.0 36.0 Rotate 0.0 0.0 360.0 degrees
Re-Orient
100.0 100.0 100.0 Scale 100.0 100.0 100.0 percent
Uniform
Type of Object
Copy
Instance
Reference
Array Dimensions
Count
Incremental Row
1D 10
2D 1 0.0 0.0 0.0
3D 1 0.0 0.0 0.0
Total in Array: 10
Preview
Preview
Display as Box
Reset All Parameters
OK
Cancel

图 3-72

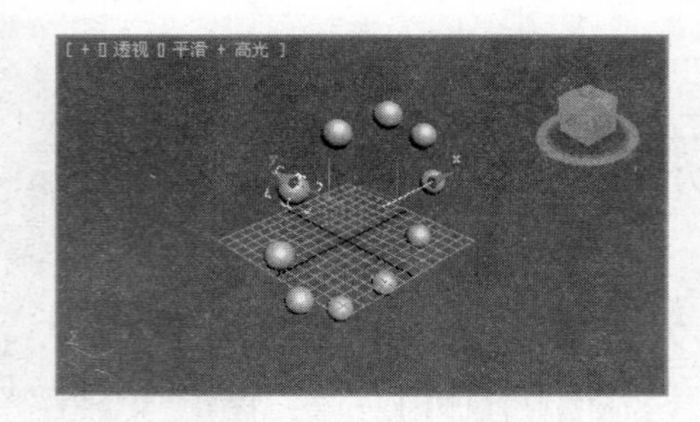

图　3-73

空间工具(Spacing Tool)：按指定的距离创建克隆的对象，也可以沿着路径克隆对象。

克隆并对齐(Clone and Align)：该命令将克隆与对齐命令绑定在一起，在克隆对象的同时将对象按选择的方式进行对齐。

例 3-6　使用“Array”(阵列)复制制作一个升起的球链的动画

(1) 进入“创建”(Create)命令面板，单击“球体”(Sphere)按钮，在顶视图的中心创建一个半径为 16 的球，见图 3-74。接下来我们调整球体的轴心点。

(2) 单击“层次”(Hierarchy)按钮，进入“层次”(Hierarchy)命令面板，见图 3-75，单击“仅影响轴”(Affect Pivot Only)按钮。

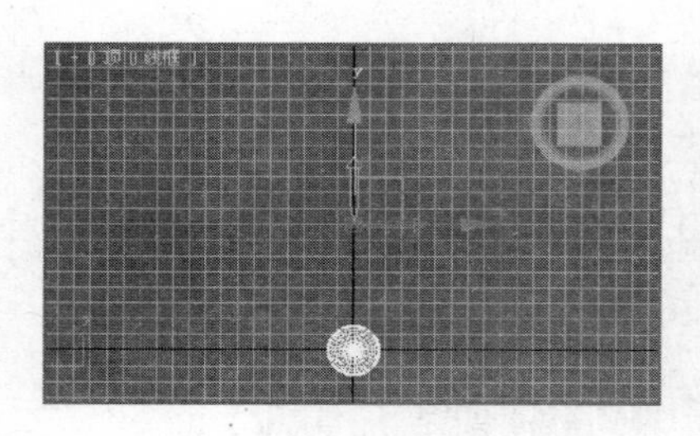

图　3-74

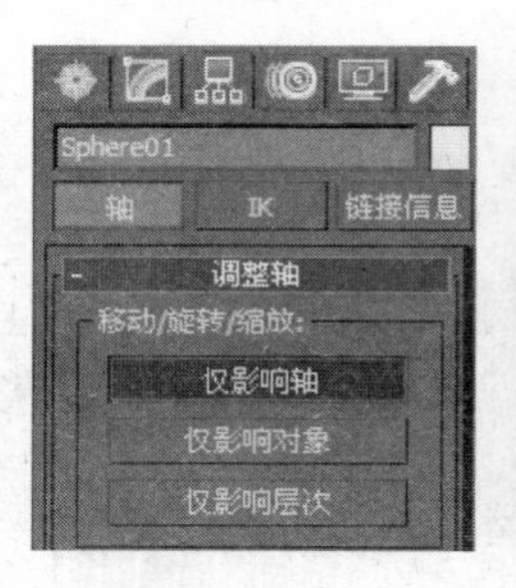

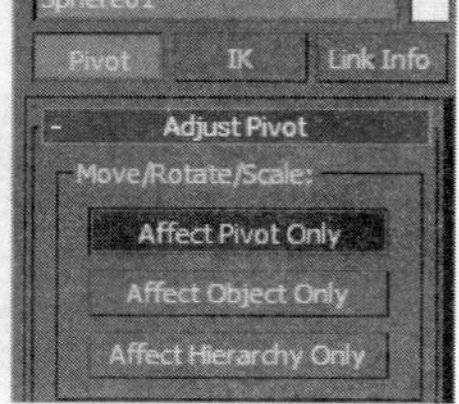

图　3-75

(3) 单击“选择并移动”(Select and Move)按钮，激活“Y 轴约束”按钮，然后在顶视图中向上移动轴心点，使其偏离球体一段距离。

(4) 单击“仅影响轴”(Affect Pivot Only)按钮，关闭它。

说明：如果不做阵列的动画，则可以不调整轴心点，而采用其他方法。只要单击“自动关键点”(Auto Key)按钮，就能使用指定轴心点的方法。

(5) 单击“自动关键点”(Auto Key)按钮，将时间滑块移动到第 100 帧，然后选择菜单“工具/阵列”(Tools/Array)命令，出现“阵列”对话框。在对话框中将阵列的 Z 方向的增量设置为 20，沿 Z 轴的旋转角设置为 18，阵列对象的数目设置为 20，见图 3-76。

(6) 单击“确定”按钮。再单击按钮。这时出现了阵列的球体，共 20 个，如图 3-77 所示。

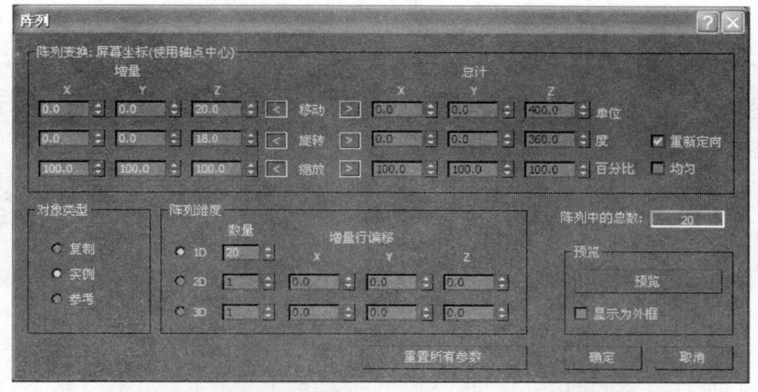

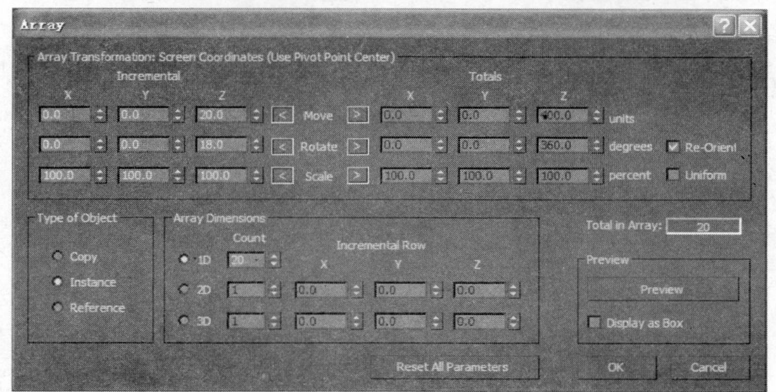

图 3-76

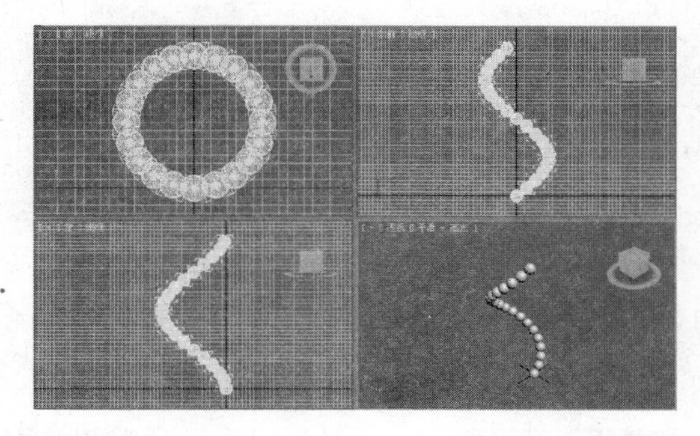

图 3-77

3.5.4 对象绘制(Object Paint)工具

要使用对象绘制工具，必须首先选择对象，然后单击建模功能区下的“对象绘制”选项卡，该面板下包含“绘制对象”(Paint Objects)和“笔刷设置”(Brush Setting)两个选项卡。

例 3-7 使用对象绘制工具制作一个多米诺骨牌的动画

(1) 创建一个平面，在平面旁边创建一个长方体，见图 3-78。

(2) 选中长方体，拖动时间轴到第 5 帧，打开自动关键帧，将长方体旋转－90°，使其倒下,关闭自动关键帧,见图 3-79。

图 3-78

图 3-79

(3) 选中平面,在“绘制对象”(Paint Objects)选项卡中单击“拾取对象”(Pick Objects)按钮,单击长方体,见图 3-80。

(4) 在“启用绘制”(Paint On)中选择“选定对象”(Selected Objects),选择平面,见图 3-81。

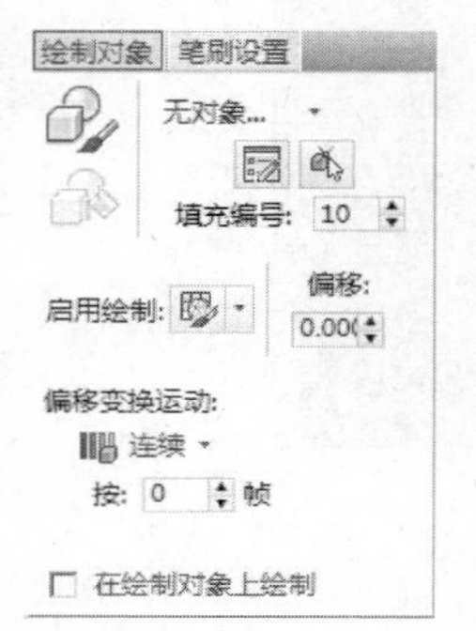

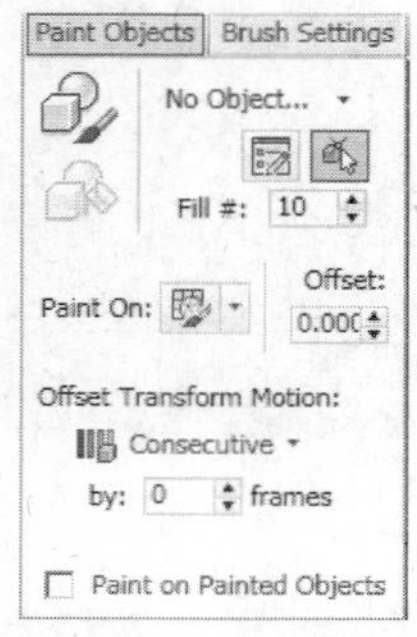

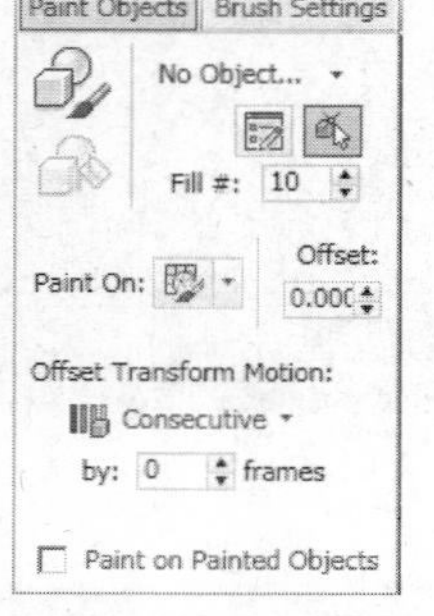

图 3-80

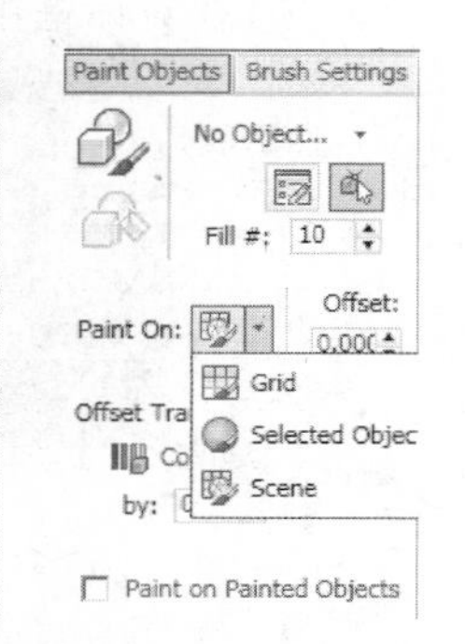

图 3-81

(5) 单击“绘制”(Paint)按钮,在平面上绘制一排长方体作为排列好的多米诺骨牌,在“笔刷设置”(Brush Setting)选项卡中为“间距”(Spacing)设定合适的间距,见图 3-82。

(6) 打开播放按钮,发现这些多米诺骨牌是同时倒下的,见图 3-83。我们应该将它们修改成依次倒下。

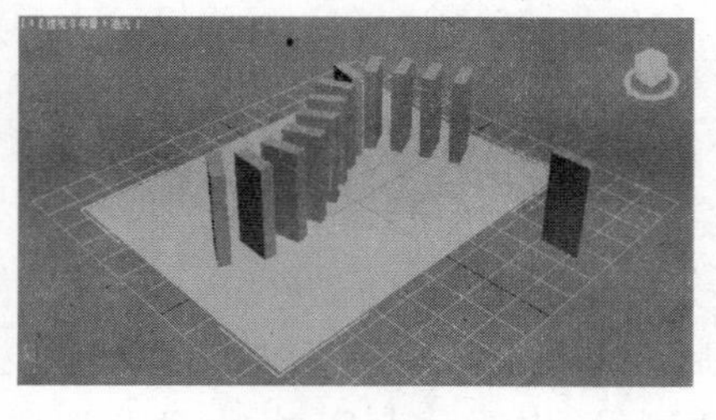

图 3-82

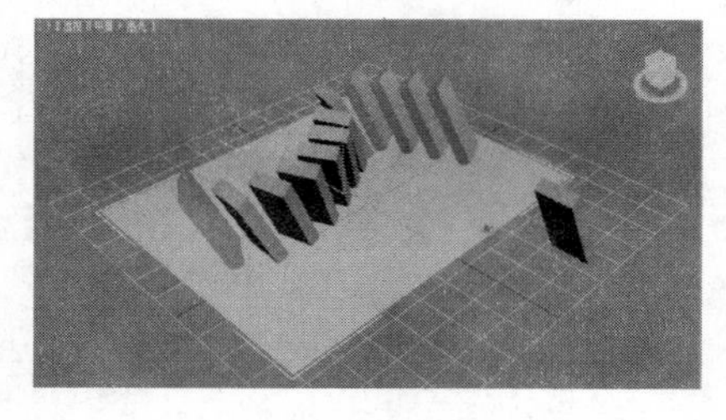

图 3-83

(7) 在“笔刷设置”(Brush Setting)中单击取消这些多米诺骨牌。

(8) 在“绘制对象”(Paint Objects)选项卡中“移变换运动”(Offset Transform Motion)下

改成按 1 帧。

(9) 重新绘制一排多米诺骨牌，打开播放按钮，可以看到多米诺骨牌依次倒下了，但是多米诺骨牌互相插入重叠了，见图 3-84。

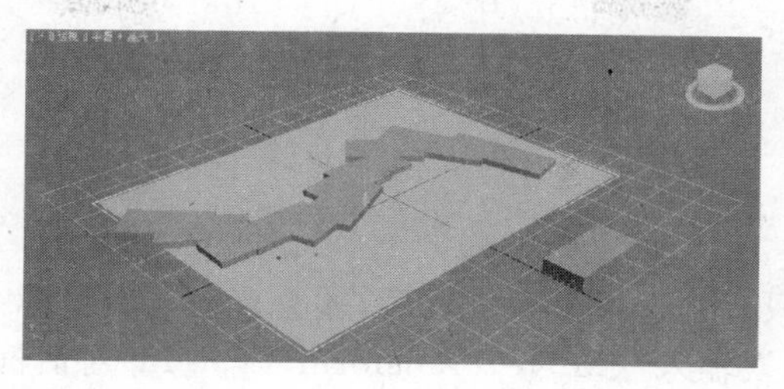

图　3-84

(10) 在“笔刷设置”(Brush Setting)单击取消。

(11) 选中第一个多米诺骨牌，右击时间轴上第 5 帧的绿色滑块，选择“Box:Y 轴选转”项，在对话框中将值改为－80°，见图 3-85。

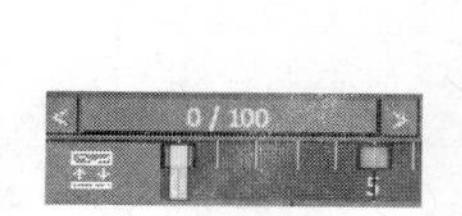

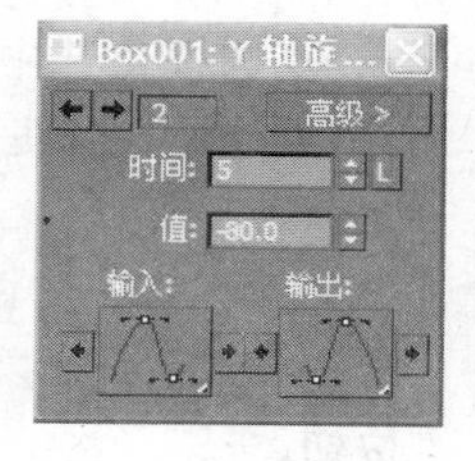

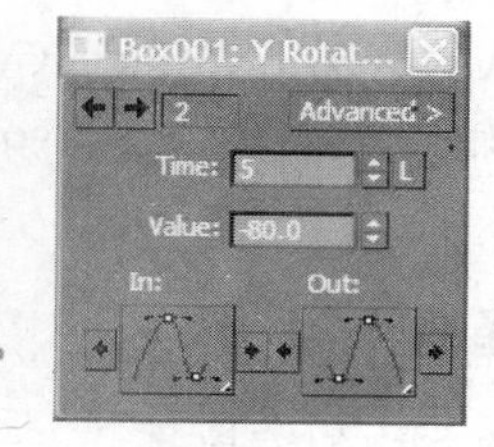

图　3-85

(12) 重新绘制一排多米诺骨牌，再选中最后一个多米诺骨牌，在时间轴的第二个绿色滑块上右击选择“Box:Y 轴选转”项，在对话框中将值改为－90°。

(13) 打开播放按钮，可以看到多米诺骨牌依次倒下了，见图 3-86。

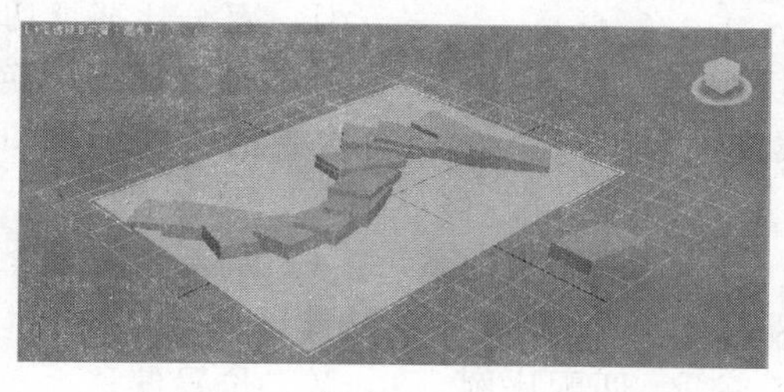

图　3-86

小　　结

在 3ds Max 中，对象的变换是创建场景至关重要的部分。除了直接的变换工具之外，还有许多工具可以完成类似的功能。要更好地完成变换必须要对变换坐标系和变换中心有深入的理解。

在变换对象的时候，如果能够合理地使用镜像、阵列和对齐等工具，可以节约很多的建模时间。

习　　题

一、判断题

1. 被创建的对象只有当选择变换工具后，才会自动显示坐标系。

2. 要使用“移动变换输入”(Move Transform Type-In)对话框，直接在变换工具上单击右键即可。

3. 在 3ds Max 2011 中，使用缩放工具时，即使选取了等比例缩放工具，也可以进行不均匀比例缩放。

4. 如果给使用“参考”(Reference)选项克隆的对象增加一个编辑修改器，那么它将不影响原始的对象。

5. 在默认的情况下，“顶点”(Vertex)复选框是选中的，所有其他复选框是不选中的。

6. “使用轴点中心”(Use Pivot Point Center)指使用当前激活坐标系的原点作为变换中心。

二、选择题

1. 选择并非均匀缩放是________按钮。

A.　　B.　　C.　　D.

2. 克隆有________种类型。

A. 1　　B. 2　　C. 3　　D. 4

3. 使对象或者视口的旋转按固定的增量进行是________。

A. 对象捕捉　　B. 百分比捕捉切换

C. 微调器捕捉切换　　D. 角度捕捉切换

4. 当参考坐标系被设置为________时，每次激活不同的视口，对象的坐标系就发生改变。

A. 屏幕坐标系　　B. 视图坐标系　　C. 局部坐标系　　D. 世界坐标系

5. 下面________不是“对齐”对话框中的功能区域。

A. 对齐位置　　B. 匹配比例　　C. 位置偏移　　D. 对齐方式

三、思考题

1. 3ds Max 2011 中提供了几种坐标系？各自有什么特点？请分别说明。

2. 3ds Max 2011 中的变换中心有几类？

3. 如何改变对象的轴心点？请简述操作步骤。

4. 对齐的操作分为几大类？

5. 尝试用阵列复制的操作制作旋转楼梯效果。

6. 尝试制作小球从倾斜木板上滚下来的动画。

第4章 二维图形建模

在建模和动画中，二维图形起着非常重要的作用。3ds Max 2011 的二维图形有两类，它们是样条线和 NURBS 曲线。它们都可以作为三维建模的基础或者作为路径约束(Path Constraint)控制器的路径。但是它们的数学方法有本质的区别。NURBS 的算法比较复杂，但是可以非常灵活地控制最后的曲线。

本章重点内容：

- 创建二维对象；
- 在次对象层次编辑和处理二维图形；
- 调整二维图形的渲染和插值参数；
- 使用二维图形编辑修改器创建三维对象；
- 使用面片建模工具建模。

4.1 二维图形的基础

在本节中，将对二维图形的基础知识有一个全面而系统的介绍。

1. 二维图形的术语

二维图形是由一条或者多条样条线(Spline)组成的对象。样条线是由一系列点定义的曲线。样条线上的点通常被称为顶点(Vertex)。每个顶点包含定义它的位置坐标的信息，以及曲线通过顶点方式的信息。样条线中连接两个相邻顶点的部分称为线段(Segment)，见图 4-1。

2. 二维图形的用法

二维图形通常作为三维建模的基础。给二维图形应用一些诸如挤出(Extrude)、倒角

(a) 顶点(Vertex)

(b) 线段(Segment)

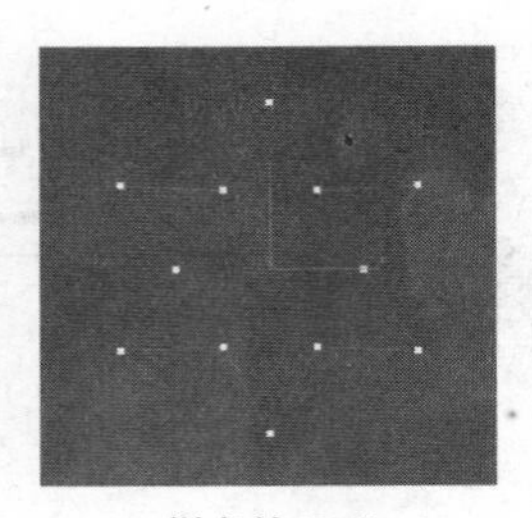

(c) 样条线(Spline)

图 4-1

(Bevel)、倒角剖面(Bevel Profile)和车削(Lathe)等编辑修改器就可以将它转换成三维图形。二维图形的另外一个用法是作为路径约束(Path Constraint)控制器的路径。还可以将二维图形直接设置成可以渲染的,来创建诸如霓虹灯一类的效果。

3. 顶点的类型

顶点用来定义二维图形中的样条线。顶点有如下 4 种类型:

- 角点(Corner):角点(Corner)顶点类型使顶点两端的入线段和出线段相互独立,因此两个线段可以有不同的方向。
- 平滑(Smooth):平滑(Smooth)顶点类型使顶点两侧的线段的切线在同一条线上,从而使曲线有光滑的外观。
- 贝塞尔曲线(Bezier):贝塞尔曲线(Bezier)顶点类型的切线类似于平滑(Smooth)顶点类型。不同之处在于贝塞尔曲线(Bezier)类型提供了一个可以调整切线矢量大小的句柄。通过这个句柄可以将样条线段调整到它的最大范围。
- 贝塞尔曲线角点(Bezier Corner):贝塞尔曲线角点(Bezier Corner)顶点类型分别给顶点的入线段和出线段提供了调整句柄,但是它们是相互独立的。两个线段的切线方向可以单独进行调整。

4. 标准的二维图形

3ds Max 提供了几个标准的二维图形(样条线)按钮,见图 4-2。二维图形的基本元素都是一样的。不同之处在于标准的二维图形在更高层次上有一些控制参数,用来控制图形的形状。这些控制参数决定顶点的位置、类型和方向。

在创建了二维图形后,还可以在编辑面板对二维图形进行编辑。我们将在后面对这些问题进行详细讨论。

5. 二维图形的共有属性

二维图形有一个共有的渲染(Rendering)和插值(Interpolation)属性。这两个卷展栏见图 4-3。

在默认情况下,二维图形不能被渲染。但是,如果勾选"在渲染中启用(Enable In Rendever)"复选框或"在视口中启用(Enable In Viewport)"复选框,在渲染或在视口的

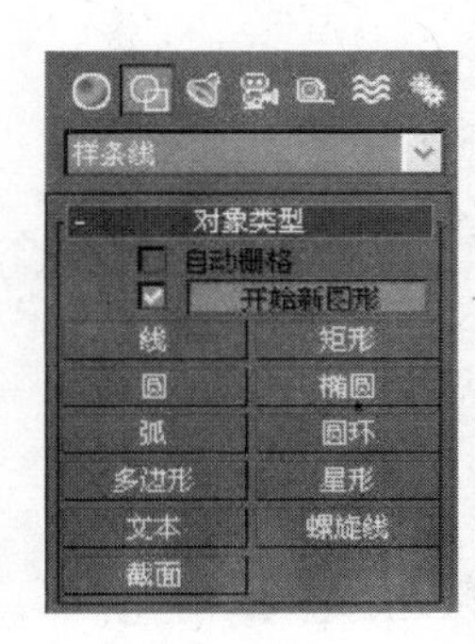

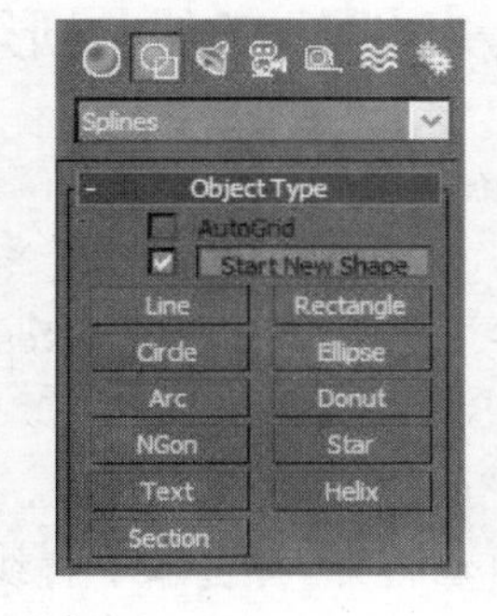

图 4-2

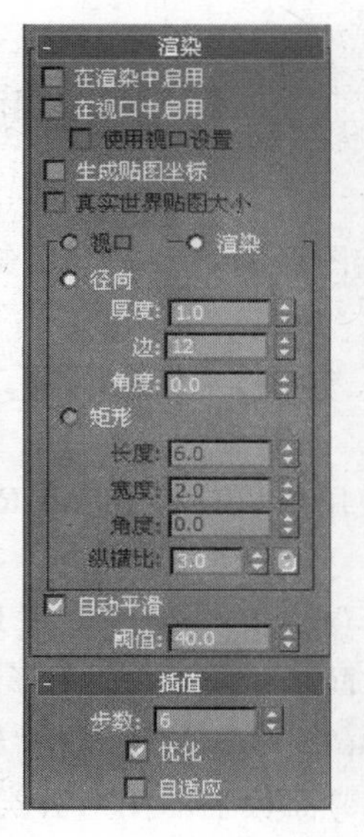

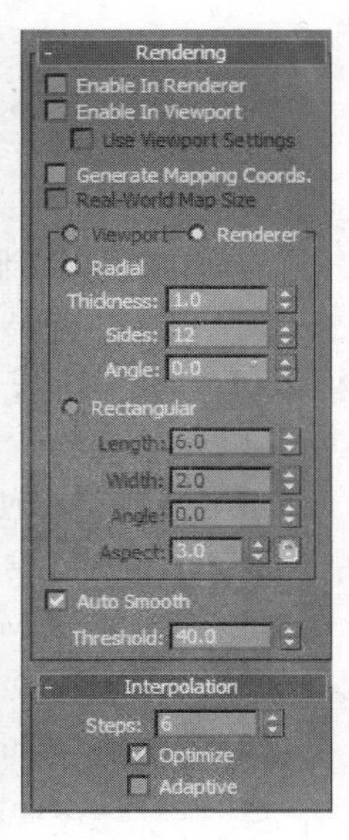

图 4-3

时候将使用一个指定厚度的圆柱网格取代线段，指定网格的边数可以控制网格的密度，这样就可以生成诸如霓虹灯等的模型。对于视口渲染和扫描线渲染来讲，网格大小和密度设置可以是独立的。

在 3ds Max 内部，样条线有确定的数学定义。但是在显示和渲染的时候就使用一系列线段来近似样条线。插值设置决定使用的直线段数。“步数”(Step)决定在线段的两个顶点之间插入的中间点数。中间点之间用直线来表示。“步数”(Step)参数的取值范围是 0～100，0 表示在线段的两个顶点之间没有插入中间点，该数值越大，插入的中间点就越多。一般情况下，在满足基本要求的情况下，尽可能将该参数设置得最小。

在样条线的“插值”(Interpolation)卷展栏中还有“优化”(Optimize)和“自适应”(Adaptive)选项。当选取了“优化”(Optimize)复选框，3ds Max 将检查样条线的曲线度，并减少比较直的线段上的步数，这样可以简化模型。当选取了“自适应”(Adaptive)复选框，3ds Max 则自适应调整线段。

6. 开始新图形(Start New Shape)选项

在“对象类型”(Object Type)卷展栏中有一个“开始新图形”(Start New Shape)选项(参见图 4-2)，用来控制所创建的一组二维图形是一体的还是独立的。

前面已经提到，二维图形可以包含一个或者多个样条线。当创建二维图形的时候，如果选取了“开始新图形”(Start New Shape)复选框，创建的图形就是独立的新的图形。如果关闭了“开始新图形”(Start New Shape) 选项，那么创建的图形就是一个二维图形。

4.2 创建二维图形

前面讲述了二维图形的一系列基础知识，下面对于二维图形的创建来进行一番讲解。

4.2.1 使用线、矩形和文本工具来创建二维图形

在本节我们将使用线(Line)、矩形(Rectangle)和文字(Text)工具来创建二维对象。

例 4-1 创建线

(1) 启动 3ds Max，或者在菜单栏选取“文件/重置”(File/Reset)，复位 3ds Max。

(2) 在创建命令面板中单击“图形”(Shapes)按钮。

(3) 在图形(Shapes)令面板中单击“线”(Line)按钮。

这时创建(Create)面板上的图形分类自动打开，并选取了直线(Line)工具，见图 4-4。

(4) 在前视口单击创建第一个顶点，然后移动鼠标再单击创建第二个顶点。

(5) 单击鼠标右键，结束画线工作。

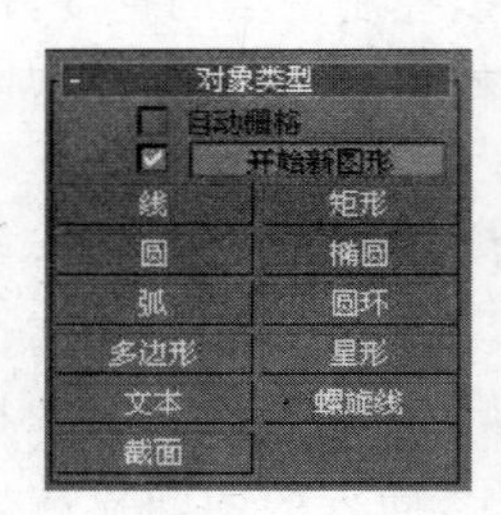

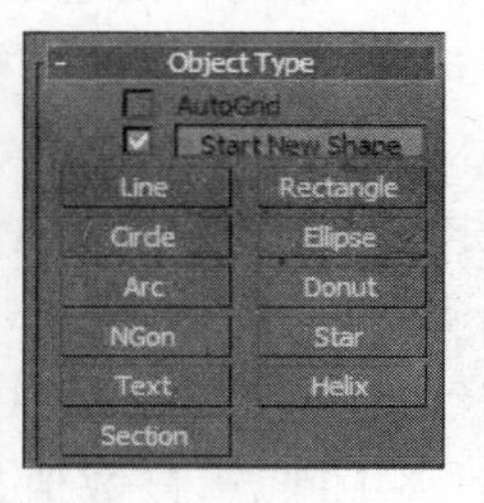

图 4-4

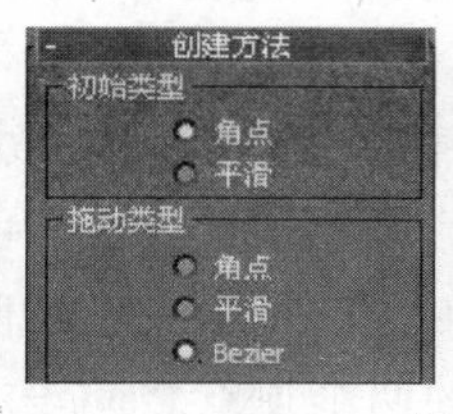

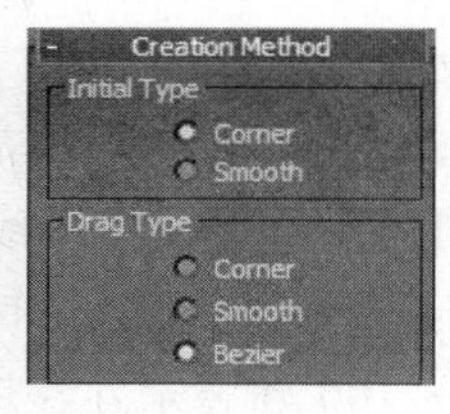

图 4-5

例 4-2 使用线(Line)工具

(1) 继续前面的练习，在菜单栏选取“文件/打开”(File/Open)，然后从本书的配套光盘中打开文件 Samples-04-01.max。

这是一个只包含系统设置，没有场景信息的文件。

(2) 在顶视口单击鼠标右键激活它。

(3) 单击视图导航控制区域的“最大化视口”(Max/Min Toggle)按钮，切换到满屏显示。

(4) 在标签面板中单击“图形”(Shapes)按钮，然后在命令面板的“对象类型”(Object Type)卷展栏单击“线”(Line)按钮。

(5) 在创建(Create)命令面板中仔细观察“创建方法”(Creation Method)卷展栏的设置，见图 4-5。

这些设置决定样条线段之间的过渡是光滑的还是不光滑的。默认的“初始类型”(Initial Type)设置是“角点”(Corner)，表示用单击的方法创建顶点的时候，相邻的线段之间是不光滑的。

(6) 在顶视口采用单击的方法创建 3 个顶点，见图 4-6。创建完 3 个顶点后单击鼠标右键结束创建操作。

从图 4-6 中可以看出，在两个线段之间，也就是顶点 2 处有一个角点。

(7) 在创建(Create)面板的“创建方法”(Creation Method)卷展栏，将“初始类型”(Initial Type)设置为“平滑”(Smooth)。

(8) 采用与第(7)步相同的方法在顶视口创建一个样条线，见图 4-7。

从图 4-7 中可以看出选择“平滑”(Smooth)后创建了一个光滑的样条线。

“拖动类型”(Drag Type)设置决定拖曳鼠标时创建的顶点类型。不管是否拖曳鼠标，“角点”(Corner)类型使每个顶点都有一个拐角。“平滑”(Smooth)类型在顶点处产生一个不可调整的光滑过渡。Bezier 类型在顶点处产生一个可以调整的光滑过渡。如果将“拖动类型”(Drag Type)设置为 Bezier，则从单击点处拖曳的距离将决定曲线的曲率和通过顶点处的切线方向。

(9) 在“创建方法”(Creation Method)卷展栏，将“初始类型”(Initial Type)设置为“角点”(Corner)，将“拖动类型”(Drag Type)设置为 Bezier。

(10) 在顶视口再创建一条曲线。这次采用单击并拖曳的方法创建第 2 点。这次创建的图形应该类似于图 4-8 中下面的图。

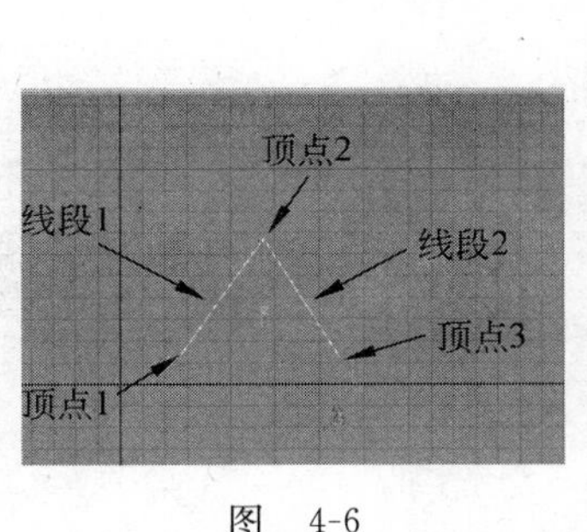

图 4-6

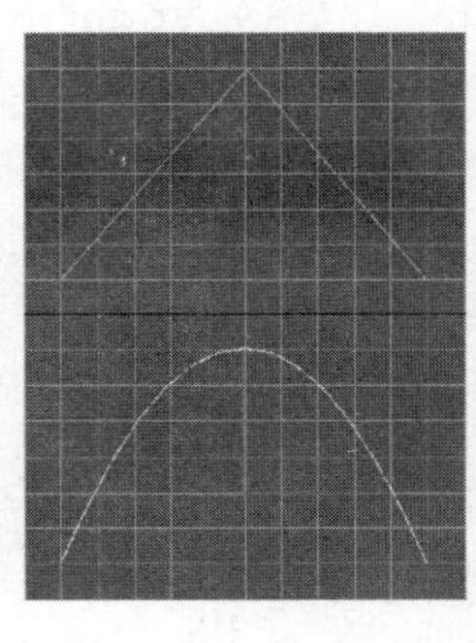
图 4-7

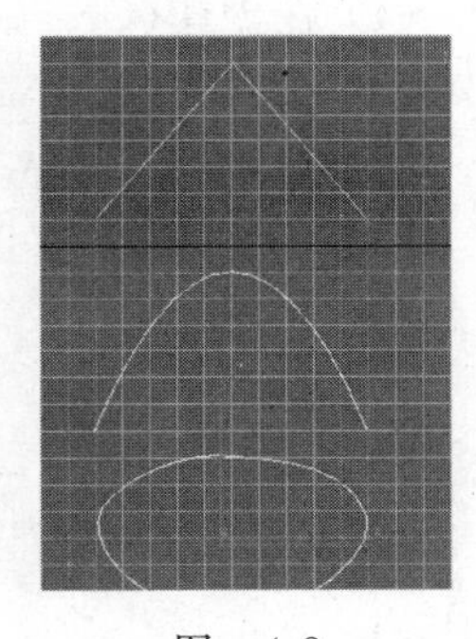
图 4-8

例 4-3 使用矩形(Rectangle)工具

(1) 在菜单栏选取“文件/重置”(File/Reset)，复位 3ds Max。

(2) 在创建命令面板中单击“图形”(Shapes)按钮。

(3) 在命令面板的“对象类型”(Object Type)卷展栏单击“矩形”(Rectangle)按钮。

(4) 在顶视口单击并拖曳创建一个矩形。

(5) 在创建(Create)命令面板的“参数”(Parameters)卷展栏，将“长度”(Length)设置为 100，将“宽度”(Width)设置为 200，将“角半径”(Corner Radius)设置为 20。这时的矩形如图 4-9 所示。

矩形(Rectangle)是只包含一条样条线的二维图形，它有 8 个顶点和 8 个线段。

(6) 选择矩形，然后打开修改(Modify)命令面板。

矩形的参数在修改(Modify)命令面板的“参数”(Parameters)卷展栏中，见图 4-10。用户可以改变这些参数。

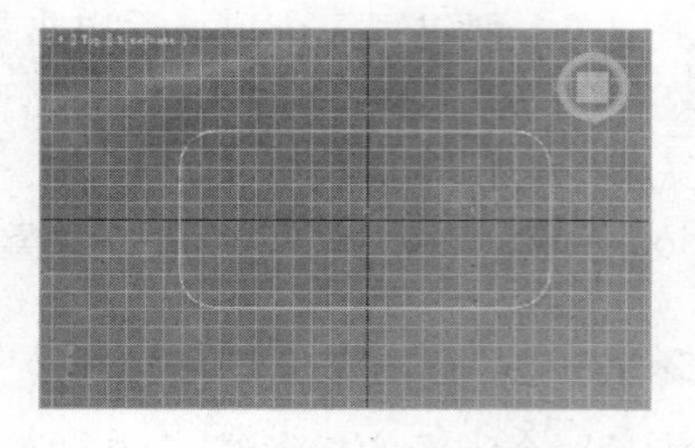

图 4-9

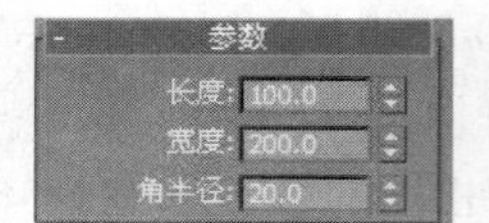

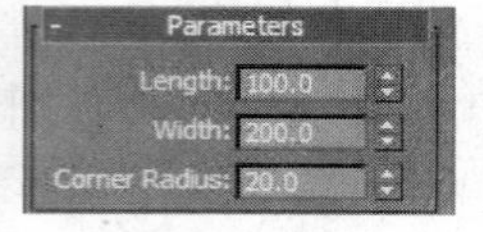

图 4-10

例 4-4 使用文本(Text)工具

(1) 在菜单栏中选取"文件/重置"(File/Reset),复位 3ds Max。

(2) 在创建命令面板中单击"图形"(Shapes)按钮。

(3) 在命令面板的"对象类型"(Object Type)卷展栏单击文本(Text)按钮。

这时在创建(Create)面板的"参数"(Parameters)卷展栏显示默认的文字(Text)设置,见图 4-11。

从图 4-11 中可以看出,默认的字体是 Arial,大小是 100 个单位,文字内容是 MAX Text。

(4) 在创建(Create)面板的"参数"(Parameters)卷展栏,采用单击并拖曳的方法选取 MAX Text,使其突出显示。

(5) 采用中文输入方法输入文字"动画",见图 4-12。

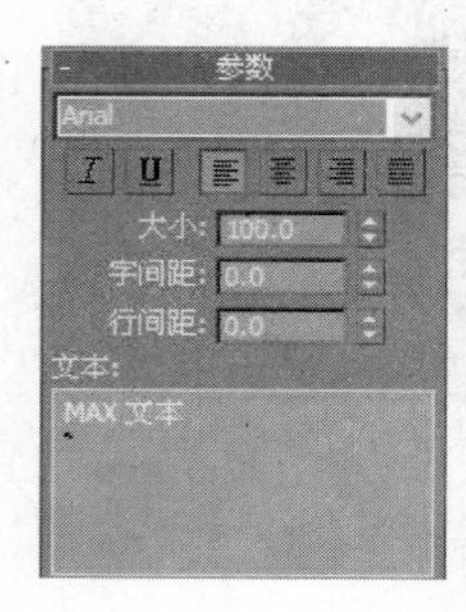

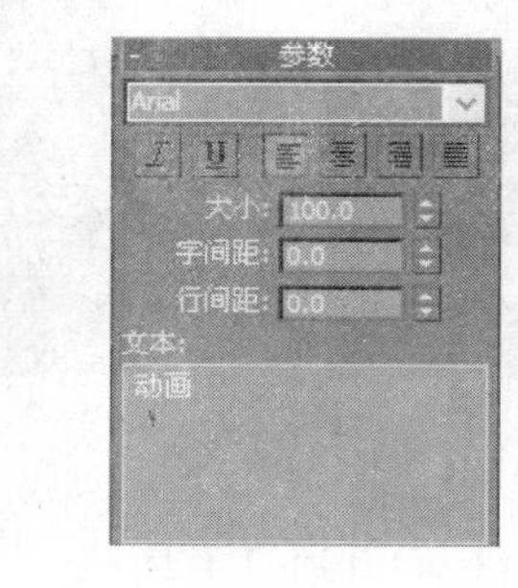

图 4-11

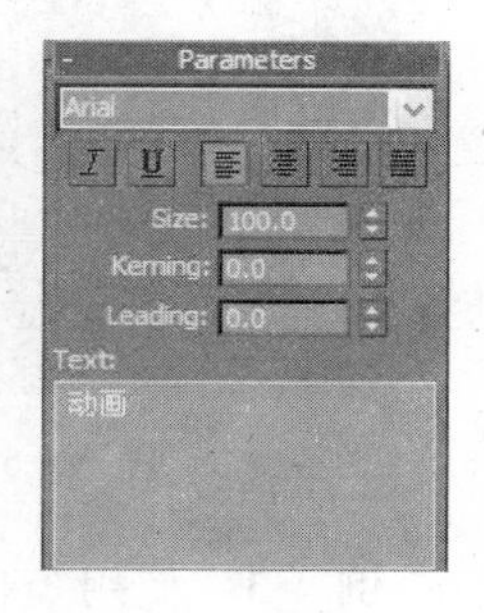

图 4-12

(6) 在顶视口单击创建文字,见图 4-13。

这个文字对象由多个相互独立的样条线组成。

(7) 确认文字仍然被选择,修改(修改(Modify)命令)命令面板。

(8) 在"参数"(Parameters)卷展栏将字体改为隶书,将"大小"(Size)改为 80,见图 4-14。

视口的文字自动更新,以反映对参数所做的修改,见图 4-15。

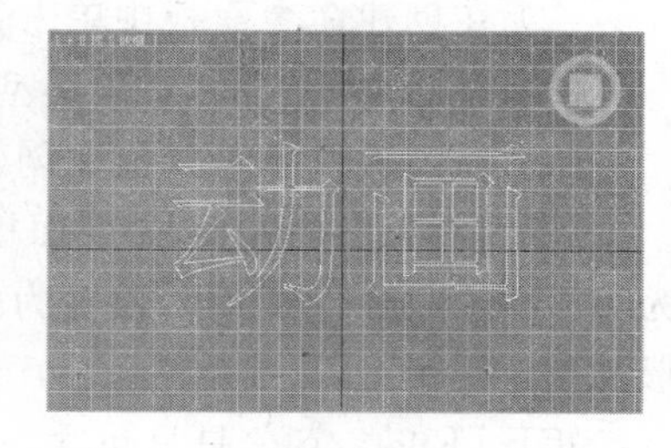

图 4-13

与矩形一样,文字也是参数化的,这就意味着可以在修改(Modify)命令面板中通过改变参数控制文字的外观。

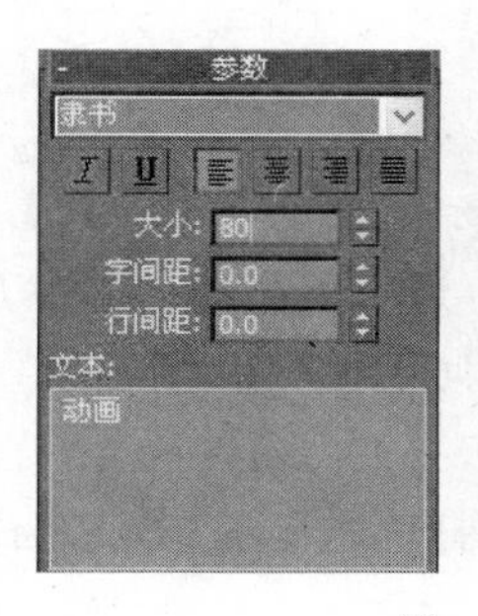

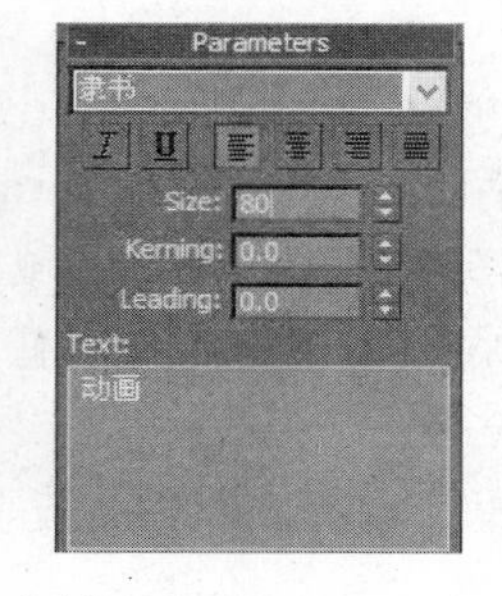

图 4-14

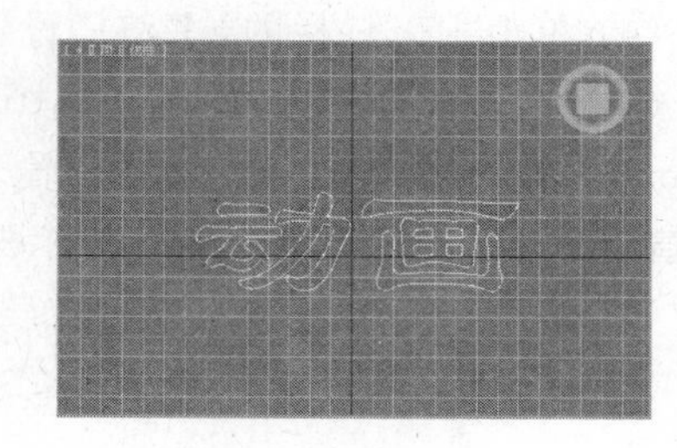

图 4-15

4.2.2 使用“开始新图形”(Start New Shape)选项与渲染样条线

例 4-5 “开始新图形”(Start New Shape)选项

前面已经提到，一个二维图形可以包含多个样条线。当“开始新图形”(Start New Shape)选项被打开后，3ds Max 将新创建的每个样条线作为一个新的图形。例如，如果在“开始新图形”(Start New Shape)选项被打开的情况下创建了三条线，则每条线都是一个独立的对象。如果关闭了“开始新图形”(Start New Shape)选项，后面创建的对象将被增加到原来的图形中。

(1) 在菜单栏选取“文件/重置”(File/Reset)，复位 3ds Max。

(2) 在创建(Create)命令面板的图形(Shapes)中，关闭“对象类型”(Object Type)卷展栏下面的“开始新图形”(Start New Shape)按钮。

(3) 在“对象类型”(Object Type)卷展栏中单击“线”(Line)按钮。

(4) 在顶视口通过单击的方法创建两条直线，见图 4-16。

(5) 单击主工具栏的“选择并移动”(Select and Move)按钮。

(6) 在顶视口移动二维图形。

由于这两条线是同一个二维图形的一部分，因此它们一起移动。

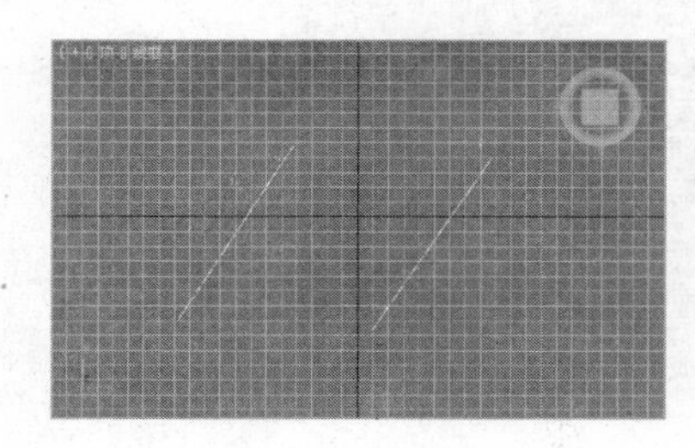

图 4-16

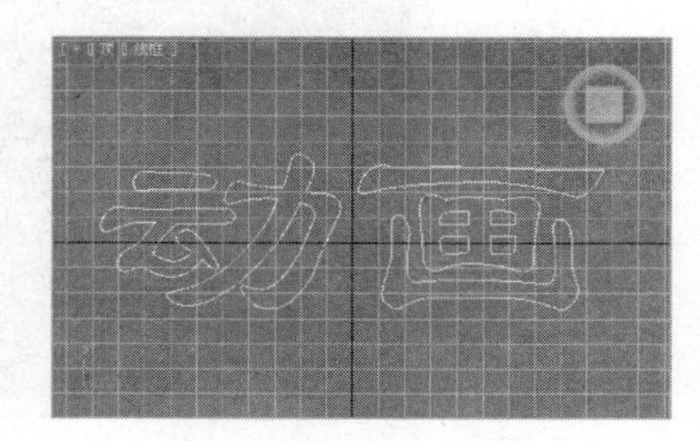

图 4-17

例 4-6 渲染样条线

(1) 启动 3ds Max，或者在菜单栏选取“文件/重置”(File/Reset)，复位 3ds Max。

(2) 在菜单栏选取“文件/打开”(File/Open)，然后从本书的配套光盘中打开文件 Samples-04-02. max。该文件包含了默认的文字对象，见图 4-17。

(3) 在顶视口单击鼠标右键，激活它。

(4) 单击主工具栏的"渲染设置"(Render Setup)按钮。

(5) 在"渲染设置"(Render Setup)对话框的"公用"(Common)面板中"公共参数"(Common Parameters)卷展栏的"输出大小"(Output Size)区域，选取 320x240。然后单击"渲染"(Render)按钮。文字没有被渲染，在渲染窗口中没有任何东西。

(6) 关闭渲染窗口和"渲染设置"(Render Setup)对话框。

(7) 确认仍然选择了文字对象，到修改(Modify)命令面板，打开"渲染"(Rendering)卷展栏。

在"渲染"(Rendering)卷展栏中显示了"视口"(Viewport)和"渲染"(Rendering)选项。可以在这里为视口或者渲染设置"厚度"(Thickness)、"边"(Sides)和"角度"(Angle)的数值。

(8) 在"渲染"(Rendering)卷展栏中选取"渲染"(Rendering)选项，然后选择"在渲染中启用"(Enable In Render)复选框，见图 4-18。

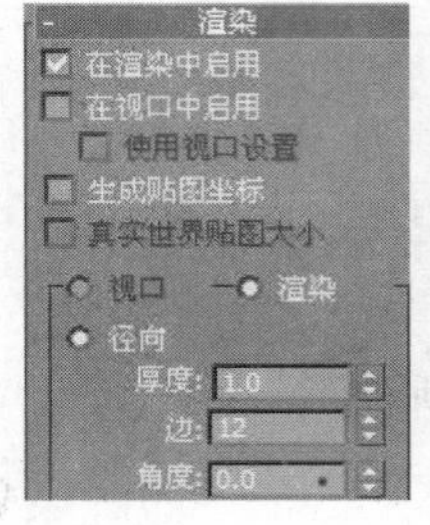

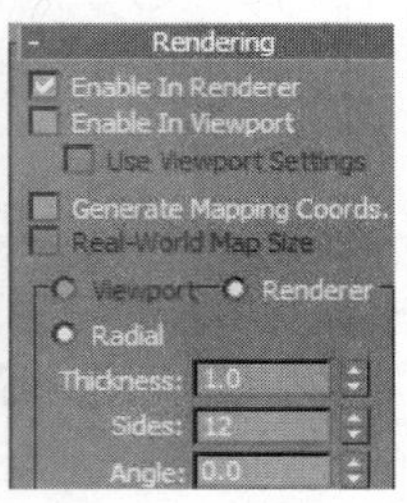

图 4-18

(9) 确认仍然激活了顶视口，单击主工具栏的"渲染产品"(Render Production)按钮。文字被渲染了，渲染结果见图 4-19。

图 4-19

(10) 关闭渲染窗口。

(11) 在"渲染"(Rendering)卷展栏将"厚度"(Thickness)改为 3。

(12) 确认仍然激活了顶视口，单击主工具栏的"渲染产品"(Render Production)按钮。渲染后文字的线条变粗了。

(13) 关闭渲染窗口。

(14) 在“渲染”(Rendering)卷展栏选取“在视口中启用”(Enable In Viewport)复选框,见图 4-20。

在视口中文字按网格的方式来显示,见图 4-21。现在的网格使用的是“渲染”(Rendering)的设置,“厚度”(Thickness)为 3。

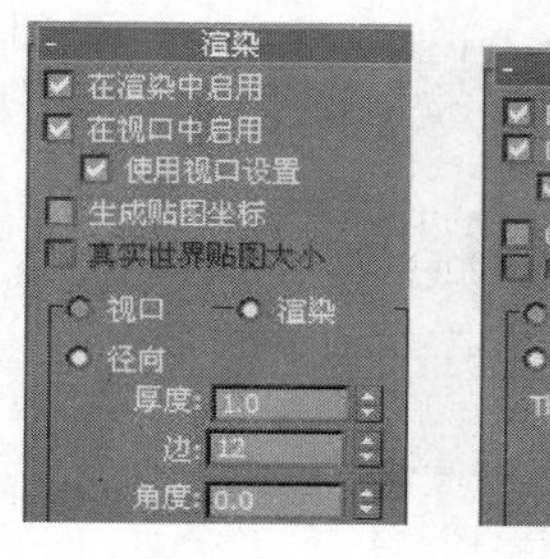

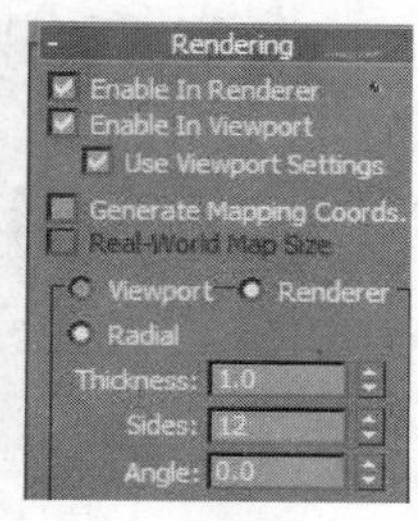

图 4-20

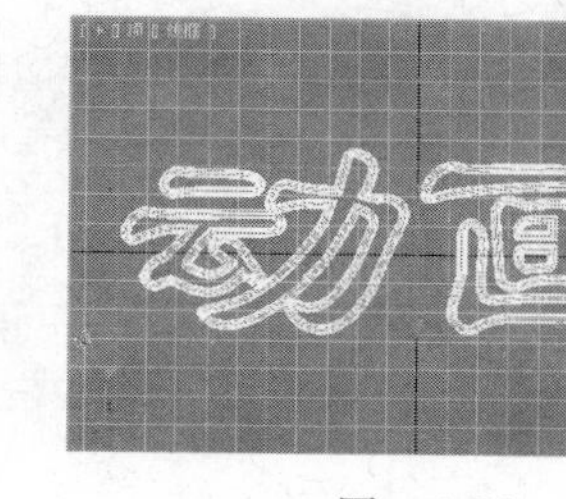

图 4-21

(15) 在“渲染”(Rendering)卷展栏,选取“使用视口设置”(Use Viewport Settings)复选框。

由于网格使用的是视口(Viewport)的设置,“厚度”(Thickness)为 1,因此文字的线条变细了。

4.2.3 使用插值(Interpolation)设置

在 3ds Max 内部,表现样条线的数学方法是连续的,但是在视口中显示的时候,做了些近似处理,样条线变成了不连续的。样条线的近似设置在“插值”(Interpolation)卷展栏中。

例 4-7 使用插值设置

(1) 继续前面的练习,在菜单栏选取“文件/重置”(File/Reset),复位 3ds Max。

(2) 在创建(Create)面板单击 Shapes 按钮。

(3) 单击“对象类型”(Object Type)卷展栏下面的“圆”(Circle)按钮。

(4) 在顶视口创建一个圆,见图 4-22。

(5) 在顶视口单击鼠标右键,结束创建圆的操作。

圆是有 4 个顶点的封闭样条线。

(6) 确认选择了圆,在修改(Modify)命令面板,打开“插值”(Interpolation)卷展栏,见图 4-23。

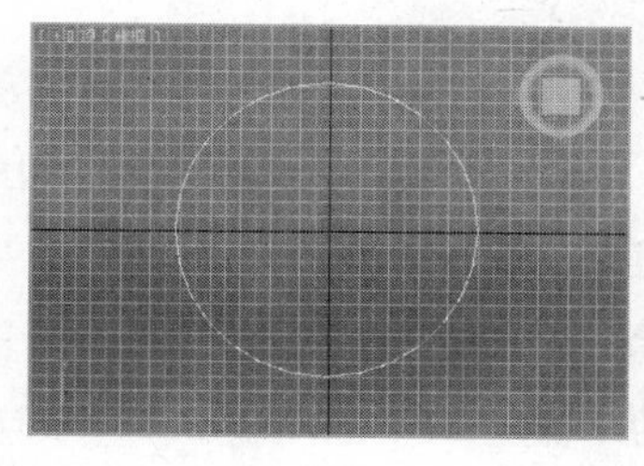

图 4-22

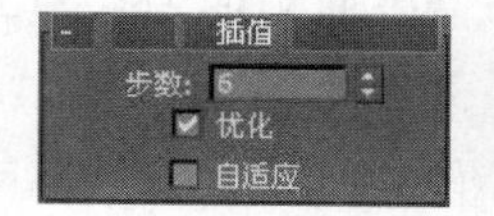

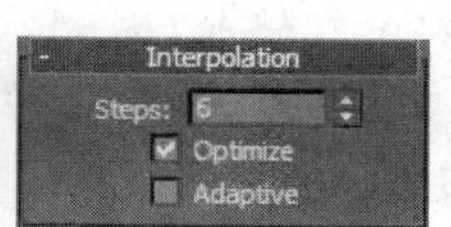

图 4-23

"步数"(Steps)值指定每个样条线段的中间点数。该数值越大,曲线越光滑。但是,如果该数值太大,将会影响系统的运行速度。

(7) 在"插值"(Interpolation)卷展栏将"步数"(Steps)数值设置为1。这时圆变成了多边形,见图4-24。

(8) 在"插值"(Interpolation)卷展栏将"步数"(Steps)设置为0,结果如图4-25所示。

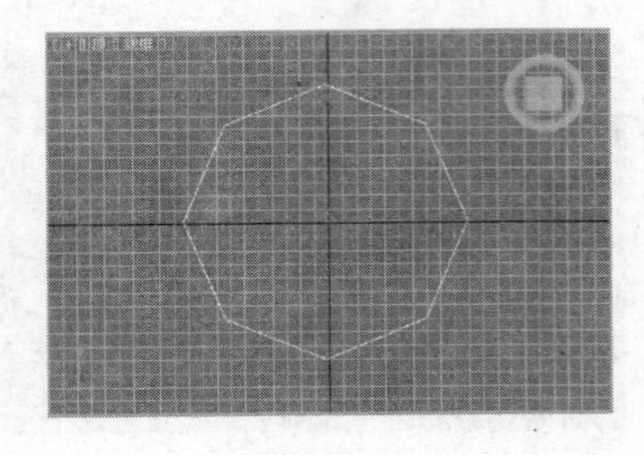

图 4-24

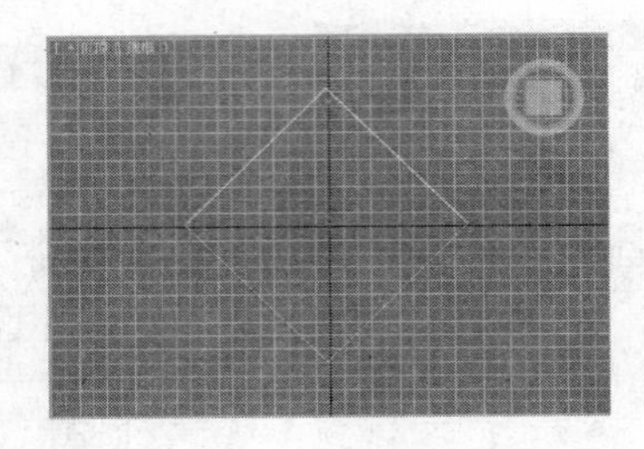

图 4-25

现在圆变成了一个正方形。

(9) 在"插值"(Interpolation)卷展栏选取"自适应"(Adaptive)复选框,圆中的正方形又变成了光滑的圆,而且"步数"(Steps)和"优化"(Optimize)选项变灰,不能使用。

4.3 编辑二维图形

上一节介绍了如何创建二维图形,本节将讨论如何在3ds Max中编辑二维图形。

4.3.1 访问二维图形的次对象

对于所有二维图形来讲,修改(Modify)命令面板中的"渲染"(Rendering)和"插值"(Interpolation)卷展栏都是一样的,但是"参数"(Parameters)卷展栏却是不一样的。

在所有二维图形中线(Line)是比较特殊的,它没有可以编辑的参数。创建完线(Line)对象后就必须在顶点(Vertex)、线段(Segment)和样条线(Spline)层次进行编辑。我们将这几个层次称之为次对象层次。

例 4-8 访问次对象层次

(1) 在菜单栏选取"文件/重置"(File/Reset),复位3ds Max。

(2) 在创建(Create)面板单击 Shapes 按钮。

(3) 在"对象类型"(Object Type)卷展栏中单击"线"(Line)按钮。

(4) 在顶视口创建一条与图4-26类似的线。

(5) 在修改(Modify)命令面板的堆栈显示区域中单击"线"(Line)左边的+号,显示次对象层次,见图4-27。

可以在堆栈显示区域单击任何一个次对象层次来访问它。

(6) 在堆栈显示区域单击"顶点"(Vertex)。

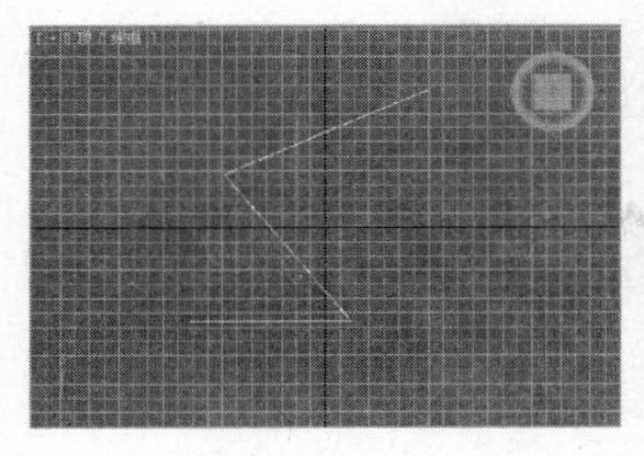

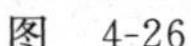

图　4-26

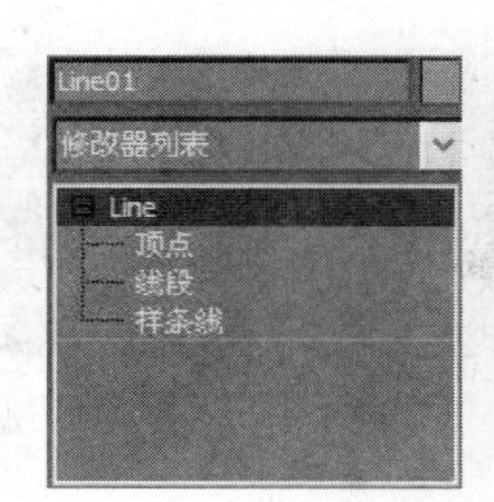

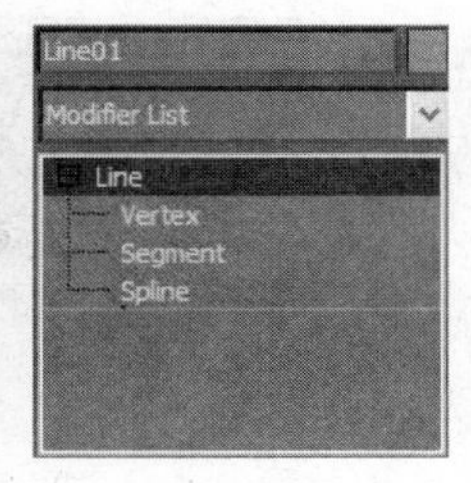

图　4-27

(7) 在顶视口显示任何一个顶点，见图 4-28。

(8) 单击主工具栏的“选择并移动”(Select and Move)按钮。

(9) 在顶视口移动选择的顶点，见图 4-29。

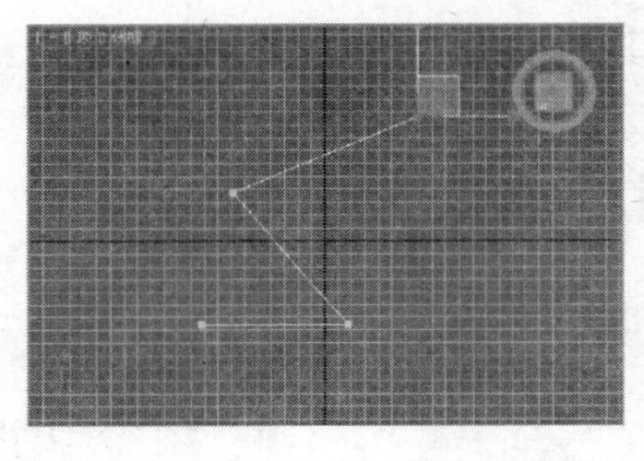

图　4-28

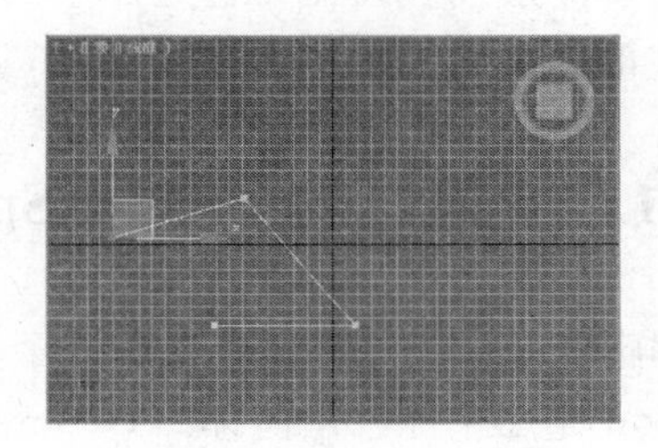

图　4-29

(10) 在修改(Modify)命令面板的堆栈显示区域单击“线”(Line)，就可以离开次对象层次。

4.3.2　处理其他图形

对于其他二维图形，有两种方法来访问次对象：第一种方法是将它转换成可编辑样条线(Editable Spline)；第二种方法是应用编辑样条线(Edit Spline)修改器。

这两种方法在用法上还是有所不同的。如果将二维图形转换成可编辑样条线(Editable Spline)，就可以直接在次对象层次设置动画，但是同时将丢失创建参数。如果给二维图形应用编辑样条线(Edit Spline)修改器，则可以保留对象的创建参数，但是不能直接在次对象层次设置动画。

要将二维对象转换成可编辑样条线(Editable Spline)，可以在编辑修改器堆栈显示区域的对象名上单击鼠标右键，然后从弹出的快捷菜单中选取“转换为可编辑样条线”(Convert to Editable)。还可以在场景中选择的二维图形上单击鼠标右键，然后从弹出的菜单中选取“转换为可编辑样条线”(Convert to Editable)选项，见图 4-30。

要给对象应用编辑样条线(Edit Spline)修改器，可以在选择对象后选择修改(Modify)命令面板，再从编辑修改器列表中选取编辑样条线(Edit Spline)修改器即可。

无论使用哪种方法访问次对象都是一样的，使用的编辑工具也是一样的。在下一节我们以编辑样条线(Edit Spline)为例来介绍如何在次对象层次编辑样条线。

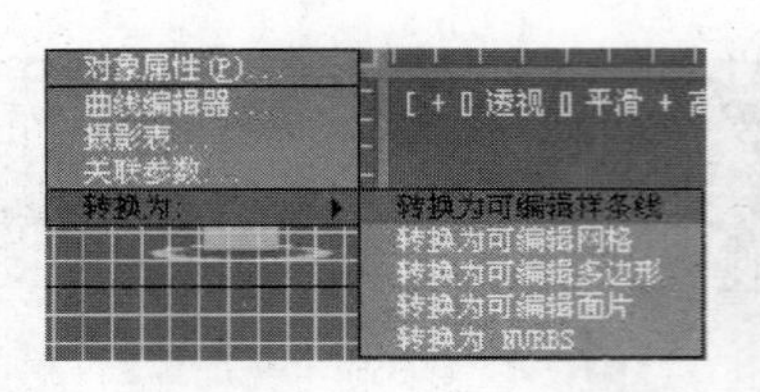

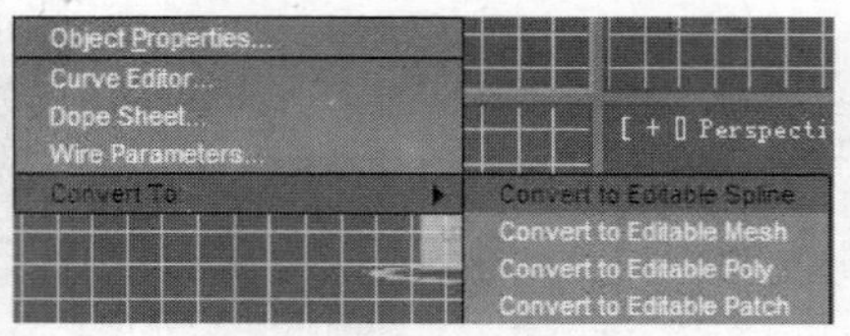

图 4-30

4.4 编辑样条线(Edit Spline)修改器

编辑样条线修改器为选定图形的不同层级提供显示的编辑工具：顶点、段或样条线。它能够帮助我们灵活地编辑样条线，下面就来讲述与其有关的知识。

4.4.1 编辑样条线(Edit Spline)修改器的卷展栏

编辑样条线(Edit Spline)有3个卷展栏，即“选择”(Selection)卷展栏、“软选择”(Soft Selection)卷展栏和“几何体”(Geometry)卷展栏(见图4-31)。

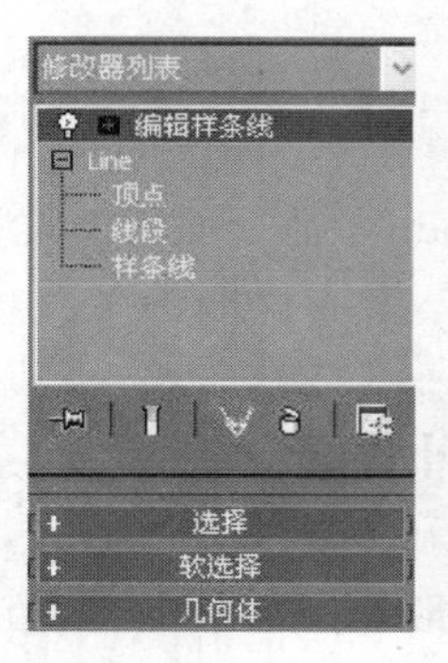

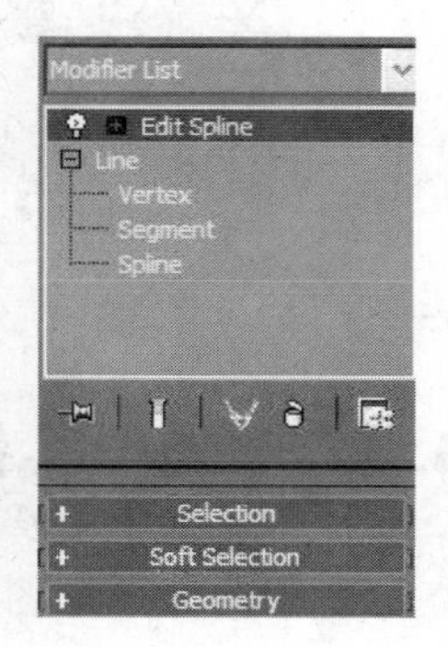

图 4-31

1. 选择(Selection)卷展栏

可以在这个卷展栏中设定编辑层次。一旦设定了编辑层次，就可以用3ds Max的标准选择工具在场景中选择该层次的对象。

“选择”(Selection)卷展栏中的“区域选择”(Area Selection)选项用来增强选择功能。选择这个复选框后，离选择顶点的距离小于该区域指定的数值的顶点都将被选择。这样，就可以通过单击的方法一次选择多个顶点。也可以在这里命名次对象的选择集，系统根据顶点、线段和样条线的创建次序对它们进行编号。

2. 几何体(Geometry)卷展栏

“几何体”(Geometry)卷展栏包含许多次对象工具，这些工具与选择的次对象层次密切相关。

1) 样条线(Spline)次对象层次

样条线(Spline)次对象层次的常用工具如下。

(1) 附加(Attach)：给当前编辑的图形增加一个或者多个图形。这些被增加的二维图形也可以由多条样条线组成。

(2) 分离(Detach)：从二维图形中分离出线段或者样条线。

(3) 布尔(Boolean)：对样条线进行交、并和差运算。并集(Union)是将两个样条线结合在一起形成一条样条线，该样条线包容两个原始样条线的公共部分。差集(Subtraction)是从一个样条线中删除与另外一个样条线相交的部分。交集(Intersection)是根据两条样条线的相交区域创建一条样条线。

(4) Outline(轮廓)：给选择的样条线创建一条外围线，相当于增加一个厚度。

2) 线段(Segment)次对象层次

线段(Segment)次对象允许通过增加顶点来细化线段，也可以改变线段的可见性或者分离线段。

3) 顶点(Vertex)次对象层次

顶点(Vertex)次对象支持如下操作：

(1) 切换顶点类型；

(2) 调整 Bezier 顶点句柄；

(3) 循环顶点的选择；

(4) 插入顶点；

(5) 合并顶点；

(6) 在两个线段之间倒一个圆角；

(7) 在两个线段之间倒一个尖角。

3. 软选择(Soft Selection)卷展栏

"软选择"(Soft Selection)卷展栏的工具主要用于次对象层次的变换。软选择(Soft Selection)定义一个影响区域，在这个区域的次对象都被软选择。变换应用软选择的次对象时，其影响方式与一般的选择不同。例如，如果将选择的顶点移动 5 个单位，那么软选择的顶点可能只移动 2.5 个单位。在图 4-32 中，我们选择了螺旋线的中心点。当激活软选择后，某些顶点用不同的颜色来显示，表明它们离选择点的距离不同。这时如果移动选择的点，那么软选择的点移动的距离较近，见图 4-33。

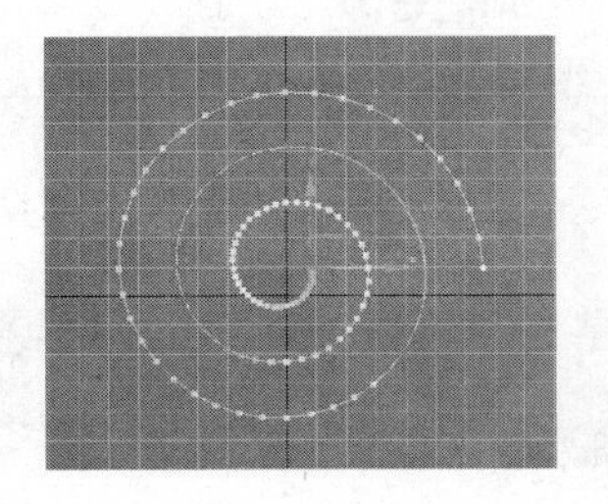

图 4-32

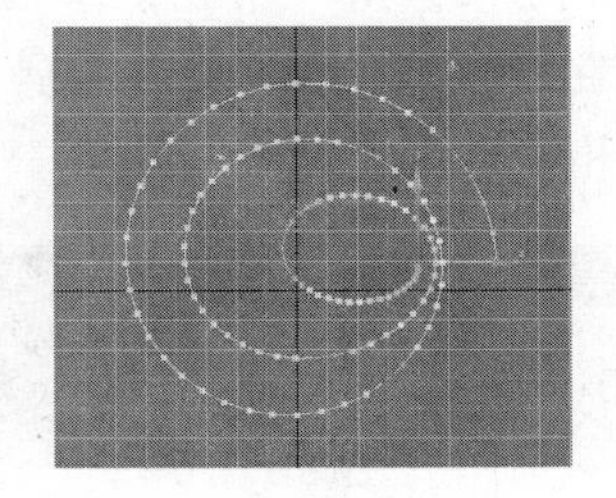

图 4-33

4.4.2 在顶点次对象层次工作

我们先选择顶点，然后再改变顶点的类型。

例 4-9 顶点次对象层

(1) 启动 3ds Max，或者在菜单栏选取“文件/重置”(File/Reset)，复位 3ds Max。

(2) 在菜单栏选取“文件/打开”(File/Open)，然后从本书的配套光盘中打开文件 Samples-04-03.max。这个文件中包含几条类似于矩形的 4 个线段，见图 4-34。

(3) 在顶视口单击线，选择它。

(4) 选择修改(Modify)命令面板。

(5) 在编辑修改器堆栈显示区域单击 Line 左边的＋号，这样就显示出了直线(Line)的次对象层次，＋号变成了－号。

(6) 在编辑修改器堆栈显示区域单击顶点(Vertex)，这样就选择了顶点(Vertex)次对象层次，见图 4-35。

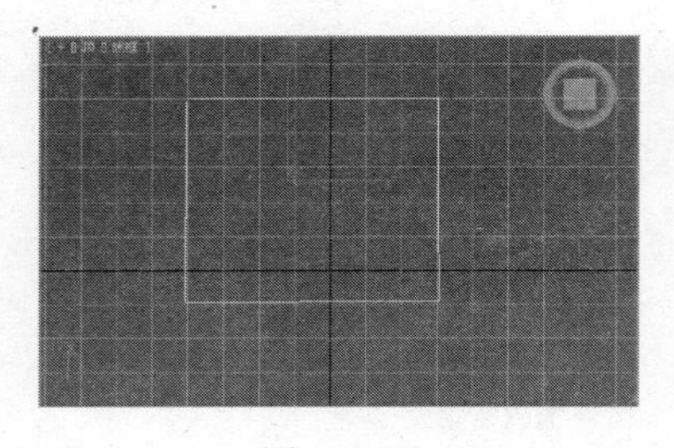

图 4-34

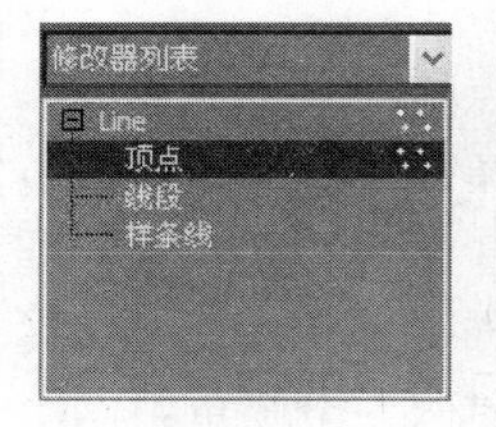

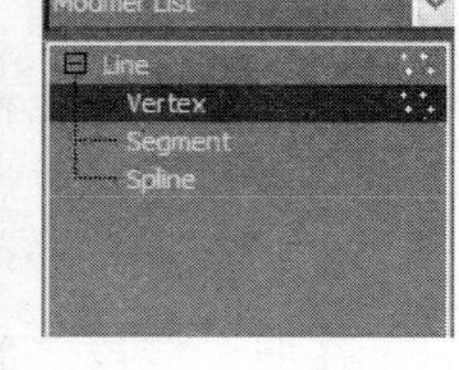

图 4-35

(7) 在修改(Modify)命令面板打开“选择”(Selection)卷展栏，选择顶点(Vertex)选项，见图 4-36。

“选择”(Selection)卷展栏底部的“显示”(Display)区域的内容(见图 4-37)表明当前没有选择顶点。

(8) 在顶视口选择左上角的顶点。

“选择”(Selection)卷展栏显示区域的内容(选择了样条线 1/顶点 4 Spline 1/Vert 4 Selected)告诉我们选择了一个顶点。

说明：这里只有一条样条线，因此所有顶点都属于这条样条线。

(9) 在“选择”(Selection)卷展栏中选择“显示顶点编号”(Show Vertex Numbers)复选框，见图 4-37。

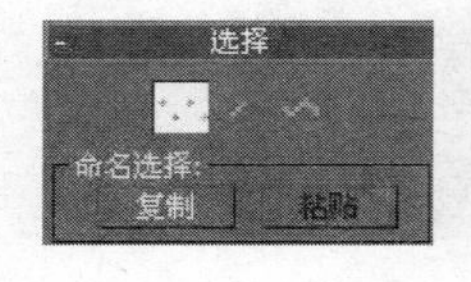

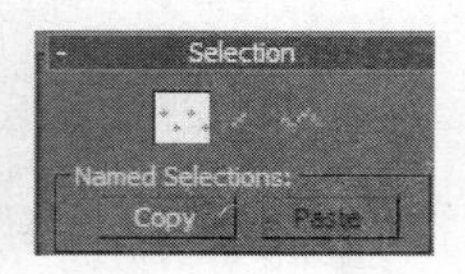

图 4-36

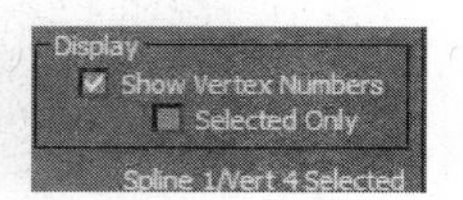

图 4-37

在视口中显示出了顶点的编号，见图 4-38。

(10) 在顶视口的顶点 1 上单击鼠标右键。

(11) 在弹出的菜单上选取“平滑”(Smooth)，见图 4-39。

(12) 在顶视口的第 4 个顶点上单击鼠标右键，然后从弹出的菜单中选取“贝塞尔曲线”(Bezier)，在顶点两侧出现贝塞尔曲线(Bezier)调整句柄。

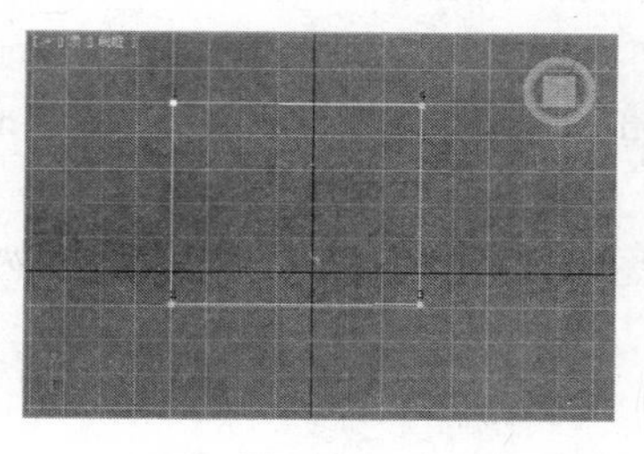

图 4-38

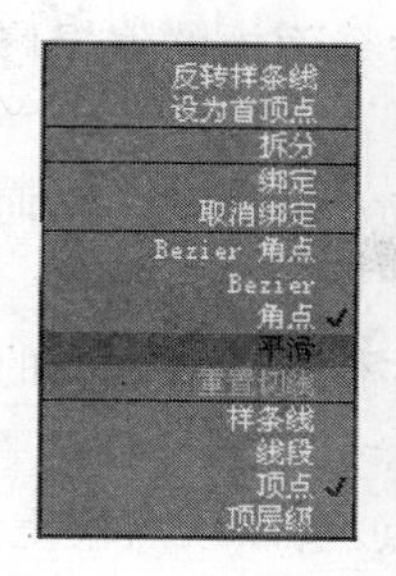

图 4-39

(13) 单击主工具栏的“选择并移动”(Select and Move)按钮或“选择并旋转”(Select and Rotate)按钮。

(14) 在顶视口选择其中的一个句柄，然后将图形调整成如图 4-40 所示的样子。

顶点两侧的贝塞尔曲线(Bezier)句柄始终保持在一条线上，而且长度相等。

(15) 在顶视口的第 3 个顶点上单击鼠标右键，然后从弹出的菜单中选取“Bezier 角点”(Bezier Corner)。

(16) 在顶视口将贝塞尔曲线(Bezier)句柄调整成如图 4-41 所示的样子。

从移动中可以看出，Bezier 角点(Bezier Corner)顶点类型的两个句柄是相互独立的，改变句柄的长度和方向将得到不同的效果。

(17) 在顶视口使用区域选择的方法选择 4 个顶点。

(18) 在顶视口中的任何一个顶点上单击鼠标右键，然后从弹出的菜单中选取“平滑”(Smooth)，可以一次改变很多顶点的类型。

(19) 在顶视口单击第 1 个顶点。

(20) 单击修改(Modify)命令面板“几何体”(Geometry)卷展栏下面的“圆”(Cycle)按钮。在视口中选择了第 2 个顶点。

(21) 在编辑修改器堆栈的显示区单击“线”(Line)，退出次对象编辑模式。

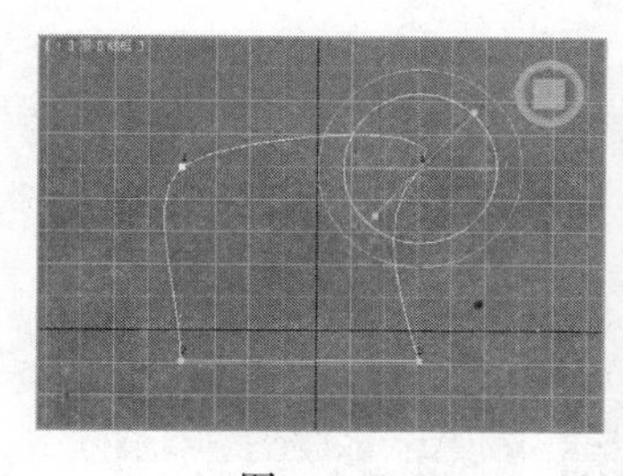

图 4-40

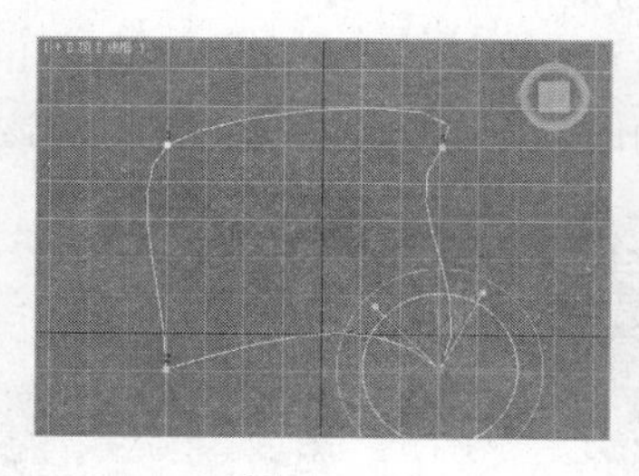

图 4-41

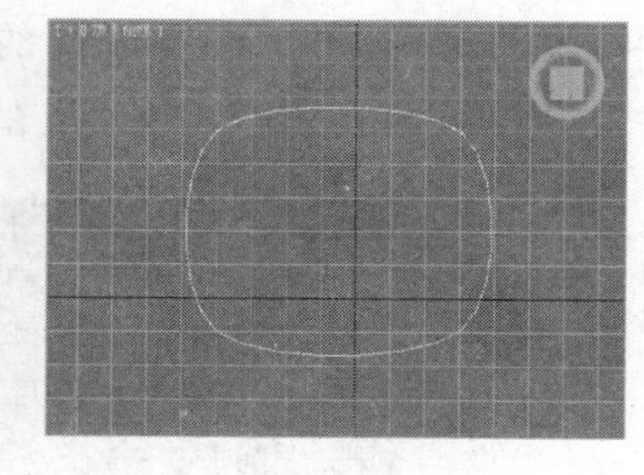

图 4-42

例 4-10 给样条线插入顶点

(1) 启动 3ds Max，或者在菜单栏选取“文件/重置”(File/Reset)，复位 3ds Max。

(2) 在菜单栏选取“文件/打开”(File/Open)，然后从本书的配套光盘中打开文件 Samples-04-04.max。这个文件中包含了一个二维图形，见图 4-42。

(3) 在顶视口单击二维图形，选择它。

(4) 在修改(Modify)命令面板的编辑修改器堆栈显示区域单击 Vertex,进入到顶点层次。

(5) 在修改(Modify)命令面板的“几何体”(Geometry)卷展栏单击“插入”(Insert)按钮。

(6) 在顶视口的顶点 2 和顶点 3 之间的线段上双击鼠标左键,插入一个顶点,然后单击鼠标右键,退出插入(Insert)方式。

由于增加了一个新顶点,所以顶点被重新编号,见图 4-43。

技巧:优化(Refine)工具也可以增加顶点,且不改变二维图形的形状。

(7) 在顶视口的样条线上单击鼠标右键,然后从弹出的菜单上选取“顶层级”(Top-Level)(见图 4-44),返回到对象的最顶层。

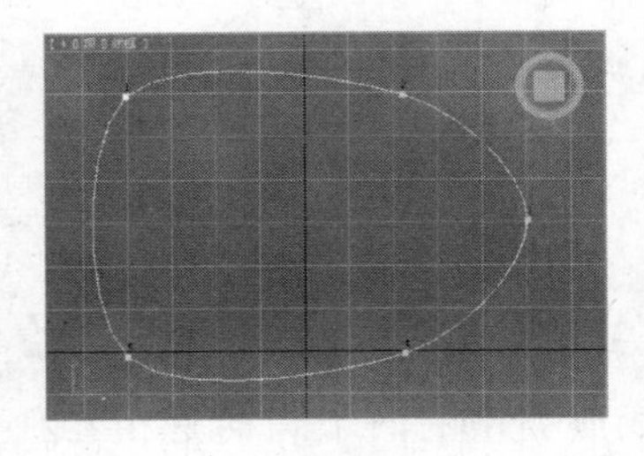

图 4-43

图 4-44

例 4-11 合并顶点

(1) 启动 3ds Max,或者在菜单栏选取“文件/重置”(File/Reset),复位 3ds Max。

(2) 在菜单栏选取“文件/打开”(File/Open),然后从本书的配套光盘中打开文件 Samples-04-05. max。这是一个只包含系统设置,没有场景信息的文件。

(3) 在创建(Create)面板中单击“图形”(Shapes)按钮,然后单击“对象类型”(Object Type)卷展栏的“线”(Line)按钮。

(4) 按键盘的 S 键,激活捕捉功能。

(5) 在顶视口按逆时针的方向创建一个三角形,见图 4-45。

当再次单击第一个顶点的时候,系统则询问是否封闭该图形,见图 4-46。

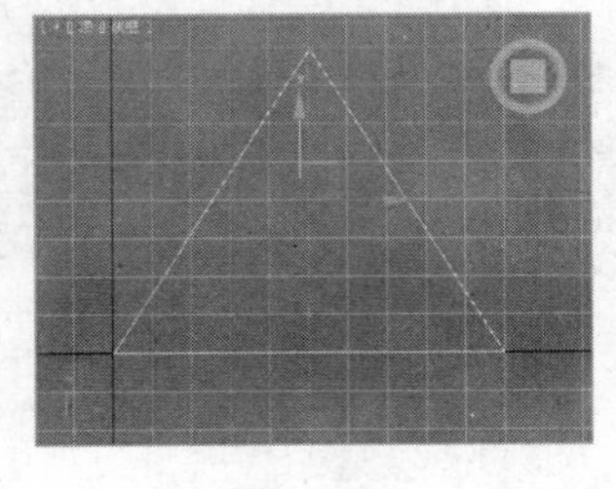

图 4-45

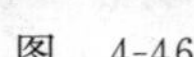

图 4-46

(6) 在“样条线”(Spline)对话框中单击“否”(No)按钮。

(7) 在顶视口单击鼠标右键,结束样条线的创建。

(8) 再次单击鼠标右键,结束创建模式。

(9) 按键盘上的 S 键，关闭捕捉。

(10) 在修改(Modify)命令面板的“选择”(Selection)卷展栏中单击⁚⁚“顶点”(Vertex)。

(11) 在“选择”(Selection)卷展栏的“显示”(Display)区域选择“显示顶点编号”(Show Vertex Numbers)复选框。

(12) 在顶视口使用区域选择的方法选择所有的顶点(共 4 个)。

(13) 在顶视口的任何一个顶点上单击鼠标，然后从弹出的菜单中选取“平滑”(Smooth)。

样条线上重合在一起的第 1 点和最后一点处没有光滑过渡，第 2 点和第 3 点处已经变成了光滑过渡，这是因为两个不同的顶点之间不能光滑，见图 4-47。

(14) 在顶视口使用区域的方法选择重合在一起的第一点和最后一点。

(15) 在修改(Modify)命令面板的“几何体”(Geometry)卷展栏中单击“溶合”(Weld)按钮。

两个顶点被合并在一起，而且顶点处也光滑了，图中只显示 3 个顶点的编号，见图 4-48。

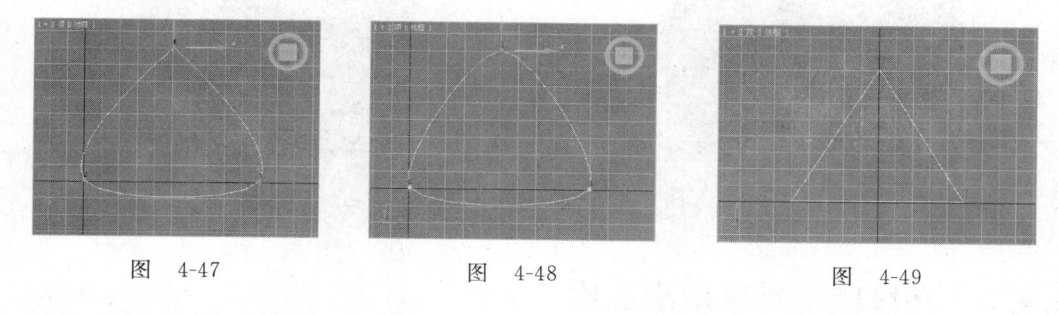

图 4-47　　图 4-48　　图 4-49

例 4-12　倒角操作

(1) 启动 3ds Max，或者在菜单栏选取“文件/重置”(File/Reset)，复位 3ds Max。

(2) 在菜单栏选取“文件/打开”(File/Open)，然后从本书的配套光盘中打开文件 Samples-04-06.max。这时场景中包含一条用线(Line)绘制的三角形，见图 4-49。

(3) 在顶视口单击其中的任何一条线，选择它。

(4) 在顶视口中的样条线上单击鼠标右键，然后在弹出的菜单上选取“循环顶点”(Cycle Vertices)，见图 4-50。

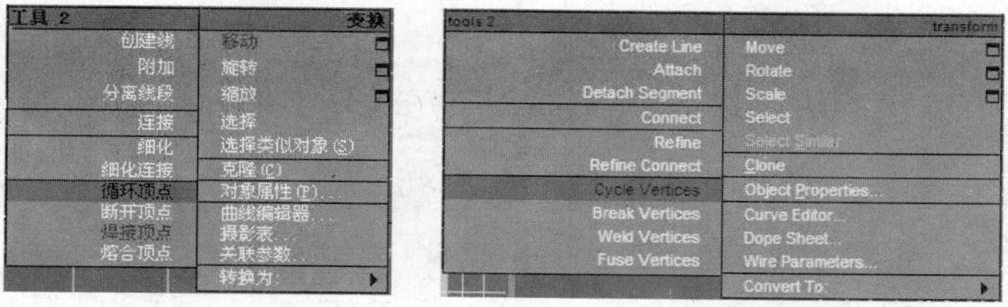

图 4-50

这样就进入了顶点(Vertex)次对象模式。

(5) 在顶视口中,使用区域的方法选择3个顶点。

(6) 在修改(Modify)命令面板的"几何体"(Geometry)卷展栏中,将"圆角"(Fillet)数值改为10。在每个选择的顶点处出现一个半径为10的圆角,同时增加了3个顶点,见图4-51。

说明: 当按Enter键后,圆角的微调器数值返回0。该微调器的参数不被记录,因此不能编辑参数。

(7) 在主工具栏中单击"撤销"(Undo)按钮,撤销倒圆角操作。

(8) 在菜单栏选取"编辑/全选"(Edit/Select All),则所有顶点都被选择。

(9) 在修改(Modify)命令面板的"几何体"(Geometry)卷展栏中,将"切角"(Chamfer)数值改为10。

在每个选择的顶点处都被倒了一个切角,见图4-52。该微调器的参数不被记录,因此不能用固定的数值控制切角。

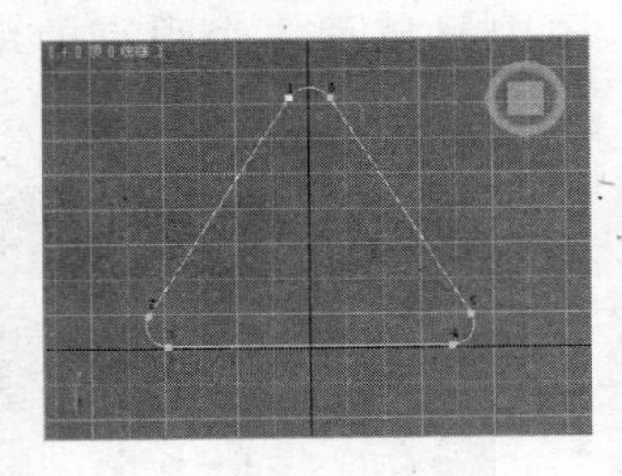

图 4-51

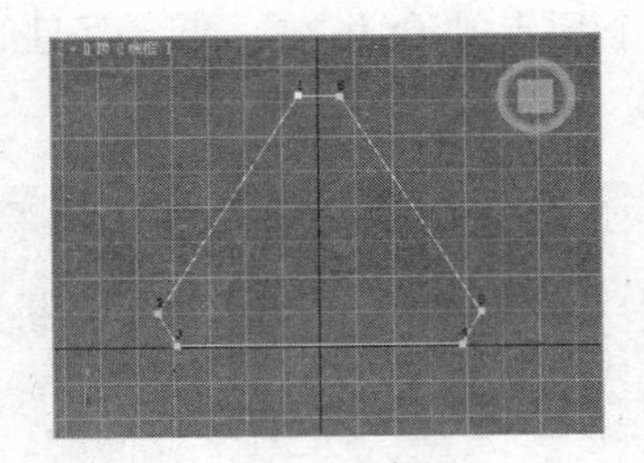

图 4-52

4.4.3 在线段次对象层次工作

我们可以在线段次对象层次做许多工作,首先试一下如何细化线段。

例 4-13 细化线段

(1) 在菜单栏中选取"文件/打开"(File/Open),然后从本书的配套光盘中打开文件Samples-04-07.max。这时场景中包含一条用Line绘制的矩形,见图4-53。

(2) 在顶视口单击任何一条线段,选择该图形。

(3) 在修改(Modify)命令命令面板的编辑修改器堆栈显示区域展开Line层级,并单击"线段"(Segment),进入该层次,见图4-54。

图 4-53

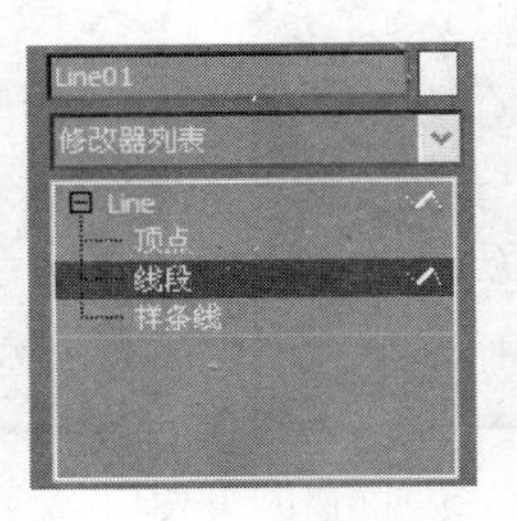

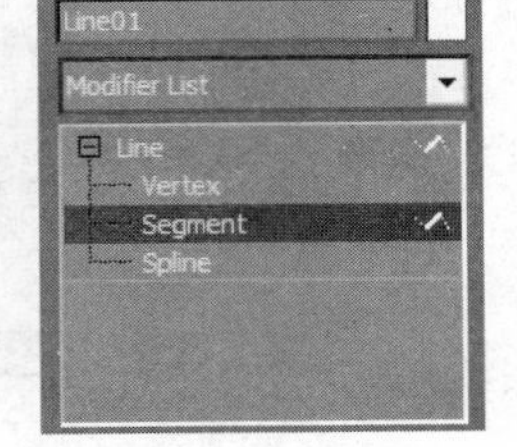

图 4-54

(4) 在修改(Modify)命令面板的“几何体”(Geometry)卷展栏，单击“插入”(Insert)按钮。

(5) 在顶视口中，在不同的地方单击 4 次顶部的线段，则该线段增加 4 个顶点，见图 4-55。

例 4-14 移动线段

(1) 继续前面的练习，单击主工具栏的“选择并移动”(Select and Move)按钮。

(2) 在顶视口单击矩形顶部中间的线段，选择它，见图 4-56。

这时在修改(Modify)命令面板的“选择”(Selection)卷展栏中显示第 6 条线段被选择 选择了样条线 1/线段 6 。

(3) 在顶视口向下移动选择的线段，结果如图 4-57 所示。

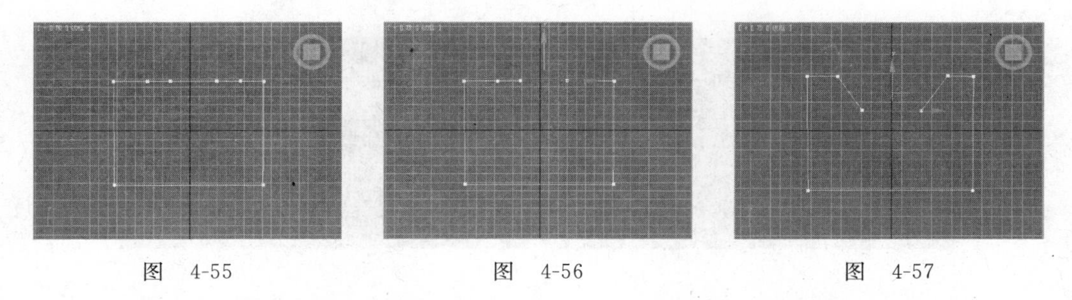

图 4-55　　图 4-56　　图 4-57

(4) 在顶视口的图形上单击鼠标右键。

(5) 在弹出的菜单中选取“子对象/顶点”(Sub-objects/Vertex)。

(6) 在顶视口选取第 3 个顶点，见图 4-58。

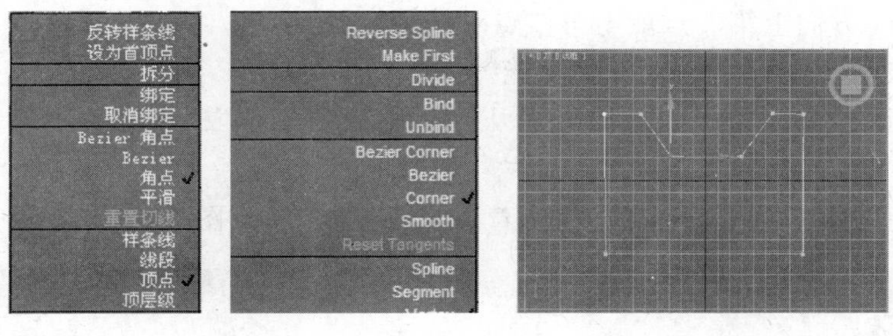

图 4-58

(7) 在工具栏的“捕捉”按钮上(如)单击鼠标右键，出现“栅格和捕捉设置”(Grid and Snap Settings)对话框，见图 4-59。

(8) 在“栅格和捕捉设置”(Grid and Snap Settings)对话框中，取消“栅格点”(Grid Points)的复选，选择“顶点”(Vertex)复选框，见图 4-59。

(9) 关闭“栅格和捕捉设置”(Grid and Snap Settings)对话框。

(10) 在顶视口按下 Shift 键单击鼠标右键，打开“捕捉”(Snap)菜单。在“捕捉”(Snap)菜单选择“捕捉”选项中的“捕捉选项/使用轴约束捕捉”(Options/Transform Constraints)，见图 4-60。这样将把变换约束到选择的轴上。

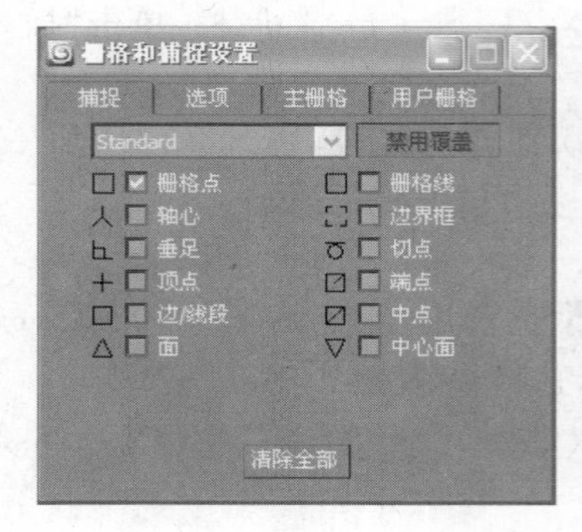

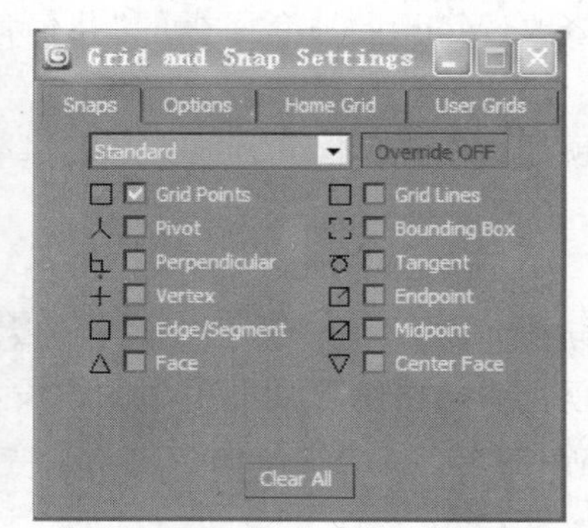

图 4-59

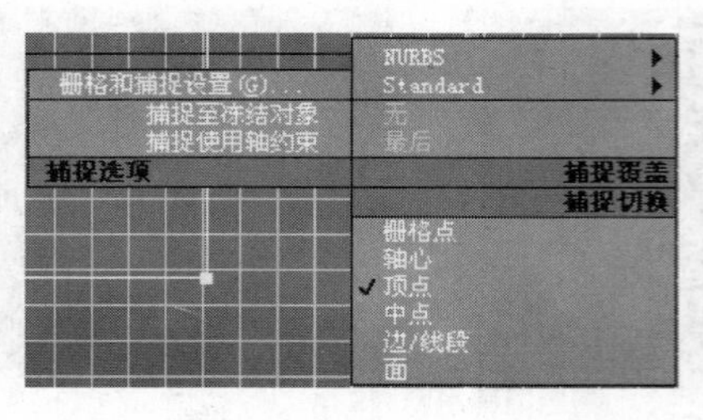

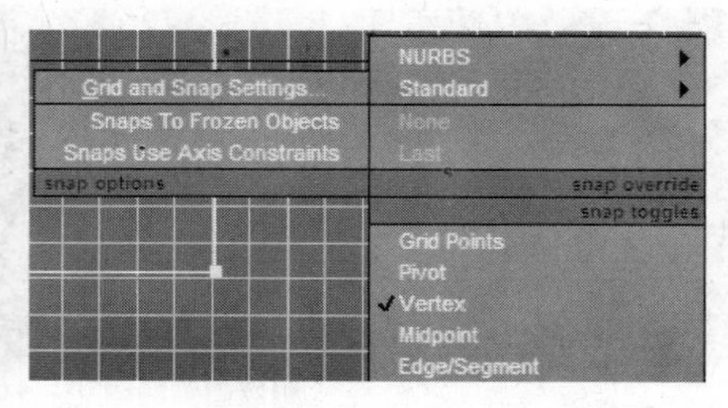

图 4-60

(11) 按键盘上的 S 键,激活捕捉功能。

(12) 在顶视口将鼠标光标移动到选择的顶点上(第 3 个顶点),然后将它向左拖曳到第 7 点的下面,捕捉它的 X 坐标。

这样,在 X 方向上第 3 点就与第 2 点对齐了,见图 4-61。

(13) 按键盘上的 S 键关闭捕捉功能。

(14) 在顶视口单击鼠标右键,然后从弹出的菜单中选取"子对象/边"(Sub-objects/Segment)。

(15) 在顶视口选择第 6 条线段,沿着 X 轴向左移动,见图 4-62。

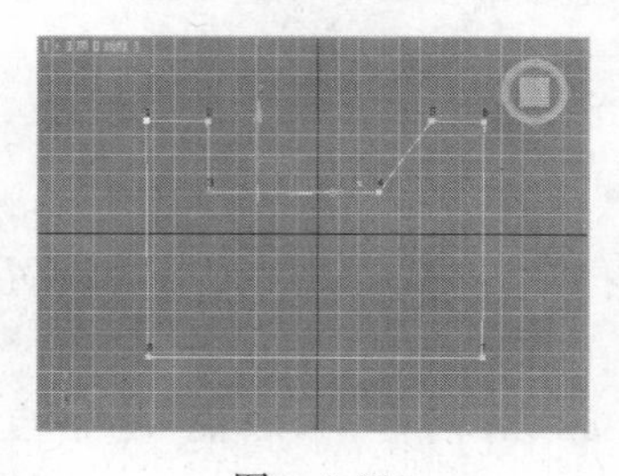

图 4-61

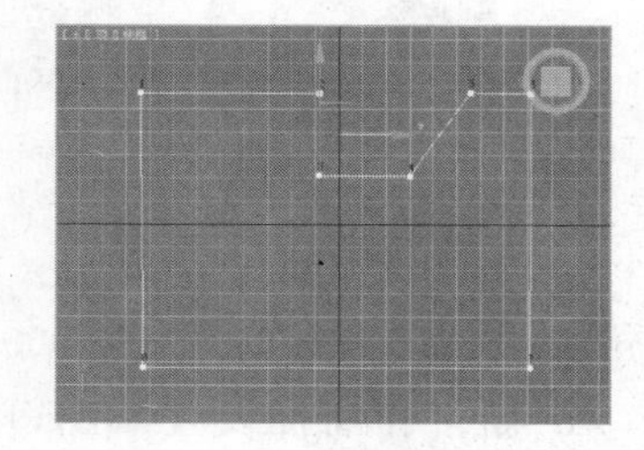

图 4-62

4.4.4 在样条线层次工作

在样条线层次可以完成许多工作,首先来学习一下如何将一个二维图形附加到另外一个二维图形上。

例 4-15 附加二维图形

(1) 在菜单栏选取“文件/打开”(File/Open),然后从本书的配套光盘中打开文件 Samples-04-08.max。场景中包含三个独立的样条线,见图 4-63。

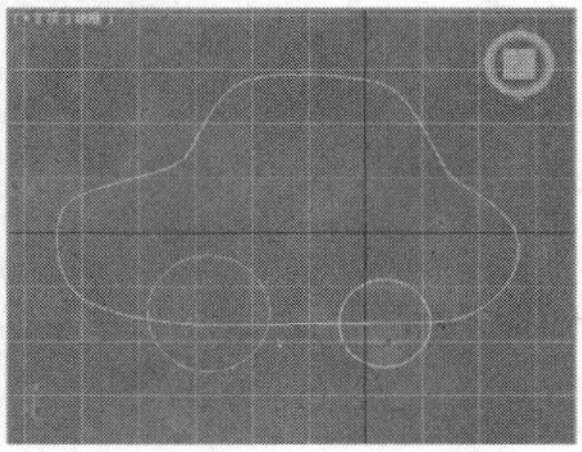

(2) 单击主工具栏的“按名称选择”(Select by Name)按钮,出现“选择对象”(Select Objects)对话框。

“选择对象”(Select Objects)对话框的列表中有 3 个样条线,即 Circle01、Circle02 和 Line01。

(3) 单击“Line01”,然后再单击“选择”(Select)按钮。

图 4-63

(4) 在修改(Modify)命令命令面板,单击“几何体”(Geometry)卷展栏的“附加”(Attach)按钮。

(5) 在顶视口分别单击两个圆。

技巧:确认在圆的线上单击。

(6) 在顶视口单击鼠标右键结束“附加”(Attach)操作。

(7) 单击主工具栏的“按名称选择”(Select by Name)按钮,出现“选择对象”(Select Objects)对话框。在“选择对象”(Select Objects)对话框的文件名列表中没有了 Circle01 和 Circle02,它们都包含在 Line01 中了。

(8) 在“选择对象”(Select Objects)对话框中单击“取消”(Cancel)按钮,关闭它。

例 4-16 轮廓(Outline)

(1) 继续前面的练习,选择场景中的图形。

(2) 在修改(Modify)命令面板的编辑修改器堆栈显示区域单击“Line”左边的+号,展开次对象列表。

(3) 在修改(Modify)命令面板的编辑修改器堆栈显示区域单击“样条线”(Spline)。

(4) 在顶视口单击前面的圆,见图 4-64。

(5) 在修改(Modify)命令面板的“几何体”(Geometry)卷展栏中将“轮廓”(Outline)的数值改为 60,见图 4-65。

(6) 单击后面的圆,重复第(5)步的操作。结果如图 4-66 所示。

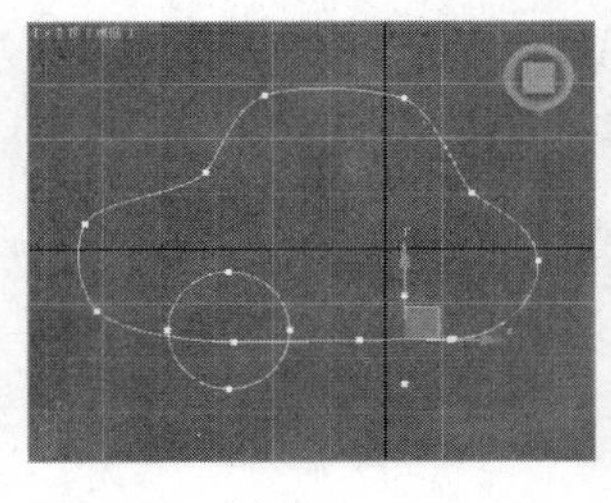

图 4-64

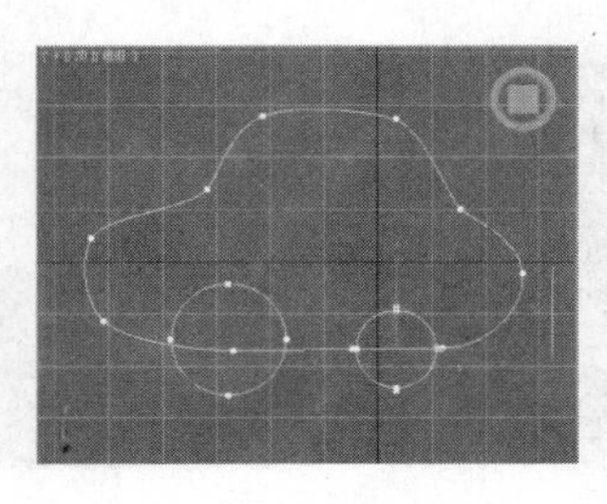

图 4-65

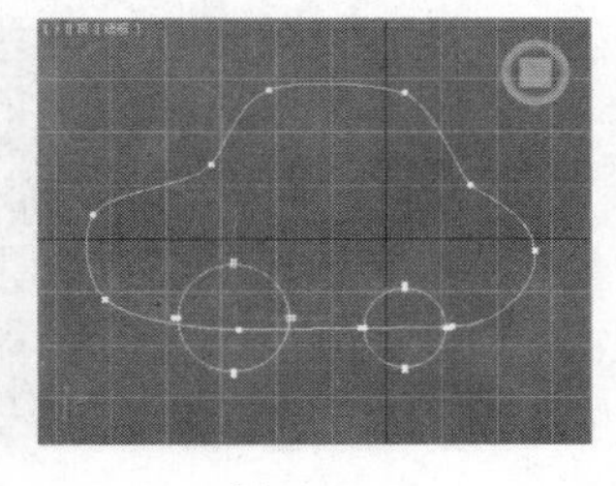

图 4-66

(7) 在顶视口的图形上单击鼠标右键,然后从弹出的菜单上选取“子对象/顶层级”(Sub-objects/Top Level)。

(8) 单击主工具栏的“按名称选择”(Select by Name)按钮,“选择对象”(Select Objects)对话框。所有圆都包含在 Line01 中。

(9) 在“选择对象”(Select Objects)对话框中单击“取消”(Cancel)按钮,关闭它。

例 4-17 二维图形的布尔运算

(1) 继续前面的练习,或者在菜单栏选取“文件/打开”(File/Open),然后从本书的配套光盘中打开文件 Samples-04-09. max。

(2) 在顶视口选择场景中的图形。

(3) 修改(Modify)命令命令面板的编辑修改器堆栈显示区域展开次对象列表,然后单击“样条线”(Spline)。

(4) 在顶视口单击车身样条线,选择它。

(5) 在修改(Modify)命令面板的“几何体”(Geometry)卷展栏中,单击“布尔”(Boolean)区域的“差集”(Subtraction)按钮。

(6) 单击布尔(Boolean)按钮。

(7) 在顶视口单击后车轮的外圆,完成布尔减操作,见图 4-67。

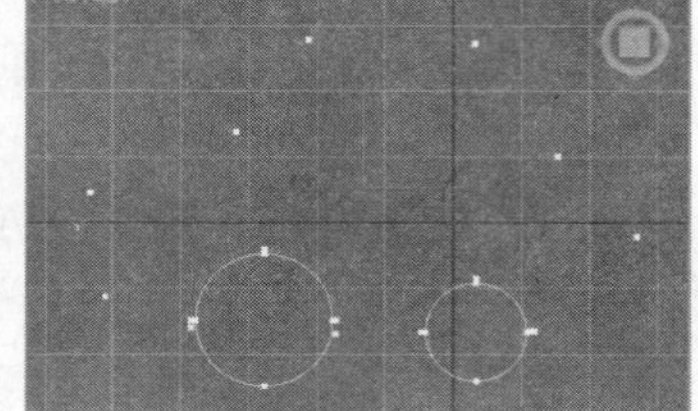

图 4-67

(8) 在顶视口单击鼠标右键,结束布尔(Boolean)操作模式。

(9) 在修改(Modify)命令面板的编辑修改器堆栈显示区域单击 Line,返回到顶层。

4.4.5 使用编辑样条线(Edit Spline)修改器访问次对象层次

例 4-18 编辑样条线(Edit Spline)修改器

(1) 在菜单栏选取“文件/打开”(File/Open),然后从本书的配套光盘中打开文件 Samples-04-10. max。文件中包含一个有圆角的矩形,见图 4-68。

(2) 选择修改(Modify)命令面板,修改(Modify)命令面板中有 3 个卷展栏,即“渲染”(Rendering)、“插值”(Interpolation)和“参数”(Parameters)。

(3) 打开“参数”(Parameters)卷展栏,见图 4-69。“参数”(Parameters)卷展栏是矩形对象独有的。

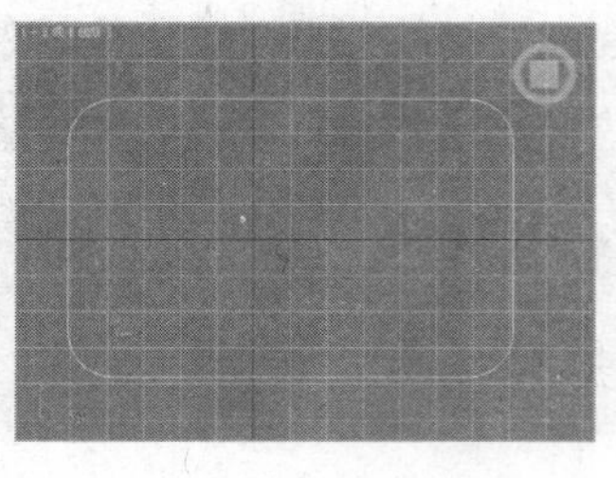

图 4-68

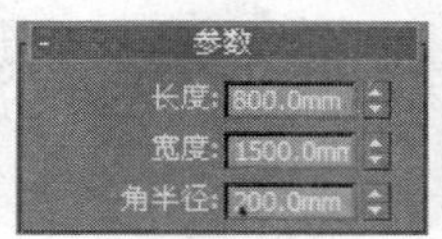

图 4-69

(4) 在修改(Modify)命令面板的编辑修改器列表中选取“编辑样条线”(Edit Spline),见图 4-70。

(5) 在修改(Modify)命令面板将鼠标光标移动到空白处，当它变成手的形状后单击鼠标右键，然后在弹出的快捷菜单中选取"全部关闭"(Close All)，见图 4-71。

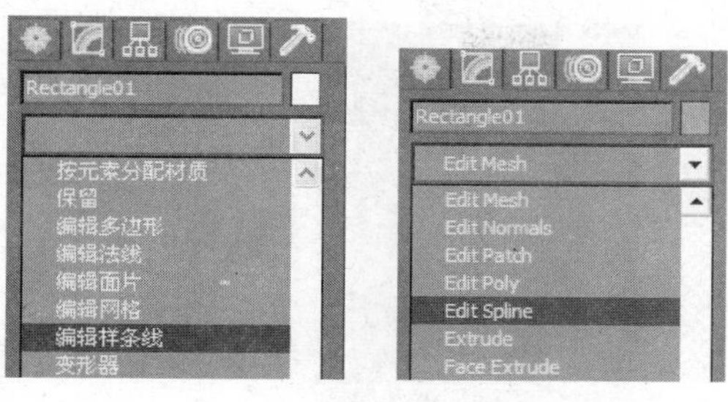

图 4-70

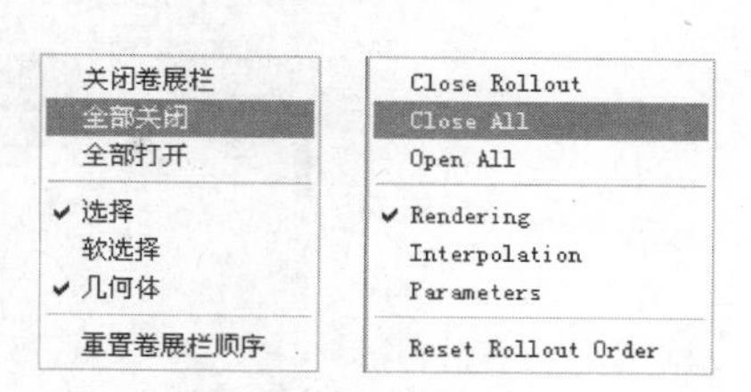

图 4-71

编辑样条线(Edit Spline)修改器的卷展栏与编辑线段时使用的卷展栏一样。

(6) 在修改(Modify)命令命令面板的堆栈显示区域单击"Rectangle"，出现了矩形的参数卷展栏。

(7) 在修改(Modify)命令命令面板的堆栈显示区域单击"编辑样条线"(Edit Spline)左边的＋号，展开次对象列表，见图 4-72。

(8) 单击"编辑样条线"(Edit Spline)左边的一号，关闭次对象列表。

(9) 在修改(Modify)命令面板的堆栈显示区域单击"编辑样条线"(Edit Spline)。

(10) 单击堆栈区域的 "从堆栈中移除修改器"(Remove modifier from the stack)按钮，删除"编辑样条线"(Edit Spline)。

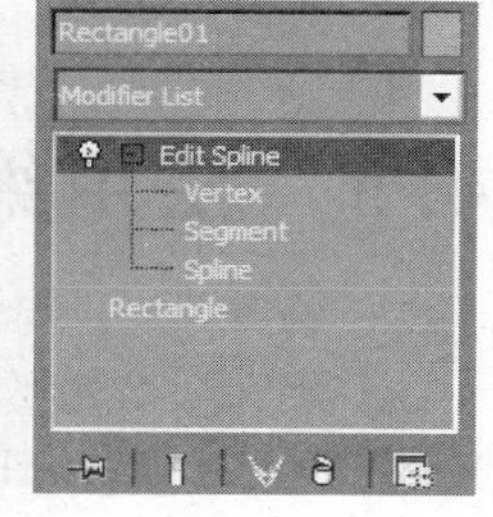

图 4-72

4.4.6 使用可编辑样条线(Editable Spline)编辑修改器访问次对象层级

例 4-19 可编辑样条线(Editable Spline)编辑修改器访问对象层级

(1) 继续前面的练习。选择矩形，然后在顶视口的矩形上单击鼠标右键。

(2) 在弹出的菜单上选取"转换为/转换为可编辑样条线"(Convert To/Convert to Editable Spline)，见图 4-73。

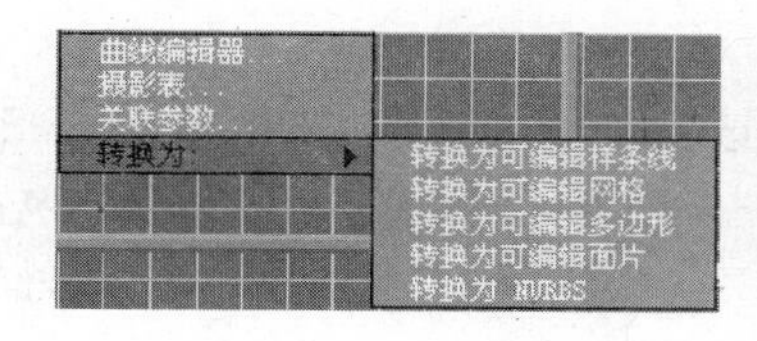

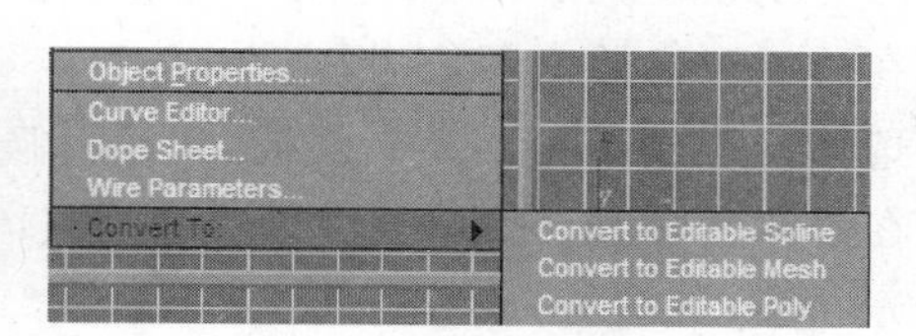

图 4-73

矩形的创建参数没有了，但是可以通过可编辑样条线(Editable Spline)访问样条线的次对象层级。

(3) 选择修改(Modify)命令面板的编辑修改器堆栈显示区域,单击“编辑样条线”(Editable Spline)左边的十号,展开次对象层级,见图 4-74。

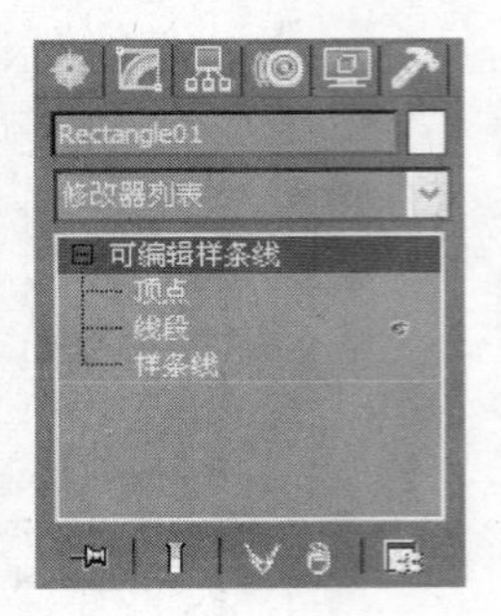

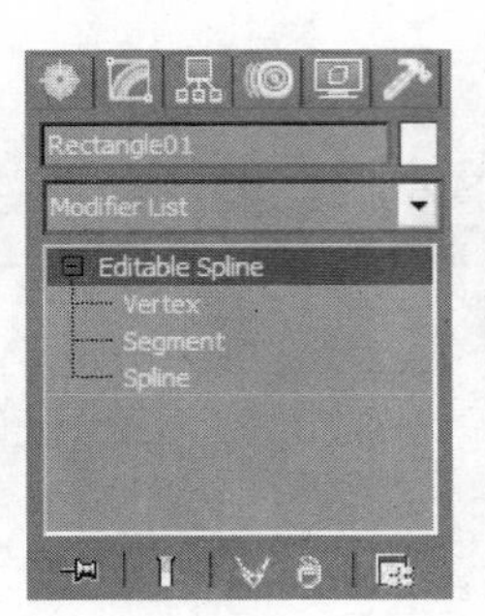

图 4-74

可编辑样条线(Editable Spline)的次对象层级与编辑样条线(Edit Spline)的次对象层次相同。

4.5 使用编辑修改器将二维对象转换成三维对象

有很多编辑修改器可以将二维对象转换成三维对象。在本节我们将介绍挤出(Extrude)、车削(Lathe)、倒角(Bevel)和倒角剖面(Bevel Profile)编辑修改器。

4.5.1 挤出(Extrude)

挤出(Extrude)沿着二维对象的局部坐标系的 Z 轴给它增加一个厚度。还可以沿着拉伸方向给它指定段数。如果二维图形是封闭的,可以指定拉伸的对象是否有顶面和底面。

挤出(Extrude)输出的对象类型可以是面片(Patch)、网格(Mesh)或者 NURBS,默认的类型是网格(Mesh)。

例 4-20 使用挤出(Extrude)编辑修改器拉伸对象

(1) 在菜单栏选取“文件/打开”(File/Open),然后从本书的配套光盘中打开文件 Samples-04-11. max。该文件中包含一个圆,见图 4-75。

(2) 在透视视口单击圆,选择它。

(3) 选择修改(Modify)命令面板,从编辑修改器列表中选取“挤出”(Extrude)。

(4) 在修改(Modify)命令面板的“参数”(Parameters)卷展栏将“数量”(Amount)设置为 1000.0mm,见图 4-76。

二维图形被沿着局部坐标系的 Z 轴拉伸。

(5) 在修改(Modify)命令面板的“参数”(Parameters)卷展栏,将“线段”(Segments)设置为 3。几何体在拉伸的方向分了三个段。

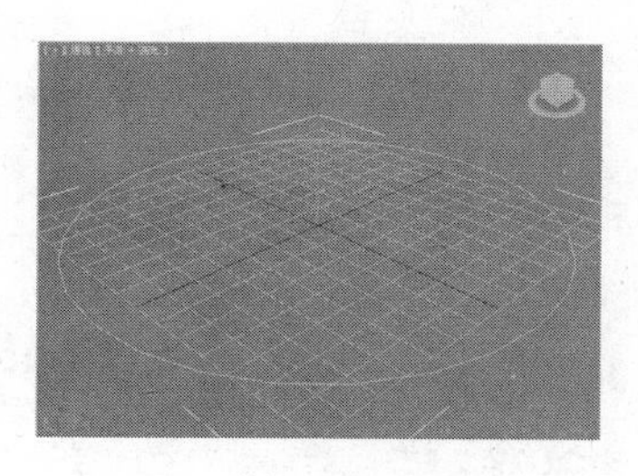

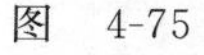
图 4-75

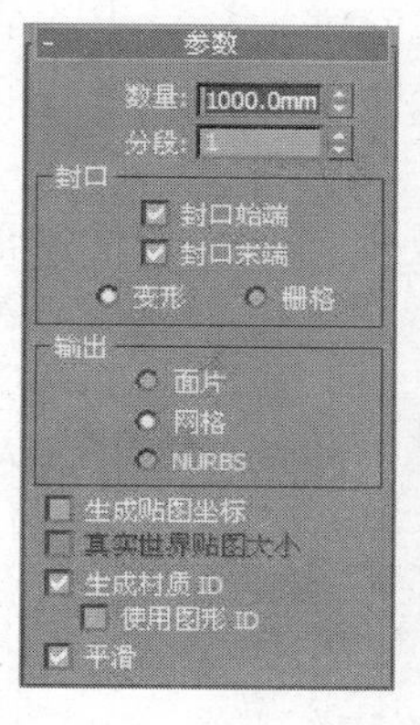

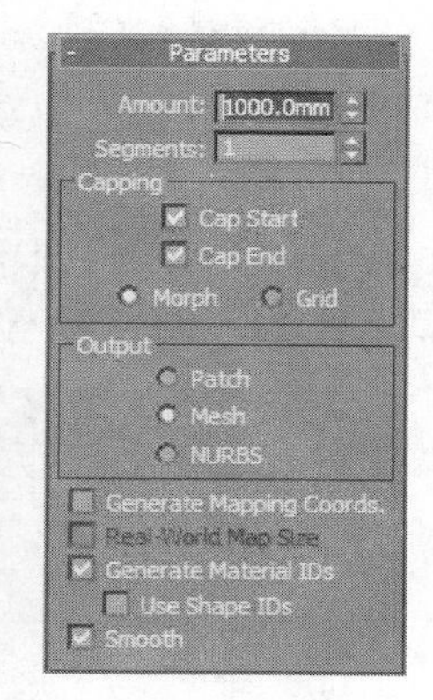

图 4-76

(6) 按键盘上的 F3 键，将视口切换成明暗显示方式，见图 4-77。

(7) 在“参数”(Parameters)卷展栏关闭“封口末端”(Cap End)，去掉顶面。

说明：背面好像也被删除了。实际上是因为法线背离了你，该面没有被渲染。可以通过设置双面渲染来强制显示另外一面。

(8) 在透视视口标签的＋上单击鼠标右键，然后在弹出的快捷菜单上选取“配置”(Configure)，出现“视口配置”(Viewport Configuration)对话框。

(9) 在“视口配置”(Viewport Configuration)对话框的“渲染选项”(Rendering Options)中选择“强制双面”(Force 2-Sided)复选框，见图 4-78。

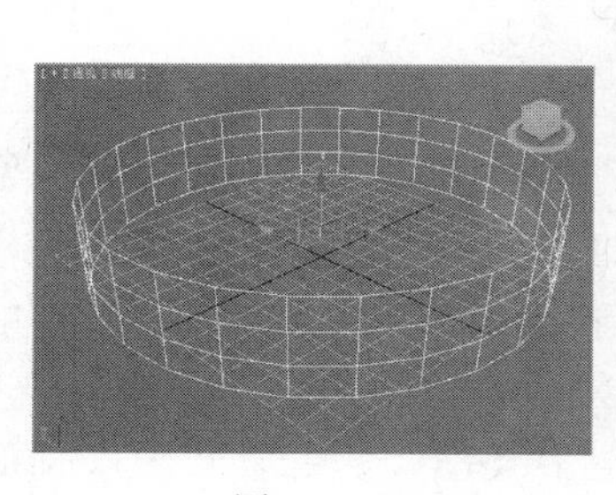
图 4-77

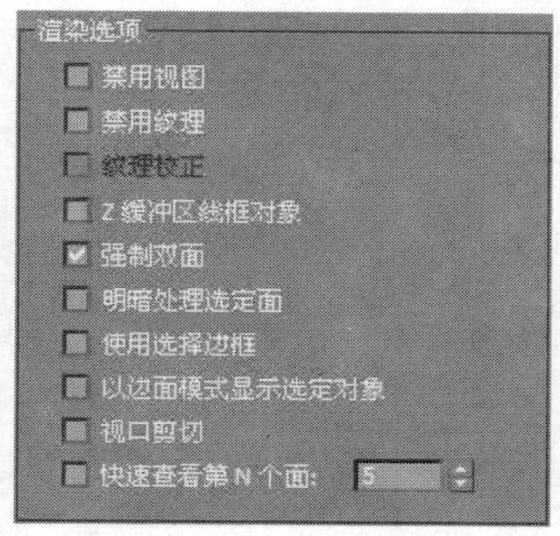

Rendering Options
Disable View
Disable Textures
Texture Correction
Z-buffer Wireframe Objects
Force 2-Sided
Shade Selected Faces
Use Selection Brackets
Display Selected with Edged Faces
Viewport Clipping
Fast View Nth Faces: 5

图 4-78

(10) 单击视图导航控制区域的“最大化视口”(Min/Max Toggle)按钮，切换成单视口显示，这时可以在视口中看到图形的背面了。

(11) 在修改(Modify)命令面板的“参数”(Parameters)卷展栏关闭“封口末端”(Cap End)选项。顶面和底面都被去掉了。

“平滑”(Smooth)选项给拉伸对象的侧面应用一个光滑组。

例 4-21 设置光滑选项

(1) 继续前面的练习，在菜单栏选取“文件/打开”(File/Open)，然后从本书的配套光盘中打开文件 Samples-04-11. max。

(2) 在透视视口选择圆。

(3) 选择修改(Modify)命令面板，从编辑修改器列表中选取"挤出"(Extrude)。

(4) 在修改(Modify)命令面板的"参数"(Parameters)卷展栏将"数量"(Amount)设置为1000.mm。

(5) 在修改(Modify)命令面板关闭"平滑"(Smooth)选项。

尽管图形的几何体没有改变，但是它的侧面的面片变化非常明显，见图4-79。

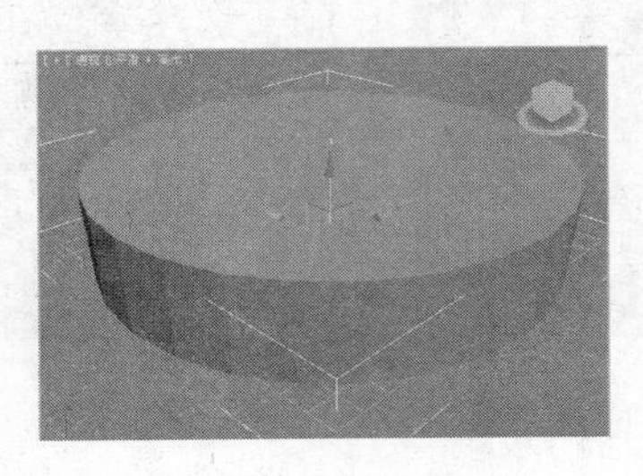

图 4-79

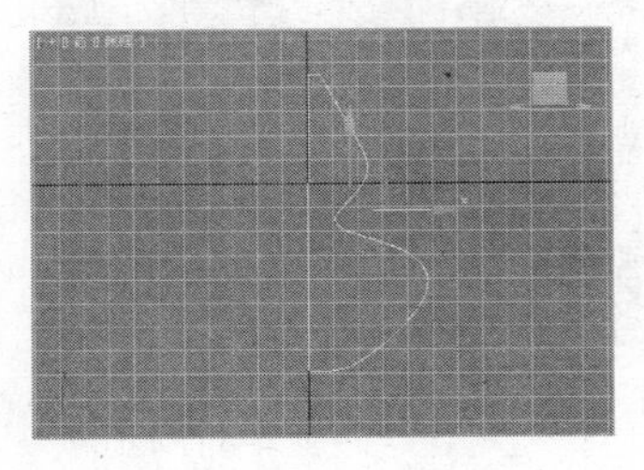

图 4-80

4.5.2 车削(Lathe)

车削(Lathe)编辑修改器绕指定的轴向旋转二维图形，它常用来建立诸如高脚杯、盘子和花瓶等模型。旋转的角度可以是0～360°的任何数值。

例4-22 使用车削(Lathe)编辑修改器

(1) 启动或者复位3ds Max，在菜单栏选取"文件/打开"(File/Open)，然后从本书的配套光盘中打开文件Samples-04-12.max。

文件中包含一个用线(Line)绘制的简单二维图形，见图4-80。

(2) 在透视视口选择二维图形。

(3) 选择进入修改(Modify)命令面板，从编辑修改器列表中选取"车削"(Lathe)，见图4-81。旋转的轴向是Y轴，旋转中心在二维图形的中心。

(4) 在修改(Modify)命令面板的"参数"(Parameters)卷展栏中的"对齐"(Align)单击"最大"(Max)。则旋转轴被移动到二维图形局部坐标系X方向的最大处。

(5) 在"参数"(Parameters)卷展栏选取"焊接内核"(Weld Core)，见图4-82。这时得到的几何体如图4-83所示。

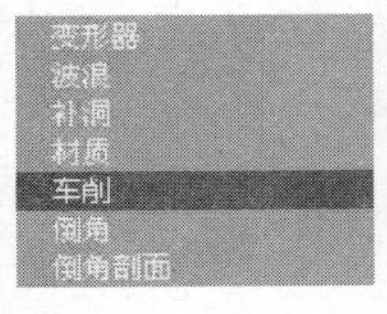

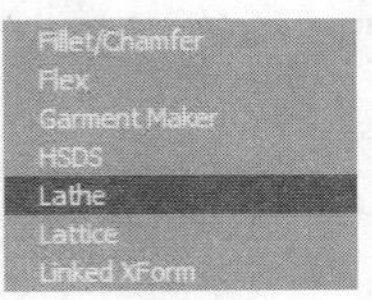

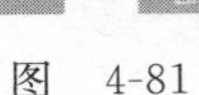

图 4-81

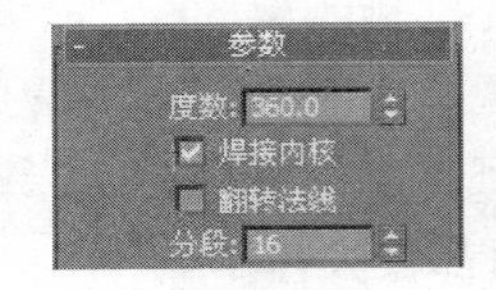

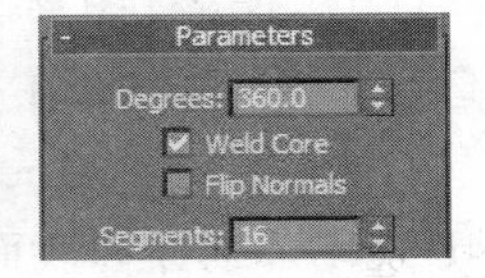

图 4-82

(6) 在"参数"(Parameters)卷展栏将"度数"(Degrees)设置为240，见图4-84。

(7) 在"参数"(Parameters)卷展栏的"封口"(Capping)区域，取消对"封口始端"(Cap Start)和"封口末端"(Cap End)的复选，结果如图4-85所示。

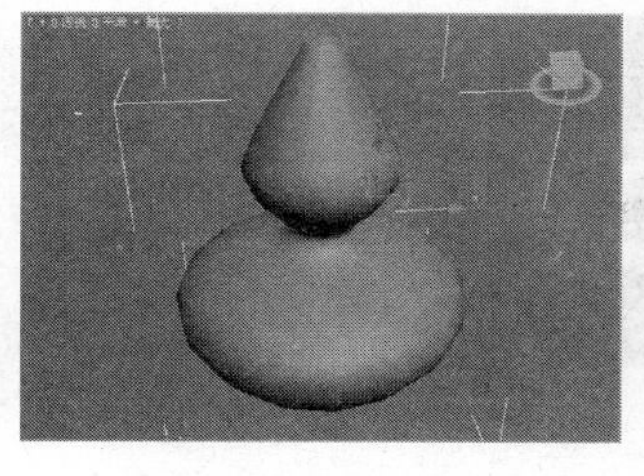

图 4-83

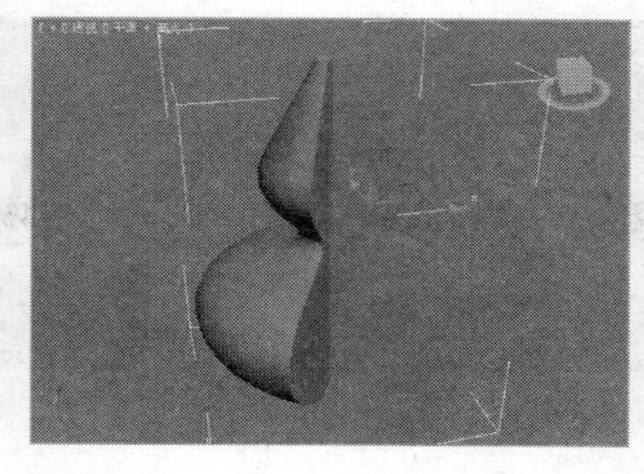

图 4-84

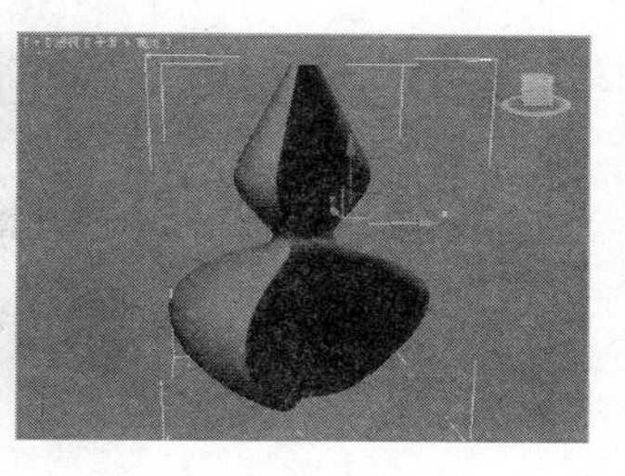

图 4-85

(8) 在“参数”(Parameters)卷展栏关闭“平滑”(Smooth)选项,结果如图 4-86 所示。

(9) 在修改(Modify)命令面板的编辑修改器堆栈显示区域,单击“车削”(Lathe)左边的+号,展开次对象层级,单击“轴”(Axis)选择它,见图 4-87。

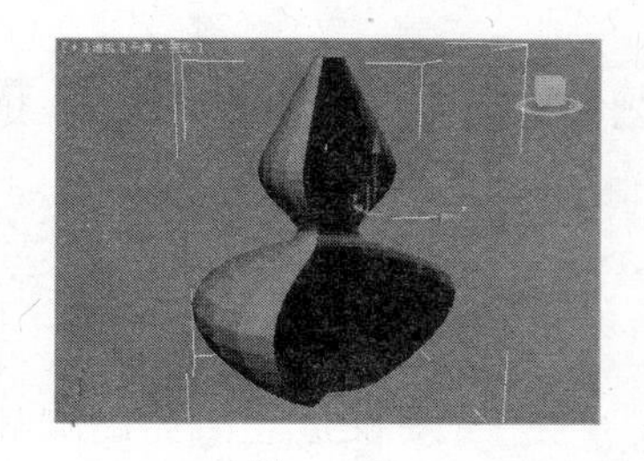

图 4-86

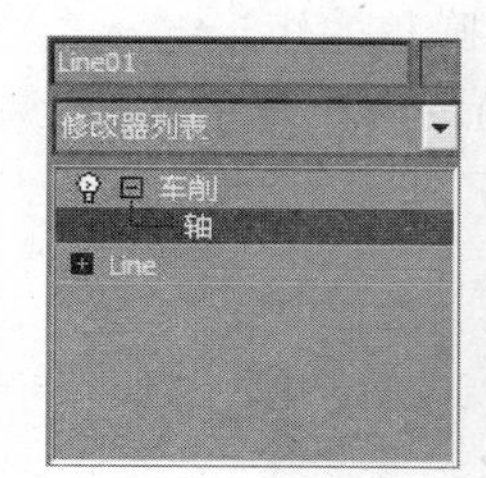

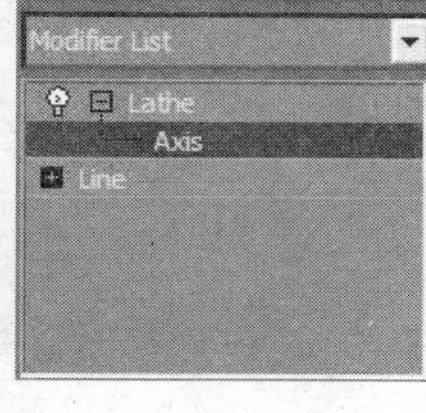

图 4-87

(10) 单击主工具栏的“选择并移动”(Select and Move)按钮,在透视视口沿着 X 轴将旋转轴向左拖曳一点,结果如图 4-88 所示。

(11) 单击主工具栏的“选择并旋转”(Select and Rotate)按钮,在透视视口绕 Y 轴将旋转轴旋转一点,结果如图 4-89 所示。

(12) 在编辑修改器堆栈显示区域单击“车削”(Lathe)标签,返回到最顶层。

图 4-88

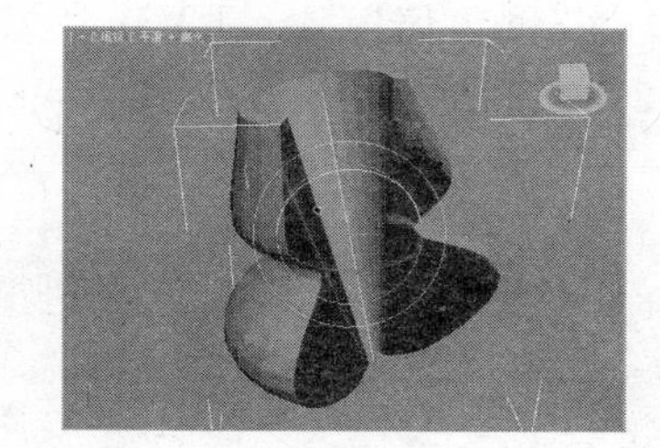

图 4-89

4.5.3 倒角(Bevel)

倒角(Bevel)编辑修改器与挤出(Extrude)类似,但是比挤出(Extrude)的功能要强一些。它除了沿着对象的局部坐标系的 Z 轴拉伸对象外,还可以分 3 个层次调整截面的大小,创建诸如倒角字一类的效果,见图 4-90。

图 4-90

例 4-23 使用倒角(Bevel)编辑修改器

(1) 启动或者复位 3ds Max,在菜单栏选取"文件/打开"(File/Open),然后从本书的配套光盘中打开文件 Samples-04-13.max。文件中包含一个用矩形(Rectange)绘制的简单二维图形,见图 4-91。

(2) 在顶视口选取有圆角的矩形。

(3) 选择修改(Modify)命令面板,从编辑修改器列表中选取"倒角"(Bevel),见图 4-92。

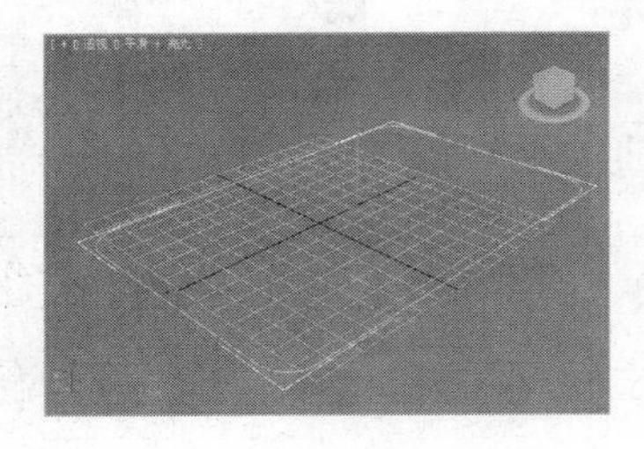

图 4-91

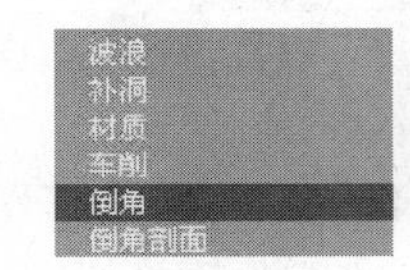

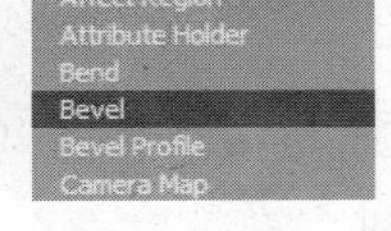

图 4-92

(4) 在修改(Modify)命令面板的"倒角值"(Bevel Values)卷展栏将"级别 1"(Level 1)的"高度"(Height)设置为 600.0mm,"轮廓"(Outline)设置为 200.0mm,见图 4-93。

(5) 在"倒角值"(Bevel Values)卷展栏选择"级别 2"(Level 2)复选框,将"级别 2"(Level 2)的"高度"(Height)设置为 800.0mm,"轮廓"(Outline)设置为 0.0,见图 4-94。

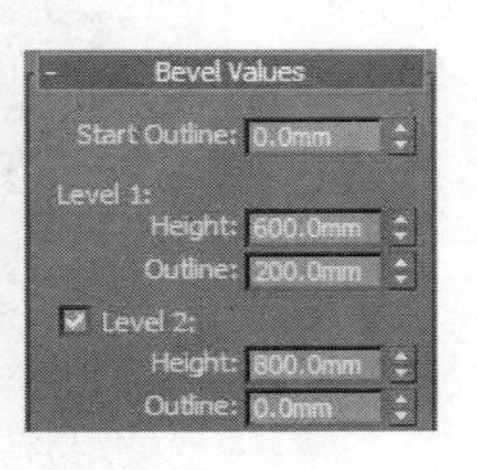

图 4-93

图 4-94

(6) 在"倒角值"(Bevel Values)卷展栏选择"级别 3"(Level 3)复选框,将"级别 3"(Level 3)的"高度"(Height)设置为－600.0mm,"轮廓"(Outline)设置为－100.0mm,见图 4-95。该设置得到的几何体如图 4-96 所示。

(7) 按 F3 键将透视视口的显示切换成线框模式,见图 4-97。

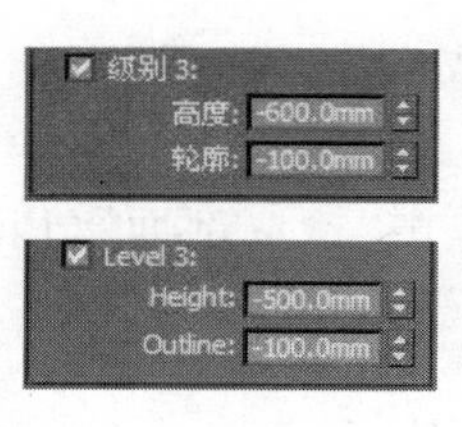

图 4-95

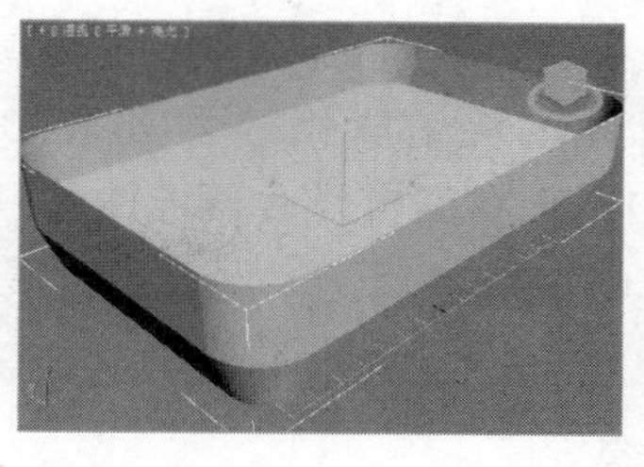

图 4-96

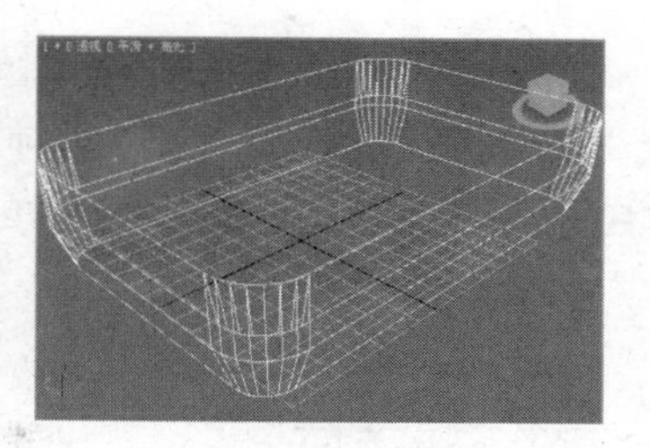

图 4-97

(8) 在"倒角值"(Bevel Values)卷展栏的"曲面"(Surface)区域下将"线段"(Segments)设置为 6。该设置得到的几何体如图 4-98 所示。

(9) 按 F3 键将透视视口的显示切换成明暗模式。

(10) 在"参数"(Parameter)卷展栏的"曲面"(Surface)区域选取"级间平滑"(Smooth Across Levels)复选框。则不同层间的小缝被光滑掉了,见图 4-99。

(11) 在"倒角值"(Bevel Values)卷展栏将"起始轮廓"(Start Outline)设置为 −400.0mm。这时整个对象变小了,见图 4-100。

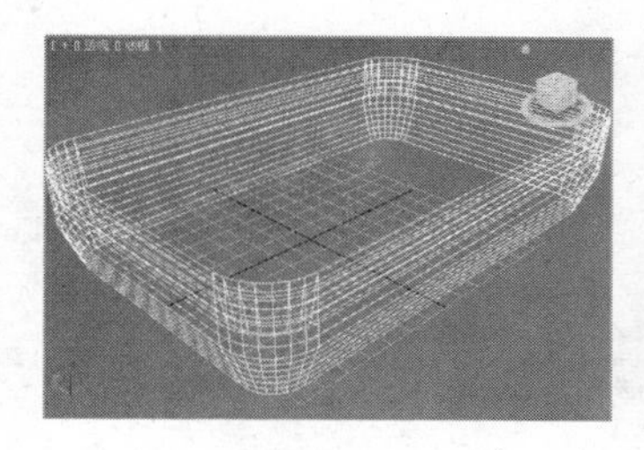

图 4-98

图 4-99

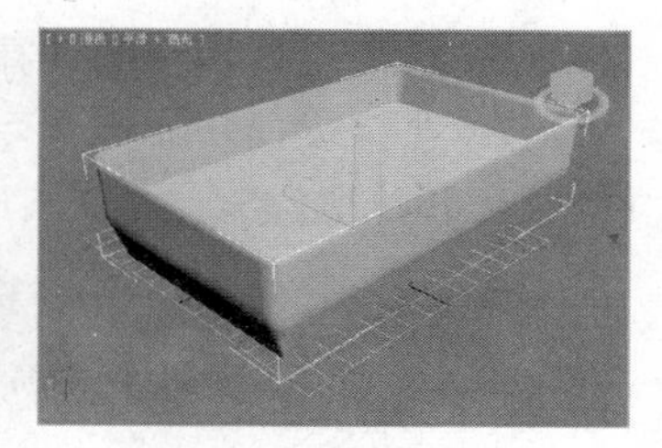

图 4-100

4.5.4 倒角剖面(Bevel Profile)

倒角剖面(Bevel Profile)编辑修改器的作用类似于倒角(Bevel)编辑修改器,但是比前者的功能更强大些,它用一个称为侧面的二维图形定义截面大小,因此变化更为丰富。图 4-101 就是使用倒角剖面(Bevel Profile)得到的几何体。

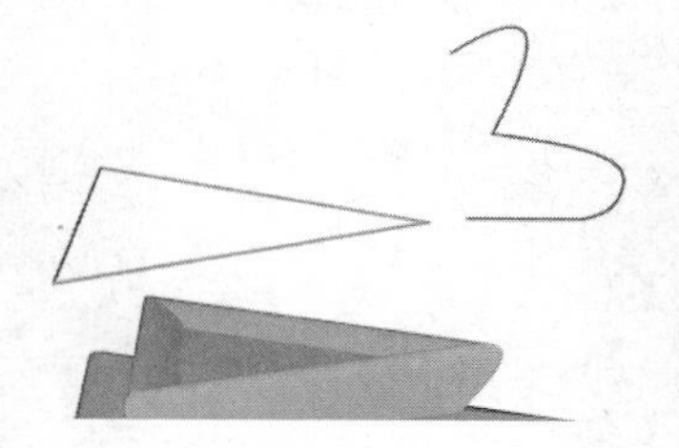

图 4-101

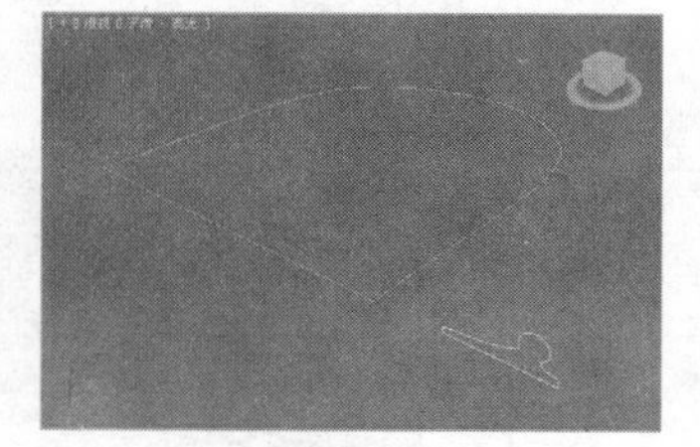

图 4-102

例 4-24 使用倒角剖面(Bevel Profile)编辑修改器

(1) 启动或者复位 3ds Max,在菜单栏选取"文件/打开"(File/Open),然后从本书的配套光盘中打开文件 Samples-04-14.max。文件中包含两个二维图形,见图 4-102。

(2) 在透视视口选择大的图形。

(3) 选择修改(Modify)命令面板,从编辑修改器列表中选取“倒角剖面”(Bevel Profile),“倒角剖面”(Bevel Profile)出现在编辑修改器堆栈中,见图 4-103。

(4) 在修改(Modify)命令面板的“参数”(Parameters)卷展栏单击“拾取剖面”(Pick Profile)按钮,见图 4-104。

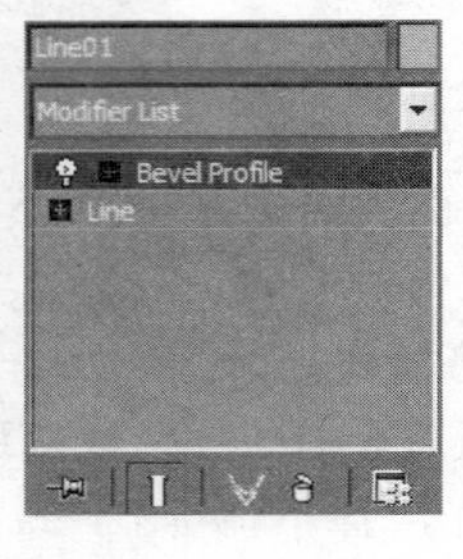

图 4-103

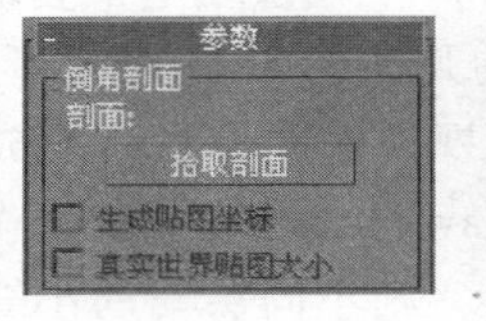

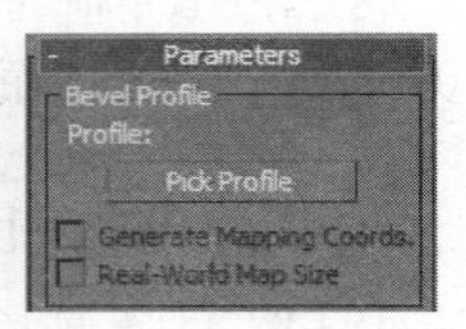

图 4-104

(5) 在前视口单击小的图形,结果如图 4-105 所示。

(6) 在前视口确认已选择了小的图形。

(7) 在修改(Modify)命令面板的堆栈显示区域单击“线”(Line)前面的+号,选择次对象层次“线段”(Segment),见图 4-106。

图 4-105

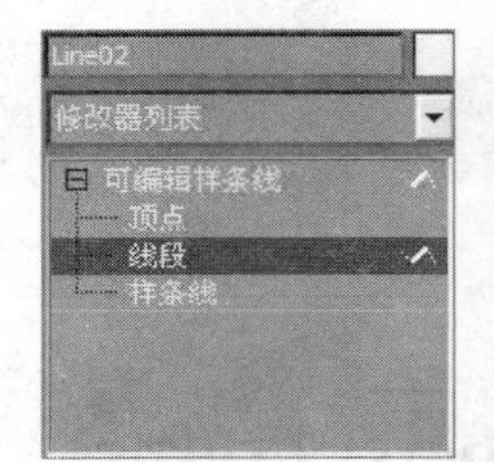

图 4-106

(8) 在前视口选择侧面图形左侧的垂直线段,见图 4-107。

(9) 单击主工具栏的“选择并移动”(Select and Move)按钮。

(10) 在前视口沿着 X 轴左右移动选择的线段。当移动线段的时候,使用“倒角剖面”(Bevel Profile)得到的几何体也动态更新,见图 4-108。

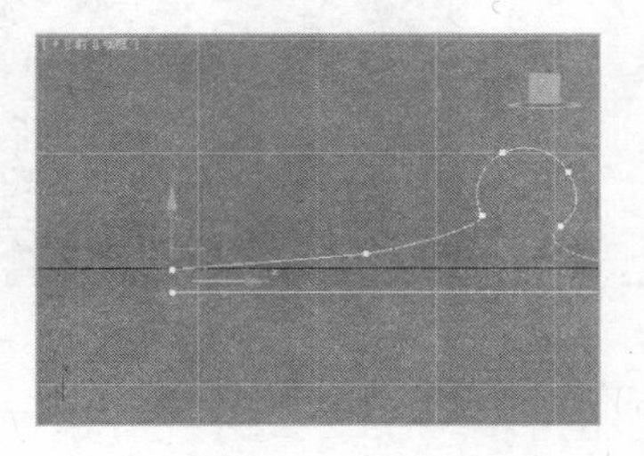

图 4-107

图 4-108

(11) 在修改(Modify)命令面板的堆栈显示区域单击“线”(Line),回到最上层。

例 4-25 倒角剖面(Bevel Profile)制作的动画效果

完整的动画参见本书配套光盘 Samples-04-15.avi 文件。

(1) 启动 3ds Max,在场景中创建一个星星和一个椭圆,见图 4-109。星星和椭圆的大小没有关系,只要比例合适即可。

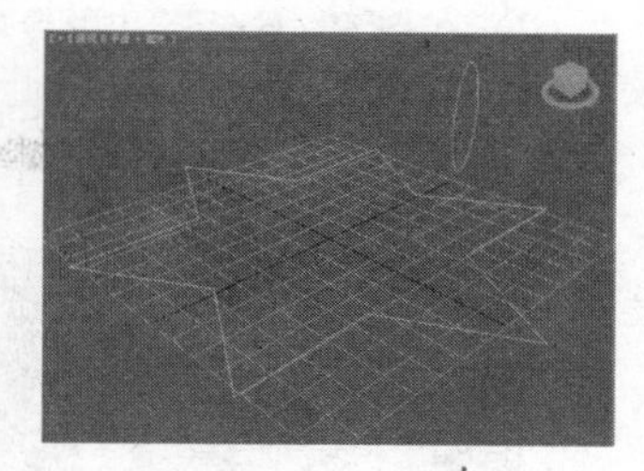

图 4-109

(2) 选择星星,进入修改(Modify)命令面板,增加一个“倒角剖面”(Bevel Profile)编辑修改器,单击命令面板上的“拾取剖面”按钮,然后单击椭圆,结果如图 4-110 所示。

(3) 按 N 键,将时间滑块移动到 100 帧。

(4) 在堆栈列表中单击“倒角剖面”(Bevel Profile)左边的＋号,展开层级列表,选择剖面 Gizom(Profile Gizom)。

(5) 选取主工具栏的“选择并旋转”(Select and Rotate)按钮,在前视图中任意旋转剖面 Gizom(Profile Gizom),图 4-111 是其中的一帧。

(6) 单击“播放动画”(Play Animation)按钮,播放动画。观察完毕后,单击“停止动画”(Stop Animation)按钮停止播放动画。

该例子的最后效果保存在本书配套光盘的 Samples-04-15.max 中。

说明:在倒角剖面(Bevel Profile)编辑修改器中,如果使用的剖面图形是封闭的,那么得到几何体的中间是空的;如果使用的剖面图形是不封闭的,那么得到几何体的中间是实心的,见图 4-112。

图 4-110

图 4-111

图 4-112

4.5.5 晶格(Lattice)

晶格(Lattice)编辑修改器可以用来将网格物体进行线框化,将图形的线段或边转化为圆柱形结构,并在顶点上产生可选的关节多面体。我们常利用此工具来制作笼子、网兜等,或是展示建筑内部结构。

图 4-113 就是运用晶格(Lattice)编辑修改器制作出来的几何体。

例 4-26 使用晶格(Lattice)编辑修改器

(1) 启动或者用"文件/重置"(File/Reset)命令,复位 3ds Max。

(2) 在创建(Create)命令面板中选择"几何球体"(GeoSphere)按钮,在顶视口创建一个几何球体,参数设置如图 4-114 所示。

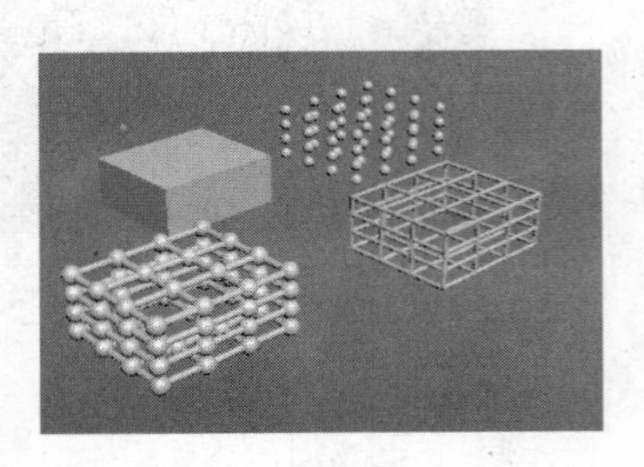

图 4-113

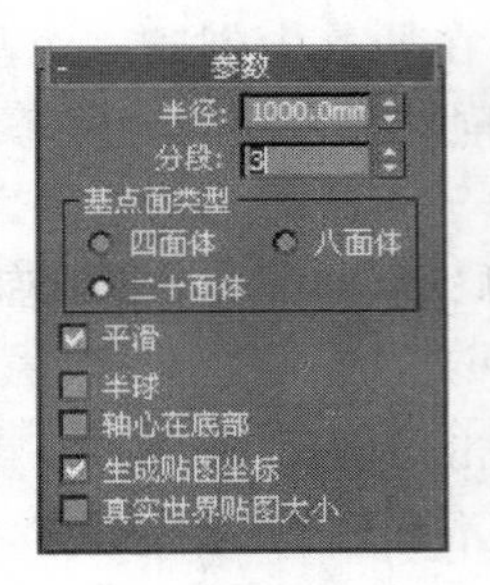

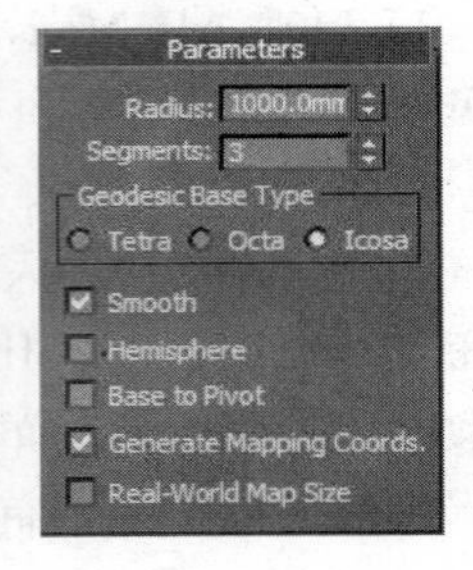

图 4-114

(3) 选择修改(Modify)命令面板,从编辑修改器列表中选取"晶格"(Lattice)修改器,晶格(Lattice)出现在编辑修改器堆栈中,见图 4-115。

(4) 在修改(Modify)命令面板的"晶格"(Lattice)卷展栏"支柱"(Struts)选项组,将支柱截面"半径"大小(Radius)设置为 50.0mm,支柱截面图形的"边数"(Sides)设置为 4,见图 4-116。

图 4-115

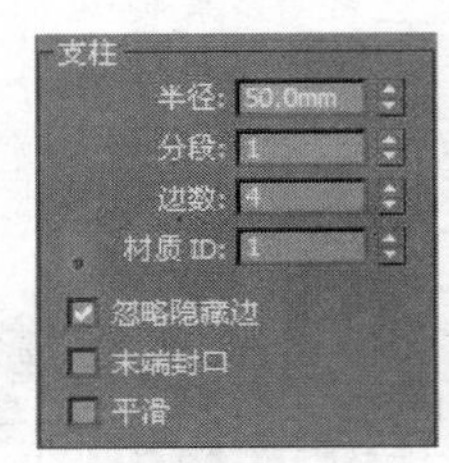

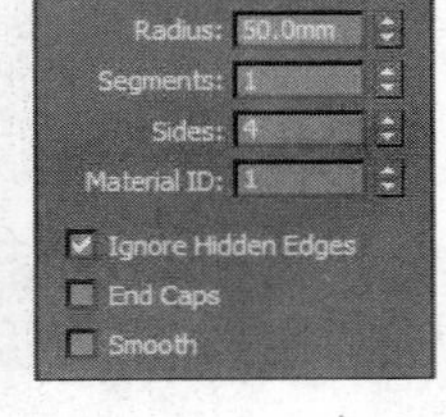

图 4-116

(5) 在"顶点"选项组,将"基点面类型"(Geodesic Base Type)设置为"八面体"(Octa),将顶点造型的"半径"(Radius)大小设置为 120.0mm,"分段"数(Segments)设置为 5,见图 4-117。

(6) 最终效果如图 4-118 所示。

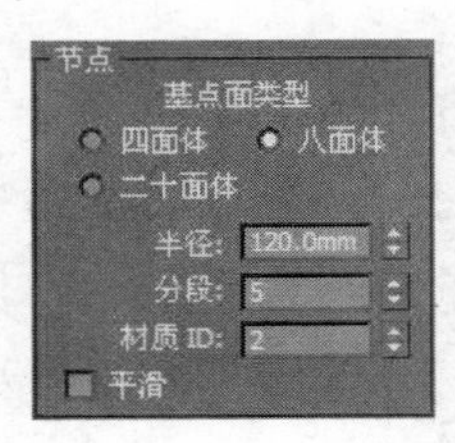

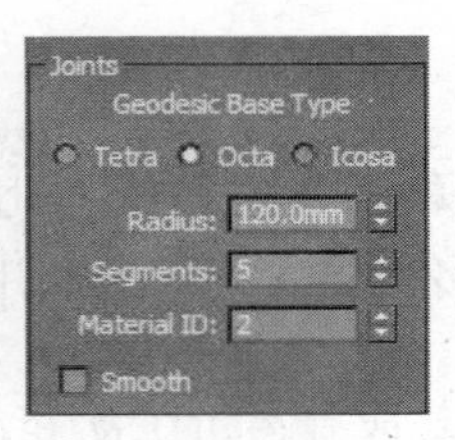

图 4-117

图 4-118

4.6　面片建模

在本节我们将学习建立几个三维几何体。首先来学习一下面片建模。面片建模也是将二维图形结合起来成为三维几何体的方法。在面片建模中，我们将使用两个特殊的编辑修改器，即横截面(Cross Section)修改器和曲面(Surface)修改器。

4.6.1　面片建模基础

其实面片是根据样条线边界形成的 Bezier 表面。面片建模有很多优点，它不但直观，而且可以参数化地调整网格的密度。

1. 面片的构架

可以用各种方法来创建样条线构架。例如手工绘制样条线，或者使用标准的二维图形和横截面(Cross Section)编辑修改器。

可以通过给样条线构架应用曲面(Surface)编辑修改器来创建面片表面。曲面(Surface)编辑修改器用来分析样条线构架，并在满足样条线构架要求的所有区域创建面片表面。

2. 对样条线的要求

可以用 3 到 4 个边来创建面片。作为边的样条线顶点必须分布在每个边上，而且要求每个边的顶点必须相交。样条线构架类似于一个网，网的每个区域有 3 到 4 个边。

3. 横截面(Cross Section)编辑修改器

横截面(Cross Section)编辑修改器自动根据一系列样条线创建样条线构架。该编辑修改器自动在样条线顶点间创建交叉的样条线，从而形成合法的面片构架。为了使横截面(Cross Section)编辑修改器更有效地工作，最好使每个样条线有相同的顶点数。

在应用横截面(Cross Section)编辑修改器之前，必须将样条线结合到一起，形成一个二维图形。横截面(Cross Section)编辑修改器在样条线上创建的顶点的类型可以是线性(Linear)、平滑(Smooth)、贝塞尔曲线(Bezier)和 Bezier 角点(Bezier Corner)中的任何一个。顶点类型影响表面的平滑程度。

在图 4-119 中，左边是线性(Linear)顶点类型，右边是平滑(Smooth)顶点类型。

4. 曲面(Surface)编辑修改器

定义好样条线构架后，就可以应用曲面(Surface)编辑修改器了。如图 4-120 中右边是应用曲面(Surface)编辑修改器之后的图形，左边是应用曲面(Surface)编辑修改器之前的效果。曲面(Surface)编辑修改器在构架上生成贝塞尔曲线(Bezier)表面。表面的创建参数和设置包括表面法线的反转选项、删除内部面片选项和设置插布值步数的选项。

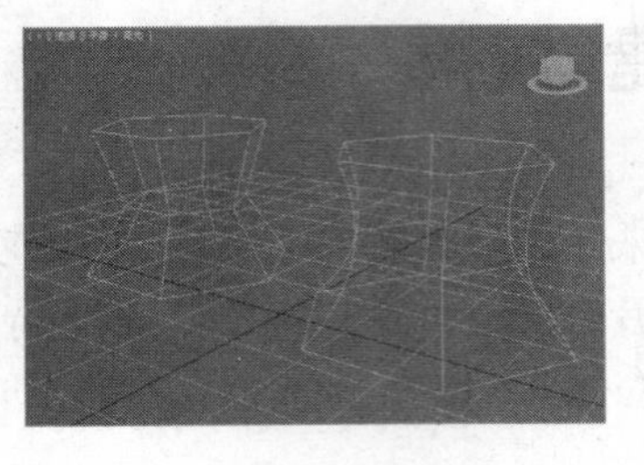

图 4-119

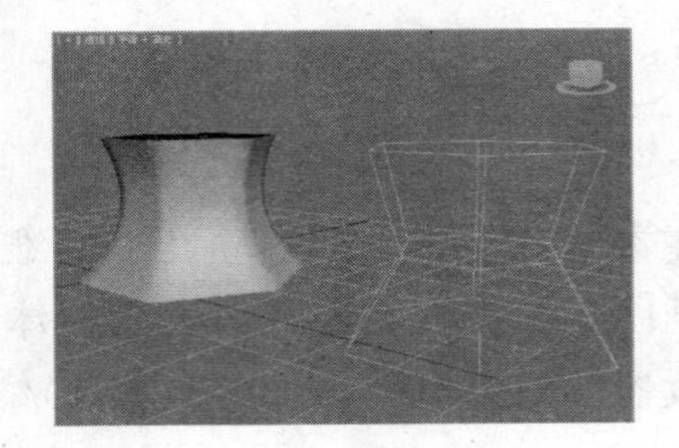

图 4-120

表面法线(Surface Normals)指定表面的外侧,对视口显示和最后渲染的结果影响很大。

而在默认的情况下,可删除内部面片。由于内部表面完全被外部表面包容,因此可以安全地将它删除。

表面插补值(Surface Interpolation)下面的步数(Steps)设置是非常重要的属性。它参数化地调整面片网格的密度。如果一个面片表面被转换成可编辑的网格(Editable Mesh),那么网格的密度将与面片表面的密度匹配。用户可以复制几个面片模型,并给定不同的差值设置,然后将它转换成网格对象来观察多边形数目的差异。

4.6.2 创建和编辑面片表面

例 4-27 创建帽子的模型

(1) 启动 3dx Max,或者在菜单栏选取"文件/重置"(File/Reset)命令,复位 3ds Max。

(2) 在菜单栏选取"文件/打开"(File/Open),然后从本书的配套光盘中打开文件 Samples-04-16. max。文件中包含了 4 条样条线和一个帽子,如图 4-121 所示。帽子是建模中的参考图形。

(3) 在透视视口选择 Circle01,这是定义帽檐的外圆。

(4) 在修改(Modify)命令面板的编辑修改器列表中选择"编辑样条线"(Edit Spline)。

(5) 在修改(Modify)命令面板的"几何体"(Geometry)卷展栏中单击"附加"(Attach)按钮。

(6) 在透视视口依次单击 Circle02 、Circle03 和 Circle04,见图 4-122。

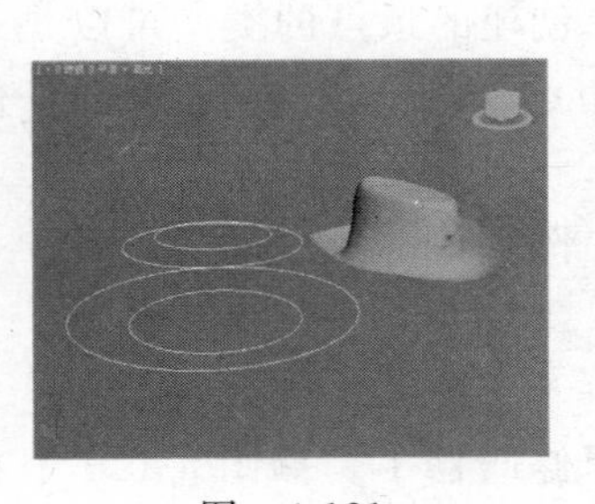

图 4-121

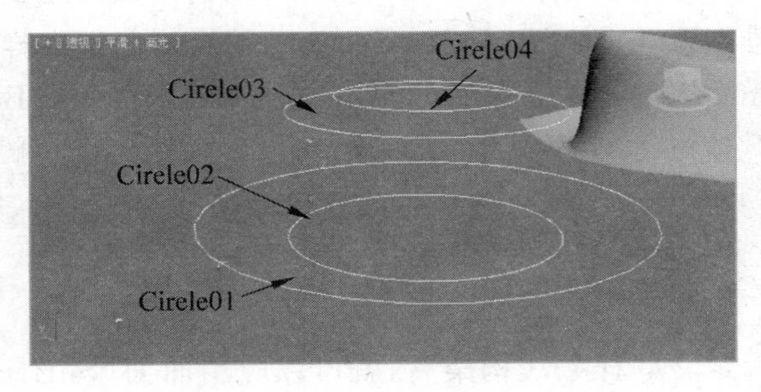

图 4-122

(7) 在透视视口单击鼠标右键结束附加(Attach)模式。

(8) 在修改(Modify)命令面板的编辑修改器列表中选取横截面(Cross Section)。这时出现了一些样条线将圆连接起来,以便应用曲面(Surface)编辑修改器。

(9) 在"参数"(Parameters)卷展栏分别选取线性(Linear)选线和平滑(Smooth)选项,其效果如图 4-123 和图 4-124 所示。

(10) 在"参数"(Parameters)卷展栏选取 Bezier。

(11) 在修改(Modify)命令面板的编辑修改器列表中选取"曲面"(Surface)编辑修改器,见图 4-125。

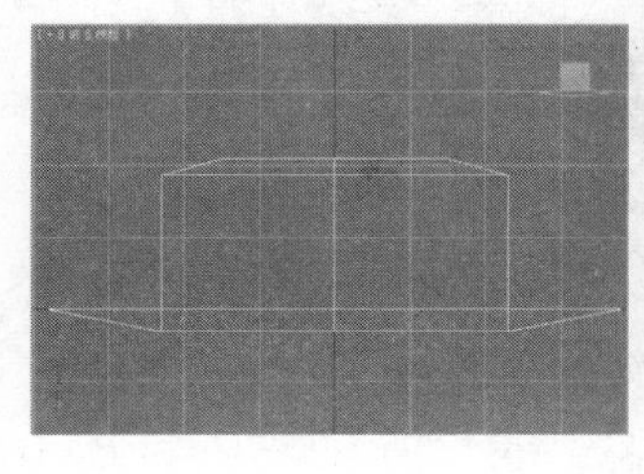

图 4-123

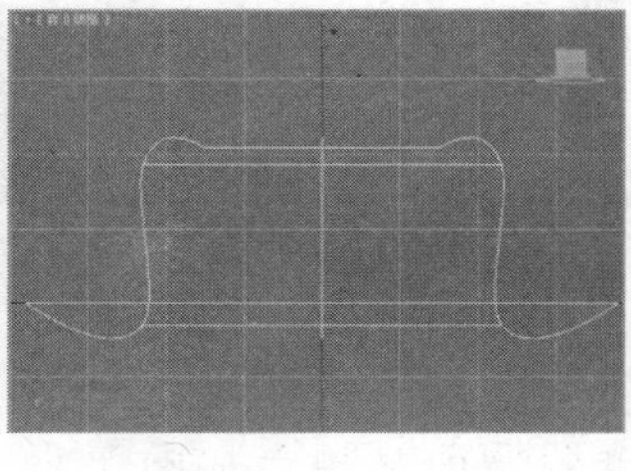

图 4-124

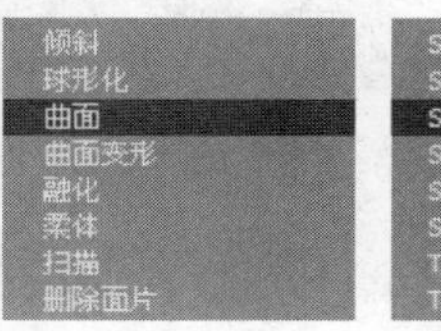

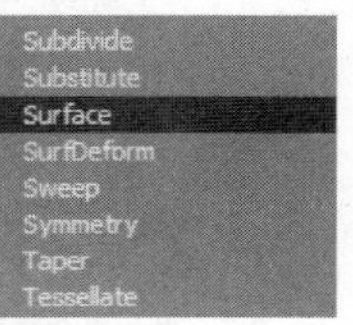

图 4-125

这样就得到了帽子的基本图形,见图 4-126。

图 4-126

注意:步骤(8)~(10)也可以用另一种方法实现。在编辑样条线修改器对应的"几何体"(Geometry)卷展栏中单击"横截面"按钮。然后依次单击 Circle01、Circle02、Circle03 和 Circle04。

(12) 在命令面板的"参数"(Parameters)卷展栏选择"翻转法线"(Flip Normals)和"移除内部面片"(Remove Interior Patches)复选框,见图 4-127。

(13) 在修改(Modify)命令面板的编辑修改器列表中选取"编辑面片"(Edit Patch)。

(14) 在编辑修改器堆栈显示区域单击"编辑面片"(Edit Patch)左边的+号,展开编辑面片(Edit Patch)的次对象层级。

(15) 在编辑修改器堆栈显示区域单击"面片"(Patch),见图 4-128。

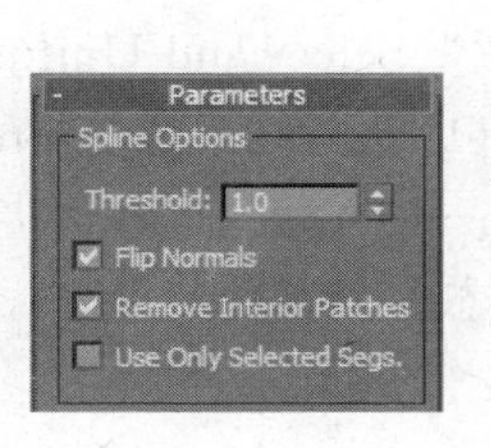

图 4-127

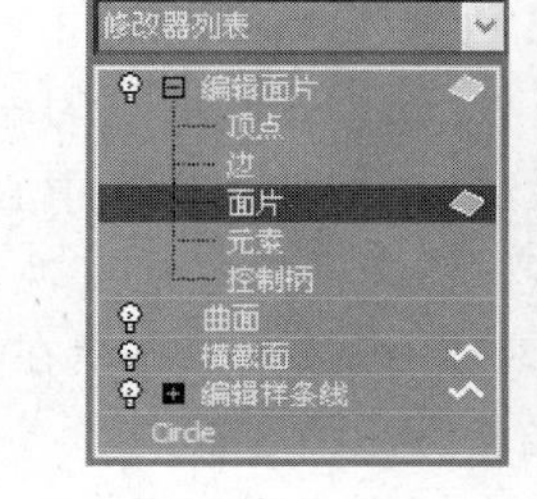

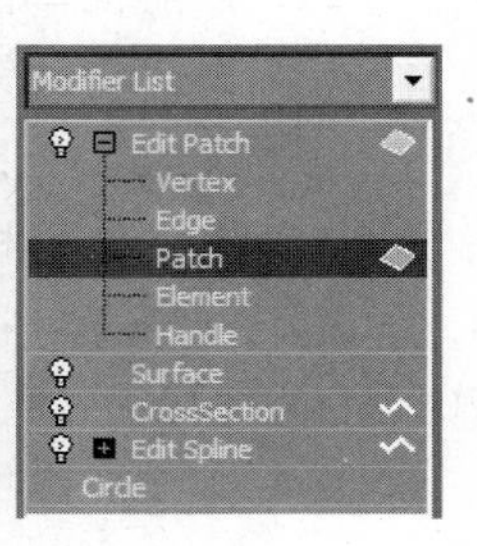

图 4-128

(16) 在视口导航控制区域单击"弧形旋转"(Arc Rotate)按钮。

(17) 调整透视视口的显示,使其类似于图 4-129。

从图 4-129 中可以看出在帽檐下面有填充区域，这是因为曲面(Surface)编辑修改器在构架中的第一个和最后一个样条线上生成了面。

在下面的步骤中，我们将删除不需要的表面。

(18) 按 F3 键，切换到线框模式。

(19) 在透视视口选择 Circle01 上的表面，见图 4-130。

图 4-129

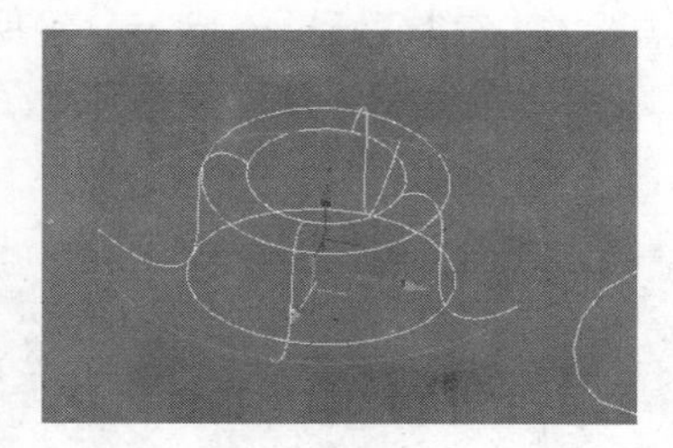

图 4-130

(20) 按 Delete 键，表面被删除了。

(21) 按 F3 键返回到明暗模式。这时的视口如图 4-131 所示。

下面我们继续来调整帽子。

(22) 在编辑修改器堆栈的显示区域单击"顶点"(Vertex)，见图 4-132。

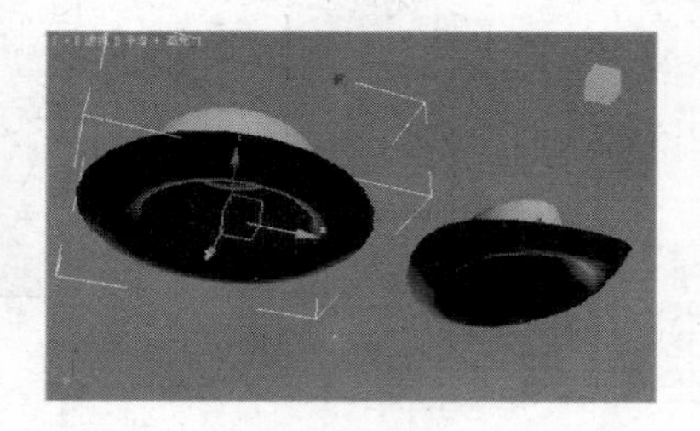

图 4-131

图 4-132

(23) 在视口单击鼠标右键，激活它，在视口导航控制区域单击"最大化显示"(Zoom Extents)按钮。

(24) 在前视口使用区域选择方式选取帽子顶部的顶点。

(25) 按空格键锁定选择的顶点。

(26) 选取主工具栏的"选择并均匀缩放"(Select and Uniform Scale)按钮。

(27) 在主工具栏选取"使用选择中心"(Use Selection Center)按钮。

(28) 在前视口将鼠标光标放置在变换 Gizmo 的 X 轴上，然后将选择的顶点缩放约 70%。在进行缩放的时候，缩放数值显示在状态栏中。

(29) 在前视口按 L 键激活左视口。

(30) 按 F3 键，将它切换成明暗显示。

(31) 在左视口沿着 X 轴将选择的顶点缩放 80%。

(32) 单击主工具栏的"选择并旋转"(Select and Rotate)按钮。按后在该按钮上单击鼠标右键。

(33) 在出现的"旋转变换输入"(Rotate Transform Type-In)对话框中,将"偏移"(Offest)区域的 Z 区域数值改为－8。

(34) 关闭"旋转变换输入"(Rotate Transform Type-In)对话框。

(35) 按空格键接触选择顶点的锁定。

(36) 在左视口按 F 键激活前视口。

(37) 在前视口选择帽檐外圈的顶点,见图 4-133。

(38) 单击主工具栏的"选择并移动"(Select and Move)按钮,然后在该按钮上单击鼠标右键。

(39) 在出现的"旋转变换输入"(Rotate Transform Type-In)对话框中,将"偏移"(Offest)区域的 Y 区域数值改为 7。

(40) 关闭"旋转变换输入"(Rotate Transform Type-In)对话框。这时的帽子如图 4-134 所示。

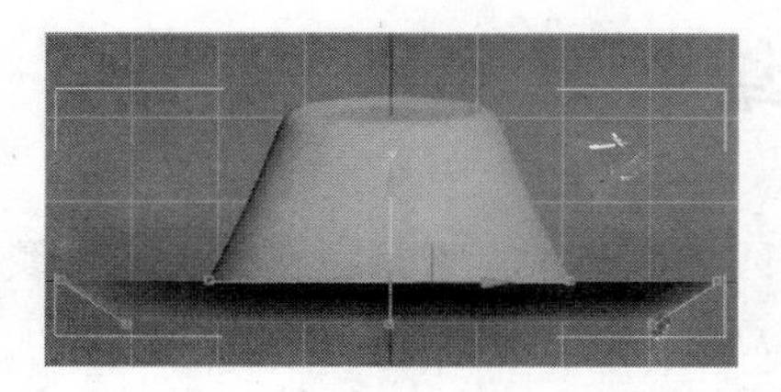

图 4-133

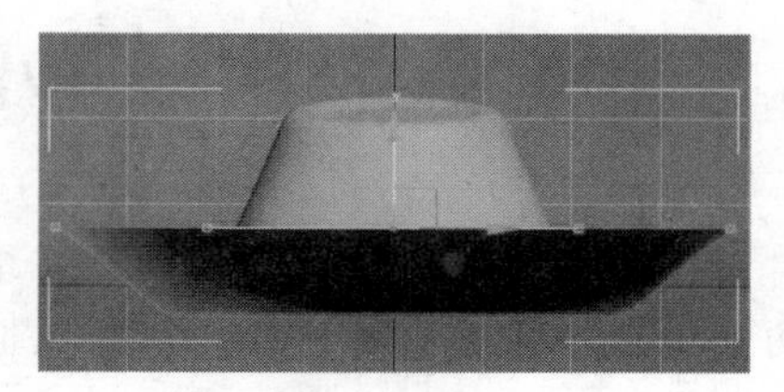

图 4-134

(41) 在前视口选择每个贝塞尔曲线(Bezier)句柄,将它们移动成类似于图 4-135 的样子。

(42) 在前视口按 L 键激活左视口。

(43) 在左视口选择前面的顶点,见图 4-136。

图 4-135

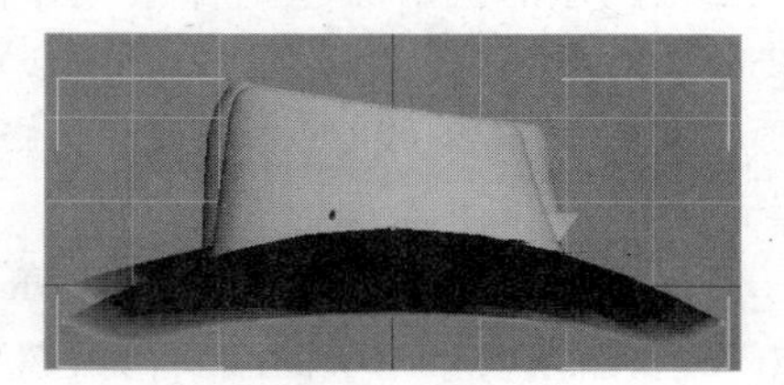

图 4-136

(44) 在主工具栏的"选择并移动"(Select and Move)按钮上单击鼠标右键。

(45) 在出现的"旋转变换输入"(Rotate Transform Type-In)对话框中,将"偏移"(Offest)区域的 Y 区域数值改为 7,见图 4-137。

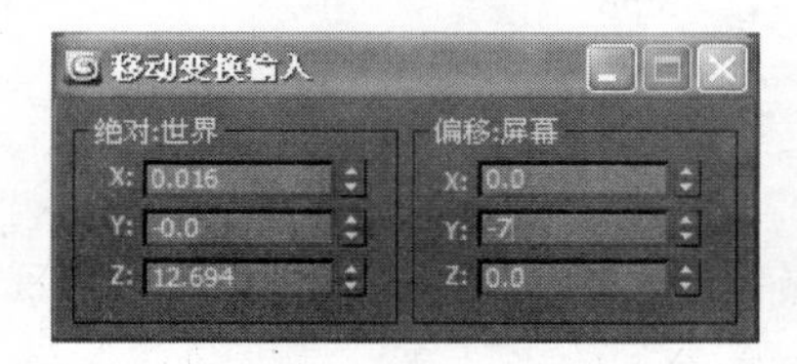

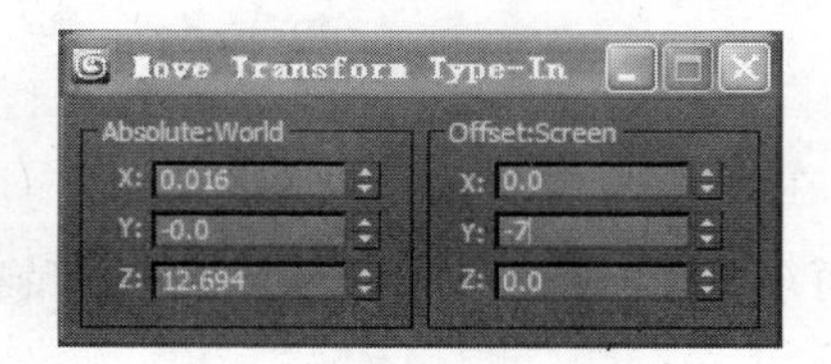

图 4-137

(46) 继续编辑帽子，直到满意为止。

(47) 在编辑修改器显示区域单击“面片编辑”(Edit Patch)，返回到最上层。

图 4-138 就是帽子的最后编辑结果。

图 4-138

小　　结

二维图形由一个或者多个样条线组成。样条线的最基本元素是顶点。在样条线上相邻两个顶点中间的部分是线段。可以通过改变顶点的类型来控制曲线的光滑度。

所有二维图形都有相同的渲染(Rendering)和插值(Interpolation)卷展栏。如果二维图形被设置成可以渲染的，就可以指定它的厚度和网格密度。插值设置控制渲染结果的近似程度。

线(Line)工具创建一般的二维图形。而其他标准的二维图形工具创建参数化的二维图形。

二维图形的次对象包括样条线(Splines)、线段(Segments)和顶点(Vertices)。要访问线的次对象，需要选择修改(Modify)命令面板。要访问参数化的二维图形的次对象，需要应用编辑样条线(Edit Spline)修改器，或者将它转换成可编辑样条线(Editable Spline)。

通过应用一些诸如挤出(Extrude)、倒角(Bevel)、倒角剖面(Bevel Profile)、车削(Lathe)和晶格(Lattice)的编辑修改器可以将二维图形转换成三维几何体。

面片建模生成基于贝塞尔(Bezier)的表面。创建一个样条线构架，然后再应用一个表面编辑修改器即可创建表面。面片建模的一个很大的优点就是可以调整网格的密度。

习　　题

一、判断题

1. 可编辑样条线(Editable Spline)和编辑样条线(Edit Spline)在用法上没有什么区别。

2. 在二维图形的插补中，当“优化”(Optimize)复选后，“步数”(Steps)的设置不起作用。

3. 在二维图形的插补中，当“自适应”(Adaptive)复选后，“步数”(Steps)的设置不起作用。

4. 在二维图形的插补中，当“自适应”(Adaptive)复选后，直线样条线的步数(Steps)被设置为0。

5. 在二维图形的插补中，当“自适应”(Adaptive)复选后，“优化”(Optimize) 和“步数”(Steps)的设置不起作用。

6. 作为运动路径的样条线的第一点决定运动的起始位置。

7. 车削(Lathe)编辑修改器的次对象不能用来制作动画。

8. 倒角(Bevel)编辑修改器不能生成曲面倒角的文字。

9. 对二维图形制作的动画效果不能够带到由它形成的三维几何体中。

10. 对二维图形设置渲染(Render)属性可以渲染线框图，但是这样的做法并不一定节省面。

二、选择题

1. 下面________不是样条线的术语。

A. 顶点　　B. 样条线　　C. 线段　　D. 面

2. 在样条线编辑中，下面________顶点类型可以产生没有控制手柄，且顶点两边曲率相等的曲线。

A. 角点(Corner)　　B. Bezier

C. 平滑(Smooth)　　D. Bezier 角点(Bezier Corner)

3. 在二维图形的插补中，当“自适应”(Adaptive)被复选后，3ds Max 自动计算图形中每个样条线段的步数。从当前点到下一点之间的角度超过________时就设置步数。

A. 2°　　B. 1°　　C. 3°　　D. 5°

4. 样条线上的第一点影响下面________。

A. 放样对象　　B. 分布对象　　C. 布尔对象　　D. 基本对象

5. 对样条线进行布尔运算之前，应确保样条线满足一些要求。下面________要求是布尔运算中所不需要的。

A. 样条线必须是同一个二维图形的一部分

B. 样条线必须封闭

C. 样条线本身不能自交

D. 样条线之间必须相互重叠

E. 一个样条线需要完全被另外一个样条线包围

6. 下列选项中不属于基本几何体的是________。

A. 球体　　B. 圆柱体　　C. 立方体　　D. 多面体

7. Helix 是二维建模中的________。

A. 直线　　B. 椭圆形　　C. 矩形　　D. 螺旋线

8. 下面________组二维图形之间肯定不能进行布尔运算。

A. 有重叠部分的两个圆

B. 一个圆和一个螺旋线，它们之间有重叠的部分

C. 一个圆和一个矩形，它们之间有重叠的部分

D. 一个圆和一个多边形，它们之间有重叠的部分

E. 一个样条线需要完全被另外一个样条线包围

9. 下面________二维图形是多条样条线。

A. 弧(Arc)　　B. 螺旋线(Helix)

C. Ngon　　D. 同心圆(Donut)

10. 下面________二维图形是空间曲线。

A. 弧(Arc)　　B. 螺旋线(Helix)

C. Ngon　　D. 同心圆(Donut)

三、问答题

1. 3ds Max 2011 提供了哪几种二维图形？如何创建这些二维图形？如何改变二维图形的参数设置？

2. 编辑样条线(Edit Spline)的次对象有哪几种类型？

3. 3ds Max 中二维图形有哪几种顶点类型？各有什么特点？

4. 如何使用二维图形的布尔运算？

5. 在样条线层级使用轮廓(Outline)操作功能时，输入的轮廓数据为正值或负值时，对于之后的样条线布尔减操作有何不同影响？

6. 尝试多种方法将二维不可以渲染的对象变成可以渲染的三维图形？各种方法的特点是什么？

7. 车削(Lathe)和倒角剖面(Bevel Profile)的次对象是什么？如何使用它们的次对象设置动画？

8. 如何使用面片建模工具建模？

9. 尝试制作国徽上的五角星的模型。

10. 请模仿本书配套光盘中的文件 Samples-04-15.avi 制作动画。

第5章 编辑修改器和复合对象

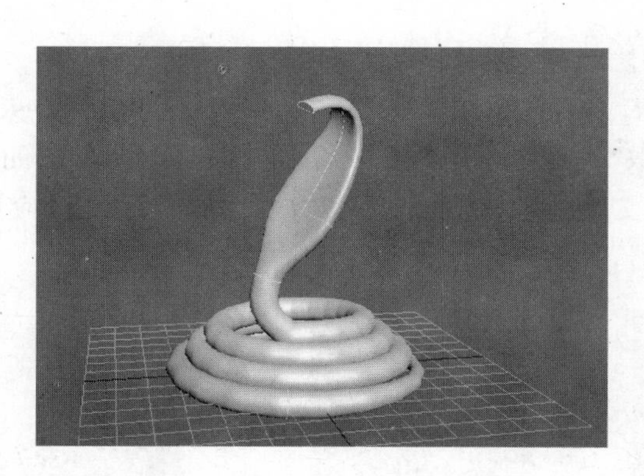

本章的主要内容是编辑修改器和复合对象的相关应用。首先介绍编辑修改器的概念，然后讲述几种常见的高级编辑修改器的使用。灵活地应用复合对象，可以提高创建复杂不规则模型的效率。这些都是 3ds Max 建模中的重要内容。

本章重点内容：

- 给场景的几何体增加编辑修改器，并熟练使用几个常用编辑修改器；
- 在编辑修改器堆栈显示区域访问不同的层次；
- 创建布尔(Boolean)、放样(Lofts)和连接(Connect)等组合对象；
- 理解复合对象建模的方法。

5.1 编辑修改器

编辑修改器是用来修改场景中几何体的工具。3ds Max 自带了许多编辑修改器，每个编辑修改器都有自己的参数集合和功能。本节就来讨论与编辑修改器相关的知识。

一个编辑修改器可以应用给场景中一个或者多个对象。它们根据参数的设置来修改对象。同一对象也可以被应用多个编辑修改器。后一个编辑修改器接收前一个编辑修改器传递过来的参数。编辑修改器的次序对最后的结果影响很大。

在编辑修改器列表中可以找到 3ds Max 的编辑修改器。在命令面板上有一个编辑修改器显示区域，用来显示应用给几何体的编辑修改器，下面我们就来介绍这个区域。

5.1.1 编辑修改器堆栈显示区域

编辑修改器显示区域其实就是一个列表，它包含基本对象和作用于基本对象的编辑修改器。通过这个区域可以方便地访问基本对象和它的编辑修改器。图 5-1 表明给基本对象 Box 增加了“编辑网格”(Edit Mesh)、“锥化”(Taper)和“弯曲”(Bend)编辑修改器。

如果在堆栈显示区域选择了编辑修改器，则它的参数将显示在“修改”(Modify)命令面板的下半部分。

例 5-1 使用编辑修改器

(1) 启动 3ds Max，或者在菜单栏选取“文件/重置”(File/Reset)，复位 3ds Max。

(2) 在菜单栏选取“文件/打开”(File/Open)，然后从本书的配套光盘中打开文件 Samples-05-01. max。文件中包含两个锥，其中左边的锥已经被应用“弯曲”(Bend)和“锥化”(Taper)编辑修改器，见图 5-2。

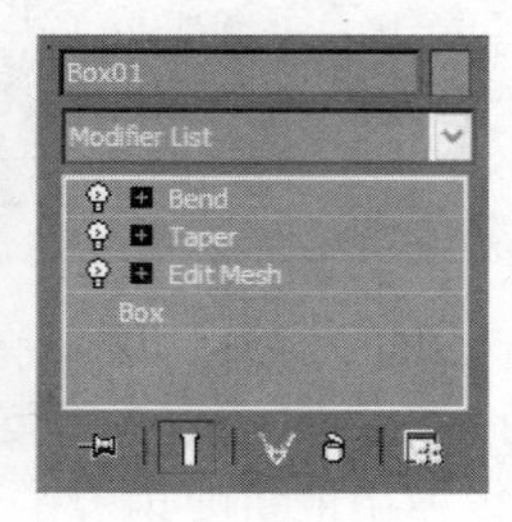

图 5-1

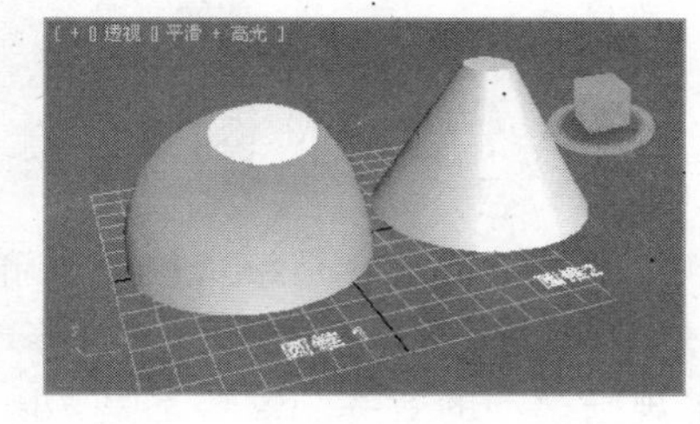

图 5-2

(3) 在前视口选择左边的锥(Cone01)。

(4) 到“修改”(Modify)命令面板。从编辑修改器堆栈显示区域可以看出，先增加了“弯曲”(Bend)编辑修改器，后增加了“锥化”(Taper)编辑修改器，见图 5-3。

(5) 在编辑修改器堆栈显示区域单击“锥化”(Taper)，然后将它拖曳到右边的锥上(Cone 2)。这时锥化编辑修改器被应用到第 2 个锥上，见图 5-4。

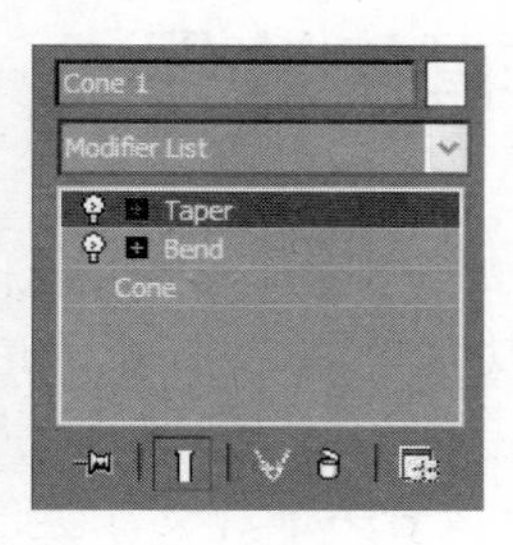

图 5-3

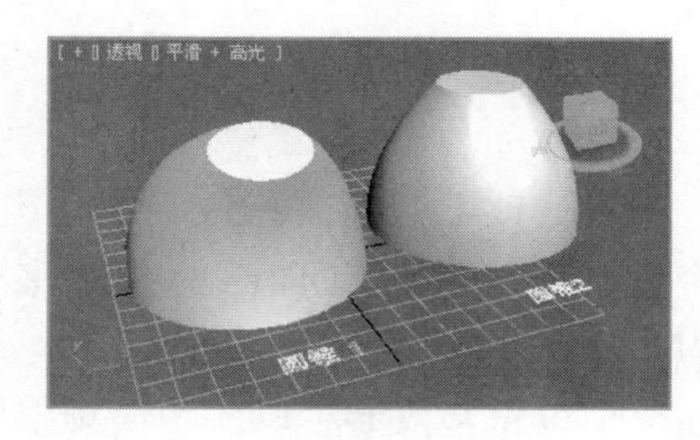

图 5-4

(6) 在透视视口选择左边的锥(Cone 1)。

(7) 在编辑修改器堆栈显示区域单击“弯曲”(Bend)，将它拖曳到右边的锥上(Cone 2)。

(8) 在透视视口的空白区域单击取消右边锥的选择(Cone 2)。现在两个锥被应用了相同的编辑修改器，但是由于次序不同，其作用效果也不同，见图 5-5。

(9) 在透视视口选择左边的锥(Cone 1)。

(10) 在编辑修改器堆栈显示区域单击“弯曲”(Bend)，然后将它拖曳到“锥化”(Taper)编辑修改器的上面，见图 5-6。

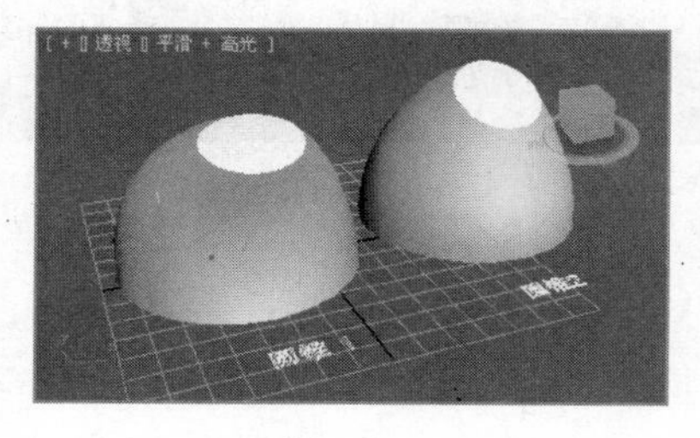

图 5-5

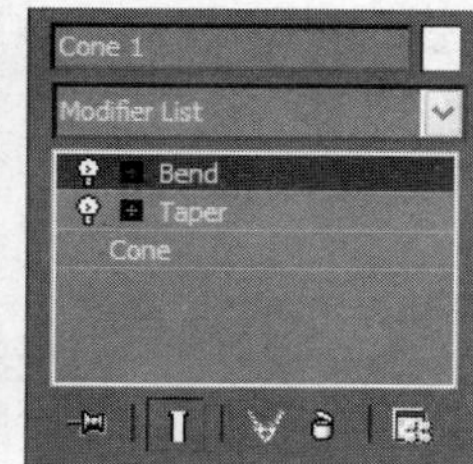

图 5-6

现在编辑修改器的次序一样，因此两个锥的效果类似。

(11) 在透视视口选择右边的锥(Cone 2)。

(12) 在编辑修改器堆栈显示区域左边的“弯曲”(Bend)上单击鼠标右键。

(13) 在弹出的快捷菜单上选取“删除”(Delete)，见图 5-7。“弯曲”(Bend)编辑修改器被删掉了。

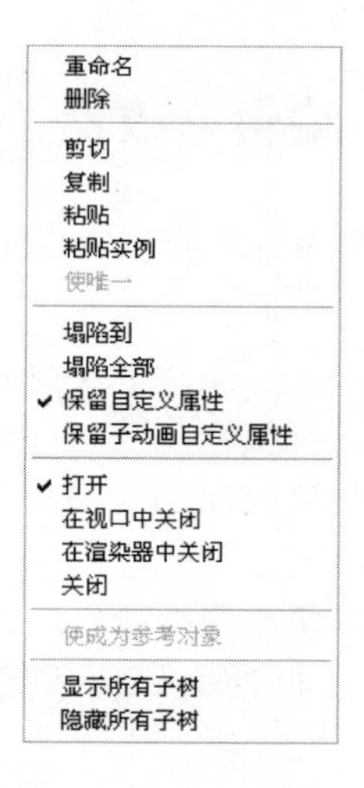

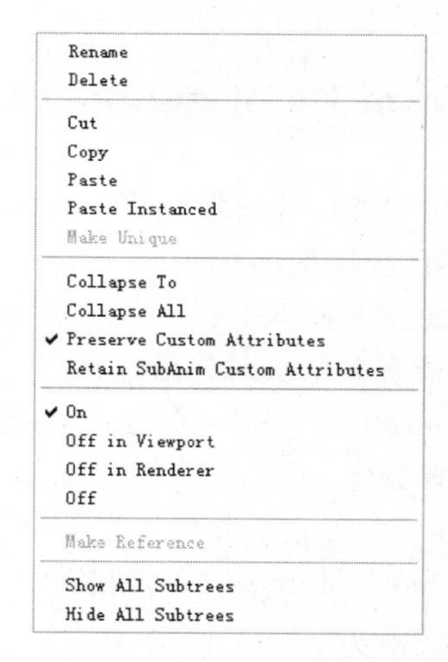

图 5-7

(14) 在透视视口选择左边的锥(Cone 1)。

(15) 在编辑修改器堆栈显示区域单击鼠标右键，然后在弹出的快捷菜单上选取“塌陷全部”(Collapse All)选项，见图 5-8。

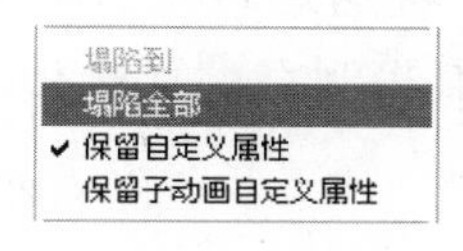

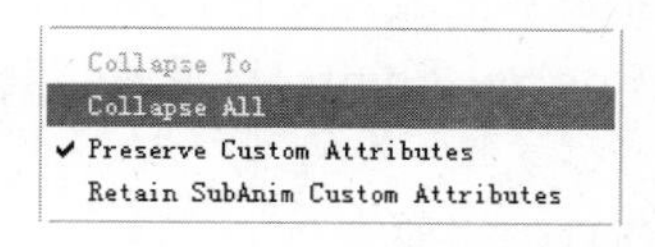

图 5-8

(16) 在出现的“警告”(Warning)消息框中单击“是”(Yes)按钮，见图 5-9。

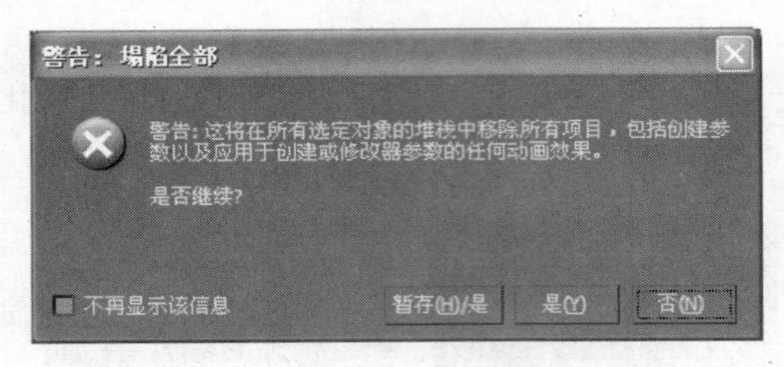

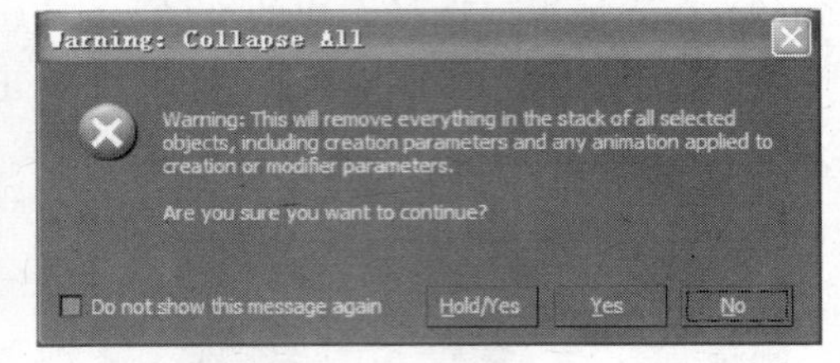

图 5-9

编辑修改器和基本对象被塌陷成“可编辑网格”(Editable Mesh)，见图 5-10。

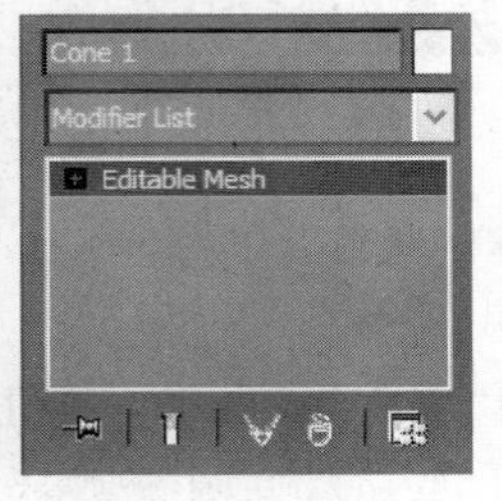

图 5-10

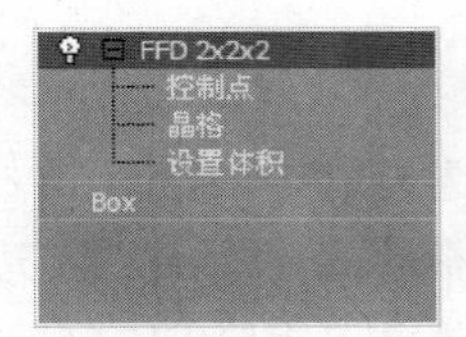

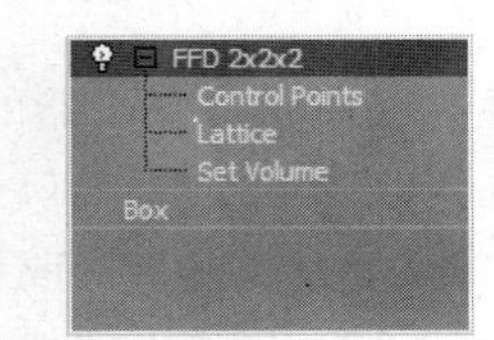

图 5-11

5.1.2 Free Form Deformation(FFD)编辑修改器

该编辑修改器用于变形几何体。它由一组称之为格子的控制点组成。通过移动控制点，其下面的几何体也跟着变形。

FFD 的次对象层次见图 5-11。

FFD 编辑修改器有 3 个次对象层次：

(1) 控制点(Control Points)：单独或者成组变换控制点。当控制点变换的时候，其下面的几何体也跟着变化。

(2) 格子(Lattice)：独立于几何体变换格子，以便改变编辑修改器的影响。

(3) 设置体积(Set Volume)：变换格子控制点，以便更好地适配几何体。做这些调整的时候，对象不变形。

FFD 的“参数”(Parameters)卷展栏见图 5-12。

FFD 的“参数”(Parameters)卷展栏包含 3 个主要区域。

(1) “显示”(Display)区域控制是否在视口中显示格子。还可以按没有变形的样子显示格子。

(2) “变形”(Deform)区域可以指定编辑修改器是否影响格子外面的几何体。

(3) “控制点”(Control Points)区域可以将所有控制点设置回它的原始位置，并使格子自动适应几何体。

例 5-2 使用 FFD 编辑修改器

(1) 启动 3ds Max，或者在菜单栏选取“文件/重置”(File/Reset)，复位 3ds Max。

(2) 在菜单栏选取“文件/打开”(File/Open),然后从本书的配套光盘中打开文件 Samples-05-02.max。文件中包含了两个对象,见图 5-13。

(3) 在透视视口选择上面的对象。

(4) 选择“修改”(Modify)命令面板,在编辑修改器列表中选择 FFD 3×3×3,见图 5-14。

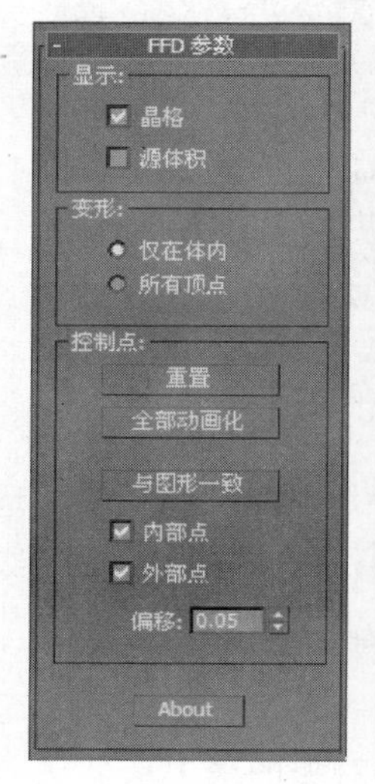

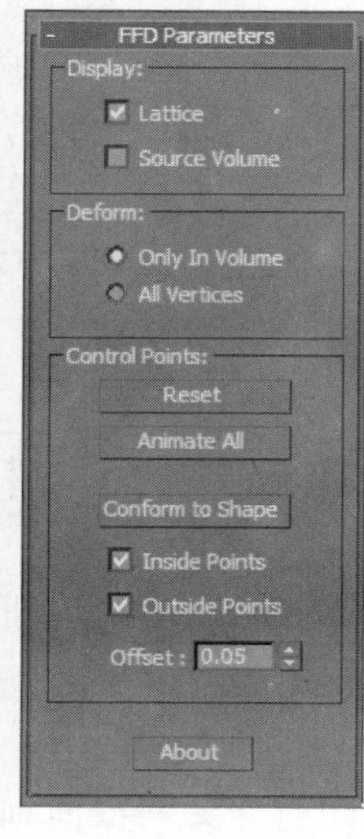

图 5-12

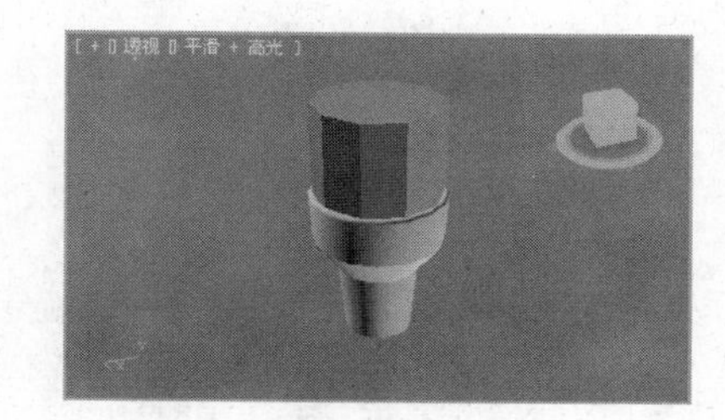

图 5-13

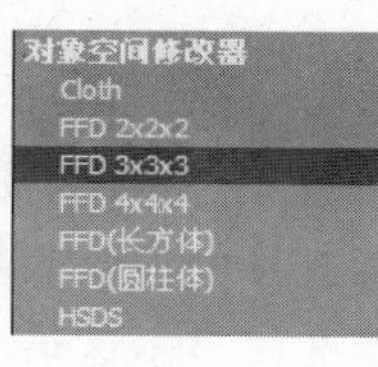

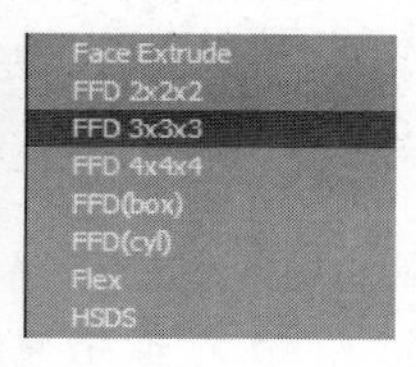

图 5-14

(5) 单击编辑修改器显示区域内 FFD 3×3×3 左边的+号,展开层级。

(6) 在编辑修改器堆栈的显示区域单击“控制点”(Control Points),见图 5-15。

(7) 在前视口使用区域选择的方式选择顶部的控制点,见图 5-16。

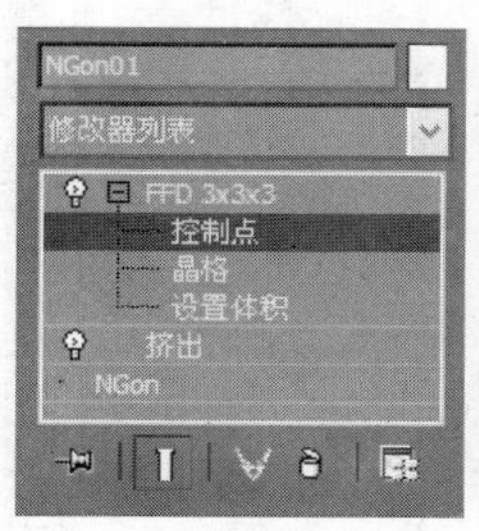

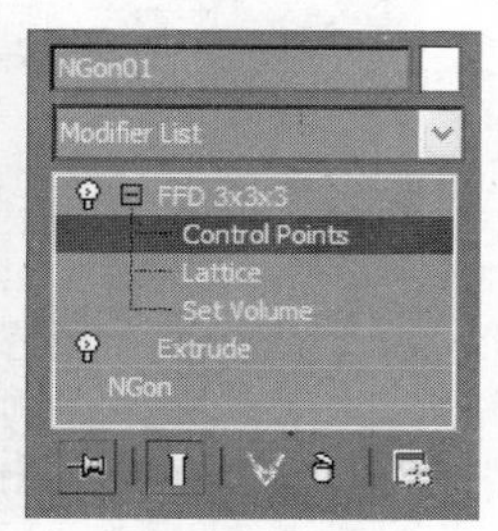

图 5-15

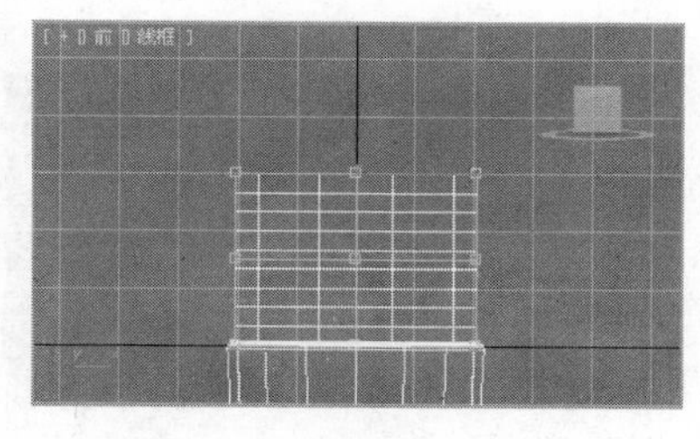

图 5-16

(8) 在主工具栏中选取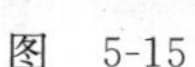“选择并均匀缩放”(Select and Uniform Scale)按钮。

(9) 在顶视口将鼠标光标放在“变换轴”(Transform Gizmo)的 XY 坐标系交点处,见图 5-17,然后缩放控制点,直到它们离得很近为止,见图 5-18。

(10) 在前视口选择所有中间层次的控制点,见图 5-19。

(11) 在透视视口上单击鼠标右键激活它。

(12) 在透视视口将鼠标光标放在变换坐标系的 XY 交点处,然后放大控制点,直到它们与图 5-20 类似为止。

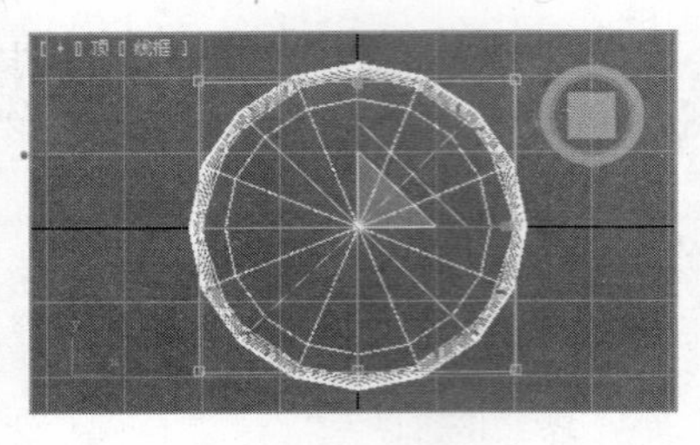

图 5-17

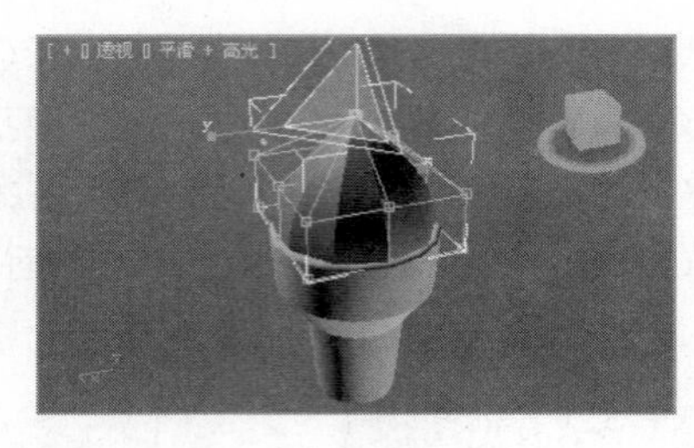

图 5-18

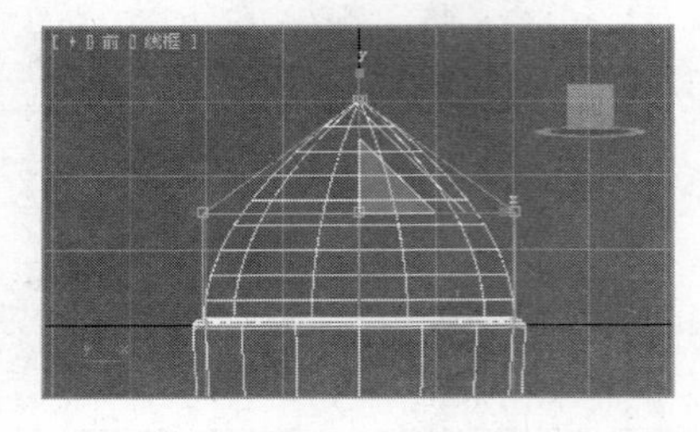

图 5-19

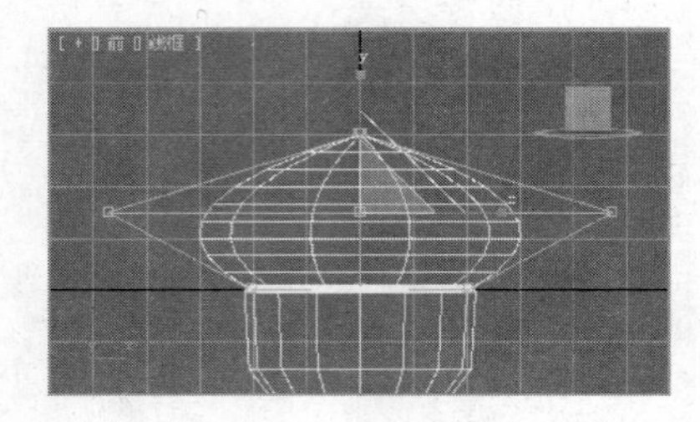

图 5-20

(13) 单击主工具栏的"选择并旋转"(Select and Rotate)按钮。

(14) 在透视视口将选择的控制点旋转大约45°,见图5-21。

(15) 在编辑修改器堆栈显示区域单击FFD 3×3×3,返回到对象的最上层。

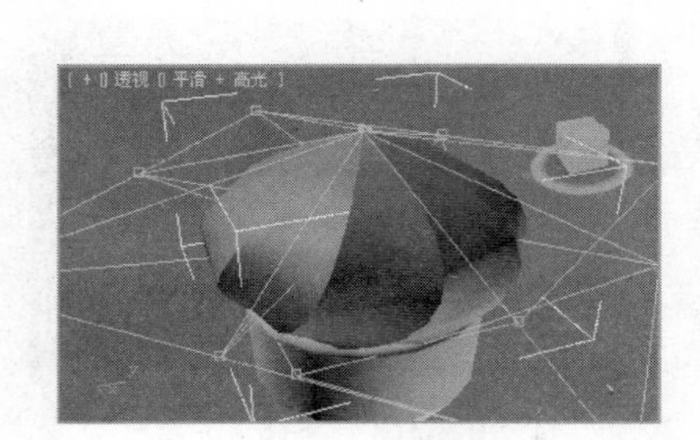

图 5-21

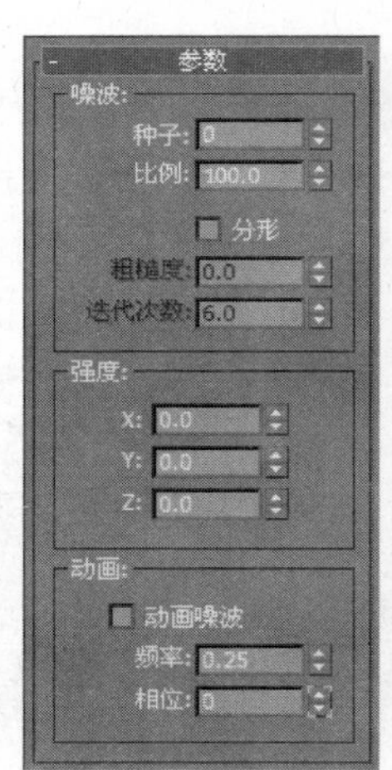

图 5-22

5.1.3 噪波(Noise)编辑修改器

"噪波"(Noise)编辑修改器可以随机变形几何体。可以设置每个坐标方向的强度。"噪波"(Noise)可以设置动画,因此表面变形可以随着时间改变。变化的速率受"参数"(Parameters)卷展栏中"动画"(Animation)下面的"频率"(Frequency)影响,见图5-22。

“种子”(Seed)数值可改变随机图案。如果两个参数相同的基本对象被应用了一样参数的“噪波”(Noise)编辑修改器,那么变形效果将是一样的。这时改变“种子”(Seed)数值将使它们的效果变得不一样。

例 5-3 使用“噪波”(Noise)编辑修改器

(1) 启动 3ds Max,或者在菜单栏选取“文件/重置”(File/Reset),复位 3ds Max。

(2) 在菜单栏选取“文件/打开”(File/Open),然后从本书的配套光盘中打开文件 Samples-05-03.max。文件中包含了一个简单的盒子,见图 5-23。

(3) 在前视口单击盒子,选择它。

(4) 选择“修改”(Modify)命令面板,在编辑修改器列表中选取“噪波”(Noise)。

(5) 在“修改”(Modify)面板的“参数”(Parameters)卷展栏将“强度”(Strength)选项区域的 Z 数值设置为 50.0,这样盒子就变形了,见图 5-24。

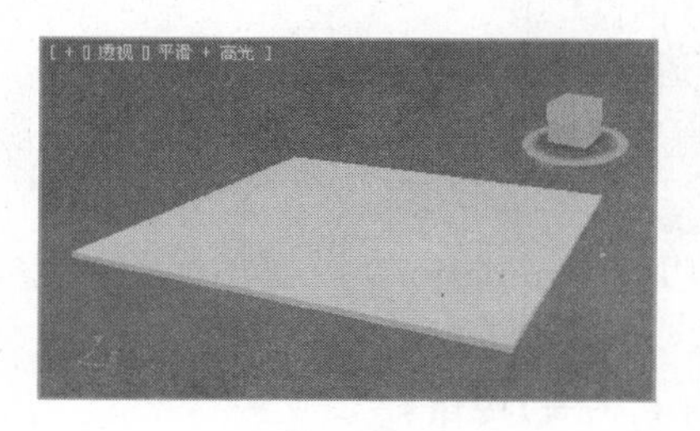

图 5-23

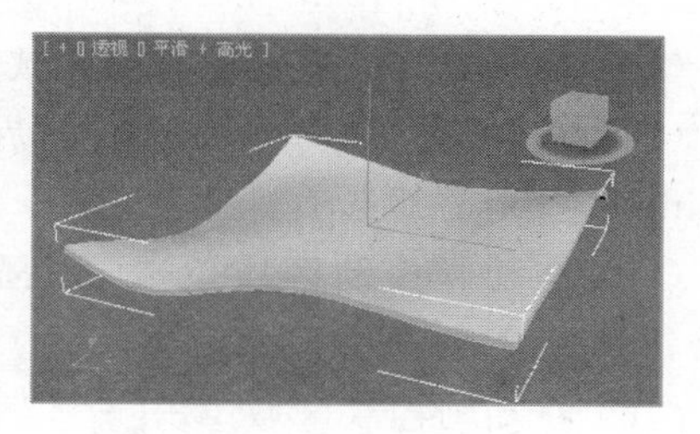

图 5-24

(6) 在编辑修改器堆栈的显示区域单击“Noise”左边的+号,展开“噪波”(Noise)编辑修改器的次对象层次,见图 5-25。

(7) 在编辑修改器显示区域单击“中心”(Center),选择它。

(8) 在透视视口将鼠标光标放在变换 Gizmo 的区域标记上,然后在 XY 平面移动“中心”(Center),见图 5-26。

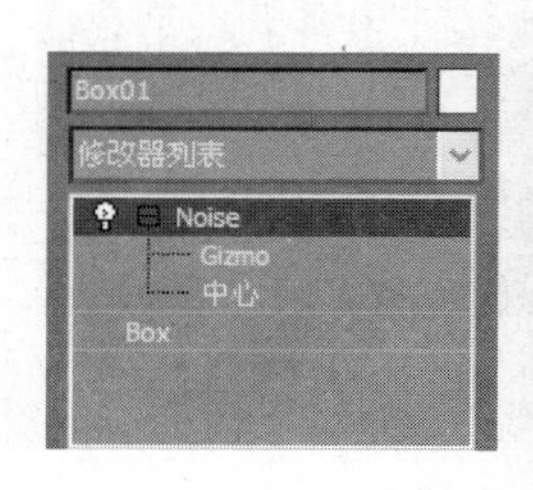

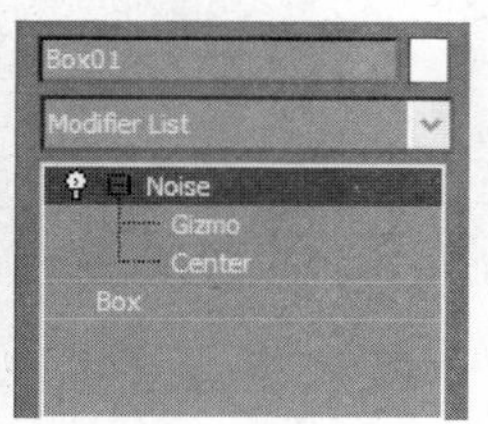

图 5-25

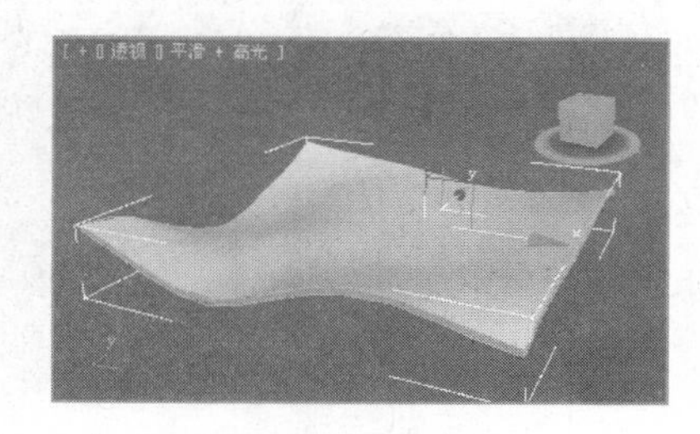

图 5-26

移动“噪波”(Noise)的“中心”(Center),也改变盒子的效果。

(9) 在键盘上按下“Ctrl+Z”,撤销上一步操作,这样可将“噪波”(Noise)的“中心”(Center)恢复到它的原始位置。

(10) 在编辑修改器堆栈显示区域单击“Noise”标签,返回“噪波”(Noise)主层次,在“修改”(Modify)面板的“参数”(Parameters)卷展栏选取“分形”(Fractal)选项。

(11) 在编辑修改器堆栈的显示区域单击 Box,选定它,见图 5-27。

在命令面板中显示盒子的“参数”(Parameters)卷展栏。

(12) 在“参数”Parameters 卷展栏将“长度分段”(Length Segs)和“宽度分段”(Width Segs)设置为 20。注意观察盒子形状的改变,见图 5-28。

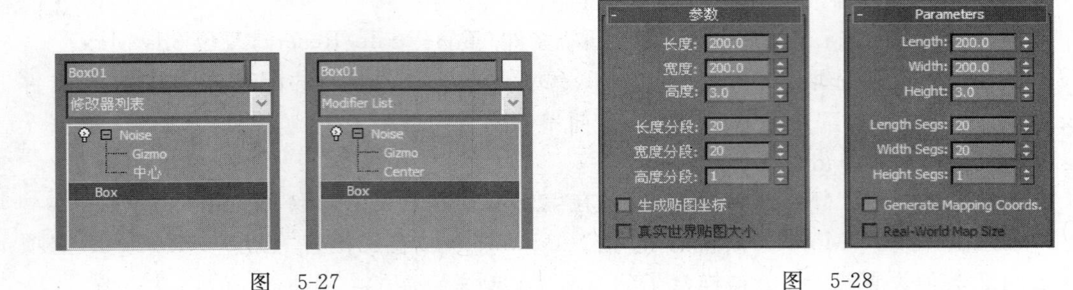

图 5-27　　图 5-28

(13) 在编辑修改器堆栈显示区域单击 Noise 返回到编辑修改器的最顶层。

(14) 在“参数”(Parameters)卷展栏的“动画”(Animation)区域选择“动画噪波”(Animate Noise)复选项。

(15) 在动画控制区域单击“播放动画”(Play Animation)按钮。注意观察动画效果。

(16) 在动画控制区域单击“转至开始”(Goto Start)按钮。

(17) 在“修改”(Modify)命令面板的编辑修改器显示区域单击 Noise 左边的灯泡,关闭它,见图 5-29。

编辑修改器仍然存在,但是没有效果了。在视口中仍然可以看到它的作用区域的黄框,见图 5-30。

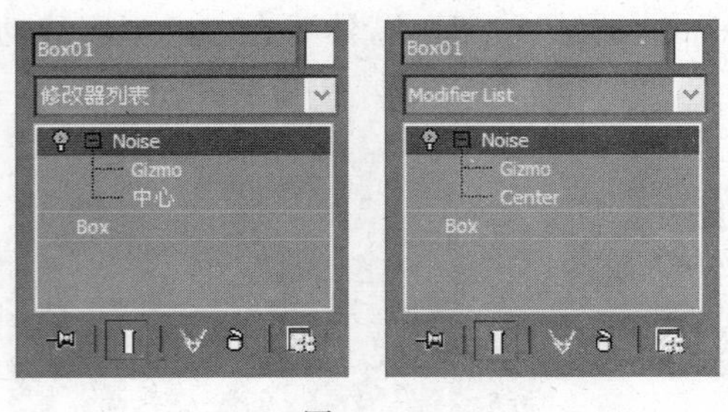

图 5-29

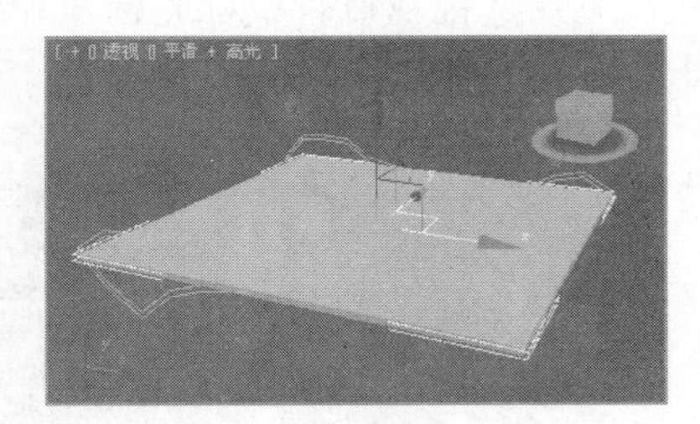

图 5-30

(18) 在编辑修改器堆栈的显示区域单击“堆栈中移除修改器”(Remove Modifier from the Stack)按钮,这样就删除了“噪波”(Noise)编辑修改器,盒子仍然在原始的位置。

5.1.4 弯曲(Bend)编辑修改器

“弯曲”(Bend)修改工具用来对对象进行弯曲处理,用户可以调节弯曲的角度和方向,以及弯曲所依据的坐标轴向,还可以将弯曲修改限制在一定的区域之内。在本节,我们将举例来说明如何灵活使用“弯曲”(Bend)编辑修改器建立模型或者制作动画。

例 5-4　由平面弯曲成球

(1) 启动 3ds Max，或者在菜单栏选取“文件/重置”(File/Reset)，复位 3ds Max。

(2) 进入“创建”(Create)命令面板，单击“平面”(Plane)按钮。在透视视图中创建一个长宽都为 140，长度和宽度方向分段数都为 25 的平面，见图 5-31。

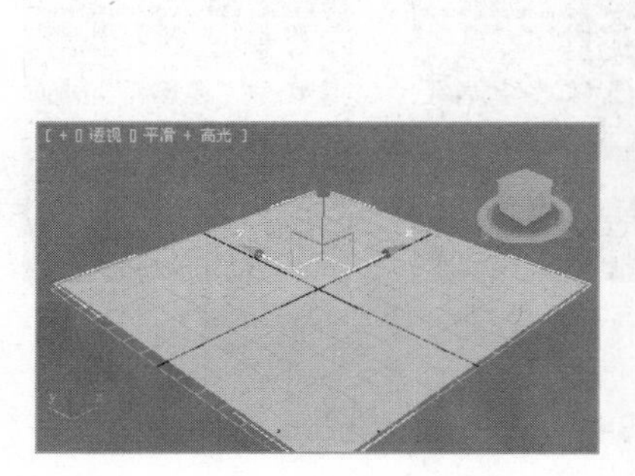
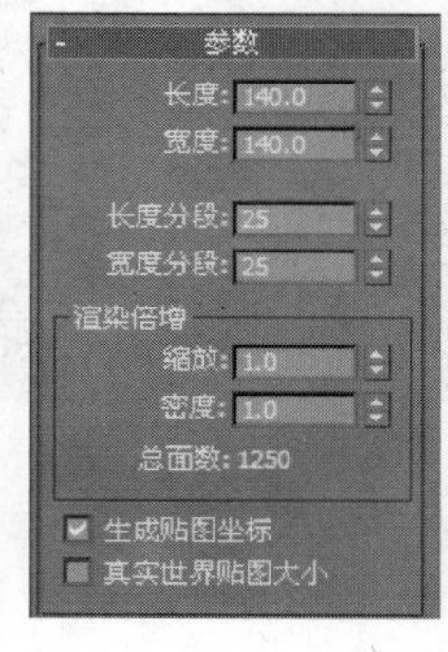

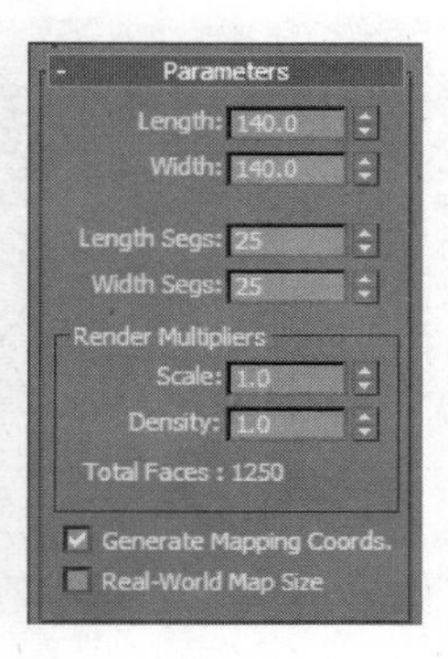

图　5-31

(3) 到“修改”(Modify)命令面板，给平面增加一个“弯曲”(Bend)编辑修改器，沿 X 轴将平面弯曲 360°，见图 5-32。

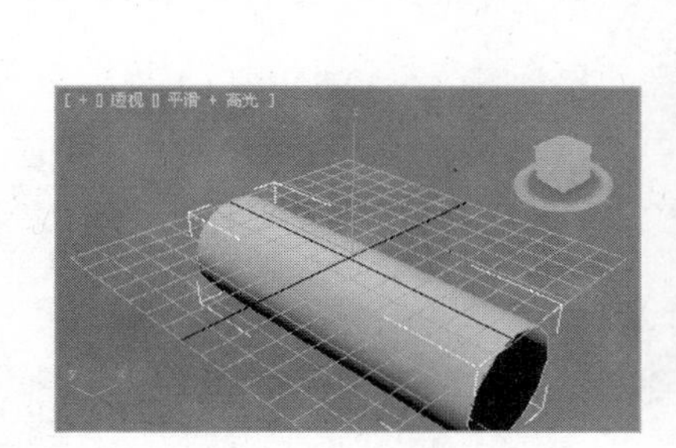
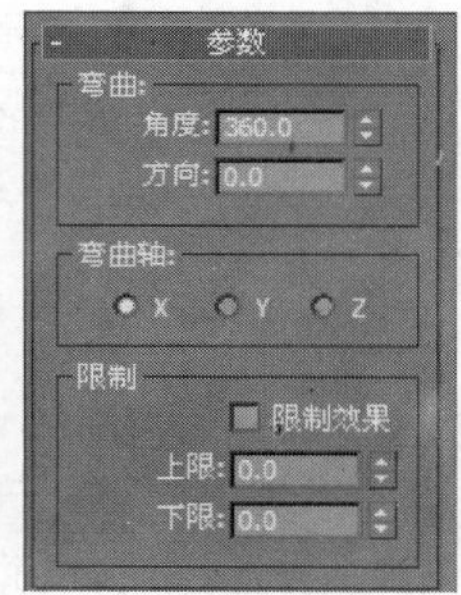

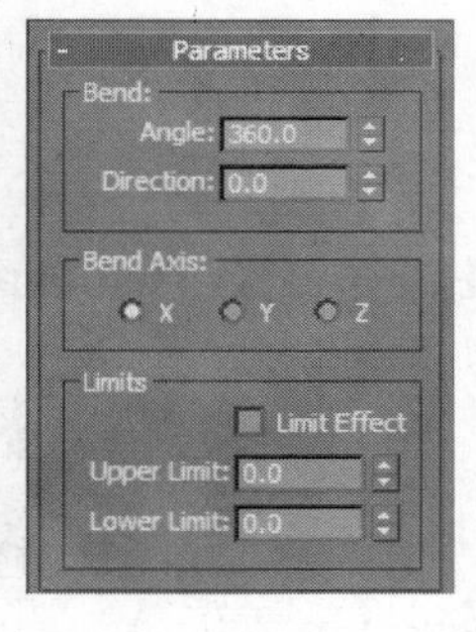

图　5-32

(4) 再给平面增加一个“弯曲”(Bend)编辑修改器，沿 Y 轴将平面弯曲 180°，见图 5-33。

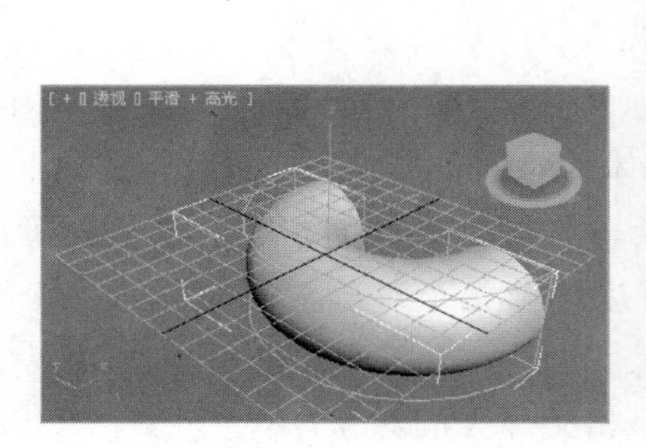

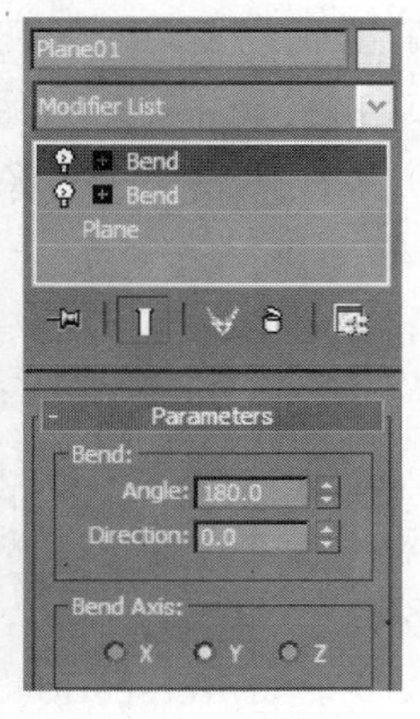

图　5-33

(5) 在堆栈中单击最上层“Bend”左边的十号，打开次对象层级，选择“中心”(Center)，然后在顶视图中沿着 X 轴向左移动中心(Center)，直到平面看起来与球类似为止，见图 5-34。

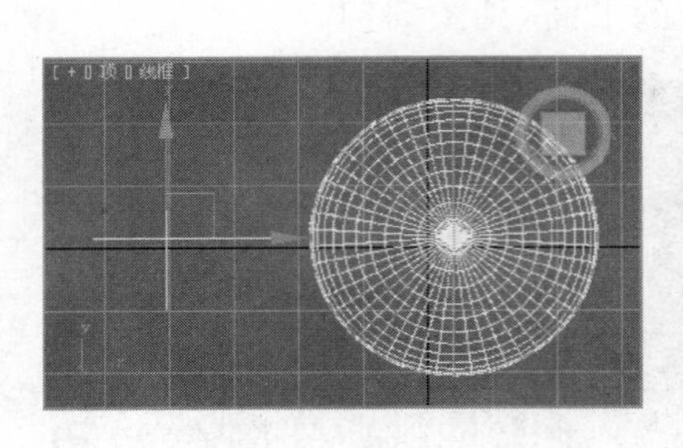

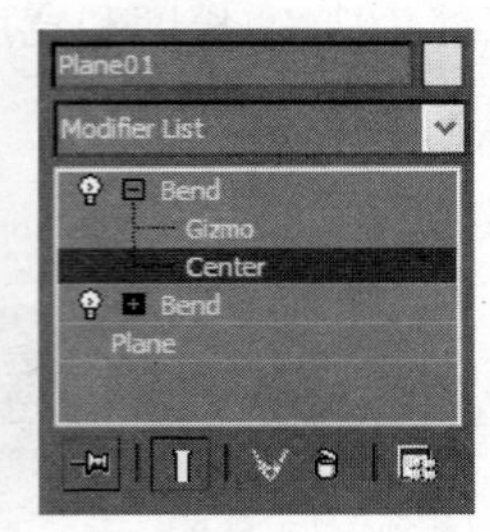

图 5-34

该例子的最后效果保存在本书配套光盘的 Samples-05-04.max 文件中。

5.2 复合对象

复合对象是将两个或者多个对象结合起来形成的。常见的复合对象包括“布尔”(Boolean)、“放样”(Lofts)和“连接”(Connect)等。

5.2.1 布尔(Boolean)

1. 布尔运算的概念和基本操作

1) 布尔对象和运算对象

“布尔”(Boolean)对象是根据几何体的空间位置结合两个三维对象形成的对象。每个参与结合的对象被称为运算对象。通常参与运算的两个布尔对象应该有相交的部分。有效的运算操作包括：

(1) 生成代表两个几何体总体的对象。

(2) 从一个对象上删除与另外一个对象相交的部分。

(3) 生成代表两个对象相交部分的对象。

2) 布尔运算的类型

在布尔运算中常用的三种操作是：

(1) 并集(Union)：生成代表两个几何体总体的对象。

(2) 差集(Subtraction)：从一个对象上删除与另外一个对象相交的部分。可以从第一个对象上减去与第二个对象相交的部分，也可以从第二个对象上减去与第一个对象相交的部分。

(3) 交集(Intersection)：生成代表两个对象相交部分的对象。

差集操作的一个变形是“切割”(Cut)。切割后的对象上没有运算对象 B 的任何网格。例如，如果拿一个圆柱切割盒子，那么在盒子上将不保留圆柱的曲面，将创建一个有孔的对象，见图 5-35。“切割”(Cut)下面还有一些其他选项，我们将在具体操作中介绍这些选项。

3）创建布尔运算的方法

要创建布尔运算，需要先选择一个运算对象，然后通过“复合对象”(Compounds)标签面板或者“创建”(Create)面板中的“复合对象”(Compounds)类型来访问布尔工具。

在用户界面中运算对象被称为 A 和 B。当进行布尔运算的时候，选择的对象被当作运算对象 A，后加入的对象变成了运算对象 B。图 5-36 是布尔运算的“参数”卷展栏。

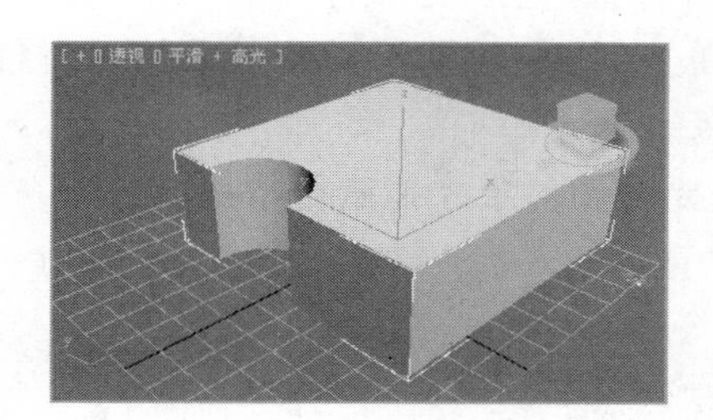

图 5-35

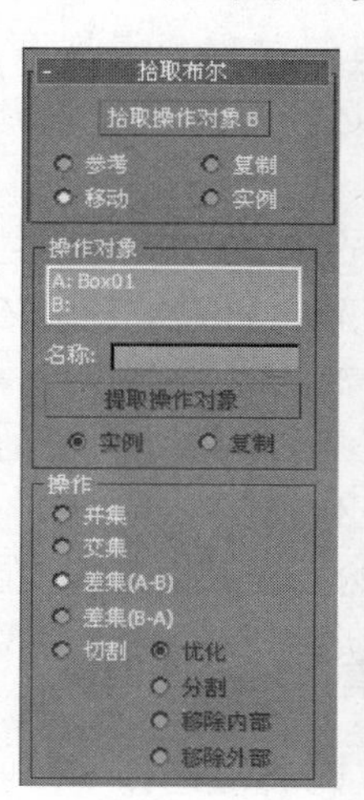

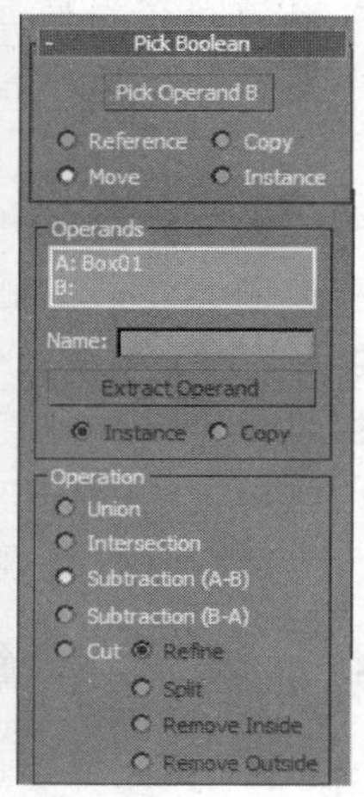

图 5-36

选择对象 B 之前，需要指定操作类型是“并集”(Union)、“差集”(Intersection)还是交集(Subtraction)。一旦选择了对象 B，就自动完成布尔运算，视口也会更新。

技巧：也可以在选择了运算对象 B 之后，再选择运算对象。

说明：也可以创建嵌套的布尔运算对象。将布尔对象作为一个运算对象进行布尔运算就可以创建嵌套的布尔运算。

4）显示和更新选项

在“参数”(Parameters)卷展栏下面是“显示/更新”(Display/Update)卷展栏。该卷展栏的显示选项允许按如下几种方法观察运算对象或者运算结果：

(1) 结果(Result)：这是默认的选项。它只显示运算的最后结果。

(2) 运算对象(Operands)：显示运算对象 A 和 B，就像布尔运算前一样。

(3) 结果＋隐藏的操作对象(Result＋Hidden Operands)：显示最后的结果和运算中去掉的部分，去掉的部分按线框方式显示。

5）表面拓扑关系的要求

表面拓扑关系指对象的表面特征。表面特征对布尔运算能否成功影响很大。对运算对象的拓扑关系有如下几点要求：

(1) 运算对象的复杂程度类似。如果在网格密度差别很大的对象之间进行布尔运算，可能会产生细长的面，从而导致不正确的渲染。

(2) 在运算对象上最好没有重叠或者丢失的表面。

(3) 表面法线方向应该一致。

2. 编辑布尔对象

当创建完布尔对象后，运算对象被显示在编辑修改器堆栈的显示区域。

可以通过“修改”(Modify)命令面板编辑布尔对象和它们的运算对象。在编辑修改器显示区域，布尔对象显示在层级的最顶层。可以展开布尔层级来显示运算对象，这样就可以访问在当前布尔对象或者嵌套布尔对象中的运算对象。可以改变布尔对象的创建参数，也可以给运算对象增加编辑修改器。在视口中更新布尔运算对象的任何改变。

可以从布尔运算中分离出运算对象。分离的对象可以是原来对象的复制品，也可以是原来对象的关联复制品。如果是采用复制的方式分离的对象，则它将与原始对象无关。如果是采用关联方式分离的对象，则对分离对象进行的任何改变都将影响布尔对象。采用关联的方式分离对象是编辑布尔对象的一个简单方法，这样就不需要频繁使用“修改”(Modify)面板中的层级列表。

对象被分离后，仍然处于原来的位置。因此需要移动对象才能看得清楚。

3. 创建布尔并集(Union)运算

例 5-5 布尔并集(Union)运算

(1) 启动 3ds Max，或者在菜单栏选取“文件/重置”(File/Reset)，复位 3ds Max。

(2) 在菜单栏选取“文件/打开”(File/Open)，然后从本书的配套光盘中打开文件 Samples-05-05. max。文件中包含了 3 个相交的盒子，见图 5-37。

图 5-37

(3) 按键盘上的 H 键，显示“选择对象”(Select Objects)对话框。

在“选择对象”(Select Objects)对话框的列表区域显示 Box01、Rib1 和 Rib2。

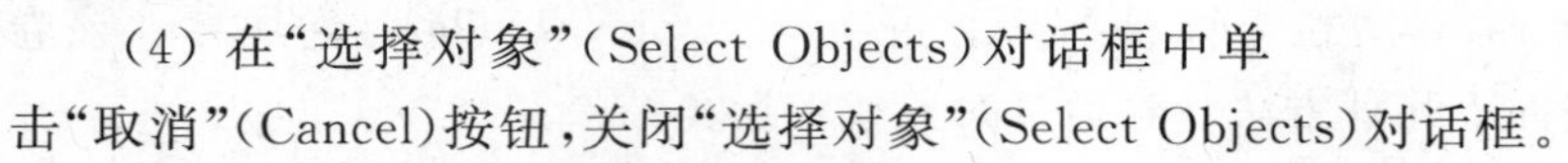

(4) 在“选择对象”(Select Objects)对话框中单击“取消”(Cancel)按钮，关闭“选择对象”(Select Objects)对话框。

(5) 在透视视口选择大的盒子。

(6) 在“创建”(Create)命令面板，从对象类型中选取“复合对象”(Compound Objects)，见图 5-38。

(7) 在“对象类型”(Object Type)卷展栏单击“布尔”(Boolean)按钮。

(8) 在“创建”(Create)命令面板“参数”(Parameters)卷展栏下面的“操作”(Operation)选项区选取“并集”(Union)，见图 5-39。

(9) 在“拾取布尔”(Pick Boolean)卷展栏单击“拾取操作对象”(Pick Operand B)按钮，在透视视口单击下面的盒子(Rib1)。这时，下面的盒子与大盒子并在一起。

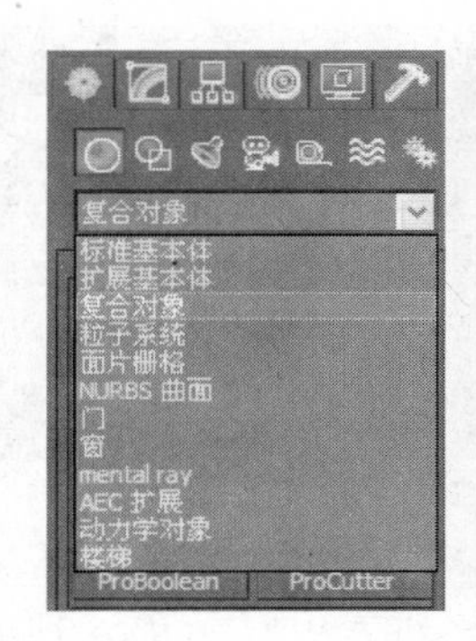

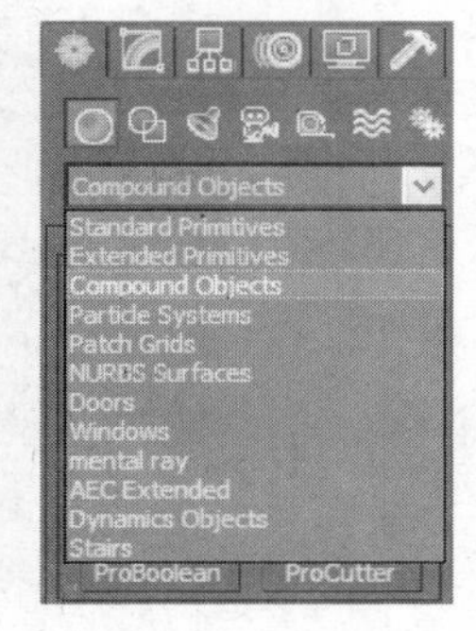

图 5-38

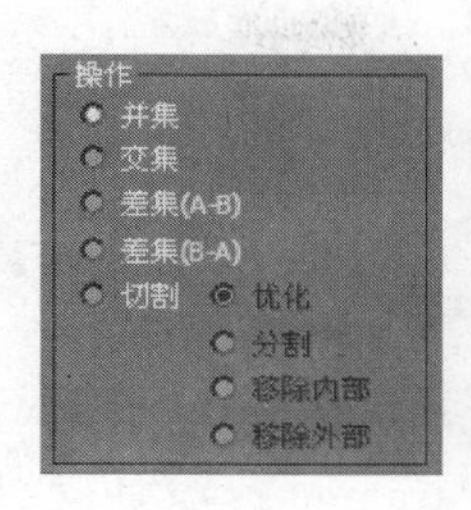

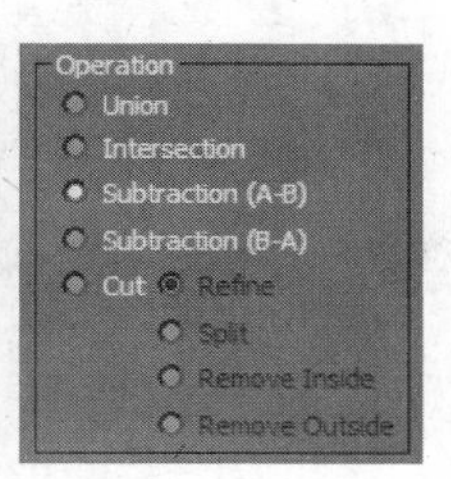

图 5-39

(10) 在“参数”(Parameters)卷展栏中列出了所有运算对象，见图 5-40。

(11) 在透视视口单击鼠标右键结束布尔运算操作。

接下来我们继续前面的练习来创建嵌套的布尔对象。

(12) 确认选择了新创建的布尔对象，在“创建”(Create)命令面板的“对象类型”(Object Type)卷展栏中单击“布尔”(Boolean)。

(13) 在“拾取布尔”(Pick Boolean)卷展栏单击“拾取操作对象”(Pick Operand B)按钮，在透视视口单击下面的盒子(Rib2)。

(14) 在激活的视口上单击鼠标右键结束布尔运算。这样就创建了一个嵌套布尔运算，3 个盒子被并在了一起。

(15) 按 H 键显示“选择对象”(Select Objects)对话框。对话框的列表区域只有一个对象名称：Box01。

(16) 在“选择对象”(Select Objects)对话框中单击“取消”(Cancel)按钮，关闭对话框。

(17) 选择“修改”(Modify)命令面板的编辑修改器堆栈显示区域，单击“布尔”(Boolean)左边的十号，展开层级列表。

在“参数”(Parameters)卷展栏仔细观察运算对象列表。列表中显示 A：Box01 和 B：Rib2，见图 5-41。其中 Box01 是一个布尔对象。

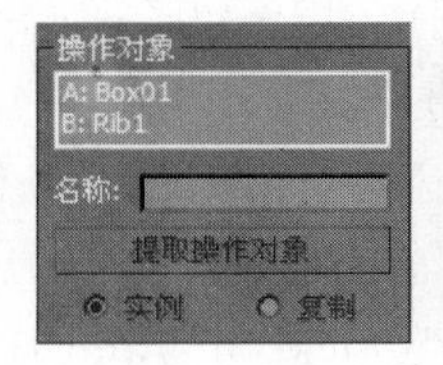

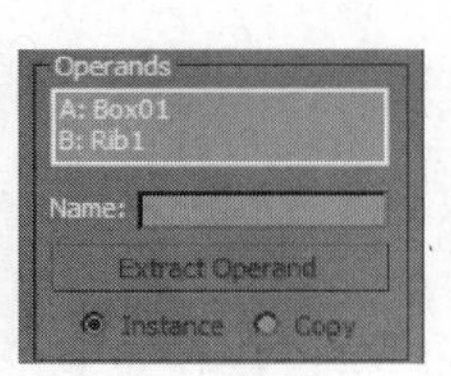

图 5-40

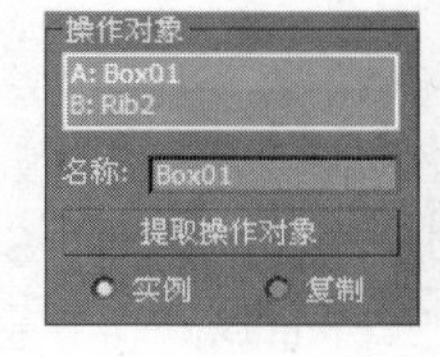

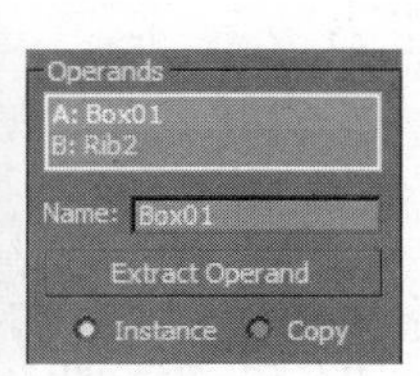

图 5-41

(18) 在“参数”(Parameters)卷展栏单击 Box01。

在编辑修改器堆栈显示区域有两个“布尔”(Boolean)，每个代表一次布尔运算，见图 5-42。

(19) 在编辑修改器堆栈显示区域，单击下面的“布尔”(Boolean)左边的十号，然后选取“操作对象”(Operands)，见图 5-43。

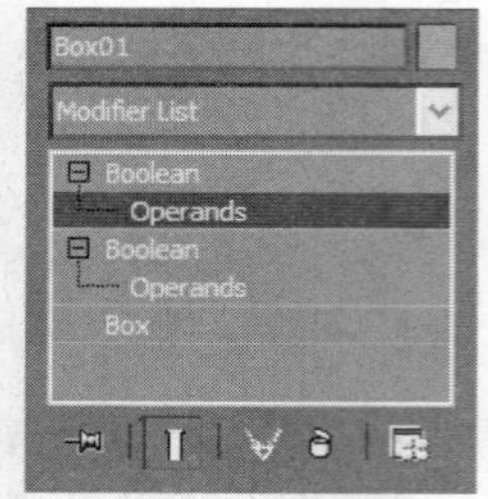

图 5-42

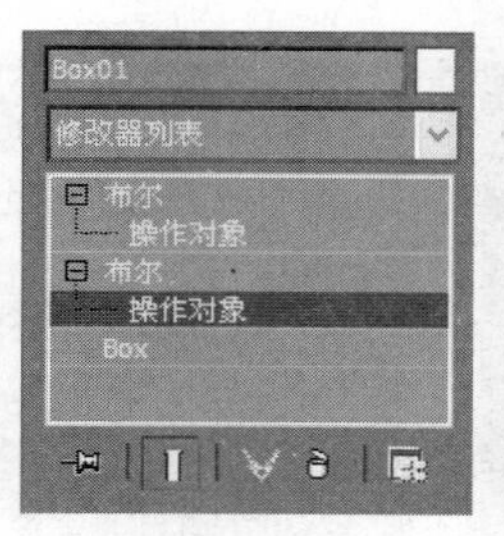

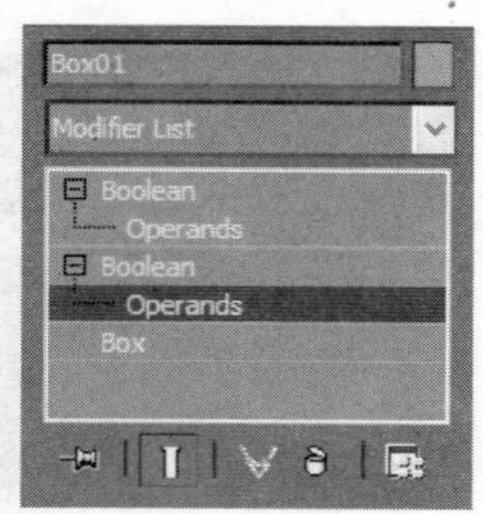

图 5-43

(20)在“参数”(Parameters)卷展栏仔细观察运算对象列表。列表中显示 Box01 和 Rib1,说明它们是第一次布尔运算的运算对象,见图 5-44。

(21) 在编辑修改器显示区域选取“布尔”(Boolean),返回到堆栈顶层。

4. 创建布尔差集(Subtraction)运算

例 5-6 布尔差集(Subtraction)运算

(1) 继续前面的练习,在“显示”(Display)命令面板的“隐藏”(Hide)卷展栏单击“全部取消隐藏”(Unhide All)按钮,出现了两个类似于拱门的对象,见图 5-45。

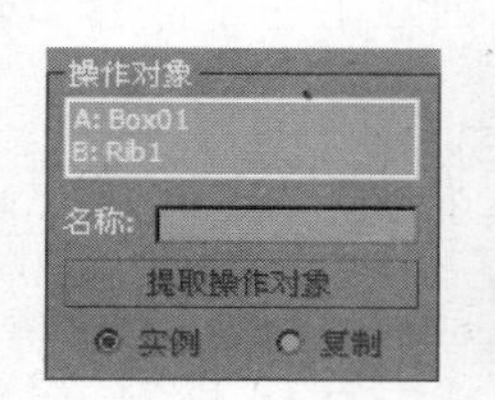

图 5-44

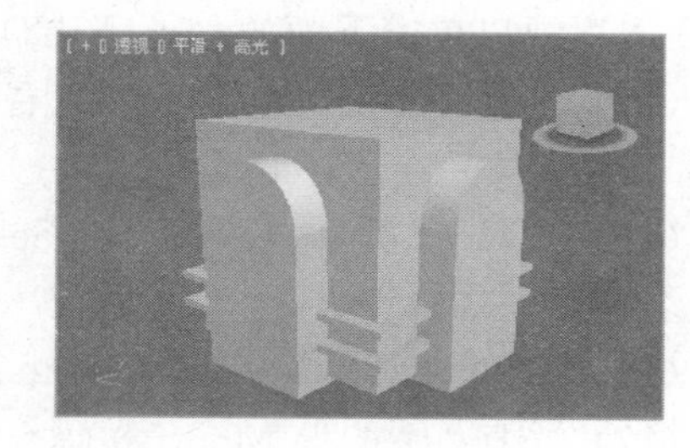
图 5-45

(2) 确认选择了 Box01。

(3) 在“创建”(Create)命令面板,从对象类型中选取“复合对象”(Compound Object)。

(4) 在“对象类型”(Object Type)卷展栏单击“布尔”(Boolean)按钮。

(5) 在“创建”(Create)命令面板的“参数”(Parameters)卷展栏下面的“操作”(Operation)选项区选取“差集(A-B)”(Subtraction (A-B))。

(6) 在“拾取布尔”(Pick Boolean)卷展栏单击“拾取操作对象 B”(Pick Operand B)按钮,在透视视口单击下面的盒子(Arch1),见图 5-46。

(7) 在透视视口中单击鼠标右键结束布尔操作。

(8) 在“对象类型”(Object Type)卷展栏中单击“布尔”(Boolean)按钮。

(9) 在“拾取布尔”(Pick Boolean)卷展栏中单击“拾取操作对象 B”(Pick Operand B)按钮,在透视视口中单击盒子(Arch2)。

(10) 在激活的视口中单击鼠标右键结束布尔操作。

最后的布尔对象如图 5-47 所示。

图 5-46

图 5-47

5.2.2 放样(Lofts)

用一个或者多个二维图形沿着路径扫描就可以创建放样对象。定义横截面的图形被放置在路径的指定位置。可以通过插值得到截面图形之间的区域。

1. 放样基础

1）放样的相关术语

“路径”(Path)和“横截面”(Section)都是二维图形。但是在界面内分别被称为“路径”(Path)和“图形”(Shapes)。图 5-48 图示化地解释了这些概念。

2）创建放样对象

在创建放样对象之前必须先选择一个截面图形或者路径。如果先选择路径，那么开始的截面图形将被移动到路径上，以便它的局部坐标系的 Z 轴与路径的起点相切。如果先选择了截面图形，将移动路径，以便它的切线与截面图形局部坐标系的 Z 轴对齐。

指定的第一个截面图形将沿着整个路径扫描，并填满这个图形。要给放样对象增加其他截面图形，必须先选择放样对象，然后指定截面图形在路径上的位置，最后选择要加入的截面图形。

插值在截面图形之间创建表面。3ds Max 使用每个截面图形的表面创建放样对象的表面。如果截面图形的第一点相差很远，将创建扭曲的放样表面。也可以在给放样对象增加完截面图形后，旋转某个截面图形来控制扭转。

有 3 种方法可以指定截面图形在路径上的位置。指定截面图形位置时使用的是“路径参数”(Path Parameters)卷展栏，见图 5-49。

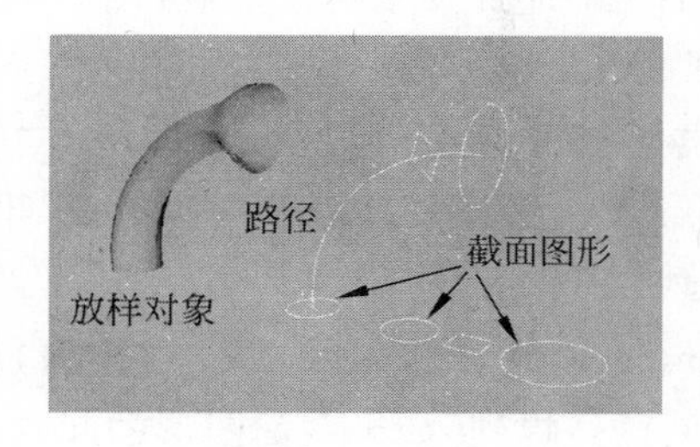

图 5-48

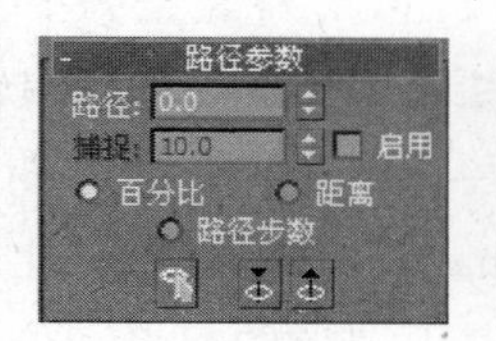

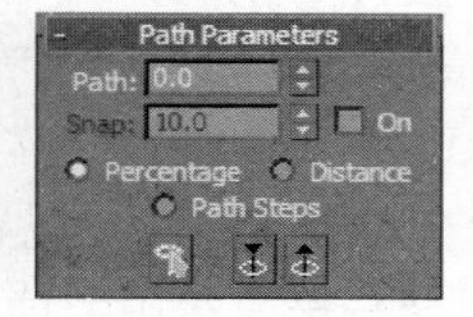

图 5-49

(1) 百分比(Percentage)：用路径的百分比来指定横截面的位置。

(2) 距离(Distance)：用从路径开始的绝对距离来指定横截面的位置。

(3) 路径的步数(Path Steps)：用表示路径样条线的节点和步数来指定位置。

在创建放样对象的时候，还可以设置"表皮参数"(Skin Parameters)，见图 5-50。可以通过设置表皮参数调整放样的如下几个方面：

(1) 可以指定放样对象顶和底是否封闭。

(2) 使用图形步数(Shape Steps)设置放样对象截面图形节点之间的网格密度。

(3) 使用路径步数(Path Steps)设置放样对象沿着路径方向截面图形之间的网格密度。

(4) 在两个截面图形之间的默认插值设置是光滑的，也可以将插值设置为"线性插值"(Linear Interpolation)。

3) 编辑放样对象

可以在"修改"(Modify)命令面板编辑放样对象。"放样"(Loft)显示在编辑修改器堆栈显示区域的最顶层，见图 5-51。在"放样"(Loft)的层级中，"图形"(Shape)和"路径"(Path)是次对象。

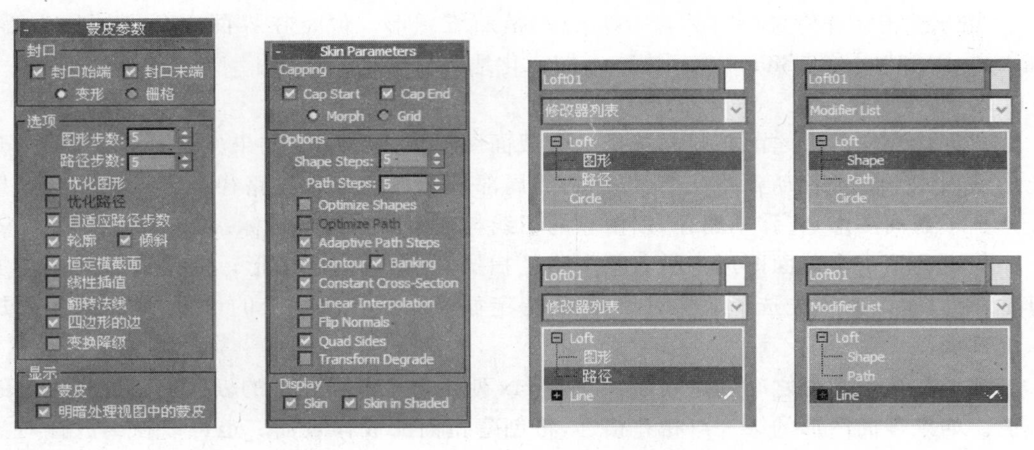

图 5-50　　　　图 5-51

选择进入"图形"(Shape)次对象层次，然后在视口中选择要编辑的截面图形，就可以编辑它。可以改变截面图形在路径上的位置，或者访问截面图形的创建参数，图 5-51 中显示的图形对象是圆(Circle)。

选择进入"路径"(Path)次对象层次，在修改器堆栈中就显示了用作路径的"线"(Line)对象。选择"线"(Line)对象就可以编辑它，可以改变路径长度以及变化方式，可以用来复制或关联复制路径得到一个新的二维图形等，见图 5-51。

可以使用"图形"(Sharp)次对象访问"比较"(Compare)窗口，见图 5-52。这个窗口用来比较放样对象中不同截面图形的起点和位置。前面已经提到，如果截面图形的起点，也就是第一点没有对齐，放样对象的表面将是扭曲的。将截面图形放入该对话框，可以方便地对放样图形进行调整。同样，在视口中对放样图形进行旋转调整，“比较”(Compare)窗口中的图形也会自动更新。

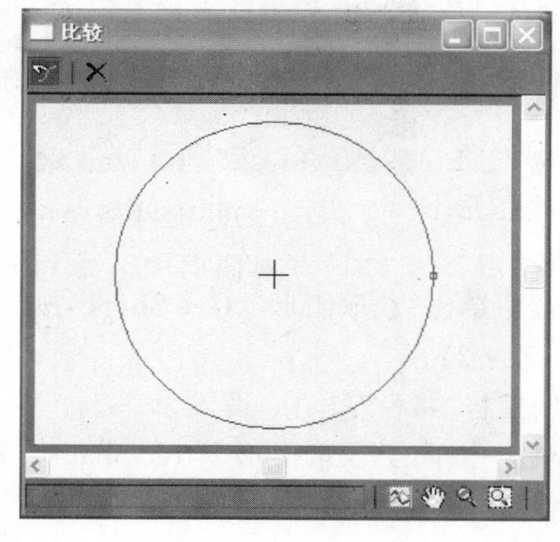

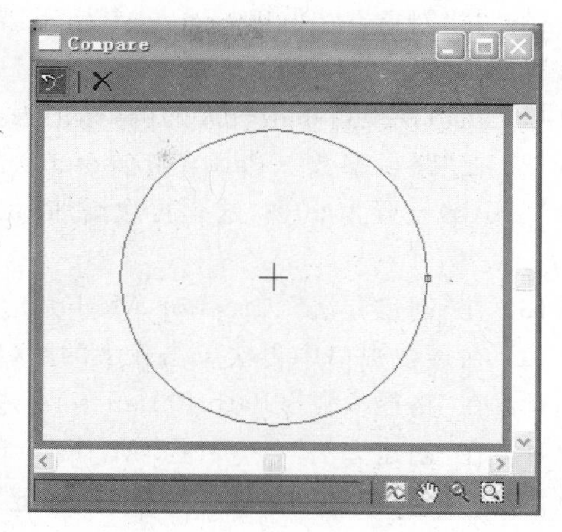

图 5-52

编辑路径和截面图形的一个简单方法是放样时采用关联选项。这样，就可以在对象层次交互编辑放样对象中的截面图形和路径。如果放样的时候采用了“复制”选项，那么编辑场景中的二维图形将不影响放样对象。

2. 使用放样创建一条眼镜蛇

例 5-7 眼镜蛇模型

(1) 启动 3ds Max，或者在菜单栏选取“文件/重置”(File/Reset)，复位 3ds Max。

(2) 在菜单栏中选取“文件/打开”(File/Open)，然后从本书的配套光盘中打开文件 Samples-05-06. max。

文件中包含了几个二维图形，见图 5-53。

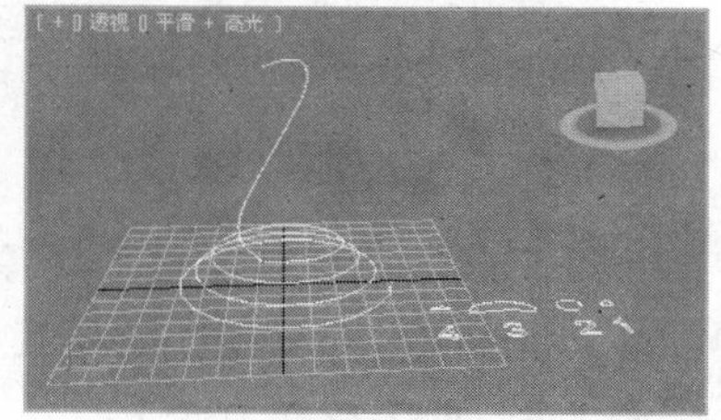

图 5-53

(3) 在透视视口中选取较大的螺旋线。

(4) 在“创建”(Create)面板的对象下拉式列表中选取“复合对象”(Compound Objects)。

(5) 在“对象类型”(Object Type)卷展栏中单击“放样”(Loft)按钮。

路径的起始点是眼镜蛇的尾巴，因此应该放置小的圆。

(6) 单击“创建方法”(Creation Method)卷展栏，单击“获取图形”(Get Shape)按钮。

(7) 在透视视口单击小圆(标记为 1)，这时沿着整个路径的长度方向放置了小圆。

(8) 在“路径参数”(Path Parameters)卷展栏将“路径”(Path)设置为 10. 0，这样就将下一个截面图形的位置指定到路径 10%的地方。

(9) 在“蒙皮参数”(Skin Parameters)卷展栏的“显示”(Display)区域关闭“蒙皮”

(Skin)复选框。这样将便于观察截面图形和百分比标记，见图 5-54。图像中的黄色图案 就是百分比标记。

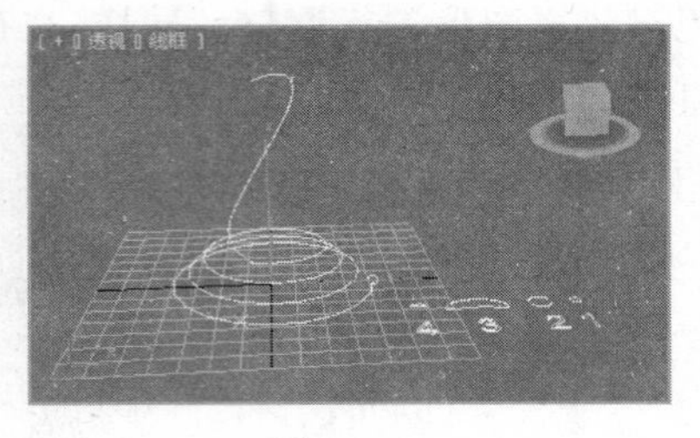

图 5-54

(10) 在“创建方法”(Creation Method)卷展栏单击“获取图形”(Get Shape)按钮。

(11) 在透视视口单击较大的圆(标记为 2)。

(12) 在“路径参数”(Path Parameters)卷展栏将“路径”(Path)设置为 90%，这是再次增加第二个图形的地方。

(13) 在“创建方法”(Creation Method)卷展栏单击“获取图形”(Get Shape)按钮。

(14) 在透视视口中再次单击较大的圆(标记为 2)。

(15) 在“路径参数”(Path Parameters)卷展栏将“路径”(Path)设置为 93%。

(16) 在“创建方法”(Creation Method)卷展栏中单击“获取图形”(Get Shape)按钮。

(17) 在透视视口单击较大的椭圆(标记为 3)。

(18) 在“路径参数”(Path Parameters)卷展栏将“路径”(Path)设置为 100%，这样就确定了较大椭圆的位置，见图 5-55。

(19) 在“创建方法”(Creation Method)卷展栏单击“获取图形”(Get Shape)按钮。

(20) 在透视视口中单击较小的椭圆(标记为 4)。

(21) 在激活的视口单击鼠标右键结束创建操作。

放样的结果如图 5-56 所示。

图 5-55

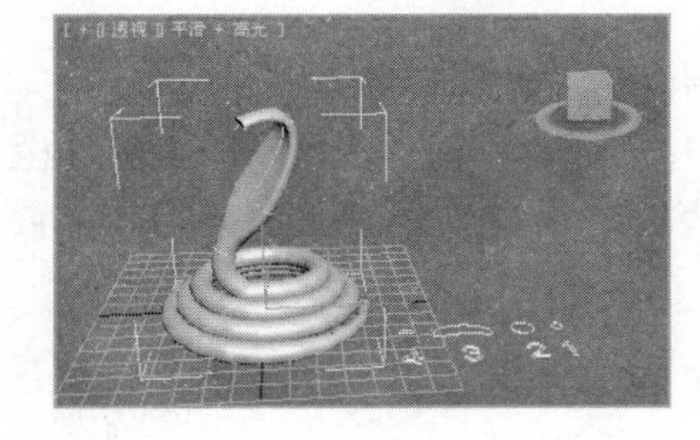

图 5-56

接下来我们调整一下放样对象。现在眼镜蛇头部的比例不太合适。需要将第三个截面图形向蛇头移一下。

例 5-8 调整放样对象

(1) 继续前面的练习，然后从本书的配套光盘中打开文件 Samples-05-07.max。

(2) 在透视口中用鼠标单击选中放样的眼镜蛇。在“蒙皮参数”(Skin Parameters)卷展栏的“显示”(Display)区域撤选“蒙皮”(Skin)复选框。

(3) 在“修改”(Modify)命令面板的编辑修改器堆栈显示区域单击 Loft 左边的+号，展开层级列表。

(4) 在编辑修改器堆栈显示区域单击“图形”(Shape)次对象，见图 5-57。

(5) 在透视视口将鼠标光标放在放样对象中第 3 个截面图形上，然后单击选择它。被选择的截面图形变成了红颜色，见图 5-58。

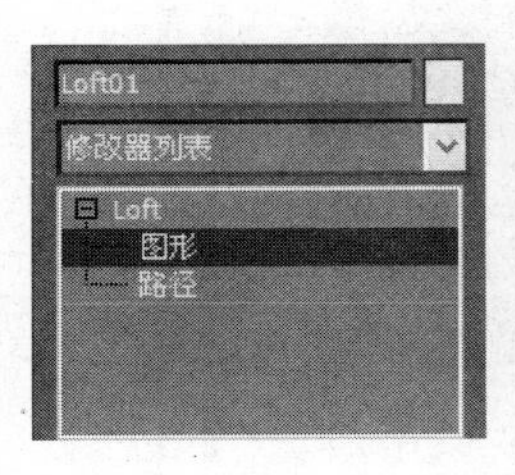

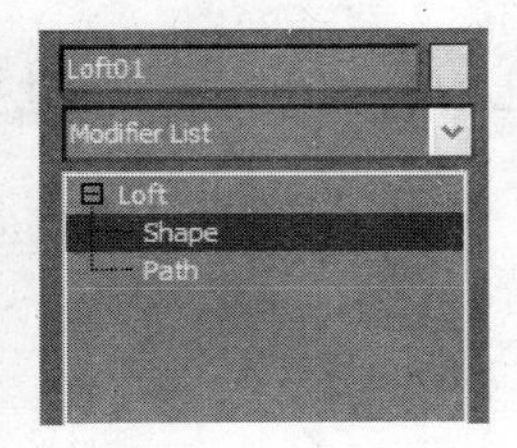

图 5-57

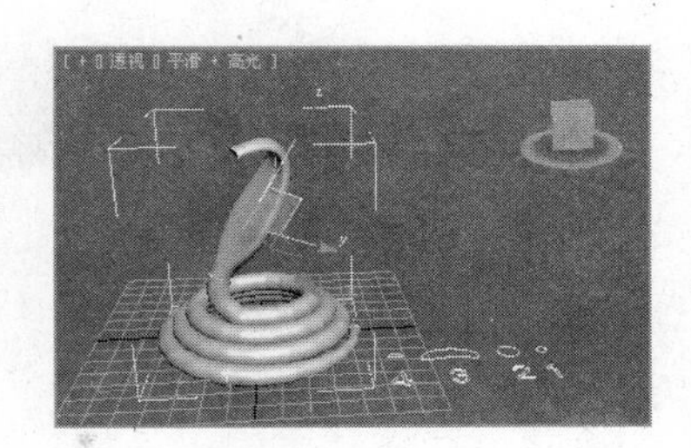

图 5-58

“路径级别”(Path Level)的数值显示为 93.0 路径级别: 93.0 Path Level: 93.0。

(6) 在“图形命令”(Shape Commands)卷展栏将“路径级别”(Path Level)的数值改为 98.0。这时,截面图形被沿着路径向前移动了,眼镜蛇的头部外观得到了明显的改善,见图 5-59。

(7) 在透视视口选择放样中的第 4 个截面图形。

(8) 单击主工具栏的“选择并旋转”(Select and Rotate)按钮,然后再在其上单击鼠标右键。

(9) 在弹出的“旋转变换输入”(Transform Type-In)对话框的“偏移”(Offset)区域,将 X 值输入 45。这样就旋转了最后的图形,改变了放样对象的外观。

(10) 关闭“旋转变换输入”(Transform Type-In)对话框。

这样蛇头的顶部略微向内倾斜,见图 5-60。

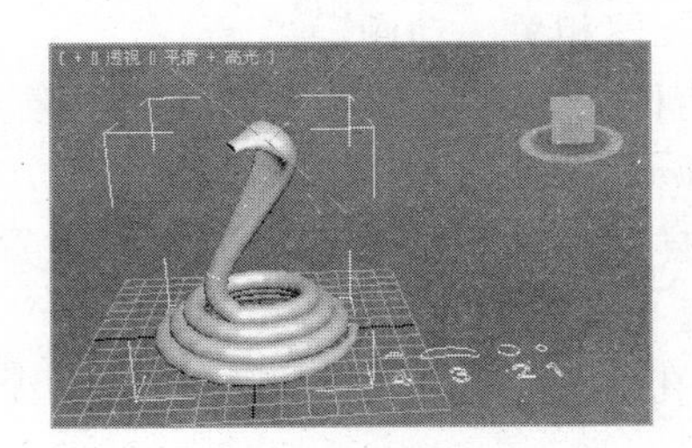

图 5-59

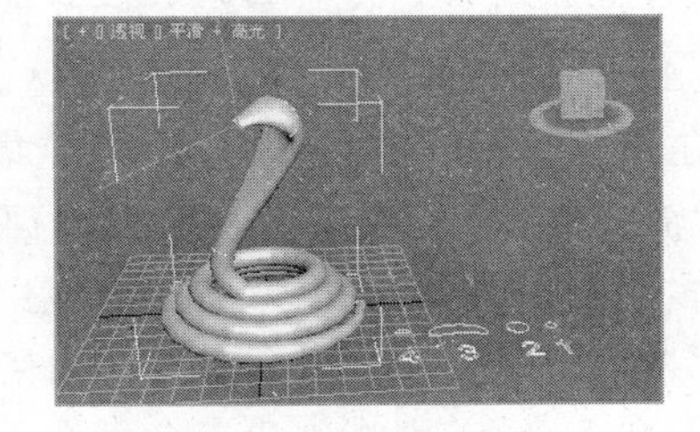

图 5-60

(11) 在“图形命令”(Shape Commands)卷展栏单击“比较”(Compare)按钮。

(12) 在出现的“比较”(Compare)对话框中单击“拾取图形”(Pick Shape)按钮。

(13) 在透视视口分别单击放样对象中的 4 个截面图形。

(14) 单击“比较”(Compare)对话框中的“最大化显示”(Zoom Extents)按钮,见图 5-61。

截面图形都被显示在“比较”(Compare)对话框中。图中的方框代表截面图形的第 1 点。如果第 1 点没有对齐,放样对象可能是扭曲的。

(15) 关闭“比较”(Compare)对话框。

(16) 在编辑修改器显示区域单击 Loft,返回到对象的最顶层。

(17) 最后的完成文件保存为 Samples-05-07f.max。

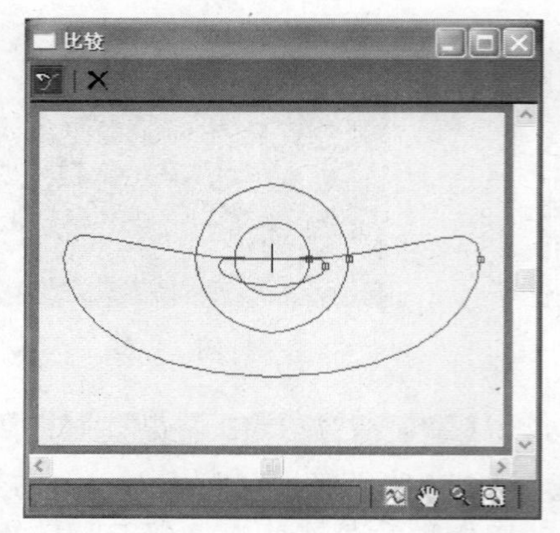

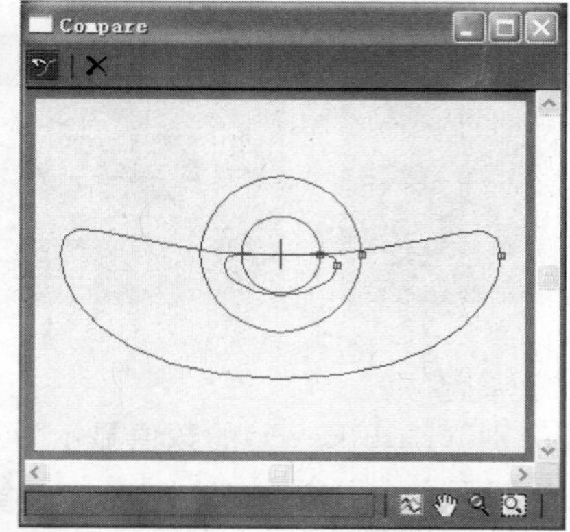

图 5-61

小 结

在 3ds Max 中，编辑修改器是编辑场景对象的主要工具。当给模型增加编辑修改器后，就可以通过参数设置来改变模型。

要减小文件大小并简化场景，可以将编辑修改器堆栈的显示区域塌陷成可编辑的网格，但是这样做将删除所有编辑修改器和与编辑修改器相关的动画。

3ds Max 中有几个复合对象类型。可根据几何体的相对位置生成复合的对象，有效的布尔操作包括“并集”(Union)、“差集”(Subtraction)和“交集”(Intersection)。

“放样”(Lofts)沿着路径扫描截面图形生成放样几何体。沿着路径的不同位置可以放置多个图形，在截面图形之间插值生成放样表面。

“连接”(Connect)组合对象在网格运算对象的孔之间创建网格表面。如果两个运算对象上有多个孔，则将生成多个表面。

习 题

一、判断题

1. 在 3ds Max 中编辑修改器的次序对最后的结果没有影响。

2. 噪波(Noise)可以沿是三个轴中的任意一个改变对象的节点。

3. 应用在对象局部坐标系的编辑修改器受对象轴心点的影响。

4. 面挤出(Face Extrude)是一个动画编辑修改器。它影响传递到堆栈中的面，并沿法线方向拉伸面，建立侧面。

5. 在组合对象中，布尔(Boolean)使用两个或者多个对象来创建一个对象。新对象是初始对象的交、并或者差。

6. 在组合对象中，连接(Connect)根据一个有孔的基本对象和一个或者多个有孔的目标对象来创建连接的新对象。

7. 在放样中，所使用的每个截面图形必须有相同的开口或者封闭属性，也就是说，要么所有的截面都是封闭的，要么所有的截面都是不封闭的。

8. 组合对象的运算对象由两个或者多个对象组成，它们仍然是可以编辑的运算对象。每个运算对象都可以像其他对象一样被变换、编辑和动画。

二、选择题

1. 曲面(Surface)编辑修改器生成的对象类型是________。

A. 面片(Patch)　　B. NURBS　　C. NURMS　　D. 网格(Mesh)

2. 下列选项中不属于选择集编辑修改器的是________。

A. 编辑面片(Edit Patch)　　B. 网格选择(Mesh Select)

C. 放样(Loft)　　D. 编辑网格(Edit Mesh)

3. 能够实现弯曲物体的编辑修改器是________。

A. 弯曲(Bend)　　B. 噪波(Noise)

C. 扭曲(Twist)　　D. 锥化(Taper)

4. 要修改子物体上的点时应该选择此对象中的________。

A. 顶点(Vertex)　　B. 多边形(Polygon)

C. 边(Edge)　　D. 元素(Element)

5. 可以在对象的一端对称缩放对象的截面的编辑器为________。

A. 贴图缩放器(Map Scaler)　　B. 影响区域(Affect Region)

C. 弯曲(Bend)　　D. 锥化(Taper)

6. 放样的最基本元素是________。

A. 截面图形和路径　　B. 路径和第一点

C. 路径和路径的层次　　D. 变形曲线和动画

7. 将二维图形和三维图形结合在一起的运算的名称为________。

A. 连接(Connect)　　B. 变形(Morph)

C. 布尔(Boolean)　　D. 图形合并(Shape Merge)

8. 在一个几何体上分布另外一个几何体的运算的名称为________。

A. 连接(Connect)　　B. 变形(Morph)

C. 散布(Scatter)　　D. 一致(Conform)

9. 布尔运算中实现合并运算的选项为________。

A. Subtraction(A-B)　　B. Cut

C. Intersection　　D. Union

10. 在放样的时候，默认情况下截面图形上的________放在路径上。

A. 第一点　　B. 中心点　　C. 轴心点　　D. 最后一点

三、思考题

1．如何给场景的几何体增加编辑修改器？

2．如何创建布尔运算对象？

3．简述放样的基本过程。

4．如何使用FFD编辑修改器建立模型？

5．如何使用噪波(Noise)编辑修改器建立模型？如何设置噪波(Noise)编辑修改器的动画效果？

6．什么样的二维图形是合法的放样路径？什么样的二维图形是合法的截面图形？

7．模仿制作本书配套光盘Samples-05-05.avi所示的例子。图5-62为最终的效果。

8．尝试制作图5-63所示的花瓣模型。

图 5-62

图 5-63

第 6 章　多边形建模

不管是否为游戏建模，优化模型并得到正确的细节都是成功产品的关键。模型中不需要的细节也将增加渲染时间。

模型中使用多少细节是合适的呢？这就是建模的艺术性所在，人眼的经验在这里起着重要作用。如果角色在背景中快速奔跑，或者喷气飞机在高高的天空快速飞过，那么这样的模型就不需要太多的细节。

本章重点内容：

- 区别 3ds Max 2011 的各种建模工具；
- 使用网格对象的各个次对象层次；
- 理解网格次对象建模和编辑修改器建模的区别；
- 在次对象层次正确进行选择；
- 使用平滑(Smoothing)；
- 使用网格平滑(Mesh Smooth)和 HSDS 编辑修改器增加细节。

6.1　3ds Max 的表面

在 3ds Max 中建模的时候，可以选择如下三种表面形式之一：

(1) 网格(Meshes)；

(2) Bezier 面片(Patches)；

(3) NURBS(不均匀有理 B 样条)

1. 网格

最简单的网格是由空间 3 个离散点定义的面。尽管它很简单，但的确是 3ds Max 中复杂网格的基础。本章后面的部分将介绍网格的各个部分，并详细讨论如何处理网格。

2. 面片

当给对象应用编辑面片（Edit Patch）编辑修改器或者将它们转换成可编辑面片（Editable Patch）对象时，3ds Max 将几何体转换成一组独立的面片。每个面片由连接边界的 3 到 4 个点组成，这些点可定义一个表面。

3. NURBS

术语 NURBS 代表不均匀有理 B 样条（Non-Uniform Rational B-Splines）：

- 不均匀（Non-Uniform）意味着可以给对象上的控制点以不同的影响，从而产生不规则的表面；
- 有理（Rational）意味着代表曲线或者表面的等式被表示成两个多项式的比，而不是简单的求和多项式。有理函数可以很好地表示诸如圆锥、球等重要曲线和曲面模型；
- B-Spline（Basis Spline，基本样条线）是一个由三个或者多个控制点定义的样条线。这些点不在样条线上，与使用 Line 或者其他标准二维图形工具创建的样条线不同。后者创建的是 Bezier 曲线，它是 B-Splines 的一个特殊形式。

使用 NURBS 就可以用数学定义创建精确的表面。现代的汽车设计许多都是基于 NURBS 来创建平滑和流线型的表面。

6.2 对象和次对象

3ds Max 的所有场景都是建立在对象的基础上，每个对象又由一些次对象组成。一旦开始编辑对象的组成部分，就不能变换整个对象。

6.2.1 次对象层次

例 6-1 组成 3ds Max 对象的基本部分

(1) 启动或者复位 3ds Max。

(2) 单击命令面板的“球”（Sphere）按钮，在顶视口创建一个半径约为 50 个单位的球。

(3) 到修改（Modify）命令面板，在修改器列表（Modifier List）下拉式列表中选取“编辑网格”（Edit Mesh）。现在 3ds Max 认为球是由一组次对象组成的，而不是由参数定义的。

(4) 在修改（Modify）命令面板的编辑修改器堆栈显示区域单击“球”（Sphere），见图 6-1。

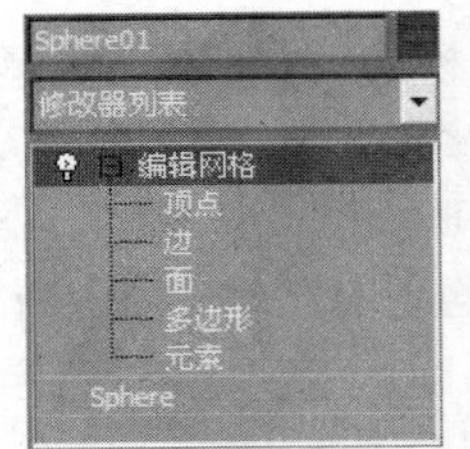

图 6-1

卷展栏现在恢复到它的原始状态，命令面板上出现了球的参数。使用 3ds Max 的堆栈可以对对象进行一系列非破坏性的编辑，这就意味着可以随时返回编辑修改的早期状态。

(5) 在顶视口中单击鼠标右键，然后从弹出的四元组菜单中选取"转换为/转换为可编辑网格"(Convent To:/Convert to Editable Mesh)，见图 6-2。

这时编辑修改器堆栈的显示区域只显示可编辑网格(Editable Mesh)。命令面板上的卷展栏类似于编辑网格(Edit Mesh)，球的参数化定义已经丢失，见图 6-3。

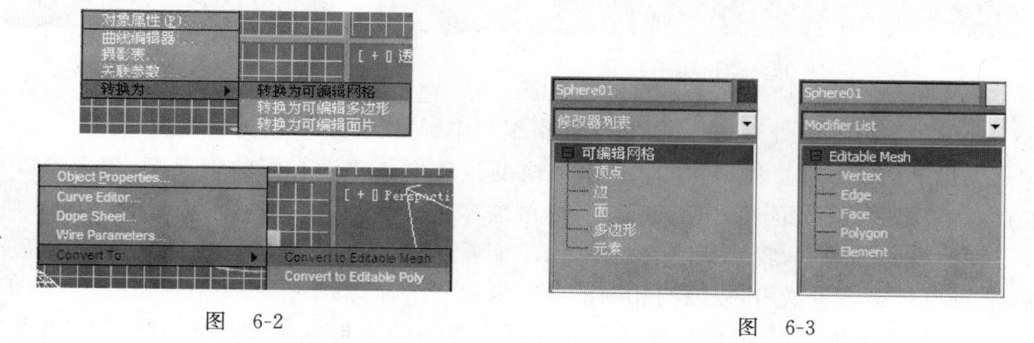

图 6-2

图 6-3

6.2.2 可编辑网格与编辑网格的比较

编辑网格(Edit Mesh)编辑修改器主要用来将标准几何体、Bezier 面片或者 NURBS 曲面转换成可以编辑的网格对象。增加编辑网格(Edit Mesh)编辑修改器后就在堆栈的显示区域增加了层。模型仍然保持它的原始属性，并且可以通过在堆栈显示区域选择合适的层来处理对象。

将模型塌陷成可编辑网格(Editable Mesh)后，堆栈显示区域只有可编辑网格(Editable Mesh)。应用给对象的所有编辑修改器和对象的基本参数都丢失了，只能在网格次对象层次编辑。当完成建模操作后，将模型转换成可编辑网格(Editable Mesh)是一个很好的习惯，这样可以大大节省系统资源。如果模型需要输出给实时的游戏引擎，则塌陷成可编辑网格(Editable Mesh)是必需的。

在后面的练习中我们将讨论这两种方法的不同。

6.2.3 网格次对象层次

一旦一个对象被塌陷成可编辑网格(Editable Mesh)编辑修改器或者被应用了编辑网格(Edit Mesh)编辑修改器，就可以使用下面的次对象层次。

(1) 顶点(Vertex)：顶点是空间上的点，它是对象的最基本层次。当移动或者编辑顶点的时候，它们的面也受影响。

对象形状的任何改变都会导致重新安排顶点。在 3ds Max 中有很多编辑方法，但是最基本的是顶点编辑。移动顶点导致的几何体形状的变化如图 6-4 所示。

(2) 边(Edge)：边(Edge)是一条可见或者不可见的线，它连接两个顶点，形成面的边。两个面可以共享一个边，见图 6-5。

图 6-4

图 6-5

处理边的方法与处理顶点类似，在网格编辑中经常使用。

(3) 面(Face)：面是由 3 个顶点形成的三角形。在没有面的情况下，顶点可以单独存在，但是在没有顶点的情况下，面不能单独存在。

在渲染的结果中，我们只能看到面，而不能看到顶点和边。面是多边形和元素的最小单位，可以被指定平滑组，以便与相邻的面平滑。

(4) 多边形(Polygon)：在可见的线框边界内的面形成了多边形。多边形是面编辑的便捷方法。

此外，某些实时渲染引擎常使用多边形，而不是 3ds Max 中的三角形面。

(5) 元素(Element)：元素是网格对象中以组连续的表面。例如茶壶就是由 4 个不同元素组成的几何体，见图 6-6。

当一个独立的对象被使用附加(Attach)选项附加到另外一个对象上后，这两个对象就变成新对象的元素。

例 6-2 在次对象层次工作

(1) 启动 3ds Max，或者在菜单栏选取"文件/重置"(File/Reset)，复位 3ds Max。

(2) 在菜单栏选取"文件/打开"(File/Open)，然后从本书的配套光盘中打开文件 Samples-06-01. max。

(3) 在用户视口中单击枪，选择它，见图 6-7。

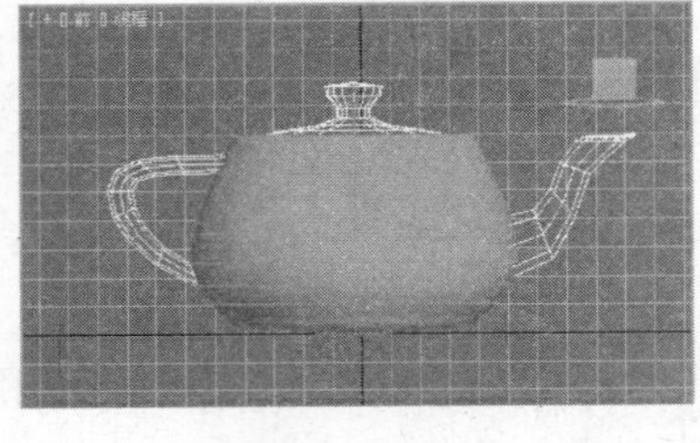

图 6-6

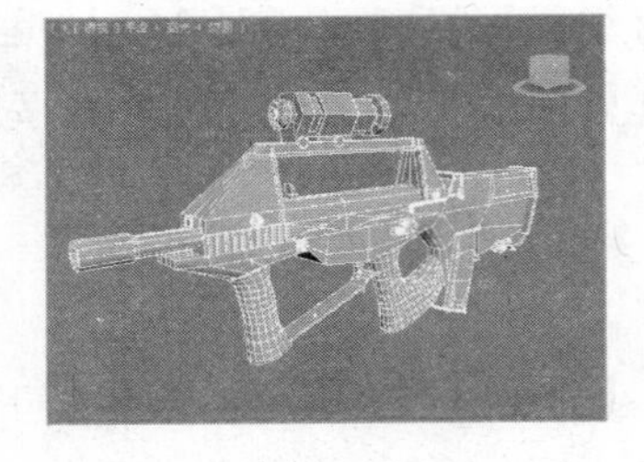

图 6-7

(4) 单击主工具栏的"选择并移动"(Select and Move)按钮。

(5) 在用户视口四处移动枪，则枪四处移动，好像一个对象似的。

(6) 单击主工具栏的"撤销"(Undo)按钮。

(7) 在修改(Modify)命令面板,单击“选择”(Selection)卷展栏下面的“顶点”(Vertex)按钮。

(8) 在用户视口选择枪最前端的点,然后四处移动该顶点,会发现只有一个顶点受变换的影响,见图 6-8。

(9) 按键盘上的 Ctrl+Z 键取消前面的移动操作。

(10) 单击“选择”(Selection)卷展栏下面的“边”(Edge)按钮。

(11) 在用户视口选择枪头顶部的边,然后四处移动它。这时选择的边以及组成边的两个顶点被移动,见图 6-9。

(12) 按键盘上的 Ctrl+Z 键取消对选择边的移动。

(13) 单击“选择”(Selection)卷展栏下面的“面”(Face)按钮。

(14) 在用户视口选择枪头顶部的边,然后四处移动它。

(15) 在用户视口选择枪头顶部瞄准镜的面,然后四处移动它,这时面及组成面的三个点被移动了,见图 6-10。

图 6-8

图 6-9

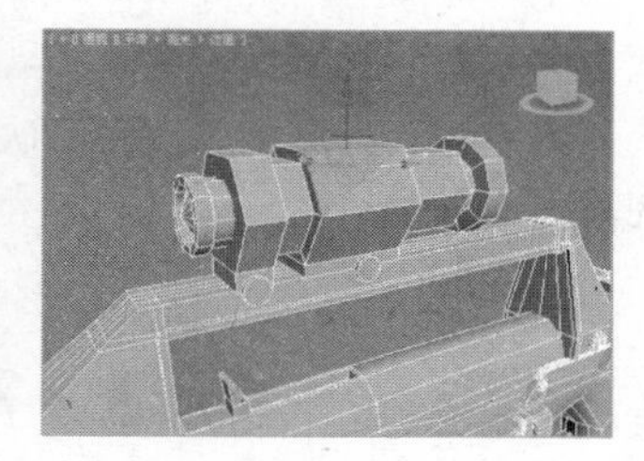

图 6-10

(16) 按键盘上的 Ctrl+Z 键撤销对选择面的移动。

(17) 单击“选择”(Selection)卷展栏下面的“多边形”(Polygon)按钮。

(18) 在用户视口的空白地方单击鼠标左键,取消对面的选择。

(19) 在用户视口选取机枪底部的多边形,这次机枪底部的多边形被选择了,见图 6-11。

(20) 单击“选择”(Selection)卷展栏下面的“元素”(Element)按钮。

(21) 在用户视口选择机枪尾顶部的边,然后四处移动它,见图 6-12。

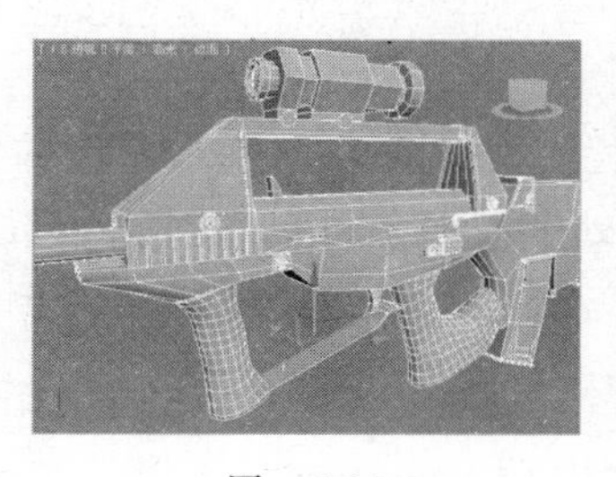

图 6-11

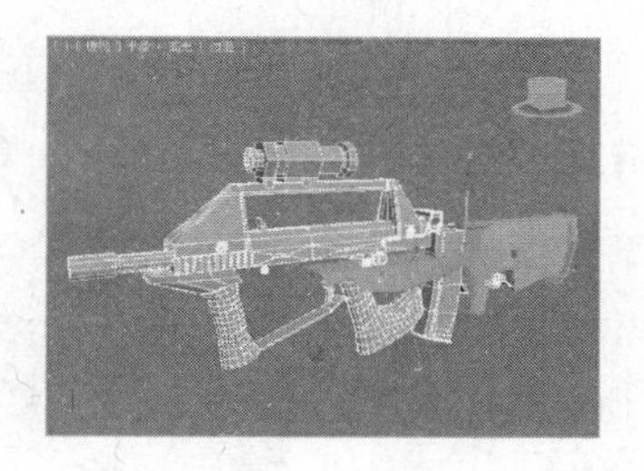

图 6-12

由于机枪尾是一个独立的元素,因此它们一起移动。

6.2.4 常用的次对象编辑选项

1. 命名的选择集

无论是在对象层次还是在次对象层次，选择集都是非常有用的工具。经常需要编辑同一组顶点。使用选择集后可以给顶点定义一个命名的选择集，这样就可以通过命名的选择集快速选择顶点了。通常在主工具栏中命名选择集，如 。

2. 次对象的背面(Backfacing)选项

在次对象层次选择的时候，经常会选取在几何体另外一面的次对象。这些次对象是不可见的，通常也不是编辑中所需要的。

在 3ds Max 的“选择”(Selection)卷展栏中选择“忽略背面”(Ignore Backfacing)复选框，解决这个问题，见图 6-13。

背离激活视口的所有次对象将不会被选择。

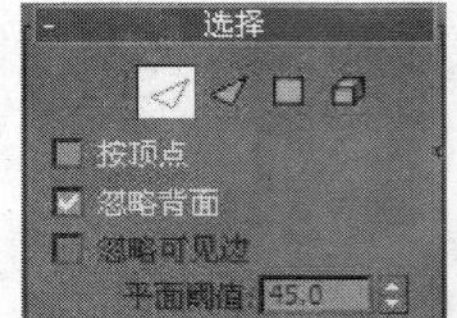

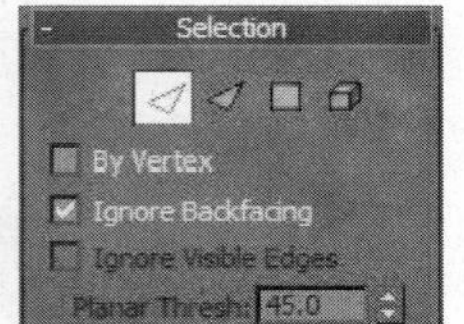

图 6-13

6.3 低消耗多边形建模基础

常见的低消耗网格建模的方法是盒子建模(Box Modeling)。盒子建模技术的流程是：首先创建基本的几何体(如盒子)，然后将盒子转换成可编辑网格(Editable Mesh)，这样就可以在次对象层次处理几何体了。通过变换和拉伸次对象使盒子逐渐接近最终的目标对象。

在次对象层次变换是典型的低消耗多边形建模技术。可以通过移动、旋转和缩放顶点、边和面来改变几何体的模型。

6.3.1 处理面

通常使用“编辑几何体”(Edit Geometry)卷展栏面的“挤出”(Extrude)和“倒角”(Bevel)来处理表面。可以通过输入数值或者在视口中交互拖曳来创建拉伸或者倒角的效果，见图 6-14。

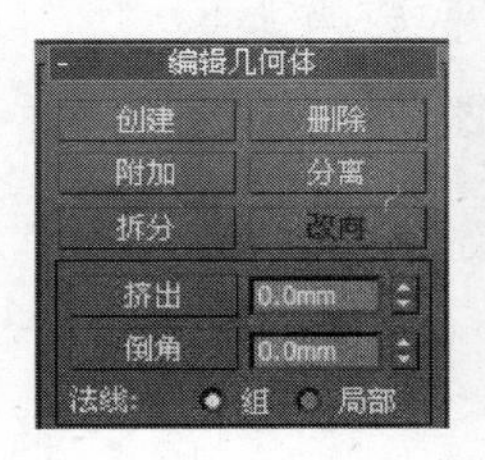

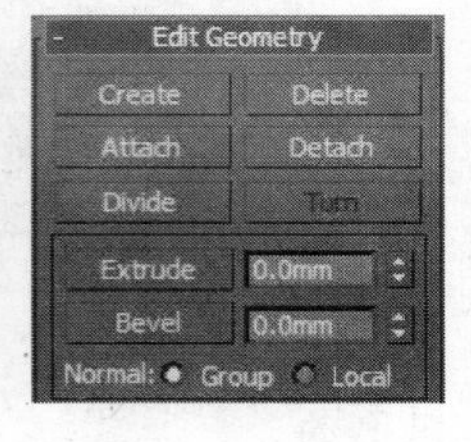

图 6-14

1. 挤出(Extrude)

增加几何体复杂程度的最基本方法是增加更多的面。Extrude 就是增加面的一种方法。图 6-15 就给出了面拉伸前后的效果。

2. 倒角(Bevel)

倒角(Bevel)首先将面拉伸到需要的高度，然后再缩小或者放大拉伸后的面，图 6-16 给出了倒角后的效果。

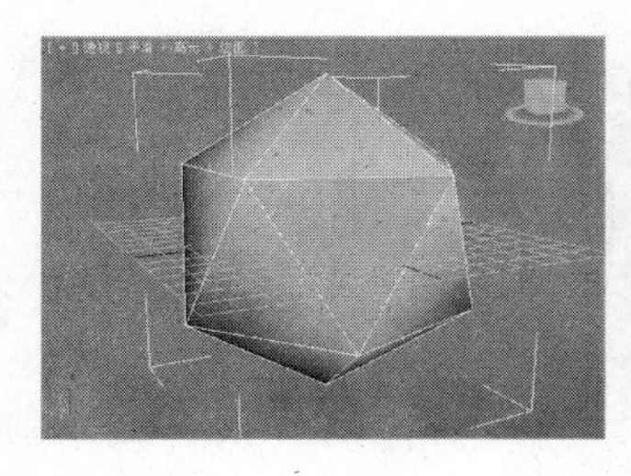
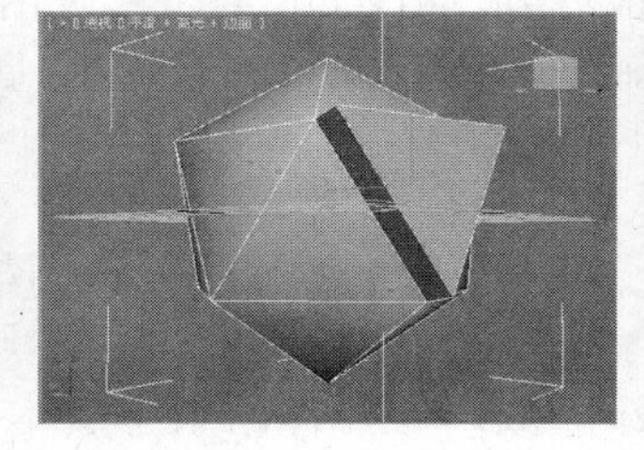

图 6-15

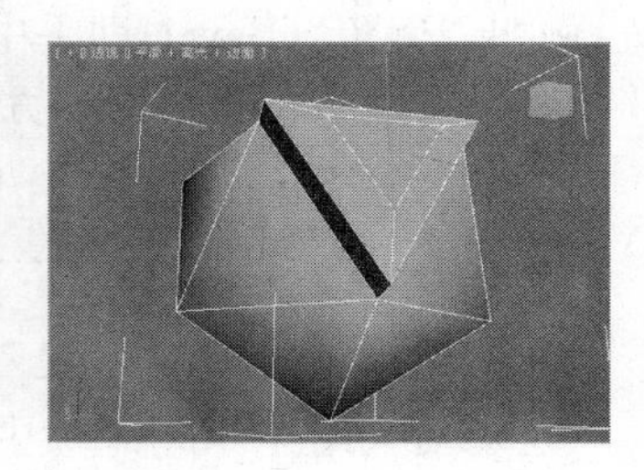

图 6-16

3. 助手界面(Assistant interface)

助手界面用于编辑“可编辑多边形网格”曲面工具的设置。这些设置用于交互式操纵模式，在这种模式下可以快捷地调整设置并立即在视口中查看结果，见图 6-17。

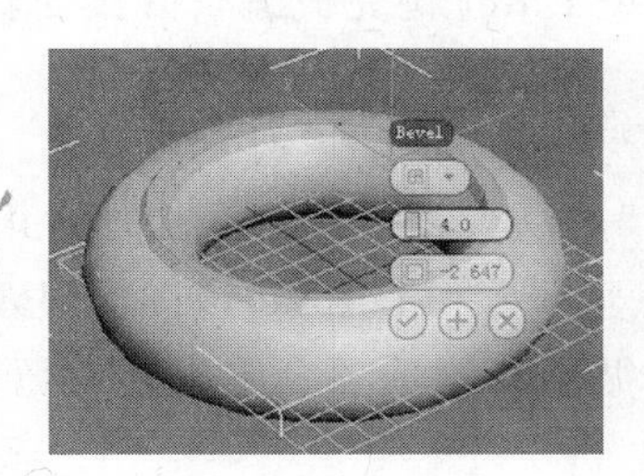

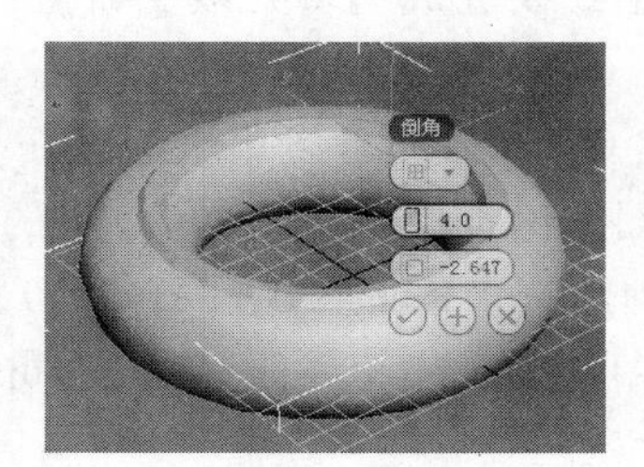

图 6-17

可以使用熟悉的基于鼠标的方法调整助手设置，这些方法包括单击并拖动微调器、下拉列表和键盘输入。与助手界面进行交互的细节具体如下：

助手标签在顶部显示为黑色背景上的白色文本，当鼠标光标不在任何控件上方时，该标签指定功能名称(例如“倒角”(Bevel))，见图 6-18；当鼠标光标位于控件上方时，该标签将显示控件名称(例如“高度”(Height))，见图 6-19。

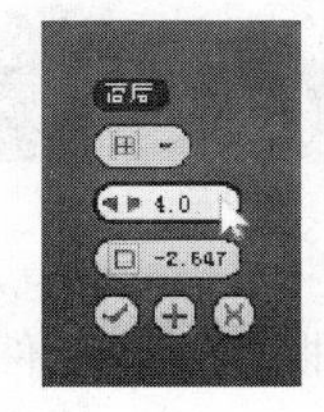

图 6-18

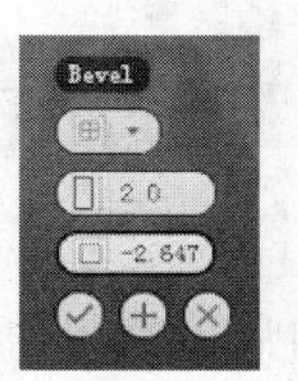

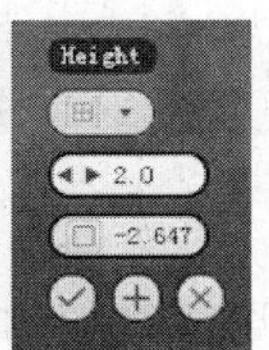

图 6-19

助手最初显示在选定的子对象附近。如果更改选择，或者移动对象或在视口中导航，助手将随之移动。但是，如果在视口中导航时使对象超出其边，助手将留在视口内。要重新定位助手，请拖动其标题，之后它将留在相对于选择的该位置。此偏移将应用于所有对象的所有助手。

默认情况下，以按钮形式显示一个数值控件，该按钮包含描述控件的图标以及当前值；例如，“倒角”(Bevel)助手中的“高度”(Height)控件，见图 6-20。

当鼠标光标位于控件上方时，图标变为一对左右箭头，见图 6-21。

图 6-20　　　　图 6-21

这对箭头用作 3ds Max 中标准微调器控件的水平版本。向左右拖动分别可减小或增大值，也可以单击任一箭头以较小的增量更改值。

注意：*在拖动过程中，右键单击可恢复先前的值。要增大或减小更改率，可分别采用按住“Ctrl”键拖动或按住 Alt 键拖动的方式。另外，还可以右键单击箭头将值重置为 0 或合理的默认值，具体取决于控件。*

当鼠标光标位于显示值上方时，它将变为文本光标。要使用键盘编辑值，请单击或双击，然后输入新值。要完成编辑并接受新值，按 Enter 键完成编辑并接受新值。按 Esc 键取消并退出。

撤销组合键 Ctrl＋Z 通常适用于通过任一方法所做的更改。

表示选项的控件(如“倒角”(Bevel)中的“组法线”(Group of Normals)/“本地法线”(Local Normals)/“按多边形”(By Polygon))显示为一个图标，该图标显示活动选项及一个向下箭头，见图 6-22。重复单击该图标，可循环浏览选项。单击箭头，可从列表中选择选项。

选项设置可能带有一些附加控件，这些控件只在某个特定选项处于活动状态时才可用。见图 6-23，“拾取多边形 1”(Pick Polygon 1)不处于活动状态，此时助手按钮为黑色，但将鼠标放在其上仍可查看空间名称。

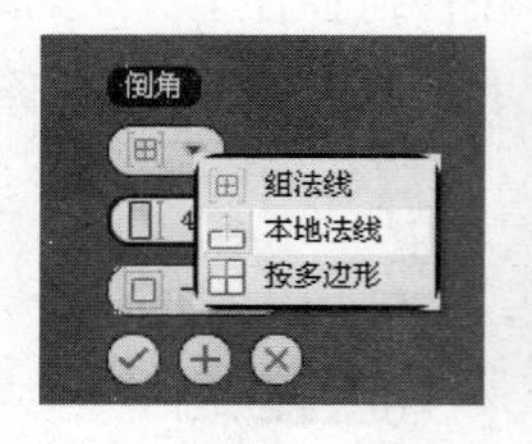

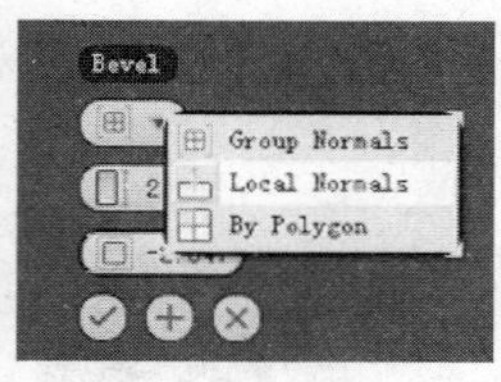

图 6-22

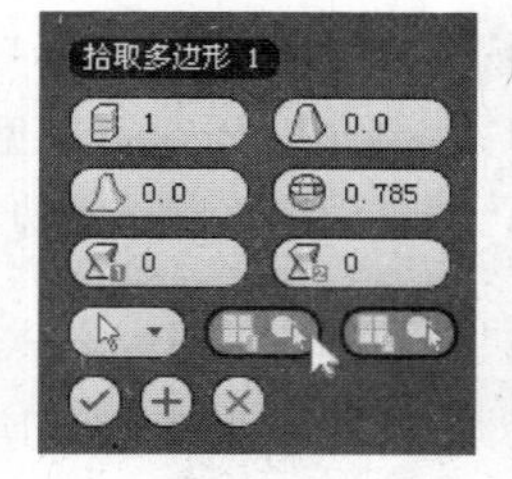

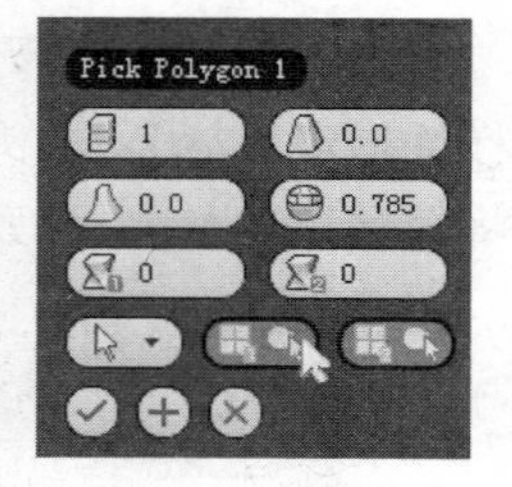

图 6-23

有些控件是可以启用或禁用的切换开关，就像标准界面中的复选框。这些控件的助手按钮上有一个复选标记。如果该复选标记显示为轮廓线，则表示开关处于禁用状态，见图 6-24；如果该复选标记显示为实体，则表示开关处于启用状态，见图 6-25。

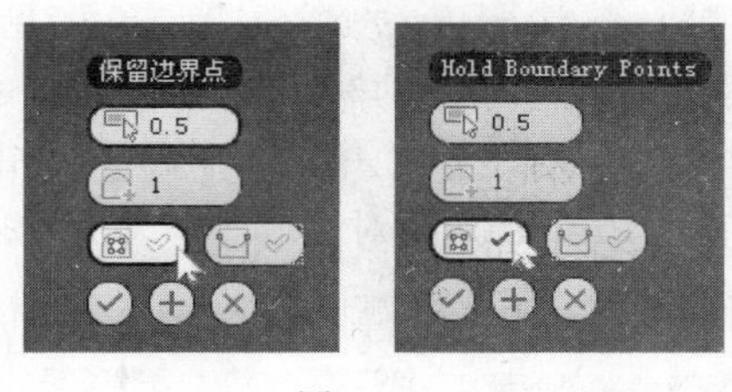

图　6-24

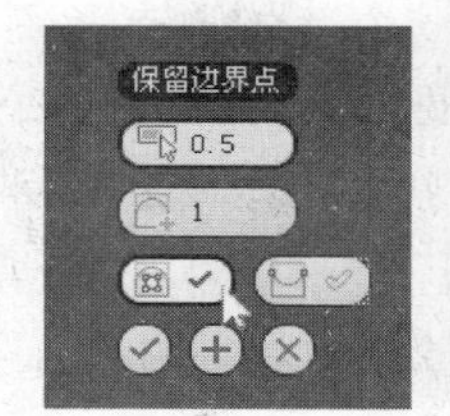

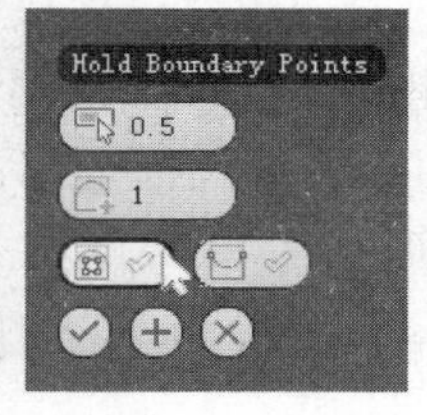

图　6-25

另一种控件类型是"拾取"按钮，如"沿样条线挤出"(Extrude along spline)中的"拾取样条线"(Picking Spline)控件。要使用"拾取"按钮，请先单击该按钮，轮廓将变为蓝色，见图 6-26。接着，选择要拾取的项目。随后按钮上的圆形轮廓显示为实心圆，控件标签变为所拾取对象的名称，见图 6-27。要拾取另一个对象，请重复以上过程。

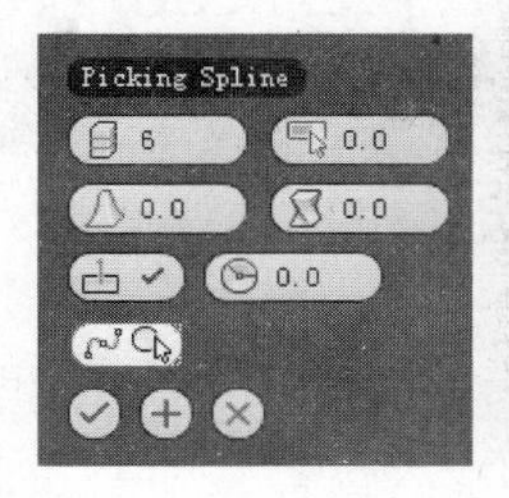

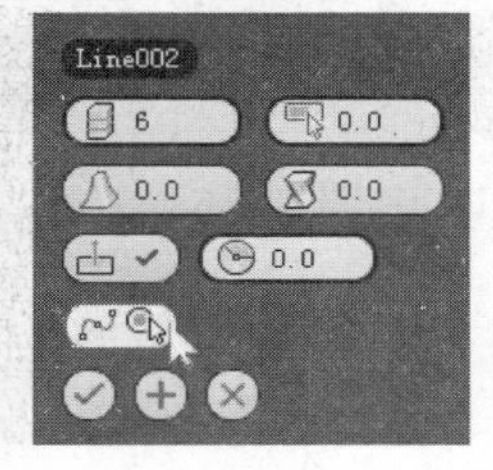

图　6-26

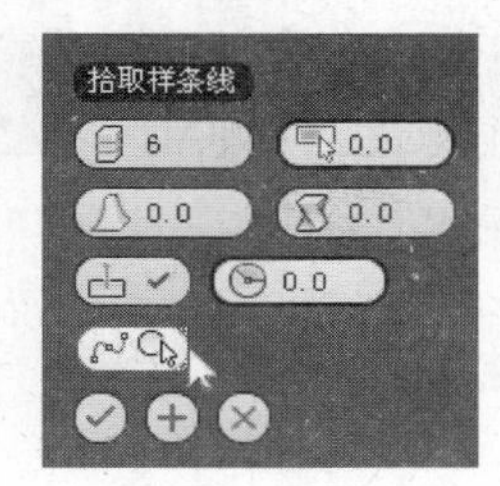

图　6-27

注意："拾取"按钮可记住当前拾取的每个对象。例如，如果对一个多边形对象使用"沿样条线挤出"，然后选择另一个对象，则需要重新拾取样条线。但如果返回第一个多边形对象，仍会拾取之前使用的样条线。

6.3.2　处理边

1. 通过分割边来创建顶点

创建顶点最简单的方法是分割边。直接创建完面和多边形后，可以通过分割和细分边来生成顶点。在 3ds Max 中可以创建单独的顶点，但是这些点与网格对象没有关系，见图 6-28。

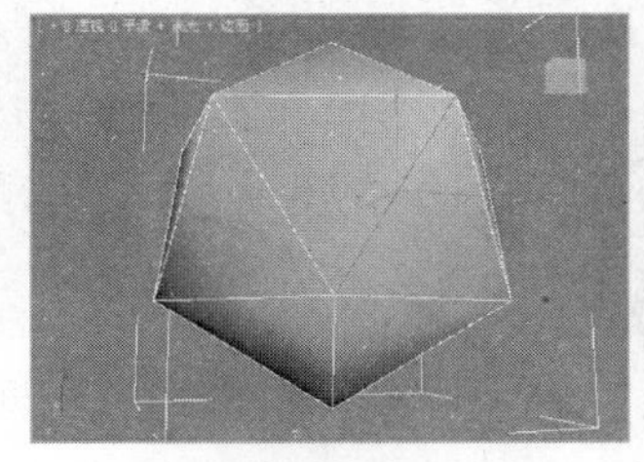

(a) 选择网络对象的一条边

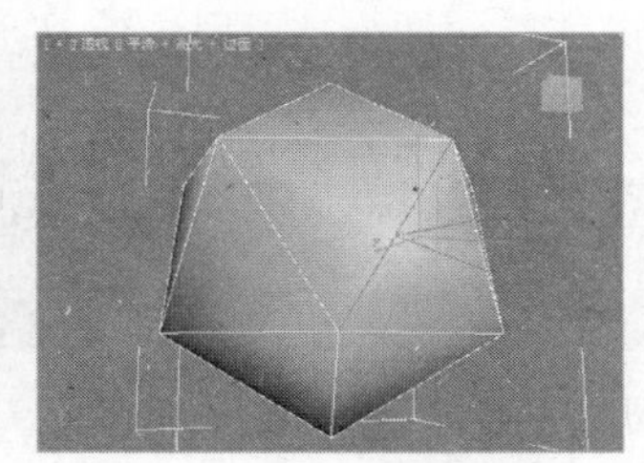

(b) 边被分割，生成一个节点

图　6-28

分割边后就生成一个新的顶点和两个边。在默认的情况下，这两个边是不可见的。如果要编辑一个不可见的边，需要先将它设置为可见的。有如下两种方法来设置边的可见性：先选择边，然后单击“曲面属性”(Surface Properties)卷展栏中的“可见”(Visible)按钮，或者单击鼠标右键，打开“对象属性”(Object Properties)对话框中“显示属性”(Display Properties)区域中选择“仅边”(Edges Only)复选框，见图6-29。

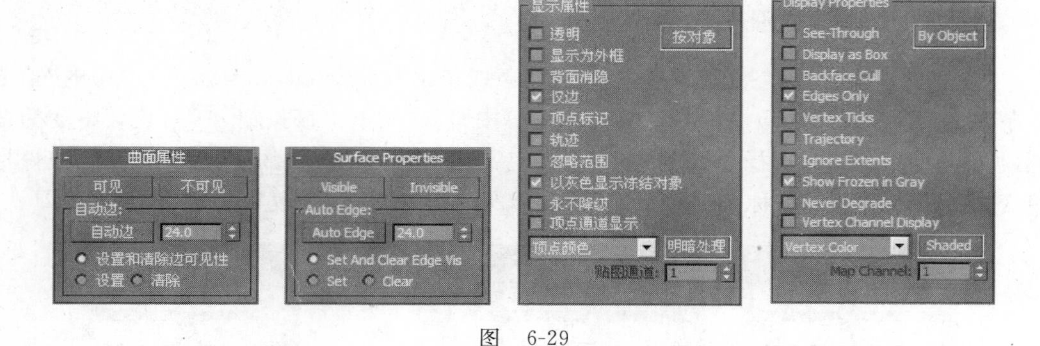

图 6-29

2. 切割边

切割边的更精确方法是使用“编辑几何体”(Edit Geometry)卷展栏下面的“剪切”(Cut)按钮，见图6-30。

使用“剪切”(Cut)选项可以在各个连续的表面上交互地绘制新的边。

6.3.3 处理顶点

建立低消耗多边形模型使用的一个重要技术是顶点合并。例如，在人体建模时，通常建立一半的模型，然后通过镜像得到另外一半模型。图6-31给出了建立人头模型的情况。

当采用镜像方式复制人头的另外一面时，两侧模型的顶点应该是一样的。可以通过调整位置使两侧面相交部分的顶点重合，然后将重合的顶点焊接在一起，得到完整的模型，见图6-32。

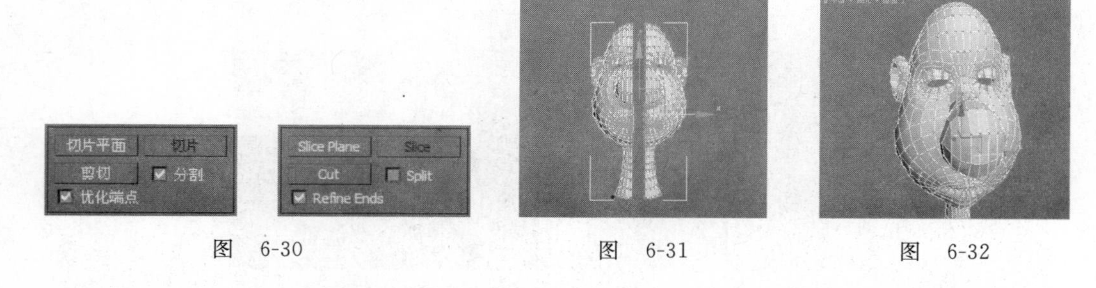

图 6-30　　图 6-31　　图 6-32

将顶点焊接在一起后，模型上的间隙将消失，重合的顶点被去掉。有两种方法来合并顶点：选择一定数目的顶点，然后设置合并的阈值或者直接选取合并的点，见图6-33。

在前面的例子中已经使用了“合并”(Weld)下面的“选定项”(Selected)选项。可以选择一个或者两个重合或者不重合的顶点，然后单击“选定项”(Selected)按钮。这样，要么这些顶点被合并在一起，要么将出现对话消息框，见图 6-34。

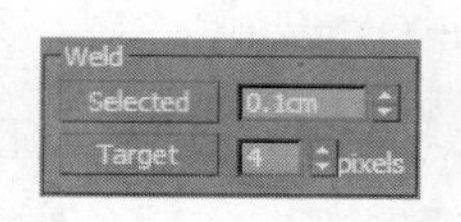

图 6-33

图 6-34

在“选定项”(Selected)右边的阈值数值输入区决定能够被合并顶点之间的距离。如果顶点是重合在一起的，则这个距离可以设置得小一点；如果需要合并的顶点之间的距离较大，则这个数值需要设置得大一些。

在合并顶点的时候，有时使用“目标”(Target)选项要方便些。一旦打开了“目标”(Target)选项，可以通过拖曳的方法合并顶点。

6.3.4 修改可以编辑的网格对象

例 6-3 使用面挤出(Face Extrude)选项

(1) 启动 3ds Max，或者在菜单栏选取“文件/重置”(File/Reset)，复位 3ds Max。

(2) 在菜单栏选取“文件/打开”(File/Open)，然后从本书的配套光盘中打开文件 Samples-06-02.max。

说明：“对象属性”(Object Properties)对话框中的“仅边”(Edges Only)选项已经被关闭，“仅边”(Edges Only)的视口属性已经被设置到用户(User)视口。这样的设置可以使对网格对象的观察更清楚些。

打开 Samples-06-02.max 后的场景见图 6-35。

(3) 在用户视口中选择飞机。

(4) 在修改(Modify)面板，单击“选择”(Selection)卷展栏的“多边形”(Polygon)按钮。

(5)在用户视口选择座舱区域的两个多边形，如图 6-36。

通过观察“选择”(Selection)卷展栏的底部，就可以确认选择的面是否正确。这特别适用于次对象的选择，见图 6-37。

图 6-35

图 6-36

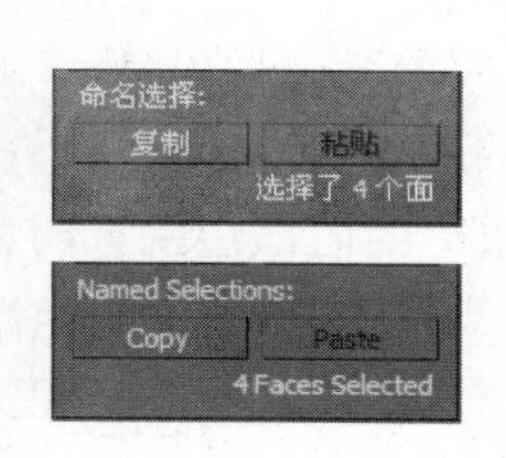

图 6-37

(6) 在"编辑几何体"(Edit Geometry)卷展栏将挤出(Extrude)的数值改为 23.0 挤出 23.0 Extrude 23.0 。选择的面被拉伸了,座舱盖有了大致的形状,见图 6-38。

(7) 单击"选择"(Selection)卷展栏的"顶点"(Vertex)按钮。

(8) 在前视口使用区域的方式选择顶部的顶点,见图 6-39。

(9) 在前视口调整顶点,使其类似于图 6-40。

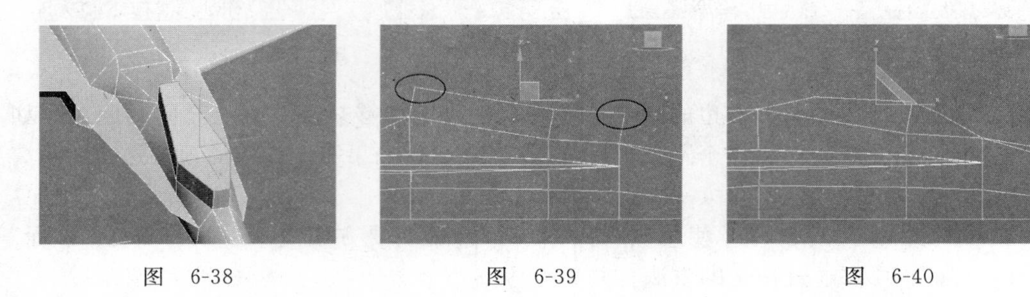

图 6-38　　图 6-39　　图 6-40

(10) 单击主工具栏的"选择并均匀缩放"(Select and Uniform Scale)按钮。

(11) 在右视口使用区域的方式选择顶部剩余的两个顶点(见图 6-41(a)),并沿着 X 轴缩放它们,直到与图 6-41(b)类似为止。

现在有了座舱,见图 6-42。

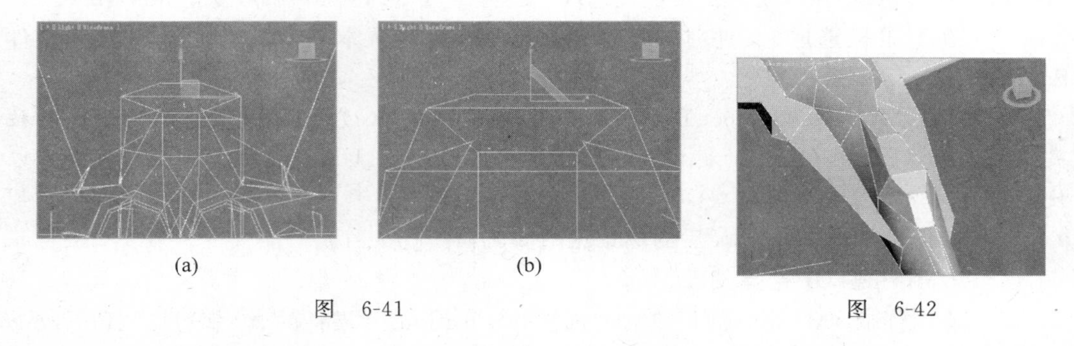

(a)　　(b)

图 6-41　　图 6-42

如果得到的结果与想象的不一样,那么可以在菜单栏选取"文件/打开"(File/Open),然后从本书的配套光盘中打开文件 Samples-04-02f. max。该文件就是用户应该得到的结果。

6.3.5 反转边

当使用多于 3 个边的多边形建模的时候,内部边有不同的形式。例如一个简单的四边形的内部边就有两种形式,见图 6-43。

将内部边从一组顶点改变到另外一组顶点就称为反转边(Edge Turning)。

图 6-43 是一个很简单的图形,因此很容易看清楚内部的边。如果在复杂的三维模型上,边界的方向就变得非常重要。图 6-44 中被拉伸的多边形的边界正确。

如果反转了顶部边界，将会得到明显不同的效果，见图 6-45。

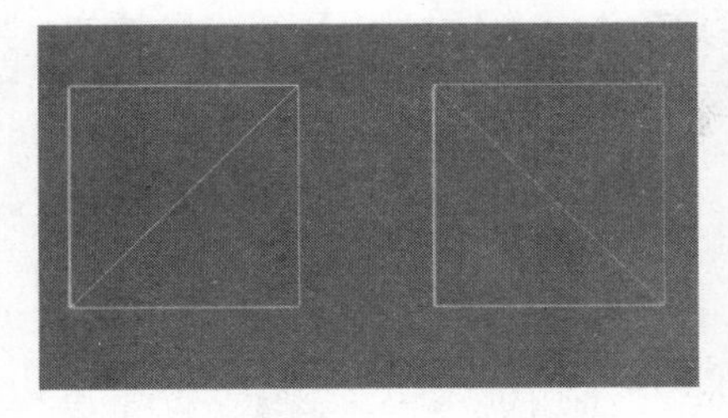

图 6-43

图 6-44

图 6-45

需要说明的是尽管两个图明显不同，但是顶点位置并没有明显改变。

例 6-4 反转边

(1) 继续前面的练习，或者在菜单栏选取"文件/打开"(File/Open)，然后从本书的配套光盘中打开文件 Samples-06-03. max。

(2) 选取视口导航控制区域"弧形旋转子对象"(Arc Rotate SubObject)按钮。

(3) 在用户视口绕着机舱旋转视口，会发现机舱两侧是不对称的，见图 6-46。

图 6-46

从图 6-46 中可以看出，长长的小三角形使机舱看起来有一个不自然的皱折。在游戏引擎中，这类三角形会出现问题。反转边可以解决这个问题。

(4) 在用户视口选择飞机。

(5) 选择修改(Modify)命令面板，单击"选择"(Selection)卷展栏的"边"(Edge)按钮。

(6) 单击"编辑几何体"(Edit Geometry)卷展栏中的"改向"(Turn)按钮。

(7) 在用户视口选择飞机座舱左侧前半部分的边，见图 6-47。

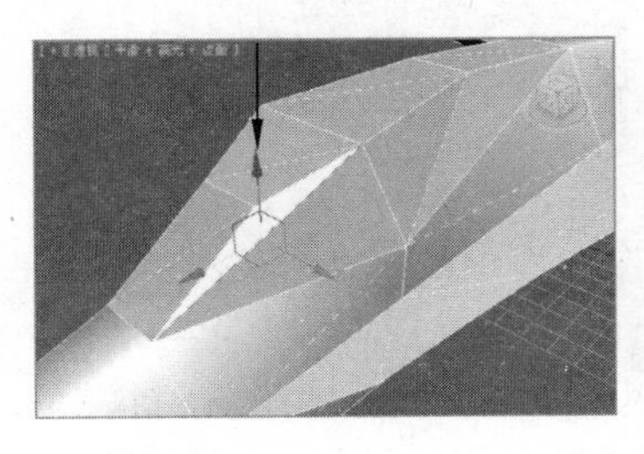

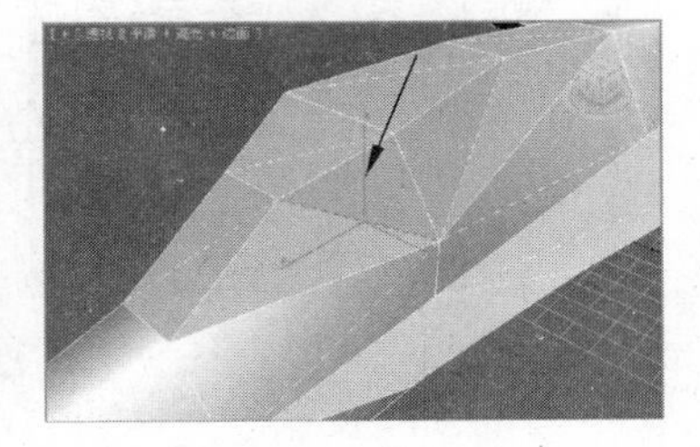

图 6-47

现在座舱看起来好多了。下面来设置右边的边。

(8) 在视口导航控制区域选取"弧形旋转子对象"(Arc Rotate SubObject)按钮。

(9) 在用户视口绕着飞机旋转视口，以便观察座舱的右侧。

(10) 在"改向"(Turn)仍然打开的情况下，单击定义座舱后面小三角形的边，见图 6-48。

图 6-48

现在座舱完全对称了。如果得到的结果与想象的不一样，则可以在菜单栏选取"文件/打开"(File/Open)，然后从本书的配套光盘中打开文件 Samples-06-03f. max。该文件就是用户应该得到的结果。

6.3.6 增加和简化几何体

例 6-5 边界细分和合并顶点

(1) 启动 3ds Max，或者在菜单栏选择"文件/重置"(File/Reset)，复位 3ds Max。

(2) 在菜单栏选择"文件/打开"(File/Open)，然后从本书的配套光盘中打开文件 Samples-06-04. max。

(3) 在"工具"(Utilities)命令面板单击"更多"(More)按钮。

(4) 在"工具"(Utilities)对话框中单击"多边形计数器"(Polygon Counter)，然后单击"确定"(OK)按钮，见图 6-49。

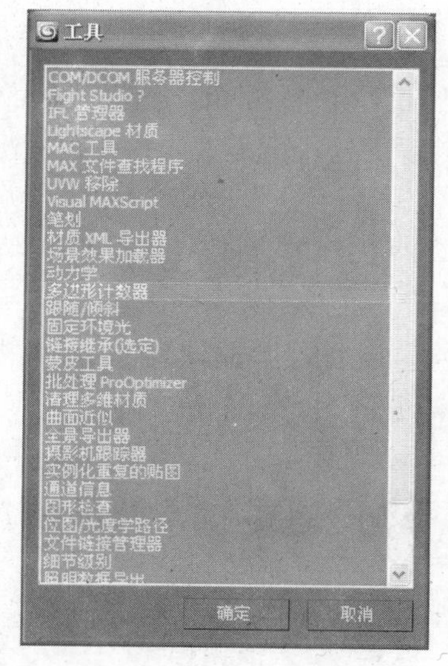

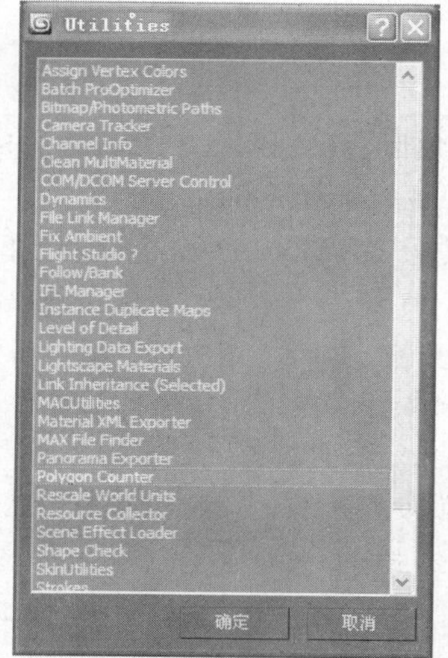

图 6-49

(5) 在用户视口选择飞机。"多边形计数"(Polygon Count)对话框显示出多边形的个数是 414，见图 6-50。

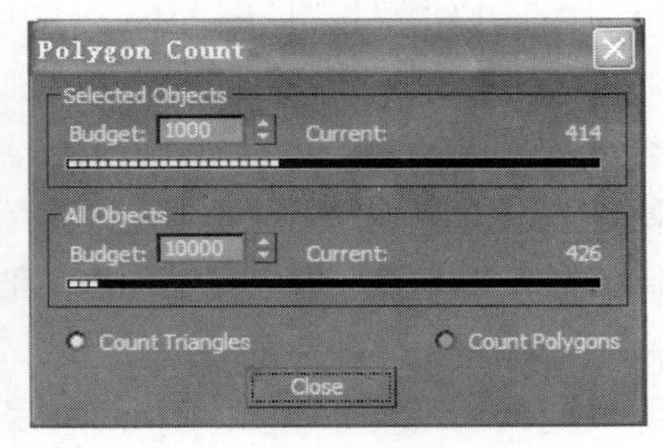

图 6-50

(6) 在修改(Modify)命令面板的“选择”(Selection)卷展栏中单击◁“边”(Edge)按钮。

(7) 打开“选择”(Selection)卷展栏中的“忽略背面”(Ignore Backfacing)复选框,可避免修改看不到的面。

(8) 在“编辑几何体”(Edit Geometry)卷展栏中单击“拆分”(Divide)按钮。

(9) 在顶视口中单击图 6-51 所指出的 3 个边。

新的顶点出现在 3 个边的中间。

(10) 这时“多边形计数”(Polygon Count)对话框显示出飞机的多边形数是 420。

(11) 在“编辑几何体”(Edit Geometry)卷展栏中单击“拆分”(Divide)按钮关闭它。

(12) 在“编辑几何体”(Edit Geometry)卷展栏中单击“改向”(Turn)按钮。

(13) 在顶视口反转图 6-51 中深颜色的边,直到与图 6-52 类似。

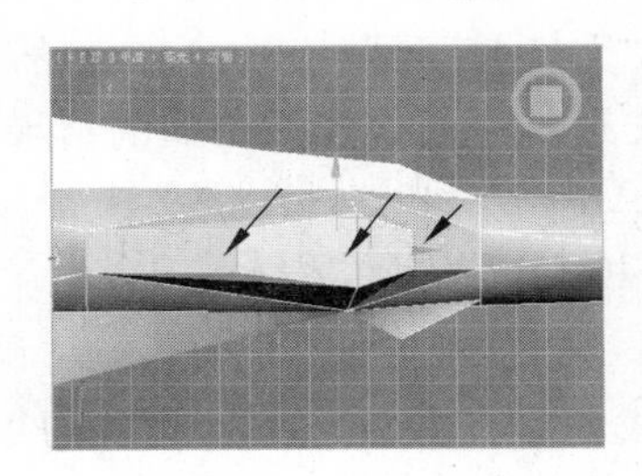

图 6-51

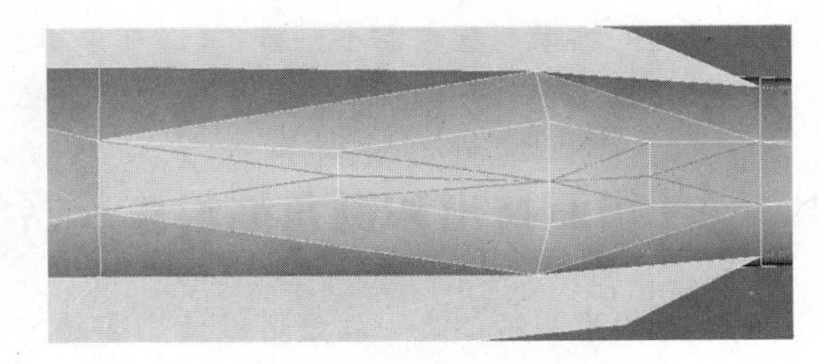

图 6-52

由图 6-52 可以看到,尽管增加了 3 个顶点,但是模型的外观并没有改变。必须通过移动顶点来改变模型。

(14) 在“编辑几何体”(Edit Geometry)卷展栏单击“改向”(Turn)按钮,关闭它。

下面我们就使用“目标”(Target)选项来合并顶点。

(15) 在“选择”(Selection)卷展栏单击⁘“顶点”(Vertex)按钮。

(16) 在“编辑几何体”(Edit Geometry)卷展栏的“焊接”(Weld)区域单击“目标”(Target)。

(17) 在用户视口分别将图 6-53 中标出的顶点拖曳到中心的顶点上。

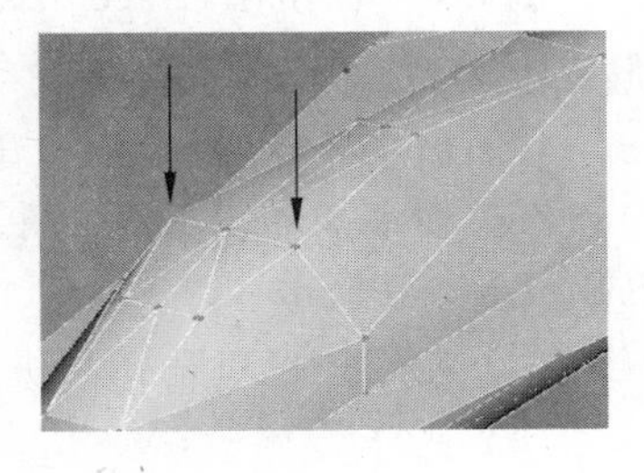

图 6-53

3 个顶点被合并在一起，见图 6-54。

技巧：在前视口合并顶点要方便一些。

(18) 合并完成后单击“目标”(Target)，关闭它。

接下来使用选定区域(Selection)合并顶点。

用目标(Target)合并顶点可以得到准确的结果，但是速度较慢。使用选定区域(Selection)可以快速合并顶点。

(19) 继续前面的练习。在顶视口使用区域的方法选择座舱顶所有的顶点，见图 6-55。

(20) 在“编辑几何体”(Edit Geometry)卷展栏的“焊接”(Weld)区将“选定项”(Selected)的数值改为 20.0。

(21) 单击“焊接”(Weld)区域的“选定项”(Selected)按钮。

一些顶点被合并在一起，座舱盖发生变化，见图 6-56。

图 6-54

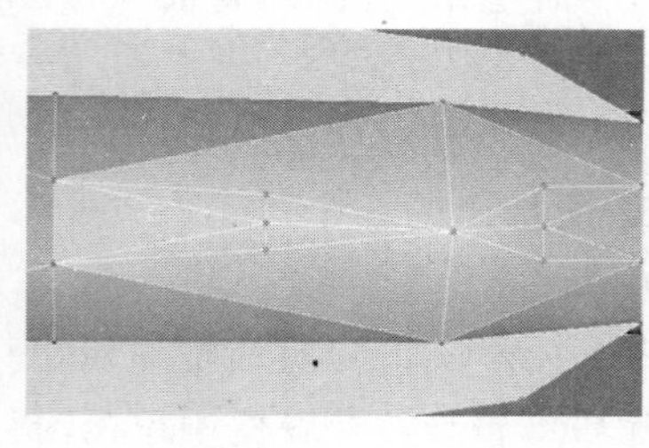

图 6-55

图 6-56

现在“多边形计数”(Polygon Count)对话框显示有 408 个多边形。

如果得到的结果与想象的不一样，可以在菜单栏选取“文件/打开”(File/Open)，然后从本书的配套光盘中打开文件 Samples-06-04f.max。该文件就是用户应该得到的结果。

6.3.7 使用面挤出和倒角编辑修改器创建推进器的锥体

3ds Max 的重要特征之一就是可以使用多种方法完成同一任务。在下面的练习中，我们将创建飞机后部推进器的锥体。这次采用的方法与前面的有点不同。前面一直是在次对象层次编辑，这次将使用面挤出(Face Extrude)编辑修改器来拉伸面。

增加编辑修改器后堆栈中将会有历史记录，这样即使完成建模后仍可以返回来进行参数化的修改。

例 6-6 面挤出(Face Extrude)、网格选择(Mesh Select)和编辑网格(Edit Mesh)编辑修改器

(1) 启动 3ds Max，或者在菜单栏选取“文件/重置”(File/Reset)，复位 3ds Max。

(2) 在菜单栏选取“文件/打开”(File/Open)，然后从本书的配套光盘中打开文件 Samples-06-05.max。

(3) 在用户视口选择飞机。

(4) 选择修改(Modify)命令面板，单击“选择”(Selection)卷展栏中“多边形”(Polygon)按钮。

(5) 在用户视口单击飞机尾部右侧将要生成锥的区域，见图 6-57。

(6) 在修改(Modify)面板的编辑修改器堆栈列表中选取“面挤出”(Face Extrude)修改器。

(7) 在“参数”(Parameters)卷展栏将“数量”(Amount)设置为 20.0，“比例”(Scale)设置为 80.0，见图 6-58。

图 6-57

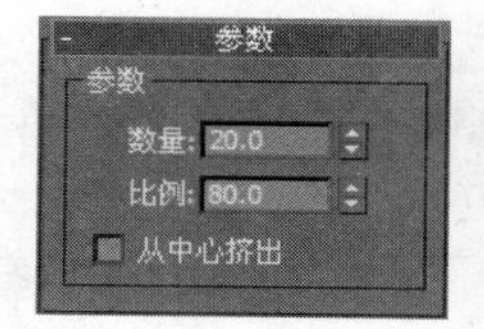

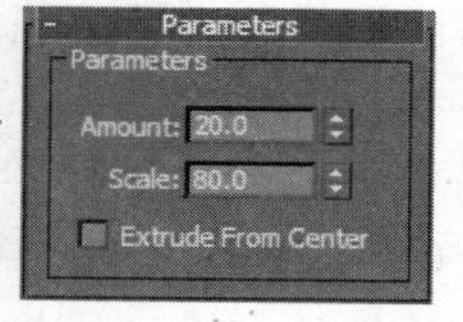

图 6-58

多边形被从机身拉伸并缩放，形成了锥，见图 6-59。

(8) 在编辑修改器列表中选取“网格选择”(Mesh Select)。

(9) 在“网格选择”(Mesh Select)的“参数”(Parameters)卷展栏单击■“多边形”(Polygon)按钮。

(10) 在用户视口单击飞机尾部左侧将要生成锥的区域，见图 6-60。

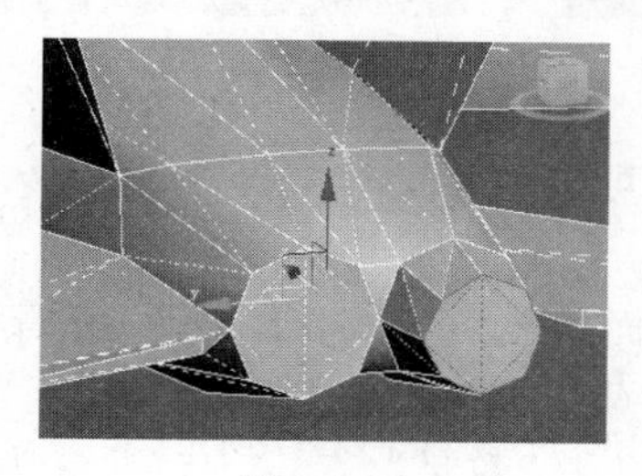

图 6-59

图 6-60

(11) 在编辑修改器堆栈的显示区域的面挤出(Face Extrude)上单击鼠标右键，然后从弹出的快捷菜单中选择“复制”(Copy)，见图 6-61。

(12) 在编辑修改器堆栈的显示区域的网格选择(Mesh Select)上单击鼠标右键，然后从弹出的快捷菜单中选择“粘贴实例”(Paste Instanced)。面挤出(Face Extrude)被粘贴了，见图 6-62。

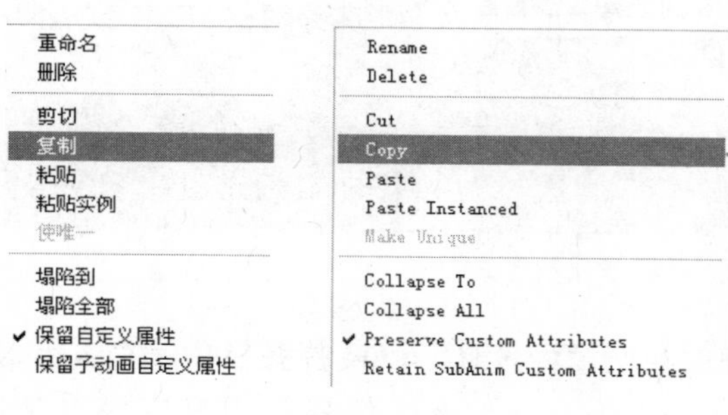

图 6-61

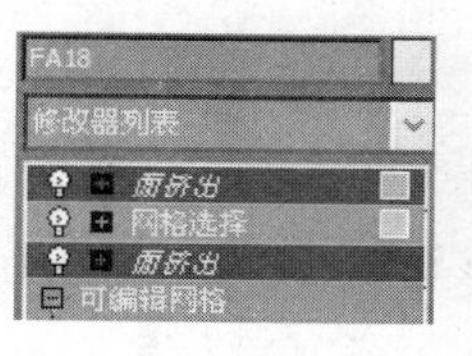

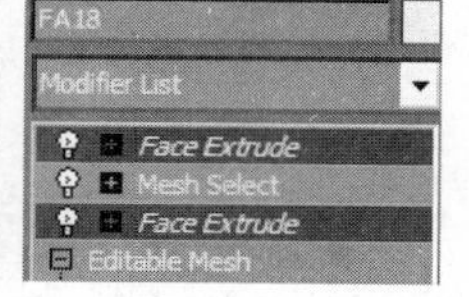

图 6-62

在图 6-62 中，“面挤出”(Face Extrude)用斜体表示，表明它是关联的编辑修改器。这时的飞机如图 6-63 所示。

从这个操作中可以看到，通过复制编辑修改器可以大大简化操作。

(13) 在编辑修改器列表中选取“编辑网格”(Edit Mesh)。

(14) 单击“选择”(Selection)卷展栏的■“多边形”(Polygon)按钮。

(15) 在用户视口选择两个圆锥的末端多边形，见图 6-64。

(16) 在“编辑几何体”(Edit Geometry)卷展栏将“挤出”(Extrude)设置为－30，会发现飞机尾部出现了凹陷。

说明：这里最好准确输入－30 这个数值。如果调整微调器，则必须在不松开鼠标的情况下将数值调整为－30，否则可能会产生一组面。

(17) 在“编辑几何体”(Edit Geometry)卷展栏将“倒角”(Bevel)数值设置为－5.0。

这样就完成了排气锥的建模，飞机的尾部如图 6-65 所示。

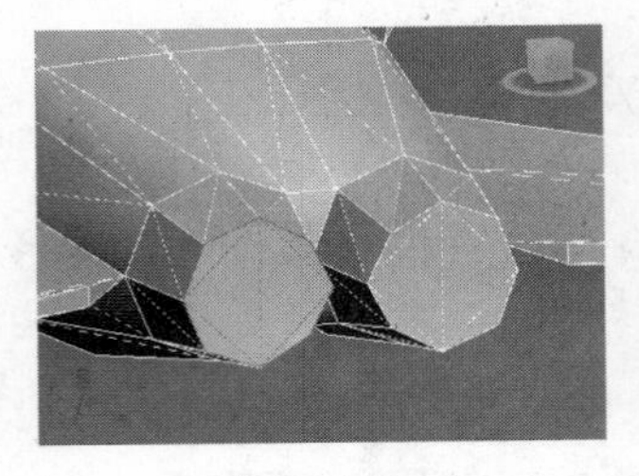

图 6-63

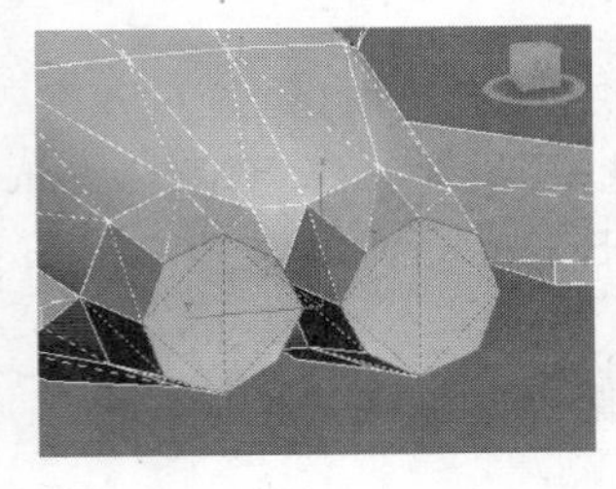

图 6-64

图 6-65

如果需要改变“面挤出”(Face Extrude)的数值，可以使用编辑修改器堆栈返回到面挤出(Face Extrude)，然后改变其参数。

(18) 在编辑修改器堆栈列表中选择任何一个“面挤出”(Face Extrude)编辑修改器(见图 6-66)，然后在出现的警告消息框中单击“确定”(Yes)按钮。

(19) 在命令面板的“参数”(Parameters)卷展栏中将“数量”(Amount)设置为 40.0，“比例”(Scale)设置为 60.0，见图 6-67。

这时的飞机如图 6-68 所示。

图 6-66

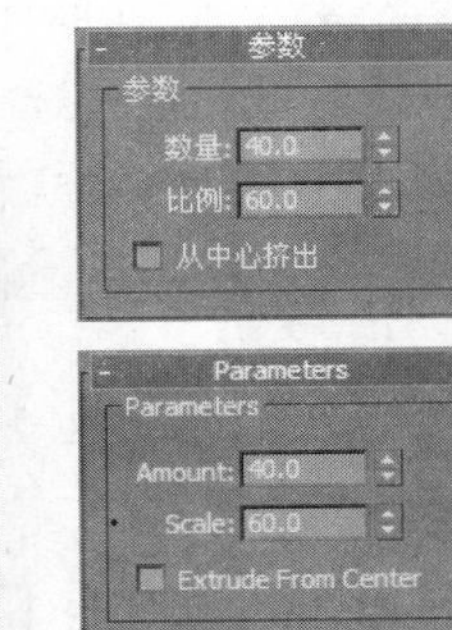

图 6-67

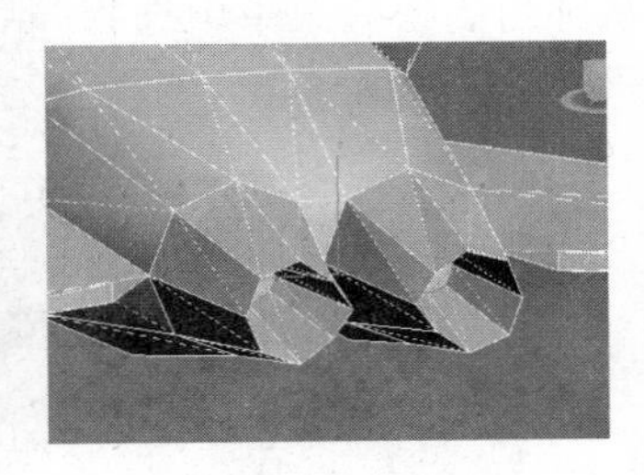

图 6-68

如果得到的结果与想象的不一样，则可以在菜单栏选择“文件/打开”(File/Open)，然后从本书的配套光盘中打开文件 Samples-06-05f. max。该文件就是用户应该得到的结果。

6.3.8 平滑组

平滑组可以融合面之间的边界，从而产生平滑的表面。它只是一个渲染特性，不改变几何体的面数。

通常情况下，3ds Max 新创建的几何体都设置了平滑选项。例外的情况是使用拉伸方法建立的面没有被指定平滑组，需要人工指定平滑组。

图 6-69 的飞机没有应用平滑组进行平滑。图 6-70 是图 6-69 中的飞机应用了平滑组进行平滑后的情况。

图 6-69

图 6-70

例 6-7 使用平滑组

(1) 启动 3ds Max，或者在菜单栏选取"文件/重置"(File/Reset)，复位 3ds Max。

(2) 在菜单栏选取"文件/打开"(File/Open)，然后从本书的配套光盘中打开文件 Samples-06-06.max。打开文件后的场景如图 6-71 所示。

这通常是最糟糕的情况。所有多边形都被指定了同一个平滑组。这个模型看起来有点奇怪，这是因为所有侧面都被面向同一方向进行处理。

(3) 在用户视口选择飞机。

(4) 在"选择"(Selection)卷展栏单击"元素"(Element)按钮。

(5) 在视口标签上单击鼠标右键，然后在弹出的快捷菜单上选取"边面"(Edged Faces)，这样便于编辑时清楚地观察模型。

(6) 在用户视口选择两个机翼、两个稳定器、两个方向舵和两个排气锥。

(7) 单击"选择"(Selection)卷展栏的"隐藏"(Hide)按钮。

现在只有机身可见，见图 6-72。

图 6-71

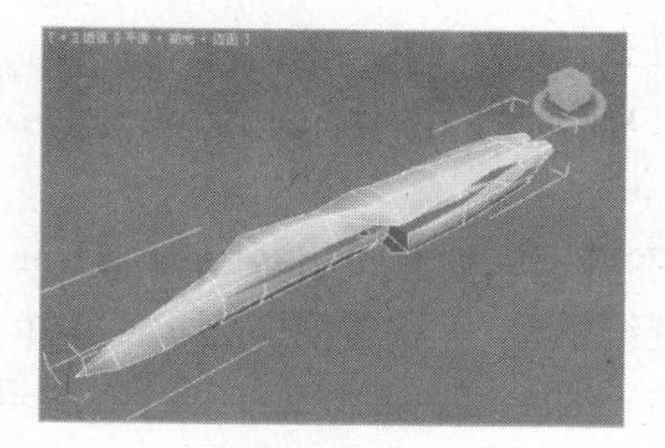

图 6-72

(8) 单击“选择”(Selection)卷展栏的■“多边形”(Polygon)按钮。

(9) 在视口导航控制区域单击“最大化视口”(Min/Max Toggle)按钮，将显示 4 个视口。

(10) 在用户视口选择所有座舱罩的多边形，见图 6-73。

(11) 在“曲面属性”(Surface Properties)卷展栏的“平滑组”(Smoothing Groups)区清除 1，然后选择 2，则座舱罩的明暗情况改变了，见图 6-74。

(12) 在用户视口中单击机身外的任何地方，取消对机身的选择。

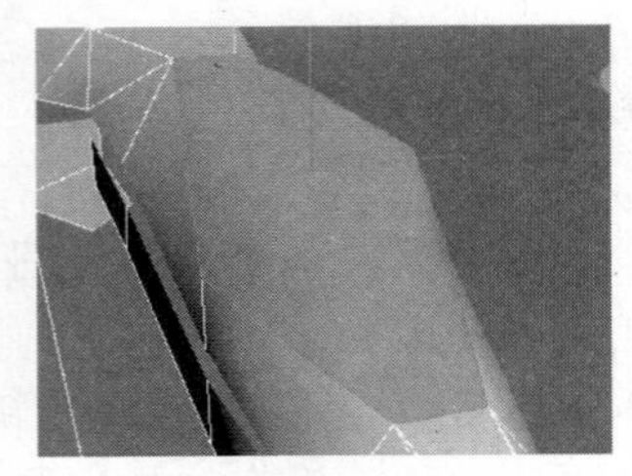

图 6-73

(13) 在用户视口的视口标签上单击鼠标右键，然后从弹出的快捷菜单上取消“边面”(Edged Faces)的选择。现在座舱罩尽管还是平滑的，但是已经可以与机身区分开来，见图 6-75。

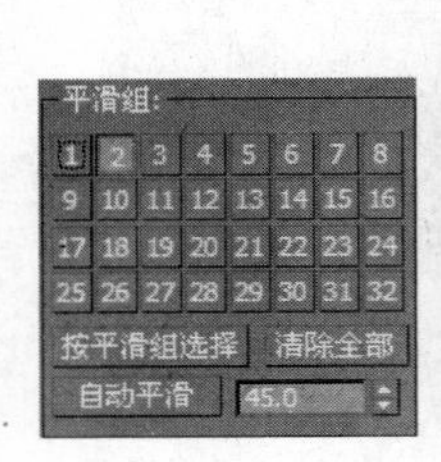

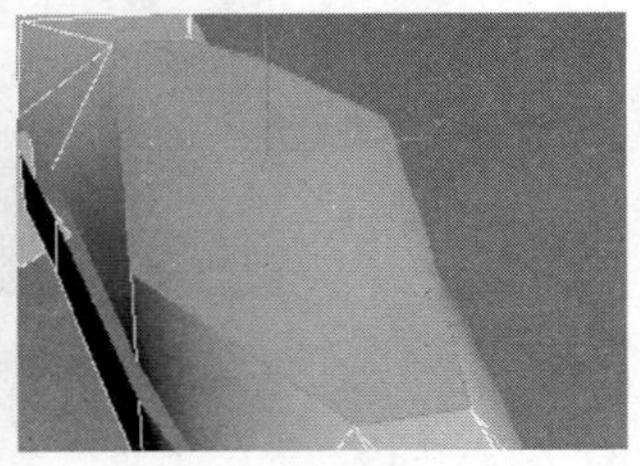

图 6-74

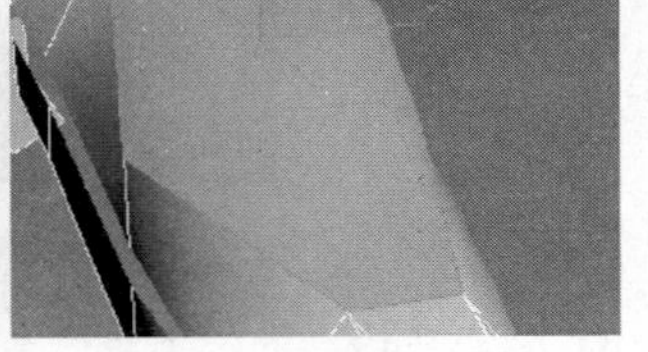

图 6-75

如果得到的结果与想象的不一样，则可以在菜单栏选择“文件/打开”(File/Open)，然后从本书的配套光盘中打开文件 Samples-06-06f. max。该文件就是用户应该得到的结果。

6.3.9 细分表面

通常，即使最后网格很复杂，开始时最好使用低多边形网格建模。对于电影和视频来讲，通常使用较多的是多边形，这样模型的细节很多，渲染后也比较平滑。将简单型模型转换成复杂型模型是一件简单的事情。但是反过来却不一样。如果没有优化工具，将复杂多边形模型转换成简单多边形模型是一件困难的事情。

增加简单多边形网格模型像增加编辑修改器一样简单。可以增加几何体的编辑修改器类型有：

(1) 网格平滑(Mesh Smooth)：这个编辑修改器通过沿着边和角增加面来平滑几何体。

(2) HSDS(表面层级细分，Hierarchal SubDivision Surfaces)：这个编辑修改器一般作为最终的建模工具，它增加细节并自适应地细化模型。

(3) 细化(Tessellate)：这个编辑修改器给选择的面或者整个对象增加面。

这些编辑修改器与平滑组不同，平滑组不增加几何体的复杂度，当然平滑效果也不会比这些编辑修改器好。

例 6-8 平滑简单的多边形模型

(1) 启动 3ds Max,或者在菜单栏选取"文件/重置"(File/Reset),复位 3ds Max。

(2) 在菜单栏选取"文件/打开"(File/Open),然后从本书的配套光盘中打开文件 Samples-06-07. max。

该文件包含一个简单的人物模型,见图 6-76。

(3) 在透视视口单击任务,选择它。

(4) 选择修改(Modify)命令面板,在编辑修改器列表中选取"网格平滑"(MeshSmooth)。可以看到模型并没有改变。

(5) 在"细分量"(Subdivision Amount)卷展栏将"迭代次数"(Iteration)改为 1。可以看到模型平滑了很多,见图 6-77。

(6) 按 F4 键,隐藏边面(Edged Faces)这样会清楚地看到平滑效果。

(7) 将"迭代次数"(Iteration)数值改为 2。此时网格变得非常平滑了,见图 6-78。

图 6-76

图 6-77

图 6-78

通过比较使用网格平滑(Mesh Smooth)平滑前后的模型,就可以发现平滑后的模型变得细腻平滑。

下面进一步来改进这个模型。

(8) 在"局部控制"(Local Control)卷展栏选取"显示控制网格"(Display Control Mesh),单击"顶点"(Vertex)按钮,见图 6-79。

(9) 在透视视口使用区域选择的方法选择模型肩部的几个点,见图 6-80。

(10) 尝试处理一些控制点。当低分辨率的控制点移动的时候,高分辨率的网格平滑变形,见图 6-81。

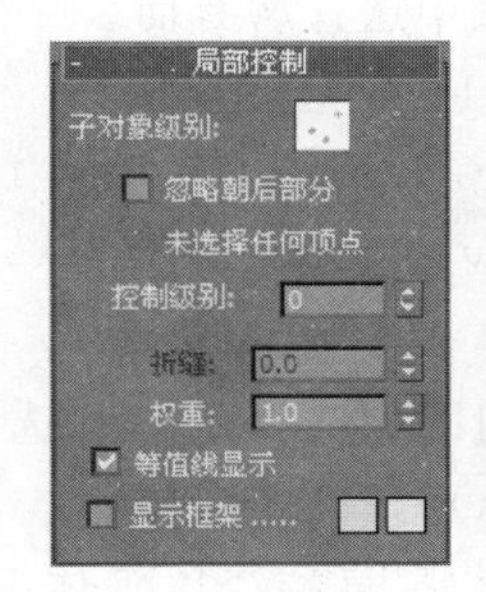

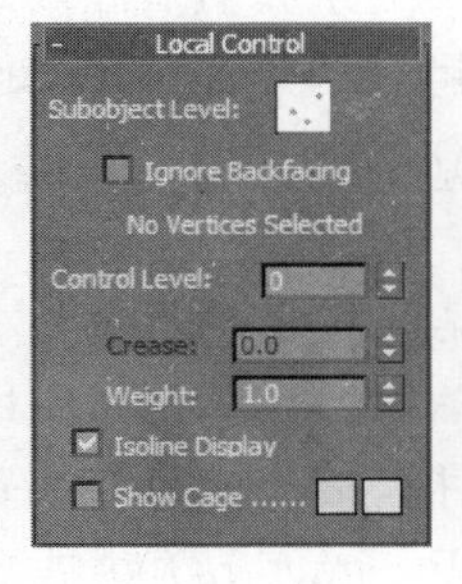

图 6-79

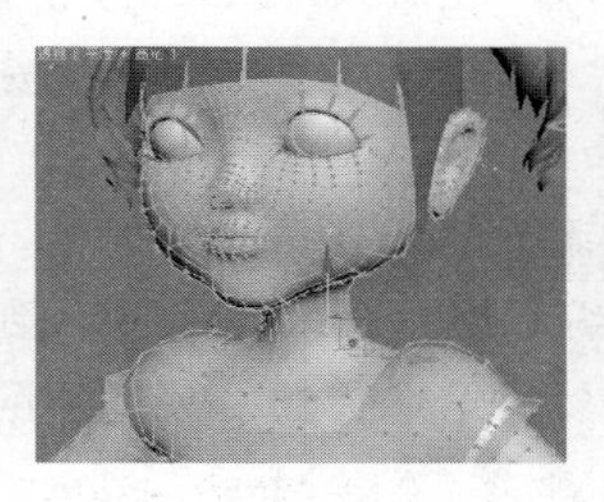

图 6-80

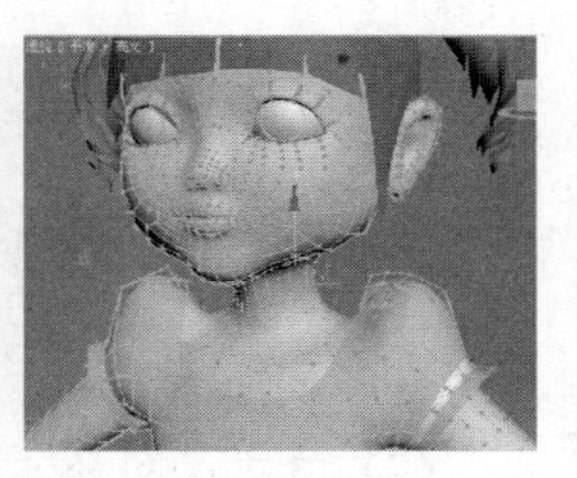

图 6-81

可以通过在编辑修改器堆栈显示区域选取可编辑网格(Editable Mesh)来在次对象层次完成该操作。这些选项使盒子建模的功能非常强大。

6.4 网格建模创建模型

网格建模是 3ds Max 的重要建模方法。它广泛应用于机械、建筑和游戏等领域。不但可以建立复杂的模型,而且建立的模型简单,计算速度快。下面来说明如何制作足球模型,见图 6-82。

图 6-82

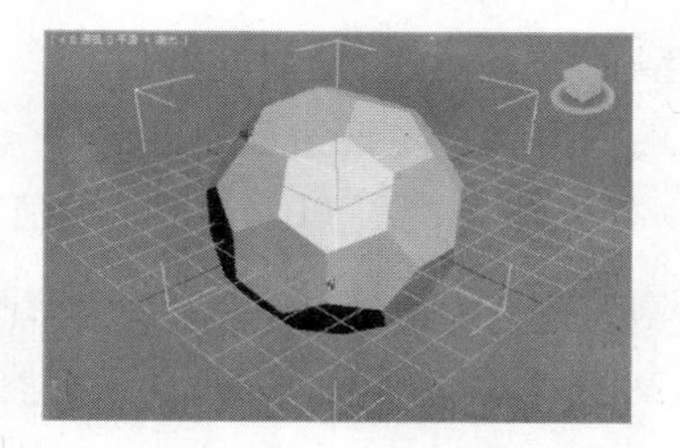

图 6-83

例 6-9 足球模型

(1) 启动或者重新设置 3ds Max。

(2) 到创建几何体分支的扩展几何体(Extended Primitives),单击命令面板中的“异面体”(Hedra)按钮,在透视视图创建一个半径为 1000.0mm 的多面体。

(3) 到修改(Modify)命令面板,将“异面体”(Hedra)命令面板“参数”(Parameters)卷展栏下的“系列”(Family)改为十二面体|二十面体(Dodec|Icos),“系列参数”(Family Parameters)下面的 P 改为 0.36,其他参数不变。

这时多面体类似于图 6-83。它的面是由五边形和六边形组成。与足球的面的构成类似。

现在存在的问题是面没有厚度。要给面增加厚度,必须先将面分解。可以使用编辑网格(Edit Mesh)或者可编辑网格(Editable Mesh)来分解面。

(4) 确认选择多面体,给它增加一个编辑网格(Edit Mesh)编辑修改器。在命令面板的“选择”(Selection)卷展栏单击“多面体”(Polygon)按钮,然后在场景中选择所有面。

(5) 确认“编辑几何体”(Edit Geometry)卷展览中“炸开”(Explode)按钮下面选择了“对象”(Object)项,然后单击“炸开”(Explode)按钮,在弹出的“炸开”(Explode)对话框中单击“确认”(OK)按钮。

这样就将球的每个面分解成独立的几何体,见图 6-84。

(6) 单击堆栈中的编辑网格(Edit Mesh),到堆栈的最上层,使用区域选择的方法选择场景中的所有对象。然后给选择的对象增加网格选择(Mesh Select)编辑修改器。

(7) 单击“网格选择参数”(Mesh Select Parameters)卷展栏下面的“多面体”(Polygon)按钮,到场景中选择所有的面。

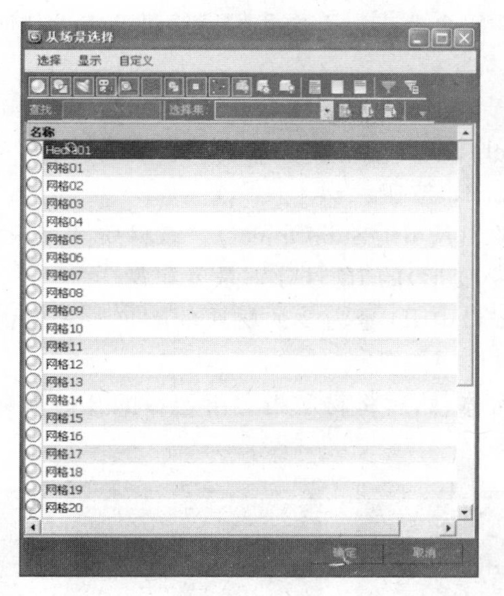

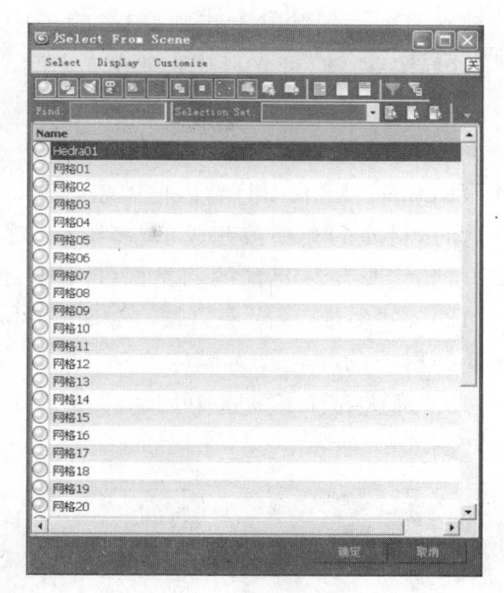

图 6-84

(8) 给选择的面增加面挤出(Face Extrude)编辑修改器,将"参数"(Parameters)卷展栏中的"数量"(Amount)设置为 5.0,"比例"(Scale)设置为 90,见图 6-85。

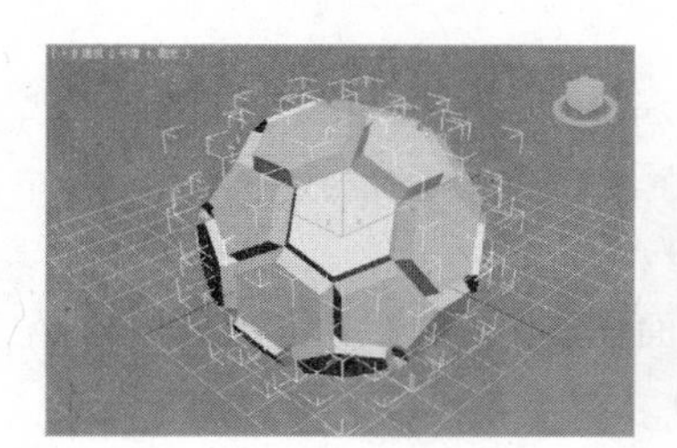
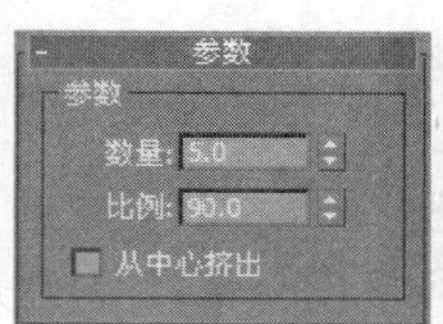

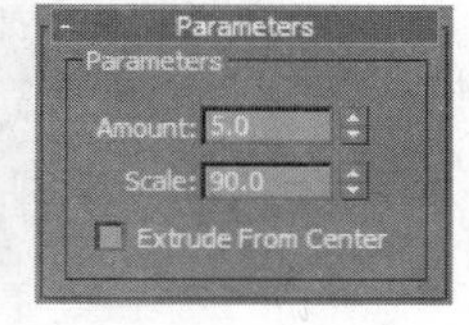

图 6-85

现在足球的面有了厚度,但是看起来非常硬,不像真正的足球。

(9) 给场景中所选择的几何体增加网格平滑(Mesh Smooth)编辑修改器,将"细分方法"(Subdivison Method)卷展栏下面的将"细分方法"(Subdivison Method)改为"四边形输出"(Quad Output),将"细分量"(Subdivison Amount)卷展栏下面的"强度"(Strength)改为 0.6,其他参数不变。这时足球变得平滑了,见图 6-86。

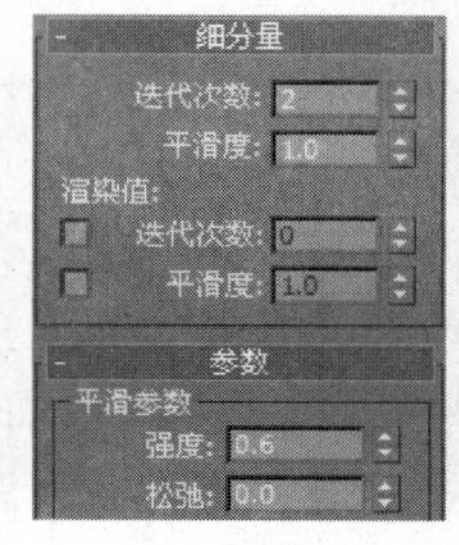

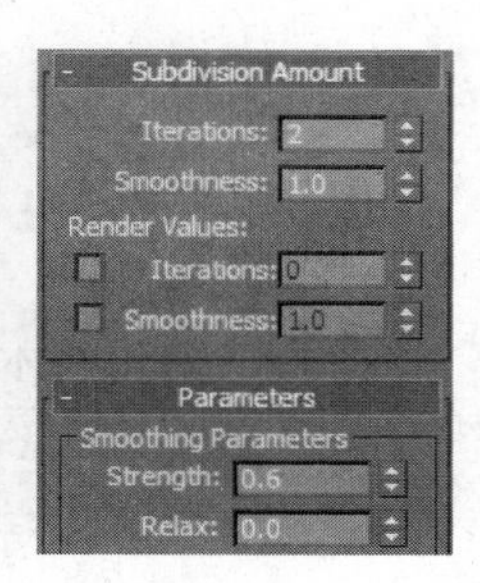

图 6-86

现在足球的形状基本正确，但是颜色还不符合要求。下面我们就给足球设计材质。

(10) 按 M 键，进入材质编辑修改器。

(11) 单击 Standard 按钮，在弹出的“材质/贴图浏览器”(Material/Map Browser)对话框中选取“多维/子对象”(Multi/Sub-Object)，单击“确认”(OK)按钮。在弹出的“替换材质”(Replace Material)对话框单击“确认”(OK)按钮。

这时，材质的类型被改成了“多维/子对象”(Multi/Sub-Object)。该材质类型根据面的 ID 号指定材质。足球的两类面(6 变形和 2 变形)的 ID 号分别是 2 和 3。

(12) 将“多维/子对象”(Multi/Sub-Object)中 ID 号为 2 的材质的颜色改为白色，ID 号为 3 的材质的颜色改为黑色。

(13) 确认选择了场景中足球的所有几何体，然后将材质指定给选择的几何体即可。结果如图 6-87 所示。

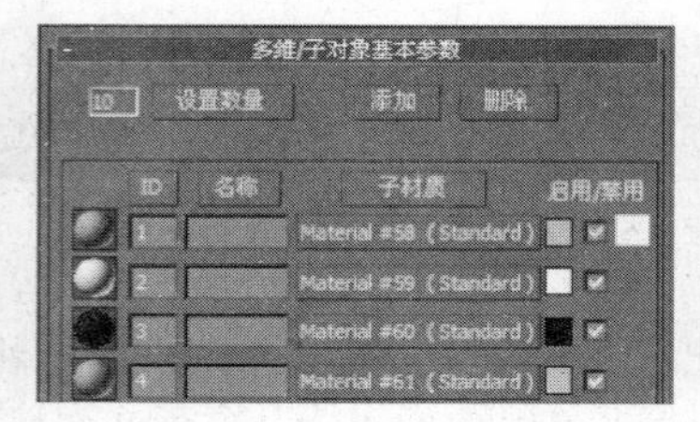

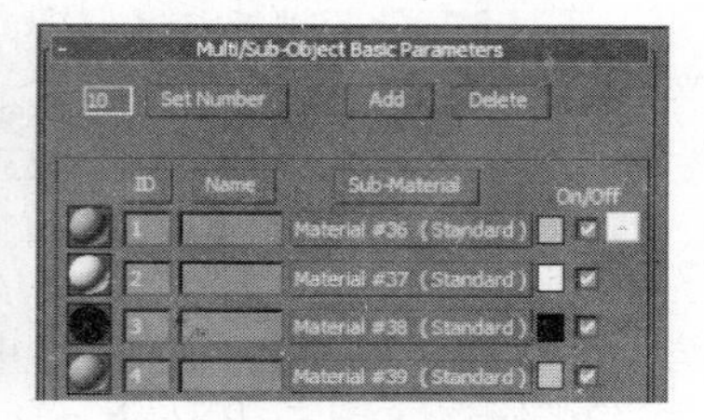

图 6-87

该例子的最后效果保存在本书配套光盘的 Samples-06-08.max。

(14) 在“选择对象”对话框中选择 Box01。在编辑修改器堆栈显示区域，单击编辑网格左边的十号，单击进入“多边形”次对象层级。

(15) 选择属于 Box01 的所有多边形，在“曲面属性”卷展栏中的材质 ID 值设置为 1，见图 6-88。

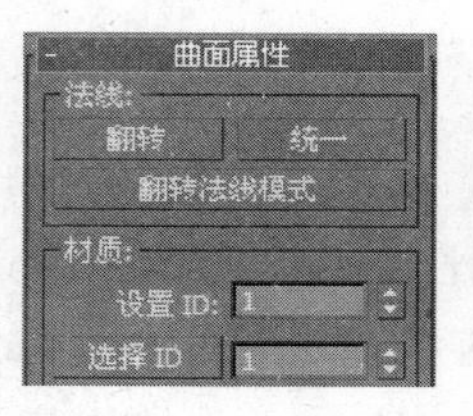

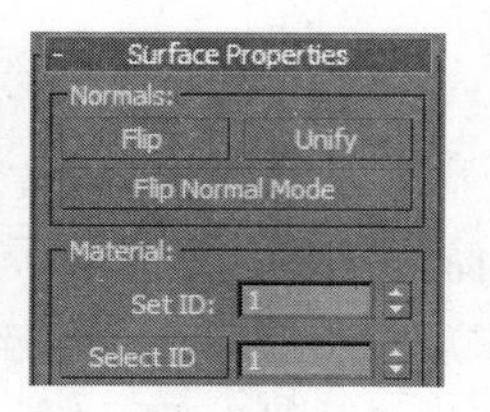

图 6-88

小　　结

建模方法非常重要，在本章我们已经学习了多边形建模的简单操作，并了解了网格次对象的元素：顶点(Vertices)、边(Edges)、面(Faces)、多边形(Polygons)和元素(Elements)。此外，我们还学习了编辑修改器和变换之间的区别。通过使用诸如面拉伸、边界细分等技术，可以增加几何体的复杂程度。顶点合并可以使用户方便地减少面数。

用户使用可编辑多边形(Editable Poly)可以方便地对多边形面进行分割、拉伸，从而创建非常复杂的模型。

习　题

一、判断题

1. 编辑网格(Edit Mesh)是能够访问次对象的，但不能够给堆栈传递次对象选择集的网格编辑修改器。

2. 面挤出(Face Extrude)是一个动画编辑修改器。它影响传递到堆栈中的面，并沿法线方向拉伸面，建立侧面。

3. NURBS 是 Non Uniform Rational Basic Spline 的缩写。

4. 使用编辑网格(Edit Mesh)修改器把节点连接在一起，就一定能够将不封闭的对象封闭起来。

5. 可编辑网格(Editable Mesh)类几何体需要通过可编辑面片(Editable Patch)才能转换成 NURBS。

二、选择题

1. 网格平滑(Mesh Smooth)编辑修改器的________选项可以控制节点的权重。
   A. Classic　　B. NURMS　　C. NURBS　　D. QuadOutput

2. 下面________编辑修改器不可以改变几何对象的平滑组。
   A. 平滑(Smooth)　　B. 网格平滑(Mesh Smooth)
   C. 编辑网格(Edit Mesh)　　D. 弯曲(Bend)

3. 可以使用________编辑修改器改变面的 ID 号。
   A. 编辑网格(Edit Mesh)　　B. 网格选择(Mesh Select)
   C. 网格平滑(Mesh Smooth)　　D. 编辑样条线(Edit Spline)

4. 下面________是编辑网格(Edit Mesh)编辑修改器的选择层次。
   A. 顶点、边、面、多边形和元素　　B. 顶点、线段和样条线
   C. 顶点、边界和面片　　D. 顶点、CV 线和面

5. 能实现分层细分功能的编辑修改器是________。
   A. 编辑网格(Edit Mesh)　　B. 编辑面片(Edit Patch)
   C. 网格平滑(Mesh Smooth)　　D. HSDS

6. 下面________不能直接转换成 NURBS。
   A. 标准几何体　　B. 扩展几何体
   C. 放样几何体　　D. 布尔运算得到的几何体

7. 下面________方法可以将 Editable Mesh 对象转换成 NURBS。
   A. 直接可以转换　　B. 通过可编辑多边形(Editable Poly)

C. 通过可编辑面片(Editable Patch)　　D. 不能转换

8. 下面________编辑修改器可以将 NURBS 转换成网格(Mesh)。

   A. 编辑网格(Edit Mesh)　　B. 编辑面片(Edit Patch)

   C. 编辑样条线(Mesh Spline)　　D. 编辑多边形(Editable Poly)

9. 下面________方法可以将散布(Scatter)对象转换成 NURBS。

   A. 直接转换

   B. 通过可编辑多边形(Editable Poly)和可编辑面片(Editable Patch)

   C. 通过可编辑网格(Editable Mesh)和可编辑面片(Editable Patch)

   D. 通过可编辑面片(Editable Patch)

10. 下面________方法可以直接转换成 NURBS。

   A. 放样(Loft)　B. 布尔(Boolean)　C. 散布(Scatter)　D. 变形(Conform)

三、思考题

1. 编辑网格(Edit Mesh) 和可编辑网格(Editable Mesh)在用法上有何异同?
2. 编辑网格(Edit Mesh) 有哪些次对象层次?
3. 编辑顶点的常用工具有哪些?
4. 面挤出(Face Extrude)的主要作用是什么?
5. 网格选择(Mesh Select)的主要作用是什么?
6. 网格平滑(Mesh Smooth)的主要作用是什么?
7. HSDS 与网格平滑(Mesh Smooth)在用法上有什么异同?
8. 尝试制作图 6-89 所示的花蕊模型。

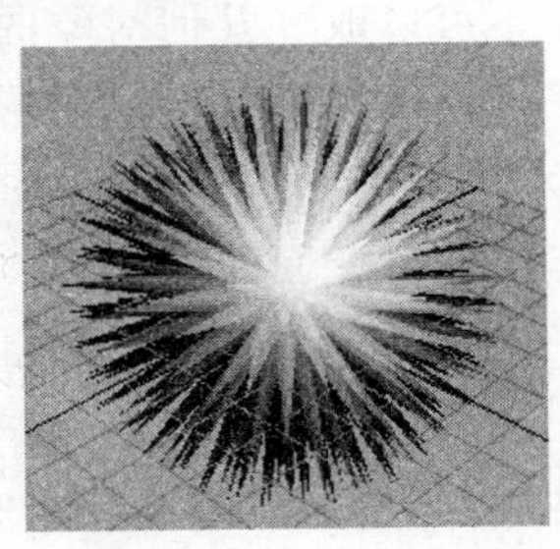

图　6-89

第7章 动画和动画技术

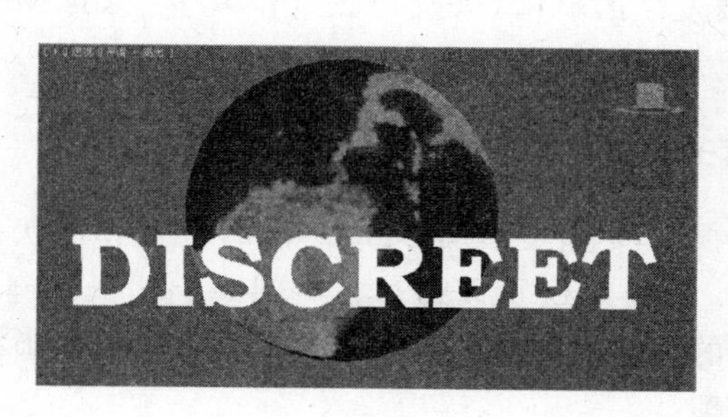

本章主要介绍 3ds Max 2011 的基本动画技术和轨迹视图(Track View)。

本章重点内容：

- 理解关键帧动画的概念；
- 使用轨迹栏(Track Bar)编辑关键帧；
- 显示轨迹线(Trajectories)；
- 理解基本的动画控制器；
- 使用轨迹视图(Track View)创建和编辑动画参数；
- 创建对象的链接关系；
- 创建简单的正向运动动画。

7.1 动画

动画的传统定义是这样一个过程：首先制作许多图像，这些图像显示的是对象在特定运动中的各种姿势及相应的周围环境，然后快速播放这些图像，使之看起来是光滑流畅的动作，从某种意义上讲，根据真实场景拍摄的电影、电视也属于这种动画定义的范畴，因为电影或电视首先高速拍摄真实场景的图像，然后再高速播放。

动画与影视的区别在于产生图像的过程不同。影视用摄像机拍摄图像，然后播放；而传统动画要求绘制每一幅图像，然后拍照成帧，再播放。

这一过程的不同使得动画时间的设置与帧的关系非常密切。每一幅图像或胶片上的帧都必须手工绘制、着墨、上色，这个过程使得动画制作人员不得不考虑以下问题：这个动作用几帧完成？应该在哪一帧中发生？

在 3ds Max 内部，动画就是这样实时发生的。只不过动画师不必一定要等到渲染时才决定哪一动作持续多长时间；相反，他可以随时更改并观看效果。

7.1.1 关键帧动画

传统动画十分依赖关键帧技术。主要的帧由动画设计师设计，要按动画顺序画出许多重要的帧，即关键帧；然后由助手去完成关键帧之间的帧。根据动画的难易程度不同，动画主设计师可能要画许多时间上相近的关键帧，或只是画几幅关键帧。

3ds Max 的工作方式与此类似。你就是动画主设计师，负责设计在特定时刻的动画关键帧，以精确设定所要发生的事情，以及什么时候发生。3ds Max 就是你的助手，它负责设计关键帧之间时段上的动画。

1. 3ds Max 中的关键帧

由于动画中的帧数很多，因此手工定义每一帧的位置和形状是很困难的。3ds Max 极大地简化了这个工作。3ds Max 可以通过在时间线上几个关键点定义的对象位置，自动计算连接关键点之间的其他点位置，从而得到一个流畅的动画。在 3ds Max 中，需要手工定位的帧称为关键帧。

需要注意的是，在动画中位置并不是唯一可以动画的特征。在 3ds Max 中可以改变的任何参数，包括位置、旋转、比例、参数变化和材质特征等都是可以设置动画的。因此，3ds Max 中的关键帧只是在时间的某个特定位置指定了一个特定数值的标记。

2. 插值

根据关键帧计算中间帧的过程称之为插值。3ds Max 使用控制器进行插值。3ds Max 的控制器很多，因此插值方法也很多。

3. 时间配置

3ds Max 是根据时间来定义动画的，最小的时间单位是“点”(Tick)，一个点相当于 1/4800s。在用户界面中，默认的时间单位是帧。但是需要注意的是：帧并不是严格的时间单位。同样是 25 帧的图像，对于 NTSC 制式电视来讲，时间长度不够 1s；对于 PAL 制式电视来讲，时间长度正好 1s；对于电影来讲，时间长度大于 1s。由于 3ds Max 记录与时间相关的所有数值，因此在制作完动画后再改变帧速率和输入格式，系统将自动进行调整以适应所做的改变。

默认情况下，3ds Max 显示时间的单位为帧，帧速率为 30fps(帧/秒)。

可以单击“时间配置”(Time Configuration)按钮，使用“时间配置”(Time Configuration)对话框(见图 7-1)来改变帧速率和时间的显示。

“时间配置”(Time Configuration)对话框包含以下几个区域。

1) 帧速率(Frame Rate)

在这个区域可以确定播放速度，可以在预设置的 NTSC(National Television Standards Committee)、“电影”(Film)或者 PAL(Phase Alternate Line)之间进行选择，也可以使用“自定义”(Custom)。NTSC 的帧速率是 30fps，PAL 的帧速率是 25fps，“电影”(Film)

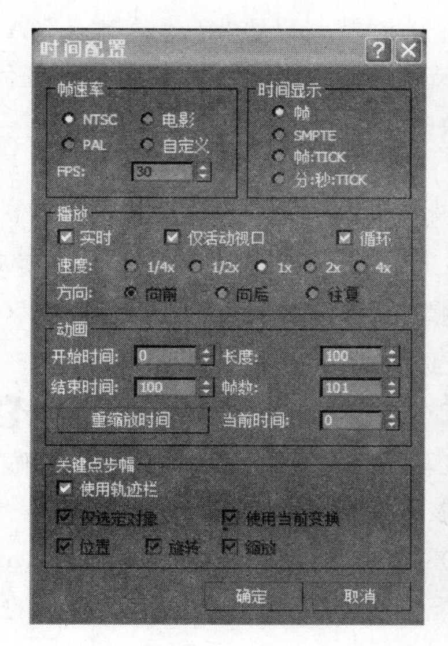

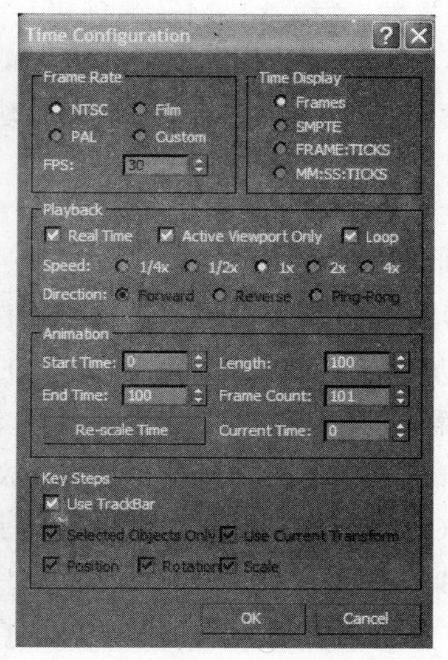

图 7-1

是 24fps。

2）时间显示(Time Display)

这个区域是指定时间的显示方式，有以下几种。

(1) 帧(Frames)：为 3ds Max 默认的显示方式。

(2) SMPTE：全称是 Society of Motion Picture and Television Engineers，即电影电视工程协会。显示方式为分、秒和帧。

(3) 帧:点：FRAME:TICKS。

(4) 分:秒:点：MM:SS:TICKS。

3）播放(Playback)

这个区域是控制如何在视口中播放动画，可以使用实时播放，也可以指定帧速率。如果机器播放速度跟不上指定的帧速度，则将丢掉某些帧。

4）动画(Animation)

动画区域指定激活的时间段。激活的时间段是可以使用时间滑动块直接访问的帧数。可以在这个区域缩放总帧数。例如，如果当前的动画有 300 帧，现在需要将动画变成 500 帧，而且保留原来的关键帧不变，就需要缩放时间。

5）关键点步幅(Key Steps)

该区域的参数控制如何在关键帧之间移动时间滑动块。

4. 创建关键帧

要在 3ds Max 中创建关键帧，就必须在打开“自动关键点”(Auto Key)按钮的情况下在非第 0 帧改变某些对象。一旦进行了某些改变，原始数值被记录在第 0 帧，新的数值或者关键帧数值被记录在当前帧。这时第 0 帧和当前帧都是关键帧。这些改变可以是变换的改变，也可以是参数的改变。例如，如果创建了一个球，然后打开动画按钮，到非第 0 帧改变球的半径参数，这样，3ds Max 将创建一个关键帧。只要“自动关键点”(Auto Key)按钮处于打开状态，就一直处于记录模式，3ds Max 将记录你在非第 0 帧所做的任何改变。

创建关键帧之后就可以拖曳时间滑动块来观察动画。

5. 播放动画

通常在创建了关键帧后就要观察动画。可以通过拖曳时间滑块来观察动画。除此之外，还可以使用时间控制区域的“播放”按钮播放动画。下面介绍时间控制区域的按钮。

播放动画(Play Animation)：用来在激活的视口播放动画。

停止播放动画(Stop Animation)：该按钮用来停止播放动画。单击“播放动画”(Play Animation)按钮播放动画后，“播放动画”(Play Animation)按钮就变成了“停止播放动画”(Stop Animation)按钮。单击该按钮后，动画被停在当前帧。

播放选择对象的动画(Play Selected)：它是“播放动画”(Play Animation)按钮的弹出按钮。它只在激活的视口中播放选择对象的动画。如果没有选择的对象，就不播放动画。

转至开始(Goto Start)：单击该按钮后，将时间滑动块移动到当前动画范围的开始帧。如果正在播放动画，那么单击该按钮后动画就停止播放。

转至结尾(Goto End)：单击该按钮后，将时间滑动块移动到动画范围的末端。

下一帧(Next Frame)：单击该按钮后，将时间滑动块向后移动一帧。当“关键点模式切换”(Key Mode Toggle)按钮被打开后，单击该按钮后，将把时间滑动块移动到选择对象的下一个关键帧。

前一帧(Previous Frame)：单击该按钮后，将时间滑动块向前移动一帧。当“关键点模式切换”(Key Mode Toggle)按钮被打开时，单击该按钮后，将把时间滑动块移动到选择对象的上一个关键帧。也可以在“转到关键点”(Goto Time)区域 30 设置当前帧。

关键点模式切换(Key Mode Toggle)：当按下该按钮后，单击“下一帧”(Next Frame)和“前一帧”(Previous Frame)，时间滑动块就在关键帧之间移动。

6. 设计动画

作为一个动画师，必须决定要在动画中改变什么，以及在什么时候改变。在开始设计动画之前就需要将一切规划好。设计动画的一个常用工具就是故事板。故事板对制作动画非常有帮助，它是一系列草图，描述动画中的关键事件、角色和场景元素。可以按时间顺序创建事件的简单列表。

7. 关键帧动画制作

下面举一个例子，使用前面所讲的知识，设置并编辑喷气机飞行的关键帧动画。

例 7-1　喷气式飞机飞行的关键帧动画

(1) 启动 3ds Max，在菜单栏中选取“文件/打开”(File/Open)，打开本书配套光盘中的 Samples-07-01.max 文件。该文件中包含了一个飞行器的模型，见图 7-2。飞行器位于世界坐标系的原点，没有任何动画设置。

(2) 拖曳时间滑动块，检查飞行器是否已经设置了动画。

(3) 打开“自动关键点”(Auto Key)按钮，以便创建关键帧。

(4) 在透视视口单击飞行器，选择它。单击主工具栏的“选择并移动”(Select and Move)按钮。

(5) 将时间滑动块移动至第 50 帧。在状态栏的键盘输入区域的 X 处输入 275.0，见图 7-3。

图 7-2

图 7-3

(6) 关闭“自动关键点”(Auto Key)按钮。

(7) 在动画控制区域单击“播放动画”(Play Animation)按钮，播放动画。

在前 50 帧，飞机沿着 X 轴移动了 275 个单位。第 50 帧后飞行器就停止了运动，这是因为 50 帧以后没有关键帧。

(8) 在动画控制区域单击“转至开始”(Goto Start)按钮，停止播放动画，并把时间滑动块移动到第 0 帧。

注意观察“轨迹栏”(Track Bar)，见图 7-4。在第 0 帧和第 50 帧处创建了两个关键帧。当创建第 50 帧处的关键帧时，自动在第 0 帧创建了关键帧。

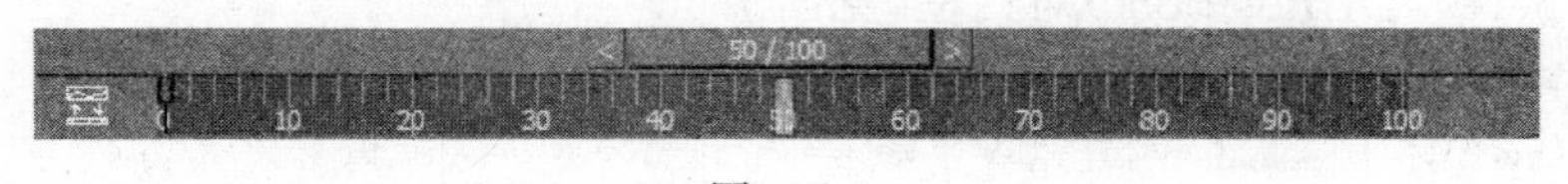

图 7-4

说明：如果没有选择对象，轨迹栏(Track Bar)将不显示对象的关键帧。

(9) 在前视口的空白处单击，取消对象的选择。飞行器移动关键帧动画完成。在动画控制区域单击“播放动画”(Play Animation)按钮，播放动画。

7.1.2 编辑关键帧

关键帧由时间和数值两项内容组成。编辑关键帧常常涉及改变时间和数值。3ds Max 提供了几种访问和编辑关键帧的方法。

1. 在视口中

使用 3ds Max 工作的时候总是需要定义时间。常用的设置当前时间的方法是拖曳时间滑块。当时间滑块放在关键帧之上的时候，对象就被一个白色方框环绕。如果当前时间与关键帧一致，就可以打开动画按钮来改变动画数值。

2. 轨迹栏（Track Bar）

“轨迹栏”（Track Bar）位于时间滑块的下面。当一个动画对象被选择后，关键帧以一个红色小矩形显示在“轨迹栏”（Track Bar）中。“轨迹栏”（Track Bar）可以方便地访问和改变关键帧的数值。

3. 运动面板

运动面板是 3ds Max 的 6 个面板之一。可以在运动面板中改变关键帧的数值。

4. 轨迹视图（Track View）

“轨迹视图”（Track View）是制作动画的主要工作区域。基本上在 3ds Max 中的任何动画都可以通过“轨迹视图”（Track View）进行编辑。

不管使用哪种方法编辑关键帧，其结果都是一样的。下面首先介绍使用“轨迹栏”（Track Bar）来编辑关键帧。

例 7-2 使用轨迹栏来编辑关键帧

（1）启动 3ds Max，在菜单栏中选取“文件/打开”（File/Open），打开本书配套光盘中的 Samples-07-02. max 文件。该文件中包含了一个已经被设置了动画的球，球的动画中有两个关键帧。第 1 个在第 0 帧，第 2 个在第 50 帧。

（2）在前视口单击球，选择它。

（3）在轨迹栏上第 50 帧的关键帧处单击鼠标右键，弹出一个菜单，见图 7-5。

（4）从弹出的菜单中选取“Sphere01：X 位置”（Sphere01：X Position），出现“Sphere01：X 位置”（Sphere01：X Position ）对话框，见图 7-6。

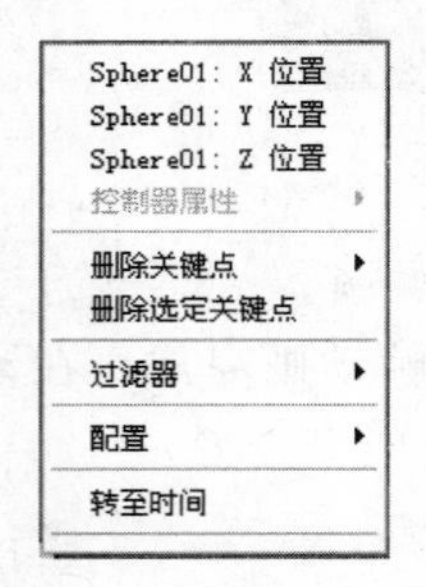

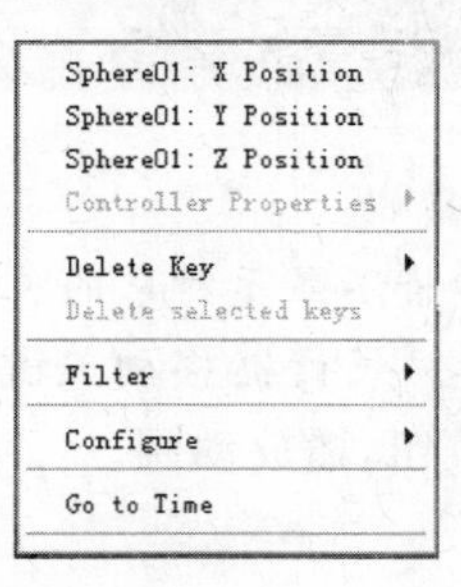

图 7-5

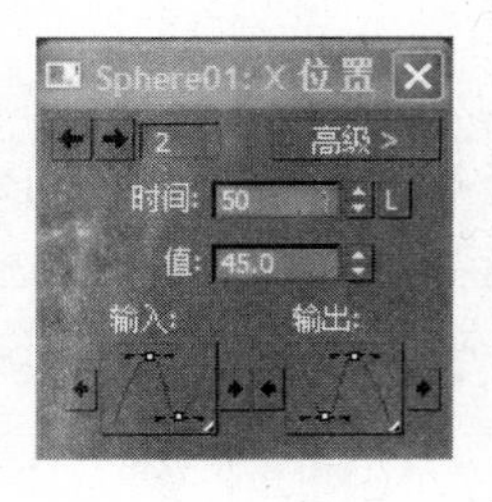

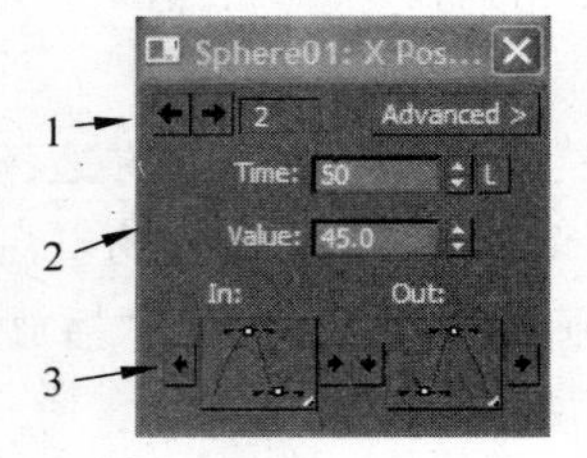

图 7-6

图 7-6 包含如下信息：

- 标记为 1 的区域指明当前的关键帧，这里是第 2 个关键帧。
- 标记为 2 的区域代表第 2 个关键帧所处的关键帧和对应的 X 轴向位置。这里 X 坐标为 45.0。
- 标记为 3 的区域中，“输入”（In）和“输出”（Out）按钮是关键帧的切线类型，它控制关键帧处动画的平滑程度。后面还要详细介绍切线类型。

(5) 以同样的方式打开“Sphere01:Z 位置”(Sphere01:Z Position)对话框，将“值”(Value)改为 30，见图 7-7。

(6) 关闭“Sphere01:X 位置”(Sphere01:X Position)和“Sphere01:Z 位置”(Sphere01:Z Position)对话框。

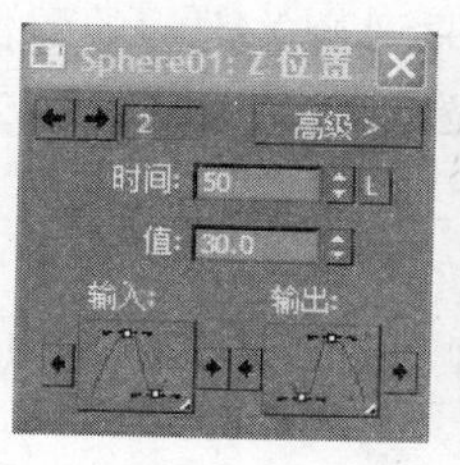

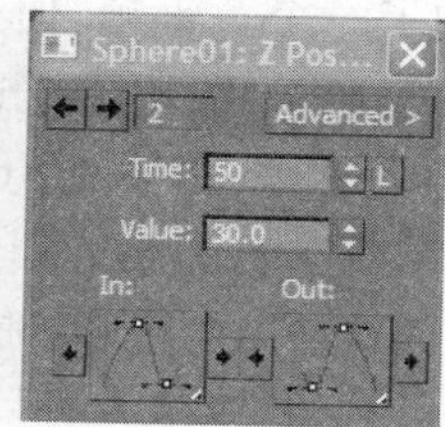

图 7-7

(7) 在动画控制区域，单击“播放动画”(Play Animation)按钮，在激活的视口中播放动画，球沿着 Z 方向升起。

关键帧对话框也可以用来改变关键帧的时间。

(8) 在动画控制区域，单击“停止播放动画”(Stop Animation)按钮，停止播放动画。

(9) 在轨迹栏上第 50 帧处单击鼠标右键。

(10) 在弹出的菜单上选取“Sphere01:X 位置”(Sphere01:X Position)。

(11) 在出现的“Sphere01:X 位置”(Sphere01:X Position)对话框中向下拖曳“时间”(Time)微调器按钮，将时间帧调到 30，见图 4-8。这时对应“Sphere01:X 位置”(Sphere01:X Position)的关键点移动到了第 30 帧，同时在第 30 帧位置处出现了一个红色的关键点标志。

技巧：也可以直接在时间栏输入要移动的时间位置来设置关键点的移动。

(12) 关闭对话框。

(13) 在轨迹栏上第 50 帧处单击鼠标右键，弹出一个菜单，见图 7-9。由于“Sphere01:X 位置”(Sphere01:X Position)的关键点移动到了第 30 帧，所以在第 50 帧处“Sphere01:X 位置”(Sphere01:X Position)选项消失了。

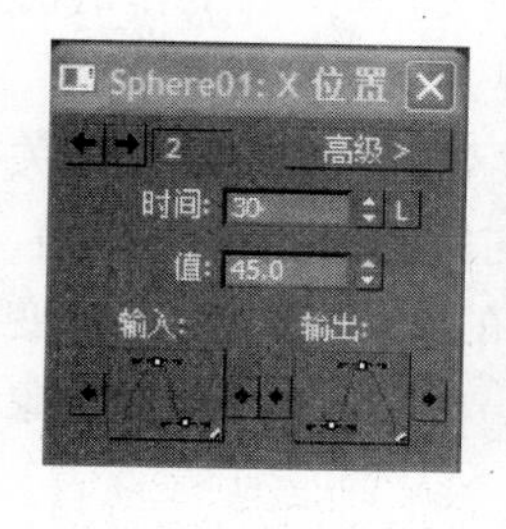

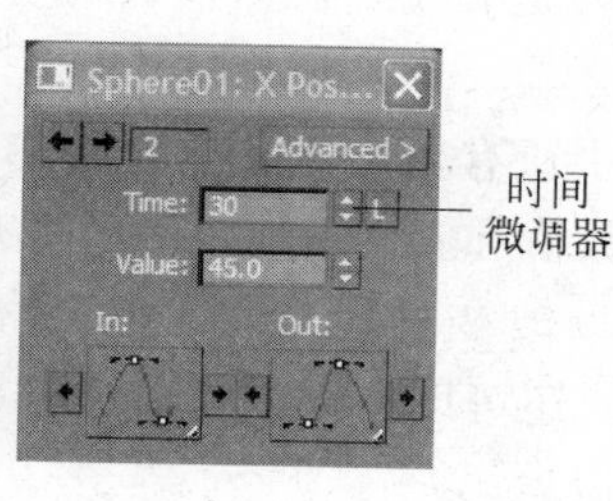

图 7-8

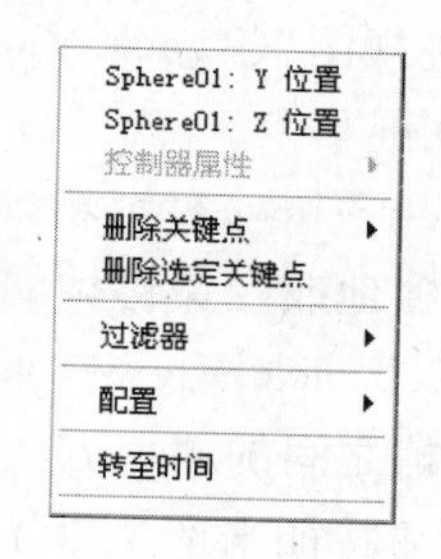

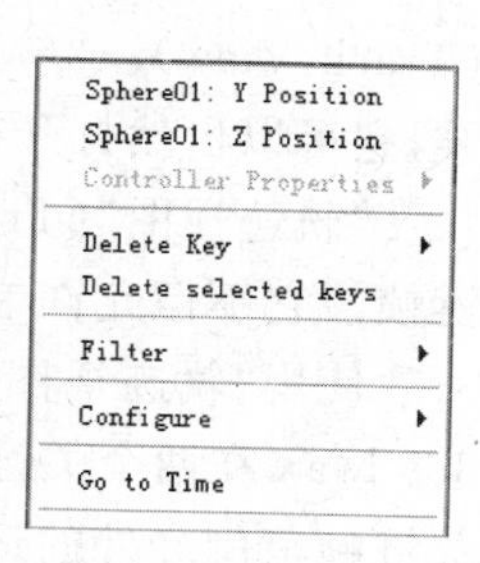

图 7-9

也可以直接在轨迹栏上改变关键帧的位置。

(14) 将鼠标光标放在第 30 帧。

(15) 单击并向右拖曳关键帧。当将关键帧拖曳得偏离当前位置时，新的位置显示在状态栏上。

(16) 将关键帧移动到第 50 帧。

说明：拖曳关键帧的时候，关键帧的值保持不变，只改变时间。此外，关键帧偏移的数值只在状态行显示。当释放鼠标后，状态行的显示消失。

在轨迹栏中快速复制关键帧的方法是按下 Shift 键后移动关键帧。复制关键帧后增加了一个关键帧，但是两个关键帧的数值仍然是相等的。

(17) 在轨迹栏选择第 50 帧处的关键帧。

(18) 按下 Shift 键，将关键帧移动到第 80 帧，将关键帧第 50 帧复制到了第 80 帧。但是，这两个关键帧的数值相等。

(19) 在第 80 帧处单击鼠标右键，在弹出的菜单上选取"Sphere01：Z 位置"(Sphere01：Z Position)选项。

(20) 在"Sphere01：Z 位置"(Sphere01：Z Position)对话框中，将"值"(Value)设置为 0.0，见图 7-10。

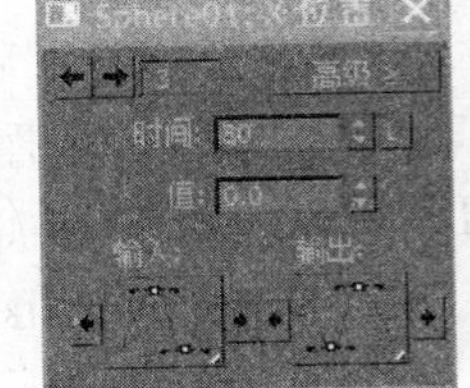

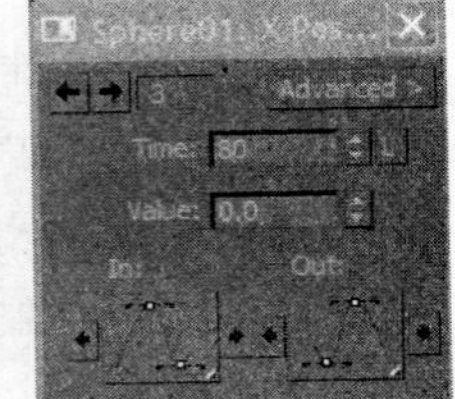

图 7-10

第 80 帧处的关键帧是第 3 个关键帧，它显示在关键帧信息区域。

(21) 关闭"Sphere01：Z 位置"(Sphere01：Z Position)对话框。

(22) 在动画控制区域单击"播放动画"(Play Animation)按钮，播放动画。注意观察球运动的轨迹。

7.2 动画技术

7.2.1 使用 Track View

在 7.1 节中，我们使用轨迹栏调整动画。但是轨迹栏的功能远不如"轨迹视图"(Track View)。"轨迹视图"(Track View)是非模式对话框，就是说在进行其他工作的时候，它可以仍然打开在屏幕上。

"轨迹视图"(Track View)显示场景中所有对象以及它们的参数列表、相应的动画关键帧。它不但允许单独地改变关键帧的数值和它们的时间，还可以同时编辑多个关键帧。

使用"轨迹视图"(Track View)，可以改变被设置了动画参数的控制器，从而改变 3ds Max 在两个关键帧之间的插值方法。还可以利用"轨迹视图"(Track View)改变对象关键帧范围之外的运动特征来产生重复运动。

下面我们就来学习如何使用"轨迹视图"(Track View)。

1. 访问 Track View

可以从"图表编辑器"(Graph Editors)菜单、四元组菜单或者主工具栏下访问"轨迹视图"(Track View)。这三种方法中的任何一种都可以打开"轨迹视图"(Track View)，但是它们包含的信息量有所不同。使用四元组菜单可以打开选择对象的"轨迹视图"(Track View)，这意味着在"轨迹视图"(Track View)中只显示选择对象的信息。这样可以清楚地调整当前对象的动画。它也可以被另外命名，这样就可以使用菜单栏快速地访问已经命名的“轨迹视图”(Track View)。

下面就来尝试各种打开“轨迹视图”(Track View)的方法。

例 7-3 打开“轨迹视图”(Track View)的方法

第 1 种方法:

(1) 启动 3ds Max,在菜单栏选取“文件/打开”(File/Open),打开本书配套光盘中的 Samples-07-03. max 文件。这个文件中包含了前面练习中使用的动画茶壶。

(2) 在菜单栏选取“图表编辑器/轨迹视图-曲线编辑器”(Graph Editors/Track View-Curve Editor)或者“图表编辑器/轨迹视图-摄影表”(Graph Editors/Track View-Dope Sheet),见图 7-11。

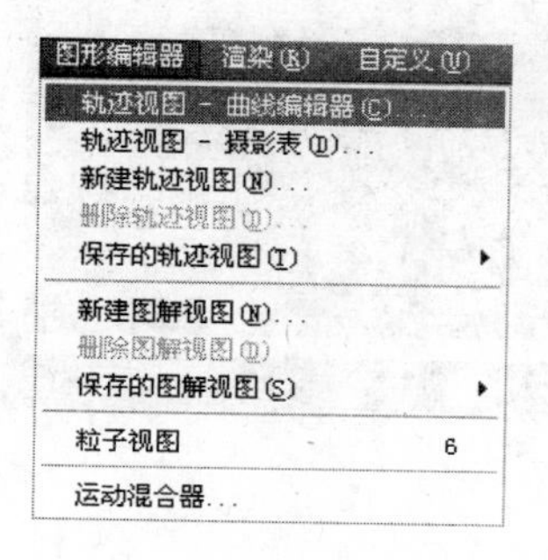

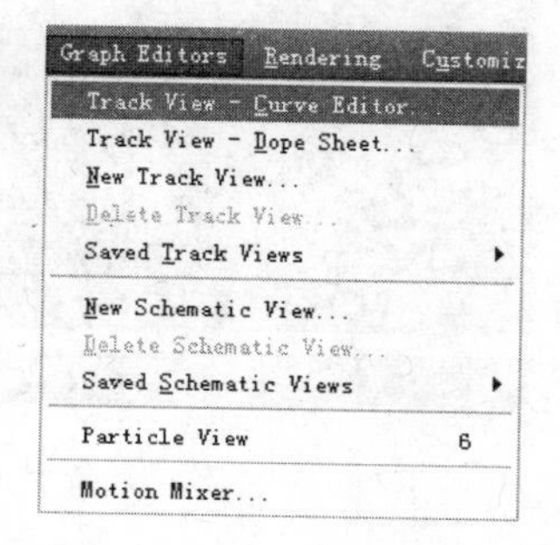

图 7-11

显示“轨迹视图-曲线编辑器”(Track View-Curve Editor)对话框(见图 7-12)或者“轨迹视图-摄影表”(Track View-Dope Sheet)对话框(见图 7-13)。

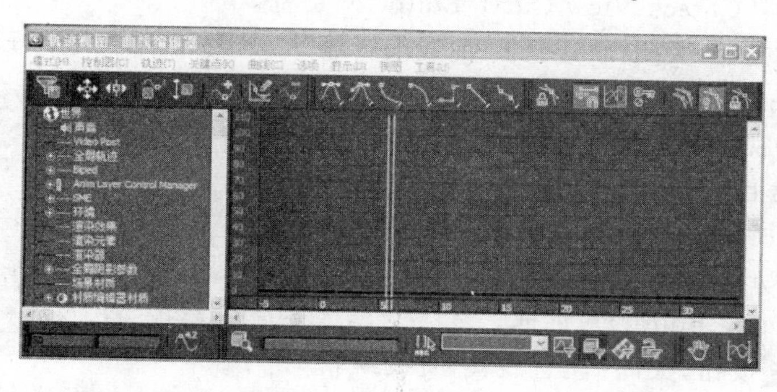

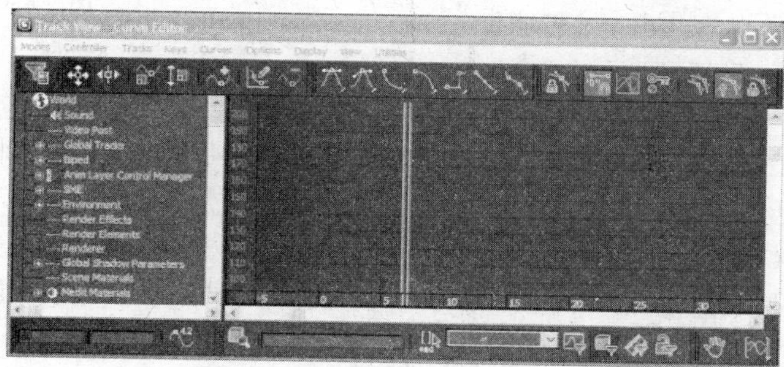

图 7-12

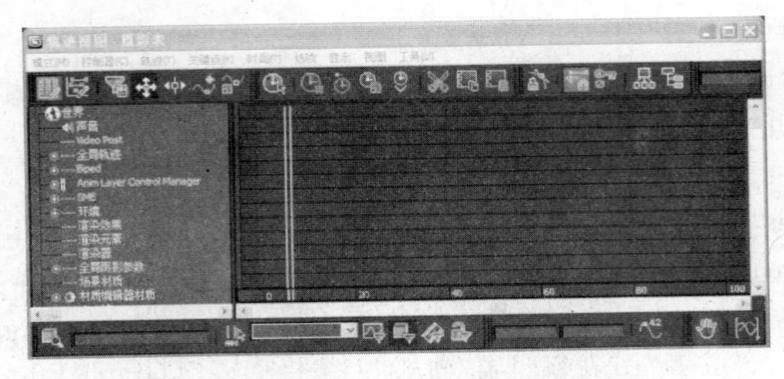

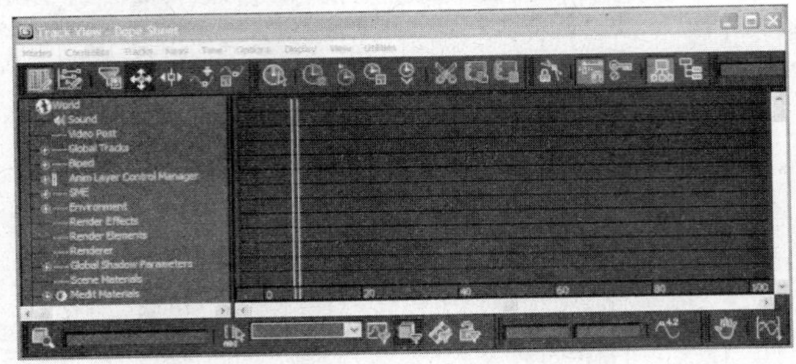

图　7-13

(3) 单击按钮,关闭“轨迹视图”(Track View)对话框。

第 2 种方法:

(1) 在主工具栏单击“曲线编辑器(打开)”(Curve Editor[Open])按钮,显示“轨迹视图-曲线编辑器”(Track View-Curve Editor)对话框。

(2) 单击按钮,关闭“轨迹视图-曲线编辑器”(Track View-Curve Editor)对话框。

第 3 种方法:

(1) 在透视视口单击茶壶,以便选择它。

(2) 在茶壶上单击鼠标右键,弹出的四元组菜单如图 7-14 所示。从菜单上选取“曲线编辑器”(Curve Editor),显示“轨迹视图-曲线编辑器”(Track View-Curve Editor)对话框。

(3) 单击按钮,关闭“轨迹视图-曲线编辑器”(Track View-Curve Editor)对话框。

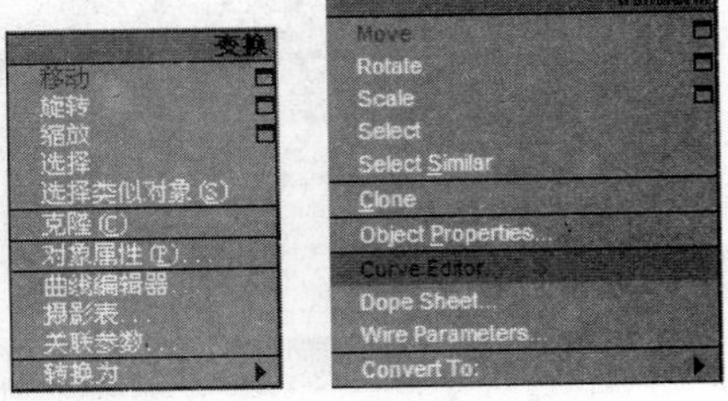

图　7-14

2. Track View 的用户界面

轨迹视图(Track View)的用户界面有 4 个主要部分,它们是层级列表、编辑窗口、菜单栏和工具栏,见图 7-15。

“轨迹视图”(Track View)的层级提供了一个包含场景中所有对象、材质和其他可以动画参数的层级列表。单击列表中的加号(+),将访问层级的下一个层次。层级中的每个对象都在编辑窗口中有相应的轨迹。

例 7-4　使用“轨迹视图”(Track View)

(1) 启动 3ds Max,在菜单栏中选取“文件/打开”(File/Open),打开本书配套光盘中

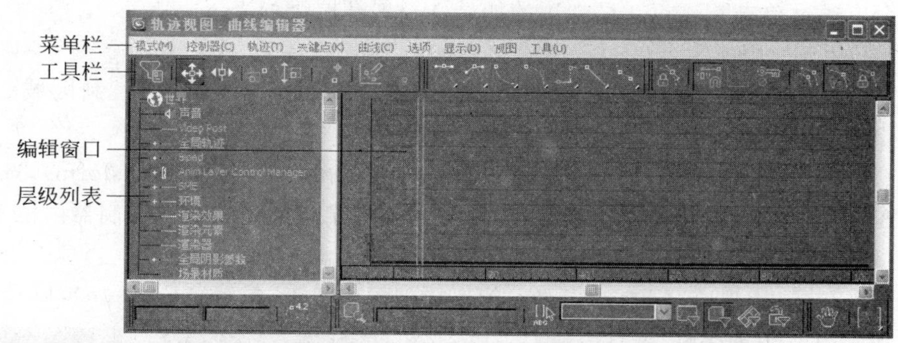

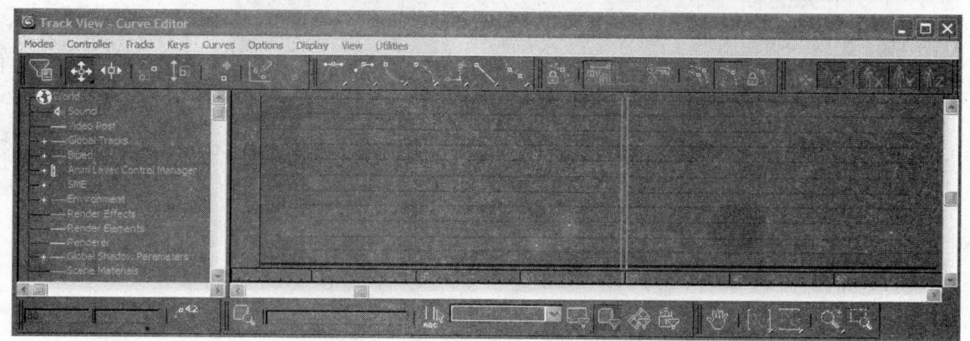

图 7-15

的 Samples-07-03. max 文件。

(2) 单击主工具栏的"曲线编辑器(打开)"(Curve Editor[Open])按钮。茶壶是场景中唯一的一个对象,因此层级列表中只显示了茶壶。

(3) 在轨迹视图 Track View 的层级中单击"Teapot 01"左边的加号(+)。层级列表中显示出了可以动画的参数,见图 7-16。

在默认的情况下,"轨迹视图"(Track View)是处于"曲线编辑器"(Curve Editor)模式。可以通过菜单栏改变这个模式。

(4) 在"轨迹视图"(Track View)中选取"模式"(Modes)菜单下的"摄影表"(Dope Sheet)。这样"轨迹视图"(Track View)就变成了"摄影表"(Dope Sheet)模式,见图 7-17。

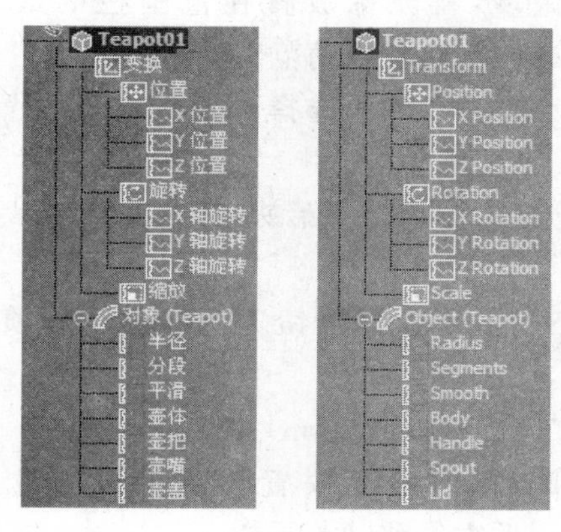

图 7-16

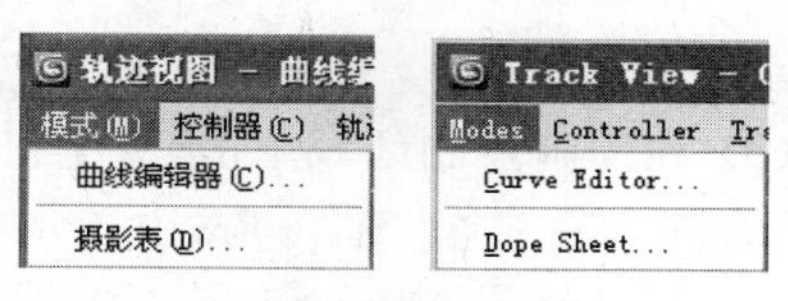

图 7-17

(5) 通过单击“Teapot01”左边的加号(＋)展开层级列表。

例 7-5 使用编辑窗口

(1) 继续前面的练习。单击“轨迹视图”(Track View)视图导航控制区域的“水平方向最大化显示”(Zoom Horizontal Extents)按钮。

(2) 在“轨迹视图”(Track View)的层级列表中单击“变换”(Transform),选择它。

编辑窗口中的变换轨迹变成了白色,表明选择了该轨迹。变换控制器由位置、旋转和缩放 3 个控制器组成。其中只有位置轨迹被设置了动画。

(3) 在“轨迹视图”(Track View)的层级列表中单击“位置”(Position),以选择它。位置轨迹上有 3 个关键帧。

(4) 在“轨迹视图”(Track View)的编辑窗口的第 2 个关键帧上单击鼠标右键,出现“Teapot 01: X 位置”对话框,见图 7-18。该对话框与通过轨迹栏得到的对话框相同。

(5) 单击按钮,关闭“Teapot 01: X 位置”对话框。

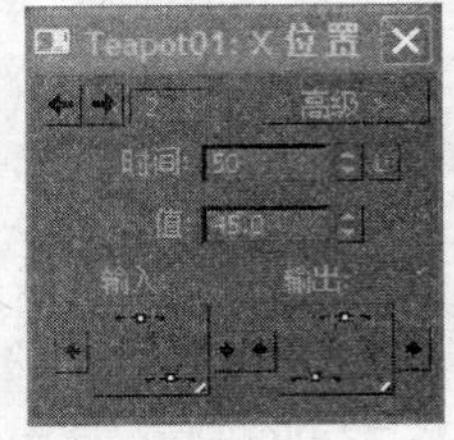

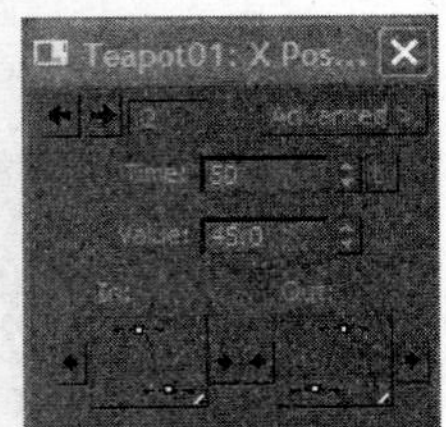

图 7-18

在“轨迹视图”(Track View)的编辑窗口中可以移动和复制关键帧。

例 7-6 移动和复制关键帧

(1) 在“轨迹视图”(Track View)的编辑窗口中,将鼠标光标放在第 50 帧上。

(2) 将第 50 帧拖曳到第 40 帧的位置。

(3) 按 Ctrl＋Z 键,撤销关键帧的移动。

(4) 按住 Shift 键将第 50 帧处的关键帧拖曳到第 40 帧,这样就复制了关键帧。

(5) 按 Ctrl＋Z 键,撤销关键帧的复制。

可以通过拖曳范围栏来移动所有动画关键帧。当场景中有多个对象,而且需要相对于其他对象来改变其中一个对象的时间时,这个功能非常有用。

例 7-7 使用范围栏

(1) 进入摄影表模式,单击“轨迹视图”(Track View)工具栏中“编辑范围”(Edit Ranges 按钮)。“轨迹视图”(Track View)的编辑区域显示小球动画的范围栏,见图 7-19。

(2) 在“轨迹视图”(Track View)的编辑区域,将光标放置在范围栏的最上层(Teapot01 层次)。这时光标的形状发生了改变,表明可左右移动范围栏。

(3) 将范围栏的开始处向右拖曳 20 帧。状态栏中显示选择关键帧的新位置,见图 7-20。

注意:只有当鼠标光标为双箭头的时候才是移动,如果是单箭头,拖曳鼠标的结果就是缩放关键帧的范围。

(4) 在动画控制区域单击“播放动画”(Play Animation)按钮。茶壶从第 20 帧开始运动。

(5) 在动画控制区域单击“停止播放动画”(Stop Animation)按钮。

(6) 在“轨迹视图”(Track View)的编辑区域,将光标放置在范围栏的最上层(Teapot01 层次)。这时光标的形状发生了改变,表明左右移动范围栏。

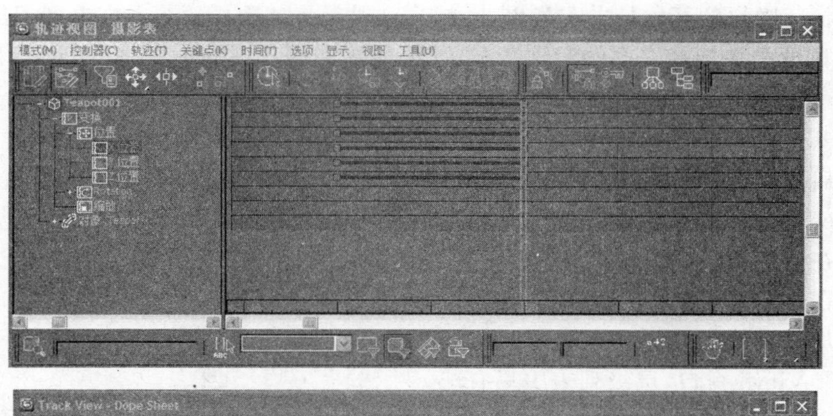
轨迹视图 - 摄影表
模式(M) 控制器(C) 轨迹(T) 关键点(K) 时间(T) 选项 显示 视图 工具(U)
Teapot001
变换
位置

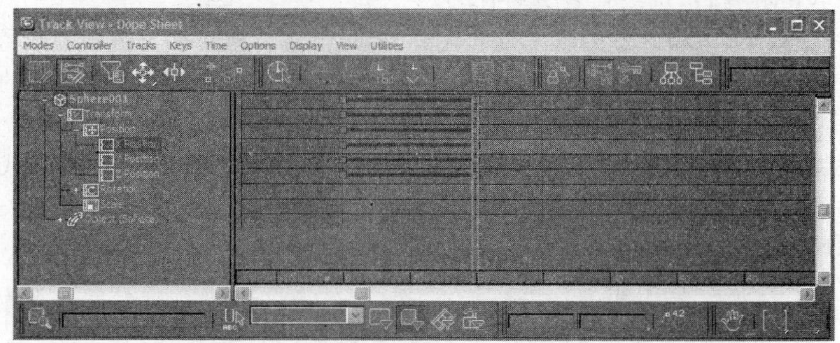
Track View - Dope Sheet
Modes Controller Tracks Keys Time Options Display View Utilities
Sphere001

图 7-19

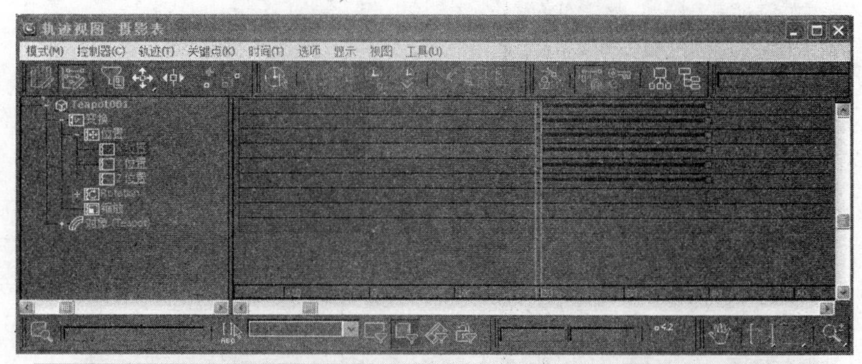
轨迹视图 - 摄影表
模式(M) 控制器(C) 轨迹(T) 关键点(K) 时间(T) 选项 显示 视图 工具(U)
Teapot001
变换
位置
缩放

Track View - Dope Sheet
Modes Controller Tracks Keys Time Options Display View Utilities
Sphere001
Object (Sphere)

图 7-20

（7）将范围栏的开始处向左拖曳 20 帧。这样就将范围栏的起点拖曳到了第 0 帧。

要观察两个关键帧之间的运动情况，需要使用曲线。在曲线模式，也可以移动、复制和删除关键帧。

例 7-8 使用曲线模式

（1）启动 3ds Max，在菜单栏中选取“文件/打开”(File/Open)，打开本书配套光盘中的 Samples-07-03.max 文件。

（2）在透视视口单击球，以选择它。

（3）在球上单击鼠标右键。

（4）从弹出的“四元组”菜单上选取“曲线编辑器”(Curve Editor)。打开一个“轨迹视图”(Track View)窗口，层级列表中只有球。

在曲线模式下，编辑区域的水平方向代表时间，垂直方向代表关键帧的数值。对象沿着 X 轴的变化用红色曲线表示，沿着 Y 轴的变化用绿色曲线表示，沿着 Z 轴的变化用蓝色曲线表示。由于球在 Y 轴方向没有变化，因此蓝色曲线与水平轴重合。

（5）在编辑区域选择代表 X 轴变化的红色曲线上第 80 帧处的关键帧。代表关键帧的点变成白色的，表明该关键帧被选择了。选择关键帧所在的时间（帧数）和关键帧的值显示在“轨迹视图”(Track View)底部的时间区域和数值区域，见图 7-21。

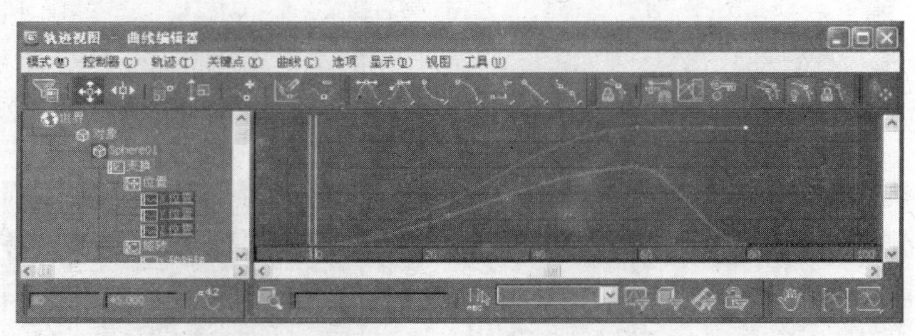

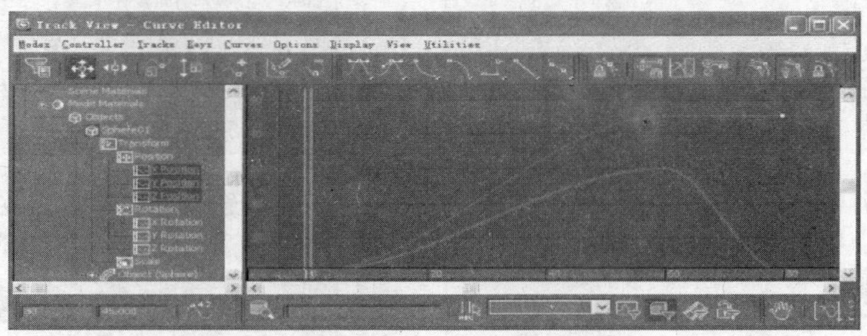

图 7-21

在图 7-21 中，左边的时间区域显示的数值是 80，右边的数值区域显示的数值是 45.000。用户可以在这个区域输入新的数值。

（6）在时间区域输入 60，在数值区域输入 50。在第 80 帧处的所有关键帧（X、Y 和 Z 三个轴向）都被移到了第 60 帧。对于现在使用的默认控制器来说，三个轴向的关键帧必须在同一位置，但是关键帧的数值可以不同。

(7) 按住轨迹视图(Track View)工具栏中的“移动关键帧”(Move Keys)按钮。

(8) 从弹出的按钮上选取“水平移动”(Move Keys Horizontal)按钮。

(9) 在“轨迹视图”(Track View)的编辑区域,将 X 轴的关键帧从第 60 帧移动到第 80 帧。由于使用了水平移动工具,因此只能沿着水平方向移动。

图 7-22

例 7-9 轨迹视图的实际应用

下面我们举例介绍使用曲线编辑器的对象参数复制功能制作动画,Samples-07-04f.avi 如图 7-22 所示。

(1) 启动或者重新设置 3ds Max。单击“系统”(System)按钮,单击“环形阵列”(Ring Array)按钮,在透视视图中通过拖曳创建一个环形阵列,然后将“半径”(Radius)设置为 80,“振幅”(Amplitude)设置为 30,将“周期”(Cycles)设置为 3,将“相位”(Phase)设置为 1,将“数量”(Number)设置为 10,如图 7-23 和图 7-24 所示。

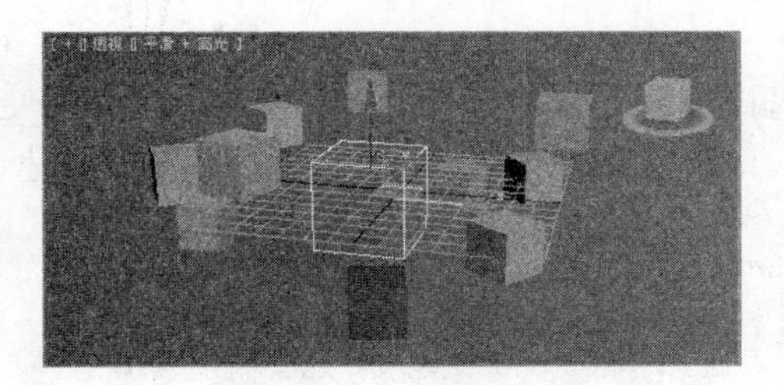

图 7-23

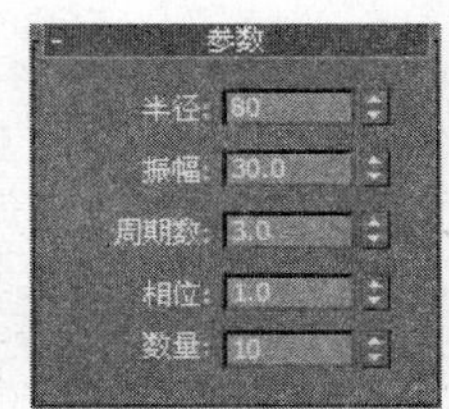

图 7-24

(2) 按键盘上的 N 键,打开“自动关键点”(Auto Key)按钮。将时间滑动块移动到第 100 帧,将“相位”(Phase)设置为 5。

(3) 单击“播放动画”(Play Animation)按钮,播放动画。方块在不停地跳动。观察完后,单击“停止播放动画”(Stop Animation)按钮停止播放动画。

(4) 再次按 N 键,关闭动画按钮。单击“几何体”(Geometry)按钮,然后单击“球”(Sphere)按钮,在透视视图中创建一个半径为 10 的球。球的位置没有关系。

(5) 单击按钮,打开轨迹视图。逐级打开层级列表,找到“对象(Sphere)”(Object (Sphere))并选取它,见图 7-25。

(6) 单击鼠标右键,在弹出的菜单上选取“复制”(Copy),见图 7-26。

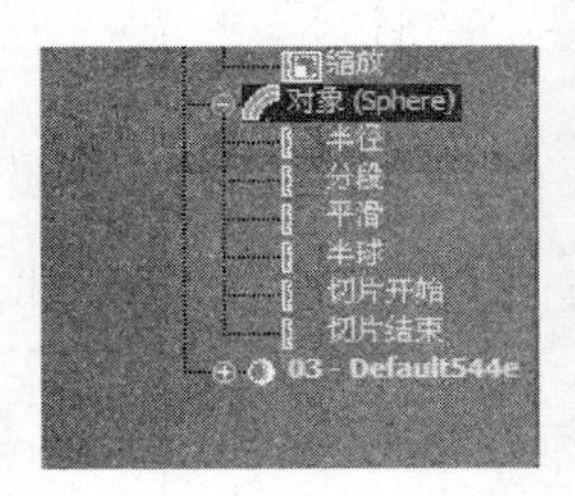

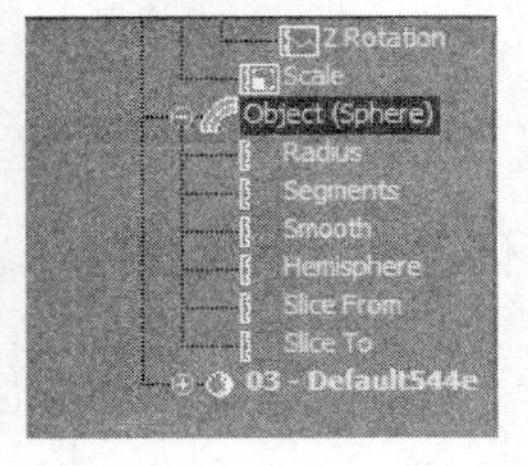

图 7-25

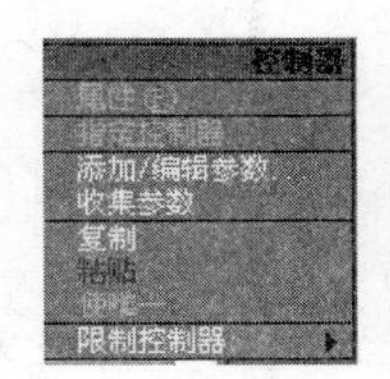

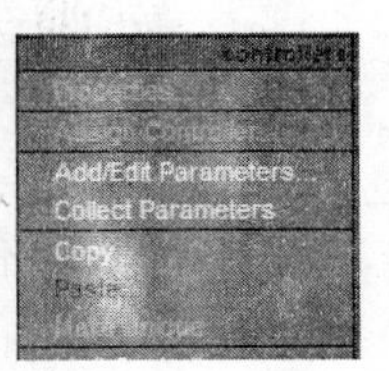

图 7-26

(7) 选取场景中的任意一个“立方体”(Box)对象，然后逐级打开层级列表，找到“对象(Box)”(Object (Box))并选取它，见图 7-27。

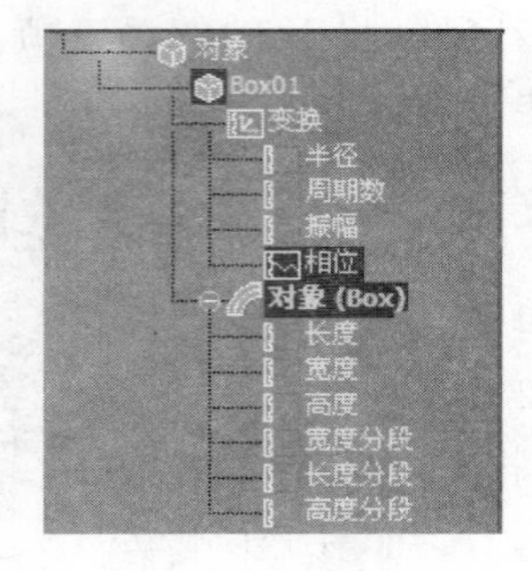

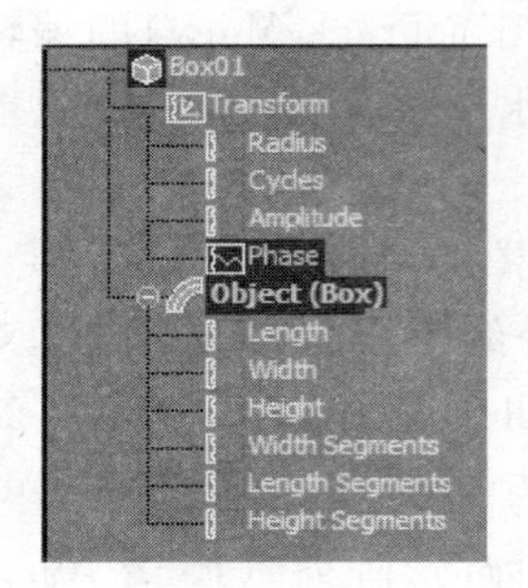

图 7-27

(8) 单击鼠标右键，在弹出的菜单中选取“粘贴”(Paste)，弹出“粘贴”(Paste)对话框，在“粘贴”(Paste)对话框中复选“替换所有实例”(Replace all instances)选项，然后单击“确定”(OK)按钮，见图 7-28。

(9) 这时场景中的盒子都变成了球体。选择最初创建的小球，删除它。为了实现更为美观的效果，可将各个小球更改为不同外观，具体方法会在第 9 章讲到，这里不做赘述，效果如图 7-29 所示。

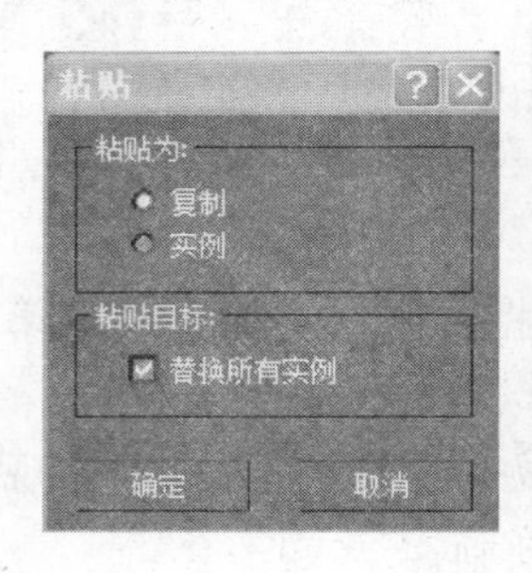

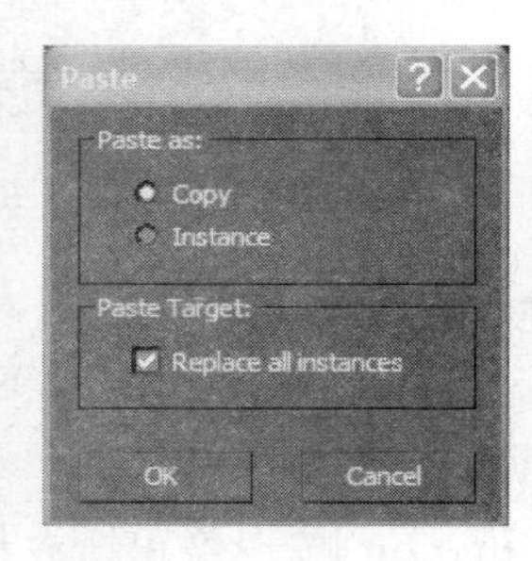

图 7-28

图 7-29

(10) 单击“播放动画”(Play Animation)按钮，播放动画。众多颜色各异的小球在不停地跳动。观察完后，单击“停止播放动画”(Stop Animation)按钮停止播放动画。

(11) 该例子的最后结果保存在本书配套光盘 Samples-07-04f. max 中。

7.2.2 轨迹线

轨迹线是一条对象位置随着时间变化的曲线，见图 7-29。曲线上的白色标记代表帧，曲线上的方框代表关键帧。

轨迹线对分析位置动画和调整关键帧的数值非常有用。通过使用“运动”(Motion)面板上的选项，可以在次对象层次访问关键帧。可以沿着轨迹线移动关键帧，也可以在轨迹线上增加或者删除关键帧。选取菜单栏中的“视图/显示关键点时间”(Views/Show

Key Times)就可以显示出关键帧的时间，见图 7-30。

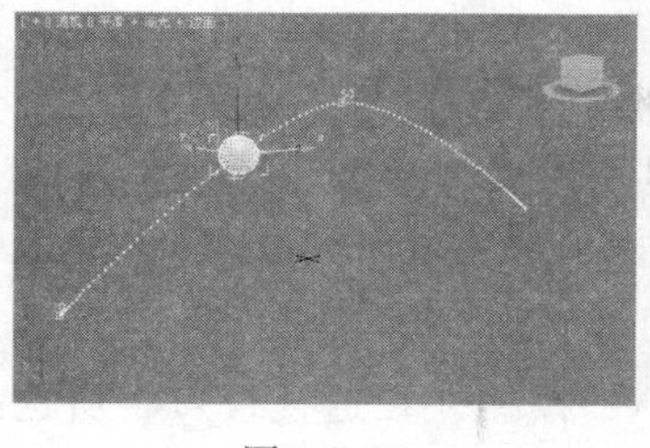

图 7-30

需要说明的是，轨迹线只表示位移动画，其他动画类型没有轨迹线。

可以用两种方法来显示轨迹线：

(1) 打开"对象属性"(Object Properties)对话框中的"轨迹"(Trajectories)选项。

(2) 打开"显示"(Display)面板中的"轨迹"(Trajectory)选项。

下面举例说明如何使用轨迹线。

1. 显示轨迹线

例 7-10 显示轨迹线

(1) 启动 3ds Max，在菜单栏中选取"文件/打开"(File/Open)，打开本书配套光盘中的 Samples-07-05. max 文件。

(2) 在动画控制区域单击 "播放动画"(Play Animation)按钮。球弹跳了 3 次。

(3) 在动画控制区域单击 "停止播放动画"(Stop Animation)按钮。

(4) 在透视视口选择球。

(5) 在命令面板中单击 按钮，进入"显示"(Display)面板，在"显示属性"(Display Properties)卷展栏复选"轨迹"(Trajectory)选项，见图 7-31。在透视视口中显示了球运动的轨迹线，见图 7-32。

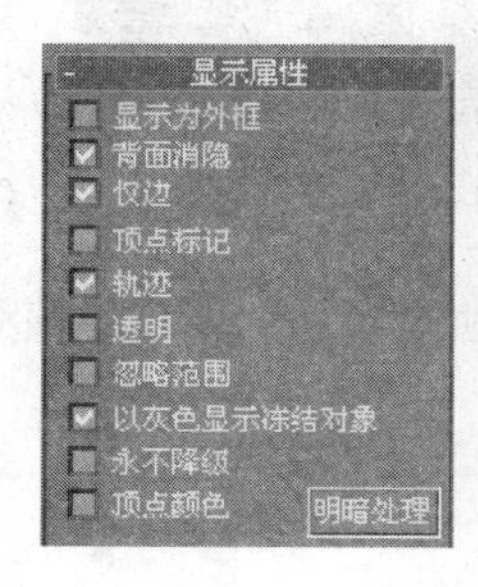

图 7-31

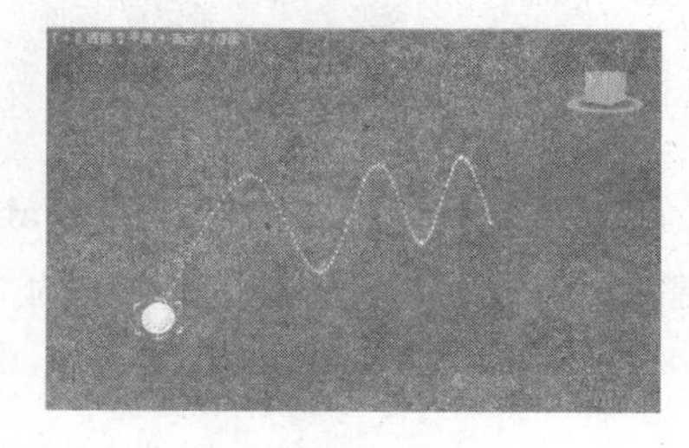

图 7-32

(6) 拖曳时间滑动块，球沿着轨迹线运动。

2. 显示关键帧的时间

继续前面的练习，在菜单栏中选取"视图/显示关键点时间"(Views/Show Key Times)，视口中显示了关键帧的帧号，见图 7-33。

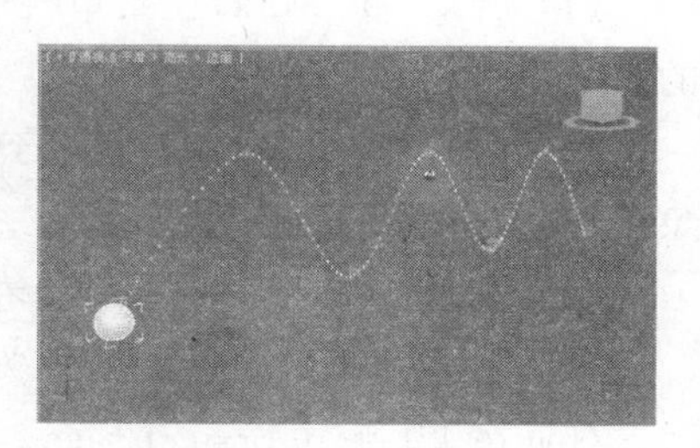

图 7-33

3. 编辑轨迹线

可以从视口中编辑轨迹线，从而改变对象的运动。

轨迹线上的关键帧用白色方框表示。通过处理这些方框，可以改变关键帧的数值。只有在运动命令面板的次对象层次才能访问关键帧。

例 7-11 编辑轨迹线

(1) 继续前面的练习，确认球仍然被选择，并且在视口中显示了它的轨迹线。

(2) 到运动命令面板的"轨迹"(Trajectories)标签单击"子对象"(Sub-Object)按钮。

(3) 在前视口使用窗口的选择方法选择顶部的 3 个关键帧。

(4) 单击主工具栏的"选择并移动"(Select and Move)按钮。在透视视口将所选择的关键帧沿着 Z 轴向下移动约 20 个单位。移动结果如图 7-34 所示。在移动时可以观察状态行中的数值来确定移动的距离。

(5) 在动画控制区域单击"播放动画"(Play Animation)按钮。球按调整后的轨迹线运动。

(6) 在动画控制区域单击"停止播放动画"(Stop Animation)按钮。

(7) 在轨迹栏的第 100 帧处单击鼠标右键。

(8) 在弹出的快捷菜单中选取"Sphere01：位置"(Sphere01：Position)，显示"Sphere01：位置"(Sphere01：Position)对话框，见图 7-35。

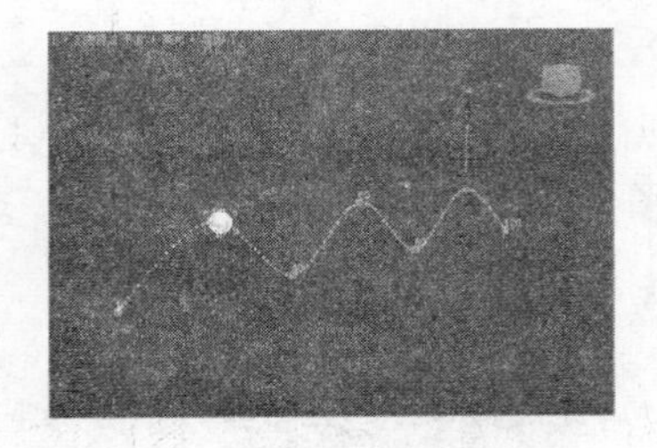

图 7-34

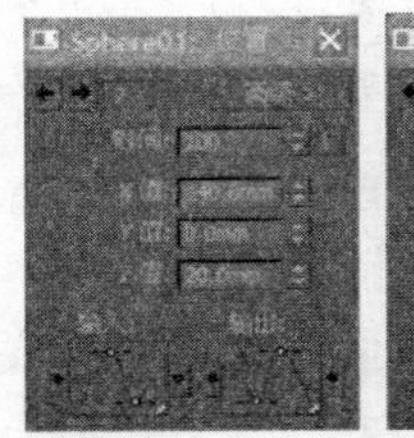

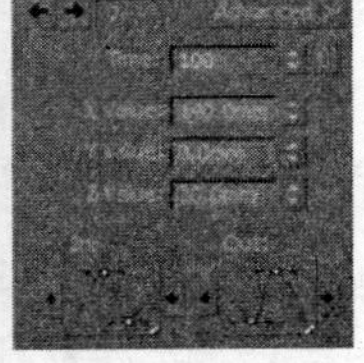

图 7-35

(9) 在该对话框将"Z 值"(Z Value)设置为 20。第 6 个关键帧，也就是第 100 帧处的关键帧的"Z 值"(Z Value)被设置为 20。

(10) 单击按钮，关闭"Sphere01：位置"对话框。

4. 增加关键帧和删除关键帧

例 7-12 增加和删除关键帧

(1) 启动 3ds Max，在菜单栏中选取"文件/打开"(File/Open)，打开本书配套光盘中的 Samples-07-05.max 文件。

(2) 在透视视口中选择球。到运动命令面板的"轨迹"(Trajectories)标签单击"子对象"(Sub-Object)按钮。

(3) 在"轨迹"(Trajectories)卷展栏上单击"添加关键点"(Add Key)按钮，打开它。

(4) 在透视视口中最后两个关键帧之间单击，这样就增加了一个关键帧，见图 7-36。

(5) 在"轨迹"(Trajectories)卷展栏上再次单击"添加关键点"(Add Key)按钮，关闭它。

(6) 单击主工具栏中的"选择并移动"(Select and Move)按钮。

(7) 在透视视口选择新的关键帧,然后将它沿着 X 轴移动一段距离,见图 7-37。

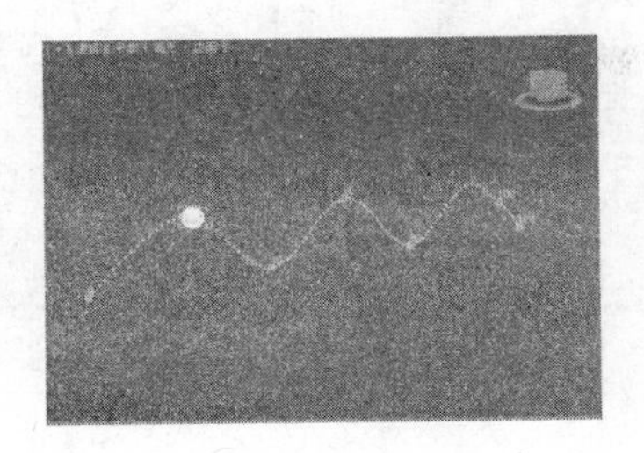

图 7-36

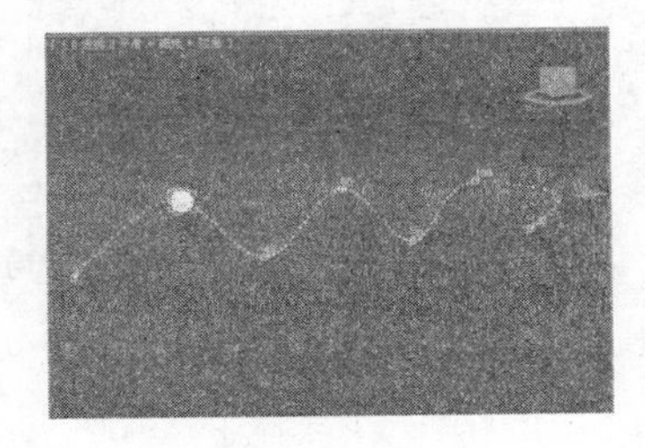

图 7-37

(8) 在动画控制区域单击"播放动画"(Play Animation)按钮。球按调整后的轨迹线运动。

(9) 在动画控制区域单击"停止播放动画"(Stop Animation)按钮。

(10) 确认新的关键帧仍然被选择。单击"轨迹"(Trajectories)卷展栏的"删除关键帧"(Delete Key)按钮,选择的关键帧被删除。

(11) 单击"子对象"(Sub-Object)按钮,返回到对象层次。

(12) 单击运动命令面板的"参数"(Parameters)标签,场景中的轨迹线消失了。

5. 轨迹线和关键帧的应用

本实例实现"DISCREET"几个英文字母按照一定的顺序从地球后飞出的效果,在设置动画时,除了使用基本的关键帧动画之外,还使用了轨迹线编辑。

例 7-13 轨迹线和关键帧应用

(1) 启动或者重置 3ds Max,在菜单栏中选取"文件/打开"(File/Open),打开本书配套光盘中的 Samples-07-06. max 文件,见图 7-38。

图 7-38

(2) 在顶视口中,选择文字"DISCREET",单击"选择并移动"(Select and Move)按钮,将文字移动到球体的后面,并调节使其在透视视口中不可见。

(3) 将时间滑块拖到第 20 帧,打开"自动关键点"(Auto Key)按钮。

(4) 将文字从球体后移动到球体前,并调整其位置。

(5) 单击"自动关键点"(Auto Key)按钮,关闭动画记录。这时单击"播放动画"(Play Animation)按钮在透视视图播放动画,可以看到随着时间滑块的移动,字体从球体后出现。

单击"显示"(Display)按钮,在"显示属性"(Display Properties)卷展栏中勾选"轨迹"(Trajectory)选项,见图 7-39。这时在视图中会显示文字的运动轨迹,见图 7-40。

(6) 单击"运动"(Motion)按钮,选择文字"D",单击"轨迹"(Trajectories)按钮,再

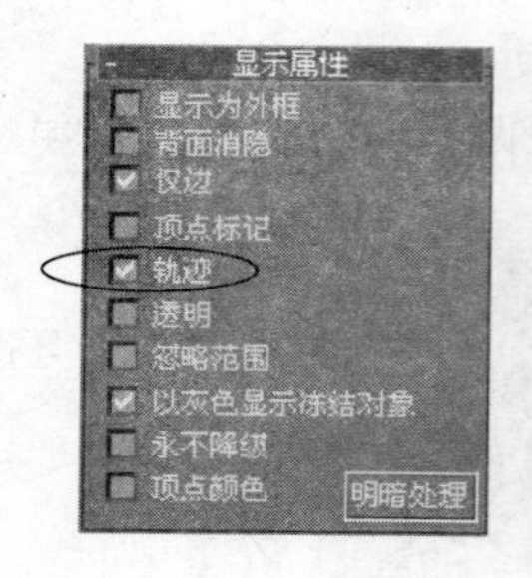

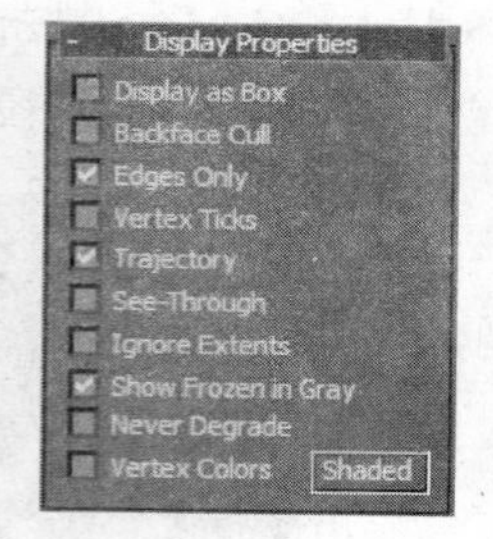

图 7-39

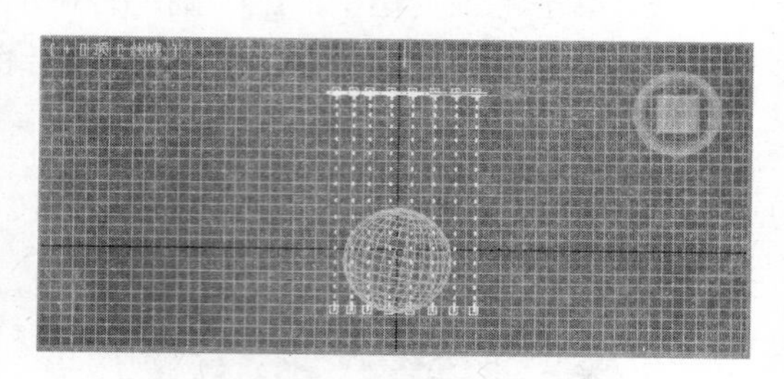

图 7-40

单击“子对象”(Sub-Object)按钮，进入子对象编辑，见图 7-41。

(7) 单击“添加关键点”(Add Key)按钮，在所选择文字的轨迹线中间单击鼠标左键，添加一个关键帧，见图 7-42。

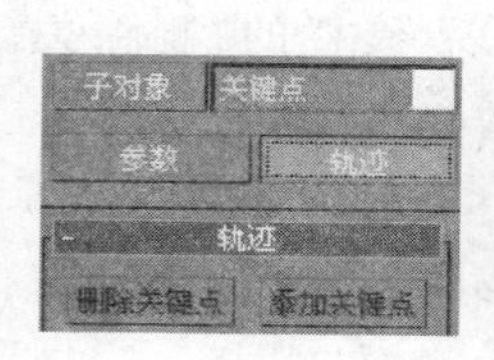

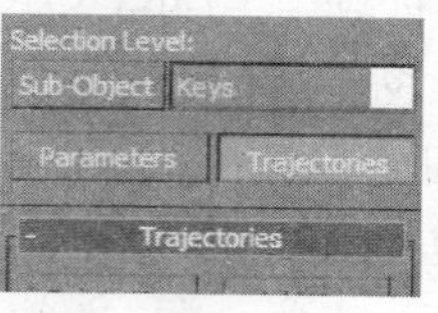

图 7-41

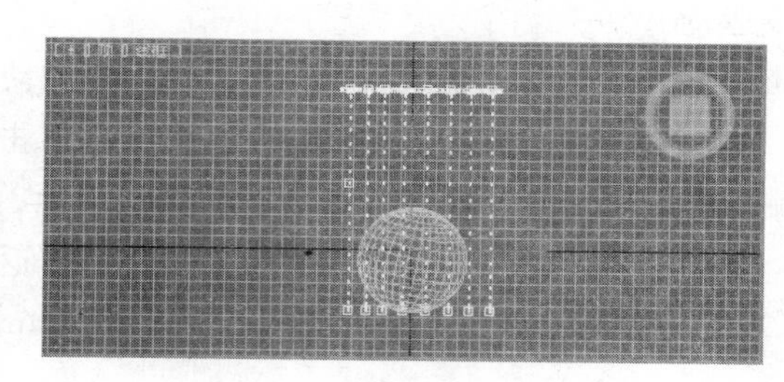

图 7-42

(8) 单击“选择并移动”(Select and Move)按钮，移动新添加的关键帧，位置如图 7-43 所示。

用同样的方法修改所有字母的轨迹，最终结果如图 7-44 所示。

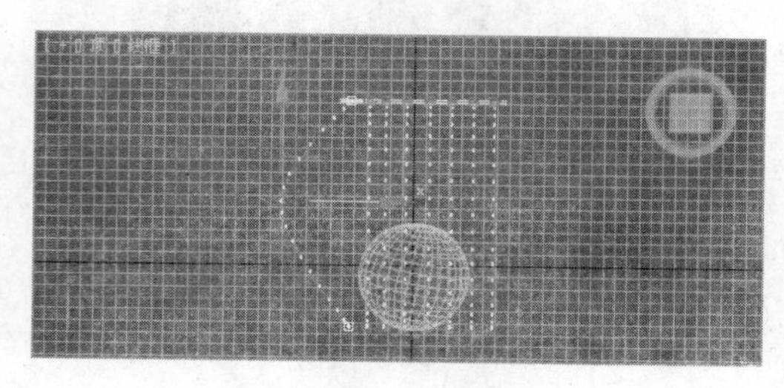

图 7-43

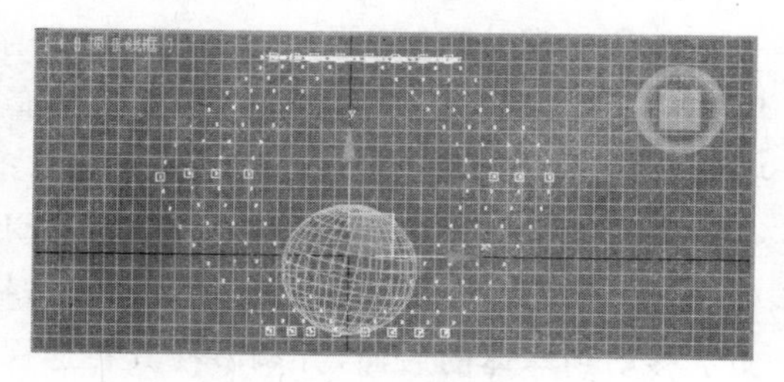

图 7-44

注意：在本步的操作过程中，一定要先选中文字，再进入子对象，只能在子对象层次中添加并修改关键帧。在修改另一个文字时，必须先要再次单击“子对象”(Sub-Object)按钮，退出子对象编辑层次，然后选中要修改的文字，再进入子对象，添加关键帧。

(9) 在界面底部的时间控制区单击“时间配置”(Time Configuration)按钮，在弹出的对话框中将“动画”(Animation)区域内的“结束时间”(End Time)域中输入 110，单击“确定”(OK)。这样就将动画长度设置为 110 帧。

(10) 修改每个文字的显示时间，单击“播放动画”(Play Animation)按钮播放动画，可以看到所有的文字同时显示。

(11) 单击■"停止播放动画"(Stop Animation)按钮,停止播放动画。

(12) 在轨迹曲线编辑状态下,按住 Ctrl 键选择字母"C"和"R",在下面的关键帧编辑栏出现 3 个关键帧。选择这 3 个关键帧,同时移动到 20～40 的帧点范围内,见图 7-45。

图 7-45

(13) 用同样的方法将"S"和"E"的关键帧移动到 40～60;"I"和第 2 个"E"的关键帧移动到 60～80;"D"和"T"的关键帧移动到 80～100。

(14) 单击"播放动画"(Play Animation)按钮播放动画,这时文字"DISCREET"从球的两边依次出现。图 7-46 是其中的一帧。

(15) 最终操作结果见本书配套光盘文件 Samples-07-06f. max。

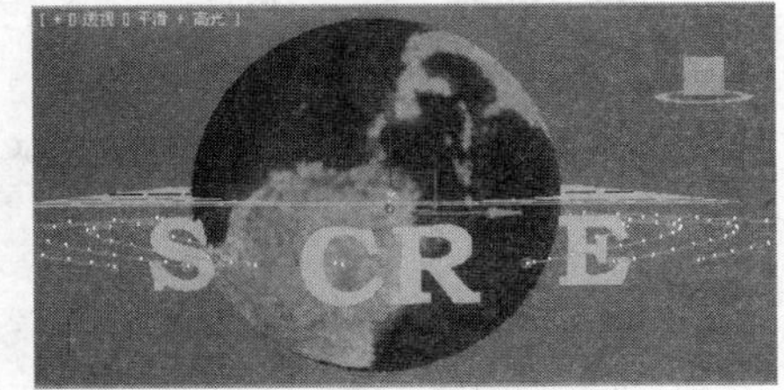

图 7-46

7.2.3 改变控制器

其实轨迹线是运动控制器的直观表现。控制器存储所有关键帧的数值,在关键帧之间执行插值操作从而计算关键帧所有帧的位置、旋转角度和比例。通过改变控制器的参数(如改变切线类型),或者改变控制器等都可以改变插值方法。

例 7-14 改变控制器

位置的默认控制器是"位置 XYZ"(Position XYZ)。用户也能够改变这个默认的控制器。

(1) 启动 3ds Max,在菜单栏中选取"文件/打开"(File/Open),打开本书配套光盘中的 Samples-07-07. max 文件。

(2) 在透视视口选择球。

(3) 在透视视口中的球上单击鼠标右键,然后从弹出菜单中选取"曲线编辑器"(Curve Editor)。这样就为选择的对象打开了"轨迹视图"(Track View),见图 7-47。

(4) 在"轨迹视图"(Track View)的层级列表区域单击"位置"(Position)轨迹。

(5) 在"轨迹视图"(Track View)的"控制器"(Controller)菜单下选取"指定"(Assign)选项,这时出现"指定位置控制器"(Assign Position Controller)对话框,见图 7-48。

(6) 在"指定位置控制器"(Assign Position Controller)对话框中单击"线性位置"(Linear Position),然后单击"确定"(OK)按钮。

"线性位置"(Linear Position)控制器在两个关键帧之间进行线性插值。在通过关键帧时,使用这个控制器的对象的运动不太平滑。使用"线性位置"(Linear Position)控制器

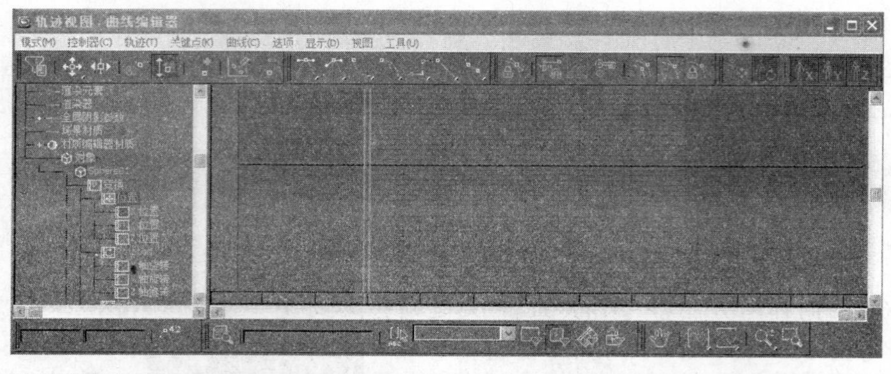

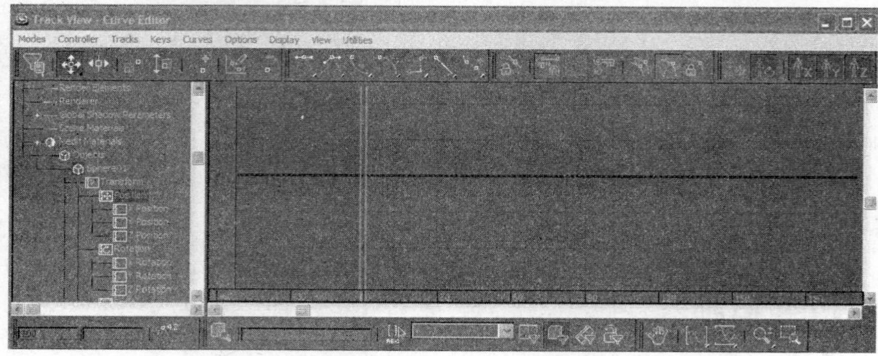

图 7-47

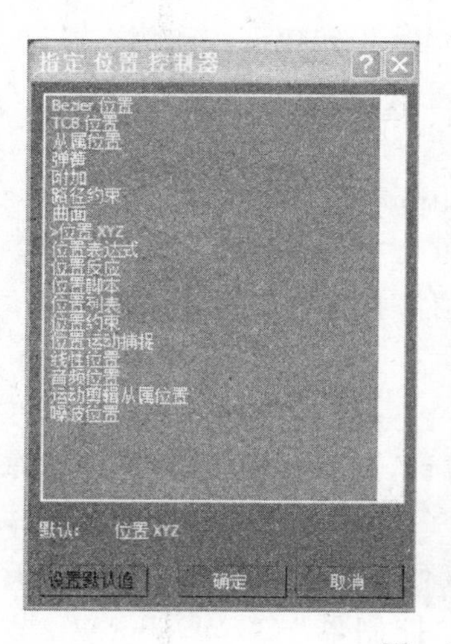

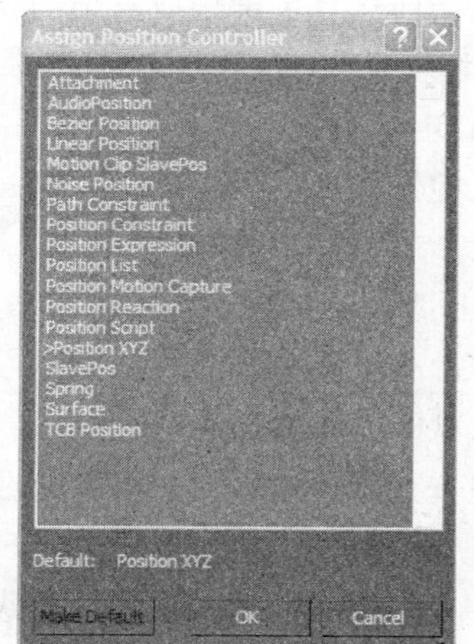

图 7-48

后，所有插值都是线性的，这时的“轨迹视图”(Track View)见图 7-49。

(7) 单击☒按钮，关闭“轨迹视图”(Track View)对话框。

(8) 确认球仍然被选择。在激活视口的球上单击鼠标右键，然后在弹出的菜单上选取“属性”(Properties)选项。

(9) 在弹出的“对象属性”(Object Properties)对话框的“显示属性”(Display

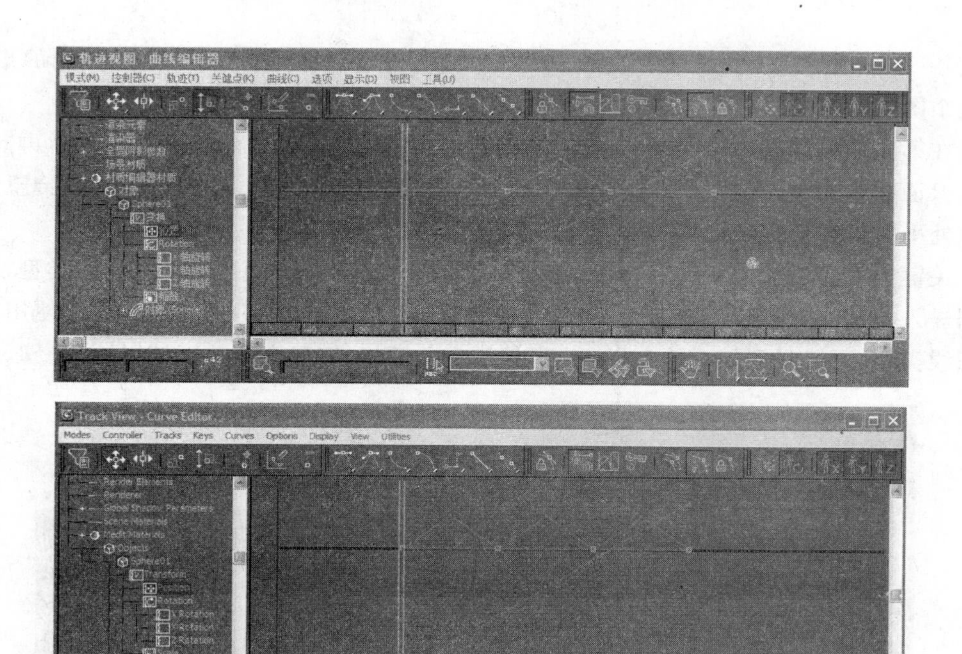

图 7-49

Properties)区域中复选“轨迹”(Trajectory),然后单击 OK 按钮。

在透视视口中显示出了轨迹线,见图 7-50。轨迹线变成了折线。

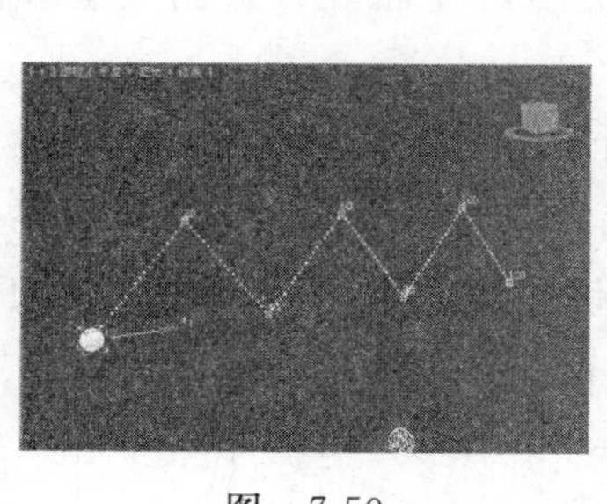

图 7-50

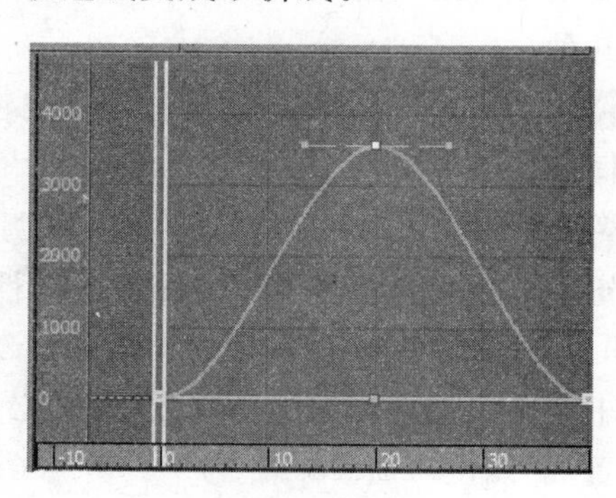

图 7-51

7.2.4 切线类型

默认的插值类型使对象在关键帧处的运动保持平滑。对于位置和缩放轨迹来讲,默认的控制器分别是 Euler XYZ 和“Bezier 缩放”(Bezier Scale)。如果使用了 Bezier 控制器,可以指定每个关键帧处的切线类型。

切线类型用来控制动画曲线上关键帧处的切线方向。在图 7-51 中,曲线代表一个对象在 0～100 帧的范围内沿着 Z 方向的位移变化。Bezier 位置控制器决定曲线的形状。在这个图中，水平方向代表时间，垂直方向代表对象在垂直方向的运动。

在第 2 个关键帧处，对象没有直接向第 3 个关键帧处运动，而是先向下，然后再向上，从而保证在第 2 个关键帧处的运动平滑。但是有时可能是另外一种运动，比如希望在关键帧处平滑过渡。这时的功能曲线的方向应该突然改变，见图 7-52。

关键帧处的切线类型决定曲线的特征。实际上，一个关键帧处有两个切线类型，一个控制进入关键帧时的切线方向，另外一个控制离开关键帧时的切线方向。通过使用混合的切线类型，可以得到如下的效果：光滑地进入关键帧，突然离开关键帧，见图 7-53。

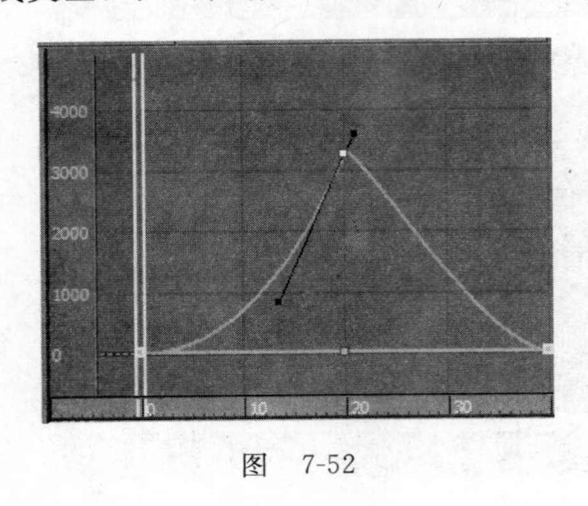

图　7-52

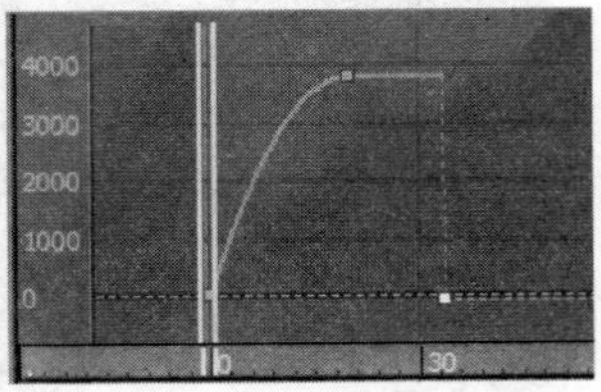

图　7-53

1. 可以使用的切线类型

要改变切线类型，需要使用关键帧信息对话框。3ds Max 中可以使用的切线类型有如下几种。

“平滑”(Smooth)：默认的切线类型。该切线类型可使曲线在进出关键帧的时候有相同的切线方向。

“线性”(Linear)：该切线类型可调整切线方向，使其指向前一个关键帧或者后一个关键帧。如果在输入(In)处设置了线性(Linear)选项，就使切线方向指向前一个关键帧；如果在输出(Out)处设置线性(Linear)选项，就使切线方向指向后一个关键帧。要使曲线上两个关键帧之间的线变成直线，必须将关键帧两侧的“输入”(In)和“输出”(Out)都设置成“线性”(Linear)。

“阶跃”(Step)：该切线类型引起关键帧数值的突变。

“慢速”(Slow)：该切线类型使邻接关键帧处的切线方向慢速改变。

“快速”(Fast)：该切线类型使邻接关键帧处的切线方向快速改变。

“自定义”(Custom)：该切线类型是最灵活的选项，它提供一个 Bezier 控制句柄来任意调整切线的方向。在功能曲线模式中该切线类型非常有用。还可以使用切线句柄调整切线的长度。如果切线长度较长，那么曲线较长时间保持切线的方向。

“自动”(Auto)：自动将切线设置成平直切线。选择自动切线的控制句柄后，就将其转换为“自定义”(Custom)类型。

在关键帧信息对话框的“输入”(In)和“输出”(Out)按钮两侧，各有两个小的箭头按钮，这些按钮可以向左或向右复制切线类型，见图 7-54。

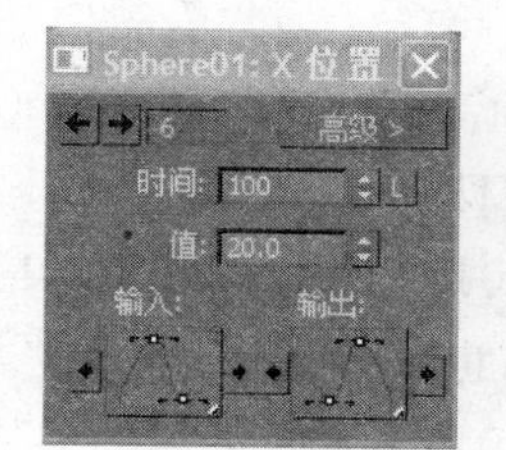

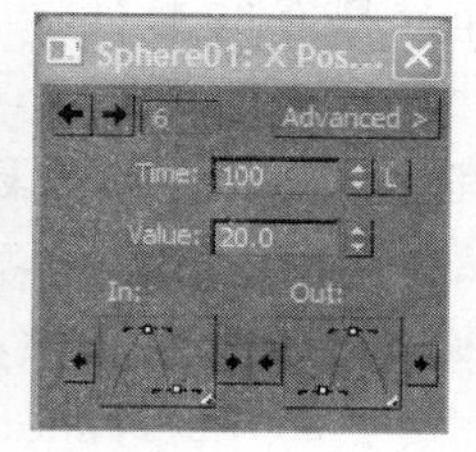

图 7-54

2. 改变切线类型

例 7-15 改变茶壶运动轨迹的切线类型

(1) 启动 3ds Max，在菜单栏中选取“文件/打开”(File/Open)，打开本书配套光盘中的 Samples-07-08. max 文件。

(2) 在动画控制区域单击“播放动画”(Play Animation)按钮。当球通过第 60 帧处的关键帧时达到最大高度，然后再渐渐地向下回落。

(3) 在动画控制区域单击“停止播放动画”(Stop Animation)按钮。

(4) 在透视视口选择茶壶，使轨迹栏中显示出动画关键帧。

(5) 在球上单击鼠标右键，然后在弹出的菜单上选取“属性”(Properties)。

(6) 在出现的“对象属性”(Object Properties)对话框的“显示属性”(Display Properties)区域中，选取“轨迹”(Trajectory)，然后单击“确定”(OK)按钮。

(7) 在轨迹栏上第 60 帧的关键帧处单击鼠标右键，然后在弹出的快捷菜单上选取“Teapot01：位置”(Teapot01：Position)选项。

(8) 将“Teapot01：位置”(Teapot01：Position)对话框移动到窗口右上角，以便清楚地观察轨迹线，如图 7-55、图 7-56 所示。

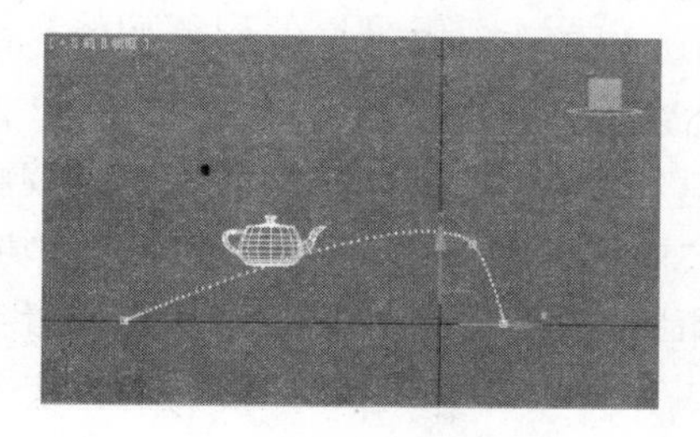

图 7-55

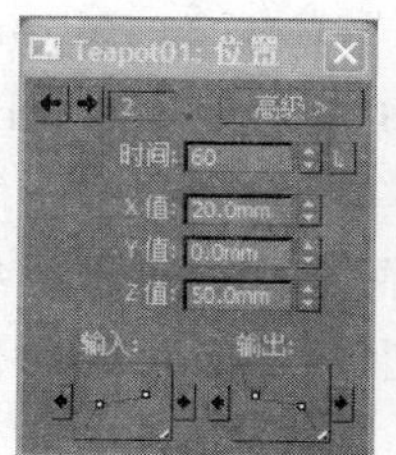

图 7-56

(9) 在“Teapot01：位置”(Teapot01：Position)对话框中按下“输出”(Out)按钮，显示出可以使用的切线类型。

(10) 选取“线性”(Linear)类型。

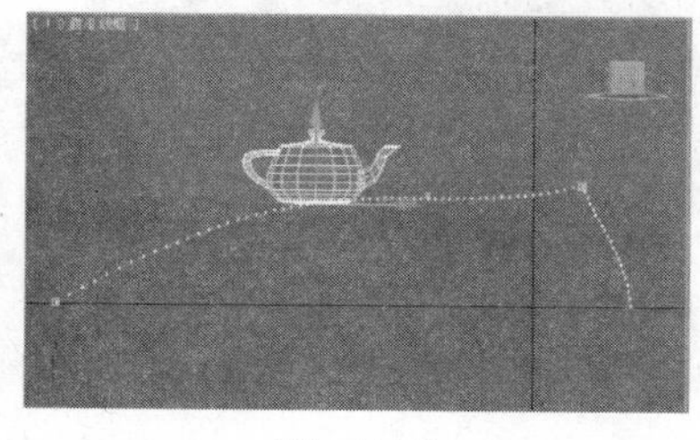

图 7-57

(11) 按下“输入”(In)按钮，选取“线性”(Linear)类型。这时的轨迹线变为图 7-57 所示的样子。

“线性”(Linear)类型使切线方向指向前一个或者后一个关键帧。但是，可以看到两个关键帧之间的轨迹线还不是直线。这是因为第 1 个和第 3 个关键帧使用的仍然不是“线性”(Linear)类型。

(12) 单击“Teapot01:位置”关键帧信息对话框左上角向右的箭头,到第 3 个关键帧,也就是第 80 帧处。

(13) 将“输入”(In)切线类型设置为“线性”(Linear)。现在第 2 个和第 3 个关键帧之间的轨迹线变成了线性的。

(14) 在“Teapot01:位置”(Teapot01: Position)对话框中,单击左上角向左的箭头 ,到第 2 个关键帧,也就是第 60 帧处。

(15) 在“Teapot01:位置”(Teapot01: Position)对话框中,单击“输入”(In)切线左边向左的箭头 。

说明:“输入”(In)和“输出”(Out)按钮两侧的箭头按钮是用来前后复制切线类型的。第 2 个关键帧的进入切线类型被复制到第 1 个关键帧的输出切线类型上,这样第 1 个关键帧和第 2 个关键帧之间的轨迹线变成了直线,见图 7-58。

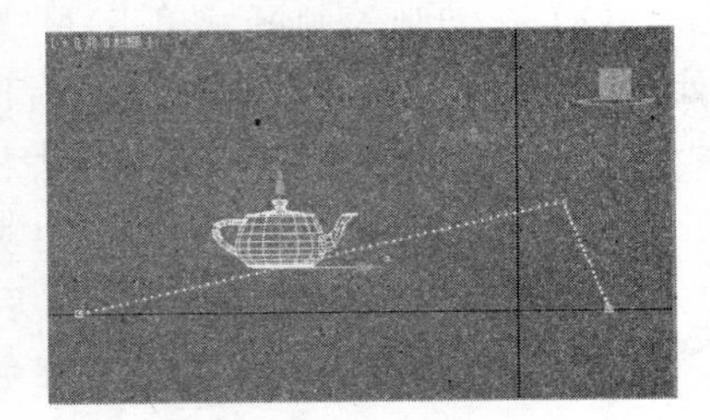

图 7-58

(16) 在动画控制区域单击 “播放动画”(Play Animation)按钮。球在两个关键帧之间按直线运动。

(17) 在动画控制区域单击 “停止播放动画”(Stop Animation)按钮。

例 7-16 字母“X”的翻滚效果

下面通过一个例子来熟悉“曲线编辑器”(Curver Editor)的使用。

本例子是制作一个字母“X”在地上翻滚的效果,图 7-59 是其翻滚动画中的一帧。

这个例子的模型和材质都很简单,使用的关键帧技术也不复杂。但是在这个例子中使用了一些“曲线编辑器”(Curver Editor)的技巧。如果不使用“曲线编辑器”(Curver Editor),则几乎不可能完成这个动画。如果你能熟练地完成这个动画,那么也就对“曲线编辑器”(Curver Editor)有比较深刻的了解。因此,在学习本练习的时候,不要仅仅将注意力集中在完成动画上,而应去深刻理解如何使用“曲线编辑器”(Curver Editor)的功能。

这个例子需要的模型、材质及字母的生长动画已经设置好了。下面只需要设置字母翻跟头的动画效果。

(1) 启动或者重置 3ds Max。从配套光盘中打开文件 Samples-07-09. max。这时的场景如图 7-60 所示。

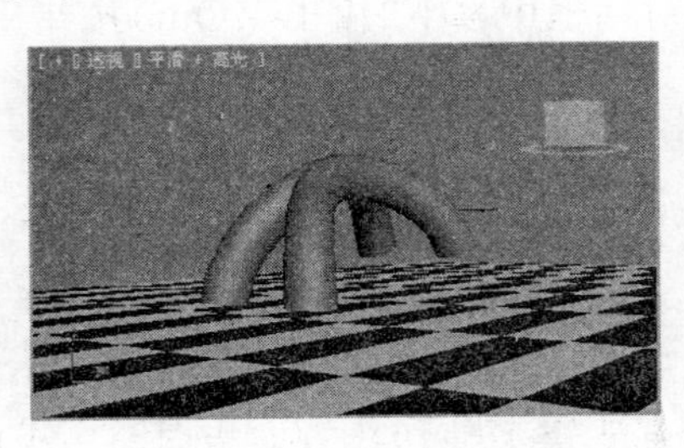

图 7-59

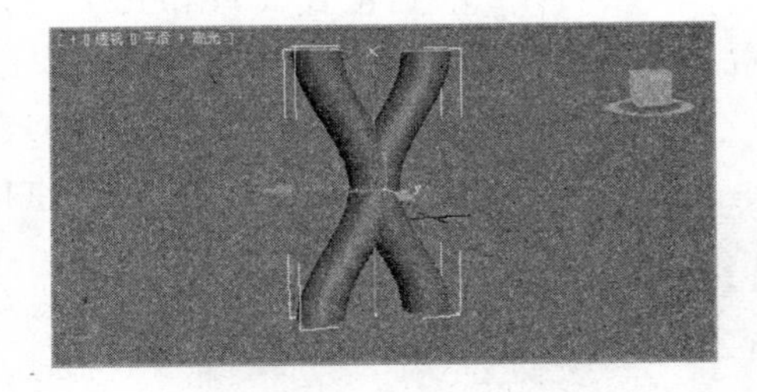

图 7-60

(2) 设置弯曲的动画。选择字母对象。

(3) 单击 进入“修改”(Modify)面板,给字母增加“弯曲”(Bend)编辑修改器,“弯曲”(Bend)参数卷展栏出现在命令面板。将面板中的“角度”(Angle)值设置为－180,“方向”(Direction)设置为 90,“弯曲轴”(Bend Axis)设置为 Y。字母弯曲后的场景如图 7-61 所示。

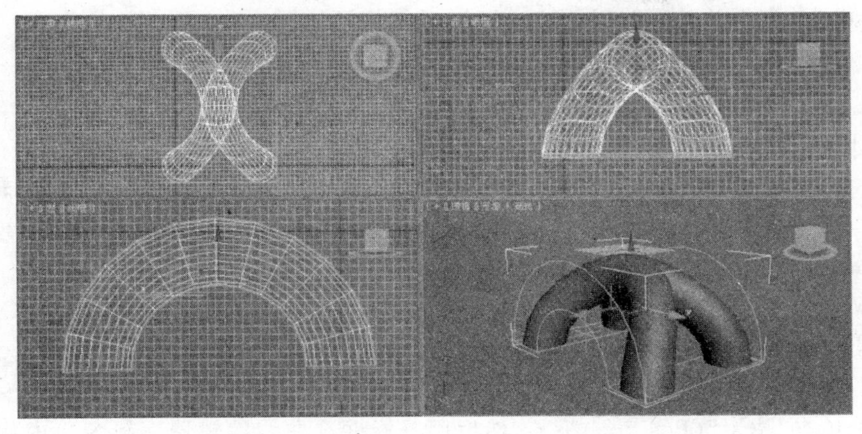

图 7-61

(4) 单击“自动关键点”(Auto Key)按钮,将时间滑块移动到第 20 帧,然后在“弯曲”(Bend)参数卷展栏中将“弯曲”(Bend)参数的“角度”(Angle)改为 180。

(5) 将时间滑块移动到第 20 帧 ,单击主工具栏的“选择并移动”(Select and Move)按钮,在前视图中,沿 X 轴将字母的一端移动至另一端,如图 7-62 所示。

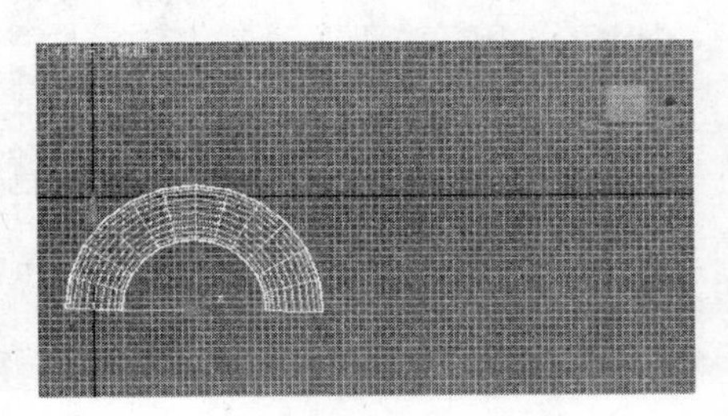

(a) 移动前

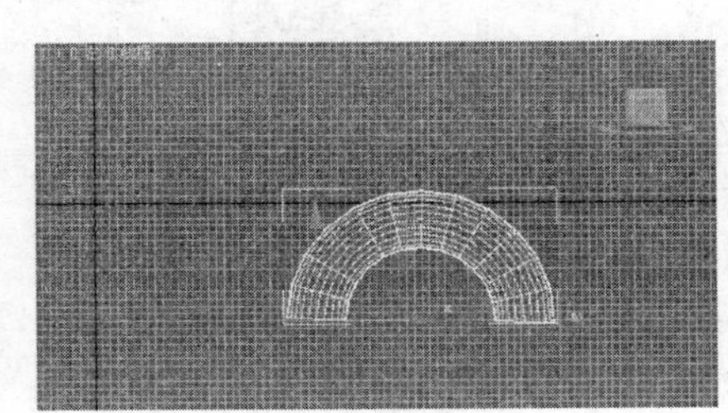

(b) 移动后

图 7-62

(6) 将弯曲修改器“方向”(Direction)的数值改为 270°。旋转结果如图 7-63 所示。

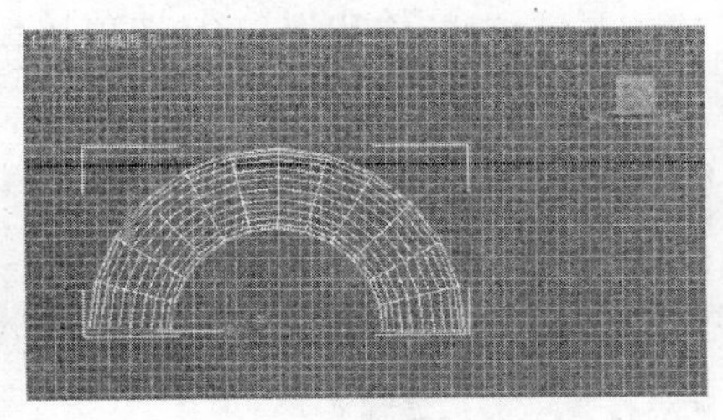

(旋转前)

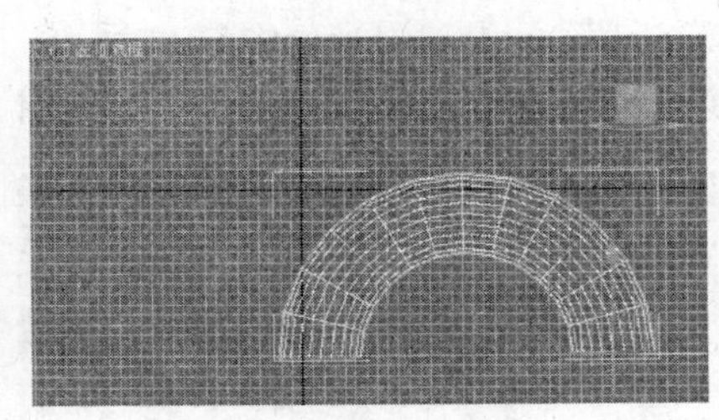

(旋转后)

图 7-63

说明：该操作也可以单击“角度捕捉变换”(Angle Snap Toggle)(或者按 A 键)，打开角度锁定，利用主工具栏中的“选择并旋转”(Select and Rotute)按钮，沿 Y 轴将字母旋转 180°。

(7) 单击“播放动画”(Play Animation)按钮开始播放动画。

(8) 单击“停止播放动画”(Stop Animation)按钮停止播放动画。

现在的动画看起来很乱，不要紧张，你没有做错。下面我们就开始在曲线编辑器(Curver Editor)中调整。

(9) 单击主工具栏中的“曲线编辑器”(Curver Editor)按钮，打开曲线编辑器。单击“对象”(Object)前面的“＋”号，出现 Loft01。单击 Loft01 前面的“＋”号出现“变换”(Transform)、“修改对象”(Modified Object)等。

(10) 依次单击“变换”(Transform)前面的“＋”号和“修改对象”(Modified Object)前面的“＋”号，逐级展开，直到“变换”(Transform)和“修改对象”(Modified Object)下面的子项没有“＋”号为止。

(11) 单击“位置”(Position)标签，然后用鼠标框选曲线编辑器编辑窗口内代表 X 轴上物体运动轨迹的红线上的第一个关键帧，单击鼠标右键，出现“Loft01\位置”(Loft01\Position)对话框，在“输入”(In)和“输出”(Out)选项按钮中选择阶梯曲线。

(12) 修改第二个关键帧处的功能曲线。单击数字 1 左边向右的箭头，到第二个关键帧，“输入”(In)和“输出”(Out)选项按钮中也都选择阶梯曲线，见图 7-64。

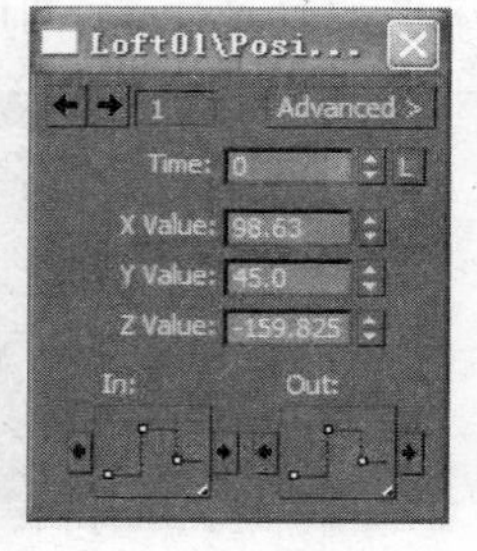

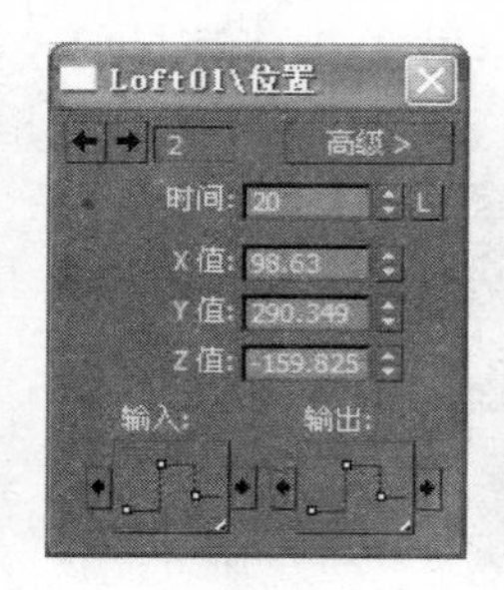

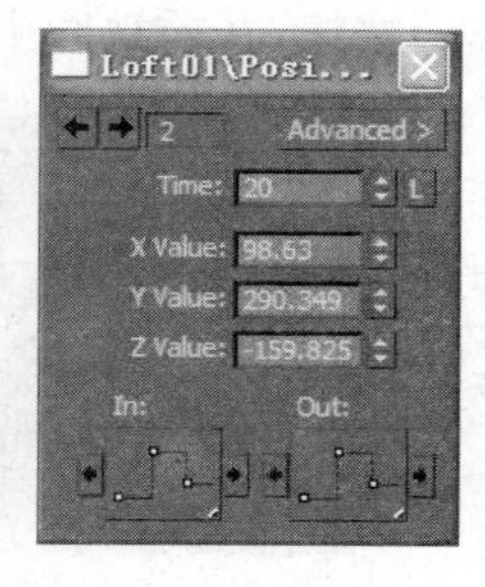

图 7-64

(13) 修改曲线。单击“修改对象”(Modified Object)下面的“弯曲”(Bend)标签，出现关于方向改变的曲线。曲线上有两个关键帧，在第一个关键帧单击鼠标右键，出现“Loft01\方向”(Loft01\Direction)对话框，在“输入”(In)和“输出”(Out)选项按钮中选择阶梯曲线。将关键帧 1 改为阶梯曲线，见图 7-65。

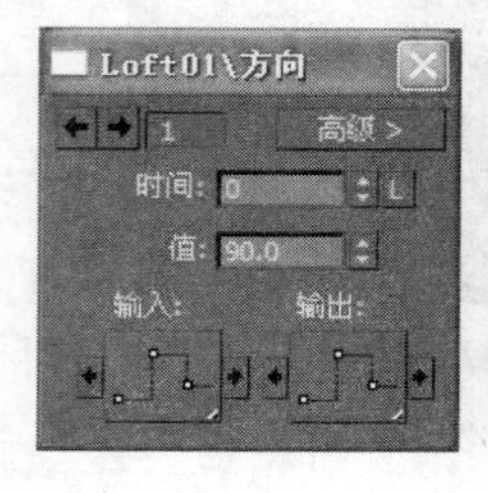

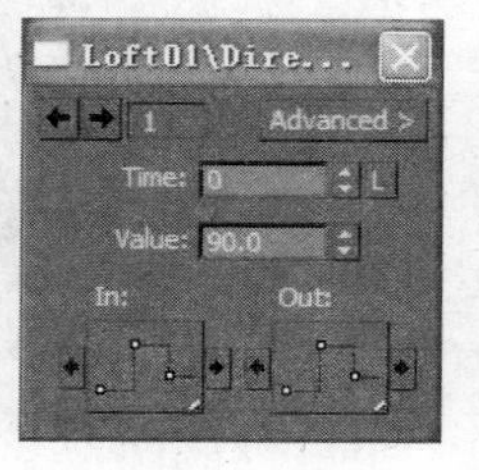

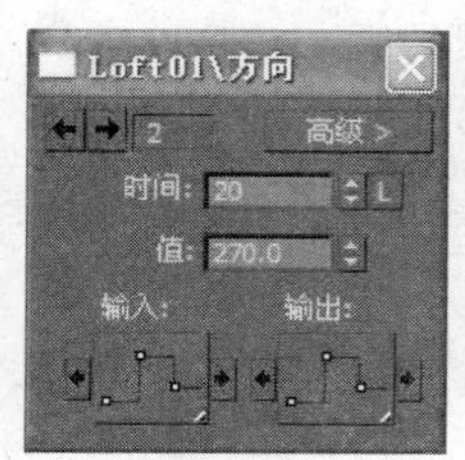

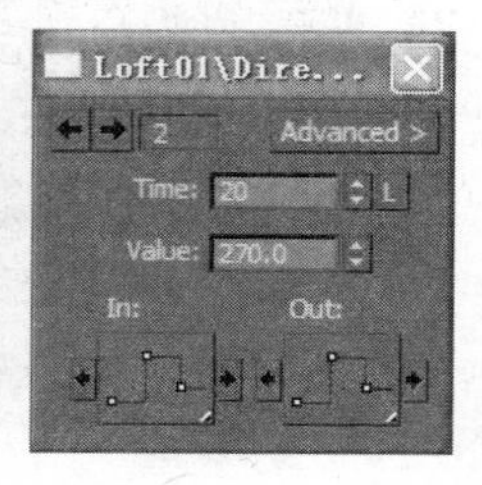

图 7-65

(14) 单击数字 1 左边向右的箭头，到第二个关键帧，在“输入”(In)和“输出”(Out)选项按钮中也都选择阶梯曲线。

(15) 这时的曲线如图 7-66 所示。

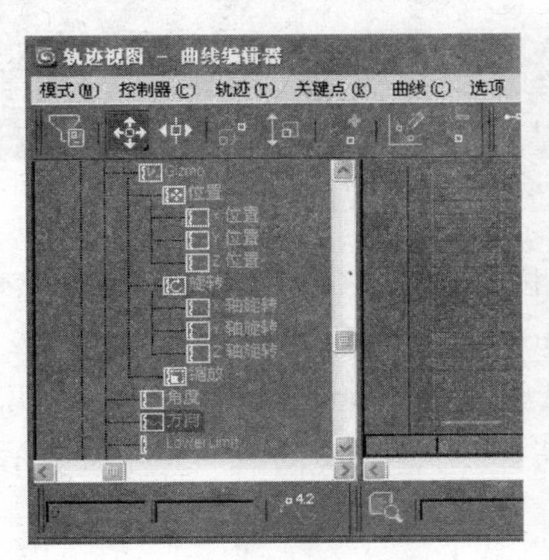

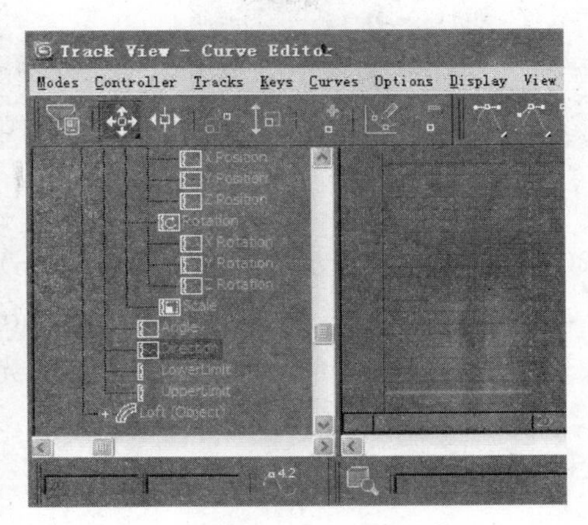

图 7-66

说明：曲线和控制器是 3ds Max 中的重要概念。使用它们可以使许多复杂动画的设置变得简单。在这个例子中，也可以直接在视图中旋转字母，但是，那样设置操作相对复杂。此外，如果要使用曲线编辑器设置对象旋转的动画，则最好使用 Euler XYZ 控制器。

(16) 设置运动的扩展。单击“位置”(Position)标签，然后在工具栏里单击“参数曲线超出范围类型”(Parameter Curve Out-of-Range Type)按钮，将出现“参数曲线超出范围类型”对话框，见图 7-67。

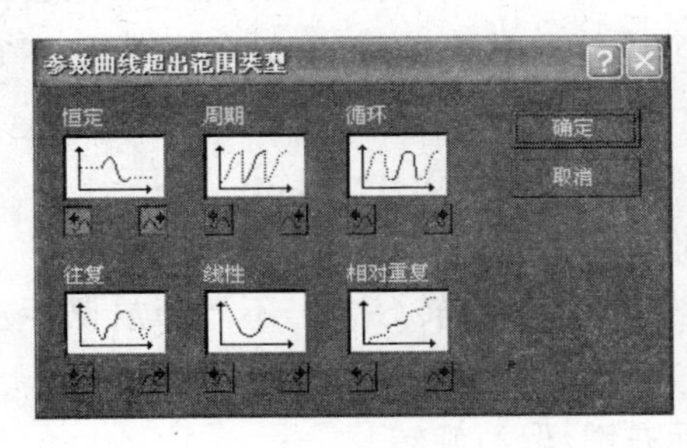

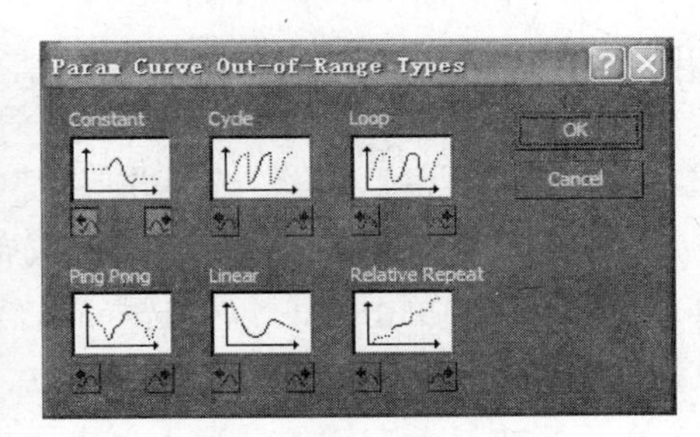

图 7-67

(17) 单击“相对重复”(Relative Repeat)类型，然后单击“确定”按钮。

(18) 单击使用“水平方向最大化显示”(Zoom Horizontal Extents)按钮和“ 最大化显示”(Zoom)工具，增大曲线显示区域。这时的功能曲线见图 7-68。

同样，将“相对重复”(Relative Repeat)类型应用给“弯曲”(Bend)的方向设置。

(19) 设置弯曲角度的动画。单击弯曲下方的角度，单击“参数曲线超出范围类型”(Parameter Curve Out-of-Range Type)按钮，在出现的对话框中选择“往复”(Ping Pong)类型，然后单击“确定”(OK)按钮。这时的功能曲线如图 7-69 所示。

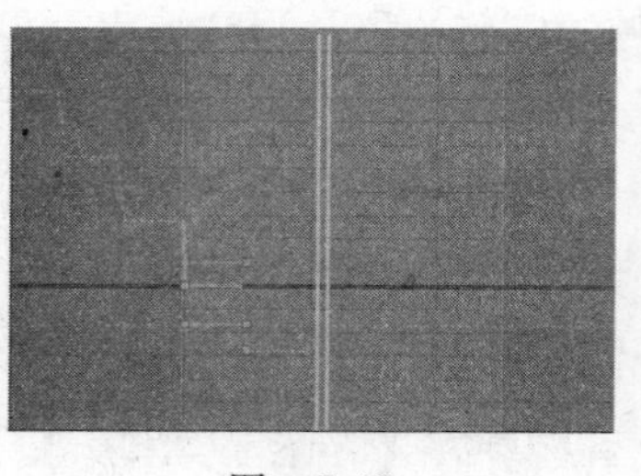

图 7-68

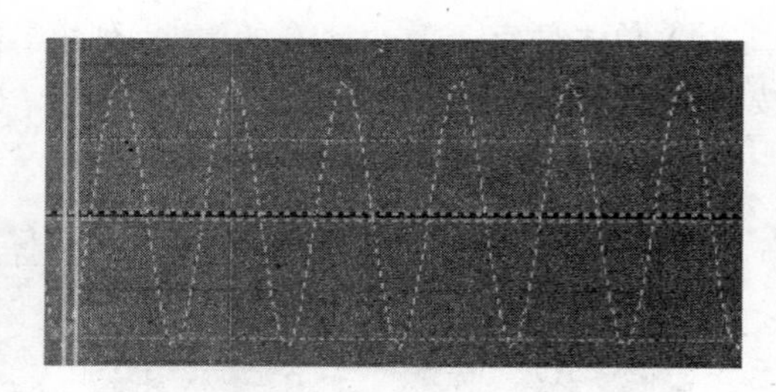

图 7-69

(20) 单击▶"播放动画"(Play Animation)按钮,开始播放动画,字母"X"自然地翻滚运动。单击⏹"停止播放动画"(Stop Animation)按钮停止播放动画。

(21) 该例子的最后结果保存在书本配套光盘的文件 Samples-07-09f. max 中。

7.2.5 轴心点

轴心点是对象局部坐标系的原点。轴心点与对象的旋转、缩放以及链接密切相关。

3ds Max 提供了几种方法来设置对象轴心点的位置方向。可以在保持对象不动的情况下移动轴心点,也可以在保持轴心点不动的情况下移动对象。在改变了轴心点位置后,也可以使用 Reset 工具将它恢复到原来的位置。

改变轴心点的工具在"层次"(Hierarchy)面板下。通过下面的练习,将学习怎样改变轴心点的位置,并观察轴心点位置的改变对变换的影响。

例 7-17 轴心点

(1) 启动 3ds Max,在菜单栏中选取"文件/打开"(File/Open),打开本书配套光盘中的 Samples-07-10. max 文件。场景中包含一个简单的对象,该对象的名字是 Bar,它的轴心点在对象的轴心,与世界坐标系的原点重合。

(2) 单击主工具栏上的"选择并旋转"(Select and Rotate)按钮。

(3) 在主工具栏将参考坐标系设置为局部坐标系。

(4) 在透视视口单击 Bar,以便选择它,然后绕 Z 轴旋转(注意,不要释放鼠标左键)。该对象绕轴心点旋转。

(5) 在不释放鼠标左键的情况下单击鼠标右键,取消旋转。

如果已经旋转了对象,可以使用"编辑"(Edit)菜单栏下面的命令撤销旋转。

(6) 让对象绕 X 轴和 Y 轴旋转,然后按鼠标右键取消旋转操作。

对象仍然绕轴心点旋转。下面调整轴心点。

(7) 在顶视口单击鼠标右键,激活它。

(8) 单击视图导航控制区域的"最大化视口"(Min/Max Toggle)按钮,将顶视口切换到最大化显示。

(9) 到"层次"(Hierarchy)命令面板,见图 7-70。"层次"(Hierarchy)命令面板被分成了 3 个标签,它们是"轴"(Pivot)、"IK"和"链接信息"(Link Info)。下面将使用"轴"

(Pivot)区域。

(10) 单击“调整轴”(Adjust Pivot)卷展栏的“仅影响轴”(Affect Pivot Only)按钮。现在可以访问并调整对象的轴心点。

(11) 单击主工具栏上的“选择并移动”(Select and Move)按钮。

(12) 在顶视口将轴心点向下移动,移到对象底部的中心,见图 7-71。

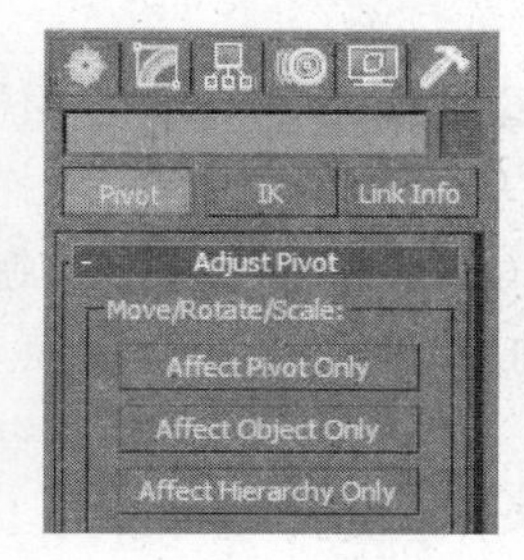

图 7-70

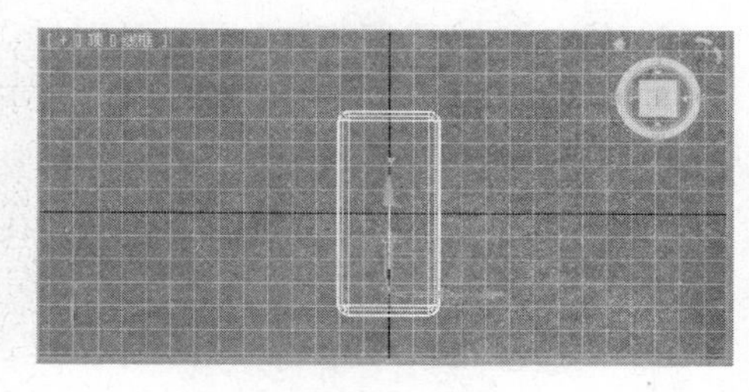

图 7-71

(13) 单击“调整轴”(Adjust Pivot)卷展栏的“仅影响轴”(Affect Pivot Only)按钮,关闭它。

(14) 单击视图导航控制区域的“最大化视口”(Min/Max Toggle)按钮,切换成四个视口显示方式。

(15) 单击主工具栏上的“选择并旋转”(Select and Rotate)按钮。

(16) 在透视视口绕 Z 轴旋转 Bar(注意,不要释放鼠标左键)。该对象绕新的轴心点旋转。

(17) 在不释放鼠标左键的情况下单击鼠标右键,取消旋转。

(18) 让对象绕 X 轴和 Y 轴旋转,然后按鼠标右键取消旋转操作。

7.2.6 对象的链接

在 3ds Max 中可以在对象之间创建父子关系。在默认的情况下,子对象继承父对象的运动,但是这种继承关系也可以被取消。

对象的链接可以简化动画的制作。一组链接的对象被称为连接层级,或称为运动学链。一个对象只能有一个父对象,而一个父对象可以有多个子对象。

链接对象的工具在主工具栏中。当链接对象的时候需要先选择子对象,再选择父对象。当链接完对象后,可以使用“选择对象”(Select Objects)对话框来检查链接关系。在该对话框的对象名列表区域中,父对象在顶层,子对象的名称一级级地向右缩进。

例 7-18 创建链接关系

(1) 启动 3ds Max,在菜单栏中选取“文件/打开”(File/Open),打开本书配套光盘中的 Samples-07-11.max 文件。

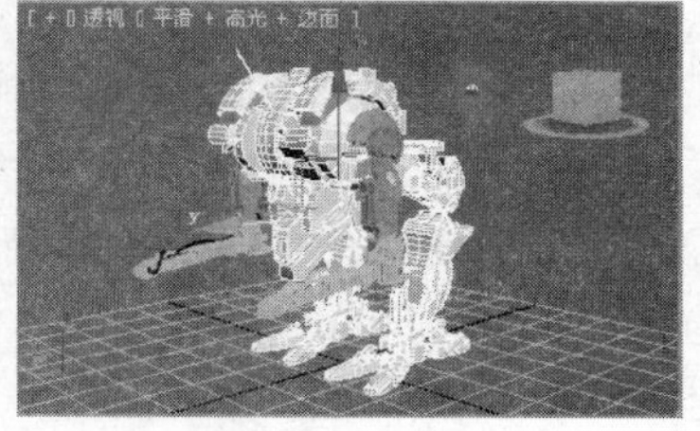

图 7-72

场景中包含两对需要链接的对象,见图 7-72。其中名字是“shang bi left”和“shang bi right”的蓝色对象分别是名字为“qian bi left”和“qian bi right”的橙色对象的父对象。

(2) 单击主工具栏上的“选择并旋转”(Select and Rotate)按钮。

(3) 按 H 键，打开“从场景选择”(Select From Scene)对话框。

(4) 在“从场景选择”(Select From Scene)对话框中，单击对象名列表区域的 shang bi left，然后单击 Select 按钮。

(5) 绕任意轴随意旋转“shang bi left”，这时“qian bi left”并不跟着旋转。

(6) 在菜单栏中选取“编辑/撤销”(Edit/Undo Rotate)命令，撤销旋转操作。

(7) 单击主工具栏上的“选择并链接”(Select and Link)按钮。

说明：要断开对象之间的链接关系，使用“断开当前选择链接”(Unlink Selection)按钮。

(8) 在透视视口中单击“qian bi left”，然后拖曳到“shang bi left”，释放鼠标左键，完成了链接操作。

下面使用“选择对象”(Select Object)对话框检查链接的结果。

(9) 单击主工具栏上的“选择对象”(Select Object)按钮。

(10) 确认没有选择任何对象，按键盘上的 H 键，打开“从场景选择”(Select From Scene)对话框。

(11) 在“从场景选择”(Select From Scene)对话框中选取“显示/显示子对象”(Display/Display Children)。这时的“从场景选择”(Select From Scene)对话框结构如图 7-73 所示。图中的结构说明，创建过链接关系的“qian bi left”是“shang bi left”的子对象，而未创建链接关系的“qian bi right”和“shang bi right”是并列关系。

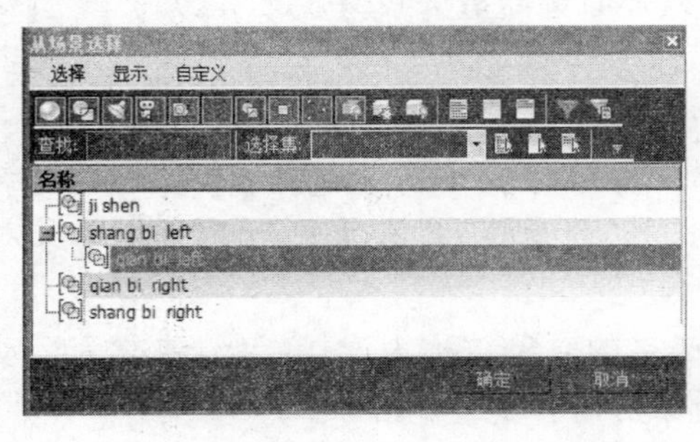

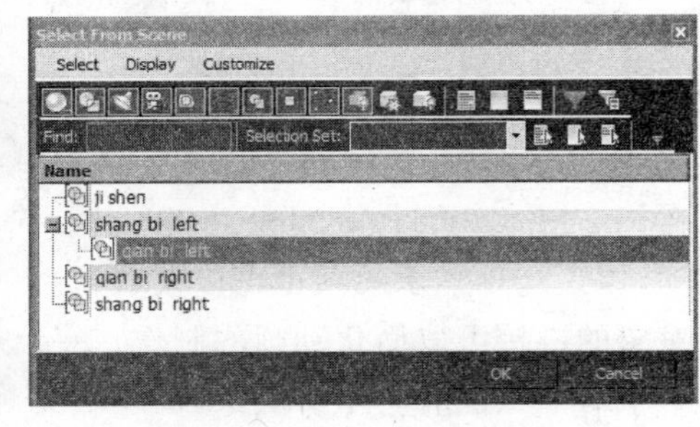

图 7-73

(12) 在“从场景选择”(Select From Scene)对话框中单击“取消”(Cancel)，关闭该对话框。

下面测试链接关系是否正确。

(13) 单击主工具栏上的“选择并旋转”(Select and Rotate)按钮。

(14)按键盘上的 H 键，打开“从场景选择”(Select From Scene)对话框。在“从场景选择”(Select From Scene)对话框单击对象名列表区域的“shang bi left”，然后单击“确定”(OK)按钮。

(15) 绕 Z 轴随意旋转“shang bi left”，这时“qian bi left”一并跟着旋转。

(16) 单击主工具栏上的"选择并移动"(Select and Move)按钮。

(17) 在透视视口沿着 X 轴将"shang bi left"移动一段距离,"qian bi left"也跟着移动。

(18) 按键盘上的 Ctrl+Z 两次,撤销应用给"shang bi left"的变换。

(19) 在透视视口选择"qian bi left"。

(20) 单击主工具栏上的"选择并旋转"(Select and Rotate)按钮,再单击鼠标右键,打开"旋转变换输入"(Rotate Transform Type-In)对话框。

(21)在"旋转变换输入"(Rotate Transform Type-In)对话框中将"偏移"(Offset)部分的 Z 数值改为 30,见图 7-74。

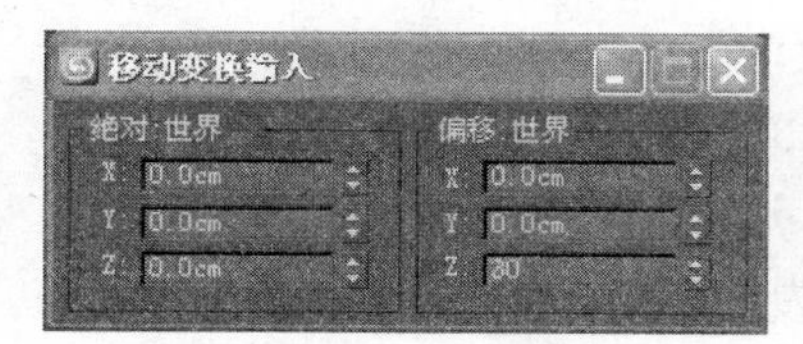

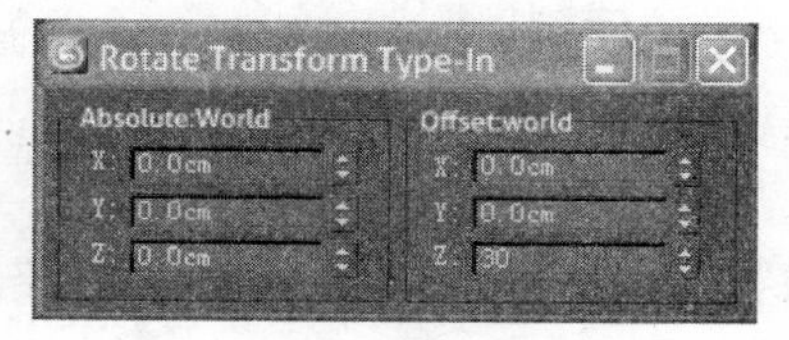

图 7-74

"shang bi left"不跟着"qian bi left"旋转,也就是对子对象的操作不影响父对象。以同样的步骤完成第二对链接对象"shang bi right"和"qian bi right"的创建链接关系操作。

小　　结

本章主要讨论如何在 3ds Max 中制作动画。下面几点内容是需要大家熟练掌握的。

(1) 关键帧的创建和编辑:在制作动画的时候,只要设置了关键帧,3ds Max 就会在关键帧之间进行插值。"自动关键点"(Auto Key)按钮、轨迹栏、运动面板和轨迹视图都可以用来创建和编辑关键帧。

(2) 切线类型:通过改变切线类型和控制器,可以调整关键帧之间的插值方法。位移动画的默认控制器是 Bezier。如果使用了这个控制器,就可以显示并编辑轨迹线。

(3) 轴心点:轴心点对旋转和缩放动画的效果影响很大。可以使用"轴心点"(Hierarchy)面板中的工具调整轴心点。

(4) 链接和正向运动:可以在对象之间创建链接关系来帮助制作动画。在默认的情况下,子对象继承父对象的变换,因此,一旦建立了链接关系就可以方便地创建子对象跟随父对象运动的动画。

习　　题

一、判断题

1. 不可以使用"曲线编辑器"(Curver Editor)复制标准几何体和扩展几何体的参数。
2. 在制作旋转动画的时候,不用考虑轴心点问题。

3. 只能在曲线编辑器中给对象指定控制器。

4. 采用“线性”(Linear)插值类型的控制器在关键帧之间均匀插值。

5. 采用“平滑”(Smooth)插值类型的控制器可以调整通过关键帧的曲线的切线，以保证平滑通过关键帧。

二、选择题

1. 在 3ds Max 中动画时间的最小计量单位是________。

   A. 1 帧　　B. 1 秒　　C. 1/2400 秒　　D. 1/4800 秒

2. 在轨迹视图中，给动画增加声音的选项为________。

   A. 环境(Environment)　　B. 渲染效果(Renderer)

   C. Video Post　　D. 声音(Sound)

3. 3ds Max 中可以使用的声音文件格式为________。

   A. mp3　　B. wav　　C. mid　　D. raw

4. 要显示对象关键帧的时间，应选择的命令为________。

   A. 视图/显示关键点时间 (Views/Show Key Times)

   B. 视图/显示重影 (Views/Show Ghosting)

   C. 视图/显示变换轴 (Views/Show Transform Gizmo)

   D. 视图/显示从属关系 (Views/Show Dependencies)

5. 要显示运动对象的轨迹线，应在显示面板中选中________项。

   A. Edges Only　　B. Trajectory　　C. Backface Cull　　D. Vertex Ticks

6. 在建筑动画中许多树木是用贴图代替，我们移动摄影机的时候希望树木一直朝向摄影机，这时会使用________控制器。

   A. 附加　　B. 注视约束　　C. 链接约束　　D. 运动捕捉

7. 链接约束控制器可以在________控制器层级上变更。

   A. 变换　　B. 位置　　C. 旋转　　D. 放缩

8. 在 3ds Max 中的路径约束控制器可以拾取________路经。

   A. 一条　　B. 两条　　C. 三条　　D. 多条

三、问答题

1. 如何将子对象链接到父对象上？如何验证链接关系？
2. 子对象和父对象的运动是否相互影响？如何影响？
3. 什么是正向运动？
4. 实现简单动画的必要操作步骤有哪些？
5. 轨迹视图的作用是什么？有哪些主要区域？
6. Bezier 控制器的切线类型有几种？各有什么特点？
7. 解释路径约束控制器的主要参数。
8. 如何制作一个对象沿着某条曲线运动的动画？

第8章 摄影机和动画控制器

本章将讨论几个与动画相关的重要问题。当布置完场景后，一般要创建摄影机来观察场景。本章先介绍如何创建与控制摄影机，然后讨论如何用控制器控制摄影机的运动，最后通过有代表性的实例进行演示。

本章重点内容：

- 创建并控制摄影机；
- 使用自由和目标摄影机；
- 理解摄影机的参数(镜头的长度、环境的范围和剪切平面)；
- 使用路径控制器控制自由摄影机；
- 使用注视约束(Look At Constraint)控制器；
- 使用链接约束(Link Constraint)控制器。

8.1 摄影机(Cameras)

摄影机从特定的观察点表现场景，模拟现实世界中的静止图像、运动图片或视频摄影机，能够进一步增强场景的真实感。下面就从摄影机的基础知识开始讲述。

8.1.1 摄影机的类型

“摄影机”(Cameras)是3ds Max中的对象类型，它定义观察图形的方向和投影参数。3ds Max有两种类型的摄影机：目标摄影机和自由摄影机。

目标摄影机有两个对象,即摄影机的视点和目标点,由一条线连接起来。我们将连接摄影机视点和目标点的连线称为视线。

对于静态图像或者不需要摄影机运动的时候最好使用目标摄影机,这样可以方便地定位视点和目标点。如果要制作摄影机运动的动画,则最好使用自由摄影机,这样只要设置视点的动画位置即可。

8.1.2 使用摄影机

可以在"创建"(Create)命令面板的"摄影机"(Cameras)标签下创建摄影机。摄影机被创建后被放在当前视口的绘图平面上。

创建摄影机后还可以使用多种方法选择并调整参数。下面举例说明如何创建和使用摄影机。

例 8-1 创建摄影机

(1) 启动 3ds Max,选取"文件/打开"(File/Open),打开本书配套光盘中的 Samples-08-01. max 文件。该文件包含一组教室场景模型。

(2) 激活顶视口。

(3) 到"创建"(Create)命令面板的"摄影机"(Cameras)标签下,单击"目标"(Target)按钮。

(4) 在顶视口单击创建摄影机的视点,然后拖曳确定摄影机的目标点。待目标点位置满意后释放鼠标键。

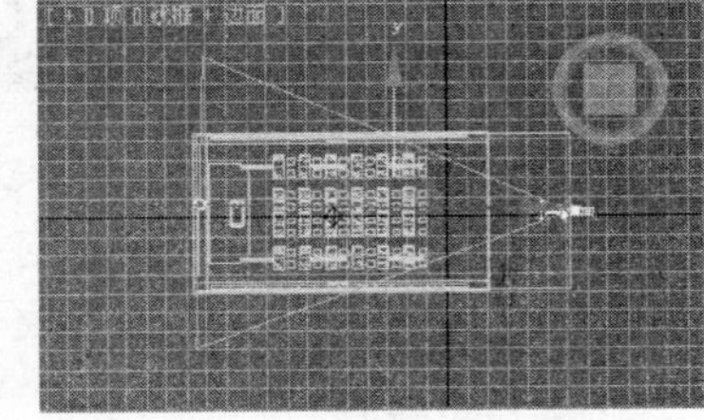

图 8-1

(5) 单击鼠标右键,结束摄影机的创建模式,见图 8-1。

(6) 在视口的空白区域单击,取消摄影机对象的选择。

(7) 在激活顶视口的情况下按 C 键,顶视口变成了摄影机视口,见图 8-2。

例 8-2 选择摄影机

(1) 启动 3ds Max,选取"文件/打开"(File/Open),打开本书配套光盘中的 Samples-08-02. max 文件。该文件仅包含一个目标摄影机,见图 8-3。

图 8-2

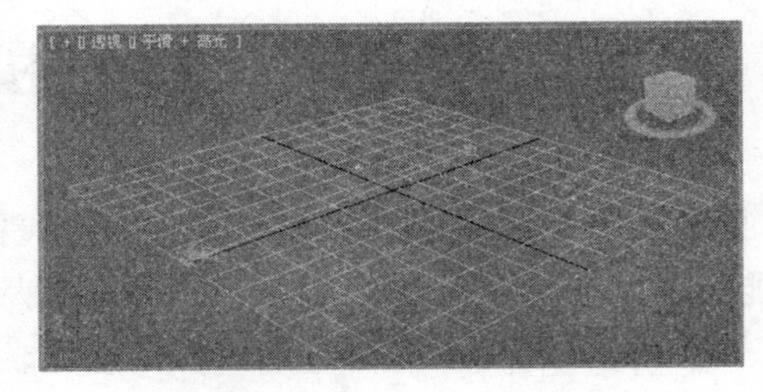

图 8-3

(2) 单击主工具栏的"选择并移动"(Select and Move)按钮。

(3) 在顶视口单击摄影机图标,选择它。

(4) 激活主工具栏中的"选择并移动"(Select and Move)按钮,然后在按钮上单击鼠标右键，出现“移动变换输入”(Move Transform Type-In)对话框。

(5) 在“移动变换输入”(Move Transform Type-In)对话框的“绝对：世界”(Absolute:World)区域，将 Z 的数值改为 35.0，见图 8-4。

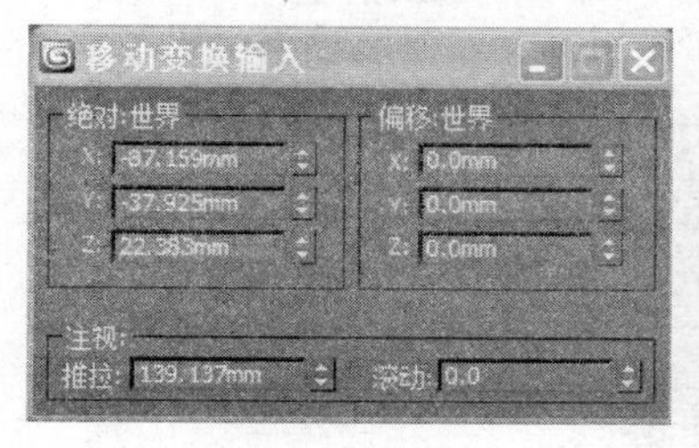

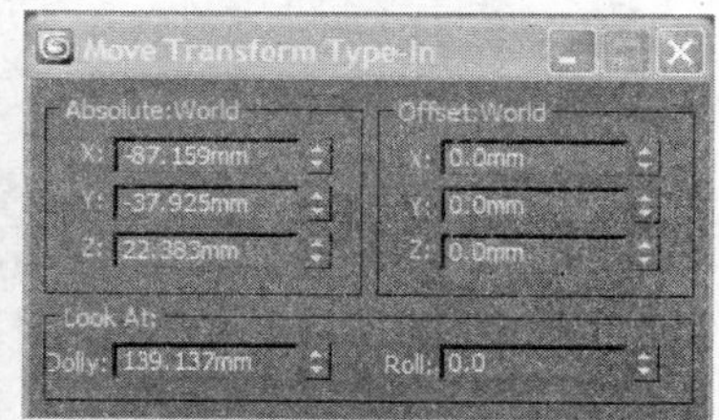

图 8-4

(6) 确认摄影机仍然被选择，然后在激活的视口中单击鼠标右键。在出现的菜单栏中选取“选择摄影机目标”(Select Camera Target)选项，见图 8-5。

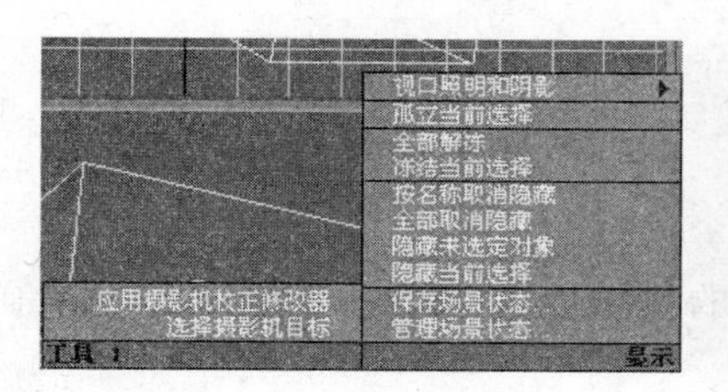

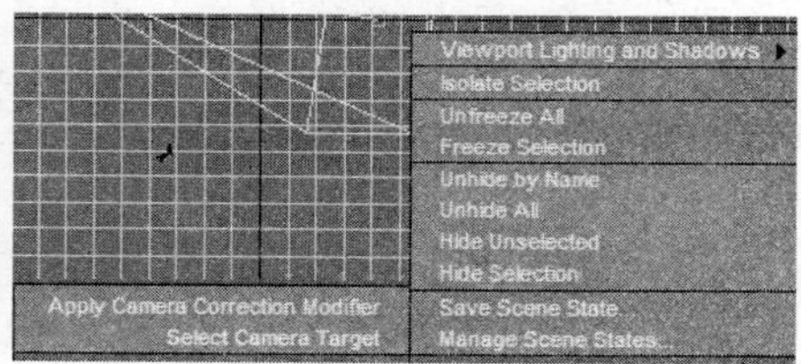

图 8-5

这样摄影机的目标点就被选择了。

(7) 在“移动变换输入”(Move Transform Type-In)对话框的“偏移：世界”(Offset：World)区域将 Z 的数值改为 20。

(8) 单击☒按钮，关闭“移动变换输入”(Move Transform Type-In)对话框。

(9) 在视口的空白区域单击，取消摄影机的选择。

(10) 按键盘上的 H 键，打开“选择对象”(Select Objects)对话框。

摄影机和它的目标显示在“选择对象”(Select Objects)对话框的文件名列表区域。可以使用这个对话框选择摄影机或者摄影机的目标。

(11) 单击“取消”(Cancel)按钮，关闭这个对话框。

例 8-3 设置摄影机视口

(1) 启动 3ds Max，选取“文件/打开”(File/Open)，打开本书配套光盘中的 Samples-08-03.max 文件。该文件中包含了一个圆柱、一个球体和一个摄影机。

(2) 在透视视口的“视口”标签上单击鼠标左键。

(3) 从弹出的菜单中选取“摄影机/Camera01”(Camera/Camera01)。现在透视视口变成了摄影机视口。也可以使用键盘上的快捷键激活摄影机视口。

(4) 激活左视口，然后按 C 键激活摄影机视口。

现在我们有了两个摄影机视口，见图 8-6。

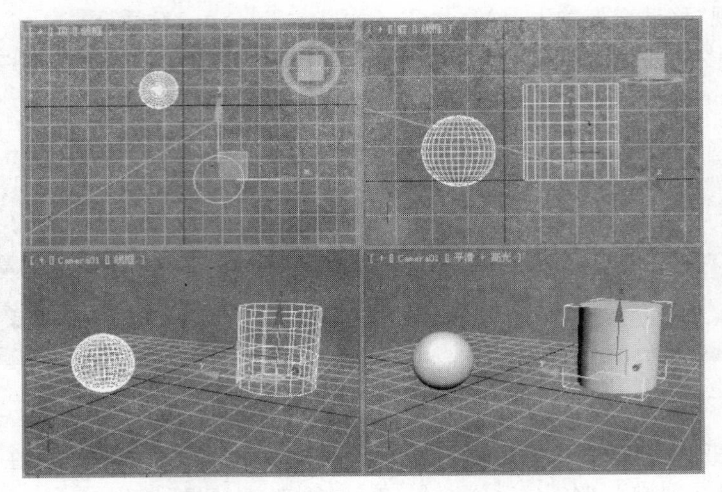

图 8-6

8.1.3 摄影机导航控制按钮

当激活摄影机视口后,视口导航控制区域的按钮变成了摄影机视口专用导航控制按钮,见图 8-7。

下面介绍这些按钮的含义。

图 8-7

1. 推拉摄影机(Dolly Camera)

使用“推拉摄影机”(Dolly Camera)按钮可沿着摄影机的视线移动摄影机。在移动摄影机的时候,它的镜头长度保持不变,其结果是使摄影机靠近或远离对象。

例 8-4 推拉摄影机

(1) 启动 3ds Max,选取“文件/打开”(File/Open),打开本书配套光盘中的 Samples-08-04. max 文件。该文件中包含了一个圆柱、一个球体和一个摄影机。

(2) 在摄影机视口的“+”视口标签上单击鼠标左键,从弹出的菜单中选取“选择摄影机”(Select Camera),见图 8-8。

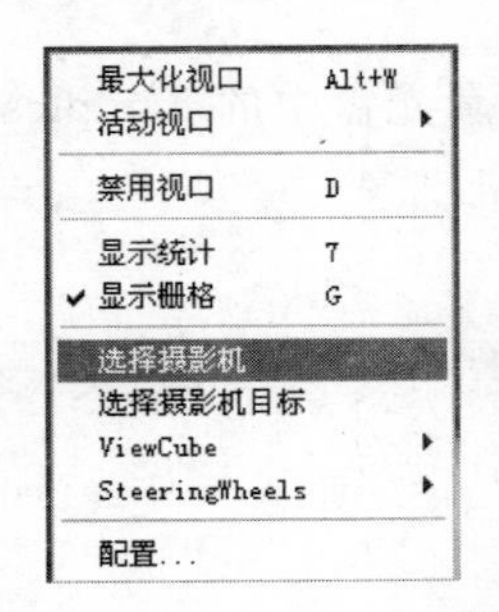

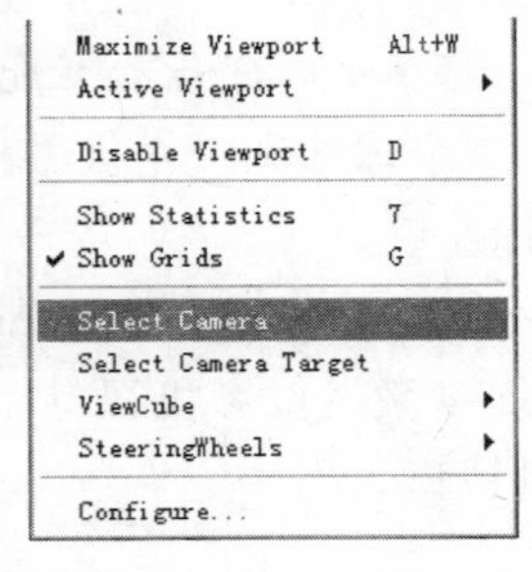

图 8-8

技巧:如果在使用视口导航控制按钮的同时选择了摄影机,将可以在所有视口中同时观察摄影机的变化。

(3) 单击摄影机导航控制区域的“推拉摄影机”(Dolly Camera)按钮,在摄影机视口上下拖曳鼠标,场景对象会变小或者变大,好像摄影机远离或者靠近对象一样。注意观察顶视图中摄影机的运动。

(4) 在摄影机视口单击鼠标右键，结束“推拉摄影机”(Dolly Camera)模式。

(5) 单击主工具栏上的“撤销”(Undo)按钮，撤销对摄影机的调整。

2. 推拉目标(Dolly Target)按钮

使用“推拉目标”(Dolly Target)按钮可沿着摄影机的视线移动摄影机的目标点，镜头参数和场景构成不变。摄影机绕轨道旋转(Orbit)是基于目标点的，因此调整目标点会影响摄影机绕轨道的旋转。

下面我们继续使用前面的练习来说明它的使用。

例 8-5 推拉目标(Dolly Target)按钮

(1) 继续前面的练习，确认仍然选择了摄影机。

(2) 在摄影机导航控制区域按下“推拉摄影机”(Dolly Camera)按钮。

(3) 从弹出的按钮中选取“推拉目标”(Dolly Target)按钮。

(4) 在摄影机视口按住鼠标左键上下拖曳，摄影机的目标点沿着视线前后移动。

(5) 在摄影机视口单击鼠标右键，结束“推拉目标”(Dolly Target)模式。

(6) 按 Ctrl+Z 键撤销对摄影机目标点的调整。

3. 推拉摄影机+目标点(Dolly Camera+Target)按钮

该按钮将沿着视线移动摄影机和目标点。这个效果类似于“推拉摄影机”(Dolly Camera)，但是摄影机和目标点之间的距离保持不变。只有当需要调整摄影机的位置，而又希望保持摄影机绕轨道旋转不变的时候，才使用这个按钮。

我们继续使用前面的练习来演示这个功能。

例 8-6 推拉摄影机+目标点(Dolly Camera+Target)按钮

(1) 继续前面的练习，确认摄影机仍然被选择。

(2) 在摄影机导航控制区域按下“推拉摄影机”(Dolly Camera)按钮。

(3) 从弹出的按钮中选取“推拉摄影机+目标点”(Dolly Camera+Target)。

(4) 在摄影机视口按住鼠标左键上下拖曳，摄影机和目标点都跟着移动。

(5) 在摄影机视口单击鼠标右键，结束“推拉摄影机+目标点”(Dolly Camera+Target)模式。

(6) 按 Ctrl+Z 键撤销对摄影机和摄影机目标点的调整。

4. 透视(Perspective)按钮

使用“透视”(Perspective)按钮可移动摄影机使其靠近目标点，同时改变摄影机的透视效果，从而使镜头长度变化。35～50mm 的镜头长度可以很好地匹配人类的视觉系统。镜头长度越短，透视变形就越夸张，从而产生非常有趣的艺术效果；镜头长度越长，透视的效果就越弱，图形的效果就越类似于正交投影。

下面我们继续使用前面的练习来演示这个功能。

例 8-7 透视(Perspective)按钮

(1) 继续前面的练习,确认仍然选择了摄影机。

(2) 在摄影机导航控制区域单击"透视"(Perspective)按钮。

(3) 在摄影机视口按住鼠标左键向上拖曳。

说明:如果透视效果改变不大,那么在拖曳的时候按下 Ctrl 键,这样就放大了鼠标拖曳的效果。当向上拖曳鼠标的时候,摄影机靠近对象,透视变形明显。

(4) 在摄影机视口按住鼠标左键向下拖曳,透视效果减弱了。

(5) 在摄影机视口单击鼠标右键,结束"透视"(Perspective)模式。

(6) 按 Ctrl+Z 键撤销对摄影机透视效果的调整。

5. 侧推摄影机(Roll Camera)按钮

侧推摄影机(Roll Camera)按钮可使摄影机绕着它的视线旋转。其效果类似于斜着头观察对象。

我们继续使用前面的练习来演示这个功能。

例 8-8 侧推摄影机(Roll Camera)按钮

(1) 继续前面的练习,确认摄影机仍然被选择。

(2) 在摄影机导航控制区域单击"侧推摄影机"(Roll Camera)按钮。

(3) 在摄影机视口按住鼠标左键左右拖曳,让摄影机绕视线旋转,见图 8-9。

(4) 在摄影机视口单击鼠标右键,结束"侧推摄影机"(Roll Camera)模式。

(5) 按 Ctrl+Z 键撤销对摄影机滚动的调整。

6. 视野(Field of View)按钮

"视野"(Field of View)按钮的作用效果类似于透视(Perspective),只是摄影机的位置不发生改变。

我们继续使用前面的练习来演示这个功能。

例 8-9 视野(Field of View)按钮

(1) 继续前面的练习,确认摄影机仍然被选择。

(2) 在摄影机导航控制区域单击"视野"(Field of View)按钮。

(3) 在摄影机视口按住鼠标左键垂直拖曳。

当光标向上拖曳的时候,视野变窄了,见图 8-10;当鼠标向下移动的时候视野变宽了。

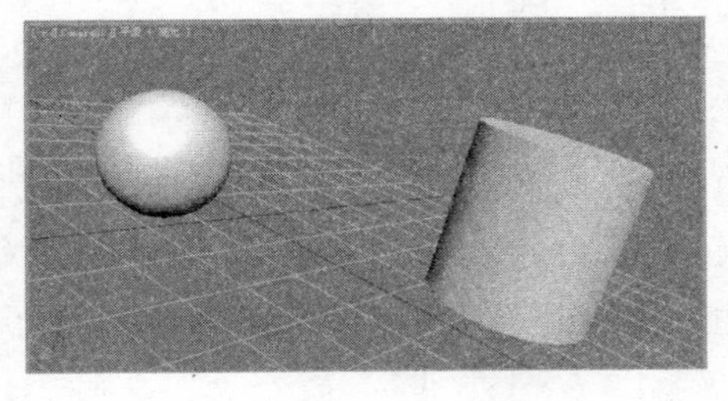

图 8-9

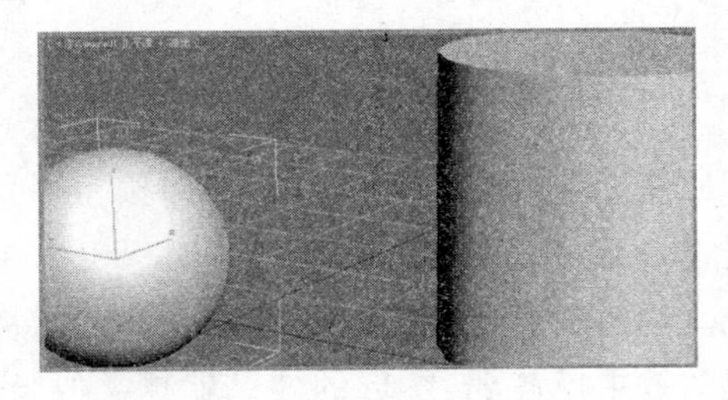

图 8-10

(4) 在摄影机视口单击鼠标右键，结束“视野”(Field of View)模式。

(5) 按 Ctrl＋Z 键撤销对摄影机视野的调整。

7. 平移摄影机(Truck Camera)按钮

使用“平移摄影机”(Truck Camera)按钮可使摄影机沿着垂直于它的视线的平面移动，只改变摄影机的位置，而不改变摄影机的参数。当给该功能设置动画效果后，可以模拟行进中的汽车的效果。场景中的对象可能跑到视野之外。

我们继续使用前面的练习来演示这个功能。

例 8-10 平移摄影机(Truck Camera)按钮

(1) 继续前面的练习，确认摄影机仍然被选择。

(2) 在摄影机导航控制区域单击“平移摄影机”(Truck Camera)按钮。

(3) 在摄影机视口按住鼠标左键水平拖曳，让摄影机在图形平面内水平移动。

(4) 在摄影机视口按住鼠标左键垂直拖曳，让摄影机在图形平面内垂直移动。

(5) 在摄影机视口单击鼠标右键，结束“平移摄影机”(Truck Camera)模式。

(6) 按 Ctrl＋Z 键撤销对摄影机平移的调整。

技巧：当平移摄影机的时候，按住 Shift 键可将摄影机的运动约束到视图平面的水平或者垂直平面。

8. 环游摄影机(Orbit Camera)

使用“环游摄影机”(Orbit Camera)按钮，可使摄影机围绕着目标点旋转。我们继续使用前面的练习来演示这个功能。

例 8-11 环游摄影机(Orbit Camera)

(1) 继续前面的练习，确认摄影机仍然被选择。

(2) 在摄影机导航控制区域单击“环游摄影机”(Orbit Camera)按钮。

(3) 按下 Shift 键，在摄影机视口水平拖曳摄影机，摄影机在水平面上绕目标点旋转。

(4) 按下 Shift 键，在摄影机视口垂直拖曳摄影机，让摄影机在垂直面上绕目标点旋转。

(5) 在摄影机视口单击鼠标右键，结束“环游摄影机”(Orbit Camera)模式。

(6) 按 Ctrl＋Z 键撤销对摄影机的调整。

9. 摇移摄影机(Pan Camera)按钮

“摇移摄影机”(Pan Camera)按钮是“环游摄影机”(Orbit Camera)下面的弹出按钮，它使摄影机的目标点绕摄影机旋转。

我们继续使用前面的练习来演示这个功能。

例 8-12 摇移摄影机(Pan Camera)按钮

(1) 继续前面的练习，确认摄影机仍然被选择。

(2) 在摄影机导航控制区域按下“环游摄影机”(Orbit Camera)按钮。

(3) 从弹出的按钮中选取“摇移摄影机”(Pan Camera)按钮。

(4) 在摄影机视口按下鼠标左键上下拖曳。

(5) 按下 Shift 键，在摄影机视口水平拖曳摄影机。摄影机的目标点在水平面上绕摄影机旋转。

(6) 按下 Shift 键，在摄影机视口垂直拖曳摄影机。

(7) 摄影机的目标点在水平面上绕摄影机旋转。

(8) 在摄影机视口单击鼠标右键，结束"摇移摄影机"(Pan Camera)模式。

(9) 按 Ctrl+Z 键撤销对摄影机的调整。

其他两个按钮的解释参见后面章节。

8.1.4 关闭摄影机的显示

有时我们需要将场景中的摄影机隐蔽起来，下面继续使用前面的例子来说明如何隐藏摄影机。

例 8-13 关闭摄影机的显示

(1) 确认激活了摄影机视口。

(2) 在摄影机的"+"视口标签上单击鼠标左键，从弹出的菜单上选取"选择摄影机"(Select Camera)按钮。

(3) 到"显示"(Display)命令面板，在"按类别隐藏"(Hide by Category)卷展栏中勾选"摄影机"(Cameras)复选框，见图 8-11。

这样将隐藏场景中的所有摄影机。如果用户只希望隐藏选择的摄影机，则可以单击"隐藏"(Hide)卷展栏中的"隐藏选定对象"(Hide Selected)按钮。

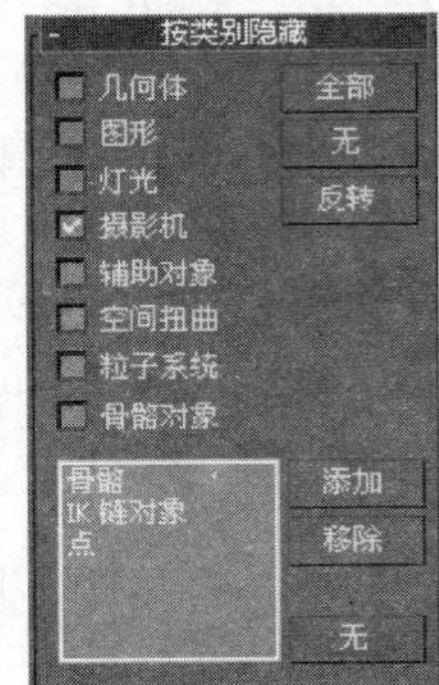

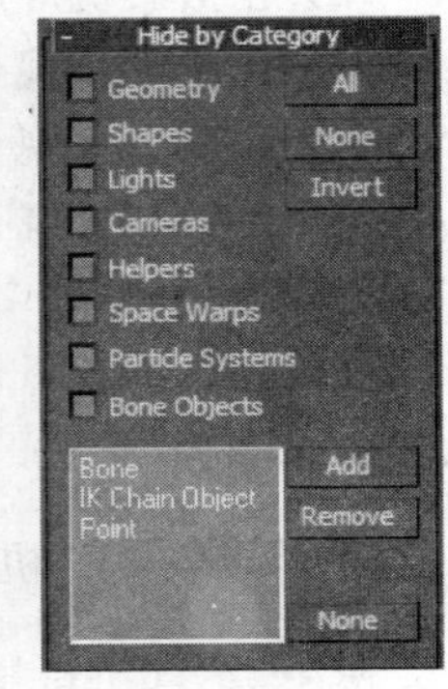

图 8-11

8.2 创建摄影机

在 3ds Max 中有两种摄影机类型，即自由摄影机和目标摄影机。两种摄影机的参数相同，但基本用法不同。下面具体介绍这两种摄影机。

8.2.1 自由摄影机

自由摄影机就像一个真正的摄影机，它能够被推拉、倾斜及自由移动。自由摄影机显示一个视点和一个锥形图标。它的一个用途是在建筑模型中沿着路径漫游。自由摄影机没有目标点，摄影机是唯一的对象。

例 8-14 创建和使用自由摄影机

当给场景增加自由摄影机的时候，摄影机的最初方向是指向屏幕里面的。这样，摄影机的观察方向就与创建摄影机时使用的视口有关。如果在顶视口创建摄影机，则摄影机的观察方向是世界坐标的负 Z 方向。

(1) 启动 3ds Max 或者在菜单栏选取“文件/重置”(File/Reset),复位 3ds Max。

(2) 在菜单栏选取“文件/打开”(File/Open),然后从本书配套光盘中打开 Samples-08-05.max 文件。

(3) 创建命令面板单击按钮,选择“自由摄影机”(Free Camera)。

(4) 在左视口中单击,创建一个自由摄影机,见图 8-12。

(5) 在透视视口中单击鼠标右键,激活它。

(6) 按 C 键,切换到摄影机视口,见图 8-13。

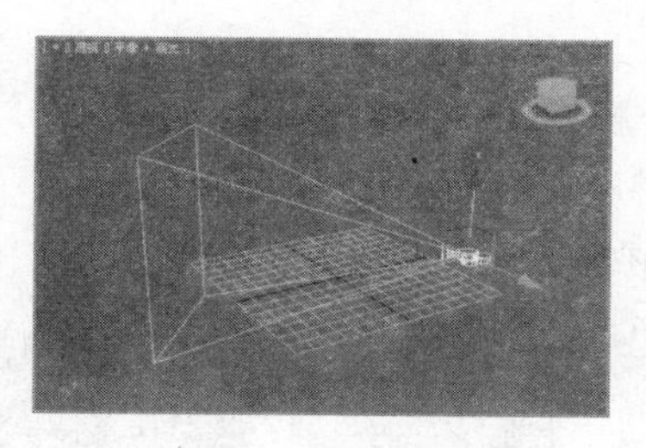

图 8-12

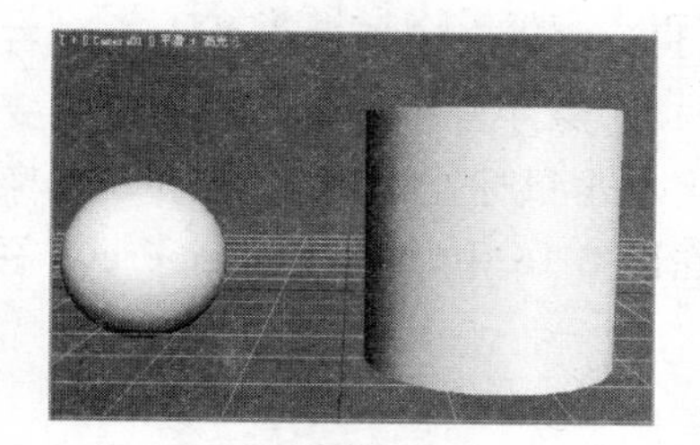

图 8-13

切换到摄影机视口后,视口导航控制区域的按钮就变成“摄影机控制”按钮。通过调整这些按钮就可以改变摄影机的参数。

自由摄影机的一个优点是便于沿着路径或者轨迹线运动。

8.2.2 目标摄影机

目标摄影机的功能与自由摄影机类似,但是它有两个对象。第一个对象是摄影机,第二个对象是目标点。摄影机总是盯着目标点,见图 8-14。目标点是一个非渲染对象,它用来确定摄影机的观察方向。一旦确定了目标点,也就确定了摄影机的观察方向。目标点还有另外一个用途,它可以决定目标距离,从而便于进行 DOF 渲染。

例 8-15 使用目标摄影机

(1) 启动 3ds Max 或者在菜单栏选取“文件/重置”(File/Reset),复位 3ds Max。

(2) 在菜单栏中选取“文件/打开”(File/Open),然后从本书配套光盘中打开 Samples-08-05.max 文件。

(3) 在创建命令面板单击按钮,选择“目标摄影机”(Target Camera)。

(4) 在顶视口中单击并拖曳创建一个目标摄影机,见图 8-15。

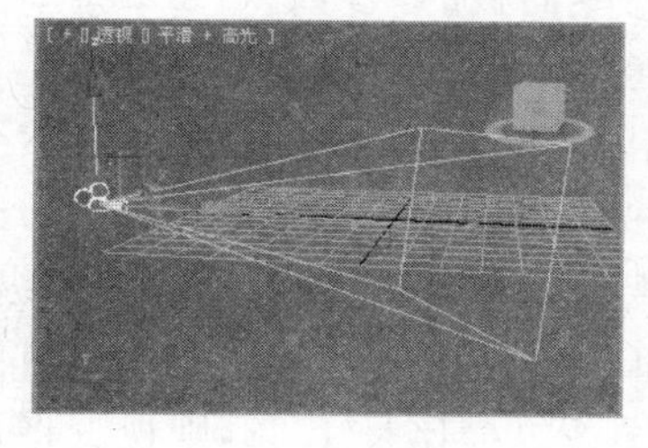

图 8-14

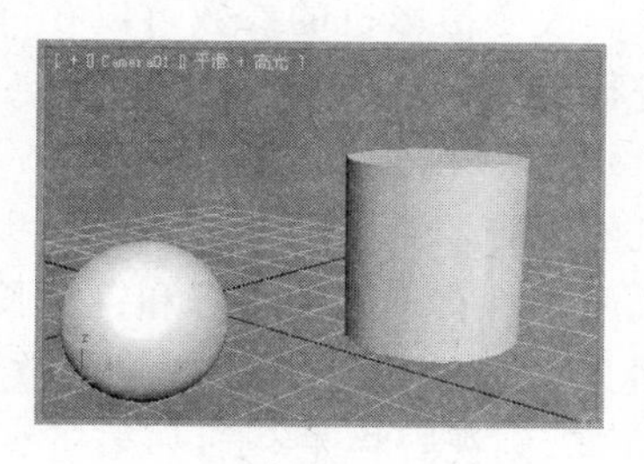

图 8-15

(5) 在摄影机导航控制区域单击"视野"(Field of View)按钮,然后调整前视口的显示,以便视点和目标点显示在前视口中。

(6) 确认在前视口中选择了摄影机。

(7) 单击主工具栏的"选择并移动"(Select and Move)按钮。

(8) 在前视口沿着 Y 轴将摄影机向上移动 16 个单位。

(9) 在前视口中选择摄影机的目标点。

(10) 在前视口将目标点沿着 Y 轴向上移动大约 3.5 个单位。

(11) 在摄影机视口中单击鼠标右键,激活它。

(12) 要将当前的摄影机视口改变为另外的一个摄影机视口,可以在摄影机的"视口"标签上单击鼠标左键,然后在弹出的菜单上选取另外一个视口即可。

在图 8-16 中,即是把 Camera01 视口切换成"透视"(Perspective)视口。

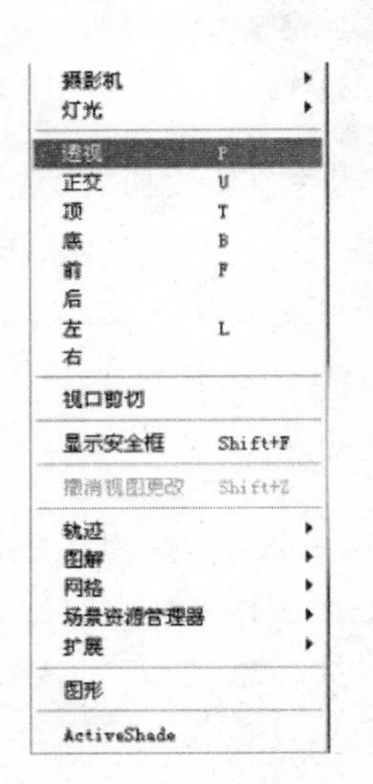

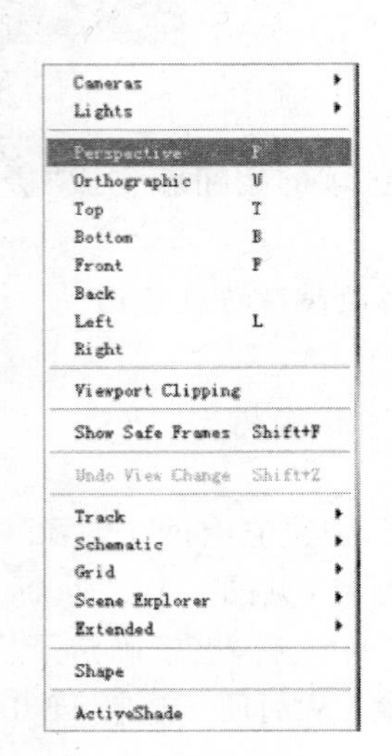

图 8-16

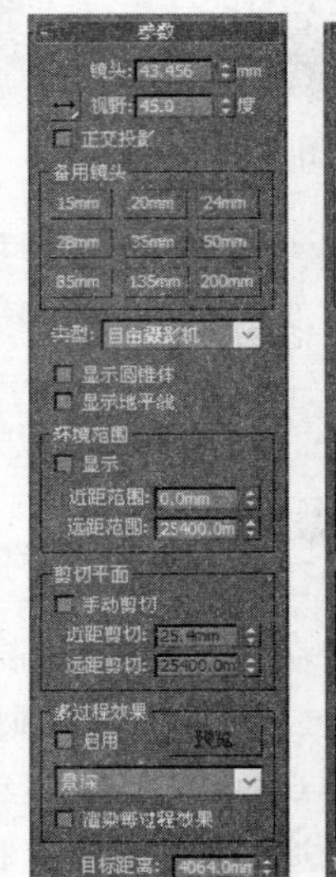

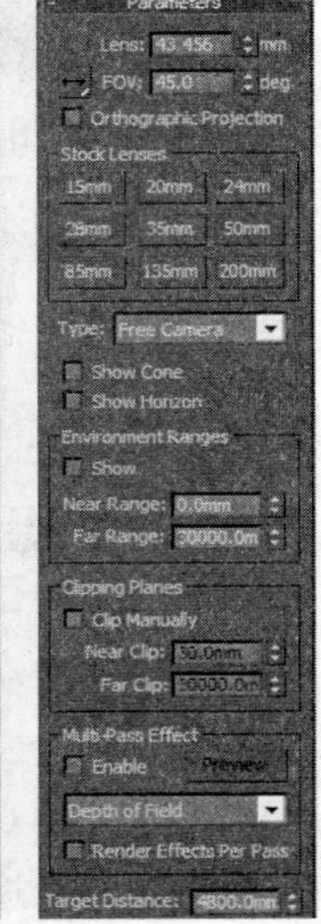

图 8-17

8.2.3 摄影机的参数

创建摄影机后,摄影机就被指定了默认的参数。但是在实际中我们经常需要改变这些参数。改变摄影机的参数可以在"修改"(Modify)命令面板的"参数"(Parameters)卷展栏中进行,见图 8-17。

(1) 镜头(Lens)和视野(FOV):镜头和视野是相关的,改变镜头的长短,自然会改变摄影机的视野。真正的摄影机的镜头长度和视野是被约束在一起的,但是不同的摄影机和镜头配置将有不同的视野和镜头长度比。影响视野的另外一个因素是图像的纵横比,一般用 X 方向的数值比 Y 方向的数值来表示。例如,如果镜头长度是 20mm,图像纵横比是 2.35,则视野将是 94°;如果镜头长度是 20mm,图像纵横比是 1.33,则视野将是 62°。

在 3ds Max 中测量视野的方法有几种，在命令面板中分别用↔、I和⤢来表示。

↔沿水平方向测量视野。这是测量视野的标准方法。

I沿垂直方向测量视野。

⤢沿对角线测量视野。

在测量视野的按钮下面还有一个“正交投影”(Orthographic Projection)复选框。如果勾选该复选框，则将去掉摄影机的透视效果，见图 8-18。当通过正交摄影机观察的时候，所有平行线仍然保持平行，没有灭点存在。

图 8-18

注意：如果使用正交摄影机，则将不能使用大气渲染选项。

(2) 备用镜头(Stock Lenses)：这个区域提供了几个标准摄影机镜头的预设置。

(3) 类型(Type)：使用这个下拉式列表(见图 8-19)可以自由转换摄影机类型，也就是可以将目标摄影机转换为自由摄影机，也可以将自由摄影机转换成目标摄影机。

(4) 显示圆锥体(Show Cone)：激活这个选项后，即使取消了摄影机的选择，也能够显示该摄影机的视野的锥形区域。

(5) 显示地平线(Show Horizon)：当勾选这个选项后，在摄影机视口会绘制一条线来表示地平线，见图 8-20。

图 8-19

图 8-20

(6) 环境范围(Environmental Ranges)：按离摄影机的远近设置环境范围，距离的单位就是系统单位。“近距范围”(Near Range)决定场景的什么距离范围外开始有环境效果；“远距范围”(Far)决定环境效果最大的作用范围。选中“显示”(Show)复选框就可以在视口中看到环境的设置。

(7) 剪切平面(Clipping Planes)：设置在 3ds Max 中渲染对象的范围。在范围外的任何对象都不被渲染。如果没有特别要求，一般不需要改变这个数值的设置。与环境范围的设置类似，“近距剪切”(Near Clip)和“远距剪切”(Far Clip)根据到摄影机的距离决定远、近剪切平面。激活“手动剪切”(Clip Manually)选项后，就可以在视口中看到剪切平面了，见图 8-21。

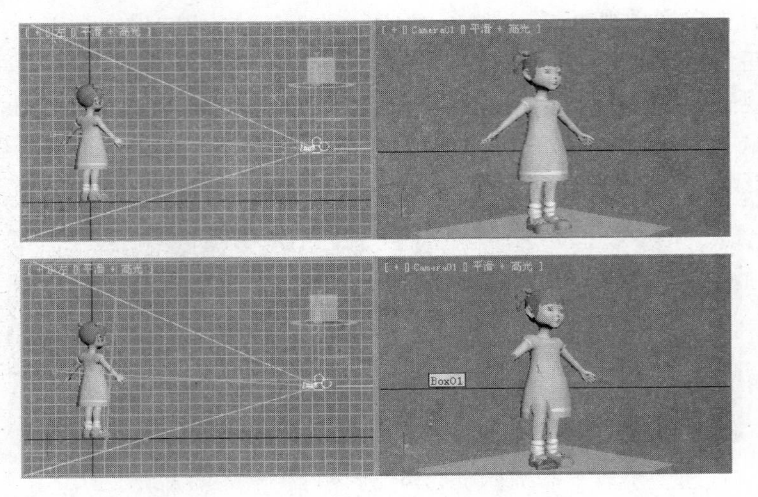

图 8-21

(8) 多过程效果(Multi-Pass Effect)：多过程效果可以对同一帧进行多遍渲染。这样可以准确渲染“景深”(Depth of Field)和对象“运动模糊”(Object Motion Blur)效果，见图 8-22。打开“启用”(Enable)将激活“多过程”(Multi-Pass)渲染效果和“预览”(Preview)按钮。“预览”(Preview)按钮用来测试在摄影机视口中的设置。

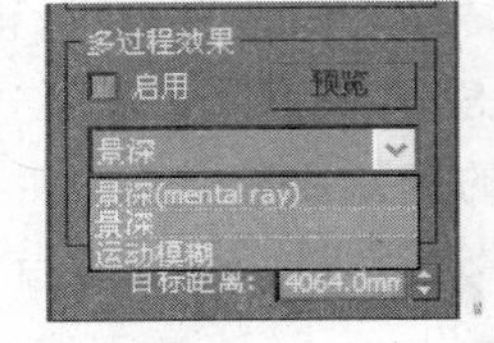

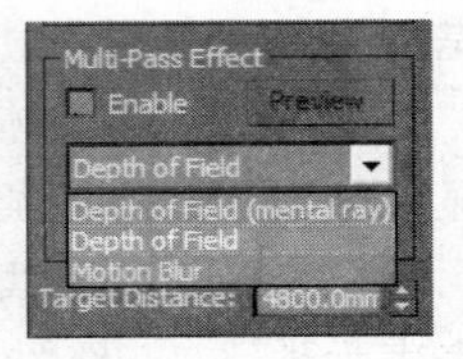

图 8-22

“多过程”(Multi-Pass)效果下拉列表框有“景深(mental ray)”(Depth of Field(mental ray))、“景深”(Depth of Field)效果和“运动模糊”(Motion Blur)效果三种选择，它们是互斥使用的，默认使用“景深”(Depth of Field)效果。

对于“景深”(Depth of Field)和“运动模糊”(Motion Blur)来讲，它们分别有不同的卷展栏和参数。

图 8-23 是同一场景不使用“景深”(Depth of Field)和使用“景深”(Depth of Field)的效果。

图 8-23

图 8-24 是使用“运动模糊”(Motion Blur)的情况。

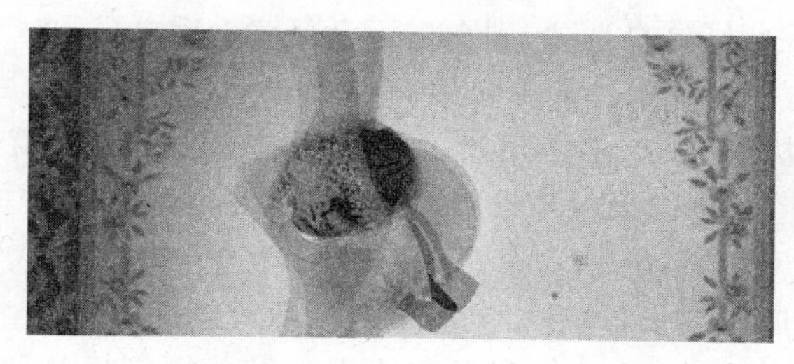

图 8-24

(9) 渲染每过程效果(Render Effects Per Pass)：如果勾选了这个复选框，则每遍都渲染诸如辉光等特殊效果。该选项可以适用于“景深”(Depth of Field)和“运动模糊”(Motion Bar)效果。

(10) 目标距离(Target Distance)：这个距离是摄影机到目标点的距离。可以通过改变这个距离来使目标点靠近或者远离摄影机。当使用“景深”(Depth of Field)时，这个距离非常有用。在目标摄影机中可以通过移动目标点来调整这个距离，但是在自由摄影机中只有通过这个参数来改变目标距离。

8.2.4 景深

与照相类似，景深是一个非常有用的工具。可以通过调整景深来突出场景中的某些对象。下面就介绍景深的参数。

当在“多过程效果”(Multi-Pass Effect)选项中选择“景深”(Depth of Field)选项时，在摄影机的修改(Modify)面板中出现一个“景深参数”(Depth of Field Parameters)卷展栏，见图 8-25。下面将对该卷展栏的参数作详细介绍。

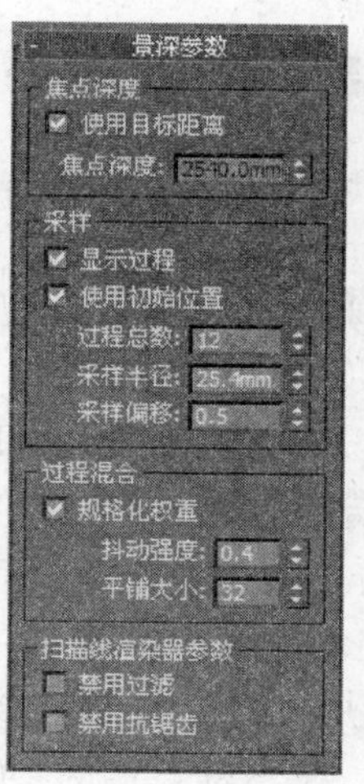

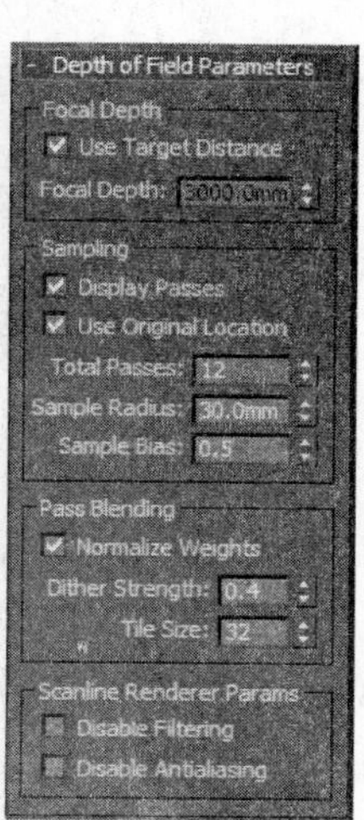

图 8-25

1. “焦点深度”(Focal Depth)选项组

“焦点深度”(Focal Depth)是摄影机到聚焦平面的距离。

- 使用目标距离(Use Target Distance)：当该复选框被激活后，摄影机的目标距离将用作每过程偏移摄影机的点。如果该选项被关闭，则可以手工输入距离。

2. 采样(Sampling)选项组

这个区域的设置决定图像的最后质量。

- 显示过程(Display Passes)：如果勾选这个复选框，则将显示“景深”(Depth of

Field)的多个渲染通道。这样就能够动态地观察"景深"(Depth of Field)的渲染情况。如果关闭了这个选项,则在进行全部渲染后再显示渲染的图像。

- 使用初始位置(Use Original Location):当打开这个复选框后,多遍渲染的第一遍渲染从摄影机的当前位置开始。当关闭这个选项后,就会根据"采样半径"(Sample Radius)中的设置来设定第一遍渲染的位置。
- 过程总数(Total Passes):这个参数设置多遍渲染的总遍数。数值越大,渲染遍数越多,渲染时间就越长,最后得到的图像质量就越高。
- 采样半径(Sample Radius):这个数值用来设置摄影机从原始半径移动的距离。在每遍渲染的时候稍微移动一点,摄影机就可以获得景深的效果。此数值越大,摄影机就移动得越多,创建的景深就越明显。但是如果摄影机移动得太远,则图像可能产生变形,而不能使用。
- 采样偏移(Sample Bias):使用该参数决定如何在每遍渲染中移动摄影机。该数值越小,摄影机偏离原始点就越少;该数值越大,摄影机偏离原始点就越多。

3. 过程混合(Pass Blending)选项组

- 规格化权重(Normalize Weights):当这个选项被打开后,每遍混合都使用规格化的权重。如果没有打开该选项,则将使用随机权重。
- 抖动强度(Dither Strength):这个数值决定每遍渲染抖动的强度。数值越高,抖动得越厉害。抖动是通过混合不同颜色和像素来模拟颜色或者混合图像的方法。
- 平铺大小(Tile Size):这个参数设置在每遍渲染中抖动图案的大小。

4. 扫描线渲染器参数(Scanline Renderer Params)选项组

使用这里的参数可以使用户取消多遍渲染的过滤和反走样。

8.2.5 运动模糊

与"景深"(Depth of Field)类似,也可以通过"修改"(Modify)命令面板来设置摄影机的运动模糊参数。运动模糊是胶片需要一定的曝光时间而引起的现象。当一个对象在摄影机前运动的时候,快门需要打开一定的时间来曝光胶片,而在这个时间内对象还会移动一定的距离,这就使对象在胶片上出现了模糊的现象。

下面我们就来看一下运动模糊的参数。

"运动模糊参数"(Motion Blur Parameters)卷展栏有三个区域,它们是"采样"(Sampling)、"过程混合"(Pass Blending)和"扫描线渲染器参数"(Scanline Renderer Params),见图8-26。下面我们就来解释一下"采样"(Sampling)参数。

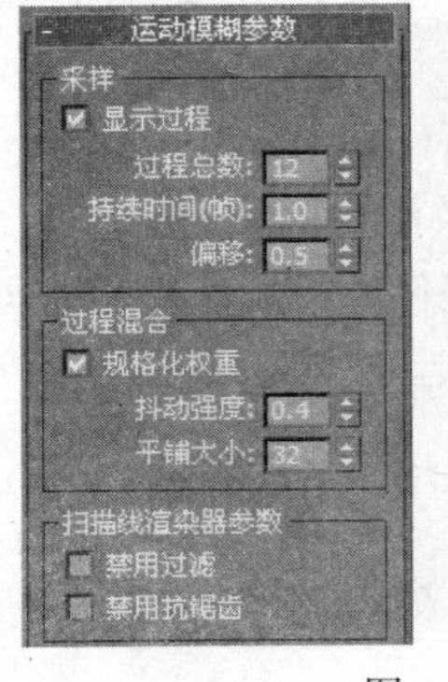

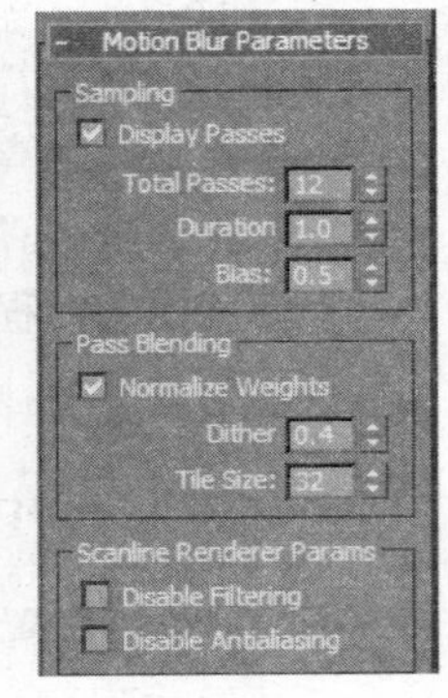

图 8-26

采样(Sampling)选项组

- 显示过程(Display Passes)：当打开这个选项后，就显示每遍运动模糊的渲染，这样能够观察整个渲染过程。如果关闭它，则在进行完所有渲染后再显示图像，这样可以加快一点渲染速度。
- 过程总数(Total Passes)：设置多边渲染的总遍数。
- 持续时间(帧)(Duration(frames))：以帧为单位设置摄影机快门持续打开的时间。时间越长越模糊。
- 偏移(Bias)：该设置提供了一个改变模糊效果位置的方法，取值范围是 0.01～0.99。较小的数值使对象的前面模糊，数值 0.5 使对象的中间模糊，较大的数值使对象的后面模糊。

8.2.6 景深(mental ray)

"景深"(mental ray)实际上并不是"多过程"(Multi-Pass)效果的一种，它仅仅针对 mental ray 渲染器，若想使其生效，还必须选中"渲染场景"(Render Scene)对话框"渲染器"(Renderer)标签面板"摄影机效果"(Camera Effects)卷展栏中"景深(仅透视视图)"(Depth of Field(Perspective Views Only))选项组内的"启用"(Enable)复选框。mental ray 景深只有一个参数 f-Stop，见图 8-27。

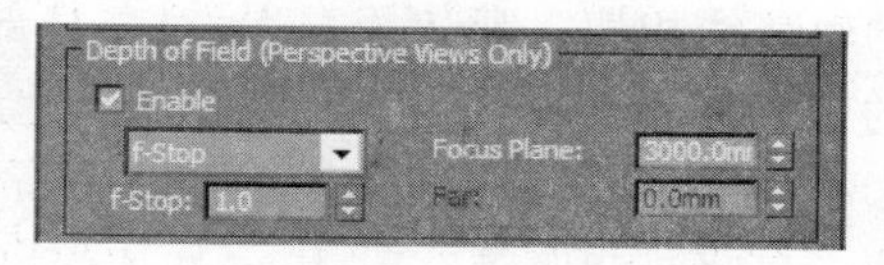

图 8-27

f 制光圈(f-Stop)：用于设置摄影机的景深的宽度。增加 f 制光圈(f-Stop)的值可以将景深变窄，而降低 f 制光圈(f-Stop)参数值可以扩宽景深的范围。

可以将 f 制光圈(f-Stop)设置在 1.0 以下，这样会降低实际摄影机的真实性，但是可以使景深更好地匹配没有使用现实单位的场景。

8.3 使用路径约束(Path Constraint)控制器

在第 7 章中已经使用了默认的控制器类型。在本节，将学习如何使用"路径约束"(Path Constraint)控制器。"路径约束"(Path Constraint)控制器使用一个或多个图形来定义动画中对象的空间位置。

如果使用默认的"Bezier 位置"(Bezier Position)控制器，需要打开"动画"(Animate)按钮，然后在非第 0 帧变换才可以设置动画。当应用了"路径约束"(Path Constraint)控制器后，就取代了默认的"Bezier 位置"(Bezier Position)控制器，对象的轨迹线变成了指定的路径。

路径可以是任何二维图形。二维图形可以是闭合的图形，也可以是不闭合的图形。

8.3.1 路径约束(Path Constraint)控制器的主要参数

在3ds Max 2011中，"路径约束"(Path Constraint)控制器允许指定多个路径，这样对象运动的轨迹线是多个路径的加权混合。例如，如果有两个二维图形分别定义曲曲弯弯的河流的两岸，则使用"路径约束"(Path Constraint)控制器可以使船沿着河流的中央行走。

"路径约束"(Path Constraint)控制器的"路径参数"(Path Parameters)卷展栏如图8-28所示。下面介绍它的主要参数项。

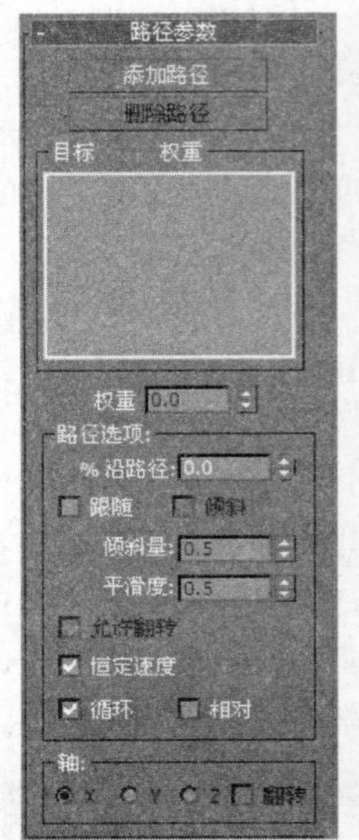

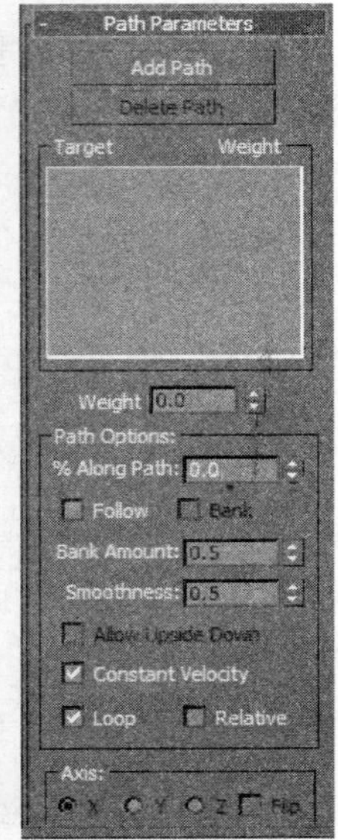

图 8-28

1. 跟随(Follow)选项

"跟随"(Follow)选项使对象的某个局部坐标系与运动的轨迹线相切。与轨迹线相切的默认轴是X，也可以指定任何一个轴与对象运动的轨迹线相切。默认情况下，对象局部坐标系的Z轴与世界坐标系的Z轴平行。如果给摄影机应用了"路径约束"(Path Constraint)控制器，可以使用"跟随"(Follow)选项使摄影机的观察方向与运动方向一致。

2. 倾斜(Bank)选项

"倾斜"(Bank)选项使对象局部坐标系的Z轴朝向曲线的中心。只有勾选了"跟随"(Follow)选项后才能使用该选项。倾斜的角度与"倾斜量"(Bank Amount)参数相关。该数值越大，倾斜得越厉害。倾斜角度也受路径曲线度的影响，曲线越弯曲，倾斜角度越大。

"倾斜"(Bank)选项可以用来模拟飞机飞行的效果。

3. 平滑度(Smoothness)参数

只有当勾选了"倾斜"(Bank)选项，才能设置"平滑度"(Smoothness)参数。光滑参数沿着路径均分倾斜角度。该数值越大，倾斜角度越小。

4. 恒定速度(Constant Velocity)选项

在通常情况下，样条线是由几个线段组成的。当第一次给对象应用"路径约束"(Path Constraint)控制器后，对象在每段样条线上运动速度是不一样的。样条线越短，对象运动得越慢；样条线越长，对象运动得越快。勾选该选项后，就可以使对象在样条线的所有线段上的运动速度一样。

5. 控制路径运动距离的选项

在“路径参数”(Path Parameters)卷展栏中还有一个“% 沿路径”(% Along Path)选项。该选项指定对象沿着路径运动的百分比。

当选择一个路径后，就在当前动画范围的百分比轨迹的两端创建了两个关键帧。关键帧的值是 0～100 之间的一个数，代表路径的百分比。第 1 个关键帧的数值是 0%，代表路径的起点；第二个关键帧的数值是 100%，代表路径的终点。

就像对其他关键帧操作一样，“百分比”(Percent)轨迹的关键帧也可以被移动、复制或删除。

8.3.2 使用路径约束(Path Constraint)控制器控制沿路径的运动

当一个对象沿着路径运动的时候，可能需要在某些特定点暂停一下。假如给摄影机应用了“路径约束”(Path Constraint)控制器，使其沿着一条路径运动，有时就需要停下来四处观察一下。可以通过创建有同样数值的关键帧来完成这个操作。两个关键帧之间的间隔就代表运动停留的时间。

暂停运动的另外一种方法是使用“百分比”(Percent)轨迹。在默认的情况下，百分比轨迹使用的是 Bezier Float 控制器。这样，即使两个关键帧的数值相等，两个关键帧之间的数值也不一定相等。为了使两个关键帧之间的数值相等，需要将第一个关键帧的“输出”(Out)切线类型和第二个关键帧的“输入”(In)切线类型指定为线性。

例 8-16 “路径约束”(Path Constraint)控制器

(1) 启动 3ds Max，在菜单栏选取“文件/打开”(File/Open)，然后从本书的配套光盘中打开 Samples-08-06.max 文件。场景中包含了一个茶壶和一个有圆角的矩形，见图 8-29。

(2) 在透视视口单击茶壶，选择它。

(3) 到“运动”(Motion)命令面板，在“参数”(Parameters)标签中打开“指定控制器”(Assign Controller)卷展栏。

(4) 单击“位置：位置 XYZ”(Position：Position XYZ)，选定它，见图 8-30。

图 8-29

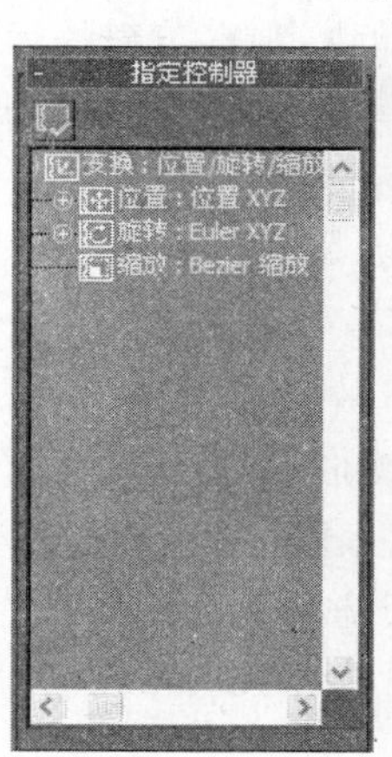

图 8-30

(5) 在"指定控制器"(Assign Controller)卷展栏单击"指定控制器"(Assign Controller)。出现"指定位置控制器"(Assign Position Controller)对话框,见图 8-31。

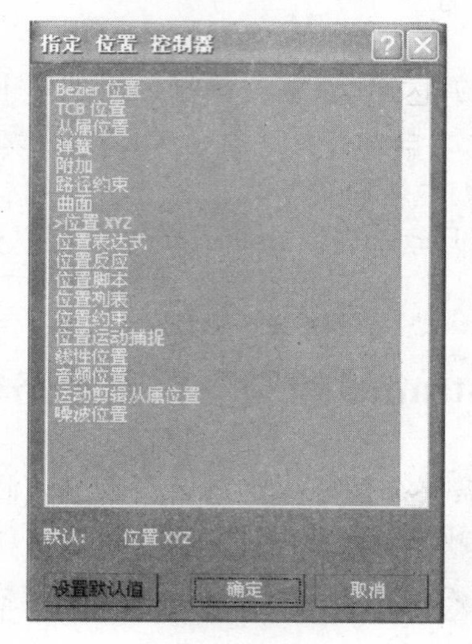

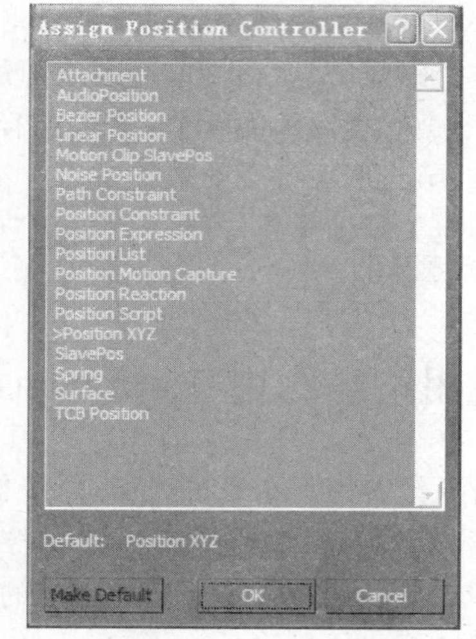

图 8-31

(6) 在"指定位置控制器"(Assign Position Controller)对话框中,单击"路径约束"(Path Constraint),然后单击"确定"(OK)按钮。

在运动(Motion)命令面板上出现"路径参数"(Path Parameters)卷展栏,见图 8-32。

(7) 在"路径参数"(Path Parameters)卷展栏单击"添加路径"(Add Path)按钮,然后在透视视口中单击矩形。

(8) 在透视视口单击鼠标右键结束"添加路径"(Add Path)操作。现在矩形被增加到路径列表中,见图 8-32。

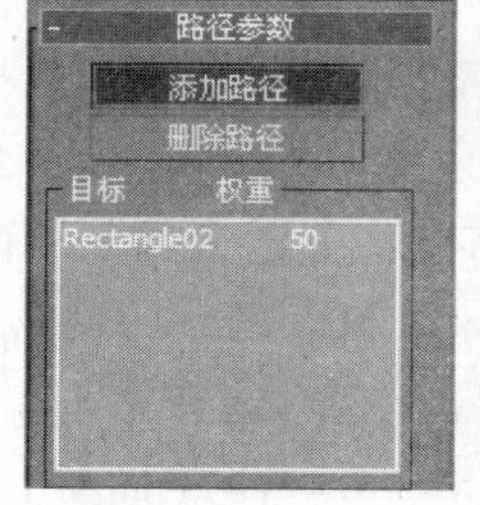

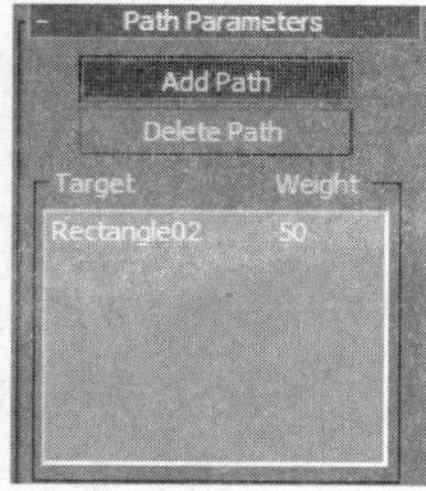

图 8-32

(9) 反复拖曳时间滑动块,观察茶壶的运动。茶壶沿着路径运动。

现在茶壶沿着路径运动的时间是 100 帧。当拖曳时间滑动块的时候,"路径选项"(Path Options)区域的"%沿路径"(% Along Path)数值跟着改变。该数值指明当前帧时完成运动的百分比。

下面学习使用"跟随"(Follow)选项。

例 8-17 "跟随"(Follow)选项

(1) 单击动画控制区域的"播放动画"(Play Animation)按钮。

注意观察在没有打开"跟随"(Follow)选项时茶壶运动的方向。茶壶沿着有圆角的矩形运动,壶嘴始终指向正 X 方向。

(2) 在"路径参数"(Path Parameters)卷展栏,选定"跟随"(Follow)复选框。现在茶壶的壶嘴指向了路径方向。

(3) 在"路径参数"(Path Parameters)卷展栏选择"Y",见图 8-33。现在茶壶的局部坐标轴的 Y 轴指向了路径方向。

(4) 在"路径参数"(Path Parameters)卷展栏选择"翻转"(Flip),见图 8-34。

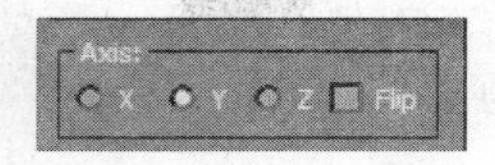

图 8-33

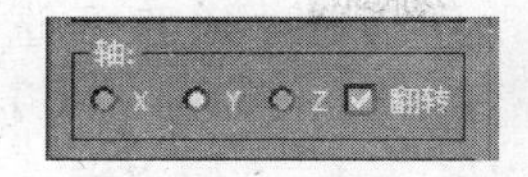

图 8-34

局部坐标系 Y 轴的负方向指向运动的方向。

(5) 单击动画控制区域的"停止播放动画"(Stop Animation)按钮。

下面学习使用"倾斜"(Bank)选项。

例 8-18 "倾斜"(Bank)选项

(1) 启动 3ds Max,在菜单栏中选取"文件/打开"(File/Open),然后从本书的配套光盘中打开 Samples-08-07. max 文件。场景中包含了一个茶壶和一个有圆角的矩形。茶壶已经被指定了控制器并设置了动画。

(2) 在透视视口单击茶壶,选择它。

(3) 到"运动"(Motion)命令面板,打开"路径参数"(Path Parameters)卷展栏中"路径选项"(Path Options)区域的"倾斜"(Bank)选项,见图 8-35。

(4) 单击动画控制区域的"播放动画"(Play Animation)按钮。茶壶在矩形的圆角处向里倾斜。但是倾斜得太过分了。

(5) 在"路径选项"(Path Options)区域将"倾斜量"(Bank Amount)设置为 0.1,使倾斜的角度变小。前面已经提到,"倾斜量"(Bank Amount)数值越小,倾斜的角度就越小。矩形的圆角半径同样会影响对象的倾斜,半径越小,倾斜角度就越大。

(6) 单击动画控制区域的"停止播放动画"(Stop Animation)按钮。

(7) 在透视视口单击矩形,选定它。

(8) 到"修改"(Modify)命令面板的"参数"(Parameters)卷展栏,将"角半径"(Corner Radius)改为 100.0,见图 8-36。

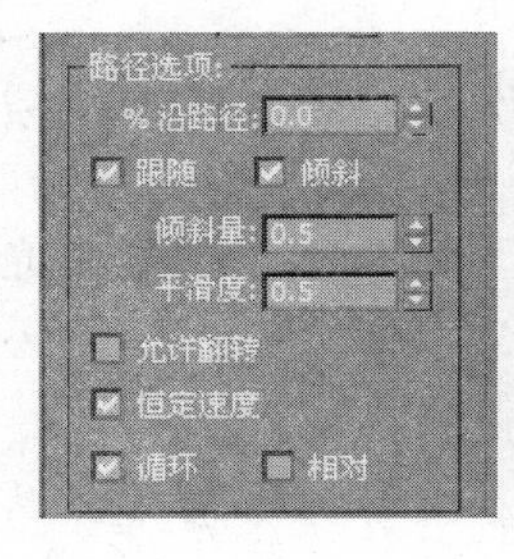

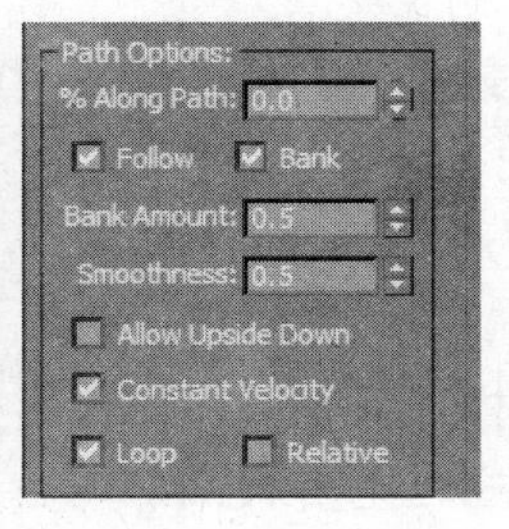

图 8-35

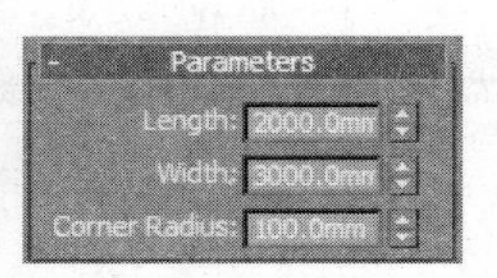

图 8-36

(9) 来回拖曳时间滑动块,以便观察动画效果。

茶壶的倾斜角度变大了。

下面我们来改变一下"平滑度"(Smoothness)参数。

例 8-19　“平滑度”(Smoothness)参数设置

(1) 在透视视口单击茶壶，选定它。

(2) 到“运动”(Motion)命令面板，在“路径参数”(Path Parameters)卷展栏的“路径选项”(Path Options)区域，将“平滑度”(Smoothness)设置为 0.1。

(3) 来回拖曳时间滑动块，以便观察动画效果。

茶壶在圆角处突然倾斜，见图 8-37。

图　8-37

8.4　使摄影机沿着路径运动

当给摄影机指定了路径控制器后，通常需要调整摄影机沿着路径运动的时间。可以使用轨迹栏或者轨迹视图来完成这个工作。

如果使用轨迹视图调整时间，最好使用曲线模式。当使用曲线观察百分比曲线的时候，可以看到在两个关键帧之间百分比是如何变化的(见图 8-38)，这样可以方便动画的处理。

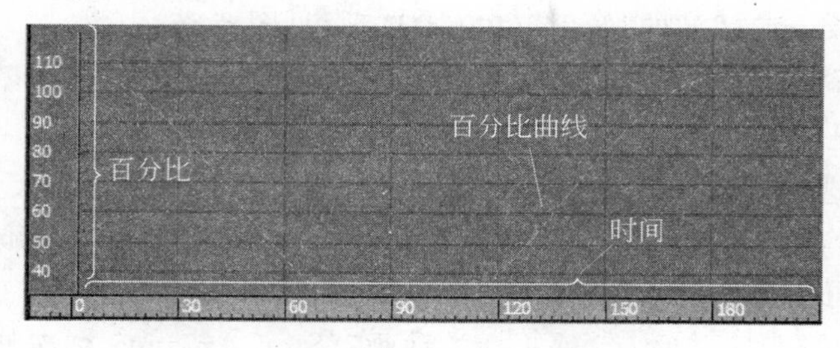

图　8-38

一旦设置完成了摄影机沿着路径运动的动画，就可以调整摄影机的观察方向，模拟观察者四处观看的效果。

例 8-20　“路径约束”(Path Constraint)控制器

下面将创建一个自由摄影机，并给位置轨迹指定一个“路径约束”(Path Constraint)控制器。然后再调整摄影机的位置和观察方向。

(1) 启动 3ds Max，在菜单栏中选取“文件/打开”(File/Open)，然后从本书的配套光盘中打开 Samples-08-08.max 文件。

场景中包含了一条样条线，见图 8-39。该样条线将被用作摄影机的路径。

说明：作为摄影机路径的样条线应该尽量避免有尖角，以避免摄影机方向的突然改变。

下面给场景创建一个自由摄影机。可以在透视视口创建自由摄影机，但最好在正交视口创建自由摄影机。自由摄影机的默认观察方向是激活绘图平面的负 Z 轴方向。创建之后必须变换摄影机的观察方向。

(2) 到打开“创建”(Create)命令面板的“摄影机”(Cameras)标签，单击“对象类型”

(Object Type)卷展栏下面的“自由”(Free)按钮。

(3) 在“前”(Front)视口单击,创建一个自由摄影机,见图 8-40。

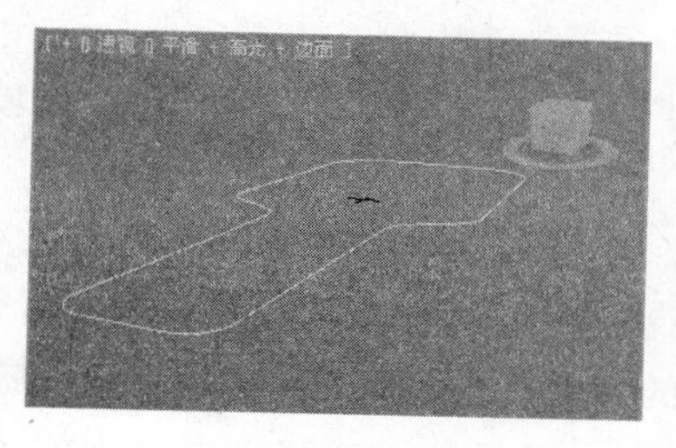

图 8-39

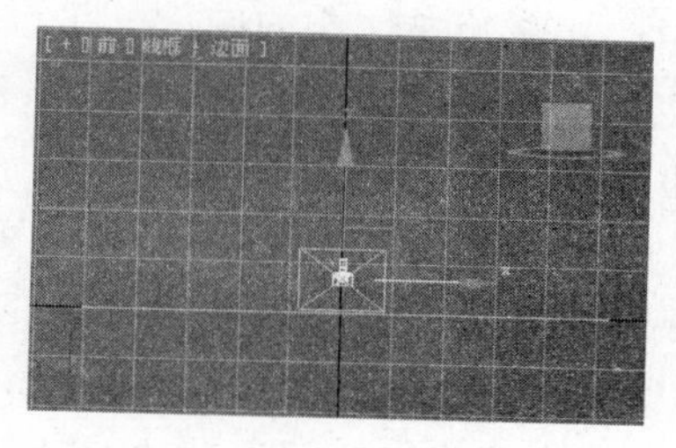

图 8-40

(4) 在前视口单击鼠标右键结束摄影机的创建操作。

接下来给摄影机指定一个“路径约束”(Path Constraint)控制器。

由于 3ds Max 是面向对象的程序,因此给摄影机指定路径控制器与给几何体指定路径控制器的过程是一样的。

(1) 确认选择了摄影机,到“运动”(Motion)命令面板,打开“指定控制器”(Assign Controller)卷展栏。

(2) 单击“位置: 位置 XYZ”(Position: Position XYZ),见图 8-41。

(3) 在“指定控制器”(Assign Controller)卷展栏中,单击“指定控制器”(Assign Controller)按钮。

(4) 在“指定控制器”(Assign Controller)对话框,单击“路径约束”(Path Constraint),然后单击“确定”(OK)按钮,关闭该对话框。

(5) 在命令面板的“路径参数”(Path Parameters)卷展栏,单击“添加路径”(Add Path)按钮。

(6) 按 H 键,打开“拾取对象”(Pick Object)对话框。在“拾取对象”(Pick Object)对话框单击 Camera Path,然后单击“拾取”(Pick)按钮,关闭“拾取对象”(Pick Object)对话框。这时摄影机移动到作为路径的样条线上,见图 8-42。

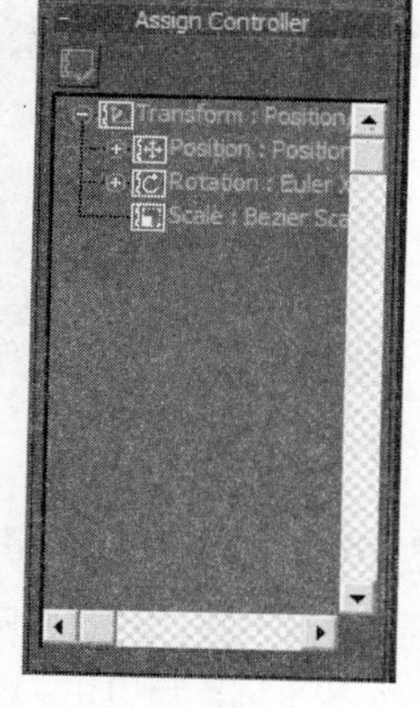

图 8-41

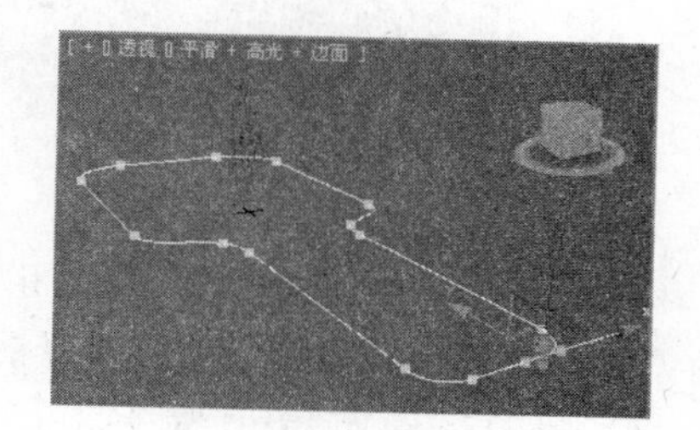

图 8-42

(7) 来回拖曳时间滑动块，观察动画的效果。现在摄影机的动画还有两个问题。第一是观察方向不对，第二是观察方向不随着路径改变。

首先来解决第二个问题。

(8) 在“路径参数”(Path Parameters)卷展栏的“路径选项”(Path Options)区域复选“跟随”(Follow)。

(9) 来回拖曳时间滑动块，以观察动画的效果。

现在摄影机的方向随着路径改变，但是观察方向仍然不对。下面就来解决这个问题。

(10) 在“路径参数”(Path Parameters)卷展栏的“轴”(Axis)区域选择“X”。

(11) 来回拖曳时间滑动块，观察动画的效果。现在摄影机的观察方向也正确了。

(12) 到“显示”(Display)命令面板的“隐藏”(Hide)卷展栏单击“全部取消隐藏”(Unhide All)按钮，场景中显示出了所有隐藏的对象。

(13) 激活透视视口，按键盘上的C键，将它改为摄影机视口，在摄像机视口中观察对象，见图8-43。

图 8-43

(14) 单击动画控制区域的“播放动画”(Play Animation)按钮。看见摄影机在路径上快速运动。

(15) 单击动画控制区域的“停止动画”(Stop Animation)按钮。

接下来我们调整一下摄影机在路径上的运动速度。

(1) 继续前面的练习，或者在菜单栏中选取“文件/打开”(File/Open)，然后从本书的配套光盘中打开Samples-08-09.max文件。

(2) 来回拖曳时间滑动块，以观察动画的效果。

在默认的100帧动画中摄影机正好沿着路径运行一圈。当按每秒25帧的速度回放动画的时候，100帧正好4s。如果希望运动的速度稍微慢一点，可以将动画时间调整得稍微长一些。

(3) 在动画控制区域单击“时间配置”(Time Configuration)按钮。

(4) 在出现的“时间配置”(Time Configuration)对话框的“动画”(Animation)区域中，将“长度”(Length)设置为1500，见图8-44。

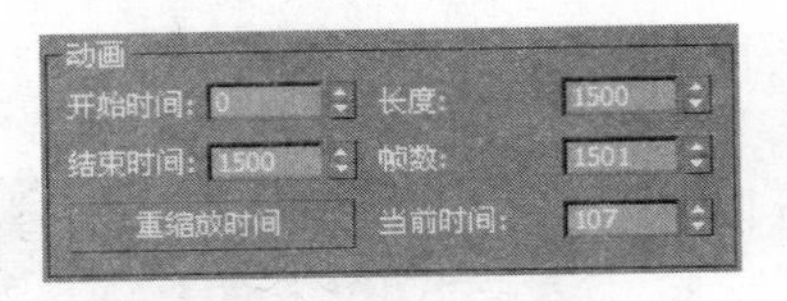

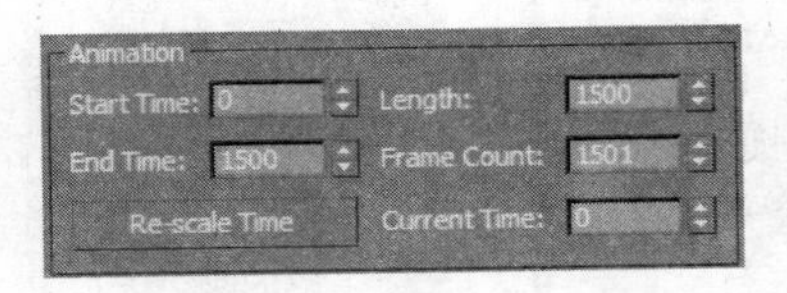

图 8-44

(5) 单击“确定”(OK)按钮，关闭“时间配置”(Time Configuration)对话框。

(6) 来回拖曳时间滑动块，以观察动画的效果。

摄影机的运动范围仍然是100帧。下面我们将第100帧处的关键帧移动到第1500帧。

(7) 在透视视口单击摄影机，以选择它。

(8) 在将鼠标光标放在轨迹栏上第 100 帧处的关键帧上，然后将这个关键帧移动到第 1500 帧处。

(9) 单击动画控制区域的"播放动画"(Play Animation)按钮。

现在摄影机的运动范围是 15 000 帧。读者可能已经注意到，摄影机在整个路径上的运动速度是不一样的。

(10) 单击动画控制区域的"停止动画"(Stop Animation)按钮，停止播放。

下面我们来调整一下摄影机的运动速度。

(11) 确认仍然选择了摄影机，到"运动"(Motion)命令面板的"路径选项"(Path Options)区域，选择"恒定速度"(Constant Velocity)选项。

(12) 单击动画控制区域的"播放动画"(Play Animation)按钮，摄影机在路径上匀速运动。

(13) 单击动画控制区域的"停止动画"(Stop Animation)按钮，停止播放。

如果制作摄影机漫游的动画时，经常需要摄影机走一走，停一停。下面我们就来设置摄影机暂停的动画。

(1) 启动或者重新设置 3ds Max，在菜单栏中选取"文件/打开"(File/Open)，然后从本书的配套光盘中打开 Samples-08-10. max 文件。

该文件包含一组建筑、一个摄影机和一条样条线，摄影机沿着样条线运动，总长度为 1500 帧。

(2) 将时间滑动块调整到第 200 帧 200 / 1500 。

下面我们从这一帧开始将动画暂停 100 帧。

(3) 在透视视口单击摄影机，选择它。

(4) 在透视视口单击鼠标右键，然后在弹出的菜单上选择"曲线编辑器"(Curve Editor)。

这样就为摄影机打开了一个"轨迹视图 - 曲线编辑器"(Track View - Curve Editor)对话框。在"曲线编辑器"(Curve Editor)编辑区域显示一个垂直的线，指明当前编辑的时间，见图 8-45。

(5) 在层级列表区域单击百分比(Percent)轨迹，见图 8-45。

(6) 在"轨迹视图"(Track View)的工具栏上单击"添加关键点"(Add Keys)按钮。

(7) 在"轨迹视图"(Track View)的编辑区域百分比轨迹的当前帧处单击，增加一个关键帧，见图 8-46。

(8) 在"轨迹视图"(Track View)的编辑区域单击鼠标右键，结束"添加关键点"(Add Keys)操作。

(9) 在编辑区域选择刚刚增加的关键帧。

(10) 如果增加的关键帧不是正好在第 200 帧，则在"轨迹视图"(Track View)的时间区域输入 200，见图 8-47。

(11) 在编辑区域的第 200 帧处单击鼠标右键，出现 Camera01\Percent 对话框，见图 8-47。

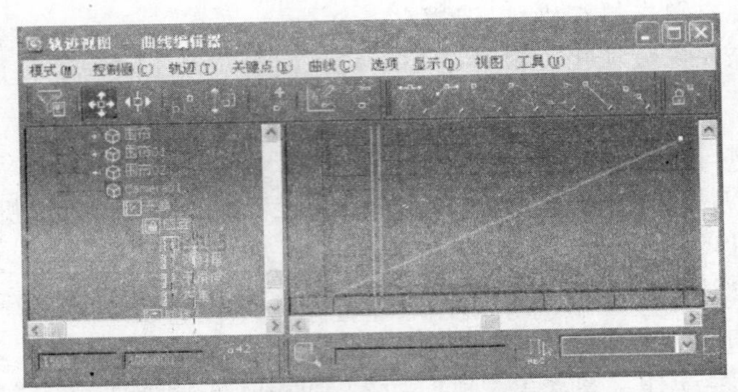
轨迹视图 - 曲线编辑器
模式(M) 控制器(C) 轨迹(T) 关键点(K) 曲线(C) 选项 显示(D) 视图 工具(U)

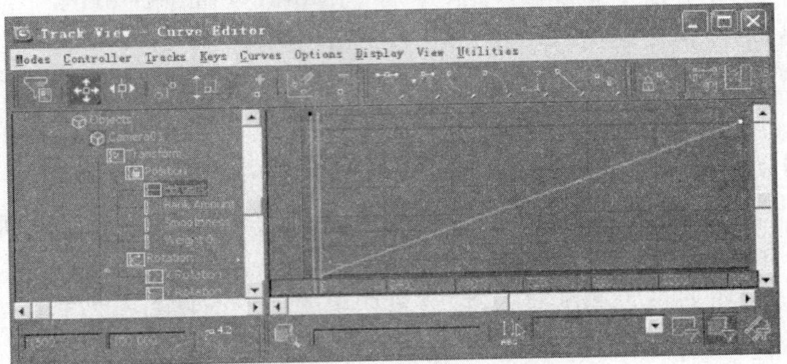
Track View - Curve Editor
Modes Controller Tracks Keys Curves Options Display View Utilities

图 8-45

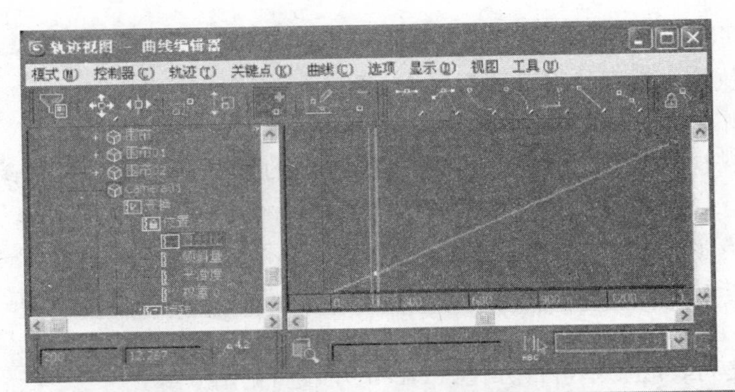
轨迹视图 - 曲线编辑器
模式(M) 控制器(C) 轨迹(T) 关键点(K) 曲线(C) 选项 显示(D) 视图 工具(U)

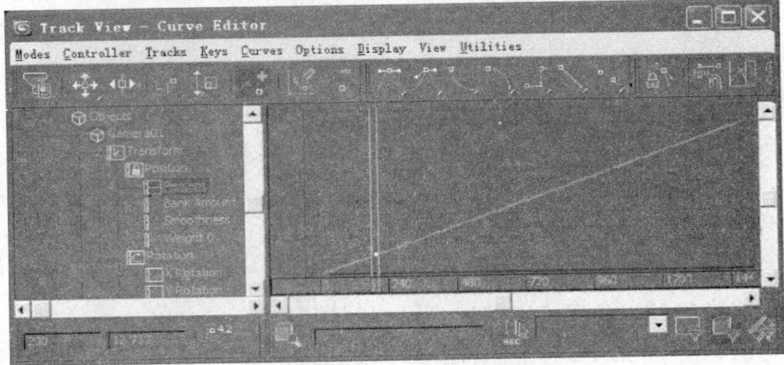
Track View - Curve Editor
Modes Controller Tracks Keys Curves Options Display View Utilities

图 8-46

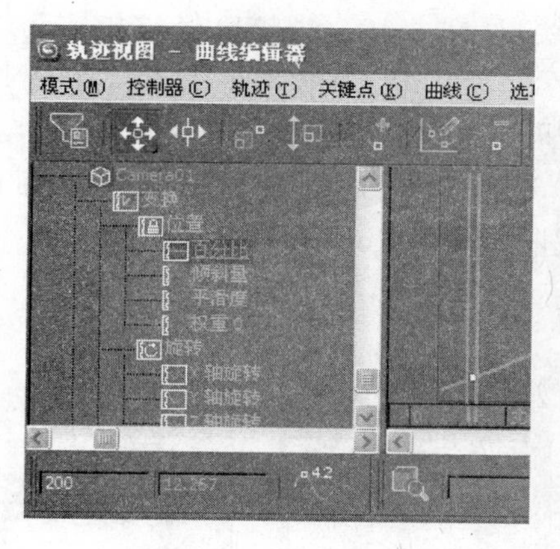
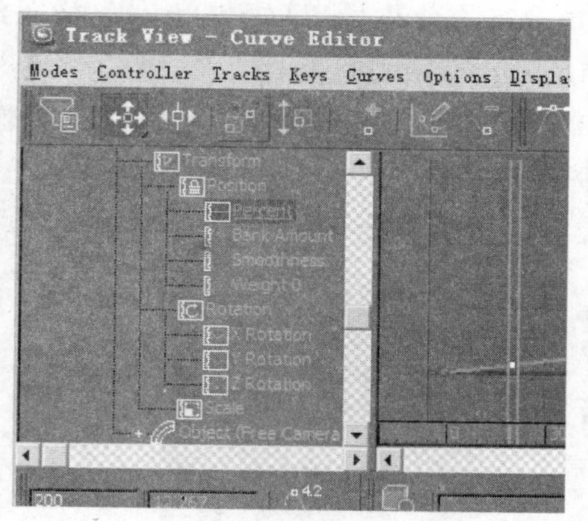

图 8-47

(12) 如果关键帧的数值不是 20.0，则在 Camera01\Percent 对话框的 Value 区域输入 20.0。这意味着摄影机用了 200 帧完成了总运动的 20%。由于希望摄影机在这里暂停 100 帧，因此需要将第 300 帧处的关键帧值也设置为 20.0。

(13) 单击☒按钮，关闭 Camera01\Percent 对话框。

(14) 单击"轨迹视图"(Track View)工具栏中的"移动关键点"(Move Keys)按钮，按下 Shift 键，在"轨迹视图"(Track View)的编辑区域将第 200 帧处的关键帧拖曳到第 300 帧，在复制时保持水平移动。这样就将第 200 帧处的关键帧复制到了第 300 帧，见图 8-48。

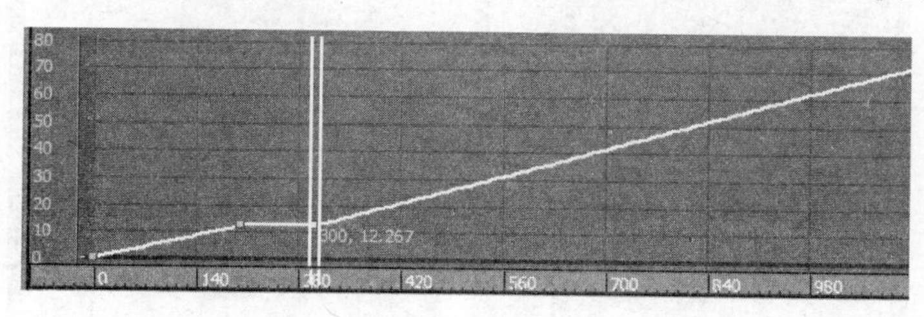

图 8-48

(15) 单击动画控制区域的"播放动画"(Play Animation)按钮，播放动画。现在摄影机在第 200～300 帧之间没有运动。

(16) 单击动画控制区域的"停止动画"(Stop Animation)按钮，停止播放。

说明：如果在第 300 帧处的关键帧数值不是 20，请将它改为 20。

8.5 注视约束(Look At Constraint)控制器

该控制器使一个对象的某个轴一直朝向另外一个对象。

例 8-21 注视约束(Look At Constraint)控制器

(1) 启动 3ds Max，在菜单栏中选取"文件/打开"(File/Open)，然后从本书的配套光盘中打开 Samples-08-11.max 文件。

场景中有一朵花、一只蝴蝶和一条样条线，见图 8-49。蝴蝶已经被指定为“路径约束”(Path Constraint)控制器。

(2) 来回拖曳时间滑动块，观察动画的效果。可以看到蝴蝶沿着路径运动。

(3) 在透视视口中单击花瓣下面的花托，选择它。到“运动”(Motion)面板，打开“指定控制器”(Assign Controller)卷展栏，单击“旋转”(Rotation)，见图 8-50。

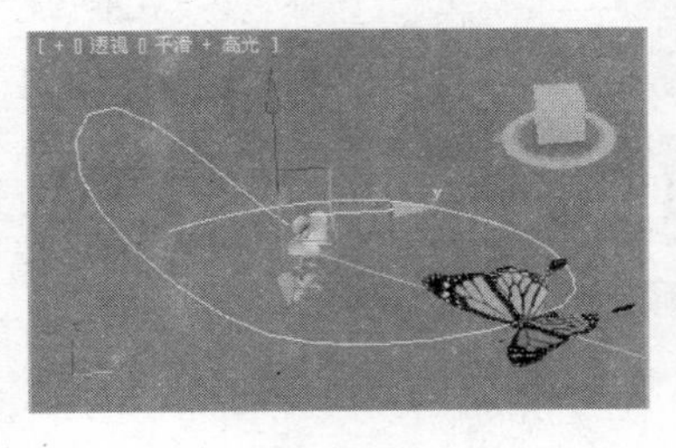

图 8-49

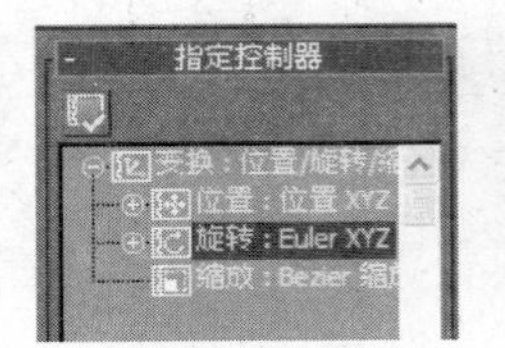

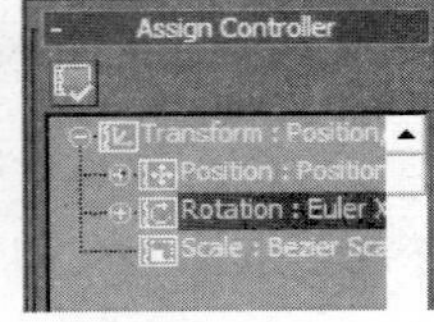

图 8-50

(4) 单击“指定控制器”(Assign Controller)卷展栏中的“指定控制器”(Assign Controller)按钮。

(5) 在出现的“指定旋转控制器”(Assign Rotation Controller)对话框，单击“注视约束”(LookAt Constraint)，见图 8-51，然后单击“确定”(OK)按钮。

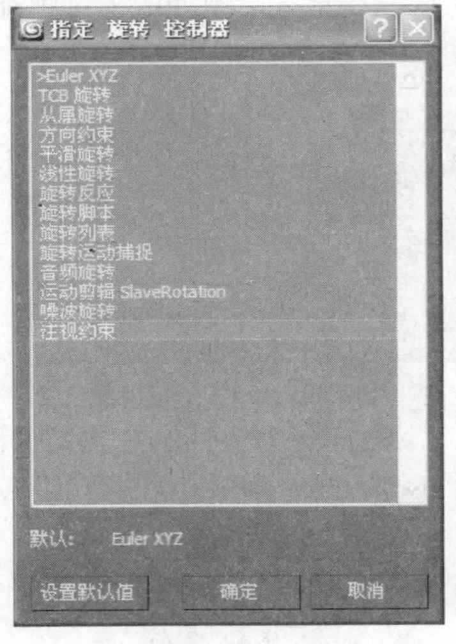

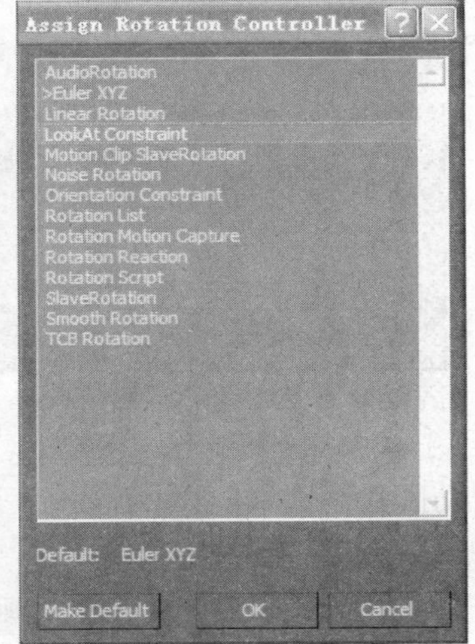

图 8-51

(6) 在“运动”(Motion)命令面板打开“注视约束”(LookAt Constraint)卷展栏，单击“添加注视目标”(Add LookAt Target)按钮，见图 8-52。

(7) 在透视视口单击蝴蝶身体对象。

(8) 单击动画控制区域的“播放动画”(Play Animation)按钮，播放动画。可以看

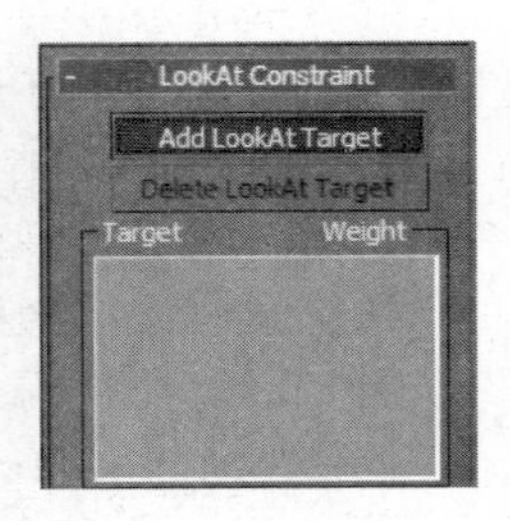

图 8-52

到花朵一直指向飞舞的蝴蝶。

8.6　链接约束(Link Constraint)控制器

“链接约束”(Link Constraint)控制器是用来说变换一个对象到另一个对象的层级链接的。有了这个控制器，3ds Max 的位置链接不再是固定的了。

下面我们就使用“链接约束”(Link Constraint)控制器制作传接小球的动画，图 8-53 是其中的一帧。

例 8-22　“链接约束”(Link Constraint)控制器

(1) 启动或者重新设置 3ds Max。在菜单栏选取“文件/打开”(File/Open)，然后从本书的配套光盘中打开 Samples-08-12. max 文件，场景中有四根长方条，见图 8-54。

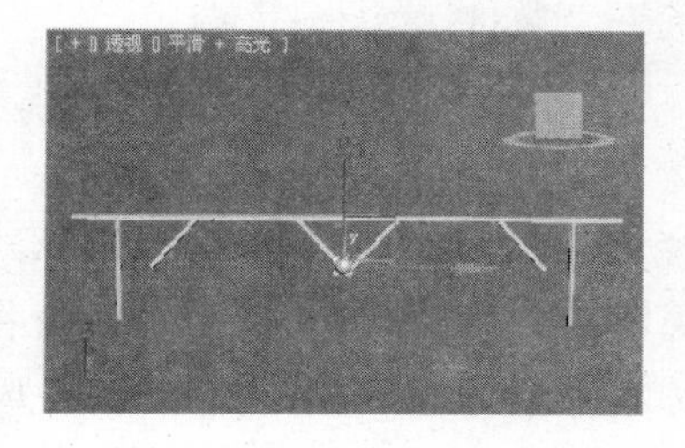

图　8-53

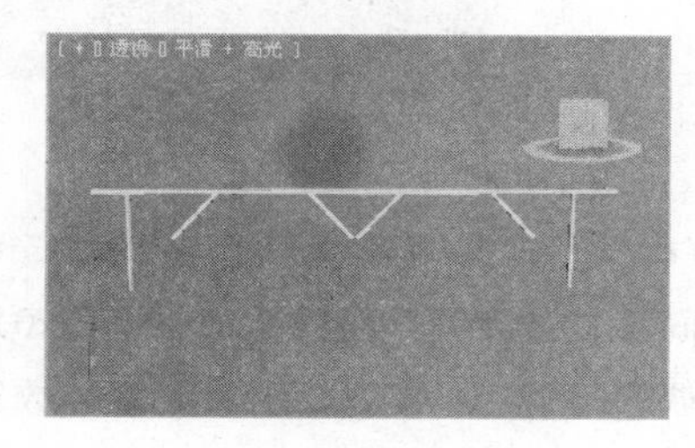

图　8-54

(2) 来回拖曳时间滑块，观察动画的效果。可以看到四根方条来回交接。

(3) 下面创建小球。在“创建”(Create)命令面板，单击“球体”(Sphere)按钮，在前视图中创建一个半径为 30 个单位的小球，将小球与 Box01 对齐，见图 8-55。

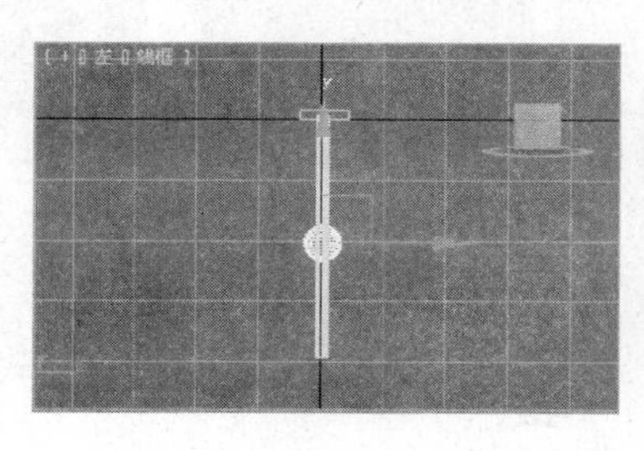

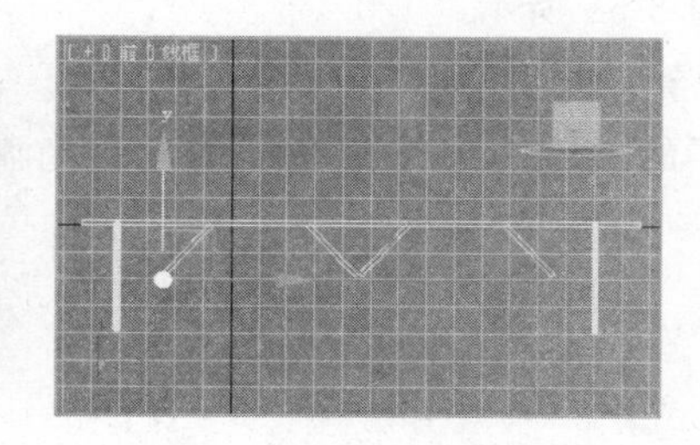

图　8-55

(4) 下面制作小球的动画。选择小球，到“运动”(Motion)命令面板。单击“参数”(Parameter)按钮，打开“指定控制器”(Assign Controller)卷展栏。选取“变换”(Transform)选项，如图 8-56 所示。

(5) 单击“指定控制器”(Assign Controller)，出现“指定变换控制器”(Assign Transform Controller)对话框，选取“链接约束”(Link Constraint)，单击“确定”(OK)按

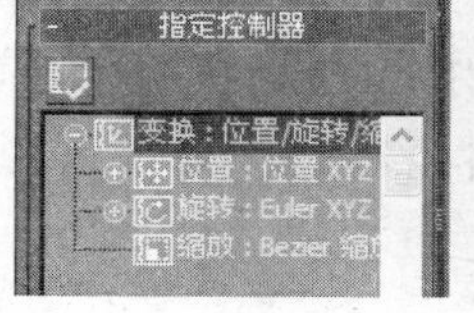

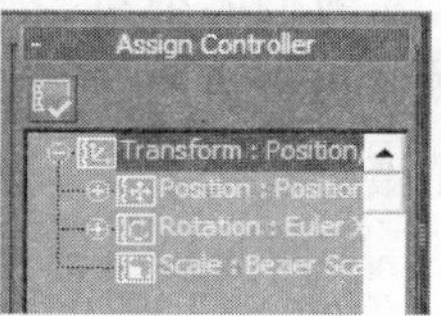

图　8-56

钮，如图 8-57 所示。

图 8-57

(6) 打开“链接参数”(Link Parameters)卷展栏，单击“添加链接”(Add Link)按钮。将时间滑块调整到第 0 帧，选取 Box01；将时间滑块调整到第 20 帧，选取 Box02；将时间滑块调整到第 40 帧，选取 Box3(右数第二个)；将时间滑块调整到第 60 帧，选取 Box04；将时间滑块调整到第 100 帧，选取 Box03；将时间滑块调整到第 120 帧，选取 Box02；将时间滑块调整到第 120 帧，选取 Box01。

(7) 这时的“链接参数”(Link Parameters)卷展栏如图 8-58 所示。

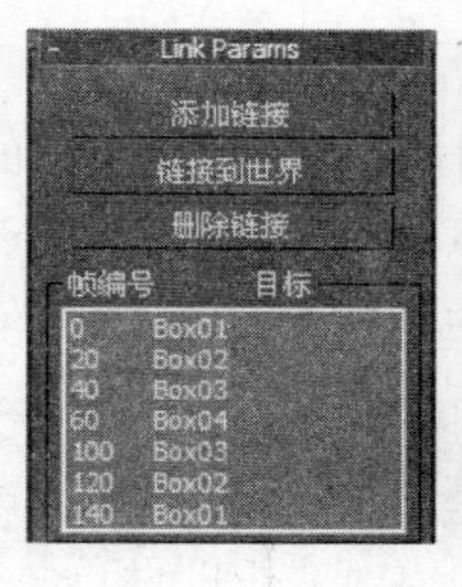

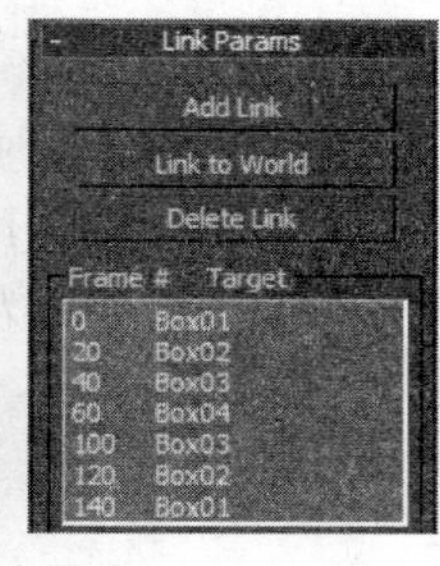

图 8-58

(8) 观看动画，然后停止播放。

该例子的最后结果保存在本书配套光盘的 Samples-08-12f. max 文件中。

小 结

本章我们学习了摄影机的基本用法，调整摄影机参数的方法，以及设置动画的方法等。摄影机动画是建筑漫游中常用的动画技巧，请读者一定认真学习。

我们不但可以调整摄影机的参数，而且可以使用摄影机导航控制按钮直接可视化地调整摄影机。要设置摄影机漫游的动画，最好使用“路径约束”(Path Constraint)控制器，使摄影机沿着某条路径运动。调整摄影机的运动的时候，最好使用“轨迹视图”(Track View)的曲线编辑模式。

习　题

一、判断题

1. 摄影机的位置变化不能设置动画。
2. 摄影机的视野变化不能设置动画。
3. 自由摄影机常用于设置摄影机沿着路径运动的动画。
4. 切换到摄影机视图的快捷键是 C。
5. 摄影机与视图匹配的快捷键是 Ctrl＋C。
6. 在 3ds Max 中，一般使用自由摄影机制作漫游动画。

二、选择题

1. 3ds Max 2011 中的摄影机有________种类型。

   A. 4　　B. 2　　C. 3　　D. 5

2. 在轨迹视图(Track View)图表中有________种时间值域外的曲线循环模式。

   A. 6　　B. 5　　C. 8　　D. 4

3. 链接约束(Link Constraint)控制器可以在________控制器层级上变更。

   A. 变换　　B. 位置　　C. 旋转　　D. 缩放

4. 球体落地和起跳的关键帧应使用________的曲线模式。

   A. 出入线方向均为加速曲线

   B. 出入线方向均为减速曲线

   C. 入线方向为加速曲线，出线方向为减速曲线

   D. 出线方向为加速曲线，入线方向为减速曲线

5. 优化动画曲线上的关键帧应使用________命令。

   A. 变换　　B. 位置　　C. 旋转　　D. 缩放

6. 美国与日本的电视帧速率为________。

   A. 24　　B. 25　　C. 30　　D. 35

7. 3ds Max 中最小的时间单位是________。

   A. tick　　B. 帧　　C. 秒　　D. 1/2400 秒

8. 用鼠标直接拖动从而改变时间标尺长度的方法是________。

   A. Alt＋鼠标中键　　B. Alt＋鼠标左键

   C. 鼠标右键　　D. Ctrl＋Alt＋鼠标右键

三、问答题

1. 摄影机的镜头和视野之间有什么关系？
2. 解释路径约束(Path Constraint)控制器的主要参数。

3. 如何使用景深和聚焦效果？两者是否可以同时使用？

4. 如何制作一个对象沿着某条曲线运动的动画？

5. 3ds Max 2011 的位移和旋转的默认控制器是什么？

6. 剪切平面的效果是否可以设置动画？

7. 3ds Max 2011 测量视野的方法有几种？

8. 一般摄影机和正交摄影机有什么区别？

9. 请模仿本书配套光盘中的文件 Samples-08-钱币.avi 制作动画。

10. 尝试制作一个摄影机漫游的动画。

第9章 材质编辑器

材质编辑器是 3ds Max 工具栏中非常有用的工具。本章将介绍 3ds Max 材质编辑器的界面和主要功能。我们将学习如何利用基本的材质,如何取出和应用材质,也将讨论材质中的基本组件以及如何创建和使用材质库,并且针对 3ds Max 2011 新特性内容“板岩材质编辑器”和“Autodesk 材质库”进行详细讲解。

本章重点内容:

- 描述材质编辑器的布局;
- 根据自己的需要调整材质编辑器的设置;
- 给场景对象应用材质编辑器;
- 创建基本的材质,并将它应用于场景中的对象;
- 从场景材质中创建材质库;
- 从材质库中取出材质;
- 从场景中获取材质并调整;
- 使用 Material/Map 浏览器浏览复杂的材质;
- 使用“板岩材质编辑器”;
- 给场景对象应用“Autodesk 材质库”。

9.1 材质编辑器基础

使用材质编辑器,能够给场景中的对象创建五彩缤纷的颜色和纹理表面属性。在材质编辑器中有很多工具和设置可供选择使用。

人们可以根据自己的喜好来选择材质。可以选择简单的纯色，也可以选择相当复杂的多图像纹理。例如，对于一堵墙的材质来讲，可以是单色的，也可以是有复杂纹理的砖墙，见图 9-1。材质编辑器给我们提供了很多设置材质的选项。对于材质编辑器的基础内容，我们以 3ds Max 2011 中的“精简材质编辑器”为标准进行讲解。

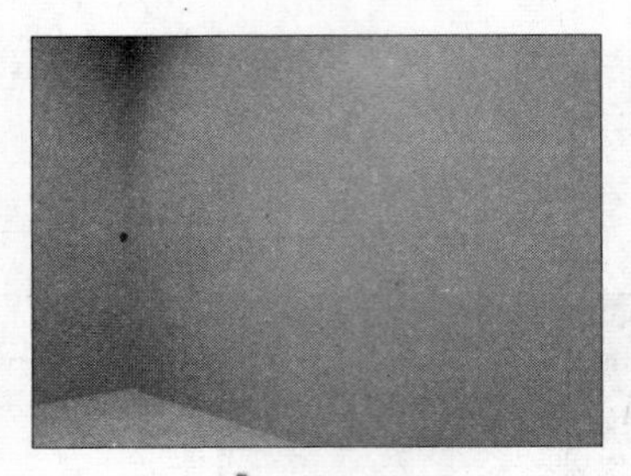

图 9-1

9.1.1 材质编辑器的布局

使用 3ds Max 时，会花费很多时间使用材质编辑器。因此，舒适的材质编辑器的布局是非常重要的。

进入材质编辑器有以下 3 种方法：

(1) 从主工具栏单击“材质编辑器”(Material Editor)按钮。

(2) 在菜单栏上选取“渲染/材质编辑器”(Rendering/Material Editor)。

(3) 使用快捷键 M。

材质编辑器对话框由以下 5 部分组成，见图 9-2。

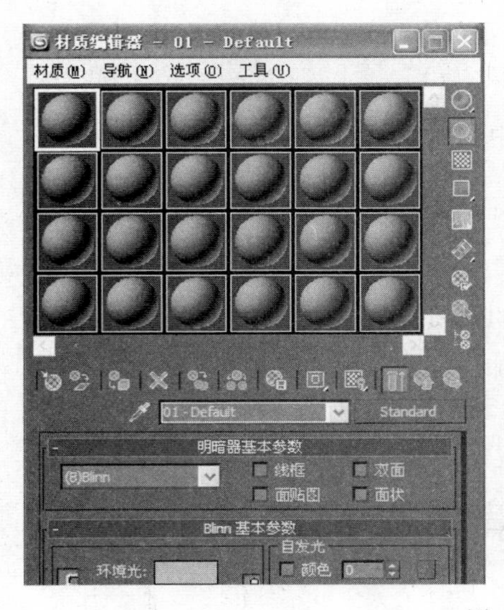

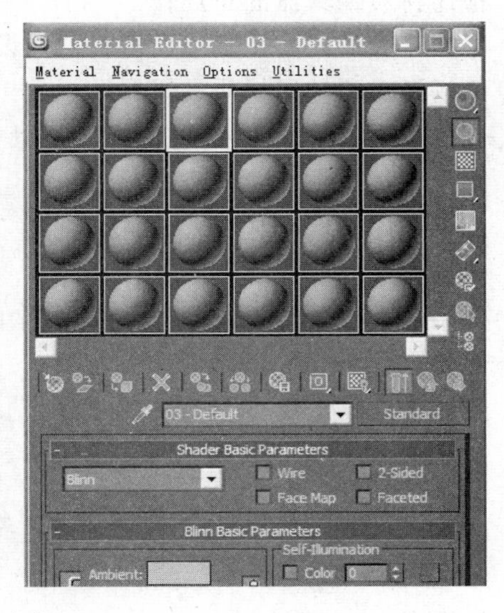

图 9-2

- 菜单栏
- 材质样本窗。
- 材质编辑器工具栏。
- 材质类型和名称区。
- 材质参数区。

9.1.2 材质样本窗

在将材质应用给对象之前,可以在材质样本窗区域看到该材质的效果。在默认情况下,工作区中显示24个样本窗中的6个。有3种方法查看其他的样本窗:

(1) 平推样本窗工作区。

(2) 使用样本窗侧面和底部的滑动块。

(3) 增加可见窗口的个数。

1. 平推和使用样本窗滚动条

观察其他材质样本窗的一种方法是使用鼠标在样本窗区域平推。

例 9-1 样本窗滚动条

(1) 启动3ds Max。

(2) 在主工具栏单击"材质编辑器"(Material Editor)按钮。

(3) 在材质编辑器的样本窗区域,将鼠标放在两个窗口的分隔线上。

(4) 在样本窗区域单击并拖动鼠标,可以看到更多的样本窗。

(5) 在样本窗的侧面和底部使用滚动栏,也可以看到更多的样本窗。

2. 显示多个材质窗口

如果需要看到的不仅仅是标准的6个材质窗口,可以使用两种"行/列"(Column/Row)设置,它们是5×3或6×4。使用下列两种方法进行设置:

(1) 右键菜单。

(2) 选项对话框。

在激活的样本窗区域单击鼠标右键,将显示右键菜单,见图9-3。从右键菜单中选择样本窗的个数,见图9-4。图9-4显示的是5×3设置的样本窗。

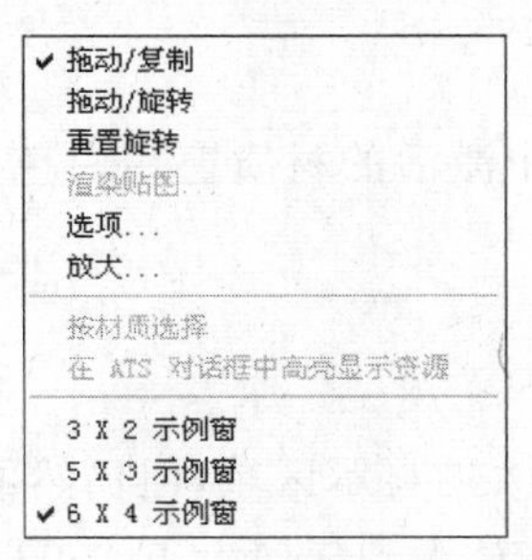

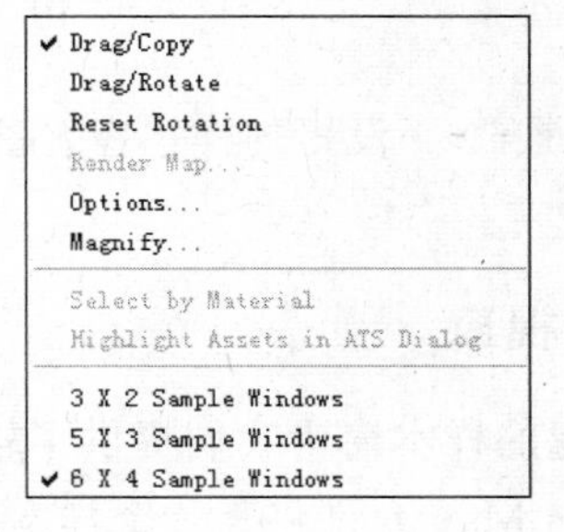

图 9-3

图 9-4

也可以通过选择工具栏侧面的“选项”(Options)按钮或者“选项”(Options)菜单下的“选项”(Options)菜单来控制样本窗的设置。单击按钮，显示材质编辑器的“材质编辑器选项”(Material Editor Options)对话框，可以从“示例窗数目”(Slots)区域改变设置，见图 9-5。

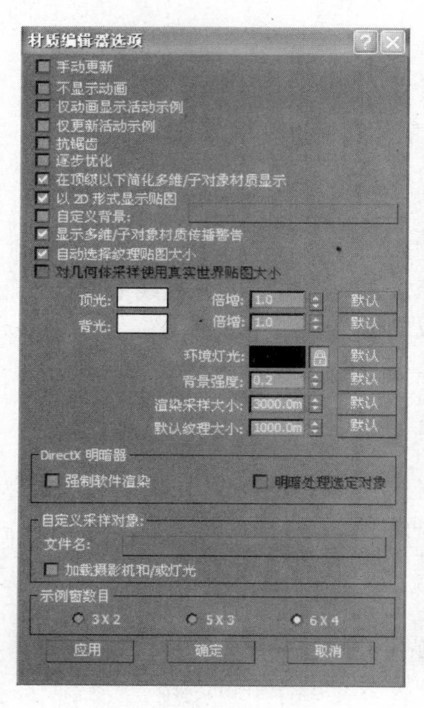

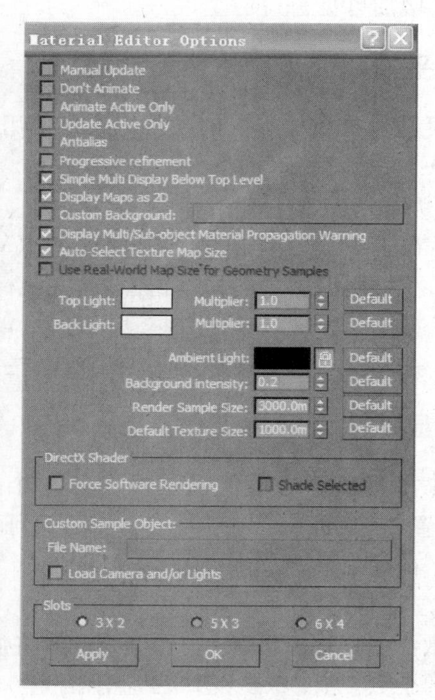

图 9-5

图 9-6 显示的是 6×4 设置的样本窗。图中激活的材质窗用白色边界标识，表示这是当前使用的材质。

3. 放大样本视窗

虽然 3×2 设置的样本窗为我们提供了较大的显示区域，但仍然可以将一个样本窗设成更大的尺寸。3ds Max 允许将某一个样本窗放大到任何大小。可以双击激活的样本窗来放大它或使用右键菜单来放大它。

例 9-2 放大样本视窗

(1) 继续前面的练习，在材质编辑器里，用鼠标右键单击选择的窗口，出现快捷菜单(见图 9-3)。

(2) 在右键菜单中，选择“放大”(Magnify)后，出现图 9-7 所示的大窗口。

可以通过用鼠标拖曳对话框的一角来调整样本窗的大小。

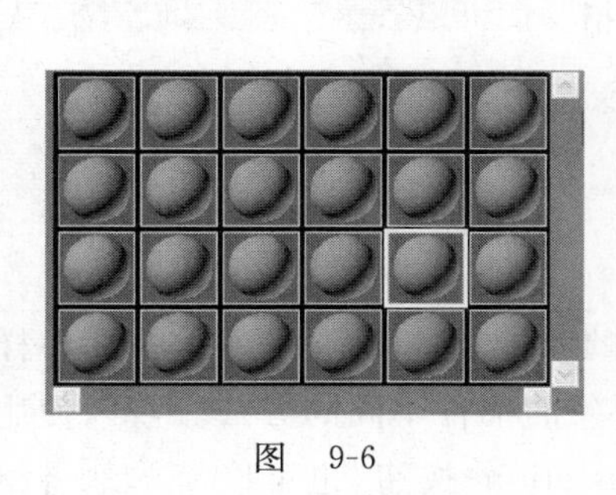

图 9-6

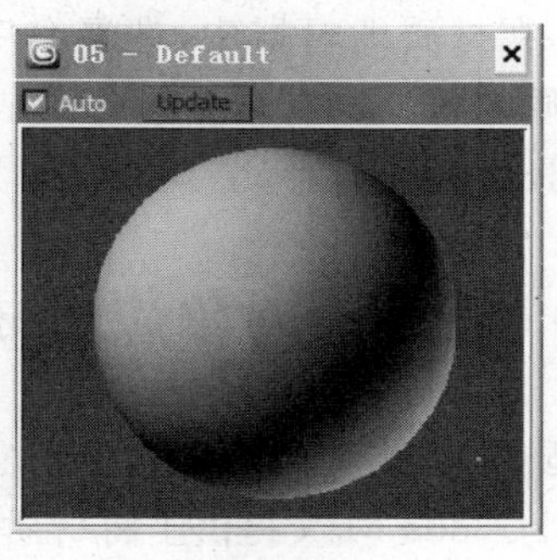

图 9-7

9.1.3 样本窗指示器

样本窗也提供材质的可视化表示法，来表明材质编辑器中每一材质的状态。场景越复杂，这些指示器就越重要。当给场景中的对象指定材质后，样本窗的角显示出白色或灰色的三角形。这些三角形表示该材质被当前场景使用。如果三角形是白色的，表明材质被指定给场景中当前选择的对象。如果三角形是灰色的，表明材质被指定给场景中未被选择的对象。

下面我们进一步了解指示器。

例 9-3 样本窗指示器

(1) 在菜单栏选取“文件/打开”(File/Open)，从本书配套的光盘上打开文件 Samples-09-01.max，见图 9-8。

(2) 按下 M 键打开材质编辑器。材质编辑器中有些样本窗的角上有灰色的三角形，见图 9-9。

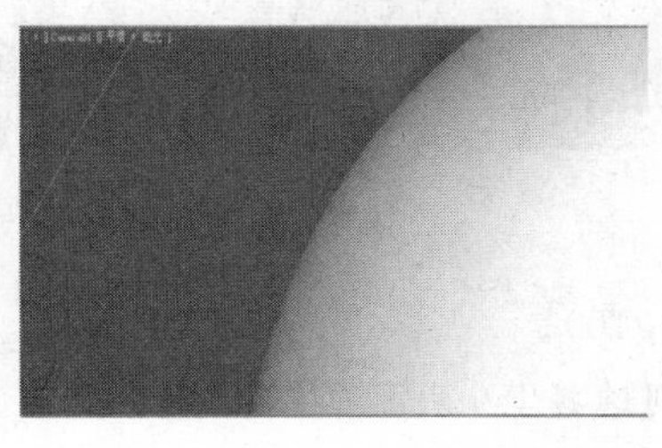

图 9-8

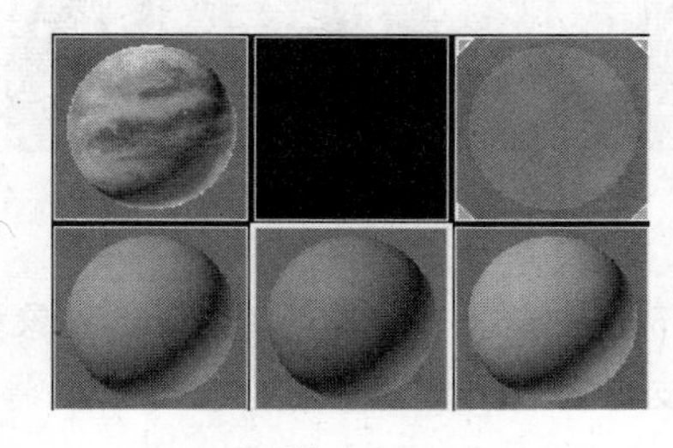

图 9-9

(3) 选择材质编辑器中最上边一行第三个样本窗。该样本窗的边界变成白色，表示现在它为激活的材质。

(4) 在材质名称区，材质的名字为 Earth。样本窗角上有灰色的三角形表示该材质已被指定给场景中的一个对象。

(5) 在摄像机视口中选择 Earth 对象。Earth 材质的三角形变成白色，表示此样本窗口的材质已经被应用于场景中选择的对象上，见图 9-10。

(6)在材质编辑器中，选择名字为 B-Earth 的材质。材质的角上没有三角形。这表明此材质没有指定给场景中的任何对象。

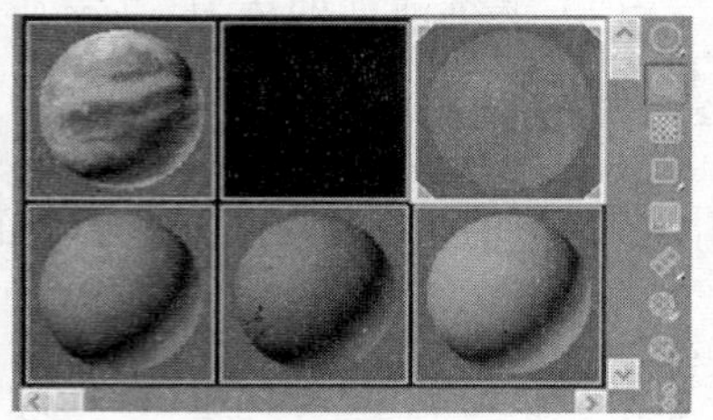

图 9-10

9.1.4 给一个对象应用材质

材质编辑器除了创建材质外，它的一个最基本的功能是将材质应用于各种各样的场景对象上。3ds Max 提供了将材质应用于场景中对象的几种不同的方法。可以使用工具栏底部的“选择指定材质”(Assign Material to Selection)按钮，也可以简单地将材质拖放至当前场景中的单个对象或多个对象上。

1. 将材质指定给选择的对象

通过先选择一个或多个对象，可以很容易地给对象指定材质。

例 9-4 指定对象的材质

(1) 启动 3ds Max，从菜单栏选取“文件/打开”(File/Open)，从本书配套的光盘上打开文件 Samples-09-02. max。打开后的场景如图 9-11 所示。

(2) 按下 M 键打开材质编辑器。在材质编辑器选择名称为 Ping 的材质(第 1 行第 3 列的样本视窗)，见图 9-12。

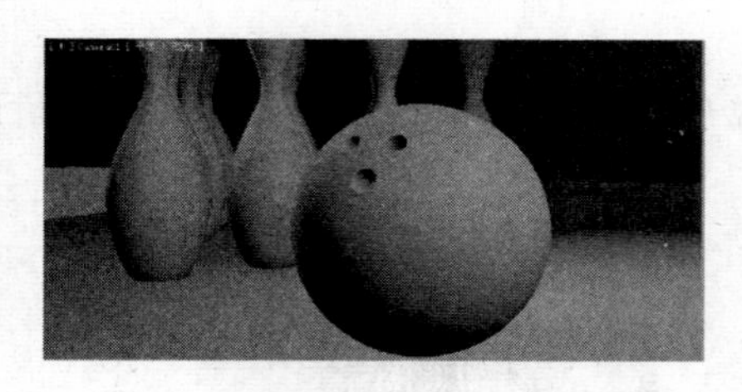

图 9-11

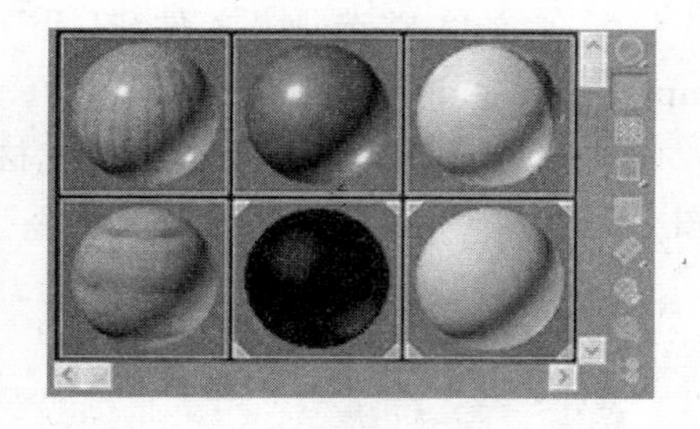

图 9-12

(3) 在场景中选择所有 Ping 对象(Ping01～Ping10)。

技巧：单击的同时按下 Ctrl 键，将选择对象加到选择集，见图 9-13。

(4) 在材质编辑器中单击“选择指定材质”(Assign Material to Selection)按钮。

这样就将材质指定到场景中了，见图 9-14。样本窗的角变成了白色，表示材质被应用于选择的场景对象上了。

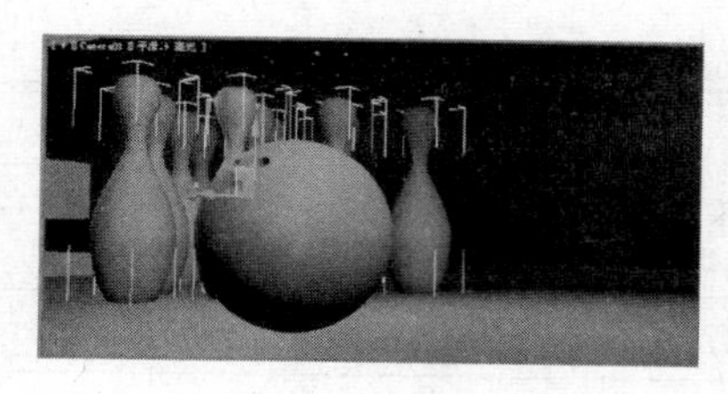

图 9-13

图 9-14

2. 拖放

使用拖放的方法也能对场景中选到的一个或多个对象应用材质。但是,如果对象被隐藏在后面或在其他对象的内部,就很难恰当地指定材质。

例 9-5 拖放指定对象的材质

(1) 继续前面的练习,在材质编辑器中选择名为 plan 的材质(第 1 行第 1 列的样本视窗),见图 9-15。

(2) 将该材质拖曳到 Camera01 视口的 plan 对象上。释放鼠标时,材质将被应用于 plan 上,见图 9-16。

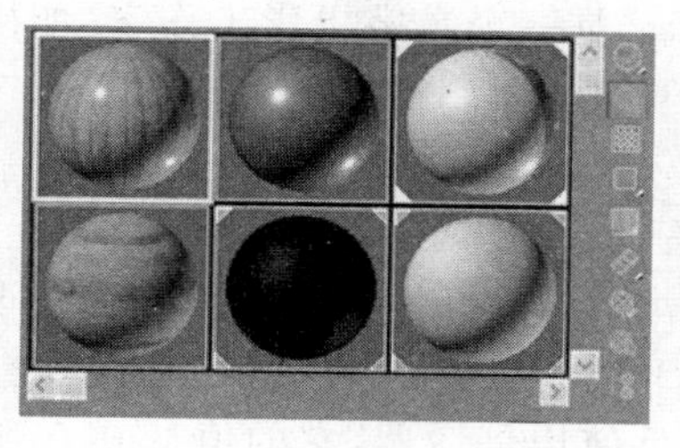

图 9-15

图 9-16

9.2 定制材质编辑器

当创建材质时,经常需要调整默认的材质编辑器的设置。我们可以改变样本窗口对象的形状、打开和关闭背光、显示样本窗口的背景以及设置重复次数等。

所有定制的设置都可从样本视窗区域右边的工具栏访问。右边的工具栏包括的工具如表 9-1 所示。

1. 样本视窗形状

默认情况下,样本视窗中的对象是一个球体。可是当给场景创建材质时,多数情况下要使用的形状不是球。例如,如果给平坦的表面创建材质(比如墙或地板),就可能会希望改变样本视窗的显示。在材质编辑器中有 3 个默认的显示形式,它们是球体、圆柱体和盒子。当然,我们也可以指定自定义形状。

表 9-1

图标	名 称	内 容
	样本类型弹出按钮(Sample Type flyout)	允许改变样本窗中样本材质的形式，有球形、圆柱、盒子三种选项；也可以自定义形状
	背光(Backlight)	显示材质受背光照射的样子
	背景(Background)	允许打开样本窗的背景，对透明材质特别有用
	UV 样本重复弹出按钮(Sample UV Tiling flyout)	允许改变编辑器中材质的重复次数而不影响应用于对象的重复次数
	视频颜色检查(Video Color Check)	检查无效的视频颜色
	预览(Make Preview)	制作动画材质的预览效果
	根据材质选择(Select By Material)	使用"选择对象"(Select Object)对话框选择场景中的对象
	材质/贴图导航器(Material/Map Navigator)	允许查看组织好的层级中的材质的层次

2. 材质编辑器的灯光设置

材质的外观效果与灯光关系十分密切。3ds Max 是一个数字摄影工作室，如果我们懂得在材质编辑器中如何调整灯光，就会更有效地创建材质。在材质编辑器中有 3 种可用的灯光设置：顶部光、背光和环境光。

说明：灯光设置的改变是全局变化，会影响所有的样本窗。

在许多情况下，3ds Max 提供默认的灯光设置就可以很好地满足要求。如果改变了设置，也可以更改回原来的设置。

在材质编辑器中只有一种改变亮度的方法，就是使用倍增器，它的值从 0.0 到 1.0。设为 1 时，是 100% 的亮度。

一旦材质编辑器灯光设置好后，可以从侧面的工具栏关闭背光。

3. 改变贴图重复次数

使用图像贴图创建材质时，有时会希望它看起来像平铺的图像，例如，创建地板砖材质就是这样的情况。

例 9-6 改变贴图重复次数

(1) 继续前面的练习或打开本书配套的光盘上的文件 Samples-09-03.max。

(2) 按下 M 键打开材质编辑器，激活第一个样本窗。其材质的名字是 plan。

(3) 在侧面的工具栏上单击并按住"采样 UV 平铺"(Sample UV Tiling)弹出按钮，显示"采样 UV 平铺"(Sample UV Tiling)选项。

根据视觉的需要，有 4 个重复值可供选择，1×1、2×2、3×3 以及 4×4。

(4) 从"采样 UV 平铺"(Sample UV Tiling)弹出按钮中单击 3×3，见图 9-17。

图 9-17

说明：重复次数只适于材质编辑器的预览，不影响场景材质。

4. 材质编辑器的其他选项

“材质编辑器选项”(Material Editor Options)对话框提供了许多方法定制材质编辑器的设置。有一些选项会直接影响样本窗，而其他选项则是为了提高设计效率。

1) 调整3D贴图样本比例

我们可能经常需要改变“3D贴图采样缩放”(3D Map Sample Scale)的设定值，这个值决定样本对象与场景中对象的比例关系。该选项允许我们在渲染场景前，以场景对象的大小为基础，预视3D程序贴图的比例。例如，如果场景对象为15个单位的大小，那么最好将“3D贴图采样缩放”(3D Map Sample Scale)设置为15来显示贴图。

程序贴图是使用数学公式创建的。“噪波”(Noise)、“大理石”(Perlin Marble)和“斑点”(Speckle)是三种3D程序贴图的例子。通过调整它们提供的值可以达到满意的效果。

例 9-7 调整3D贴图样本比例

(1) 继续前面的练习或者从菜单栏选取 File/Open，从本书配套的光盘上打开文件 Samples-09-04.max。

(2) 按下M键打开材质编辑器。

(3) 在材质编辑器选择 qiu 材质(在第一行中间一个)。

(4) 在“材质编辑器”(Material Editor)的侧面工具栏上单击“选项”(Options)按钮。

(5) 在“材质编辑器选项”(Material Editor Options)对话框中，单击“3D贴图采样缩放”(3D Map Sample Scale)值右边的“默认”(Default)。

说明：默认的“3D贴图采样缩放”(3D Map Sample Scale)设置为100，这表示对象在场景内的大小为100单位。

(6) 单击“材质编辑器选项”(Material Editor Options)对话框中的“应用”(Apply)。此时出现的结果如图9-18所示。

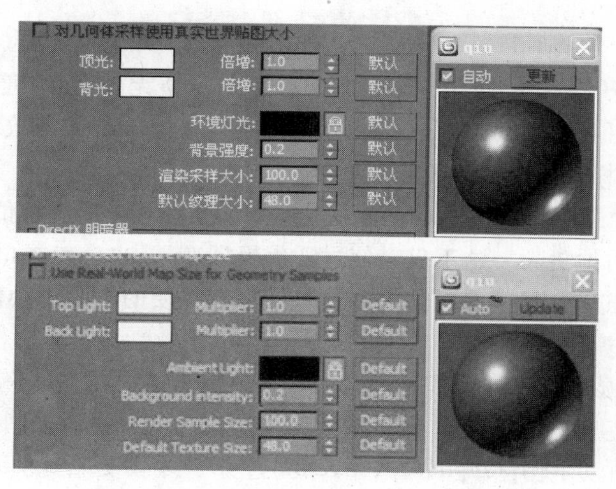

图 9-18

说明：仔细地观察球表面的外观。缩放值设为 100，球看起来是光滑的。要使球表面比较好地表现出来，应将缩放值设得小一点。

（7）在“3D 贴图采样缩放”(3D Map Sample Scale)值输入 2.0。

（8）单击对话框的“应用”(Apply)。球现在呈现出粗糙不平的效果，见图 9-19。

（9）单击“确定”(OK)按钮关闭对话框。

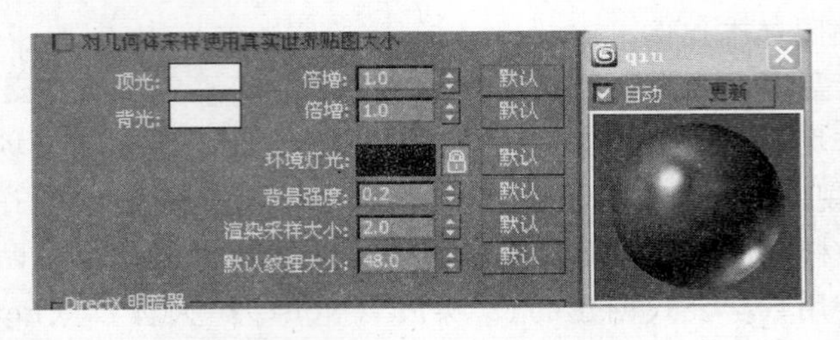

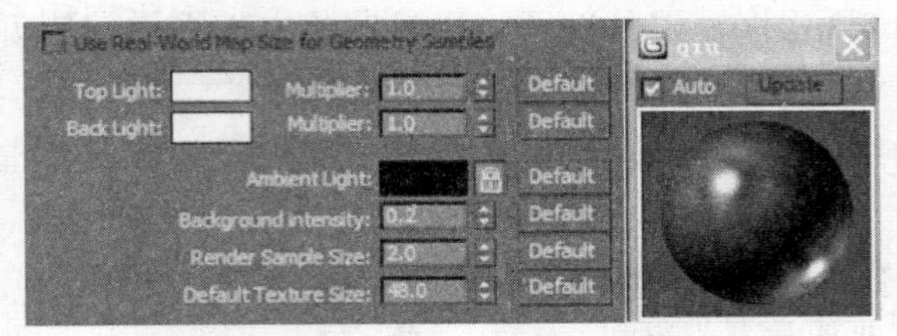

图　9-19

2）提高工作效率的选项

随着场景和贴图变得越来越复杂，材质编辑器开始变慢，尤其是在有许多动画材质的情况下更加如此。在“材质编辑器选项”(Material Editor Options)对话框中，有 4 个选项能提高效率，见图 9-20。

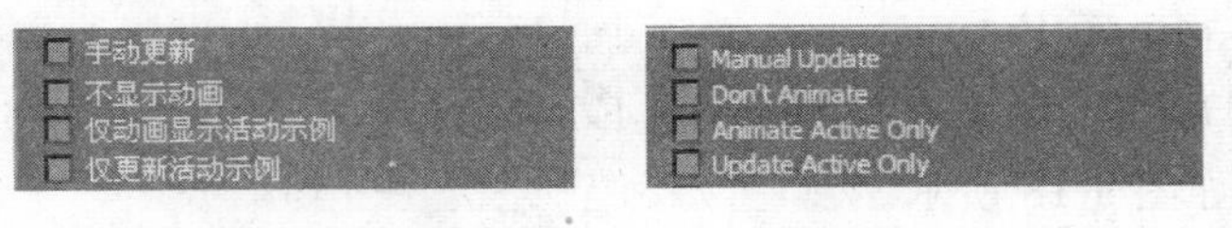

图　9-20

（1）“手动更新”(Manual Update)：使自动更新材质无效，必须通过单击样本窗来更新材质。当“手动更新”(Manual Update)被激活后，对材质所做的改变并不实时地反映出来。只有在更新样本窗时才能看到这些变化。

（2）“不显示动画”(Don't Animate)：与 3ds Max 中的其他功能一样，当播放动画时，动画材质会实时地更新。这不仅会使材质编辑器变慢，也会使视口的播放变慢。选取了 Don't Animate 选项，材质编辑器内和视口的所有材质的动画都会停止播放，这会极大地提高计算机的效率。

（3）“仅动画显示活动示例”(Animate Active Only)：和“不显示动画”(Don't Animate)操作类似，但是它只允许当前激活的样本窗和视口播放动画。

（4）“仅更新活动示例”(Update Active only)：与“手动更新”(Manual Update)类似，它只允许激活的样本窗实时更新。

9.3 使用材质

在本节中，我们将进一步讨论材质编辑器的定制和材质的创建。我们的周围充满了各种各样的材质。有一些外观很简单，有一些则呈现相当复杂的外表。不管是简单还是复杂，它们都有一个共同的特点，就是影响从表面反射的光。当构建材质时，必须考虑光和材质如何相互作用。

3ds Max 提供了多种材质类型，见图 9-21。每一种材质类型都有独特的用途。

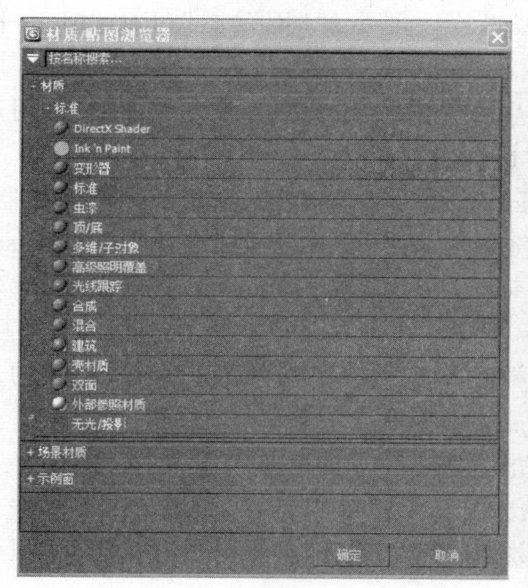

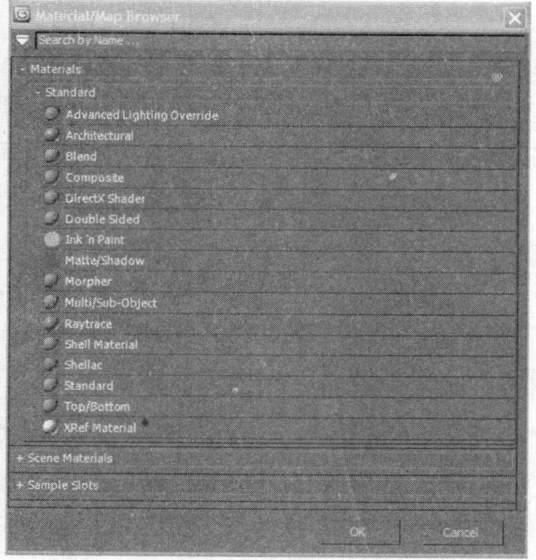

图 9-21

有两种方法选择材质类型：一种是用材质名称栏右边的 Standard 按钮，一种是用材质编辑器工具栏的“获取材质”(Get Material)图标。不论使用哪种方法，都会出现“材质/贴图浏览器”(Material/Map Browser)对话框，可以从该对话框中选择新的材质类型。3ds Max 已按照材质、贴图等进行了分组，易于查找。

9.3.1 标准材质明暗器的基本参数

标准材质类型非常灵活，可以使用它创建无数的材质。材质最重要的部分是所谓的明暗，光对表面的影响是由数学公式计算的。在标准材质中可以在“阴影基本参数”(Shader Basic Parameters)卷展栏选择明暗方式。每一个明暗器的参数是不完全一样的。

可以在“阴影基本参数”(Shader Basic Parameters)卷展栏中指定渲染器的类型，见图 9-22。

在渲染器类型旁边有 4 个选项，分别是“线框”(Wire)、“双面”(2-Sided)、“面贴图”(Face Map)和“面状”(Faceted)。下面简单解释一下这几个选项。

图 9-22

(1)“线框”(Wire)：使对象作为线框对象渲染。可以用 Wire 渲染制作线框效果，比如栅栏的防护网。

(2)“双面”(2-Sided)：设置该选项后，3ds Max 既渲染对象的前面也渲染对象的后面。2-Sided 材质可用于模拟透明的塑料瓶、鱼网或网球拍细线。

(3)“面贴图”(Face Map)：该选项将材质的贴图坐标设定在对象的每个面上。与下一章要讨论的“UVW 贴图”(UVW Map)编辑修改器中的“面贴图”(Face Map)作用类似。

(4)“面状”(Facted)：该选项使对象产生不光滑的明暗效果。Faceted 可用于制作加工过的钻石和其他的宝石或任何带有硬边的表面。

3ds Max 默认的是 Blinn 明暗器，但是可以通过明暗器列表来选择其他的明暗器，见图 9-23。不同的明暗器有一些共同的选项，例如“环境”(Ambient)、“漫反射”(Diffuse)和“自发光”(Self-Illumination)、“透明度”(Opacity)以及“高光”(Specular Highlights)等。每一个明暗器也都有自己的一套参数。

(1)“各向异性”(Anisotropic)：该明暗器基本参数卷展栏见图 9-23，它创建的表面有非圆形高光。

“各向异性”(Anisotropic)明暗器可用来模拟光亮的金属表面。

某些参数可以用颜色或数量描述，“自发光”(Self-Illumination)通道就是这样一个例子。当值左边的复选框关闭后，就可以输入数值，见图 9-24。如果打开复选框，可以使用颜色或贴图替代数值。

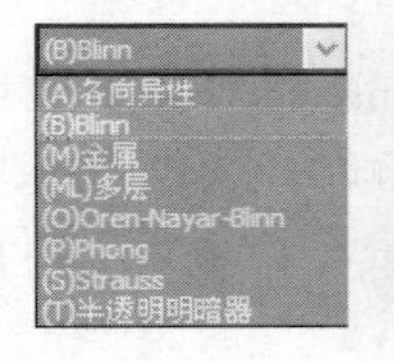

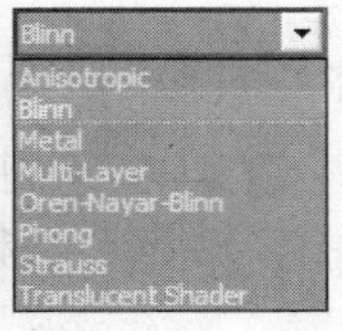

图 9-23

图 9-24

(2) Blinn：Blinn 是一种带有圆形高光的明暗器，其基本参数卷展栏见图 9-25。

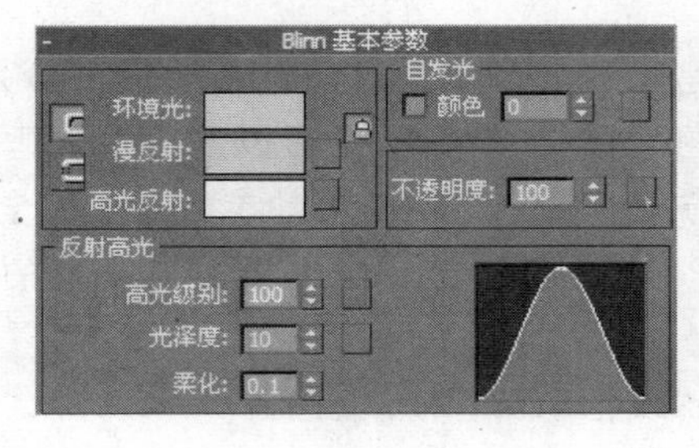

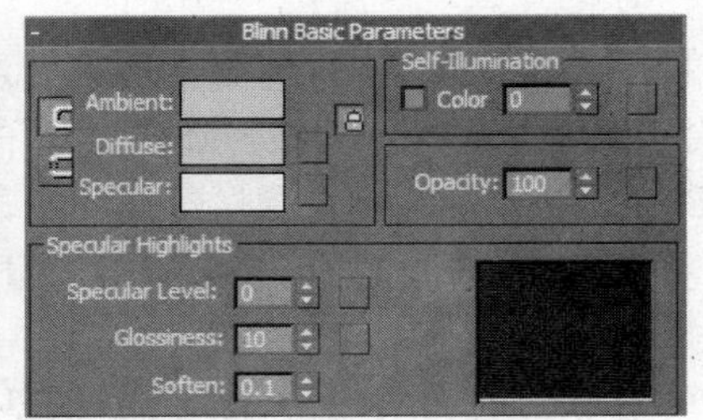

图 9-25

Blinn 明暗器的应用范围很广，是默认的明暗器。

(3)“金属”(Metal)：该明暗器常用来模仿金属表面，其基本参数卷展栏见图 9-26。

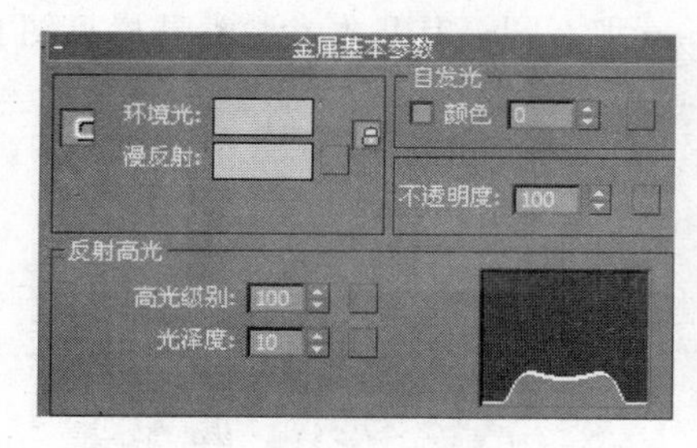

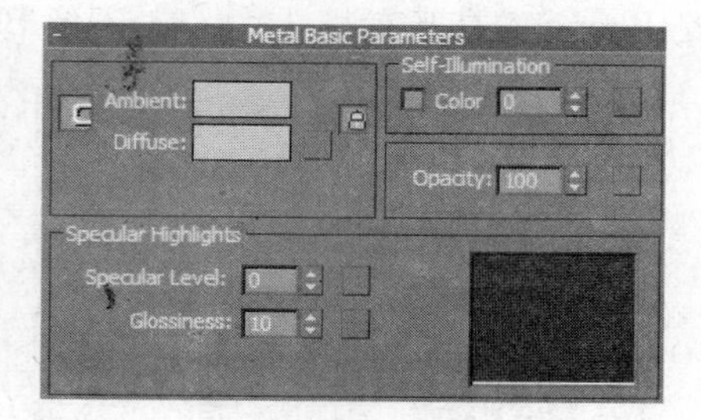

图　9-26

(4)“多层”(Multi-Layer)：该明暗器包含两个各向异性的高光，二者彼此独立起作用，可以分别调整，制作出有趣的效果，其基本参数卷展栏见图 9-27。

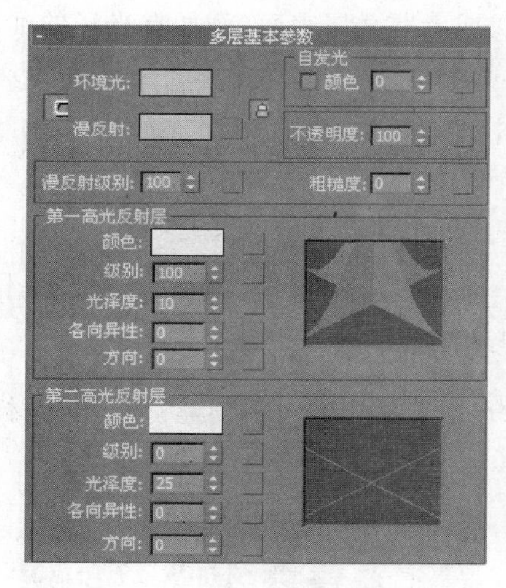

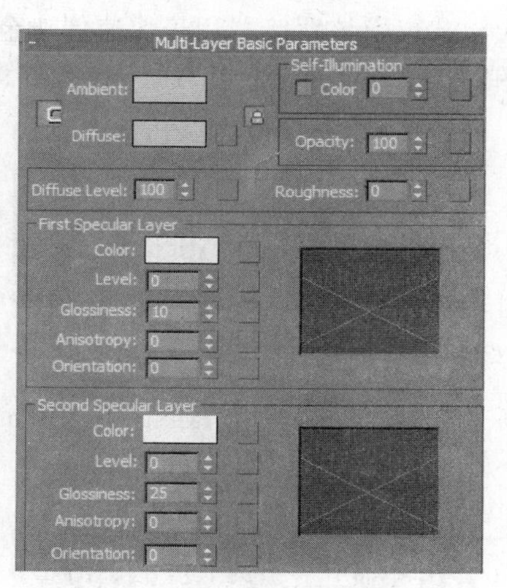

图　9-27

可以使用“多层”(Multi-Layer)创建复杂的表面，例如缎纹、丝绸和光芒四射的油漆等。

(5) Oren-Nayer-Blinn(ONB)：该明暗器具有 Blinn 风格的高光，但它看起来更柔和。其基本参数卷展栏见图 9-28。

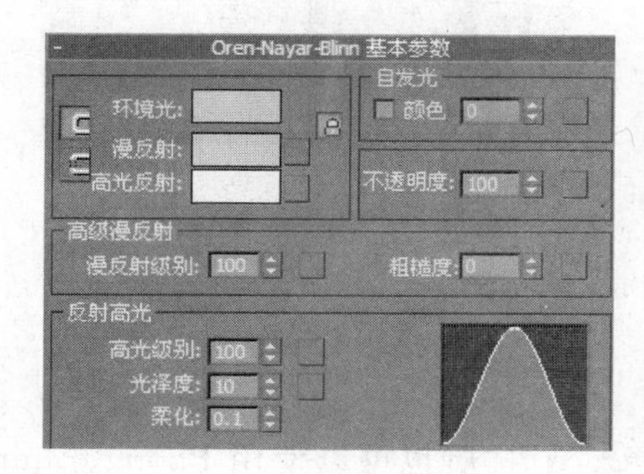

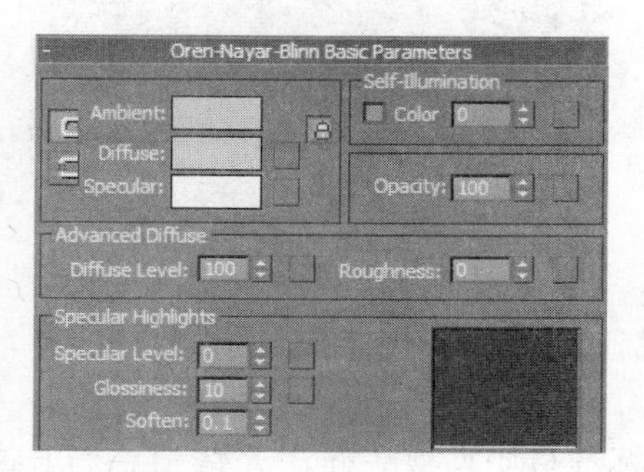

图　9-28

ONB 通常用于模拟布、土坯和人的皮肤等效果。

(6) Phong：该明暗器是从 3ds Max 的最早版本保留下来的，它的功能类似于 Blinn。不足之处是 Phong 的高光有些松散，不像 Blinn 那么圆。其基本参数卷展栏见图 9-29。

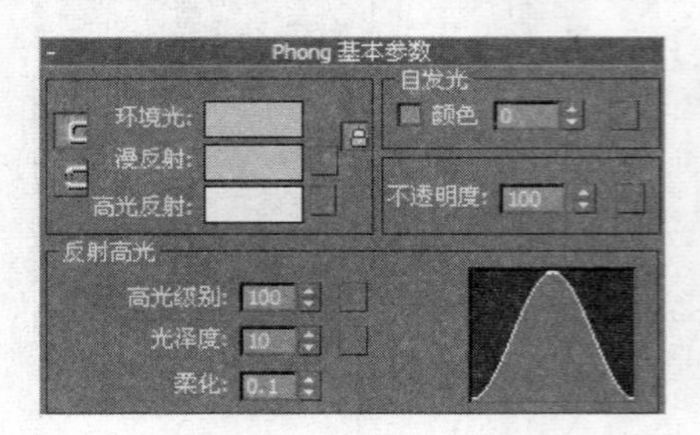

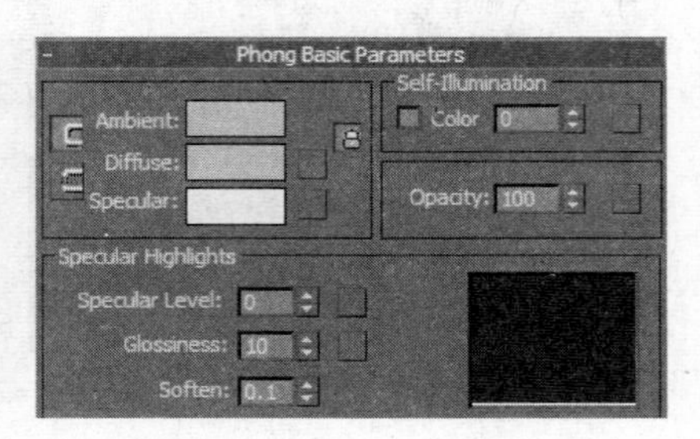

图 9-29

Phong 是非常灵活的明暗器，可用于模拟硬的或软的表面。

(7) Strauss：该明暗器用于快速创建金属或者非金属表面(例如有光泽的油漆、光亮的金属和铬合金等)。它的参数很少，见图 9-30。

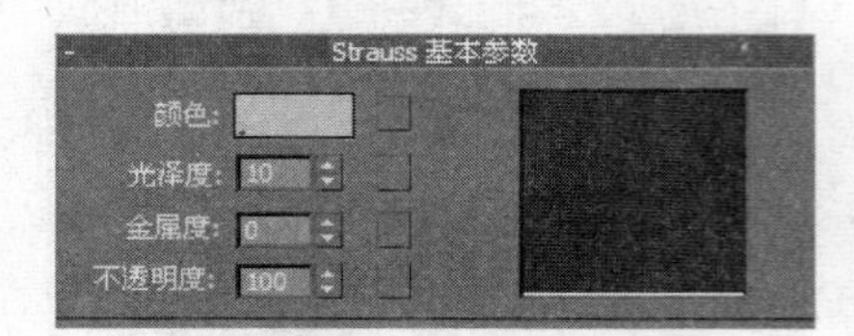

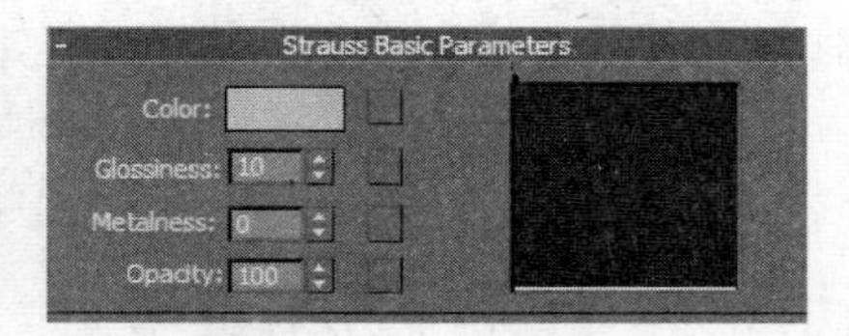

图 9-30

(8) "半透明明暗器"(Translucent Shader)：该明暗器用于创建薄物体的材质(例如窗帘、投影屏幕等)，来模拟光穿透的效果。其基本参数卷展栏见图 9-31。

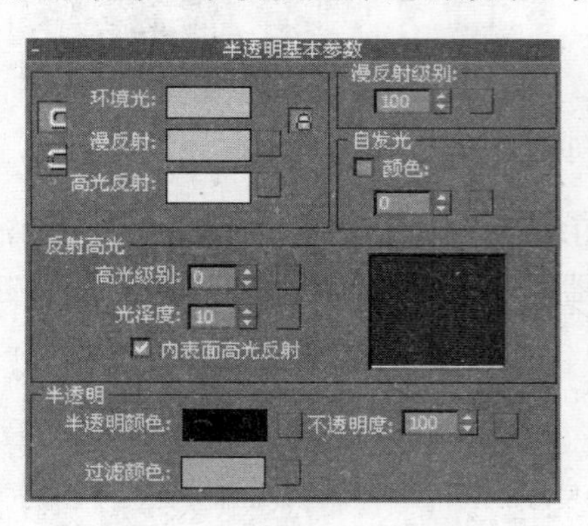

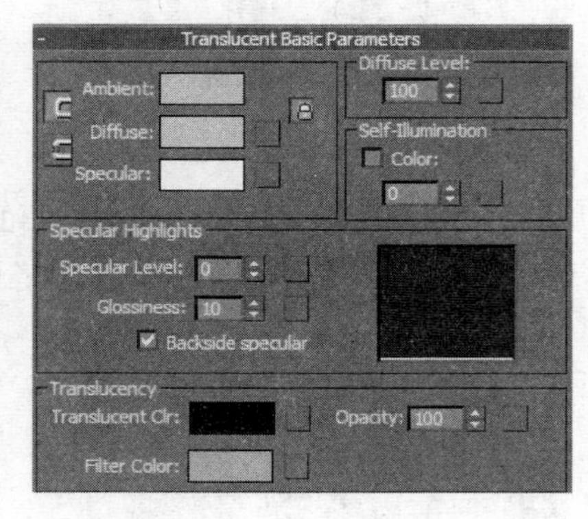

图 9-31

9.3.2 Raytrace 材质类型

与标准材质类型一样，"光线追踪"(Raytrace)材质也可以使用 Phong、Blinn 和"金属"(Metal)明暗器以及"对比度"(Contrast)明暗器。"光线追踪"(Raytrace)材质在这些明暗器的用途上与“标准”(Standard)材质不同。“光线追踪”(Raytrace)材质试图从物理上模仿表面的光线效果。正因为如此,“光线追踪”(Raytrace)材质要花费更长的渲染时间。

光线追踪是渲染的一种形式,它计算从屏幕到场景灯光的光线。Raytrace 材质利用了这点,允许加一些其他特性,如发光度、额外的光、半透明和荧光。它也支持高级透明参数,像雾和颜色密度,见图 9-32。

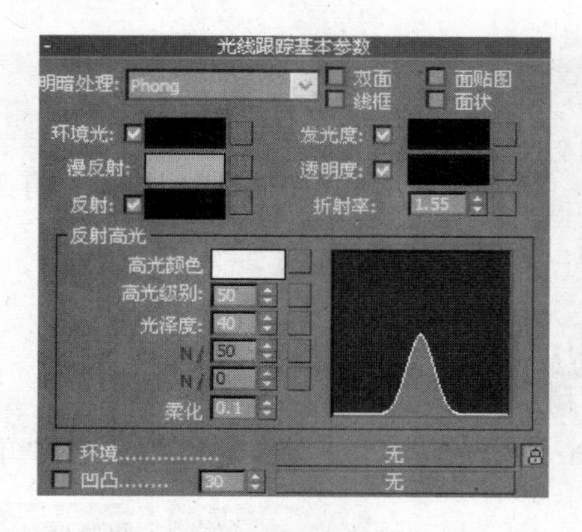

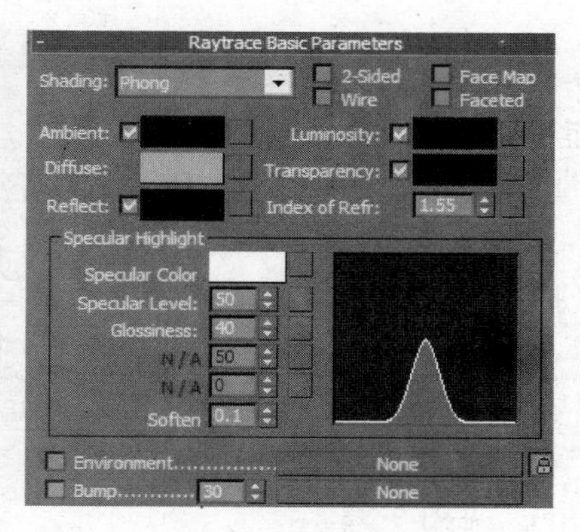

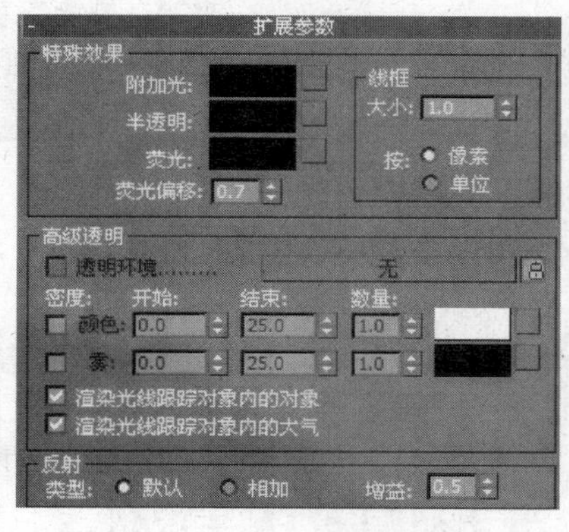

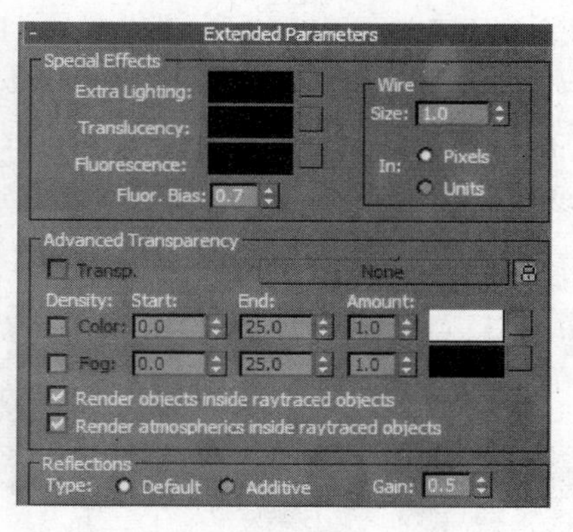

图 9-32

1. 光线跟踪基本参数(Raytrace Basic Parameters)卷展栏的主要参数

(1)“发光度”(Luminosity):类似于“自发光”(Self-Illumination)。

(2)“透明”(Transparency):担当过滤器值,遮住选取的颜色。

(3)“反射”(Reflect):设置反射值的级别和颜色,可以设置成没有反射,也可以设置成镜像表面反射。

2. 扩展参数(Extended Parameters)卷展栏的主要参数

(1)“外部光”(Extra Lighting):这项功能像环境光一样。它能用来模拟从一个对象放射到另一个对象上的光。

(2)“透明”(Translucency):该选项可用来制作薄对象的表面效果,有阴影投在薄对象的表面。当用在厚对象上时，它可以用来制作类似于蜡烛的效果。

(3) “荧光和荧光偏移”(Fluorescence & Fluorescence Bias)：“荧光”(Fluorescence)将引起材质被照亮，就像被白光照亮，而不管场景中光的颜色。偏移决定亮度的程度，1.0是最亮，0是不起作用。

9.3.3 给保龄球创建黄铜材质

例 9-8 保龄球材质

下面我们来给保龄球创建黄铜材质。

(1) 启动 3ds Max，在菜单栏选取 File/Open，从本书配套的光盘中打开文件 Samples-09-05. Max。

(2) 按下 M 键打开材质编辑器。

(3) 在“材质编辑器”(Material Editor)中选择一个可用的样本窗。

(4) 在“名称”(Name)区域中，输入 tong 。

(5) 在“阴影基本参数”(Shader Basic Parameters)卷展栏中，从下拉列表中单击“金属”(Metal)，见图 9-33。

(6) 在“金属基本参数”(Metal Basic Parameters)卷展栏中，单击“漫反射”(Diffuse)颜色样本。

(7) 在出现“色彩选择器”(Color Selector)对话框中，设定颜色值为 R=235、G=215 和 B=75，见图 9-34。

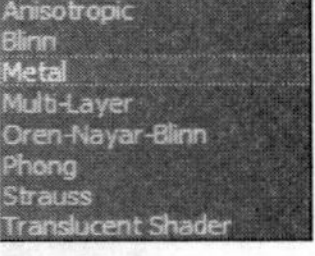

图 9-33

(8) 关闭“色彩选择器”(Color Selector)对话框。

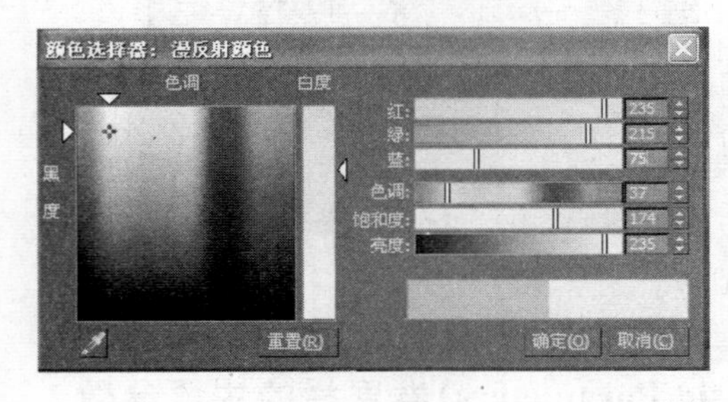

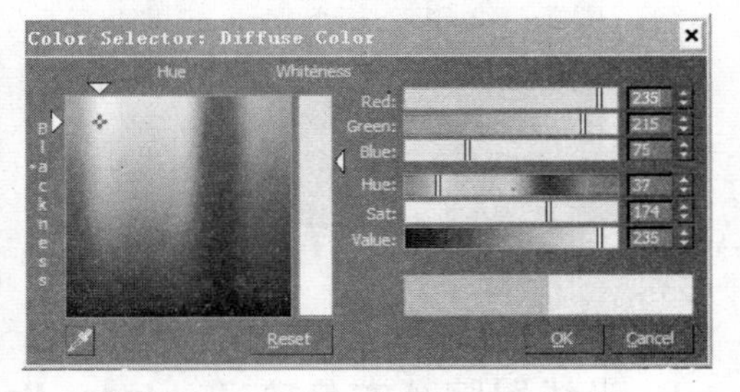

图 9-34

(9) 在“金属基本参数”(Metal Basic Parameters)卷展栏的“高光”(Specular Highlights)区域，设置“高光级别”(Specular Level)为 60，“光泽度”(Glossiness)为 75，见图 9-35。

(10) 在 Maps 卷展栏中，将“反射”(Reflection)的“数量”(Amount)改为 20，单击紧靠“反射”(Reflection)的“无”(None)按钮。

(11) 在出现“材质/贴图浏览器”(Material/Map Browser)中，选择“光线追踪”(Raytrace)后单击“确定”(OK)按钮，见图 9-36。

(12) 在材质编辑器的工具栏中，单击按钮，回到主材质设置区域。

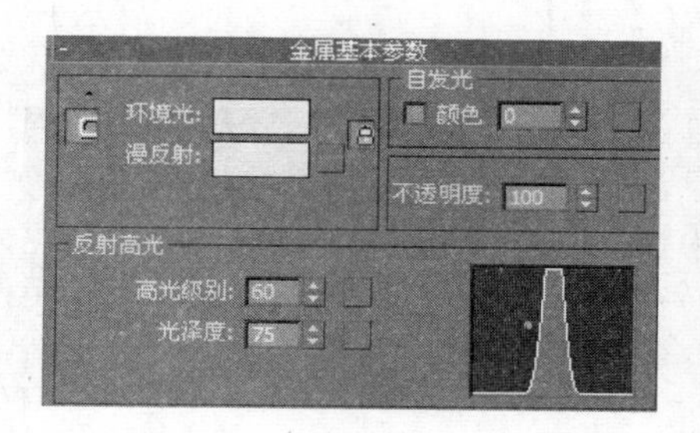

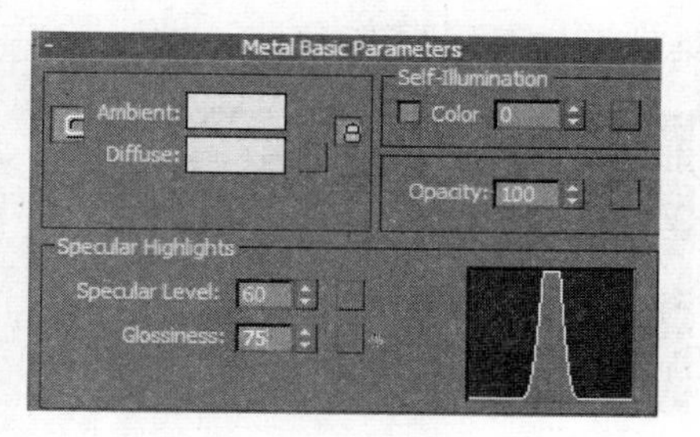

图 9-35

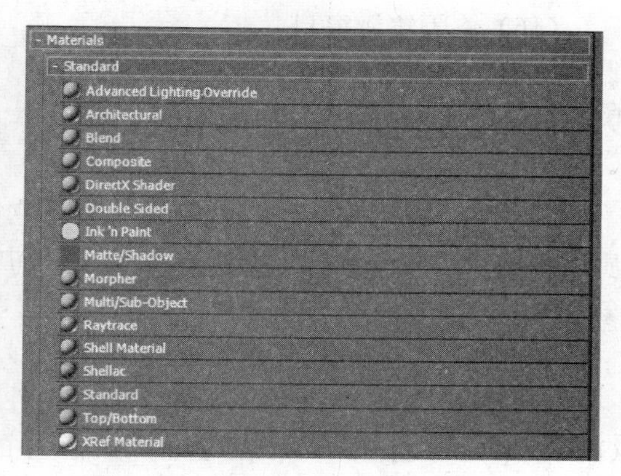

图 9-36

说明：有两个按钮可帮助我们浏览简单的材质，它们是"转到父级"(Go to Parent)和"转到下一个"(Go to Sibling)。"转到父级"(Go to Parent)是回到材质的上一层，"转到下一个"(Go to Sibling)是在材质的同一层切换。

材质样本窗的 tong 材质看起来并不太像，见图 9-37。为看到刚加的反射效果，可打开样本窗的背景。

(13) 在"材质编辑器"(Material Editor)的侧工具栏中单击"背景"(Background)按钮，见图 9-38。

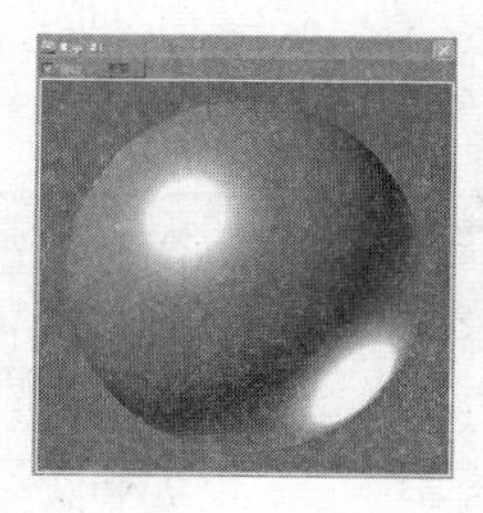

图 9-37

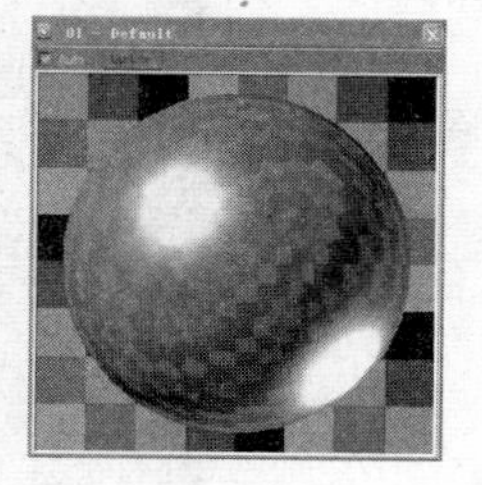

图 9-38

说明：随着反射的加入，材质看起来更像黄铜。

(14) 将材质拖曳到场景中的 qiu 对象上，见图 9-39。

(15) 在主工具栏中，单击"快速渲染"(Quick Render)按钮。

渲染结果如图 9-40 所示。

图 9-39

图 9-40

（16）关闭渲染窗口。

9.3.4 从材质库中取出材质

3ds Max 材质编辑器的优点之一就是它能使用我们或别人创建的材质以及储存在材质库中的材质。在本节，我们将从材质库中选择一个材质，并将它应用到场景中的对象上。

例 9-9 从材质库中取出材质

（1）启动 3ds Max，在菜单栏选取“文件/打开”（File/Open），打开本书配套的光盘上的文件 Samples-09-06. max，见图 9-41。

图 9-41

（2）按 M 键进入材质编辑器，在材质编辑器中，向左推动样本窗，将露出更多的样本窗。

（3）选择一个空白的样本窗。

（4）单击工具栏中的“获取材质”（Get Material）按钮。

（5）在出现的“材质/贴图浏览器”（Material/Map Browser）的左上角，单击图标，选择“打开材质库”（Open Material Library），见图 9-42。

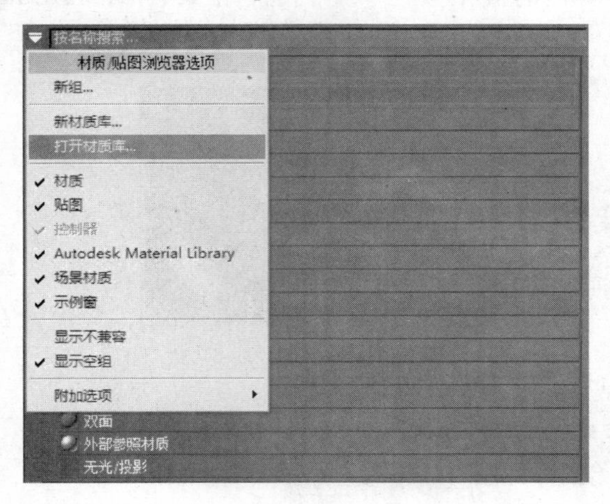

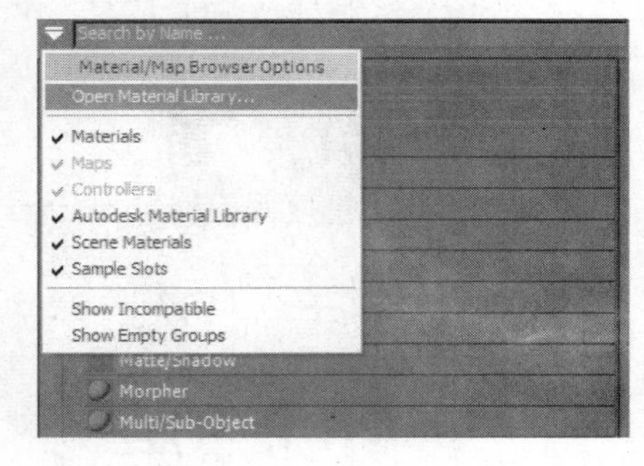

图 9-42

(6) 出现“打开材质库”(Open Material Library)对话框。

(7) 在出现的对话框中，单击“3ds max. mat”，然后单击“打开(O)”按钮，可看到 3ds Max 材质库，见图 9-43。

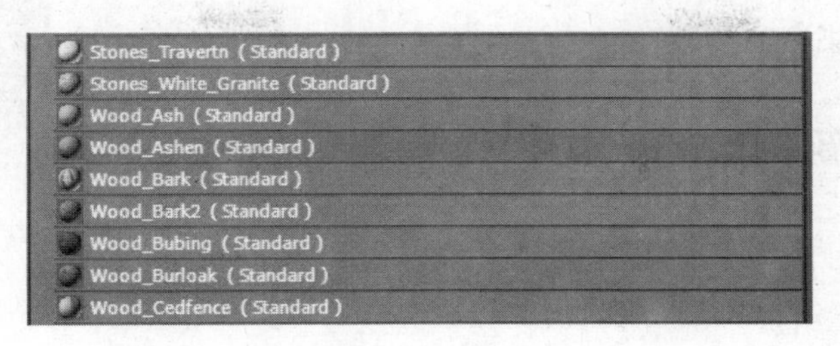

图 9-43

(8) 在“材质/贴图浏览器”(Material/Map Browser)3ds max. mat 分组中，右键菜单中选择“显示子树”(View Subtree)，可看到其材质贴图结构，见图 9-44。

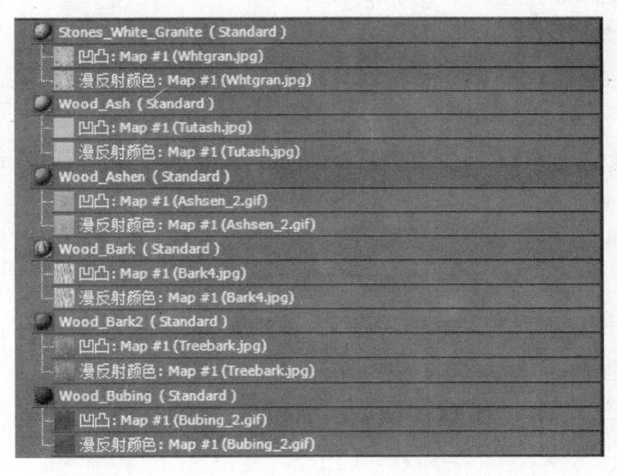

图 9-44

(9) 从材质列表中双击 Wood_Ashen(Standard)，这样将此材质复制到激活样本窗，见图 9-45。

(11) 关闭“材质/贴图浏览器”(Material/Map Browser)。

(12) 将这个材质拖放到摄像机视口后边的 b-plan 对象上，结果如图 9-46 所示。

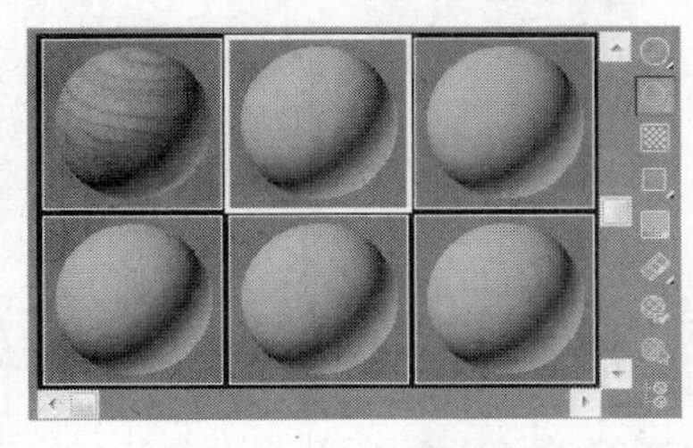

图 9-45

图 9-46

(13) 在主工具栏中，单击“快速渲染”(Quick Render)按钮。

图 9-47

渲染后的效果如图 9-47 所示。

(14) 关闭渲染窗口。

9.3.5 修改新材质

我们还可以对选取的材质进行修改，以满足我们的要求。下面就对刚刚选取的材质进行修改。

例 9-10 修改新材质

(1) 继续前面的练习，或者选取菜单栏中的“文件/打开”(File/Open)，从本书的配套光盘上打开文件 Samples-09-07. max。

(2) 按键盘上的 M 键进入材质编辑器。

(3) 在材质编辑器中单击 Wood_Ashen 样本视窗。

(4) 在“Blinn 基本参数”(Blinn Basic Parameters)卷展栏中，单击“漫反射”(Diffuse 通)道的 M 按钮。

(5) 在“坐标”(Coordinates)卷展栏中，将 U 和 V 的“平铺”(Tiling)参数分别改为 5.0 和 2.0，见图 9-48。

(6) 在材质编辑器的工具栏上，单击 Go to Parent 按钮。

(7) 在“贴图”(Maps)卷展栏将“凹凸”(Bump)中的“数量”(Amount)调整为 75。这样会增加凹凸的效果。

(8) 确定摄像机视口处于激活状态。

(9) 在主工具栏中单击“快速渲染”(Quick Render)按钮。

渲染结果见图 9-49。

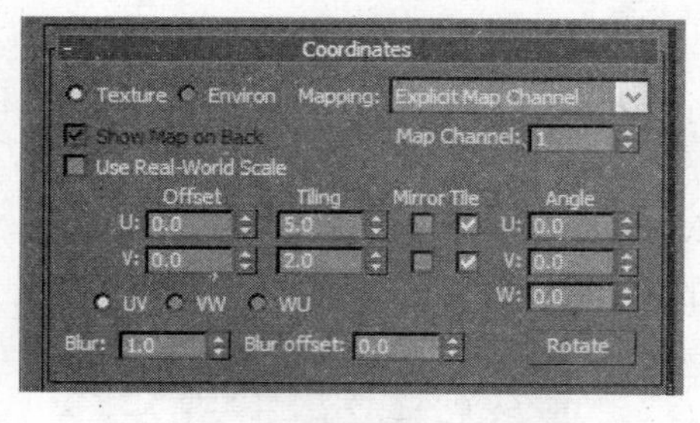

图 9-48

图 9-49

(10) 关闭渲染窗口。

既然我们已经改变了材质，就需要修改材质的名称。

(11) 在材质编辑器中单击 Wood_Ashen 样本窗。

(12) 在材质名称区域中，输入 Wood_TB，并按 Enter 键接受名称的改变。

9.3.6 创建材质库

尽管可以同时编辑 24 种材质，但是场景中经常有不止 24 个对象。3ds Max 可以使场景中的材质比材质编辑器样本窗的材质多。可以将样本窗的所有材质保存到材质库，或将场景中应用于对象的所有材质保存到材质库。下面，我们将创建一个材质库。

例 9-11 创建材质库

(1) 继续前面的练习或者在菜单栏选取"文件"(File/Open)，从本书的配套光盘上打开文件 Samples-09-08. max。

(2) 按下 M 键打开材质编辑器。

(3) 在材质编辑器工具栏中，单击"获取材质"(Get Material)按钮。

(4) 在"材质/贴图浏览器"(Material/Map Browser)里，单击"场景"(Scene)分组，显示区域出现场景中使用的材质，见图 9-50。

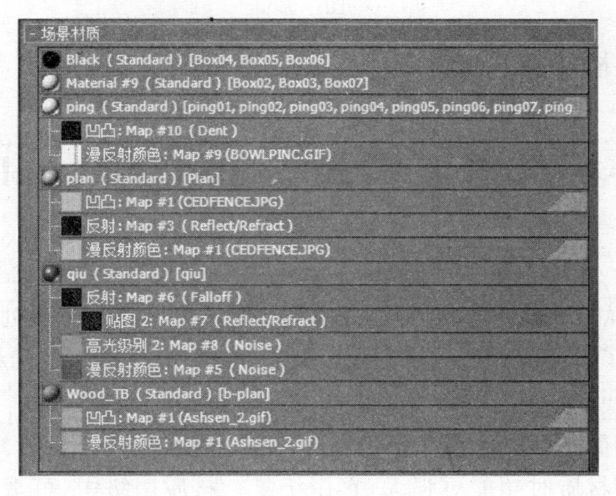

图 9-50

(5) 在"材质/贴图浏览器"(Material/Map Browser)的左上角，单击图标，选择"新材质库"(New Material Library)，命名为 boling，则在"材质/贴图浏览器"(Material/Map Browser)面板中出现"boling"分组，然后将"场景"(Scene)分组中使用的材质分别复制到"boling"分组中，见图 9-51。

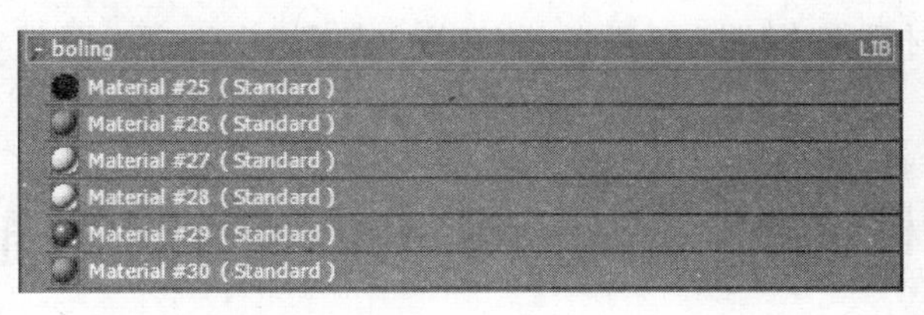

图 9-51

(6) 在分组名称上单击右键“另存为”(Save as),在“导出材质库”(Export Material Library)对话框中,将库保存在 matlibs 目录下,名称为 boling,单击“保存(S)”按钮,见图 9-52。

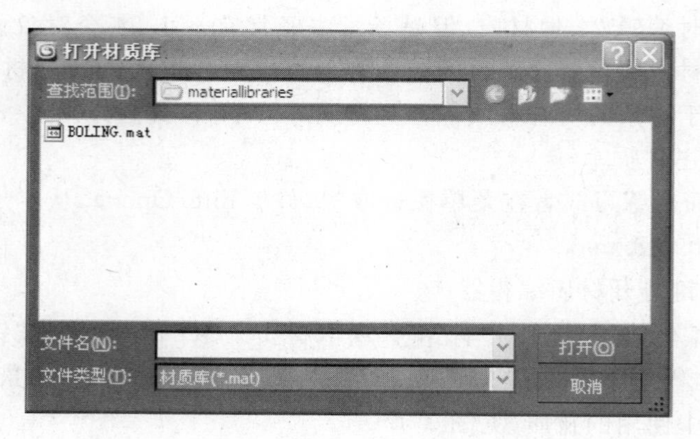

图 9-52

这样就将场景的材质保存到名为 Boling.mat 的材质库中了。

9.4 平板材质编辑器(Slate Material Editor)

在 3ds Max 2011 中新增了“平板材质编辑器”(Slate Material Editor),它是“精简材质编辑器”(Material Editor)的替代项,该编辑器能够以节点、连线、列表的方式来显示材质层级,完全颠覆了以往的材质编辑方式,用户可以一目了然地观察和编辑材质,界面更人性化,操作更简便。

平板界面和精简界面的区别在于:精简界面在只需应用已设计好的材质时更方便,而平板界面在设计材质时功能更强大,它用于复杂材质网络中,可帮助用户改进工作流程,提高工作效率。

进入平板材质编辑器可通过以下三种方法:

(1) 从主工具栏上单击“平板材质编辑器”(Slate Material Editor)按钮。

(2) 在菜单栏上选取“渲染/材质编辑器/石板精简材质编辑器”(Rendering/Slate Material Editor)。

(3) 在“精简材质编辑器”面板的菜单栏“模式”中选择“平板材质编辑器”(Slate Material Editor)。

9.4.1 “平板材质编辑器”(Slate Material Editor)布局

“平板材质编辑器”(Slate Material Editor)是具有多个元素的图形界面,共由 8 部分组成,见图 9-53。

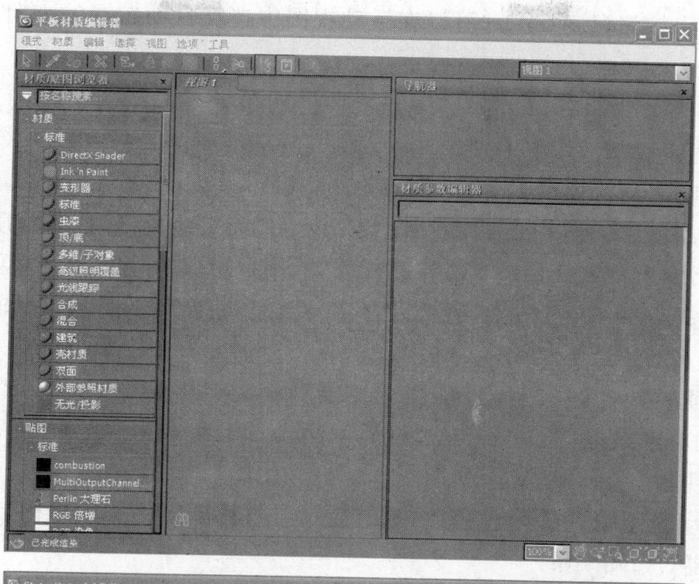

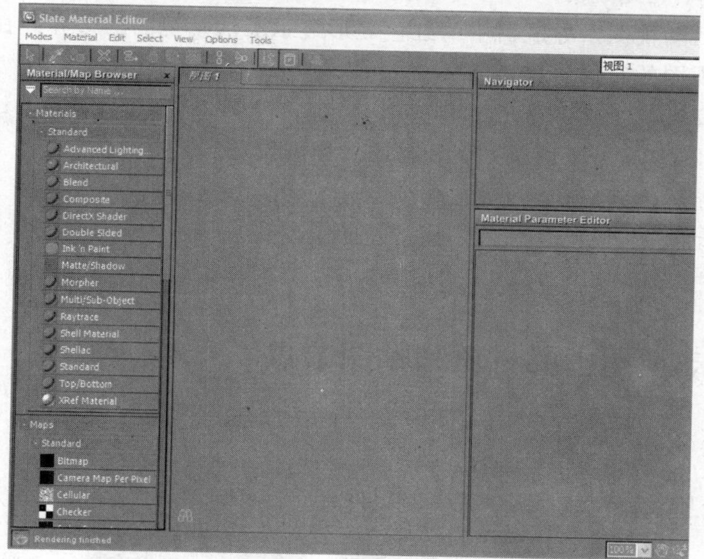

图 9-53

(1) 菜单栏(Menu Bar)

(2) 工具栏(Toolbar)

在材质编辑器工具栏中,主要工具有:

“删除选定对象”(Delete Selected Object):在活动视图中,删除选定的节点或关联。

“移动子对象”(Move Child Object):移动父节点会移动与之关联的子节点。

“隐藏未使用的节点示例窗”(Hide Unused Nodes Sample):对于选定的节点,在节点打开时切换未使用的示例窗的显示。

“布局”弹出按钮(Layout)：可以在活动视图中选择自动布局的方向，分为垂直和水平两个方向。

“布局子对象”(Child Object Layout)：自动布置当前所选节点的子节点，此操作不会更改父节点的位置。

(3) 材质/贴图浏览器(Material/Map Browser)

在“材质/贴图浏览器”(Material/Map Browser)面板中，已经按照材质(Material)、贴图(Map)、材质库(Material Library)等进行分类，用户可以方便地找到需要的材质类型或贴图。也可以按照名称进行搜索，还可以自定义分组，将常用的材质、贴图等放进分组中，以易于管理。

要编辑材质，可将其从“材质/贴图浏览器”(Material/Map Browser)面板拖到视图中，要创建新的材质或贴图，可将其从“材质”(Material)组或“贴图”(Map)组中拖出。

(4) 活动视图(Activity View)

在当前活动视图中，可以通过将贴图或控制器与材质组件关联来构造材质树。

(5) 导航器(Navigator)

用于浏览活动视图。导航器中的红色矩形显示了活动视图的边界。在导航器中拖动矩形可以更改视图的布局。

(6) 参数编辑器(Parameter Editor)

在参数编辑器中，可以调整贴图和材质的详细设置。

(7) 视图导航(Viewport Navigator)

用于对活动视图进行比例放缩、移动等操作。

(8) 状态栏(Status Bar)

9.4.2 活动视图中的材质和贴图节点

1. 节点(Node)的概念

如图 9-54 所示，节点(Node)有多个组件：

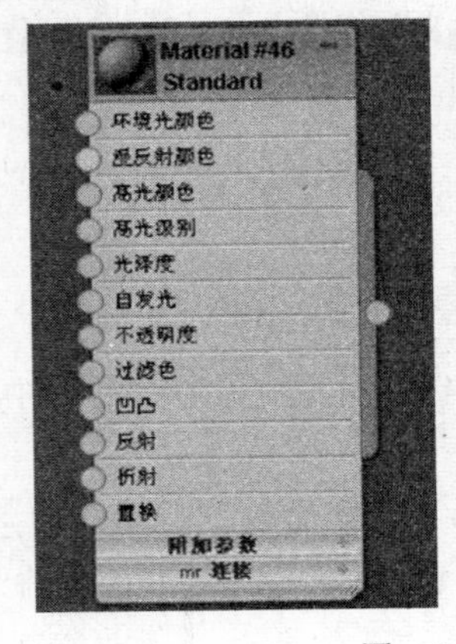

图 9-54

(1) 标题栏显示小的预览图标,后面跟有材质或贴图的名称,然后是材质或贴图的类型。

(2) 标题栏下面是窗口,它显示材质或贴图的组件。默认情况下,平板材质编辑器仅显示用户可以应用贴图的窗口。

(3) 在每个窗口的左侧,有一个用于输入的圆形"套接字"。

(4) 在每个窗口的右侧,有一个用于输出的圆形"套接字"。

2. 创建和编辑节点

1) 创建节点

要创建一个新的材质,可使用两种方法:

(1) 从"材质/贴图浏览器"(Material/Map Browser)中直接将材质拖入活动视图。

(2) 在活动视图中单击右键,从显示的"上下文"菜单中选择材质进行创建。

同理,对于向活动视图中添加贴图的方法同上。

2) 编辑节点

双击要编辑其设置的节点,材质或贴图的卷展栏将出现在"参数编辑器"(Parameter Editor)中,在此可以更改设置。

3. 关联节点

设置材质组件的贴图,要将贴图节点关联到该组件窗口的输入套接字上。

例 9-12 关联节点

(1) 启动 3ds Max 2011。

(2) 在主工具栏上,单击"平板材质编辑器"(Slate Material Editor)按钮。

(3) 从"材质/贴图浏览器"(Material/Map Browser)中分别将材质和贴图拖入活动视图中,见图 9-55。

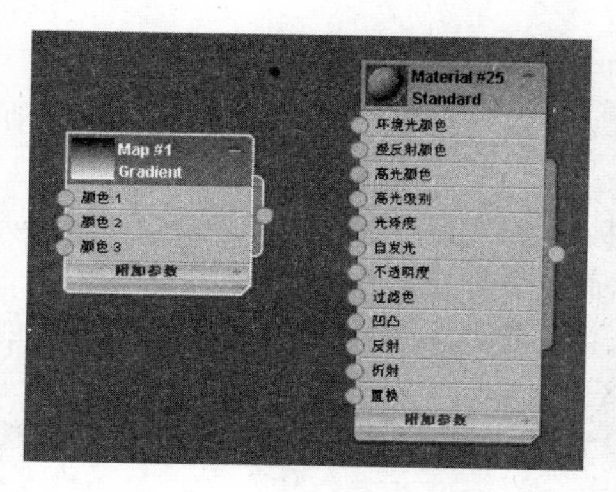

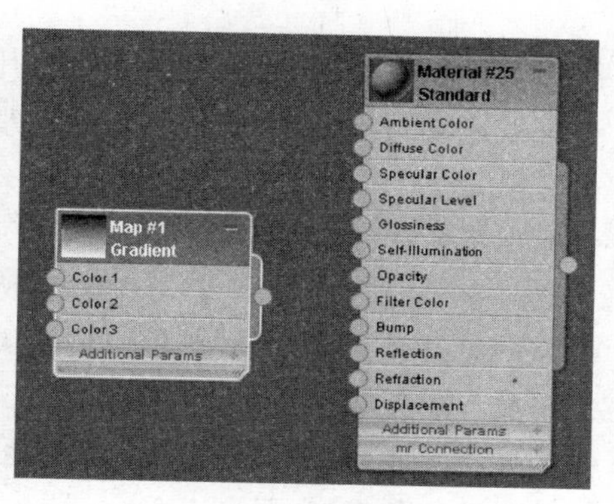

图 9-55

(4) 从贴图节点的输出套接字拖出将创建关联,见图 9-56。

(5) 将关联的末端放到窗口的输入套接字上将完成关联,见图 9-57。

说明:在添加某些类型的贴图时,板岩材质编辑器会自动添加一个 Bezier 浮点控制

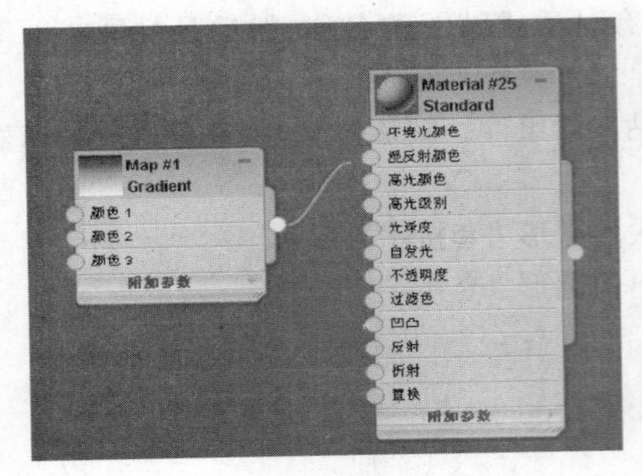

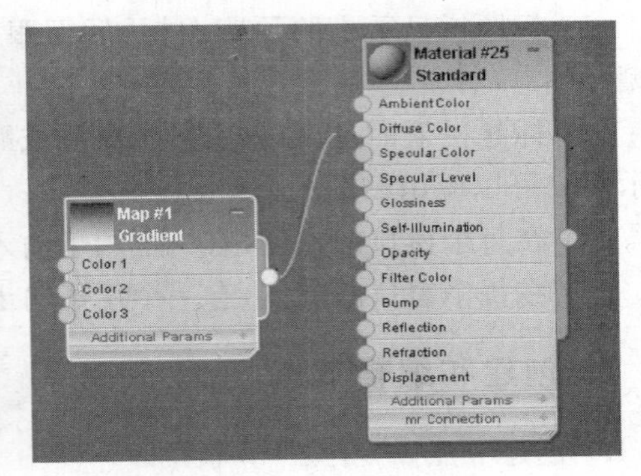

图 9-56

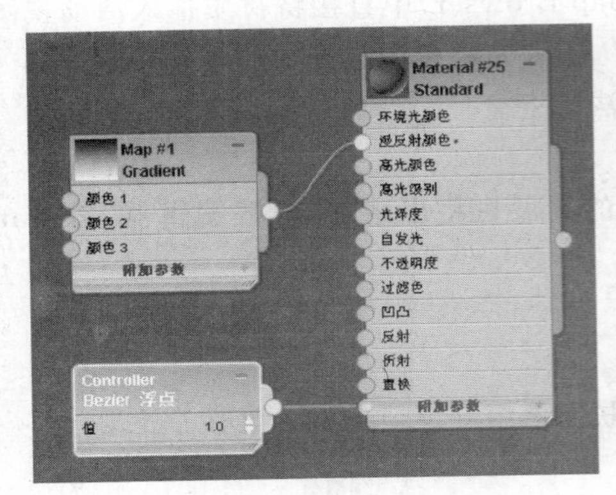

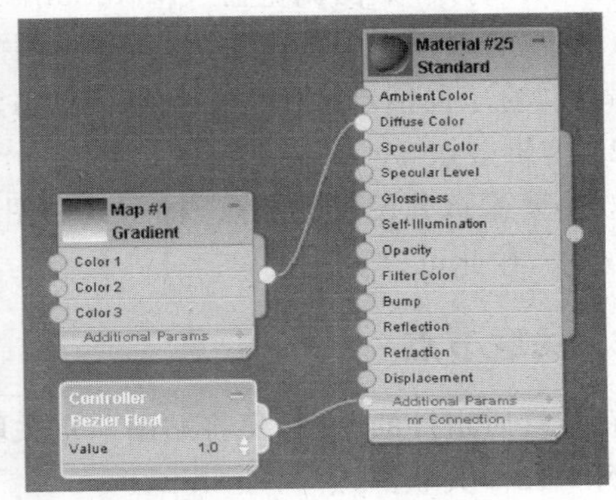

图 9-57

器(Floating Controller)节点,用于控制贴图量。并且控制器提供了许多用于设置材质或贴图动画的方法,可以启用自动关键点(Auto Key)自动关键点,然后在各种帧中更改控制器的值。

平板材质编辑器还为用户提供了一些用于关联材质树的替代方法:

- 可以从父对象拖动到子对象(即从材质窗到贴图),也可以从子对象拖动到父对象。
- 双击未使用的输入套接字,将显示“材质/贴图浏览器”(Material/Map Browser),通过它可以选择材质或贴图类型,从而成为新节点。
- 拖动以创建关联,在视图的空白区域释放鼠标,将显示“上下文”菜单,通过创建适当类型的新节点进行关联,见图 9-58。
- 如果将关联拖动到目标节点的标题栏,则将显示一个弹出菜单,可通过它选择要关联的组件窗口,见图 9-59。
- 如果将关联拖到一个关闭节点,或具有隐藏未使用窗口的节点,3ds Max 将临时打开该节点以便用户可以选择要关联的套接字。关联完成后,3ds Max 会再次关闭该节点。
- 要将节点插入到现有关联中,应将该节点从“材质/贴图浏览器”(Material/Map

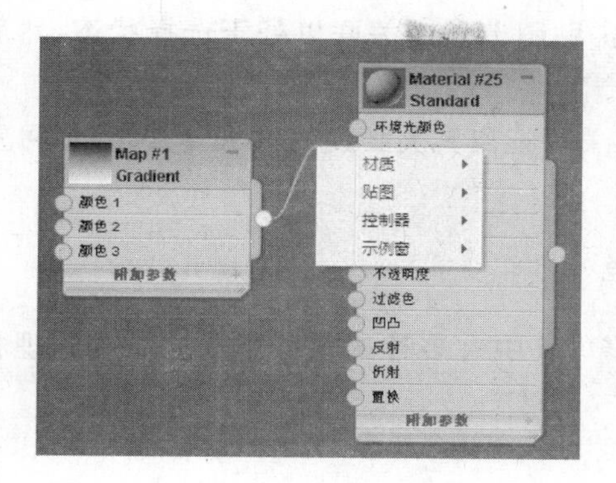

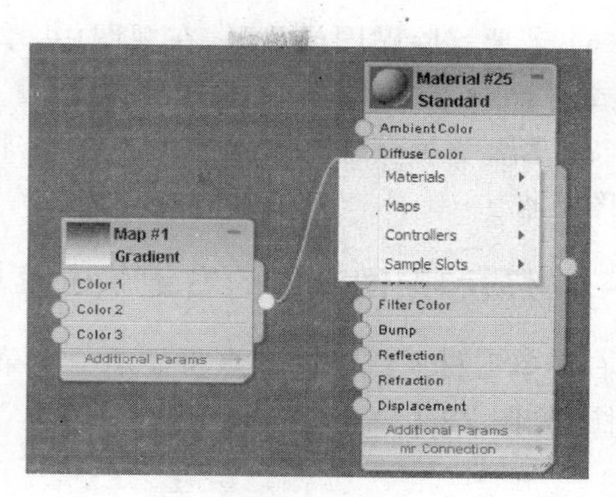

图 9-58

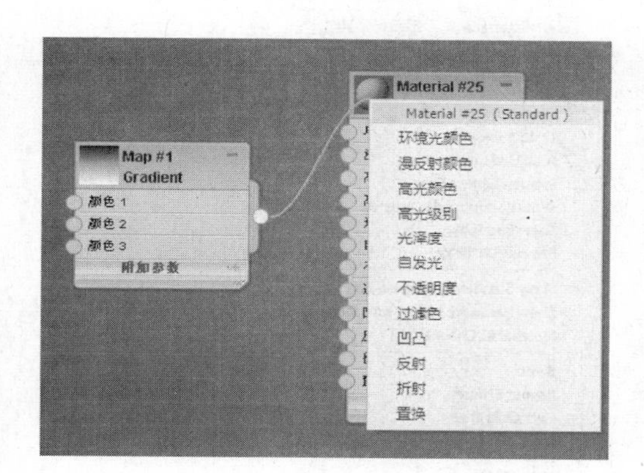

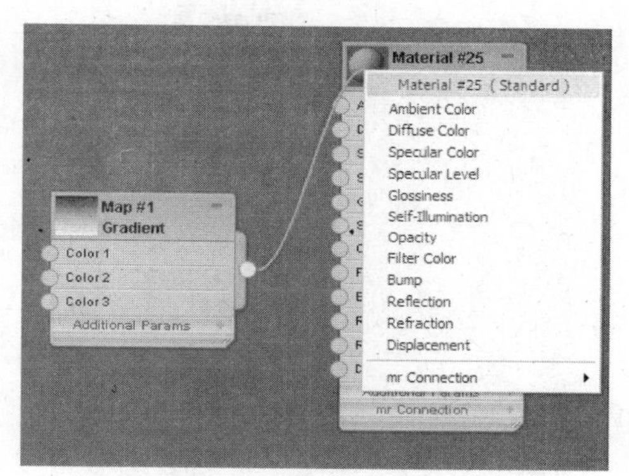

图 9-59

Browser)面板拖放到该关联上。光标变化可以让用户知道正在插入节点，见图 9-60。

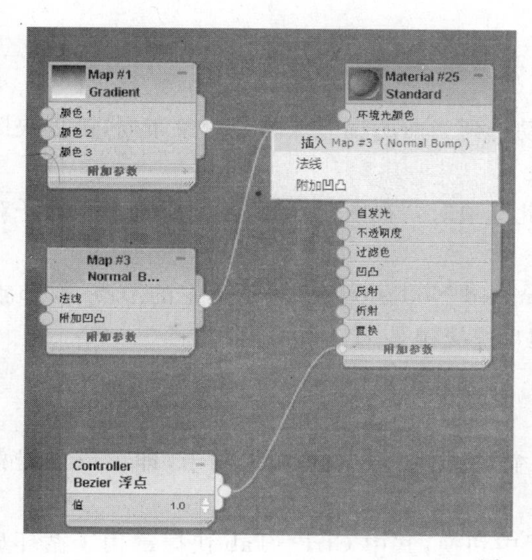

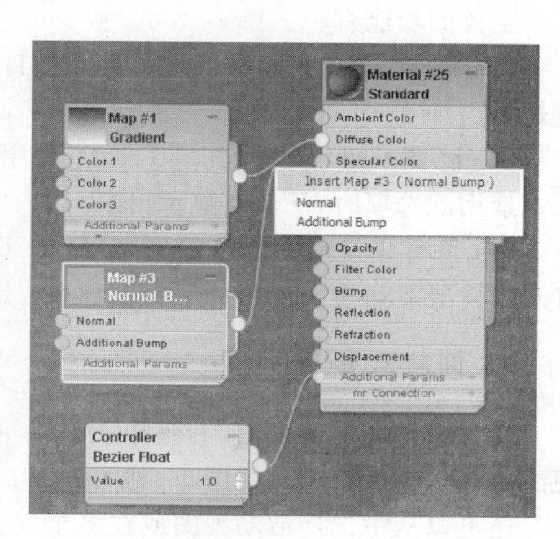

图 9-60

(6) 若要移除贴图或关联，在视图中，单击贴图节点或关联以处于选择状态，然后单击或按 Delete 即可。

(7) 若要更换其输入套接字关联位置，将关联拖离其关联到的输入套接字，即可重用该贴图节点。

4. 材质和贴图节点的右键单击菜单

右键单击材质或贴图节点将显示一个菜单，其中有多种选项可用于显示和管理材质和贴图，见图 9-61。

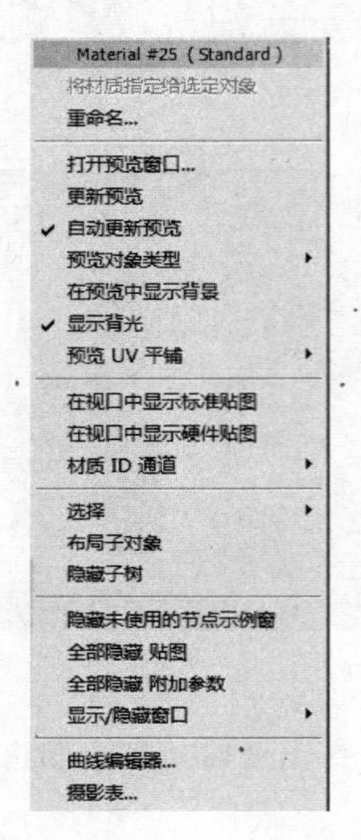

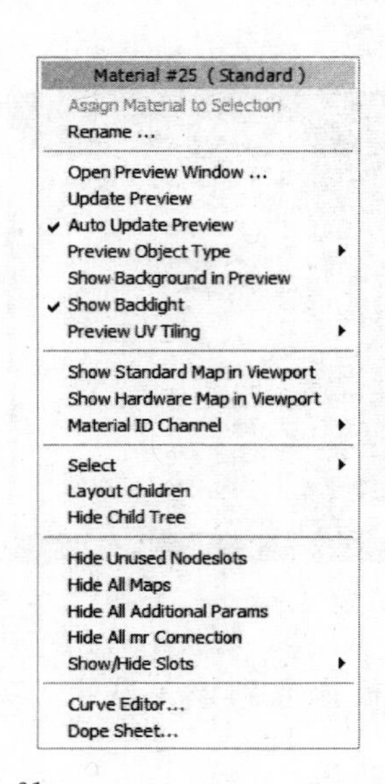

图 9-61

主要的功能有：

(1) 布局子对象(Layout Children)：自动排列当前所选节点的子对象布局，键盘快捷键是 C。

(2) 隐藏子树(Hide Child Tree)：启用此选项时，“视图”会隐藏当前所选节点的子对象。禁用此选项时，子节点显示出来。

(3) 隐藏未使用的节点示例窗(Hide Unused Nodeslots)：对于选定的节点，在节点打开的情况下切换未使用的示例窗显示。键盘快捷键是 H。

5. 创建和管理视图

要管理已命名的视图，右键单击其中一个“视图”(Viewport)选项卡，即可以创建新视图，重命名视图、删除视图等，见图 9-62。

还可以从中选择活动视图或在多个视图中切换，其中 Ctrl＋Tab 快捷键用于循环显示当前已命名的视图，见图 9-63。

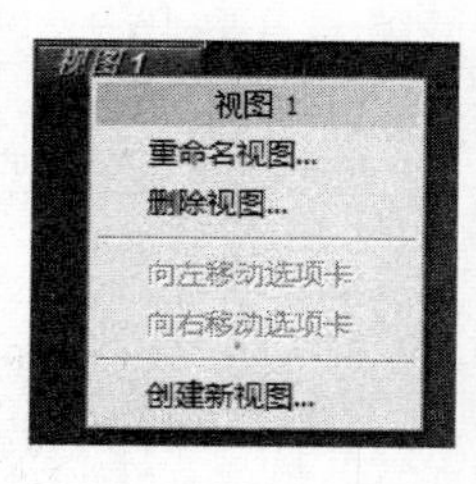

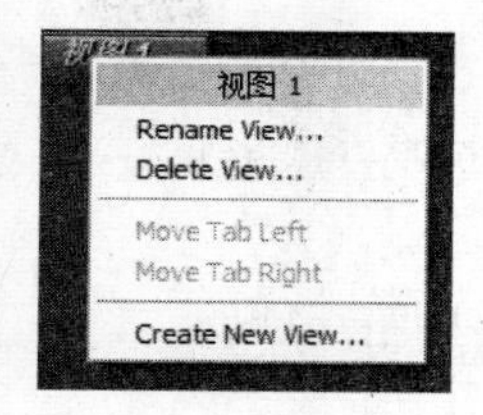

图 9-62

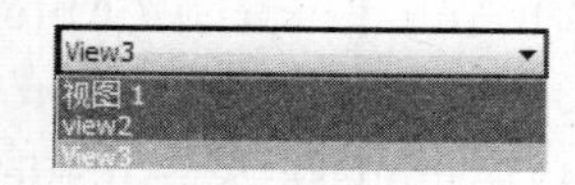

图 9-63

对活动视图的浏览，有以下几种方法：

(1) 用鼠标中键拖动可以暂时平移视图。

(2) 按住 Ctrl＋Alt 组合键并使用鼠标中键拖动可以暂时缩放视图。

(3) 使用滚轮暂时缩放视图。

(4) 利用导航按钮。

9.5 Autodesk 材质库(Autodesk Material Library)

在 3ds Max 2011 中新增了 Autodesk 材质库(Autodesk Material Library)，Autodesk 材质只能应用于 mental ray 渲染方式，适合于建筑、设计和环艺等行业的材质编辑。与该材质类似，当将它们用于物理精确(光度学)灯光和以现实世界单位建模的几何体时，会产生最佳效果。另一方面，每个 Autodesk 材质的界面远比“建筑与设计”材质界面简单，这样，通过相对较少的努力就可以获得真实的、完全正确的结果。

许多 Autodesk 材质类型都有一个或多个已为其指定的 Autodesk 位图，3ds Max 允许用户断开位图与 Autodesk 材质的连接，或将其替换为其他类型的材质，不过，如果执行此操作，其他的 Autodesk 应用程序(如 AutoCAD)将无法读取 Autodesk 材质，因此，建议用户始终保持 Autodesk 材质位图节点不变。用户可以更改所调用的纹理文件，也可以调整它们的设置，但不要断开它们的连接或将它们替换为仅 3ds Max 支持的贴图类型。

在 Autodesk 材质库中包括 14 种材质类型，几乎包括了常用的各种质感的材质，使用户能够更高效地对材质进行编辑：

(1) Autodesk 陶瓷(Autodesk Ceramic)

(2) Autodesk 混凝土(Autodesk Concrete)

(3) Autodesk 通用(Autodesk Common)

(4) Autodesk 玻璃(Autodesk Glass)

(5) Autodesk 硬木(Autodesk Hardwood)

(6) Autodesk 砖石/CMU(Autodesk Masonry/CMU)

(7) Autodesk 金属(Autodesk Metal)

(8) Autodesk 金属漆(Autodesk Metallic Paint)

(9) Autodesk 镜像(Autodesk Mirror)

(10) Autodesk 塑料乙烯基(Autodesk Vinyl Plastic)

(11) Autodesk 实体玻璃(Autodesk Entity Glass)

(12) Autodesk 石头(Autodesk Stone)

(13) Autodesk 壁画(Autodesk Fresco)

(14) Autodesk 水(Autodesk Water)

下面我们来给酒柜创建 Autodesk 材质。

例 9-13 给酒柜创建材质

(1) 启动 3ds Max,在菜单栏选取 File/Open,从本书的配套光盘中打开文件 Samples-09-09. Max。

(2) 因为 Autodesk 材质只能应用于 mental ray 渲染方式,所以首先需要选择渲染方式,在菜单栏上选取"渲染/渲染设置"(Rendering/Render Setup),在"渲染设置"对话框内选择"公用"(Common)面板,进入"指定渲染器"(Assign Render)卷展栏,设置场景渲染方式为 mental ray 渲染方式,见图 9-64。

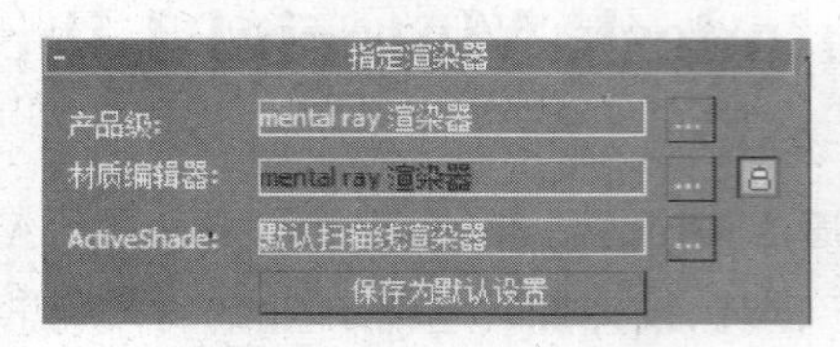

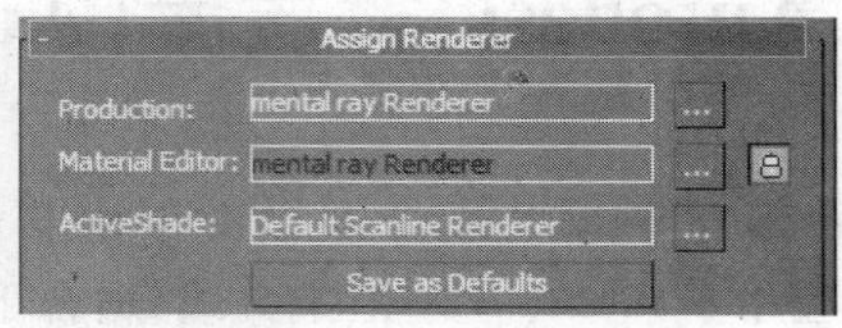

图 9-64

(3) 在主工具栏上单击"平板材质编辑器"(Slate Material Editor)按钮。

(4) 在"材质/贴图浏览器"(Material/Map Browser)中将"Autodesk 材质库"(Autodesk Library)中的"金属漆/缎光-褐色"(Metallic Paint Satin-Brown)材质拖至主视图,见图 9-65。

(5) 选择该场景中的酒柜对象,单击"将材质指定给选定对象"(Assign to selected object)按钮,将材质指定到所选择对象上。

(6) 在主工具栏中,单击"快速渲染"(Quick Render)按钮,渲染结果见图 9-66。

图 9-65

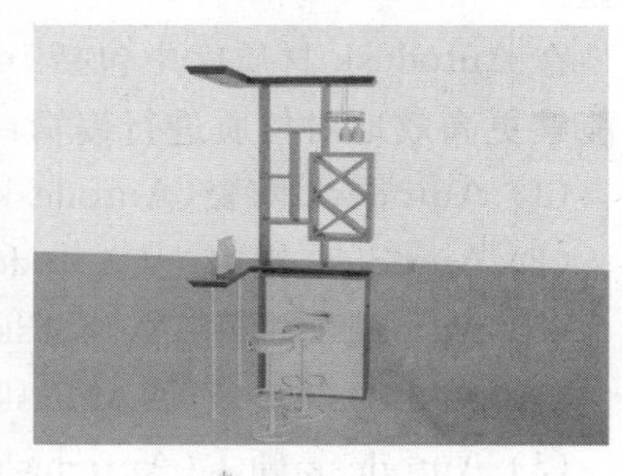

图 9-66

(7) 选择"金属漆/缎光-褐色"材质面板,将其删除。

说明:将"金属漆/缎光-褐色"(Metallic Paint Satin-Brown)面板删除后,编辑完成的材质并未被删除，在材质/贴图浏览器中的“场景材质”(Scene Materials)卷展栏内保存有应用于场景的材质，可以将该材质拖至主视图中继续对其进行编辑。

(8) 继续将“Autodesk 材质库”(Autodesk Material Library)中的“玻璃/玻璃/蓝色反射”(Glass Glazing Blue)材质拖至主视图，见图 9-67。

(9) 选择场景中的酒柜玻璃，单击“将材质指定给选定对象”(Assign to selected object)按钮，将材质指定到所选对象上。

(10) 在主工具栏中，单击“快速渲染”(Quick Render)按钮，渲染结果如图 9-68 所示。

图 9-67

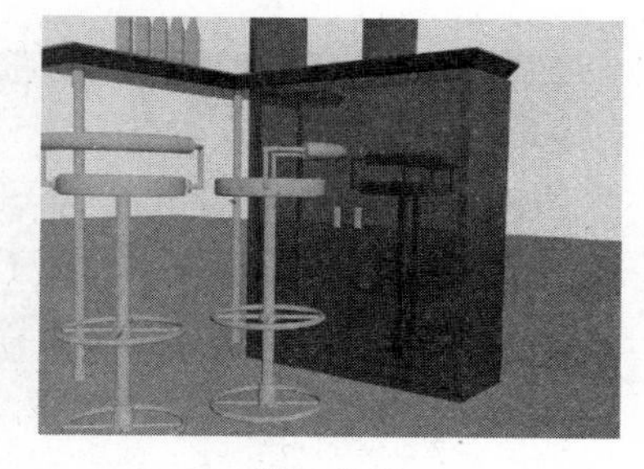

图 9-68

(11) 继续将“Autodesk 材质库”(Autodesk Material Library)中的“玻璃/玻璃/清晰”(Glass Glazing Clear)材质拖至主视图，见图 9-69。

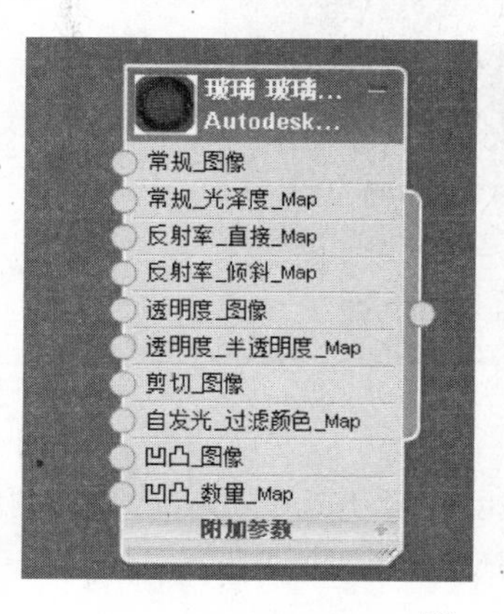

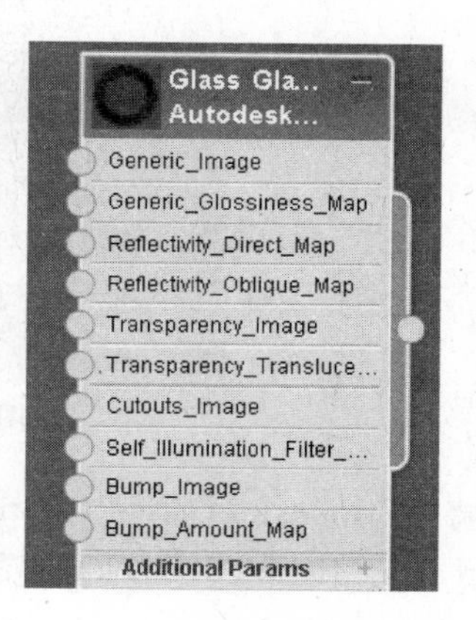

图 9-69

(12) 选择场景中的酒杯和酒瓶，单击“将材质指定给选定对象”(Assign to selected object)按钮，将材质指定到所选对象上。

(13) 在主工具栏中，单击“快速渲染”(Quick Render)按钮，渲染结果如图 9-70 和图 9-71 所示。

(14) 继续将“Autodesk 材质库”(Autodesk Material Library)中的“金属/钢/不锈钢-抛光”(Metal Steel Stainless-Polished)材质拖至主视图，见图 9-72。

(15) 选择场景中的酒柜和转椅，单击“将材质指定给选定对象”(Assign to selected object)按钮，将材质指定到所选对象上。

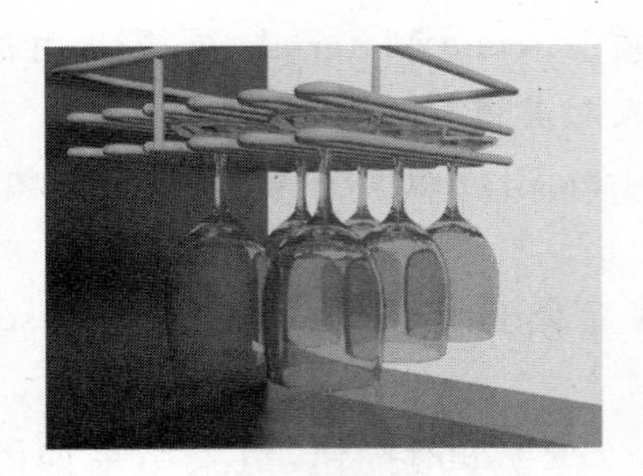

图 9-70

图 9-71

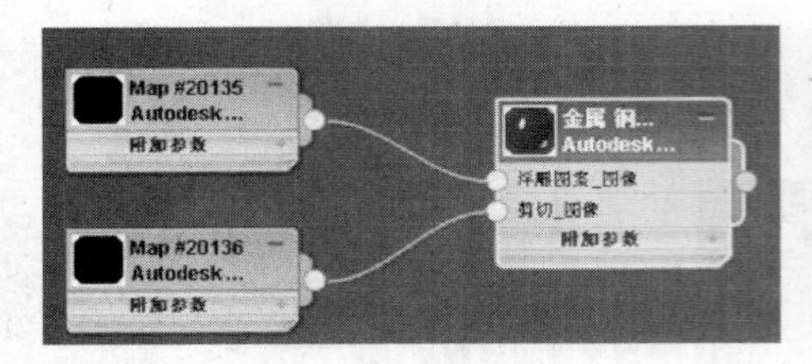

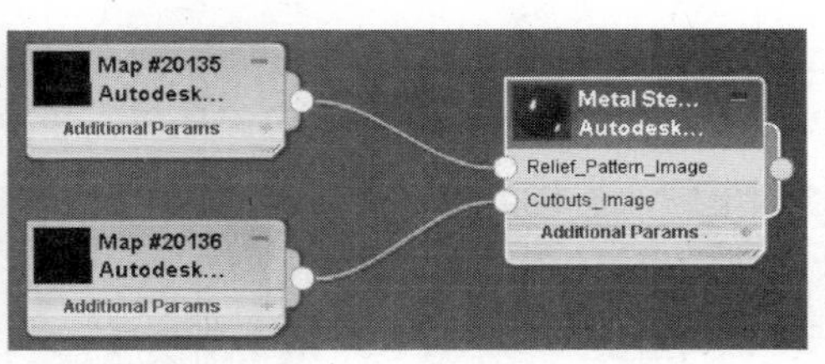

图 9-72

(16) 在主工具栏中，单击“快速渲染”(Quick Render)按钮，渲染结果如图 9-73 所示。

图 9-73

(17) 继续将“Autodesk 材质库”(Autodesk Material Library)中的“织物/皮革/卵石-黑色”(Fabric Leather Pebbled-Black)材质拖至主视图，见图 9-74。

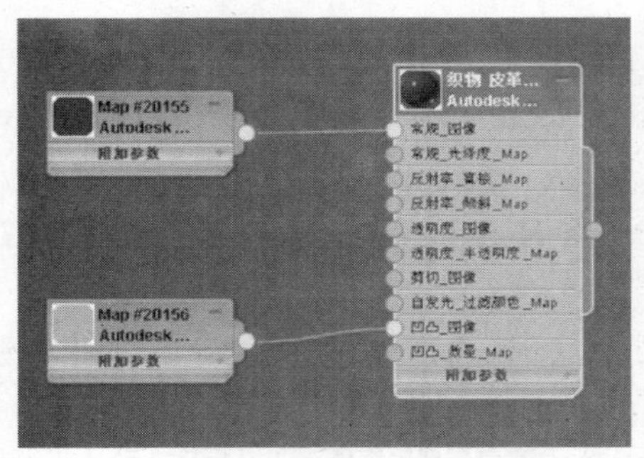

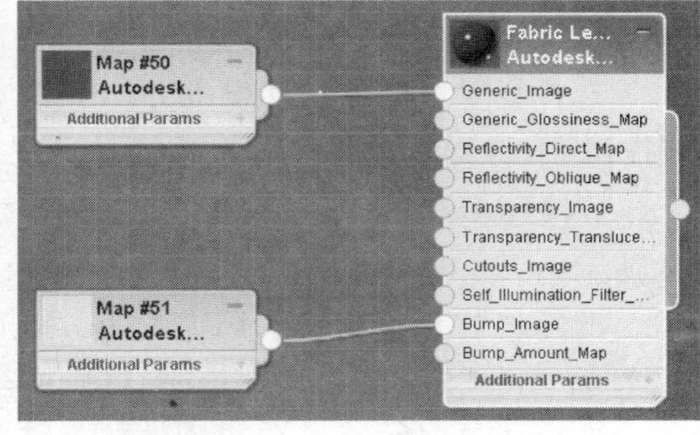

图 9-74

(18) 选择场景中的转椅座,单击"将材质指定给选定对象"(Assign to selected object)按钮,将材质指定到所选对象上。

(19) 在主工具栏中,单击"快速渲染"(Quick Render)按钮,渲染结果如图 9-75 所示。

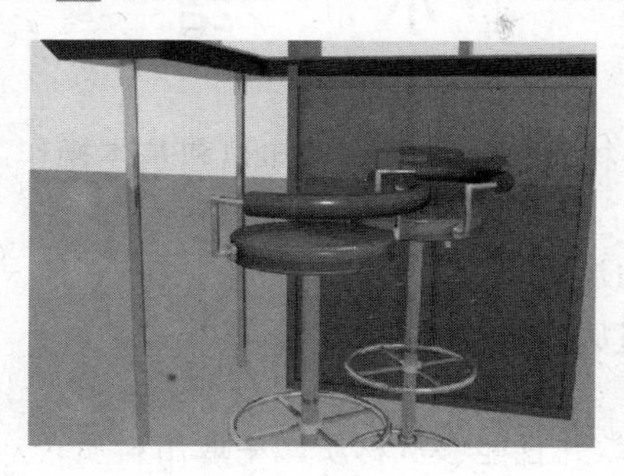

图 9-75

(20) 继续将"Autodesk 材质库"(Autodesk Material Library)中的"地板/瓷砖/方形-茶色"(Flooring Tile Square-Tan)材质拖至主视图,见图 9-76。

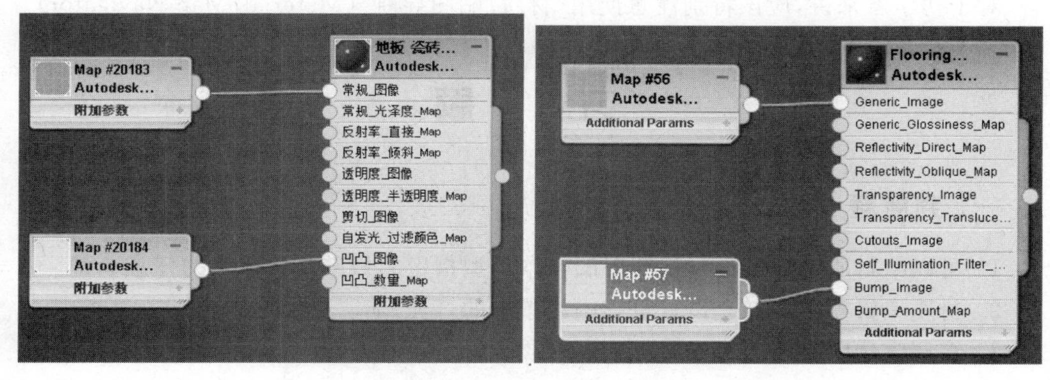

图 9-76

(21) 选择场景中的地面,单击"将材质指定给选定对象"(Assign to selected object)按钮,将材质指定到所选对象上。

(22) 在主工具栏中,单击"快速渲染"(Quick Render)按钮,渲染结果见图 9-77。

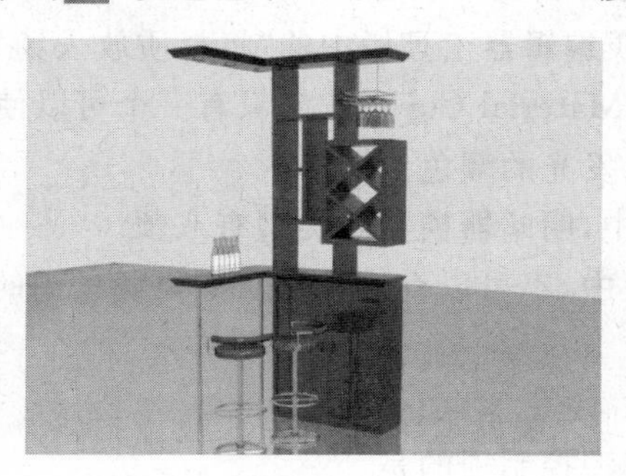

图 9-77

(23) 关闭渲染窗口。

小　　结

本章介绍了 3ds Max 材质编辑器的基础知识和基本操作。通过本章的学习,大家应该能够熟练进行如下操作:

- 调整材质编辑器的设置;
- 给场景对象应用材质;
- 创建基本的材质;
- 建立自己的材质库,并且能够从材质库中取出材质;
- 给材质重命名;
- 修改场景中的材质;
- 使用"材质/贴图导航"(Material/Map Navigator)浏览复杂的材质。

对于初学者来讲,应该特别注意使用"材质/贴图导航"(Material/Map Navigator)。

习　　题

一、判断题

1. 可以给材质编辑器样本视图中的样本类型指定为标准几何体中的任意一种。
2. 材质编辑器中的灯光设置也影响场景中的灯光。
3. 在调整透明材质的时候最好打开材质编辑器工具按钮中的 Background 按钮。
4. 材质编辑器工具按钮中的"采样 UV 平铺"(Sample UV Tiling)按钮对场景中贴图的重复次数没有影响。
5. 标准材质明暗器基本参数(Shader Basic Parameters)卷展栏中的"双面"(2-Sided)选项与双面(Double Sided)材质类型的作用是一样的。
6. 可以给 3ds Max 的材质起中文名字。
7. 在一般情况下,材质编辑器工具栏中的"将材质放入场景"(Put Material to Scene)按钮和"复制材质"(Make Material Copy)按钮只有一个可以使用。
8. 不可以指定材质自发光的颜色。
9. 在 3ds Max 2011 中,明暗器模型的类型有八项。
10. 在 3ds Max 2011 中,不可以直接将材质拖至场景中的对象上。

二、选择题

1. 下列选择项属于模型控制项的是________。

   A. Blur　　B. Checker　　C. Glossiness Maps　　D. Bitmap

2. 在明暗器模型中，设置金属材质的选项为________。

A. Translucent Shader　　B. Phong

C. Blinn　　D. Metal

3. 在明暗器模型中，可以设置金属度的选项为________。

A. Strauss　　B. Phong　　C. Blinn　　D. Metal

4. 不属于材质类型的有________。

A. Standard　　B. Double side　　C. Morpher　　D. Bitmap

5. 下面________材质类型与面的 ID 号有关。

A. Standard　　B. Top/Bottom

C. Blend　　D. Multi/Sub-Object

6. 下面________材质类型与面的法线有关。

A. Standard　　B. Morpher　　C. Blend　　D. Double side

7. 材质编辑器样本视窗中样本类型(Sample Type)最多可以有________种。

A. 2　　B. 3　　C. 4　　D. 5

8. 材质编辑器的样本视窗最多可以有________个。

A. 6　　B. 15　　C. 24　　D. 30

9. 在标准(Standard)材质的 Blinn 基本参数(Blinn Basic Paramters)卷展栏中，________参数影响高光颜色。

A. Specular　　B. Specular Level　　C. Glossiness　　D. Soften

10. 材质编辑器明暗器基本参数(Shader Basic Parameters)卷展栏中的________明暗器模型可以产生十字形高光区域，________明暗器模型可以产生条形高光区域。

A. Blinn　　B. Phong　　C. Metal　　D. Multi-Layer

三、问答题

1. 如何从材质库中获取材质？如何从场景中获取材质？

2. 如何设置线框材质？

3. 如何将材质指定给场景中的几何体？

4. 如何使用自定义的对象作为样本视窗中样本的类型？

5. 材质编辑器的灯光对场景中几何对象有何影响？如何改变材质编辑器中的灯光设置？

6. 在材质编辑器中同时可以编辑多少种材质？

7. 如何建立自己的材质库？

8. 不同明暗模型的用法有何不同？

第10章 创建贴图材质

上一章学习了通过调整漫反射的值设定材质的颜色来创建一些基本材质。一般情况下,调整基本材质就足够了,但是当对象和场景比较复杂的时候,就要用到贴图材质了,本章就介绍如何创建贴图材质。

本章重点内容:

- 使用各种贴图通道;
- 使用位图创建简单的材质;
- 使用程序贴图和位图创建复杂贴图;
- 在材质编辑器中修改位图;
- 使用和修改程序贴图;
- 给对象应用 UVW 贴图坐标;
- 解决复杂的贴图问题;
- 使用动画材质。

10.1 位图和程序贴图

3ds Max 材质编辑器包括两类贴图,即位图和程序贴图。有时这两类贴图看起来类似,但作用原理不一样。

10.1.1 位图

位图是二维图像，单个图像由水平和垂直方向的像素组成。图像的像素越多，它就变得越大。小的或中等大小的位图用在对象上时，不要离摄像机太近。如果摄像机要放大对象的一部分，可能需要比较大的位图。图 10-1 给出了摄像机放大有中等大小位图的对象时的情况，图像的右下角出现了块状像素，这种现象称作像素化。

图 10-1

在上面的图像中，使用比较大的位图会减少像素化。但是，较大的位图需要更多的内存，因此渲染时会花费更长的时间。

10.1.2 程序贴图

与位图不一样，程序贴图的工作原理是利用简单或复杂的数学方程进行运算形成贴图。使用程序贴图的优点是：当对它们放大时，不会降低分辨率，能看到更多的细节。

当放大一个对象（比如砖）时，图像的细节变得很明显，见图 10-2。注意砖锯齿状的边和灰泥上的噪声。程序贴图的另一个优点是它们是三维的，能填充整个 3D 空间，比如用一个大理石纹理填充对象时，就像它是实心的，见图 10-3。

3ds Max 提供了多种程序贴图，例如噪声、水、斑点、旋涡、渐变等，贴图的灵活性提供了外观的多样性。

图 10-2

图 10-3

图 10-4

10.1.3 组合贴图

3ds Max允许将位图和程序贴图组合在同一贴图里，这样就提供了更大的灵活性。图10-4是一个带有位图的程序贴图。

10.2 贴 图 通 道

当创建简单或复杂的贴图材质时，必须使用一个或多个材质编辑器的贴图通道，诸如“漫反射颜色”(Diffuse Color)、“凹凸”(Bump)、“高光”(Specular)或其他可使用的贴图通道。这些通道能够使用位图和程序贴图。贴图可以单独使用，也可以组合在一起使用。

10.2.1 进入贴图通道

要设置贴图时，单击“基本参数”(Basic Parameters)卷展栏的贴图框。这些贴图框在颜色样本和微调器旁边。但是，在“基本参数”(Basic Parameters)卷展栏中并不能使用所有的贴图通道。

要观看明暗器的所有贴图通道需要打开“贴图”(Maps)卷展栏，这样就会看到所有的贴图通道，图10-5是“金属”(Metal)明暗器贴图通道的一部分。

贴图

	数量	贴图类型
环境光颜色	100	None
漫反射颜色	100	None
高光颜色	100	None
高光级别	100	None
光泽度	100	None
自发光	100	None
不透明度	100	None
过滤色	100	None
凹凸	30	None
反射	100	None
折射	100	None
置换	100	None

Maps

	Amount	Map
Ambient Color	100	None
Diffuse Color	100	None
Specular Color	100	None
Specular Level	100	None
Glossiness	100	None
Self-Illumination	100	None
Opacity	100	None
Filter Color	100	None
Bump	30	None
Reflection	100	None
Refraction	100	None
Displacement	100	None

图 10-5

在“贴图”(Map)卷展栏中可以改变贴图的“数量”(Amount)设置。“数量”(Amount)可以控制使用贴图的数量。如图 10-6 中,左边图像的“漫反射颜色”(Diffuse Color)数量设置为 100,而右边图像的“漫反射颜色”(Diffuse Color)数量设置为 25,其他参数设置相同。

图 10-6

10.2.2 贴图通道

有些明暗器提供了另外的贴图通道选项。如“多层”(Multi-Layer)、Oren-Nayer-Blinn 和“各向异性”(Anisotropy)明暗器就提供了比 Blinn 明暗器更多的贴图通道。明暗器提供贴图通道的多少取决于明暗器自身的特征;越复杂的明暗器提供的贴图通道越多。图 10-7 是 Multi-Layer 明暗器贴图通道。

贴图

	数量	贴图类型
环境光颜色	100	None
漫反射颜色	100	None
漫反射级别	100	None
漫反射粗糙度	100	None
高光颜色 1	100	None
高光级别 1	100	None
光泽度 1	100	None
各向异性 1	100	None
方向 1	100	None
高光颜色 2	100	None
高光级别 2	100	None
光泽度 2	100	None
各向异性 2	100	None
方向 2	100	None
自发光	100	None
不透明度	100	None
过滤色	100	None
凹凸	30	None
反射	100	None
折射	100	None
置换	100	None

Maps

	Amount	Map
Ambient Color	100	None
Diffuse Color	100	None
Diffuse Level	100	None
Diff. Roughness	100	None
Specular Color 1	100	None
Specular Level 1	100	None
Glossiness 1	100	None
Anisotropy 1	100	None
Orientation 1	100	None
Specular Color 2	100	None
Specular Level 2	100	None
Glossiness 2	100	None
Anisotropy 2	100	None
Orientation2	100	None
Self-Illumination	100	None
Opacity	100	None
Filter Color	100	None
Bump	30	None
Reflection	100	None
Refraction	100	None
Displacement	100	None

图 10-7

下面对图 10-7 中的各个参数进行一些简单的解释。

(1) “环境光颜色”(Ambient Color):该贴图通道控制环境光的量和颜色。环境光的量受“环境”(Environment)对话框中“环境”(Ambient)值的影响,见图 10-8。增加环境中的“环境”(Ambient)值,会使“环境”(Ambient)贴图变亮。

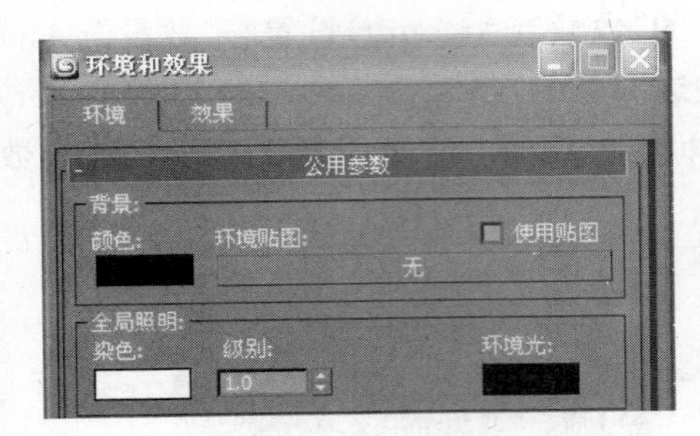

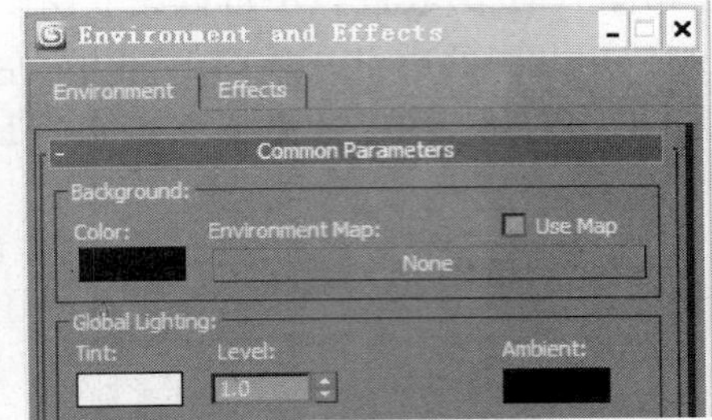

图 10-8

在默认的情况下，该数值与“漫反射”(Diffuse)值锁定在一起，打开解锁按钮可将锁定打开。在图10-9中，左图是用做“环境”(Ambient)贴图的灰度级位图，右图是将左图应用给环境贴图后的效果。

图 10-9

(2)“漫反射颜色”(Diffuse Color)：该贴图通道是最有用的贴图通道之一。它决定对象的可见表面的颜色。

在图10-10中左图是用做Diffuse贴图的彩色位图，右图是将左图贴到“漫反射颜色”(Diffuse Color)通道后的效果。

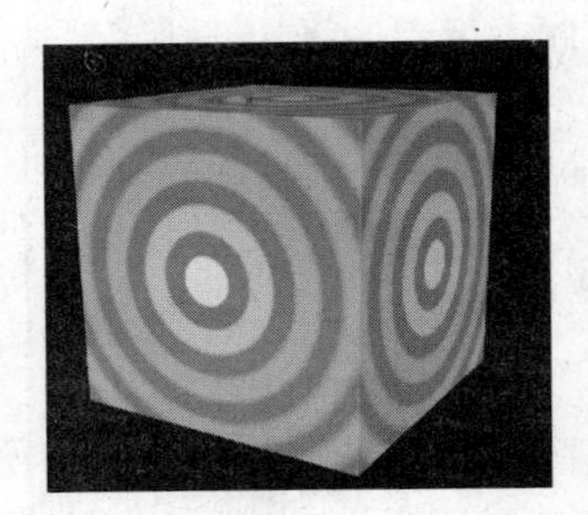

图 10-10

(3)“漫反射级别”(Diffuse Level)：该贴图通道基于贴图灰度值，用于设定“漫反射颜色”(Diffuse Color)的贴图亮度值，对模拟灰尘效果很有用。

在图10-11中，左图是贴图的层级结构，右图是贴图的最后效果。

说明：任意一个贴图通道都能用彩色或灰度级图像，但是，某些贴图通道只使用贴图的灰度值而放弃颜色信息。“漫反射级别”(Diffuse Level)就是这样的通道。

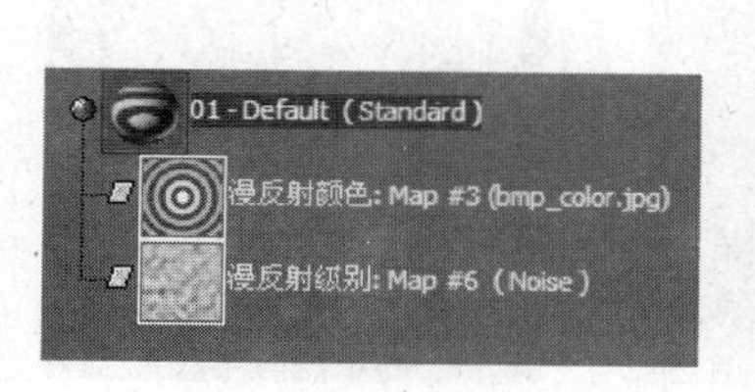

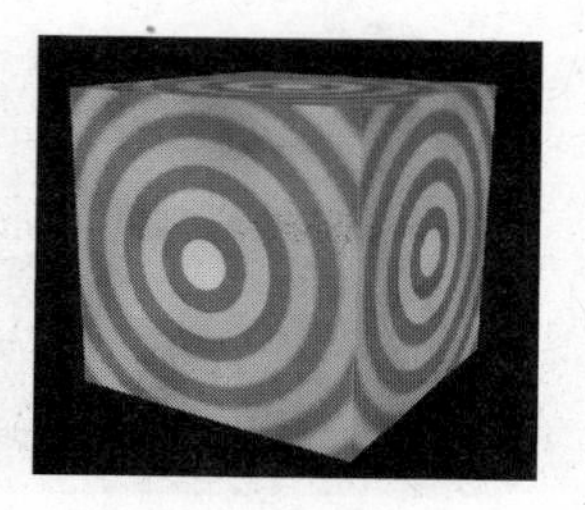

图 10-11

(4)"漫反射粗糙度"(Diff. Roughness):当给这个通道使用贴图时,较亮的材质部分会显得不光滑。这个贴图通道常用来模拟老化的表面。

在图 10-12 中,左图是贴图的层级结构,右图是贴图的最后效果。

一般来说,改变"漫反射粗糙度"(Diff. Roughness)值会使材质外表有微妙的改变。

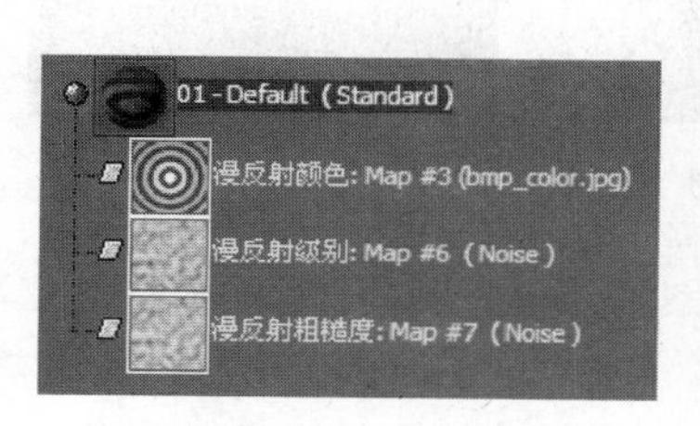

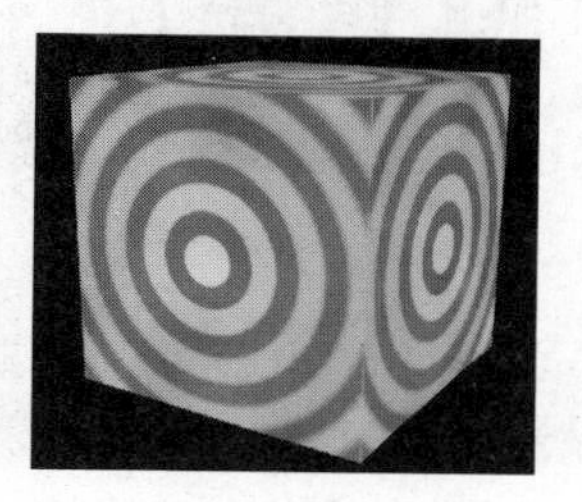

图 10-12

(5)"高光颜色"(Specular Color):该通道决定材质高光部分的颜色。它使用贴图改变高光的颜色,从而产生特殊的表面效果。

在图 10-13 中,左图是贴图的层级结构,右图是贴图的最后效果。

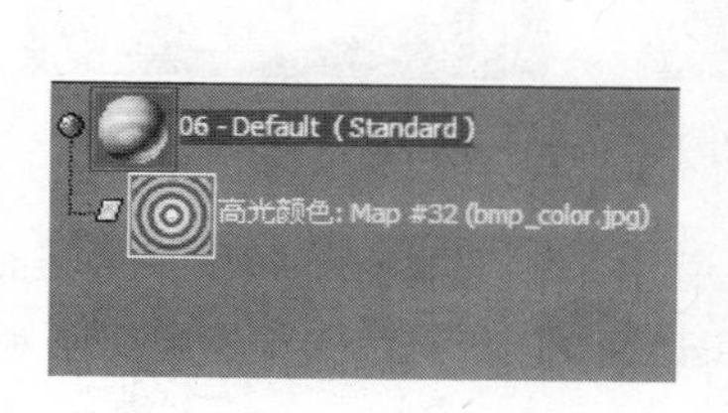

图 10-13

(6)"高光级别"(Specular Level):该通道基于贴图灰度值改变贴图的高光亮度。利用这个特性,可以给表面材质加污垢、熏烟及磨损痕迹。

在图 10-14 中,左图是贴图的层级结构,右图是贴图的最后效果。

(7)"光泽度"(Glossiness):该贴图通道基于位图的灰度值影响高光区域的大小;数值越小,区域越大;数值越大,区域越小,但亮度会随之增加。使用这个通道,可以创建在同一材质中从无光泽到有光泽的表面类型变化。

在图 10-15 中,左图是贴图的层级结构,右图是贴图的最后效果。注意,对象表面暗圆环和亮圆环之间暗的区域没有高光。

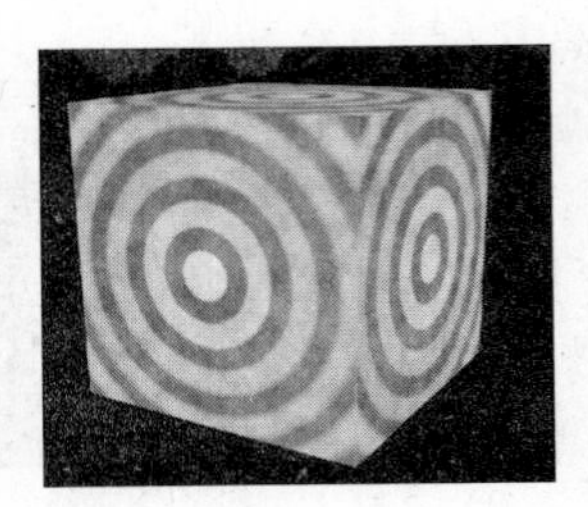

图 10-14

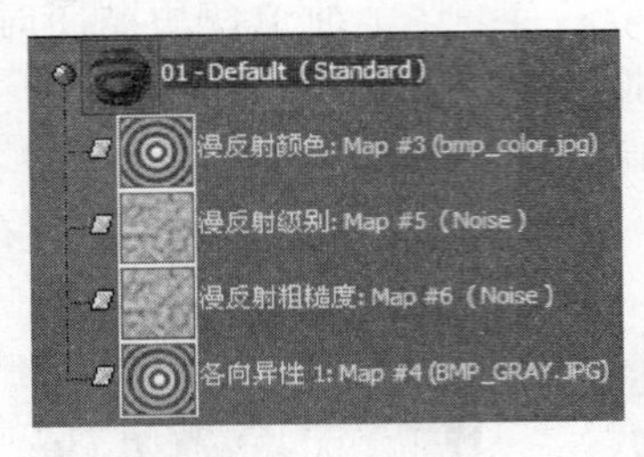

图 10-15

(8) "各向异性"(Anisotropy)：该贴图通道基于贴图的灰度值决定高光的宽度。它可以用于制作光滑的金属、绸和缎等效果。

在图 10-16 中，左图是贴图的层级结构，右图是贴图的最后效果。

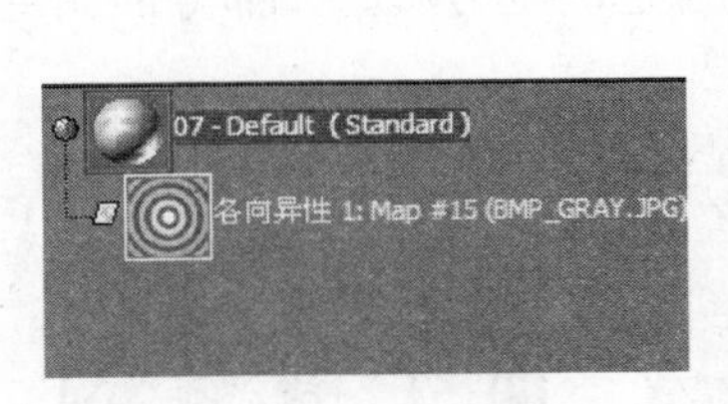

图 10-16

(9) "方向"(Orientation)：该贴图通道用来处理"各向异性"(Anisotropy)高光的旋转。它可以基于贴图的灰度数值设置 Anisotropic 高光的旋转，从而给材质的高光部分增加复杂性。

在图 10-17 中，左图是贴图的层级结构，右图是贴图的最后效果。

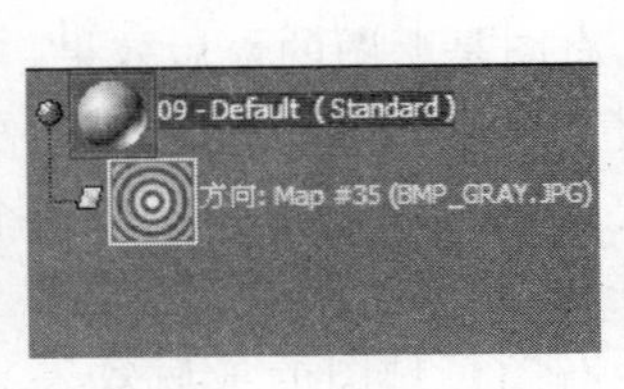

图 10-17

(10)“自发光”(Self-Illumination)：该贴图通道有两个选项；可以使用贴图灰度数值确定自发光的值，也可以使贴图作为自发光的颜色。

图 10-18 是使用贴图灰度数值确定自发光的值的情况。这时基本参数卷展栏中的“颜色”(Color)复选框没有被勾选，见图 10-19。在图 10-18 中，左边是贴图的层级结构，右边是贴图的最后效果。

图 10-18

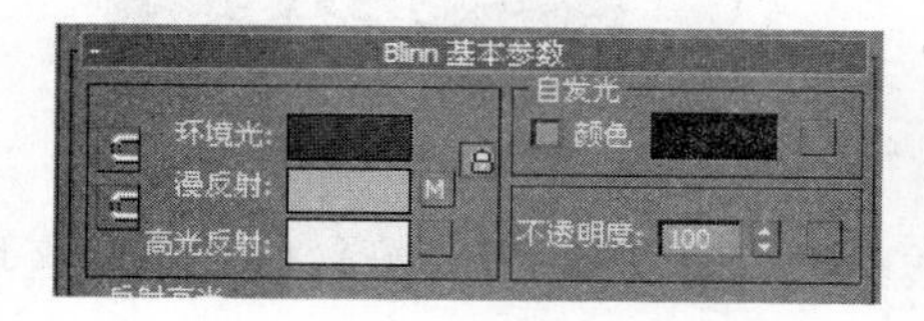

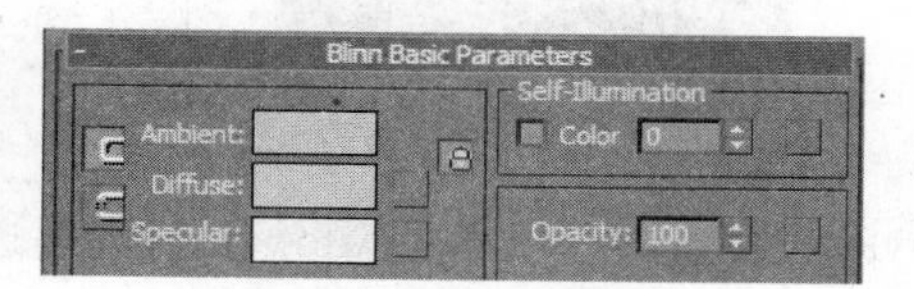

图 10-19

图 10-20 是使用贴图作为自发光颜色的情况。这时基本参数卷展栏中的“颜色”(Color)复选框被勾选。见图 10-20 中，左图是贴图的层级结构，右图是贴图的最后效果。

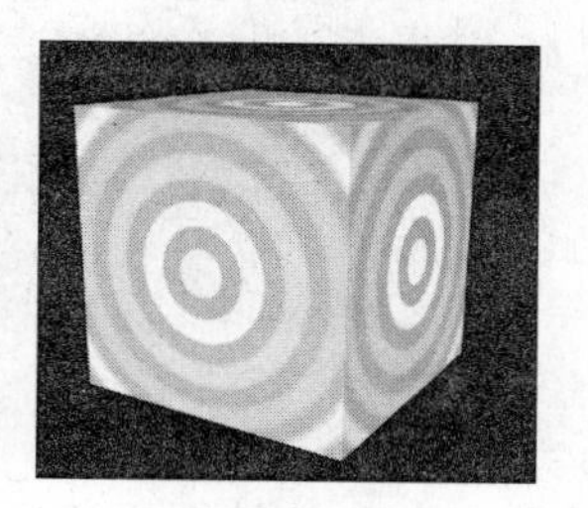

图 10-20

(11)“不透明度”(Opacity)：该通道根据贴图的灰度数值决定材质的不透明度或透明度。白色不透明，黑色透明。不透明也有几个其他的选项，如“过滤”(Filter)、“相加”(additive)或“相减”(subtractive)。

图 10-21 是材质的层级结构。图 10-22 是关闭双面 2-Sided 的情况，图 10-23 是打开双面 2-Sided 的情况。

选取“相减”(subtractive) Subtractive 选项后，将材质的透明部分从颜色中减去，使背景变暗，见图 10-24。选取“相加”(additive) Additive 选项后，将材质的透明部分加入到颜色中，使背景变亮，见图 10-25。

图 10-21

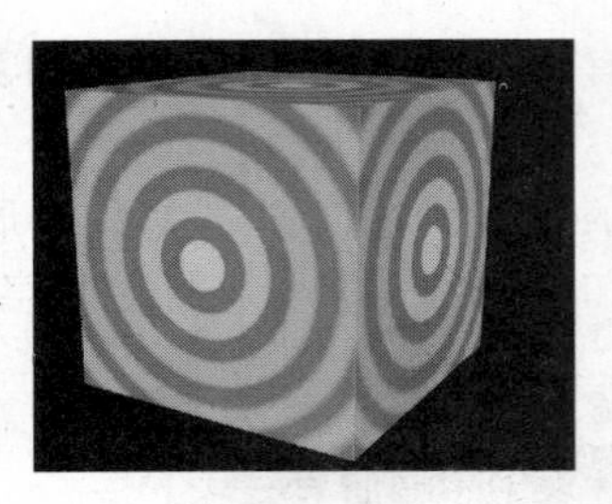

图 10-22

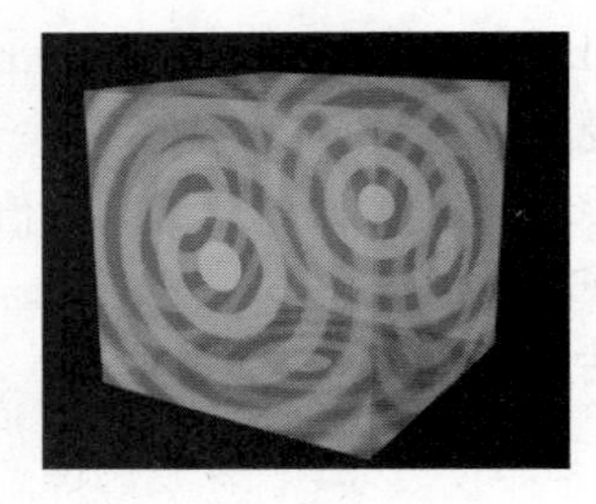

图 10-23

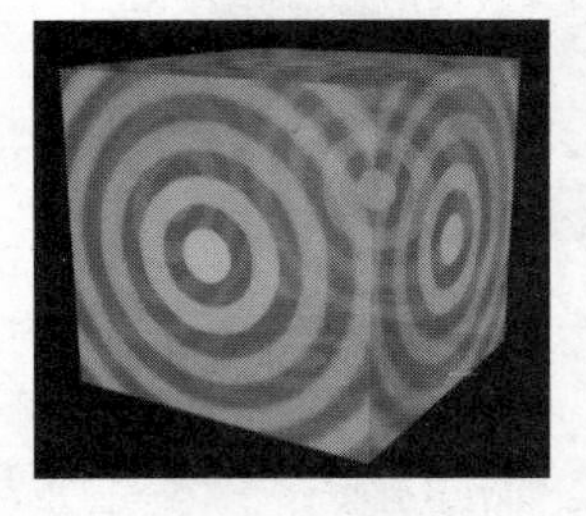

图 10-24

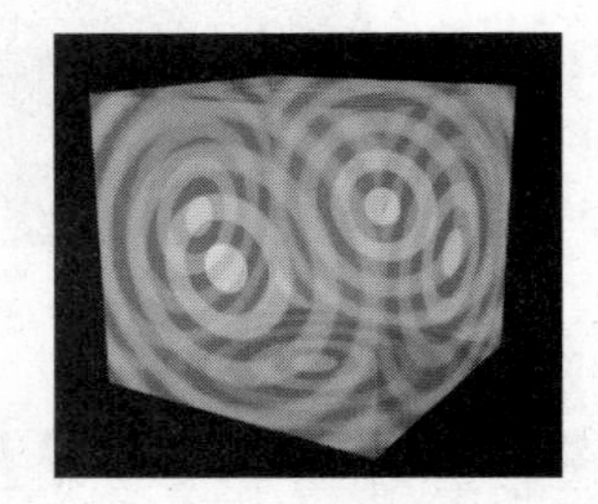

图 10-25

(12)“过滤色”(Filter Color)：当创建透明材质时，有时需要给材质的不同区域加颜色。该贴图通道可以产生这样的效果，如可以创建彩色玻璃的效果。

在图 10-26 中，左图是贴图的层级结构，右图是贴图的最后效果。

图 10-26

(13)“凹凸”(Bump)：该贴图通道可以使几何对象产生凸起的效果。该贴图通道的“数量”(Amount)区域设定的数值可以是正的，也可以是负的。利用这个贴图通道可以方便地模拟岩石表面的凹凸效果。

在图 10-27 中，左图是贴图的层级结构，右图是贴图的最后效果。

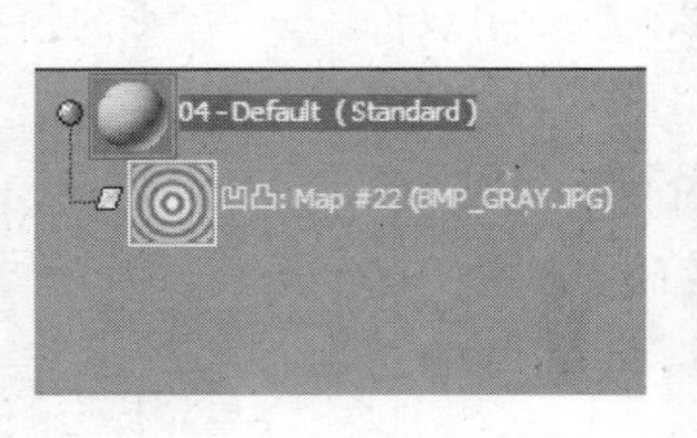

图 10-27

(14)“反射”(Reflection)：使用该贴图通道可创建诸如镜子、铬合金、发亮的塑料等反射材质，见图10-28。“反射”(Reflection)贴图通道有许多贴图类型选项，下面介绍几个主要的选项。

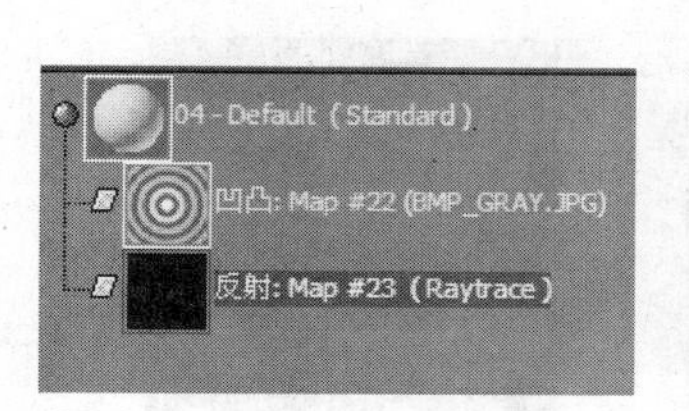

图 10-28

① 反射/折射(Reflect/Refract)：创建相对真实的反射效果的第二种方法是使用“反射/折射”(Reflect/Refract)贴图。尽管这种方法产生的反射没有“光线追踪”(Raytrace)贴图产生的真实，但是它渲染得比较快，并且可满足大部分的需要。

在图10-29中，左图是贴图的层级结构，右图是贴图的最后效果。

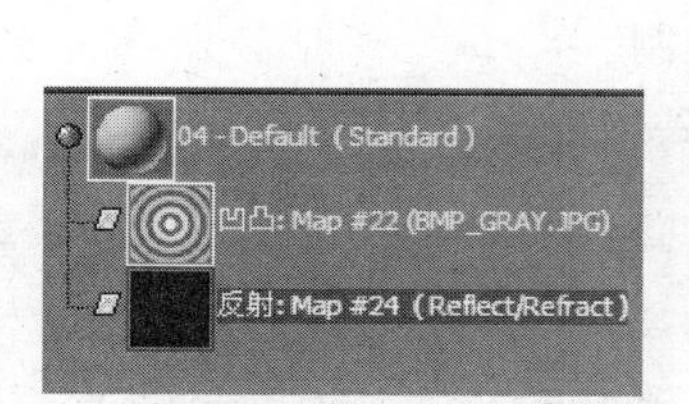

图 10-29

② 反射位图(Bitmap)：有时我们并不需要自动进行反射，只希望反射某个位图。图10-30是反射的位图。见图10-31中，左图是贴图的层级结构，右图是贴图的最后效果。

图 10-30

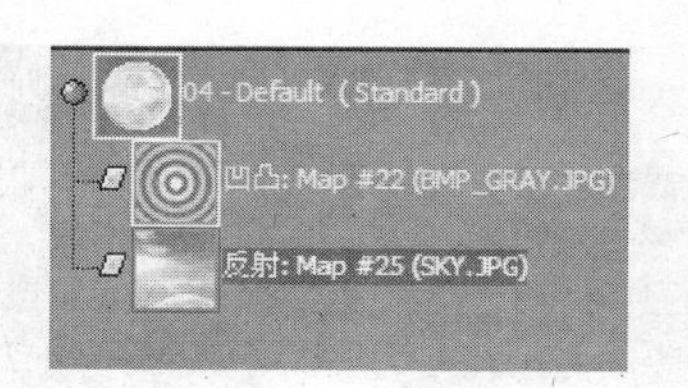

图 10-31

③ 平面镜反射(Flat Mirror)：该贴图特别适合于创建平面或平坦的对象，如镜子、地板或任何其他平坦的表面。它提供高质量的反射，而且渲染很快。

在图 10-32 中，左图是贴图的层级结构，右图是贴图的最后效果。注意下面地板的反射。

图 10-32

(15)“折射”(Refraction)：可使用“折射”(Refraction)创建玻璃、水晶或其他包含折射的透明对象。在使用折射的时候，需要考虑“高级透明”(Advanced Transparency)区域的“折射率”(Index of Refraction(IOR))选项，见图 10-33。光线穿过对象的时候产生弯曲，光被弯曲的量取决于光通过的材质类型。例如，钻石弯曲光的量与水不同。弯曲的量由“折射率”(Index of Refraction(IOR))来控制。

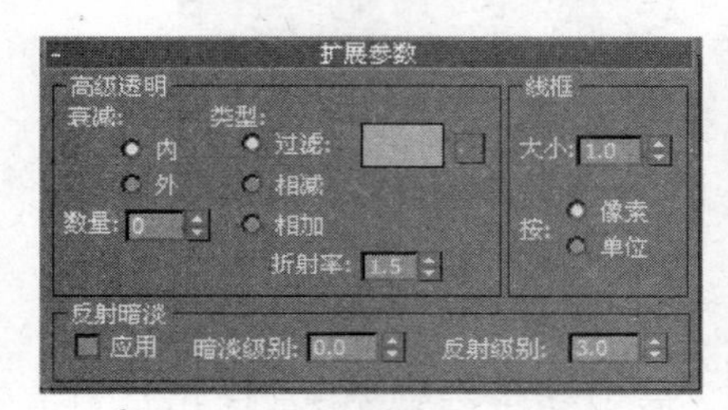

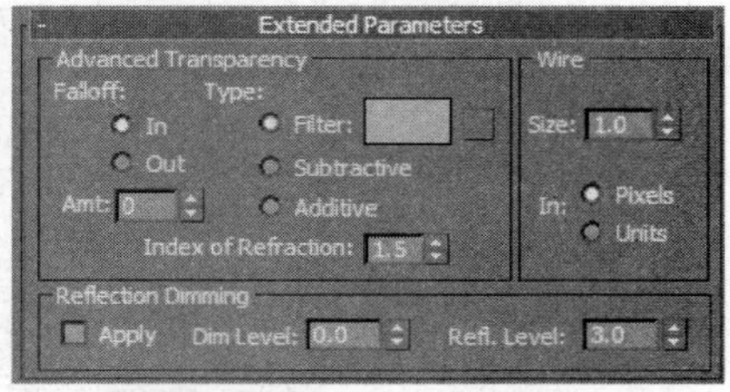

图 10-33

与反射贴图通道类似，“折射”(Refraction)贴图通道也有很多选项，下面介绍几个主要的选项。

① 光线跟踪(Raytrace)：在“折射”(Refraction)贴图通道中使用“光线跟踪”(Raytrace)会产生真实的效果。从光线跟踪的原理可以知道，在模拟折射效果的时候，最好使用光线跟踪，尽管“光线跟踪”(Raytrace)渲染要花费相当长的时间。

在图 10-34 中，左图是贴图的层级结构，右图是贴图的最后效果。

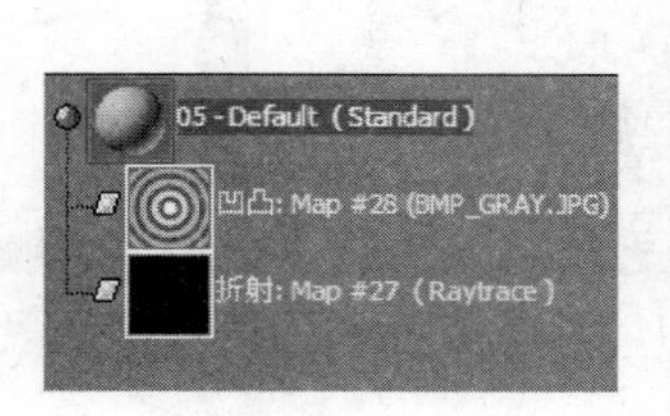

图 10-34

② 薄壁折射(Thin Wall Refraction)：与反射贴图一样，可以使用“薄壁折射”(Thin Wall Refraction)作折射贴图。但它不是准确的折射，会产生一些偏移。

在图 10-35 中，左图是贴图的层级结构，右图是贴图的最后效果。

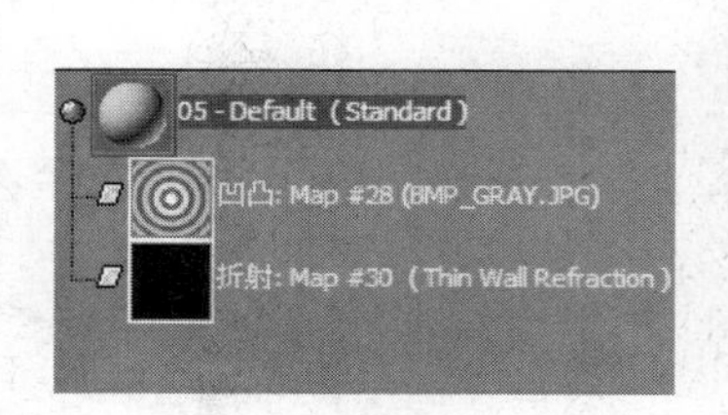

图 10-35

(16) “置换”(Displacement)：该贴图通道有一个独特的功能，即它可改变指定对象的形状，与“凹凸”(Bump)贴图视觉效果类似。但是“置换”(Displacement)贴图将创建一个新的几何体，并且根据使用贴图的灰度值推动或拉动几何体的节点。“置换”(Displacement)贴图可创建诸如地形、信用卡上突起的塑料字母等效果。为使用贴图，必须给对象加上“置换近似”(Displace Approx)编辑修改器。该贴图通道根据“置换近似”(Displace Approx)编辑修改器的值产生附加的几何体。注意，不要将这些值设置得太高，否则渲染时间会明显增加。

在图 10-36 中，左图是贴图的层级结构，右图是贴图的最后效果。

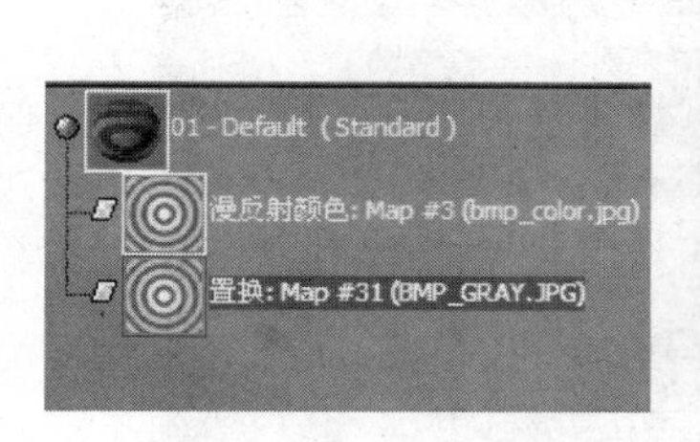

图 10-36

贴图是给场景中的几何体创建高质量的材质的重要因素。记住，可以使用 3ds Max 在所有的贴图通道中提供的不同贴图类型。

10.2.3 常用贴图通道及材质类型实例

例 10-1 “漫反射”(Diffuse)、“透明”(Opacity)与“凹凸”(Bump)贴图通道

本例主要讲解“漫反射”(Diffuse)、“透明”(Opacity)和“凹凸”(Bump)贴图通道的应用。

(1) 在菜单栏选取“文件/重置”(File/Reset)，复位 3ds Max。

(2) 在创建(Create)面板单击 Geometry 按钮。

(3) 在“对象类型”(Object Type)卷展栏中单击“平面”(Plane)按钮。

(4) 选中平面，赋予其一个材质球，并命名为"butterfly"。在该材质球的贴图卷展栏中单击"漫反射"(Diffuse)通道上的 None "无"(none)按钮，在"材质贴图浏览器"(Material/Map Browser)中选择"位图"(bitmap)，在弹出的"选择位图图像文件"(Select Bitmap Image File)对话框中选择素材"butterfly.jpg"，见图 10-37。

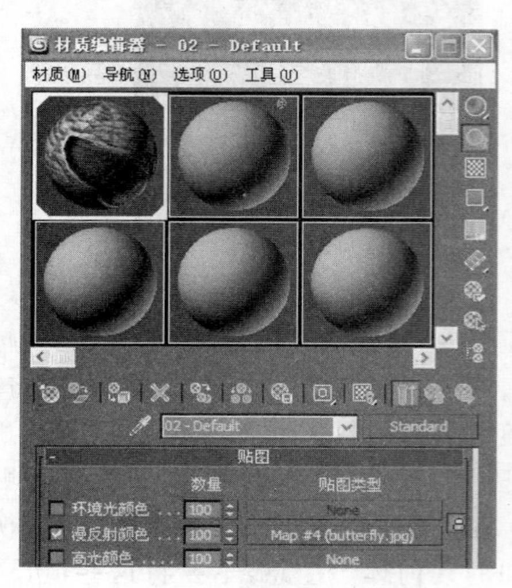

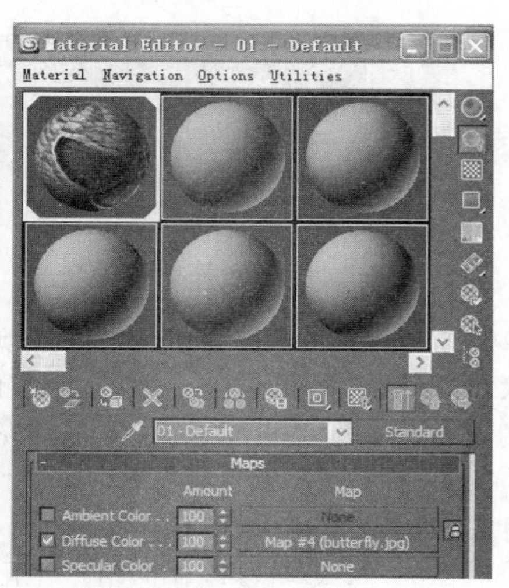

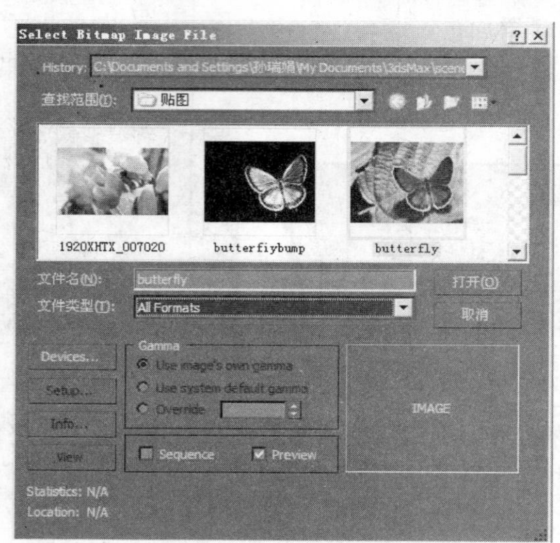

图 10-37

(5) 单击将贴图赋予平面，单击使贴图在视口中显示。此时，平面上显示整幅图片，见图 10-38。

图 10-38

(6) 我们需要蝴蝶以外的图像都变为不可见，通过"不透明"(Opacity)贴图通道来实现部分遮盖效果。单击"不透明"(Opacity)贴图通道上的

None “无”(None)按钮，在“材质贴图浏览器”(Material/Map Browser)中选择“位图”(bitmap)，在弹出的“选择位图图像文件”(Select Bitmap Image File)对话框中选择素材“butterfly.tga”。tga是一种包含通道的图像格式，见图10-39。

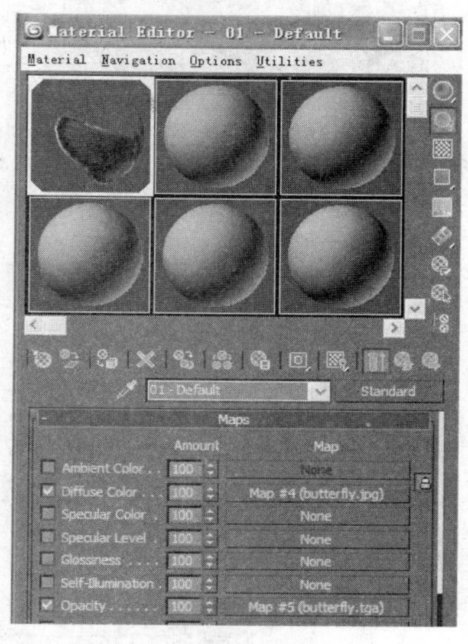

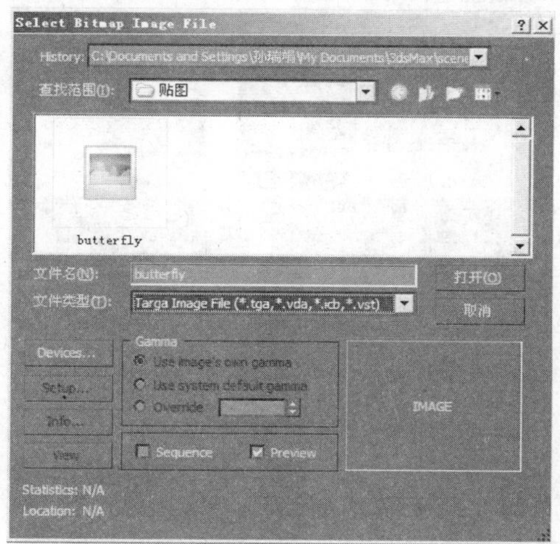

图 10-39

黑色部分的图片将被遮盖，变为透明，见图10-40。

(7) 我们还需要使蝴蝶翅膀上的纹理有立体效果，通过“凹凸”(Bump)贴图通道实现凹凸模拟。单击“凹凸”(Bump)贴图通道上的 None “无”(None)按钮，在“材质贴图浏览器”(Material/Map Browser)中选择“位图”(bitmap)，在弹出的“选择位图图像文件”(Select Bitmap Image File)对话框中选择素材

图 10-40

"butterflybump. jpg",见图 10-41。

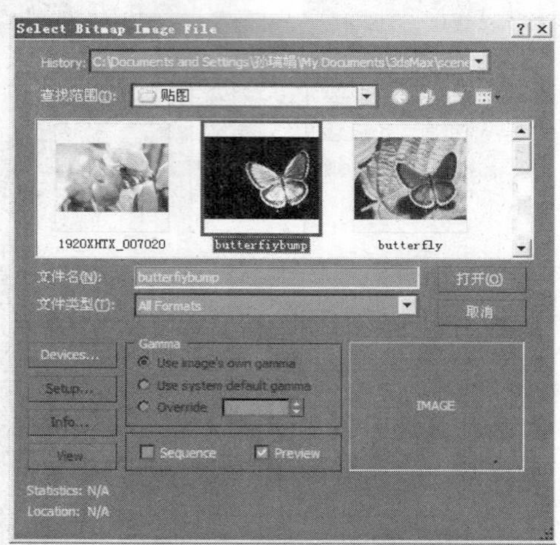

图 10-41

明显可看出翅膀上的花纹褶皱呈现出立体凹凸效果,见图 10-42。

(8) 按快捷键 Alt+B 为视口添加花朵背景。按 F9 键查看渲染结果,见图 10-43。

例 10-2 "噪波"(Noise)贴图通道

噪波是一种常用于两种色彩混合以及凹凸贴图通道的材质。下面就举例来说明噪波(Noise)材质的应用。

(1) 在菜单栏选取"文件/重置"(File/Reset),复位 3ds Max。

(2) 在创建(Create)面板单击 Geometry 按钮。

(3) 在"对象类型"(Object Type)卷展栏中单击创建一个"球体"(Sphere),用任意方法(转化为可编辑多边形、FFD 均可)将其调整成橘子外形。

图　10-42

图　10-43

(4) 选中球体,赋予其一个材质球,并命名为“orange”。

(5) 橘子的外皮一般是橙色和青绿色的混合色,我们通过使用“噪波”(noise)来模拟。在该材质球的贴图卷展栏中单击“漫反射”(Diffuse)通道上的 None “无”(None)按钮,在“材质/贴图浏览器”(Material/Map Browser)中选择“噪波”(Noise),颜色与数值,见图 10-44。

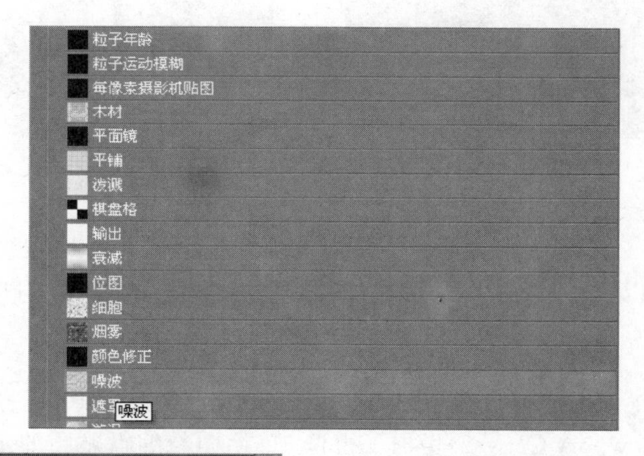

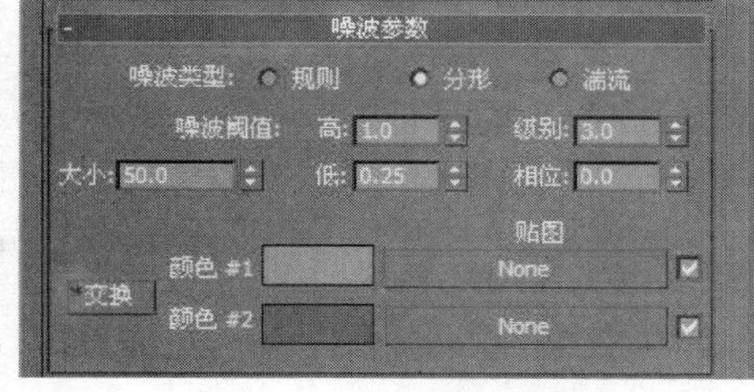

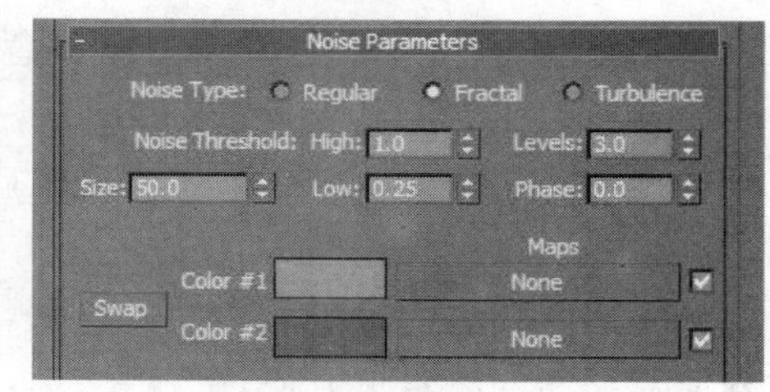

图　10-44

(6) 橘子外皮布满针状小坑,我们通过“凹凸”(Bump)通道来模拟。在该材质球的贴图卷展栏中单击凹凸(Bump)通道上的 None “无”(None)按钮,在“材质/贴图浏览器”(Material/Map Browser)中选择“噪波”(Noise),颜色默认,数值可根据需要自行调整,见图 10-45。

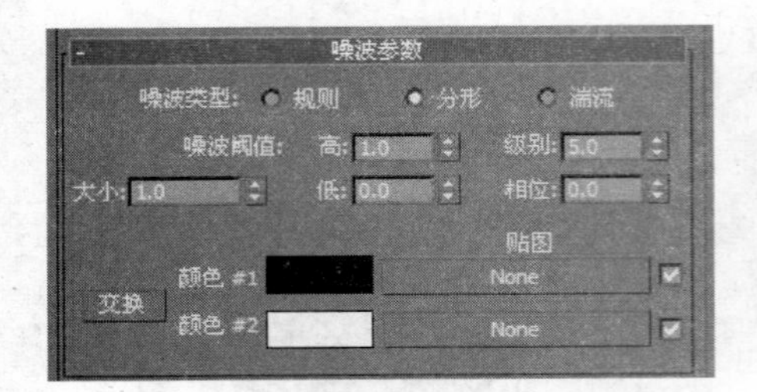

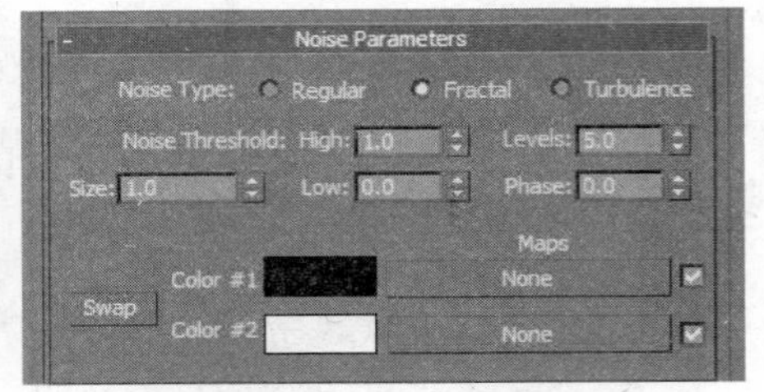

图 10-45

(7) 适当给些高光，双击材质球查看材质放大效果，单击将贴图赋予变形后的球体，单击使贴图在视口中显示。按快捷键 F9 查看渲染效果，见图 10-46。

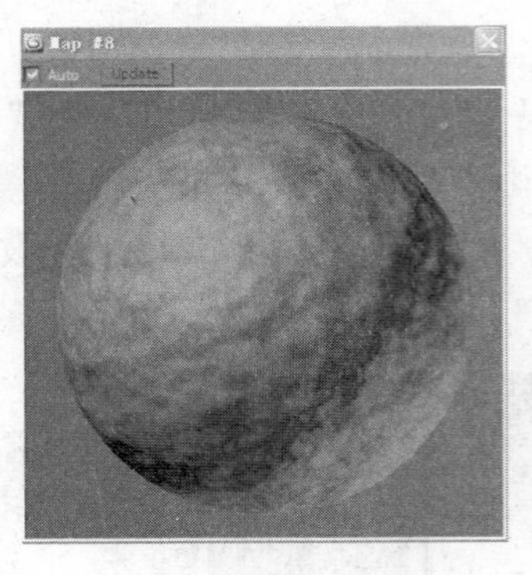

图 10-46

10.3 视口画布(Viewport Canvas)

3ds Max 2011 新增的视口画布(Viewport Canvas)是在 2010 版的基础上的增强和改进。视口画布(Viewport Canvas)增加了视口 3D 绘图与编辑贴图的工具，并且提供了绘制笔刷编辑功能(可以用笔(Brush)、填色(Fill)、橡皮擦(Clear)、混合模式(Blending Options)等工具直接在模型上绘制贴图)以及贴图的图层创建功能，贴图可以保留图层信息直接输出到 Photoshop 中。它将活动视口变成二维画布，用户可以在这个画布上进行绘制，然后将结果应用于对象的纹理。还有一个用来导出当前视图的选项，导出后就可以在 Photoshop 等相关的绘制软件中修改它，然后保存文件并更新 3ds Max 中的纹理。整个过程使对贴图的编辑更方便，更随意。

10.3.1 视口画布界面介绍

打开 3ds Max 2011，单击菜单栏“工具”(Tools)按钮，选择“视口画布”(Viewport Canvas)，弹出如图 10-47 所示的窗口。

窗口主要包括按钮区、颜色、画笔设置及各种参数卷展栏。如果熟悉 Photoshop 软件，便可以发现工具很相近。视口画布(Viewport Canvas)还增加了层(Layer)的概念。视口画布(Viewport Canvas)提供了方便的直接绘制贴图的功能，就相当于用画笔直接在对象上绘制纹理等。

10.3.2 使用视口画布

1. 打开视口画布(Viewport Canvas)

下面通过一个实例介绍相关功能。

例 10-3 视口画布

(1) 在菜单栏选取“文件/重置”(File/Reset)，复位 3ds Max。

(2) 在创建(Create)面板单击 Geometry 按钮。

(3) 在“对象类型”(Object Type)卷展栏中单击创建一个“球体”(Sphere)，并赋予漫反射材质一个颜色。

(4) 单击菜单栏“工具”(Tools)按钮，打开“视口画布”(Viewport Canvas)窗口，见图 10-47。

(5) 单击“画笔”(Brush)按钮，选择漫反射颜色，见图 10-48。

(6) 这时弹出“创建纹理”(Create texture)对话框，见图 10-49。设置大小，将纹理文件保存为.tif 格式，启用“在视口中显示贴图”选项以便可以看到绘制内容，单击确定”。

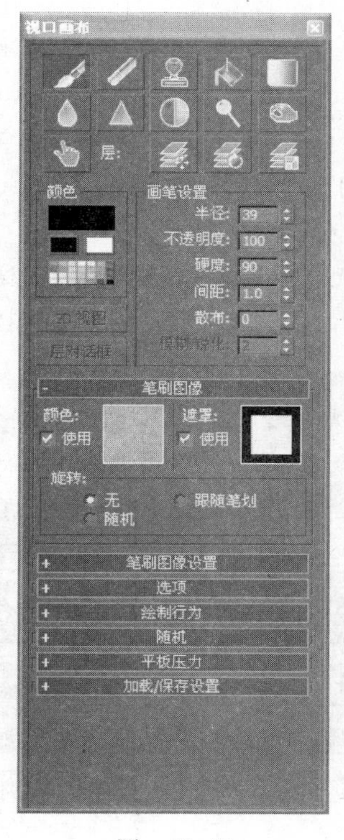

图 10-47

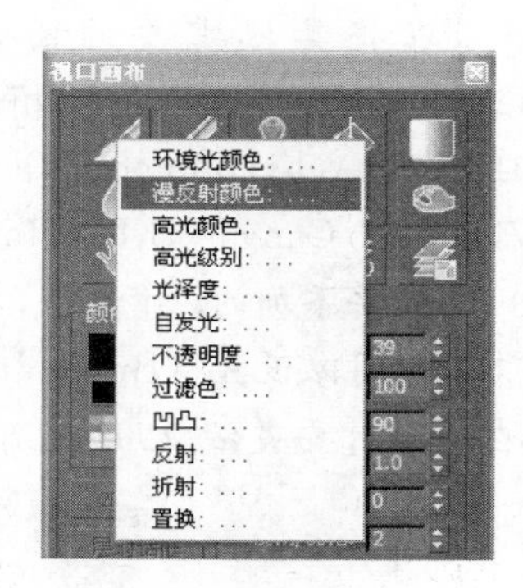

图 10-48

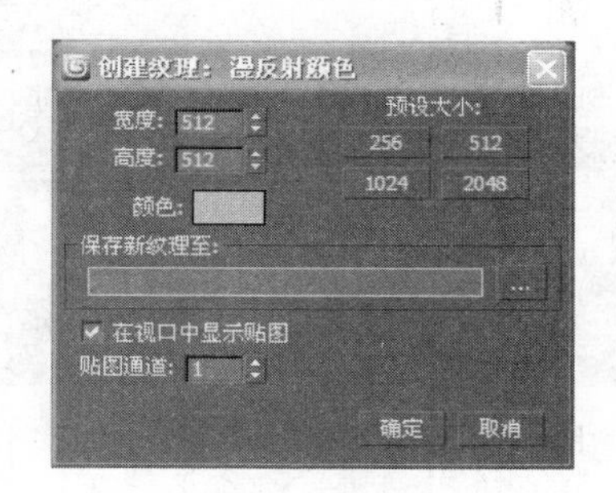

图 10-49

(7) 将鼠标移动到场景对象上，鼠标变成圆形画笔样式，单击或拖动就可以在其表面绘制了，见图 10-50。

注意：如果在未赋予任何材质的对象上绘制，当单击 时会弹出“指定材质”(Assign Material)对话框，见图 10-51。单击“指定标准材质”(Assign Standard Material)选择漫反射颜色。

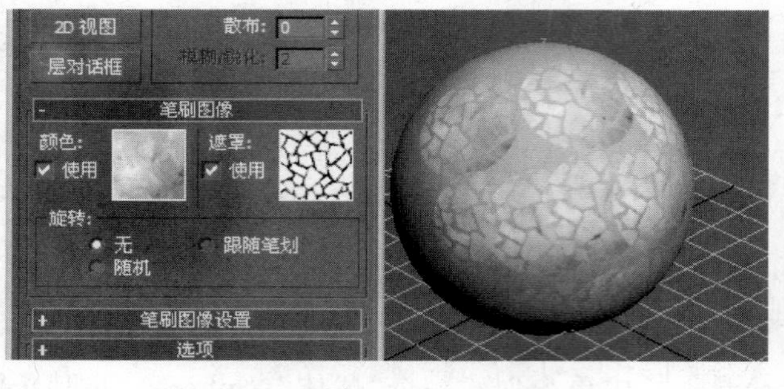

图 10-50

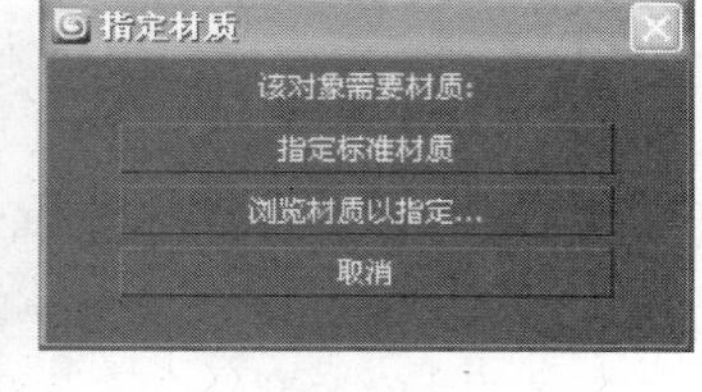

图 10-51

2. “笔刷图像”(Brush Image)和“笔刷图像设置”(Brush Image Setting)

设置画笔图案，单击 处弹出“视口画布笔刷图像”(Viewport Canvas Brush Image)对话框，所有显示图像均可作为颜色或遮罩，见图 10-52。注意观察使用和取消使用遮罩的不同效果。

注意：可以将其他需要的图片(此图需为.tif 文件)复制到特定文件夹下：C:\Documents and Settings\Administrator\Local Settings\Application Data\Autodesk\3dsmax\2011-32bit\chs\plugcfg\Viewport Canvas\Custom Brushes。单击“视口画布笔刷图像”(Viewport Canvas Brush Image)左下角的“浏览自定义贴图目录”(Customize Maps List)，选择要添加的.tif 文件，单击“确定”即可，如图 10-53。

注意：“笔刷图像设置”(Brush Image Setting)中“无”、“平铺”、“横跨屏幕”这三个选项的区别，在选择时要灵活应用，见图 10-54。

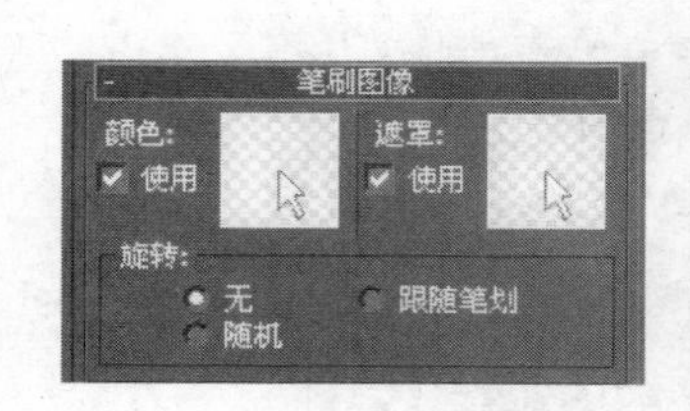

图 10-52

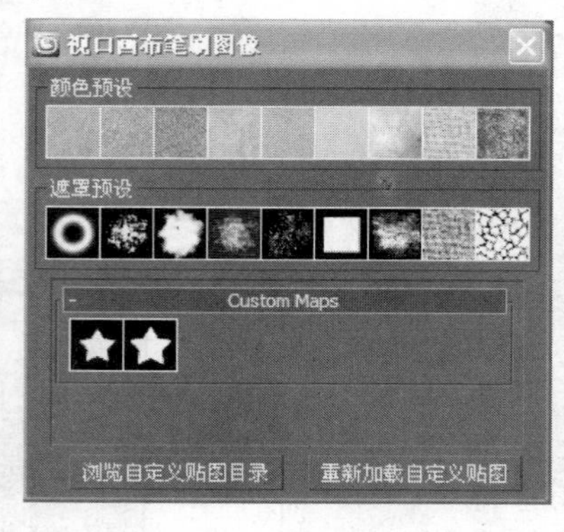

图 10-53

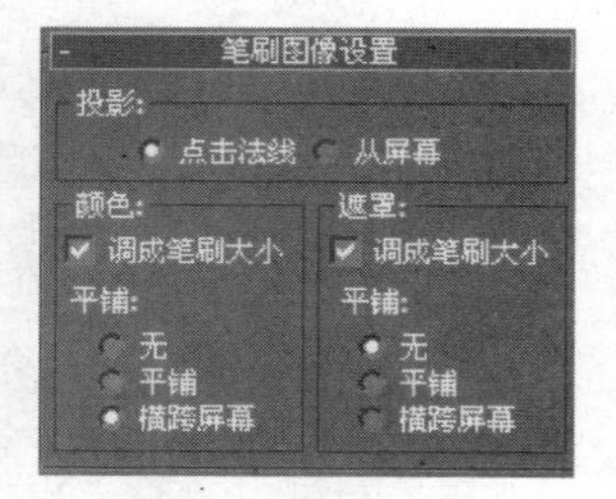

图 10-54

3. 2D 视图(2D View)

单击画笔按钮后，即可单击颜色下方的“2D 视图”(2D View)按钮，打开对话框，见图 10-55。

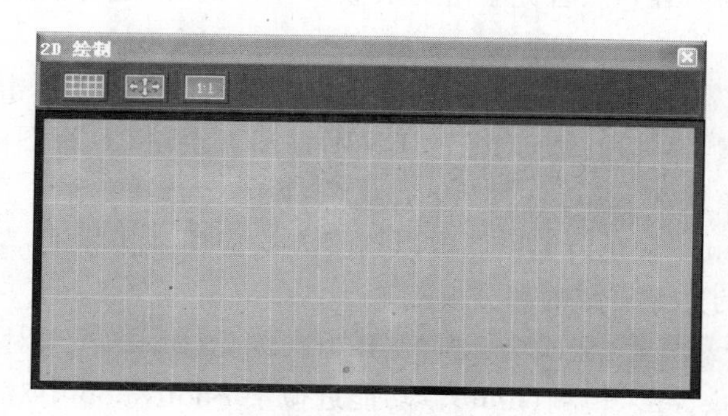

图 10-55

注意： 将矩形纹理贴图应用于圆形的 3D 对象时，在“聚集”点(例如球体的顶部和底部)可能会发生扭曲，因为使图像适应更小的曲面区域需要压缩。使用“视口画布”(Viewport Canvas)直接绘制到 3D 曲面时，软件通过在接近聚集点时自动展开图像可以对这种扭曲进行补偿。但是，如果在“2D 绘制”(2D Drawing)窗口绘制这种区域，图像在窗口中显示正常，但在对象曲面上发生扭曲，如图 10-56。

图 10-56

下面对“2D 绘制”对话框中的三个按钮功能进行介绍：

切换 UV 线框：在“2D 绘制”(2D Drawing)窗口启用和禁用纹理坐标的线框显示(显示为栅格)。

使纹理适合视图：缩放视图以适应窗口中的整个纹理贴图。

实际大小：进行缩放，以使纹理贴图中的每个像素与屏幕像素为同样大小。纹理贴图以其实际大小显示。

4. 其他功能按钮介绍

擦除(Clear)：使用当前笔刷设置绘制的层的内容。“擦除”(Clear)不可用于背景层。因此，建议在附加层使用(后面会介绍层(Layer)的概念)。

使用其他绘制工具时，通过按住 Shift 可以临时激活“擦除”(Clear)。松开该键时，工具恢复其原始功能。

克隆(Clone)：可用来复制对象上或视口中任意位置的图像部分。若要使用“克隆”(Clone)，先按住 Alt，同时单击要从中克隆的屏幕上的一点，然后松开 Alt 并在所选对象上进行绘制。绘制内容是从首先单击的区域采样得到的，也可以从所有层或活动视口采样。

填充(Fill)：制 3D 曲面时，将当前颜色或笔刷图像应用于单击的整个元素。这可能还会影响其他元素，具体取决于对象的 UVW 贴图。绘制 2D 视图画布时，使用当前颜色或笔刷图像填充整层。

渐变(Gradient) 颜色或笔刷图像以渐变方式应用。实际上，“渐变”(Gradient)是带有使用鼠标设置的边缘衰减的部分填充。

依次为：模糊(Blur)、锐化(Sharpen)、对比度(Contrast)、减淡(Dodge)、加深(Deepen)、模糊(blur)。功能近似于 Photoshop 中对应的按钮功能。

5. 画布的层概念

3ds Max 2011 版新增了 Photoshop 中层的概念。按下任意功能按钮后，“2D 视图”(2D View)下的“层”(Layer)按钮将可用，单击后弹出“层”(Layer)对话框，见图 10-57。

可以新建、删除、复制层，也可以按对层进行移动(Move)、旋转(Rotate)或缩放(Scale)。

“层”(Layer)对话框的菜单栏中文件(File)、层(Layer)、调整(Setting)、过滤(Filer)等同于 Photoshop 中的类似功能。

注意：因为背景上的绘制将不能擦掉，所以建议在新建层中进行操作。

6. 贴图的保存

当绘制结束，单击右键退出时会弹出“保存纹理层”(Save Layer)对话框，见图 10-58。

为获得最大的精确度，可使用 TIFF 或其他无损压缩文件格式。此外，请确保纹理的视口显示使用尽可能高的分辨率。转到“自定义”(Customize)“首选项”(Preference

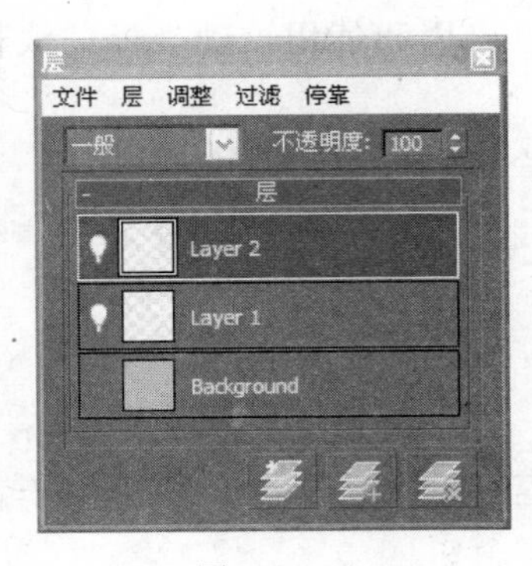

图 10-57

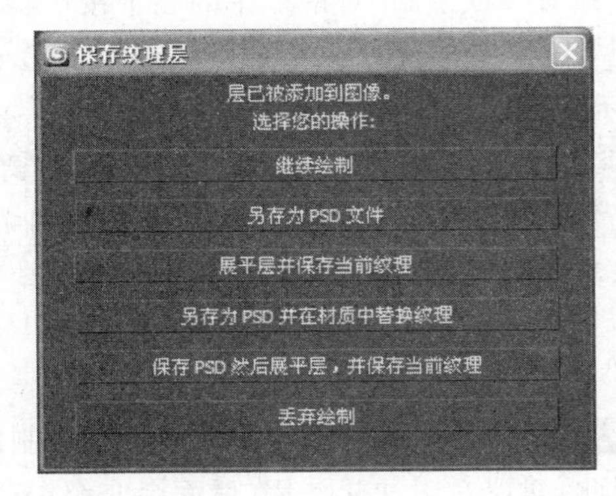

图 10-58

Setting)"视口"(Viewports)"配置驱动程序"(Configure HEIDI),将"下载纹理大小"(Download Texture Size)设置为 512 并启用"尽可能接近匹配位图大小"(Closely as Possible),即可完成此设置。"视口画布"(Viewport Canvas)要求以 DirectX 9.0 作为视口显示驱动程序。

(1) 继续绘制:返回活动绘制工具(绘制、擦除等),同时不保存文件。

(2) 另存为 PSD 文件:提示您提供要保存文件的名称和位置,保存文件,然后恢复原始位图纹理。多层绘制仅保存在已保存文件中,不保存在场景中。可以使用"材质编辑器"(Material Editor)将文件作为纹理贴图加载。

(3) 展平层并保存当前纹理:将所有层合并为一个层,并将图像保存到当前图像文件中。

(4) 另存为 PSD 并在材质中替换纹理:以 PSD 格式保存图像并使用保存的 PSD 文件替换材质中的当前贴图。此选项可保留贴图中的层。

(5) 保存 PSD 然后展平层,并保存当前纹理:以 PSD 格式保存图像,然后将多个层合并为一个层,并将展平的图像保存到当前贴图文件中。PSD 文件单独保存,不属于场景的一部分,需要手动将其加载。

(6) 丢弃绘制:由于上次保存了纹理,并将所有层都添加到了背景层的上方,因此丢弃所有绘制。此选项可有效撤销任何层操作,并恢复到原始的单层位图。

注意:需保证"选项卷展栏"(Options)中的"保存纹理"(Save Texture)勾选才能保存纹理。

视口画布(Viewport Canvas)的主要功能是将赋予贴图和图片的编辑结合起来,在材质编辑器中,贴图通道中的效果都可以用视口画布编辑和改进,更方便操作。

10.4 UVW 贴图

当给集合对象应用 2D 贴图时,经常需要设置对象的贴图信息。这些信息告诉 3ds Max 如何在对象上设计 2D 贴图。

许多 3ds Max 的对象有默认的贴图坐标。放样对象和 NURBS 对象也有它们自己的贴图坐标,但是这些坐标的作用有限。例如如果应用了 Boolean 操作,或在材质使用 2D 贴图之前对象已经塌陷成可编辑的网格,则可能丢失默认的贴图坐标。

在 3ds Max 2011 中,经常使用如下几个编辑修改器来给几何体设置贴图信息:

(1) UVW 贴图(UVW Map)

(2) 贴图缩放器(Map Scaler)

(3) UVW 展开(Unwrap UVW)

(4) 曲面贴图(Surface Mapper)

本节介绍最为常用的"UVW 贴图"(UVW Map)。

1. UVW 贴图编辑修改器

“UVW 贴图”(UVW Map)编辑修改器用来控制对象的 UVW 贴图坐标,其“参数”(Parameters)卷展栏如图 10-59 所示。

UVW 编辑修改器提供了调整贴图坐标类型、贴图大小、贴图的重复次数、贴图通道设置和贴图的对齐设置等功能。

2. 贴图坐标类型

贴图坐标类型用来确定如何给对象应用 UVW 坐标,共有 7 个选项,下面分别进行介绍。

(1) “平面”(Planar):该贴图类型以平面投影方式向对象上贴图。它适合于平面的表面,如纸、墙等。图 10-60 是采用平面投影的结果。

(2) “柱形”(Cylindrical):该贴图类型使用圆柱投影方式向对象上贴图。螺丝钉、钢笔、电话筒和药瓶都适于使用圆柱贴图。图 10-61 是采用圆柱投影的结果。

说明:勾选“封口”(Cap)选项,圆柱的顶面和底面放置的是平面贴图投影,见图 10-62。

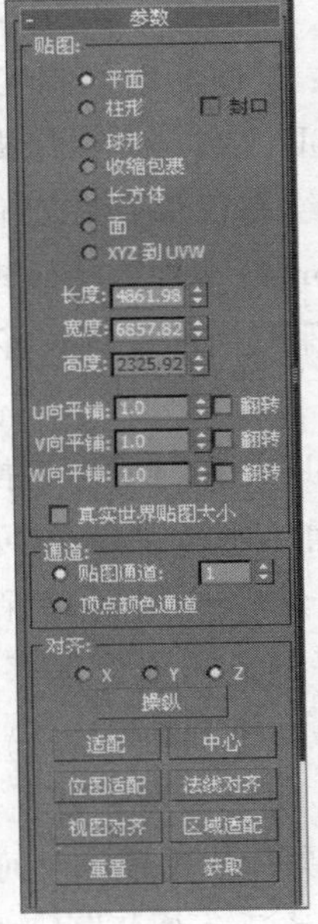

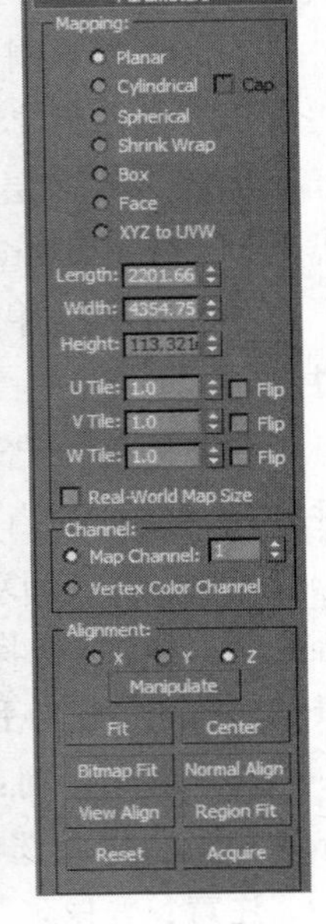

图 10-59

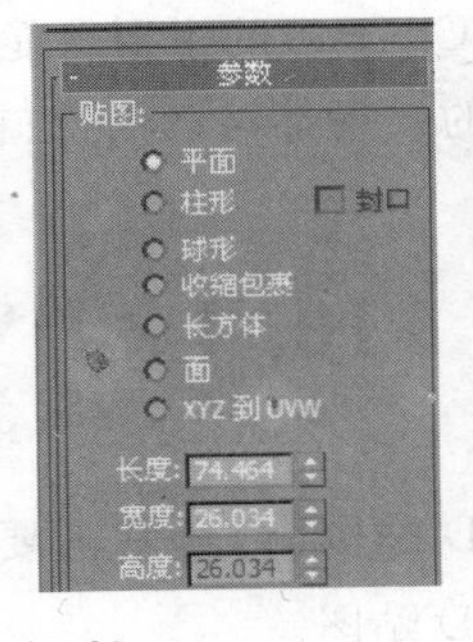

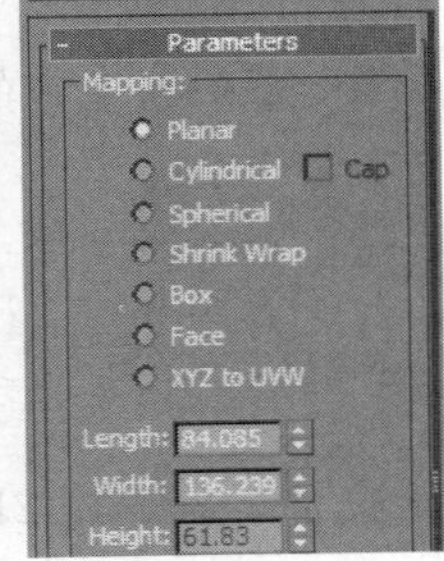

图 10-60

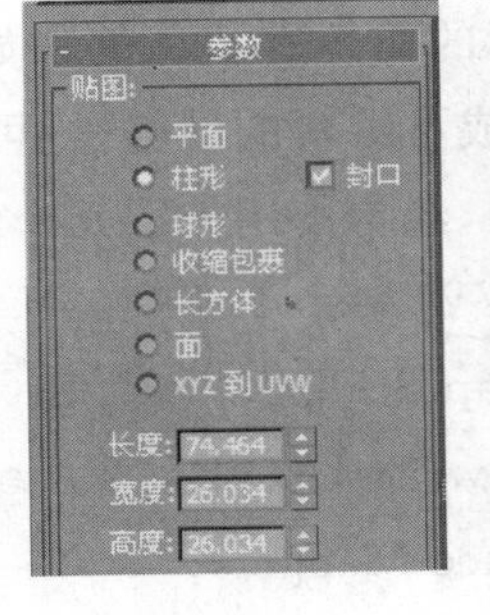

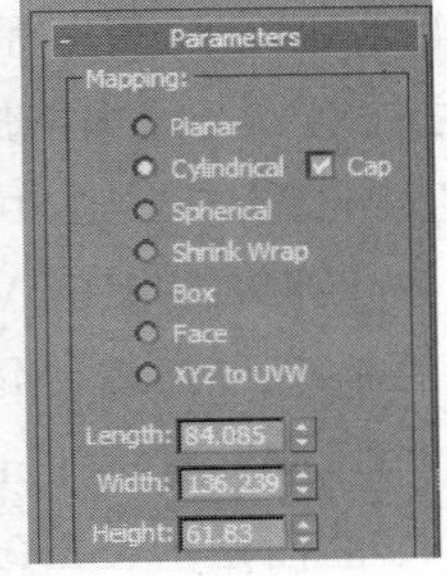

图 10-61

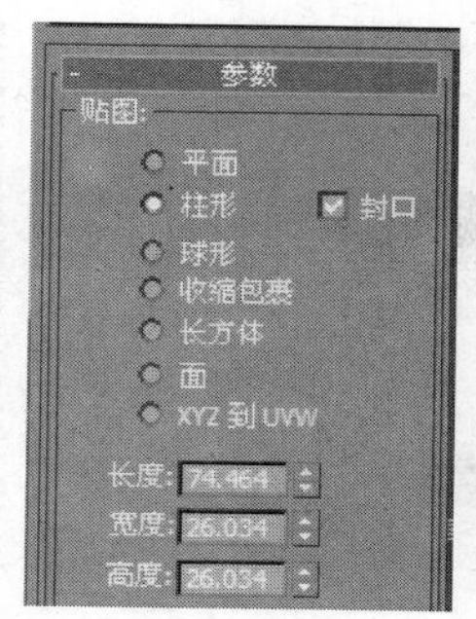

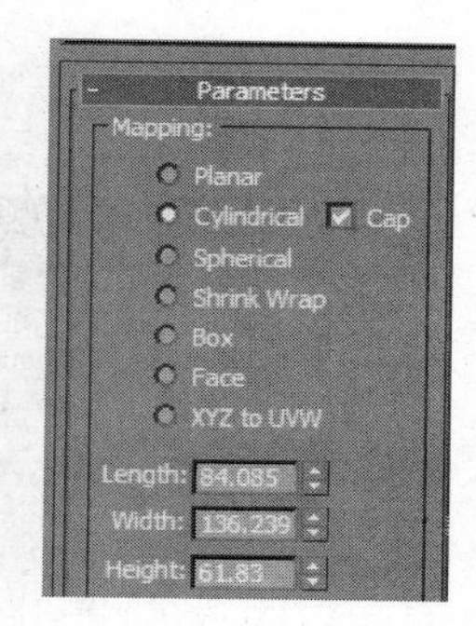

图 10-62

(3)"球形"(Spherical):该类型围绕对象以球形投影方式贴图,会产生接缝。在接缝处,贴图的边汇合在一起,顶底也有两个接点,见图 10-63。

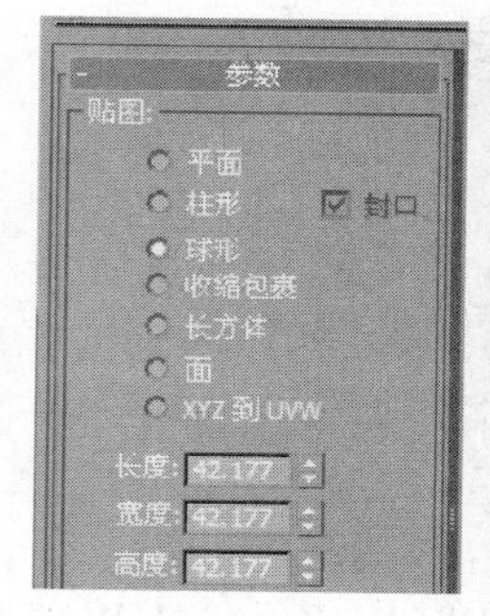

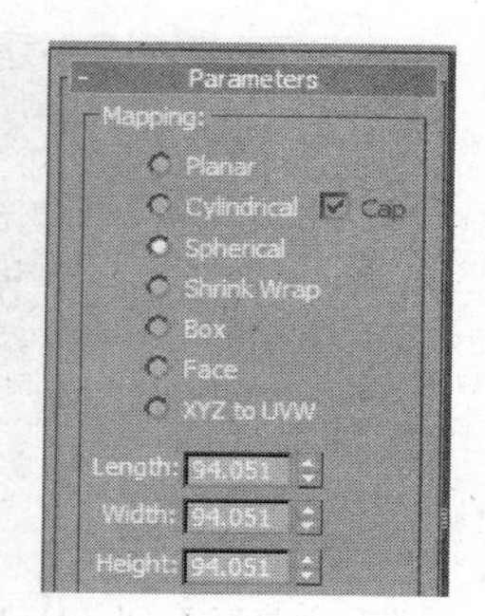

图 10-63

(4)"收缩包裹"(Shrink Wrap):像球形贴图一样,它使用球形方式向对象投影贴图。但是"收缩包裹"(Shrink Wrap)将贴图所有的角拉到一个点,消除了接缝,只产生一个奇异点,见图 10-64。

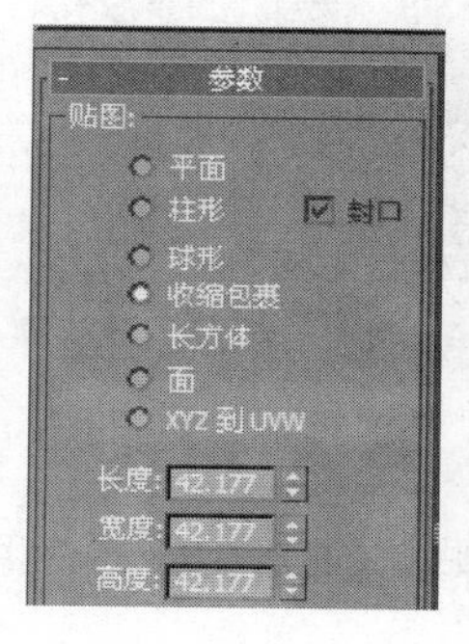

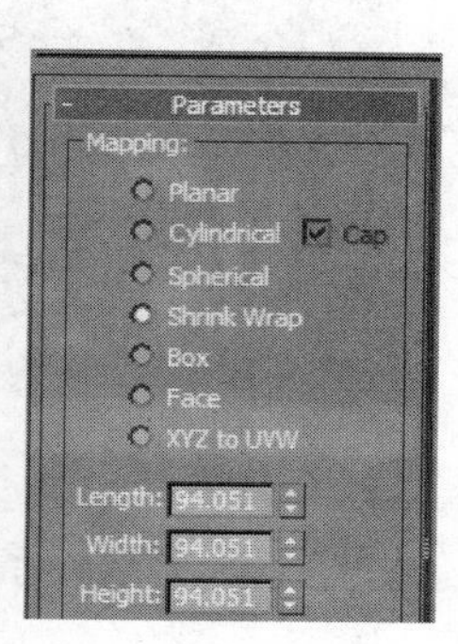

图 10-64

(5)"长方体"(Box):该类型以 6 个面的方式向对象投影。每个面是一个 Planar 贴图。面法线决定不规则表面上贴图的偏移,见图 10-65。

(6)"面"(Face):该类型对对象的每一个面应用一个平面贴图。其贴图效果与几何体面的多少有很大关系,见图 10-66。

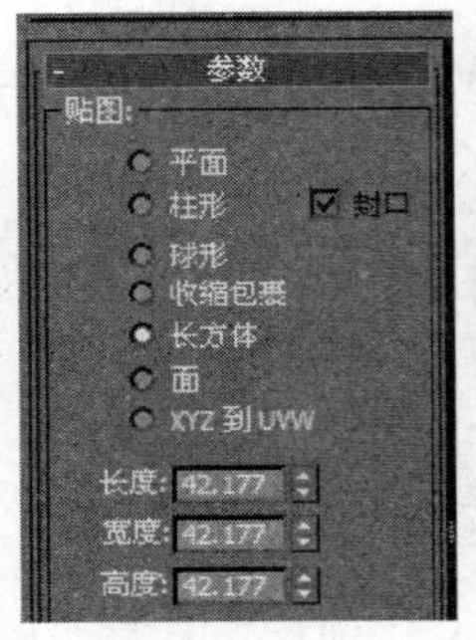

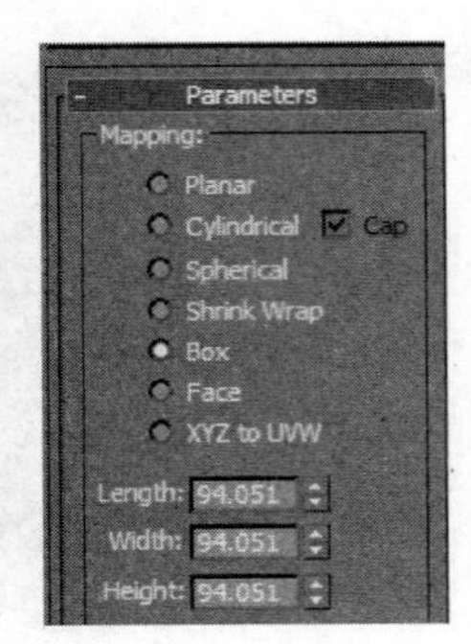

图 10-65

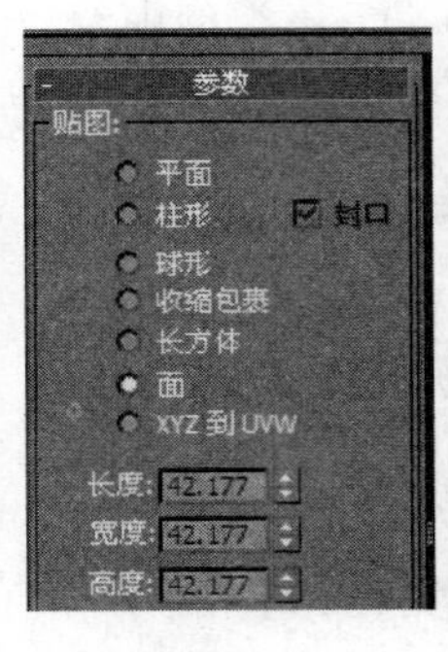

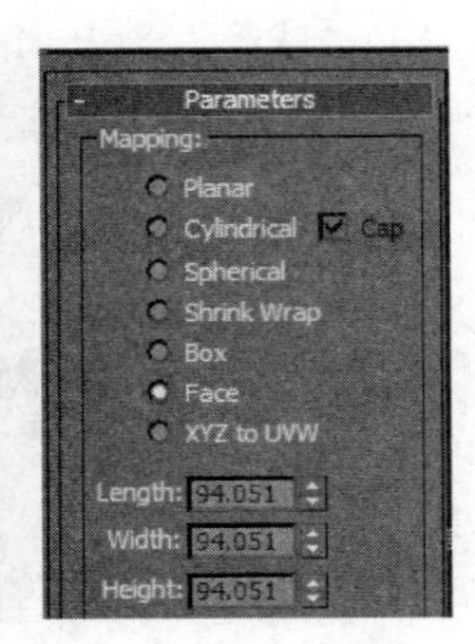

图 10-66

(7)"XYZ 到 UVW"(XYZ to UVW):此类贴图设计用于 3D Maps。它使 3D 贴图"粘贴"在对象的表面上,见图 10-67。

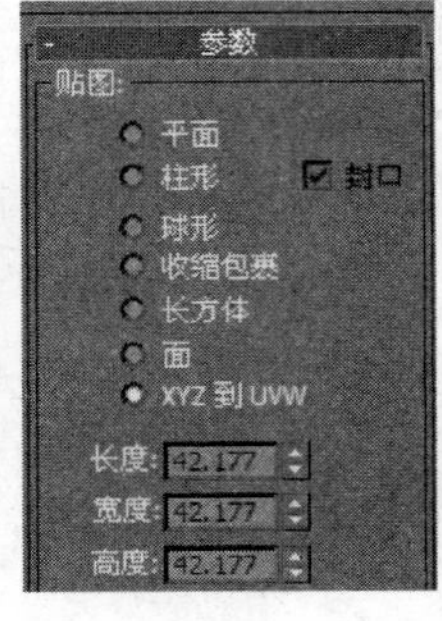

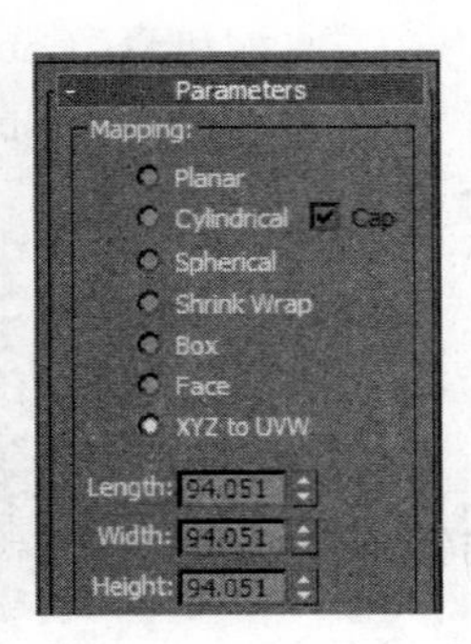

图 10-67

一旦了解和掌握了贴图的使用方法,就可以创建纹理丰富的材质了。

10.5 创建材质

在本节中,我们将以"旧街道场景"为例介绍如何设计和使用较为复杂的材质。

这是一个曾经繁华的街道。随着社会不断发展,它不再繁华,而是被人们渐渐地

图 10-68

遗忘……

风蚀破损的墙、脏旧的地面、锈迹斑斑的金属等赋予了街道独特的历史沧桑感。在这个案例中我们主要学习标准的位图材质、混合材质、凹凸材质、金属、玻璃、UVW 贴图的应用。

10.5.1 为古旧街道场景创建摄像机

例 10-4 创建场景摄像机

(1) 在菜单栏选取“文件/重置”(File/Reset),复位 3ds Max。

(2) 从本书的配套光盘中打开文件 Samples-10-01. max,见图 10-69。

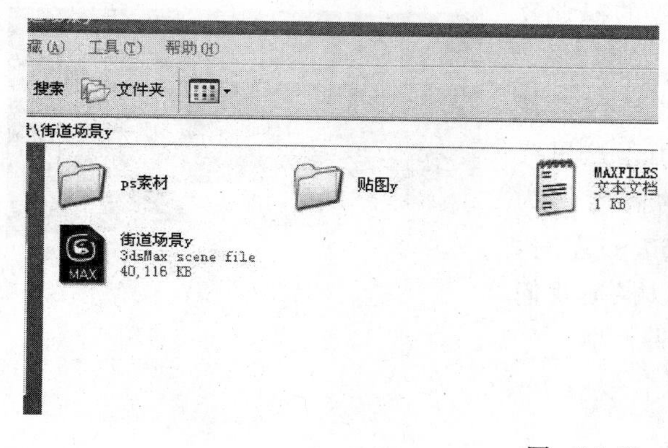

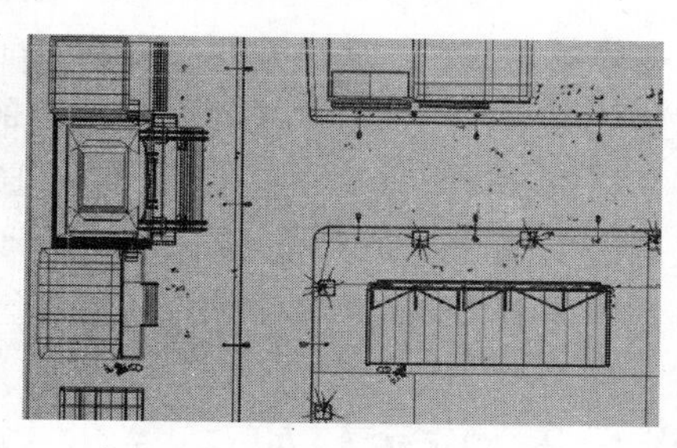

图 10-69

(3) 在创建命令面板中单击“摄像机”(Cameras)按钮。为画面确定最终的构图,从而确定摄像机角度。本案例需要制作一个人视角度的效果图,并且确定最终为如图 10-70 所示的效果。

图 10-70

(4) 在“对象类型”(Object Type)卷展栏中单击“目标”(Target)按钮,在顶视图中创建目标摄像机,如图 10-71 所示;在“参数”(Parameters)卷栏的“备用镜头”(Stock Lenses)组中单击 28mm 按钮。调节摄像机的位置，达到符合人眼的视角。

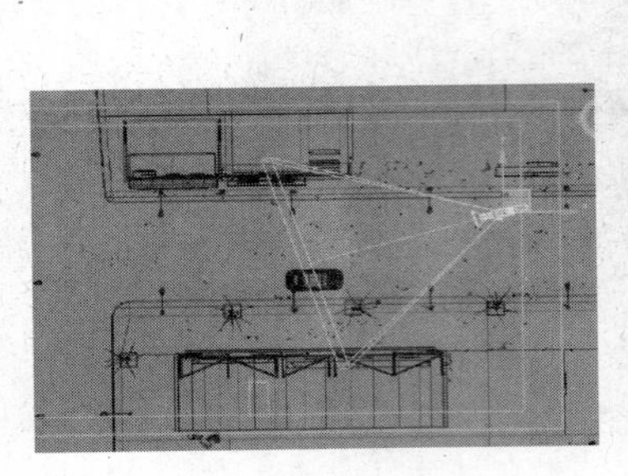

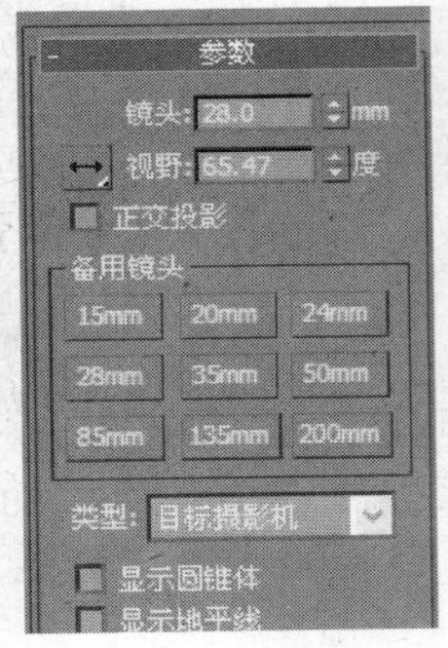

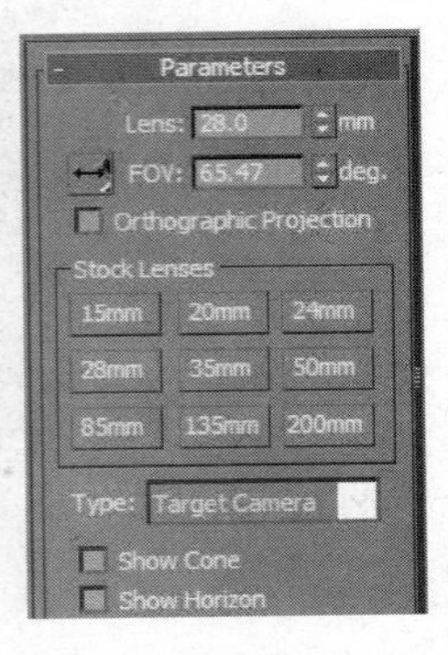

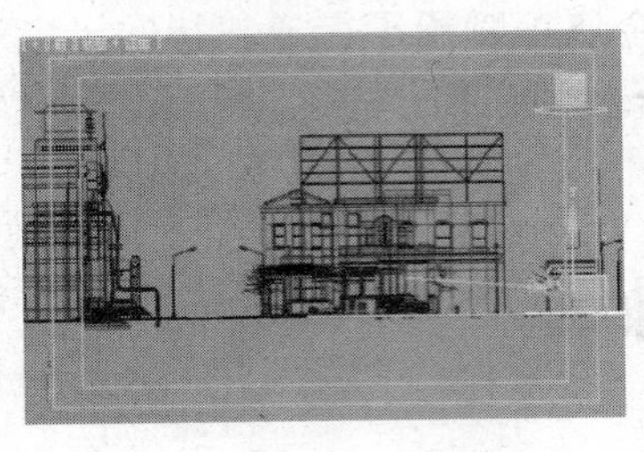

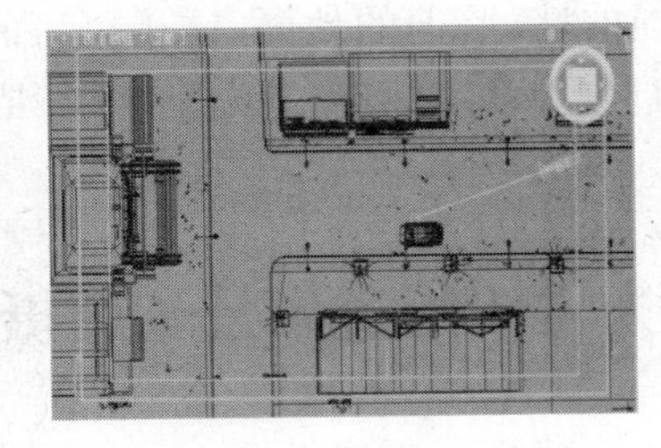

图 10-71

(5) 按快捷键 C 切换到摄像机视图，再按快捷键 Shift＋Q“渲染当前视图”(render frame window)对场景预渲染，观察最终的视觉效果，如图 10-72 所示。

图 10-72

(6) 在顶视图创建摄像机时，摄像机位置默认在坐标原点处，即其高度自动为 0；由于这里要创建的是符合人眼的视角，普通人的高度约为 170～180cm，所以人的眼睛高度在 160cm 左右，但是这个高度不是完全固定的，也可以根据我们的具体需要来确定摄像机的高度和镜头大小。

10.5.2 设定材质

在做材质之前，对场景里的材质进行简单的分析，如图 10-73 所示。

1. 旧金属材质

例 10-5 设定旧金属材质

(1) 继续前面的练习。按 M 键打开材质编辑器，选择一个新的材质样本。单击漫反射通道，在弹出的提示面板找到 2D 位图，然后双击位图进入位图通道面板。在“位图参数”(bitmap)单击“无”(None)进入通道，找到贴图路径，选中贴图并双击即可。见图 10-74。

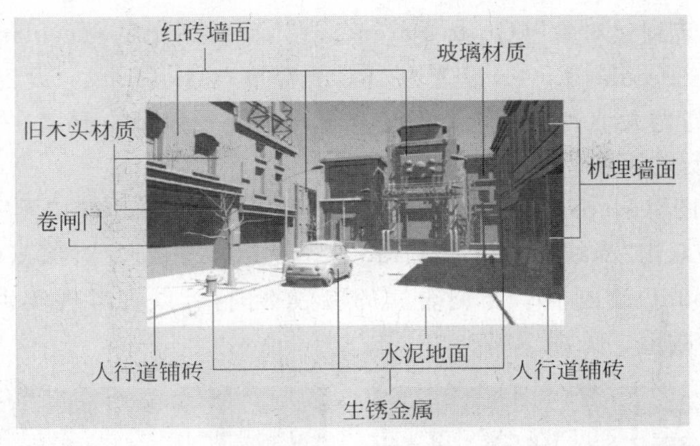
红砖墙面
玻璃材质
旧木头材质
机理墙面
卷闸门
人行道铺砖
水泥地面
人行道铺砖
生锈金属

图 10-73

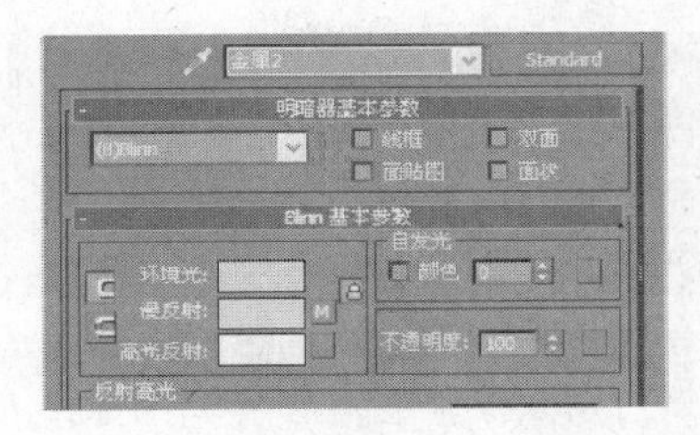

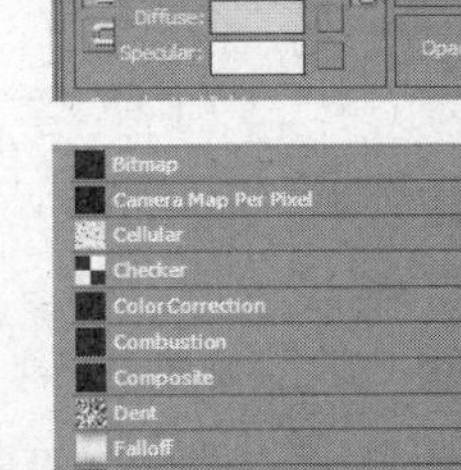
Shader Basic Parameters
Blinn
Wire
2-Sided
Face Map
Faceted
Blinn Basic Parameters
Self-Illumination
Color
Ambient:
Diffuse:
Specular:
Opacity:

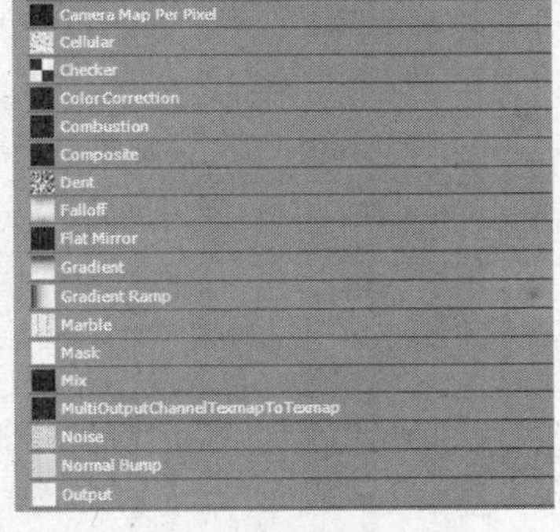
Bitmap
Camera Map Per Pixel
Cellular
Checker
Color Correction
Combustion
Composite
Dent
Falloff
Flat Mirror
Gradient
Gradient Ramp
Marble
Mask
Mix
MultiOutputChannelTexmapToTexmap
Noise
Normal Bump
Output

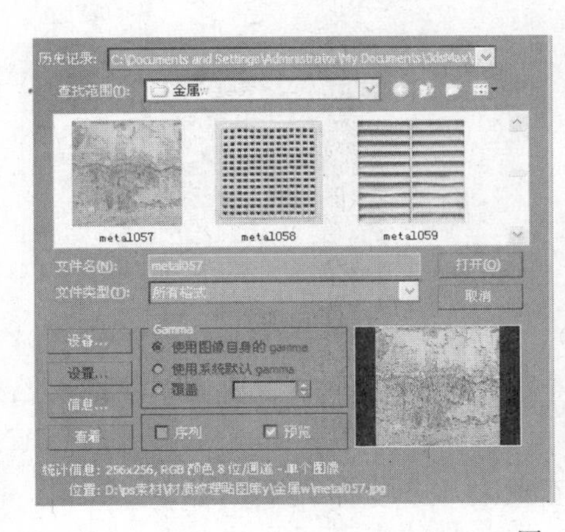

图 10-74

(2) 单击“转到父对象”(Go to Parent)，在“反射高光”(Specular Highlights)区域中将“高光级别”(Specular Level)设置为16，“光泽度”(Glossiness)设置为31。它们分别控制物体表面的高光大小和表面光泽程度。金属表面一般都会具备一定的反射，所以我们得给金属添加反射效果。

(3) 进入“贴图”(Maps)面板，单击“反射”(Reflection)右边的“无”(None)进入通道提示面板，找到并双击“光线跟踪”(Raytrace)。单击“转到父对象”(Go to Parent)，把反射“数量”(Amount)改成10。不同金属的参数不同，可以参考现实生活中的金属来调节，没有固定的参数值。见图10-75。

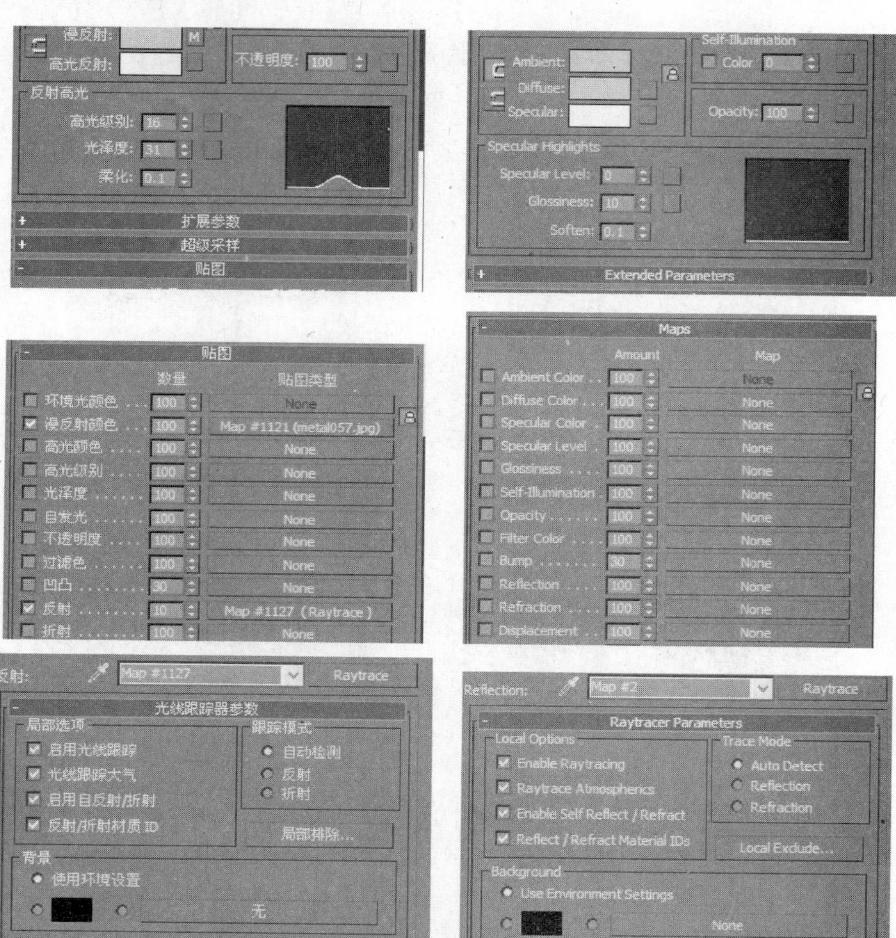

图 10-75

(4) 最后，由于锈迹的脱落，金属表面变得很不光滑，接下来就要做材质的凹凸效果，先把金属材质贴图去色。打开“贴图”(Maps)面板找到“凹凸”(Bump)，单击“无”(None)进入通道提示面板，找到位图并双击，添加刚才做的去色后的金属贴图。

(5) “凹凸”(Bump)里的“数量”(Amount)控制物体表面凹凸的大小，大家可以根据需要改变数值。见图 10-76。

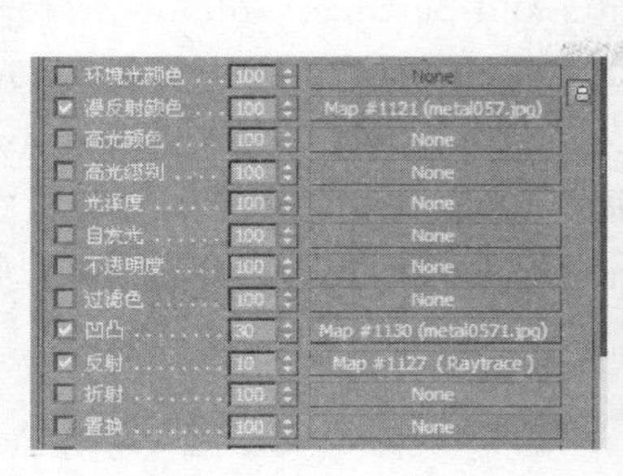

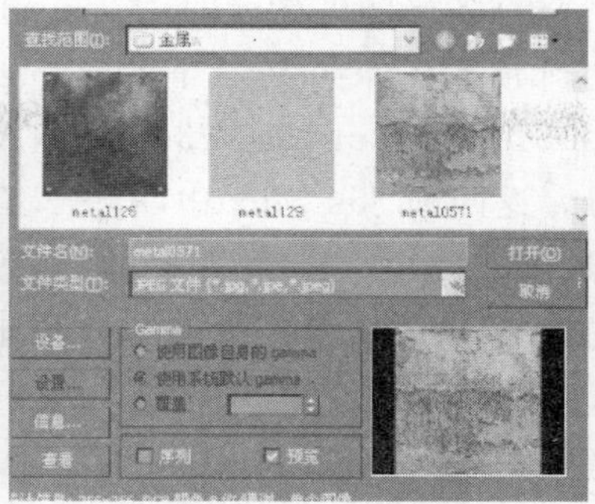

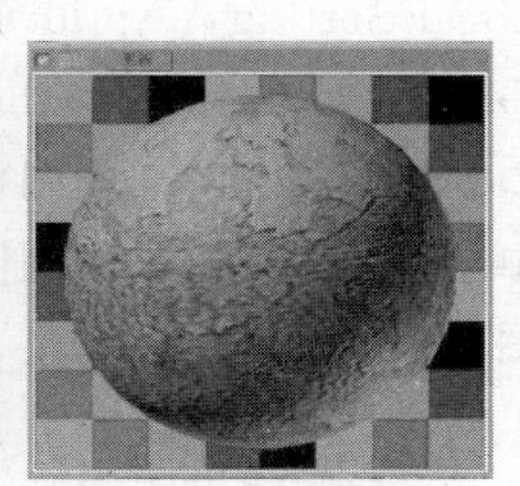

图 10-76

(6) 将做好的材质赋予对应的模型。先选中该模型，按键盘上的 M 键，进入材质编辑器。

(7) 选中金属材质，单击“将材质指定给选定对象”(Assign Material to Selection)，单击“在视口中显示标准材质”(Show Standard Map in View)。一个比较真实的旧金属物体就制作完毕了，见图 10-77。

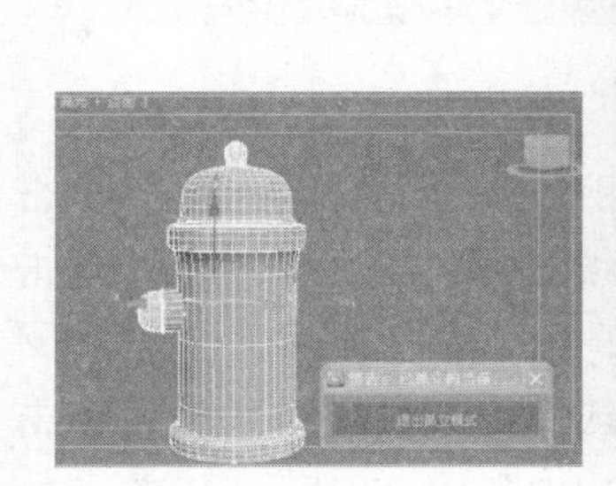
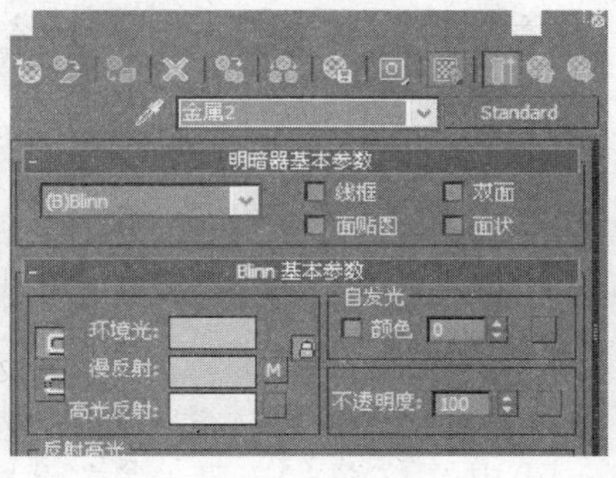

图 10-77

注意：可以注意到，如果把此材质赋予所有的旧金属物体，则显得很呆板，见图 10-78。

图 10-78

利用视口画布工具可以使纹理效果更随意，下面介绍具体步骤。

例 10-6 利用视口画布设定材质

(1) 选择文字对象，按键盘上的 M 键进入材质编辑器，单击一个空白材质球后单击按钮将材质赋予对象。

(2) 单击修改面板，添加"UVW 贴图"(UVW map)修改器，具体参数如图 10-79 所示。

(3) 做好准备工作：将准备好的贴图通过 Photoshop 等图像软件另存为.tif 格式的文件，并将此文件移动到如下文件夹中：C:\Documents and Settings\Administrator\Local Settings\Application Data\Autodesk\3dsmax\2011-32bit\chs\plugcfg\Viewport Canvas\Custom Brushes。返回到 3ds Max 中，打开"工具"(Tools)-视口画布(Viewport Canvas)，单击"笔刷图像"(Brush Image)卷展栏的"+"展开，单击颜色右边的部分，在弹出的"视口画布笔刷图像"(Viewport Canvas Brush Image)中选择我们要用的图案，见图 10-80。

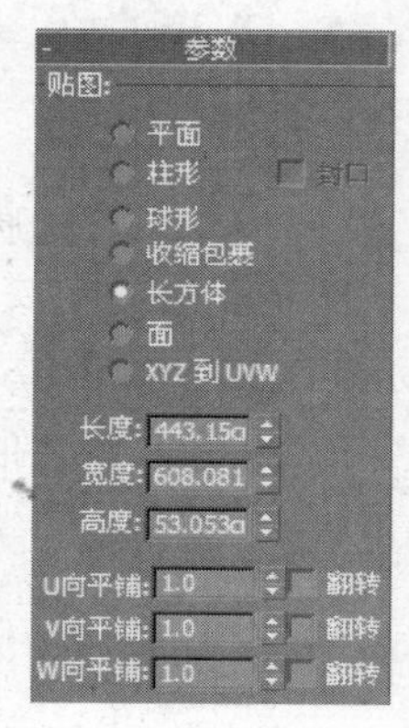

图 10-79

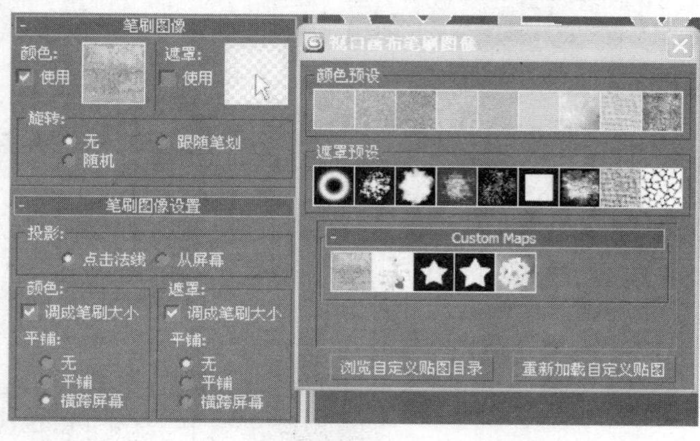

图 10-80

(4) 单击按钮选择漫反射颜色，见图 10-81，弹出如图 10-82 所示的对话框，单击"保存新纹理至"(save the new texture)的按钮，设置好存放位置，存为.tif 文件，单击"确定"。

(5) 在弹出的"层"(Layer)对话框中单击创建新的层后可以关闭对话框。单击"视口画布"(Viewport Canvas)中的 2D 视图 按钮。参数设置如图 10-83 所示，以单点的

图 10-81

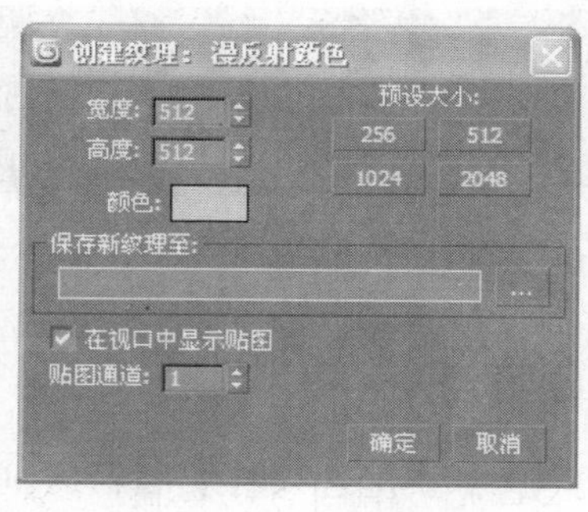

图 10-82

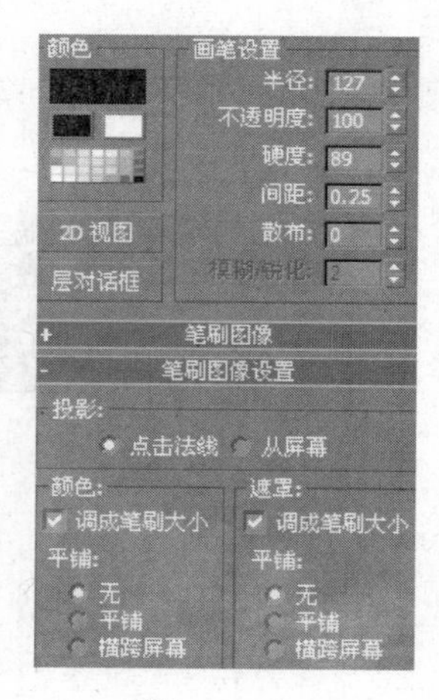

图 10-83

方式在弹出的“2D绘制”(2D Drawing)窗口中绘制，注意观察效果。结束后关闭2D绘制窗口，并单击鼠标右键，在弹出的“保存纹理层”(Save Layer)对话框中选择“展平层并保存当前纹理”(Flatten layers and save the current texture)。

此外，这种方法也可引用到其他贴图通道以得到有趣的效果。

2. 木头材质

例 10-7 设定木头材质

(1) 继续前面的练习。按M键打开材质编辑器，选择一个新的材质样本。单击漫反射通道，在弹出的提示面板找到2D位图，然后双击位图进入位图通道面板。在“位图参数”(bitmap)单击“无”(None)进入通道，找到木头贴图路径，选中贴图并双击即可。

(2) 单击“将材质指定给选定对象”(Assign Material to Selection)，单击“在视口中显示标准材质”(Show Standard Map in View)，见图10-84。

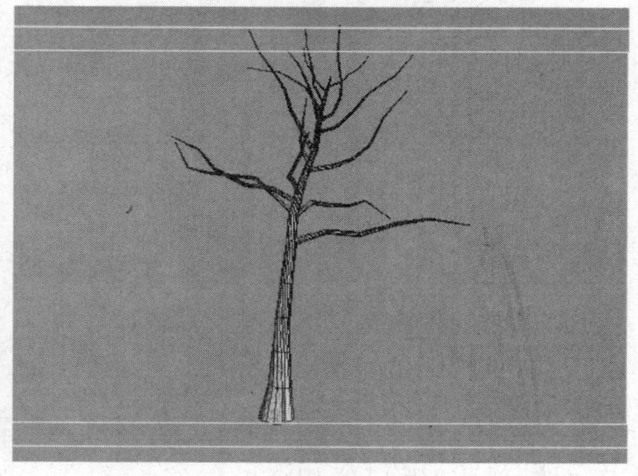

图 10-84

(3) 使材质更好地赋予到模型表面和纹理拉伸。选择模型，在修改器列表下添加UVW贴图，选择“长方体”(Box)的映射方式，提前到适合的“长度”“宽度”“高度”(length、width、height)。见图10-85。

3. 地面材质

例 10-8 设定地面材质

(1) 继续前面的练习。按M键打开材质编辑器，选择一个新的材质样本。单击漫反射通道，在弹出的提示面板找到2D位图，然后双击位图进入位图通道面板。在“位图参数”(bitmap)单击“无”(None)进入通道，找到地面贴图路径，选中贴图并双击即可。

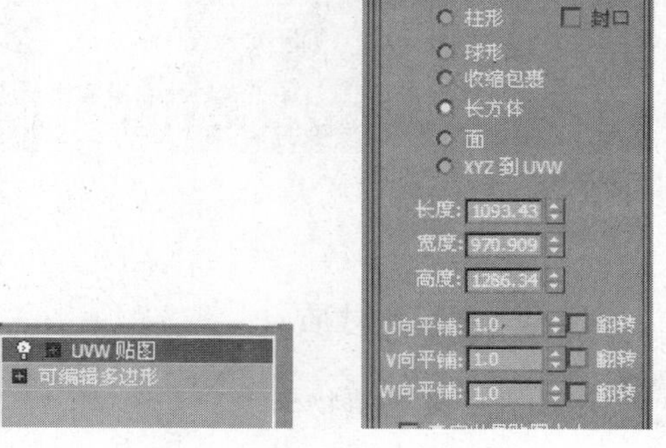

图 10-85

(2) 单击“将材质指定给选定对象”(Assign Material to Selection)，单击“在视口中显示标准材质”(Show Standard Map in View)。给地面添加 UVW 贴图，选择平面的映射方式，调整到合适的纹理大小，见图 10-86。

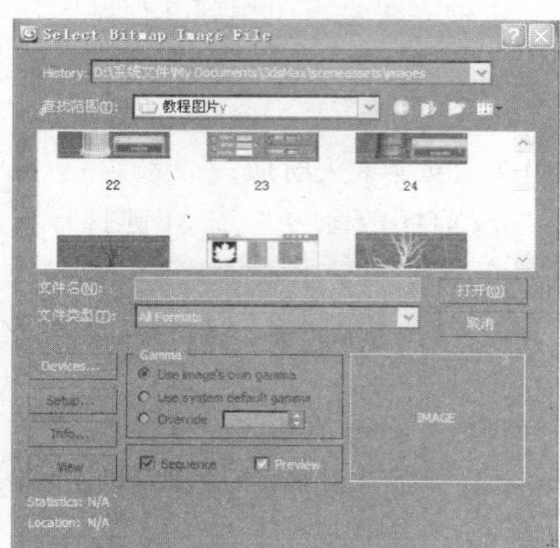

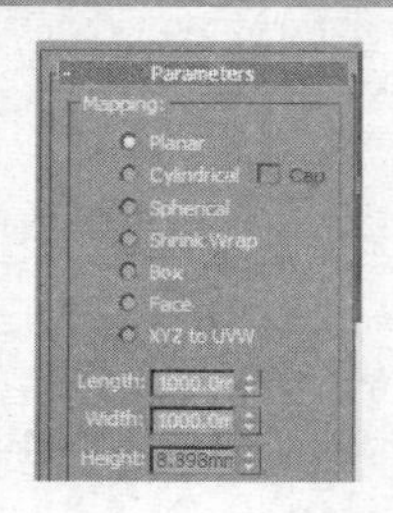

图 10-86

(3) 为了使地面材质更加真实，可以选择适当给地面加点凹凸。在“贴图”(Maps)面板下右键单击“漫反射颜色”(Diffuse Color)通道选择复制，然后在“凹凸”(Bump)通道右键单击选择实例粘贴，完成对地面添加凹凸效果。见图 10-87。

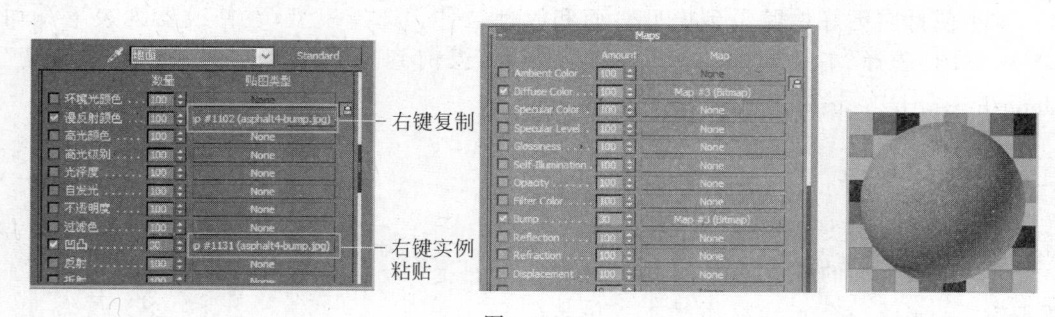

图 10-87

4. 植物渐变材质

例 10-9 设定植物渐变材质

(1) 继续前面的练习，为场景植物添加材质。按 M 键打开材质编辑器，选择一个新的材质样本。单击漫反射通道，在弹出的提示面板找到渐变。然后双击渐变进入渐变面板。见图 10-88。

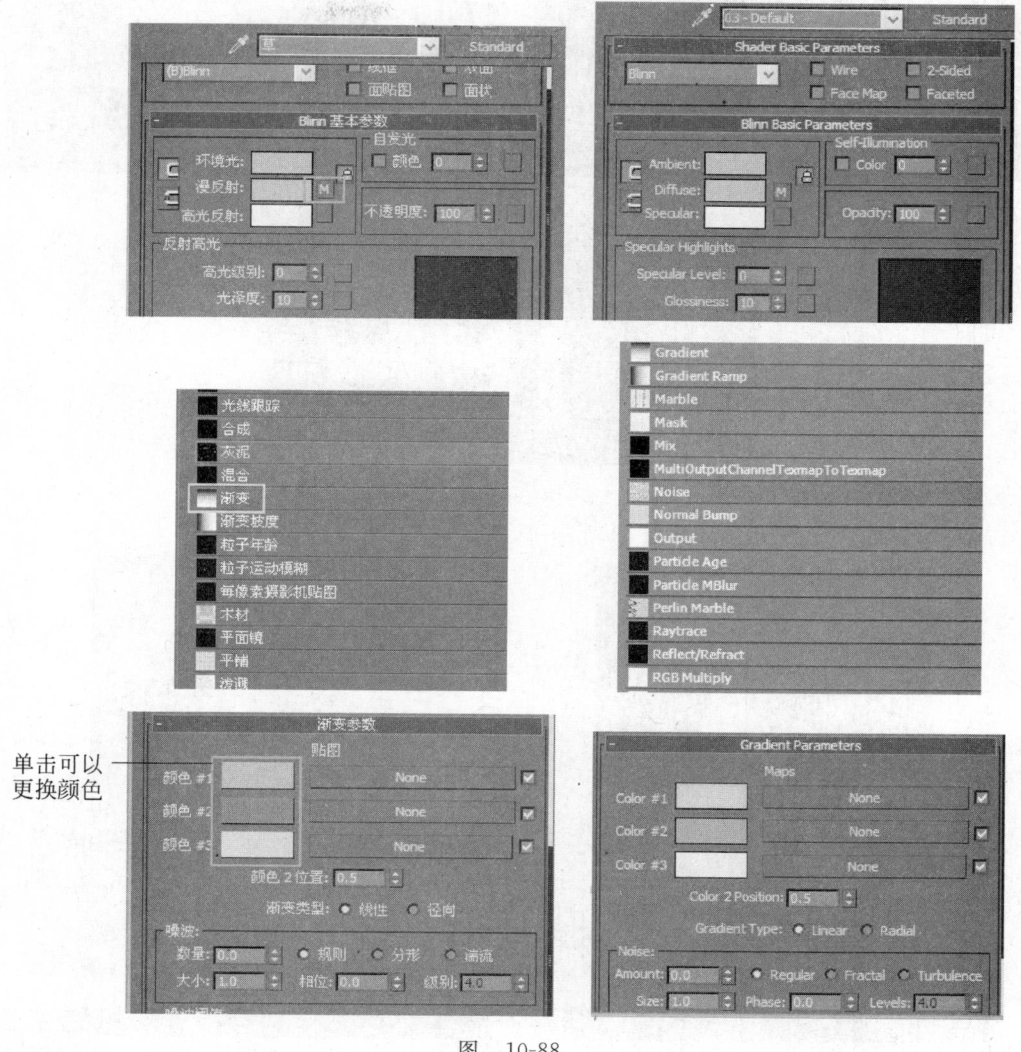

图 10-88

(2) 进入“渐变参数”(Gradient Parameters)把颜色设置为合适的颜色，见图 10-89；将制作好的材质赋予场景里的杂草。

5. 玻璃材质

例 10-10 设定玻璃材质

(1) 继续前面的练习。首先按 M 键打开材质编辑器，选择一个新的材质样本。

(2) 单击“漫反射”后的色样，设置玻璃的颜色，将“不透明度”(Opacity)设置为 50，设置“高光级别”(Specular Level)和“光泽度”(Glossiness)分别为 90 和 44。见图 10-90。

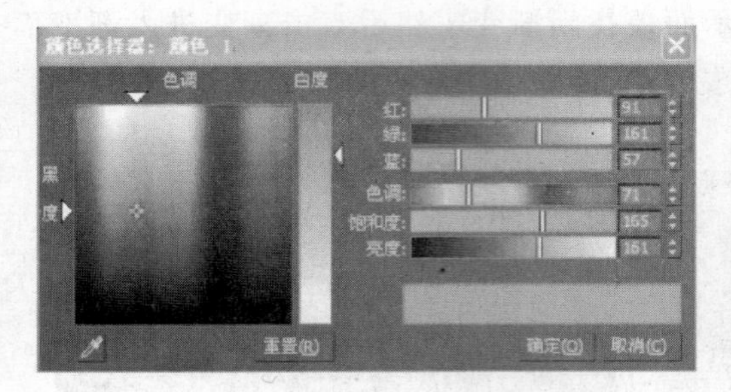

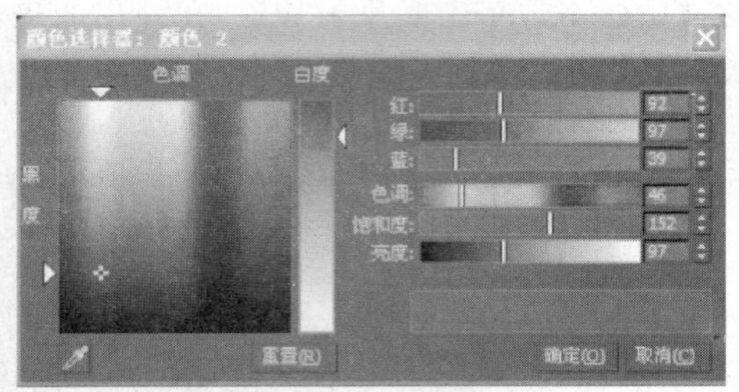

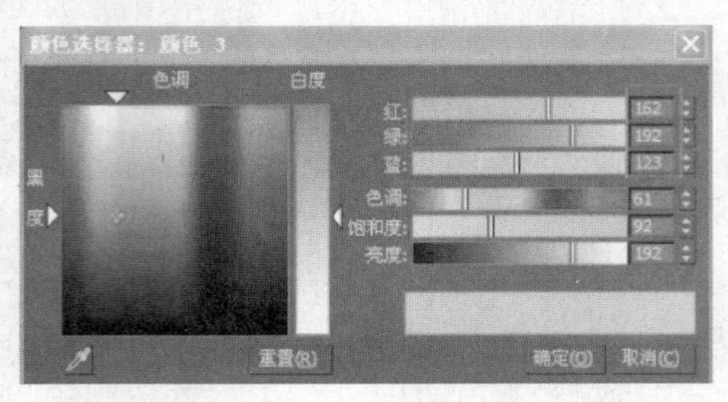

图　10-89

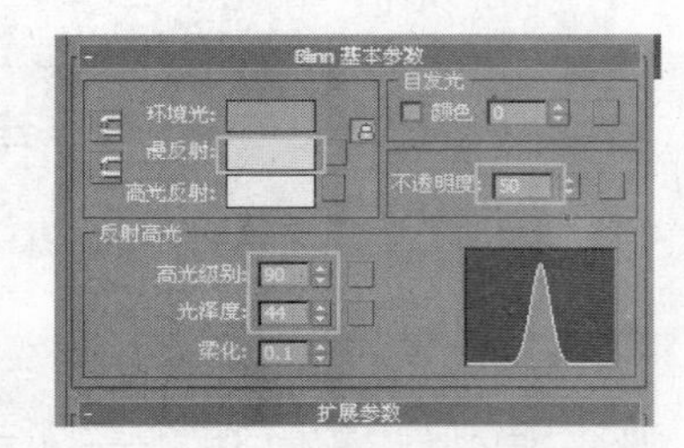

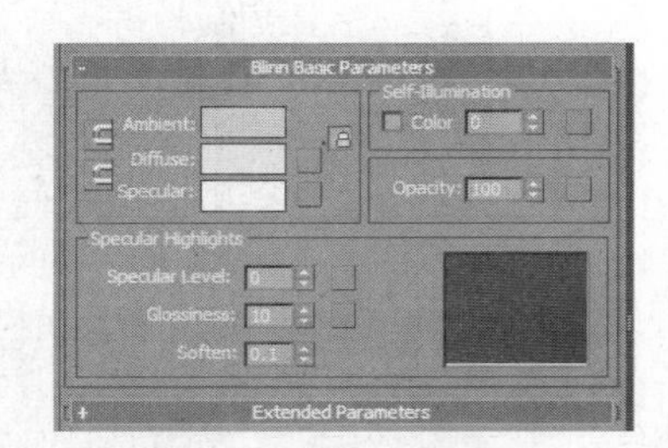

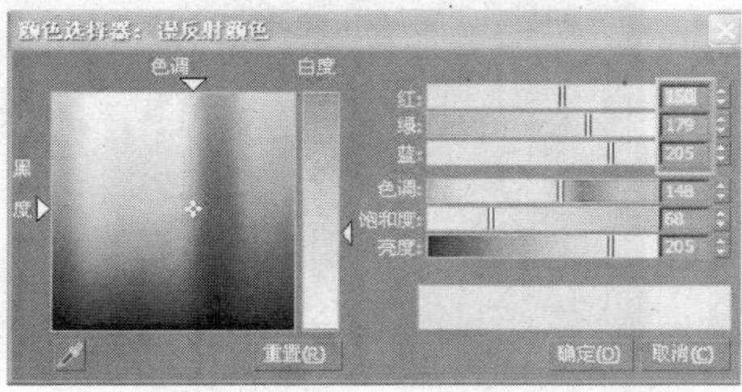

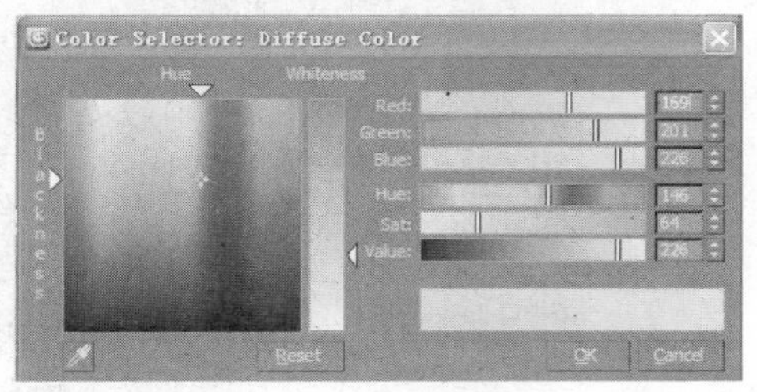

图　10-90

(3) 单击“扩展参数”(Extended Parameters)卷展栏“过滤”(fliter)后的色样，修改过滤颜色。见图 10-91。

(4) 前面将玻璃的固有色和透明性设置完成了，接下来再设置玻璃的反射属性。打开“贴图”卷展栏，单击“反射”(Reflection)后面的“无”(None)按钮，打开“材质/贴图预览器”，选择“光线跟踪”，然后单击“转到父对象”按钮，设置反射“数量”为 35。见图 10-92。

(5) 选择汽车玻璃，单击“将材质指定给选定对象”(Assign Material to Selection)，单击“在视口中显示标准材质”(Show Standard Map in View)。

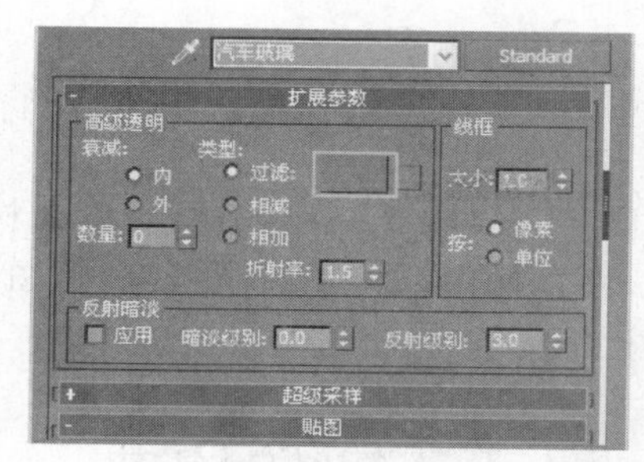
汽车玻璃
Standard
扩展参数
高级透明
衰减:
类型:
内
外
过滤:
相减
相加
数量: 0
折射率: 1.5
线框
大小: 1.0
按:
像素
单位
反射暗淡
应用
暗淡级别: 0.0
反射级别: 3.0
超级采样
贴图

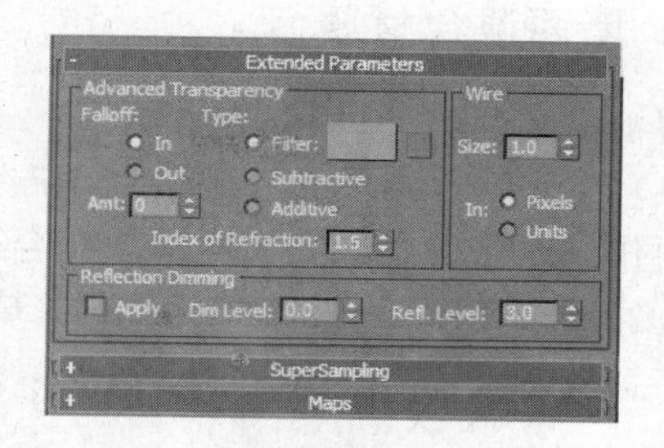
Extended Parameters
Advanced Transparency
Falloff:
Type:
In
Out
Filter:
Subtractive
Additive
Amt: 0
Index of Refraction: 1.5
Wire
Size: 1.0
In:
Pixels
Units
Reflection Dimming
Apply
Dim Level: 0.0
Refl. Level: 3.0
SuperSampling
Maps

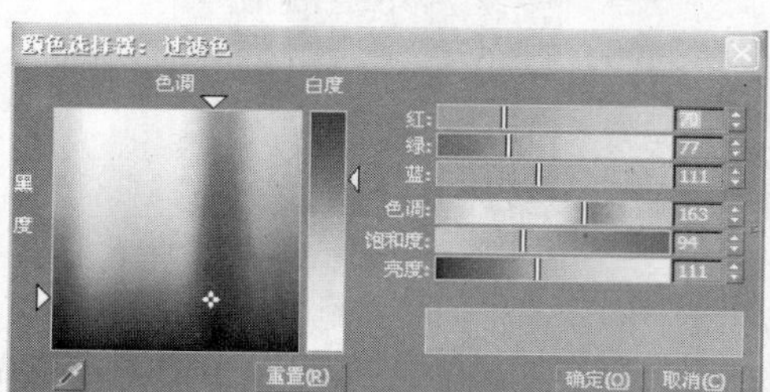
颜色选择器: 过滤色
色调
白度
黑度
红: 70
绿: 77
蓝: 111
色调: 163
饱和度: 94
亮度: 111
重置(R)
确定(O)
取消(C)

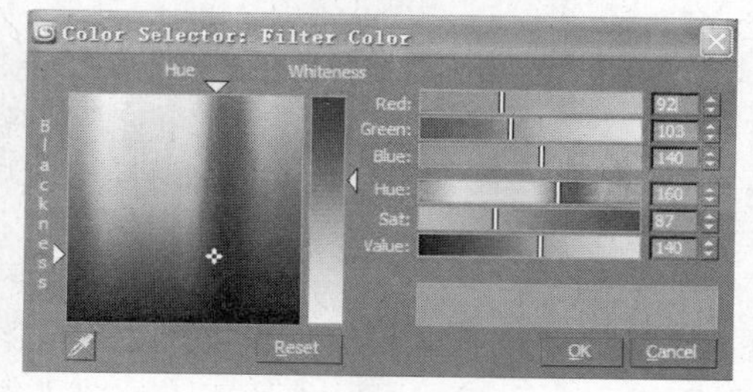
Color Selector: Filter Color
Hue
Whiteness
Blackness
Red: 92
Green: 103
Blue: 140
Hue: 160
Sat: 87
Value: 140
Reset
OK
Cancel

图 10-91

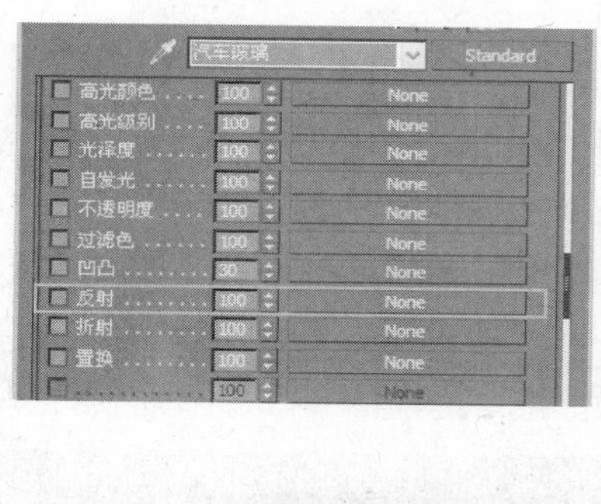
汽车玻璃
Standard
高光颜色 100 None
高光级别 100 None
光泽度 100 None
自发光 100 None
不透明度 100 None
过滤色 100 None
凹凸 30 None
反射 100 None
折射 100 None
置换 100 None

图 10-92

6. 墙面混合材质

例 10-11 设定墙面混合材质

(1) 继续前面的练习。制作旧红砖墙体的材质相对要困难一些，需要用混合材质来进行制作。在制作之前我们先准备好合适的贴图，在本例中，要用到一张红砖贴图、一张带绿色的青苔贴图、一张黑白灰的通道贴图。见图 10-93。

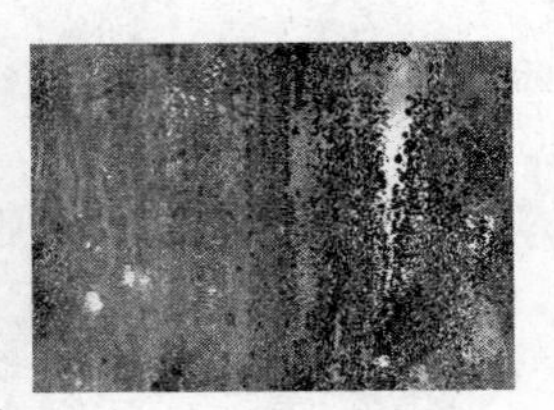

图 10-93

(2) 按 M 键打开材质编辑器，选择一个新的材质样本。单击漫反射通道，在弹出的提示面板中找到 2D 位图，然后双击位图进入位图通道面板。

(3) 在"位图参数"(Bitmap Parameters)单击"无"(None)进入通道，找到红砖贴图路径，选中贴图并双击即可。

(4) 设置"高光级别"和"光泽度"分别为 20 和 19。

(5) 打开"贴图"(Maps)卷展栏，单击"反射"(Reflection)后面的"无"(None)按钮，打开"材质/贴图预览器"(Material/Map Browser)，选择"光线跟踪"(Raytrace)，然后单击"转到父对象"(Go to Parent)按钮，设置反射"数量"(Amount)为 10。见图 10-94。

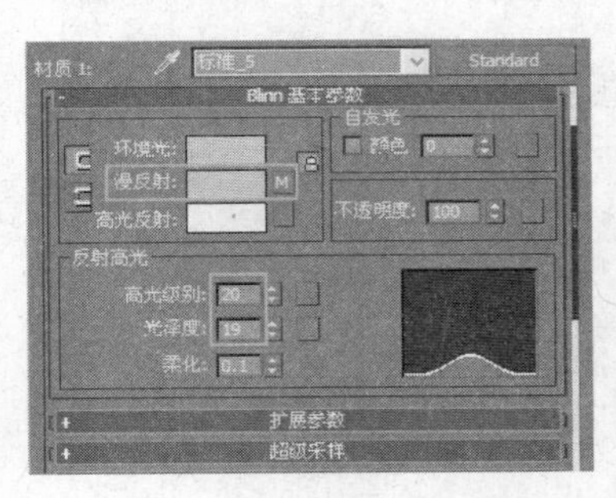

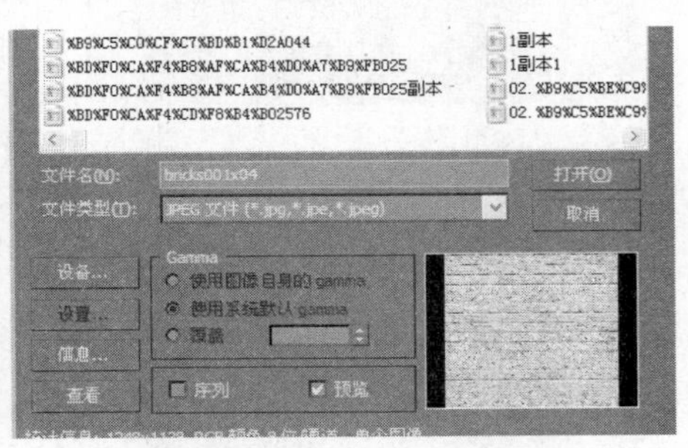

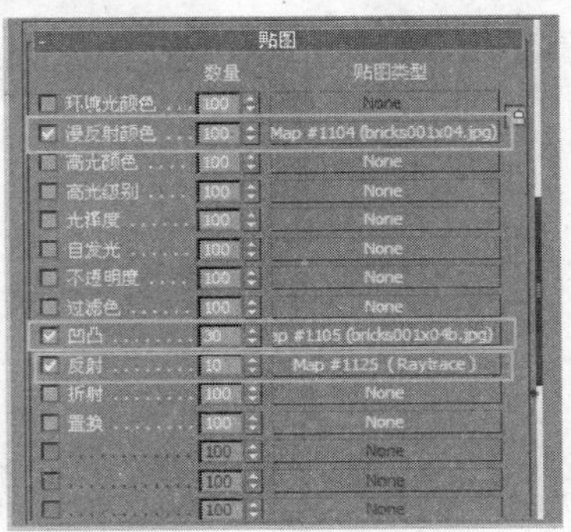

图 10-94

（6）单击 “转到父对象”(Go to Parent)，单击“标准”(Standard)，选择材质类型为混合材质，选择将旧材质保存为子材质。如图 10-95 所示。

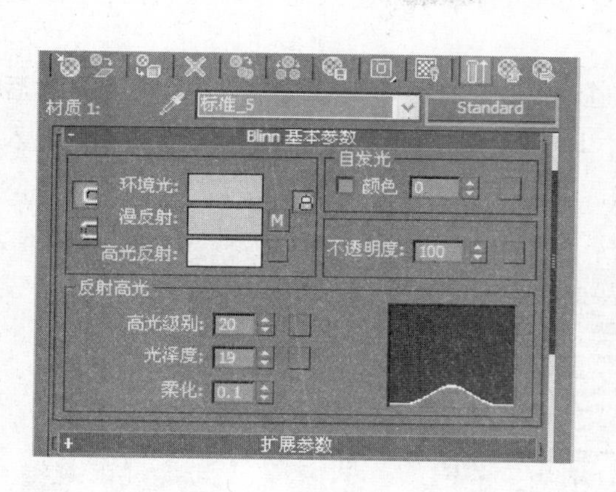

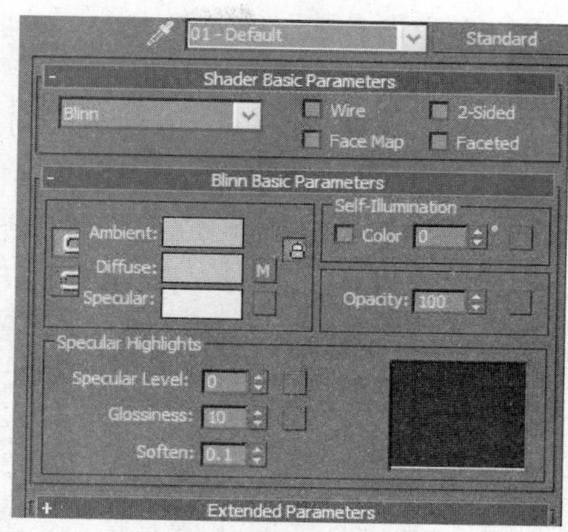

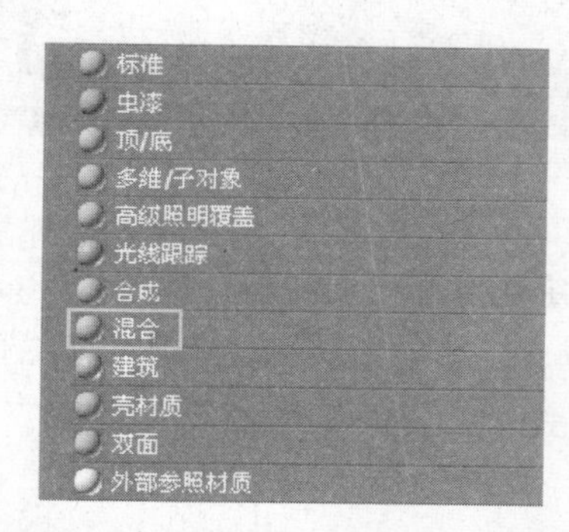

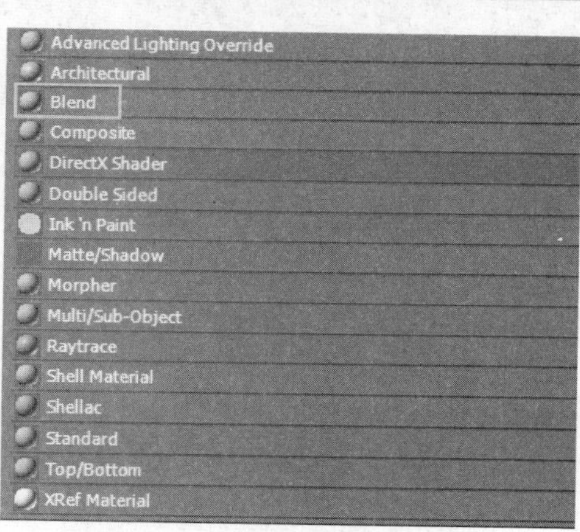

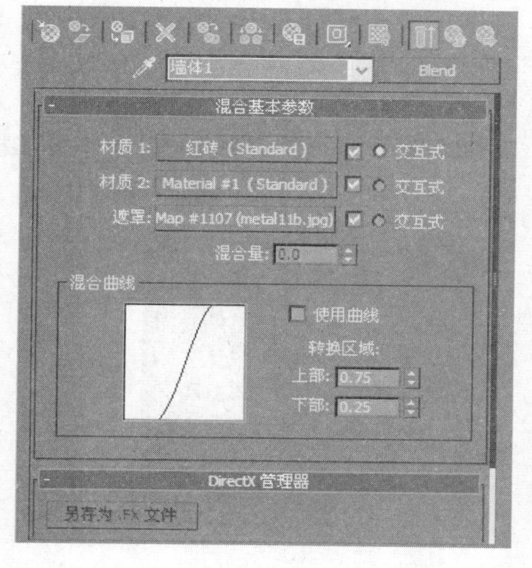

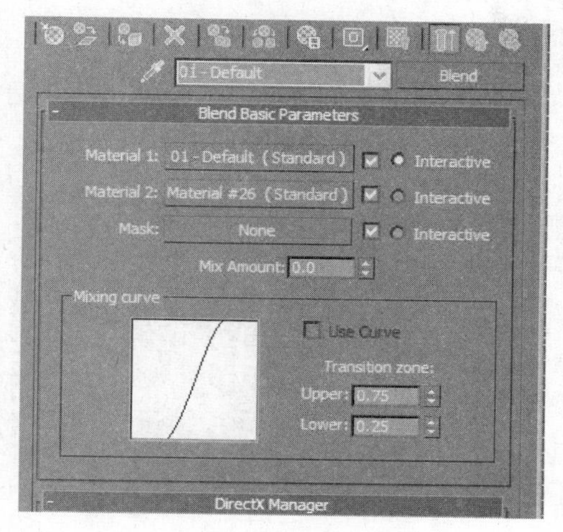

图 10-95

(7) 进入“材质 2”(Material2),单击漫反射通道,在弹出的提示面板中找到 2D 位图,然后双击位图进入位图通道面板。

(8) 在“位图参数”(Bitmap Parameters)单击“无”(None)进入通道,找到青苔贴图路径,双击贴图。

(9) 进入“遮罩”(Mask),单击漫反射通道,在弹出的提示面板中找到 2D 位图,然后双击位图进入位图通道面板。在“位图参数”(Bitmap Parameters)单击“无”(None)进入通道,找到之前准备好的遮罩贴图,双击贴图。见图 10-96。

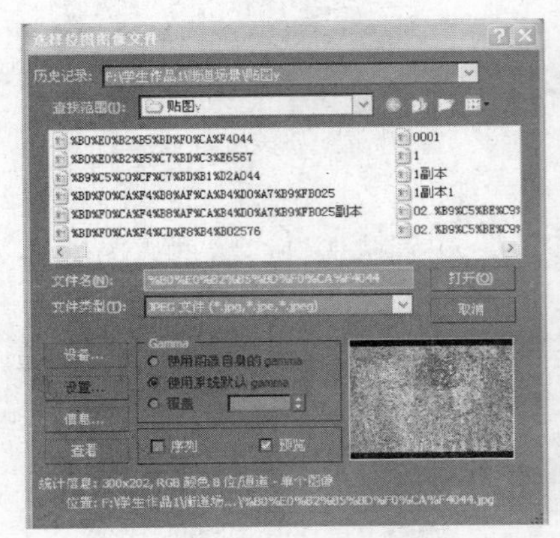

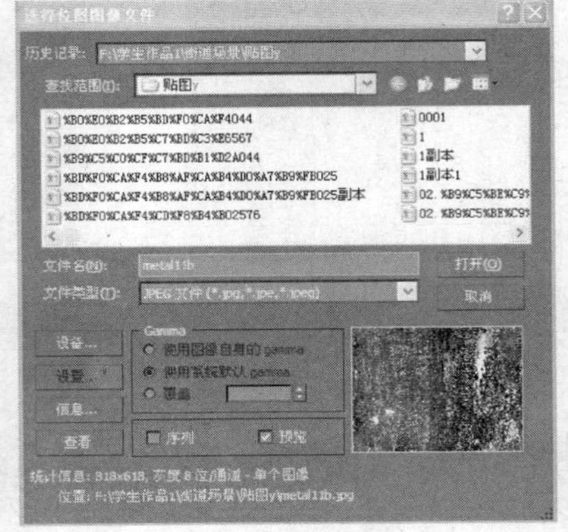

图 10-96

(10) 选择房子墙体部分,单击“将材质指定给选定对象”(Assign Material to Selection),单击“在视口中显示标准材质”(Show Standard Map in View)。在有需要的时候,给墙体加个 UVW 贴图,选择合适的映射方式。

10.5.3 创建灯光

例 10-12 创建灯光

(1) 继续前面的练习。创建一个目标平行灯作为场景的主灯,创建一组目标聚光灯作为全局光。场景布光图如图 10-97 所示。

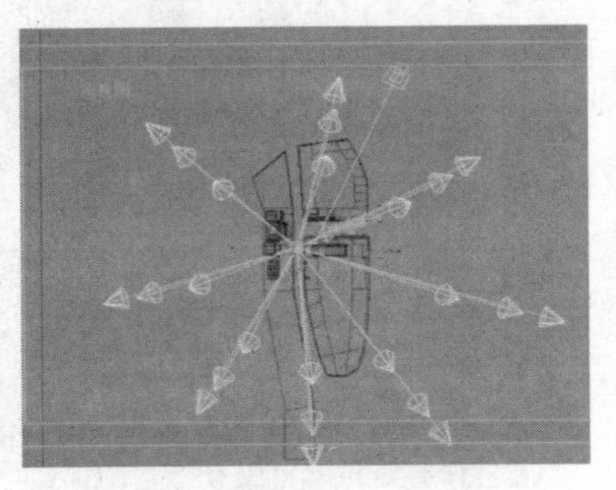

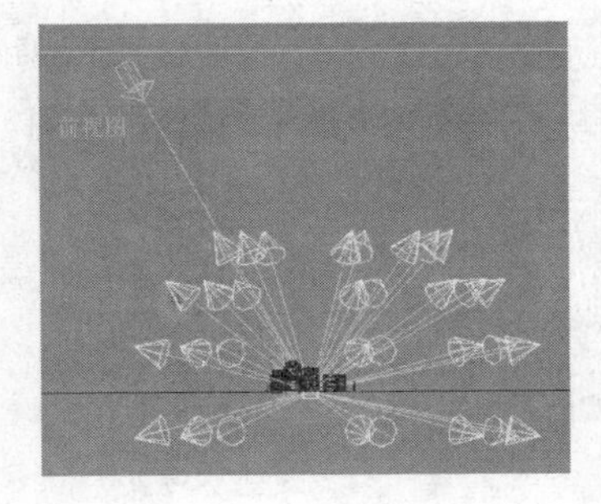

图 10-97

（2）主灯光参数设置如图 10-98 所示。

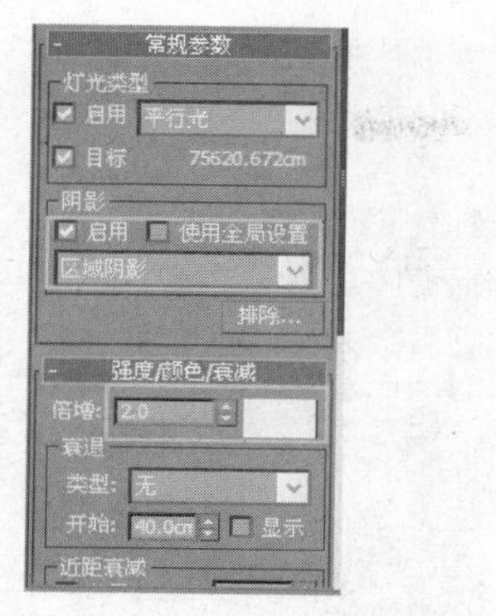

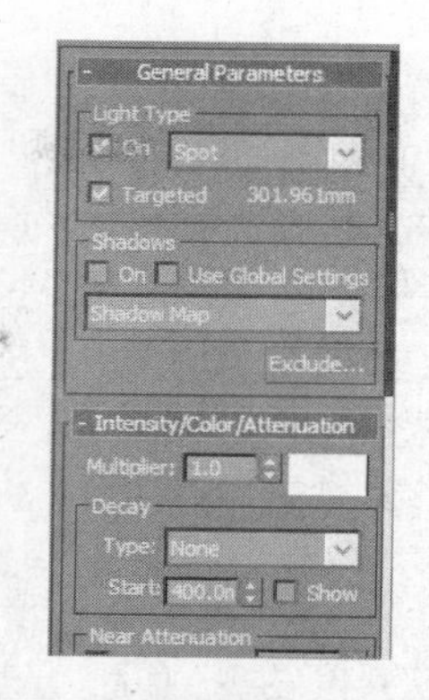

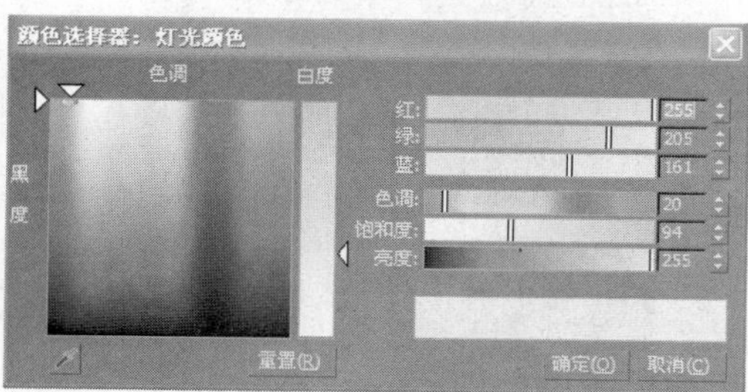

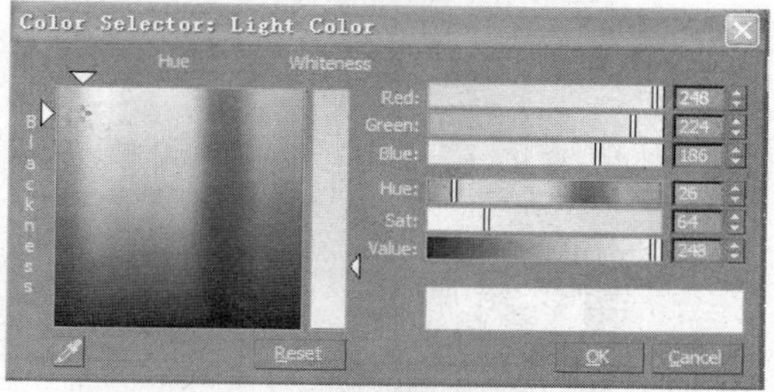

图 10-98

（3）全局光参数设置如图 10-99 所示。

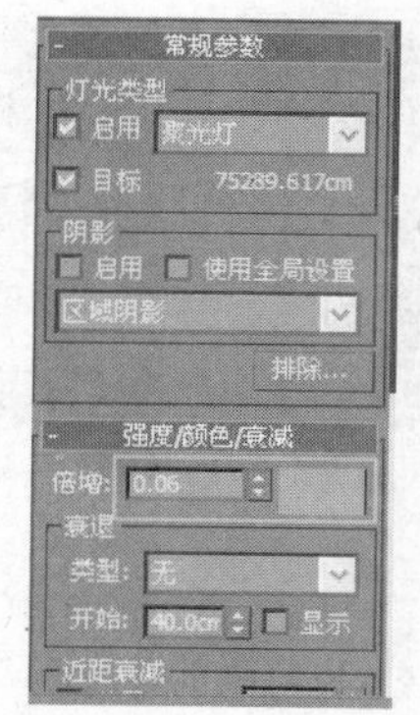

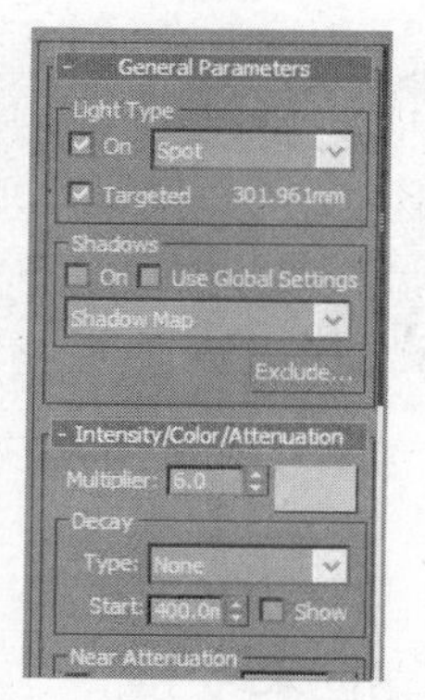

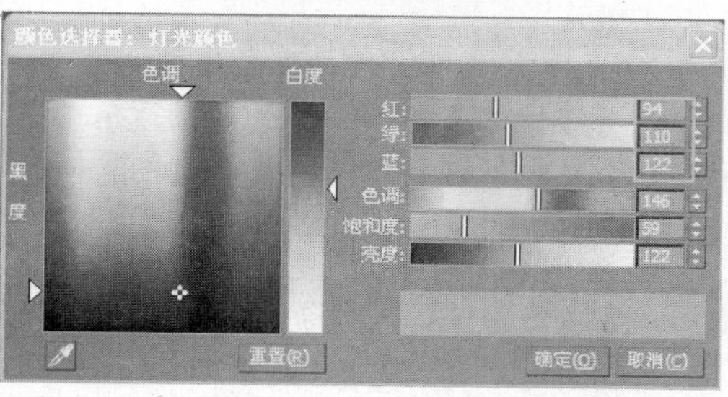

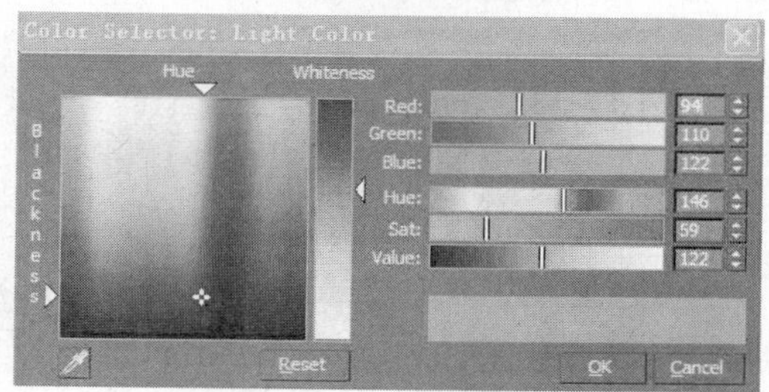

图 10-99

(4) 天空设置如图 10-100 所示。

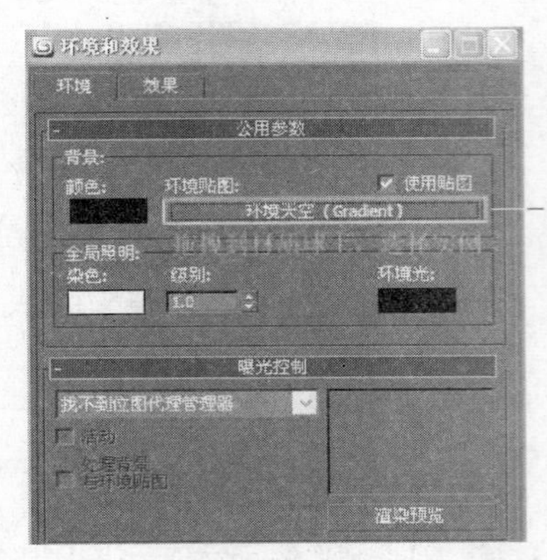

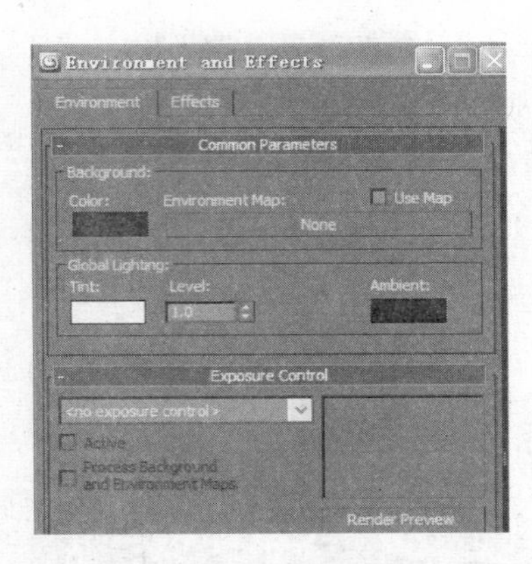

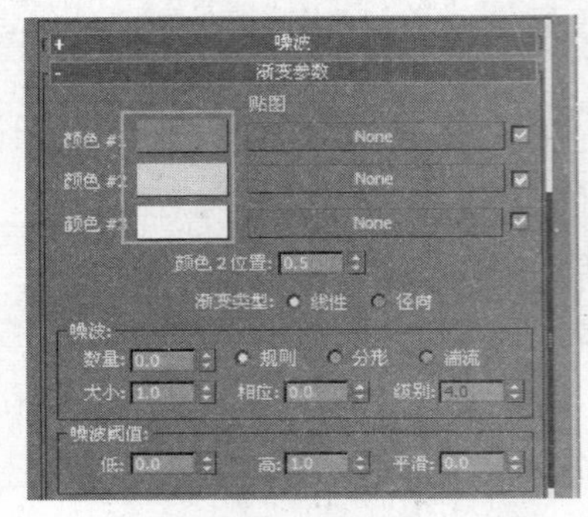

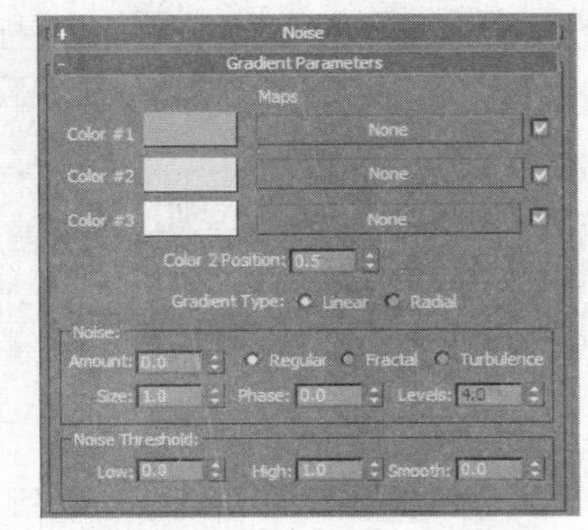

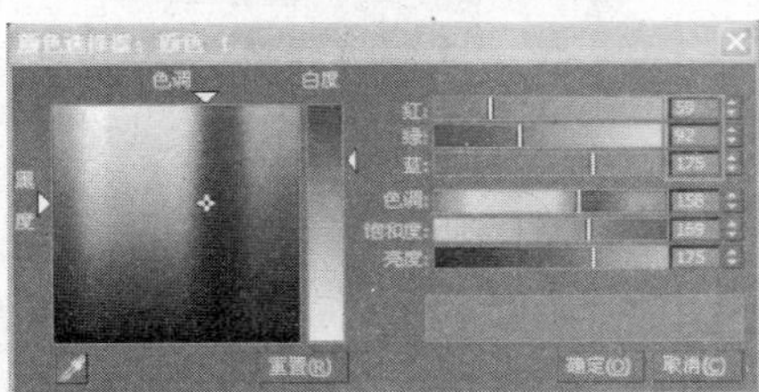

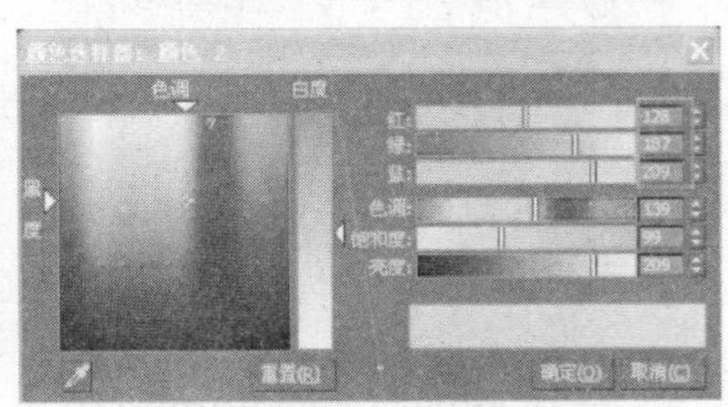

图 10-100

10.5.4 渲染

例 10-13 渲染

(1) 继续前面的练习。按快捷键 F10，弹出“渲染设置”(Render Setup)对话框，在其中进行渲染器参数调节。

(2) 在“公用”(Common)选项卡中选择“单帧”(Single)，输出静态图像，并且设置输出大小为 1500 * 843。见图 10-101。

(3) 在“渲染器”(Renderer)选项卡中设置抗锯齿过滤器数值大小，启用全局超级采样器，设为摄像机视口进行渲染，见图 10-102。

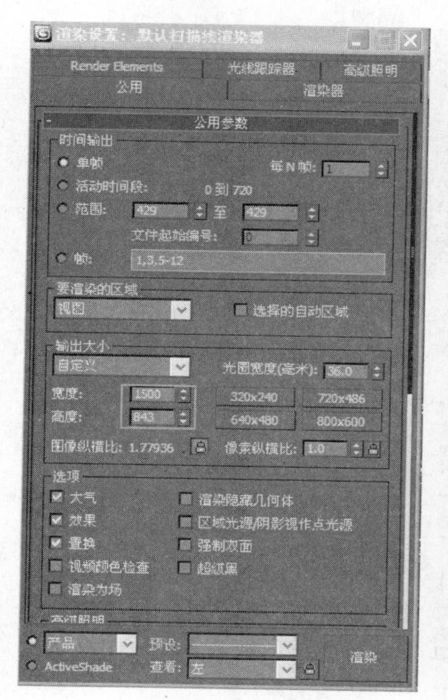

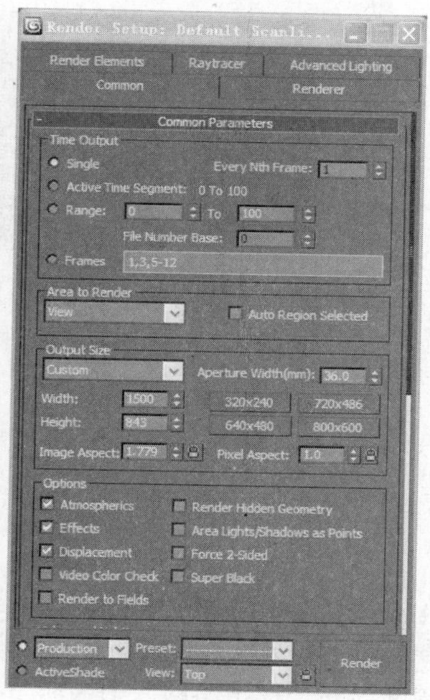

图 10-101

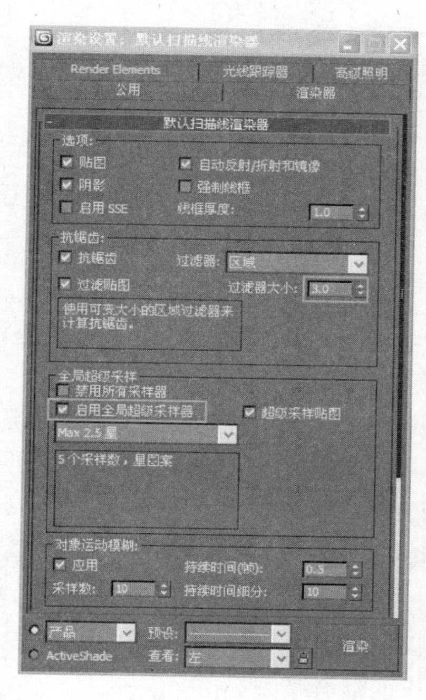

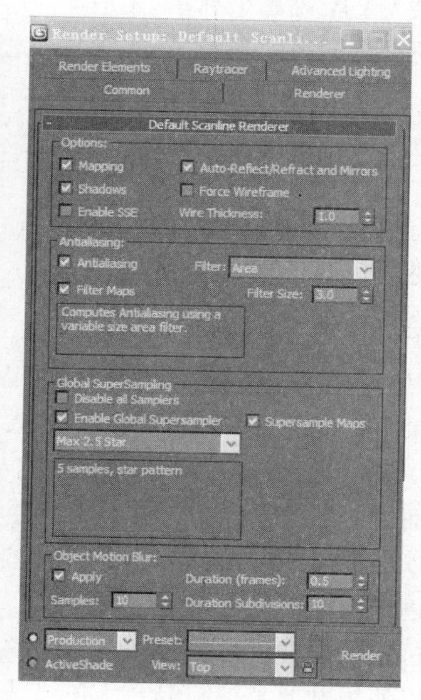

图 10-102

（4）单击“渲染”(Render)按钮，最终效果如图 10-103 所示。

最终文件见光盘中的 Samples-10-01f. max。

图　10-103

小　结

贴图是 3ds Max 材质的重要内容。通过本章的学习，应该熟练掌握以下内容：

- 位图贴图和程序贴图的区别与联系；
- 如何将材质和贴图混合创建复杂的纹理；
- 修改 UVW 贴图坐标；
- 理解贴图通道的基本用法。

习　题

一、判断题

1. 位图(Bitmap)贴图类型的“坐标(Coordinates)”卷展栏中的“平铺”(Tiling)和“平铺”(Tile)用来调整贴图的重复次数。

2. 如果不选取“坐标”(Coordinates)卷展栏中的“平铺”(Tile)复选框，那么增大“平铺”(Tiling)的数值只能是贴图沿着中心缩小，并不能增大重复次数。

3. 平面镜贴图(Flat Mirror)不能产生动画效果。

4. 可以根据面的 ID 号应用平面镜效果。

5. 可以给平面镜贴图指定变形效果。

6. 不可以根据材质来选择几何体或者几何体的面。

7. 可以使用贴图来控制混合(Blend)材质的混合情况。

8. 在材质编辑器的“基本参数”卷展栏中，“不透明度”(Opacity)的数值越大，对象就越透明。

9. 可以使用贴图来控制几何体的透明度。

10. 可以使用“噪波”(Noise)卷展栏中的参数设置贴图变形的动画。

二、选择题

1. Bumo Maps 是________。

A. 高光贴图　　B. 反光贴图　　C. 不透明贴图　　D. 凹凸贴图

2. 纹理坐标系用在下面________上。

A. 自发光贴图　　B. 反射贴图　　C. 折射贴图　　D. 环境贴图

3. 环境坐标系统常用在________类型。

A. 凹凸贴图　　B. 反射贴图　　C. 自发光贴图　　D. 高光贴图

4. 下面________不是 UVW Map 编辑修改器的贴图形式。

A. 平面(Planar)　　B. 盒子(Box)

C. 面(Face)　　D. 茶壶(Teapot)

5. 如果给一个几何体增加 UVW 贴图编辑修改器，并将"U 平铺"(U Tile)设置为 2，同时将该几何体的材质的"坐标"(Coordinates)卷展栏中的"U 平铺"(U Tiling)设置为 3，那么贴图的实际重复次数是________次。

A. 2　　B. 3　　C. 5　　D. 6

6. 单击视口标签后会弹出一个右键菜单，从该菜单中选择________命令可以改进交互视口中贴图的显示效果。

A. 视口剪切(Viewport Clipping)　　B. 纹理校正(Texture Correction)

C. 禁用视口(Disable View)　　D. 显示安全框(Show Safe Frame)

7. 渐变色(Gradient)贴图的类型有________。

A. 线性(Linear)　　B. 径向(Radial)

C. 线性和径向(Linear&Radial)　　D. 盒子(Box)

8. 在默认情况下，渐变色(Gradient)贴图的颜色有________。

A. 1 种　　B. 2 种　　C. 3 种　　D. 4 种

9. 坡度渐变(Gradient Ramp)贴图的颜色可以有________。

A. 2 种　　B. 3 种　　C. 4 种　　D. 无数种

10. 可以使几何对象表面的纹理感和立体感增强的贴图类型是________。

A. 漫反射贴图　　B. 凹凸贴图　　C. 反射贴图　　D. 不透明贴图

三、问答题

1. 如何为场景中的几何对象设计材质？

2. UVW 坐标的含义是什么？如何调整贴图坐标？

3. 试着给球、长方体和圆柱贴不同的图形，并渲染场景。

4. 如果在贴图中使用 AVI 文件会出现什么效果？

5. 尝试给图 10-104 的文字设计材质(配套光盘中的文件名是 Samples-10-02. bmp)。

图　10-104

6. 球形贴图方式和收缩包裹贴图的投影方式有什么

区别？

7. 在 3ds Max 2011 中如何使用贴图控制材质的透明效果？

8. 尝试设计水的材质。建议使用与本章讲述的方法不同的方法。

9. 尝试给图 10-105 的茶壶设计材质（配套光盘中的文件名是 Samples-10-03. bmp）。

10. 尝试给图 10-106 的茶壶设计材质（配套光盘中的文件名是 Samples-10-04. bmp）。

图 10-105

图 10-106

第11章 灯光

本章介绍 3ds Max 2011 中的照明知识，通过本章的学习掌握基本的照明原理。

本章重点内容：

- 理解灯光类型的不同
- 理解各种灯光参数
- 创建和使用灯光
- 高级灯光的应用

11.1 灯光的特性

3ds Max 2011 的灯光有两种类型，即标准灯光（Standard Lights）和光度学灯光（Photometric Lights）。所有灯光类型在视口中都显示为灯光对象。它们共享相同的参数，包括阴影生成器。3ds Max 2011 灯光的特性与自然界中灯光的特性不完全相同。

11.1.1 标准灯光（Standard Lights）

标准灯光是基于计算机的模拟灯光对象，例如家用或办公室灯、舞台和电影工作时使用的灯光设备和太阳光本身。不同种类的灯光对象可用不同的方法投射灯光，模拟不同种类的光源。

3ds Max 提供了 5 种标准灯光（Standard Lights）类型的灯光，分别是聚光灯、平行光、泛光灯、太阳光和区域光，对应了 8 种标准灯光（Standard Lights）对象，分别是目标聚光灯、自由聚光灯、目标平行灯光、自由平行灯光、泛光灯、天光、mr 区域泛光灯、mr 区域聚光灯。我们首先介绍聚光灯。

1. 聚光灯(Spotlight)

聚光灯(Spotlight)是最为常用的灯光类型，它的光线来自一点，沿着锥形延伸。光锥有两个设置参数，它们是聚光区(Hotspot)和衰减区(Falloff)，见图 11-1。聚光区(Hotspot)决定光锥中心区域最亮的地方，衰减区(Falloff)决定从亮衰减到黑的区域。

聚光灯光锥的角度决定场景中的照明区域。较大的锥角产生较大的照明区域，如图 11-2 所示，通常用来照亮整个场景；较小的锥角照亮较小的区域，可以产生戏剧性的效果，如图 11-3 所示。

3ds Max 允许不均匀缩放圆形光锥，形成一个椭圆形光锥，见图 11-4。

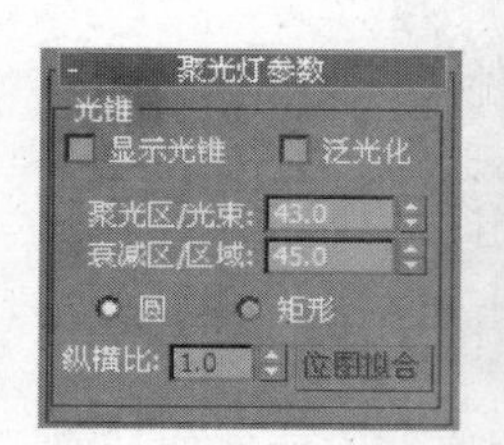

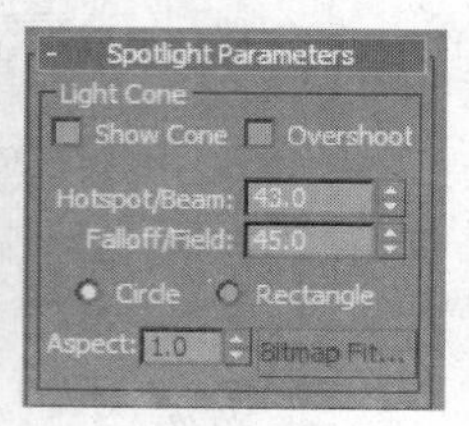

图 11-1

图 11-2

图 11-3

图 11-4

聚光灯光锥的形状不一定是圆形的，可以将它改变成矩形的。如果使用矩形聚光灯，就不需要使用缩放功能来改变它的形状，可以使用"纵横比"(Aspect)参数改变聚光灯的形状，见图 11-1。

从图 11-5 中可以看出，Aspect＝1.0 将产生一个正方形光锥，Aspect＝0.5 将产生一个高的光锥，Aspect＝2.0 将产生一个宽光锥。

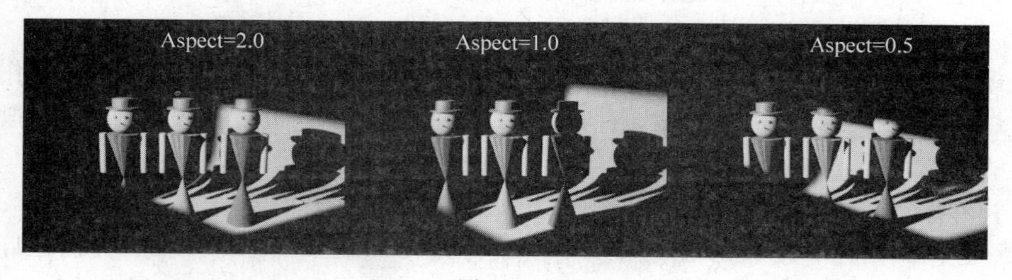

图 11-5

2. 平行光(Direct)

有向光源在许多方面不同于聚光灯和泛光灯,其投射的光线是平行的,因此阴影没有变形,见图 11-6。有向光源没有光锥,因此常用来模拟太阳光。

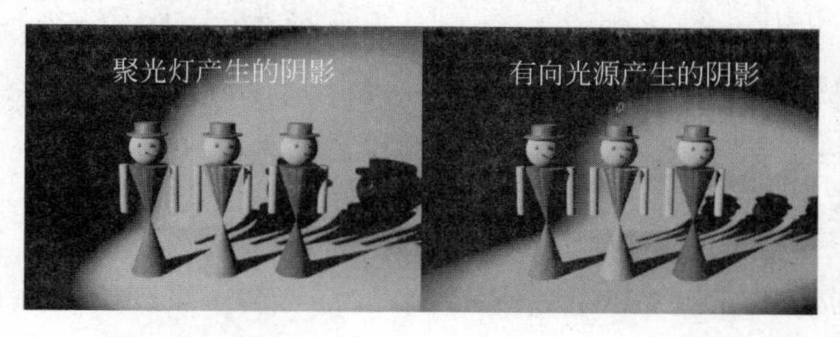

图 11-6

3. 泛光灯(Omni)

泛光灯(Omni)是一个点光源,它向全方位发射光线。通过在场景中单击就可以创建泛光灯。泛光灯常用来模拟室内灯光效果,例如吊灯,见图 11-7。

4. 天光(Skylight)

天光(Skylight)用来模拟日光效果。可以通过设置天空的颜色或为其指定贴图来建立天空的模型。其参数卷展栏如图 11-8 所示。

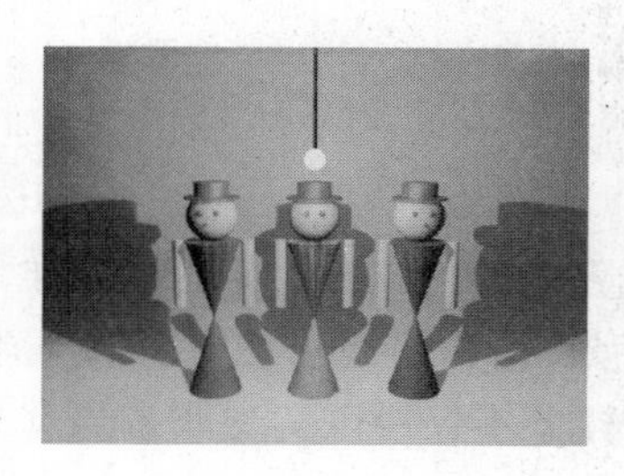

图 11-7

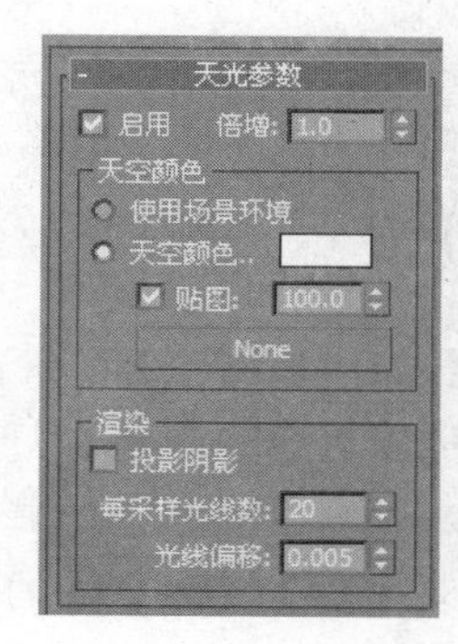

图 11-8

5. 区域光(Area Light)

区域灯光(Area Light)是专门为 mental ray 渲染器设计的,支持全局光照、聚光等功能。这种灯光不是从点光源发光,而是从光源周围的一个较宽阔的区域发光,并生成边缘柔和的阴影。区域光的渲染时间比点光源的渲染时间要长。

11.1.2 自由灯光和目标灯光

在 3ds Max 中创建的灯光有两种形式,即自由灯光和目标灯光。聚光灯和有向光源都有这两种形式。

1. 自由灯光

与泛光灯类似，通过单击就可以将自由灯光放置在场景中，不需要指定灯光的目标点。当创建自由灯光时，它面向所在的视口。一旦创建后就可以将它移动到任何地方。这种灯光常用来模拟吊灯（见图 11-9）和汽车车灯的效果，也适用于作为动画灯光，如模拟运动汽车的车灯。

2. 目标灯光

目标灯光的创建方式与自由灯光不同。必须首先指定灯光的初始位置，然后再指定灯光的目标点，见图 11-10。目标灯光非常适用于模拟舞台灯光，可以方便地指明照射位置。创建一个目标灯光就创建了两个对象：光源和目标点。两个对象可以分别运动，但是光源总是照向目标点。

图 11-9

图 11-10

11.1.3 光度学灯光(IES Lights)及其分布

光度学灯光中，光线通过环境的传播是基于对真实世界的物理模拟。在 3ds Max 中通过使用光度学（光能）值可以更精确地定义灯光的各种参数，就像在真实世界一样。光度学灯光可以设置其分布、强度、色温和其他真实世界灯光的特性，也可以导入照明制造商的特定光度学文件以便设计基于商用灯光的照明。这样做不仅可以实现非常逼真的渲染效果，而且也可以准确测量场景中的光线分布。

在使用光度学灯光的时候，常常将光度学灯光与光能传递解决方案结合起来，可以生成物理精确的渲染或执行照明分析。

3ds Max 中提供了三种光度学灯光对象，分别是目标灯光、自由灯光和 mr sky 门户。

这三种不同类型的光度学灯光支持的灯光分布也不相同，通常每一种光度学灯光只支持两种或三种不同的灯光分布选项。其中，点光源（目标和自由）支持以下分布：

(1) 等向(Isotropic)：在各个方向上均等的分布灯光。光线传播如图 11-11 所示。

(2) 聚光灯(Spotlight)：分布类似于剧院中使用的聚光效果。聚光灯分布投射集中的光束，远离光源，强度衰减到 40%。在光束区域角度以外的地方，强度衰减到零，见图 11-12。

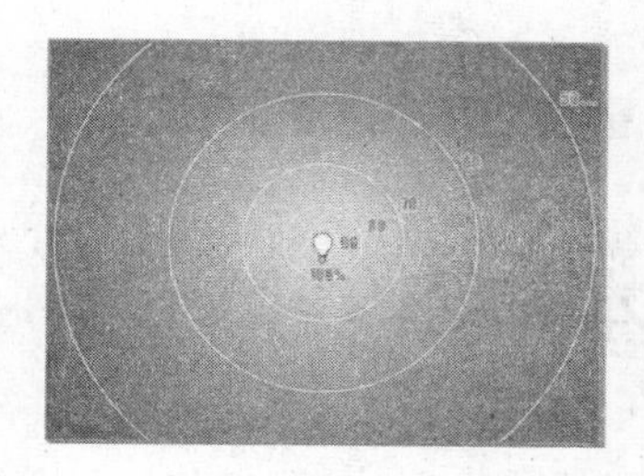

图 11-11

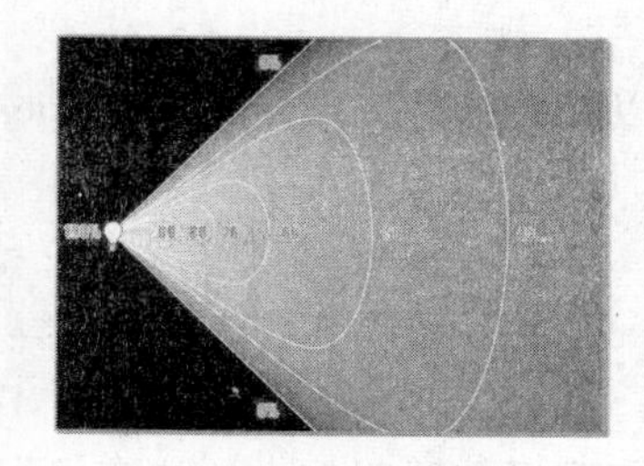

图 11-12

(3) Web：Web 分布使用光域网定义分布灯光。光域网是光源的灯光强度分布的 3D 表示。Web 定义存储在文件中。许多照明制造商可以提供其产品的建模 Web 文件，这些文件通常在 Internet 上可用。见图 11-13。

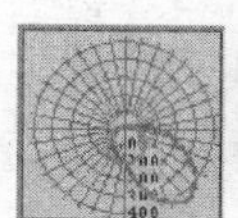
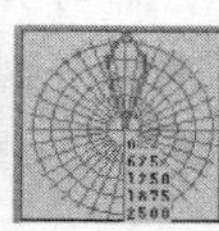
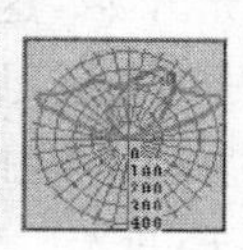

图 11-13

线性和区域光源（目标和自由）支持漫反射分布。漫反射（Diffuse）分布从曲面发射灯光。以正确角度保持在曲面上的灯光的强度最大。随着倾斜角度的增加，发射灯光的强度逐渐减弱。

在 3ds Max 2009 之前，如果从阴影的灯光图形来看，则存在多种类型的光度学灯光。但是现在光度学灯光仅有目标灯光和自由灯光两种类型，并且用户可以无需根据灯光类型来选择阴影投射的图形。

当打开在 3ds Max 早期版本中创建的场景时，该场景的光度学灯光会转换为新版本中对应的灯光。例如，采用等距分布的目标线性灯光会转换为采用线性阴影和统一球形分布的目标灯光。这样不会丢失任何信息，并且灯光的表现形式与以前版本中的相同。

如果所选分布影响灯光在场景中的扩散方式时，灯光图形会影响对象投影阴影的方式。此设置需单独进行选择。通常，较大区域的投影阴影较柔和。灯光图形所提供的六个选项如下：

(1) 点（Spot）：对象投影阴影时，如同几何点（如裸灯泡）在发射灯光一样。

(2) 线形（Line）：对象投影阴影时，如同线形（如荧光灯）在发射灯光一样。

(3) 矩形（Rectangle）：对象投影阴影时，如同矩形区域（如天光）在发射灯光一样。

(4) 圆形（Circle）：对象投影阴影时，如同圆形（如圆形舷窗）在发射灯光一样。

(5) 球体（Sphere）：对象投影阴影时，如同球体（如球形照明器材）在发射灯光一样。

(6) 圆柱体（Cylinder）：对象投影阴影时，如同圆柱体（如管形照明器材）在发射灯光一样。

可以在“图形/区域阴影”(Shape/Area Shadows)卷展栏上选择灯光图形。

11.2 布光的基本知识

随着演播室照明技术的快速发展,诞生了一个全新的艺术形式,我们将这种形式称为灯光设计。无论为什么样的环境设计灯光,一些基本的概念是一致的。首先为不同的目的和布置使用不同的灯光,其次是使用颜色增加场景氛围。

11.2.1 布光的基本原则

一般情况下可以从布置三个灯光开始,这三个灯光是主光(Key)、辅光(Fill)和背光(Back)。为了方便设置,最好都采用聚光灯,见图 11-14。尽管三点布光是很好的照明方法,但是有时还需要使用其他的方法来照明对象。一种方法是给背景增加一个 Wall Wash 光,给场景中的对象增加一个 Eye 光。

1. 主光

这个灯是三个灯中最亮的,是场景中的主要照明光源,也是产生阴影的主要光源。图 11-15 就是主光照明的效果。

图 11-14

图 11-15

2. 辅光

这个灯光用来补充主光产生的阴影区域的照明,显示出阴影区域的细节,而又影响主光的照明效果。辅光通常被放置在较低的位置,亮度也是主光的一半到三分之二。这个灯光产生的阴影很弱。图 11-16 是有主光和辅光照明的效果。

3. 背光

这个光的目的是照亮对象的背面,从而将对象从背景中区分开来。这个灯光通常放在对象的后上方,亮度是主光的三分之一到二分之一。这个灯光产生的阴影最不清晰。图 11-17 是主光、辅光和背光照明的效果。

图 11-16

图 11-17

4. Wall Wash 光

这个灯光并不增加整个场景的照明,但是它却可以平衡场景的照明,并从背景中区分出更多的细节。这个灯光可以用来模拟从窗户进来的灯光,也可以用来强调某个区域。图 11-18 是使用投影光作为 Wall Wash 光的效果。

5. Eye 光

在许多电影中都使用了 Eye 光,这个光只照射对象的一个小区域。这个照明效果可以用来给对象增加神奇的效果,也可以使观察者更注意某个区域。图 11-19 就是使用 Eye 光后的效果。

图 11-18

图 11-19

11.2.2 室外照明

前面介绍了如何进行室内照明,下面介绍如何照明室外场景。室外照明的灯光布置与室内的完全不同,需要考虑时间、天气情况和所处的位置等诸多因素。如果要模拟太阳的光线就必须使用有向光源,这是因为地球离太阳非常远,只占据太阳照明区域的一小部分,太阳光在地球上产生的所有阴影都是平行的。

要使用 Standard 灯光照明室外场景,一般都使用有向光源,并根据一天的时间来设置光源的颜色。此外,尽管可以使用 Shadow Mapped 类型的阴影得到好的结果,但是要得到真实的太阳阴影,需要使用 Raytraced Shadows,这将会增加渲染时间,但是它是值得的。最好将有向光的 Overshoot 选项打开,以便灯光能够照亮整个场景,且只在 Falloff 区域中产生阴影。

除了有向光源之外，还可以增加一个泛光灯来模拟散射光，见图 11-20。这个泛光灯将不产生阴影和影响表面的高光区域。图 11-21 是图 11-20 场景的渲染结果。

图 11-20

图 11-21

使用新增的 IES Sky 和 IES Sun 可以方便地调整出如图 11-21 所示的室外效果。

11.3 灯光的参数

前面讲述了灯光的特性和布光的基本知识，下面详细讲述灯光的一系列参数。

11.3.1 共有参数

标准灯光和光度学灯光共有一些设置参数，主要集中在 4 个参数卷展栏，分别是名称和颜色卷展栏、常规参数卷展栏、阴影参数卷展栏以及高级效果卷展栏。

1. "名称和颜色"(Name and Color)卷展栏

在该参数卷展栏中可以更改灯光的名称和灯光几何体的颜色，如图 11-22 所示。但是要注意的是更改灯光几何体颜色不会对灯光本身颜色产生影响。

2. "常规参数"(General Parameters)卷展栏

常规参数卷展栏如图 11-23 所示。

"灯光类型"选项组：

启用(On)：启用和禁用灯光。该选项打开时，使用灯光着色和渲染以照亮场景。

灯光类型列表：更改灯光的类型。如果选中标准灯光类型，可以将灯光更改为泛光灯、聚光灯或平行光。如果选中光度学灯光，可以将灯光更改为点光源、线光源或区域灯光。

图 11-22

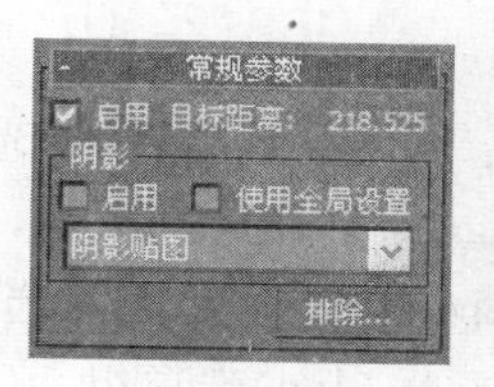

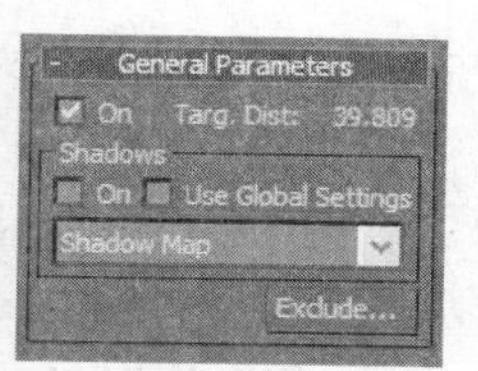

图 11-23

目标(Target):启用该选项后,灯光将成为目标。灯光与其目标之间的距离显示在复选框的右侧。对于自由灯光,可以设置该值。对于目标灯光,可以通过禁用该复选框或移动灯光或灯光的目标对象对其进行更改。

"阴影"选项组:

启用(On):决定当前灯光是否投射阴影。默认设置为启用。

阴影方法下拉列表:决定渲染器是否使用阴影贴图、光线跟踪阴影、高级光线跟踪阴影或区域阴影生成该灯光的阴影。对应每种阴影方式都有对应的参数卷展栏来进行高级设置。

使用全局设置(Use Global Settings):启用此选项以使用该灯光投射阴影的全局设置。

排除(Exclude):使用该选项将选定对象排除于灯光效果之外。

3. "阴影参数"(Shadow Parameters)卷展栏

阴影参数卷展栏如图 11-24 所示。

"对象阴影"选项组:

颜色(Color):设置阴影的颜色,默认设置为黑色。

密度(Dens):设置阴影的密度。

贴图(Map):将贴图指定给阴影。

灯光影响阴影颜色(Light Affects Shadow Color):启用此选项后,将灯光颜色与阴影颜色混合起来。

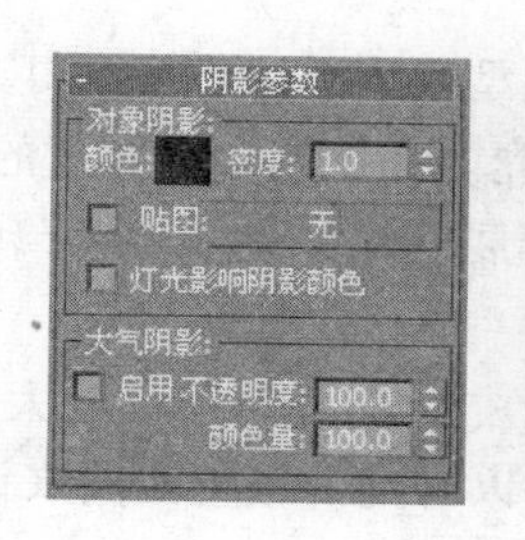

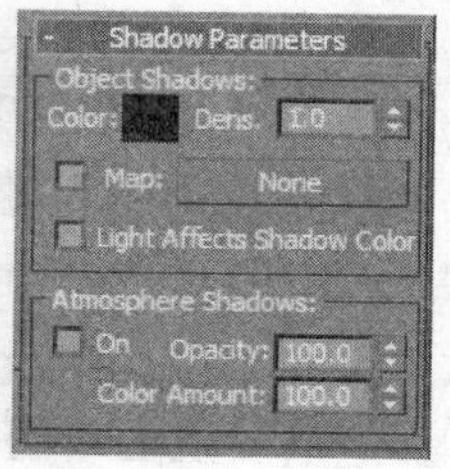

图 11-24

"大气阴影"选项组:

启用(On):启用此选项后,大气效果投射阴影。

不透明度(Opacity):设置阴影的不透明度的百分比量。默认设置为 100.0。

颜色量(Color Amount):调整大气颜色与阴影颜色混合的百分比量。

4. "高级效果"(Advanced Effects)卷展栏

高级效果卷展栏如图 11-25 所示。

"影响曲面"选项组:

对比度(Contrast):设置曲面的漫反射区域和环境光区域之间的对比度。

柔化漫反射边(Soften Diff. Edge):通过设置该值可以柔化曲面漫反射部分与环境

光部分之间的边缘。

漫反射(Diffuse)：启用此选项后，灯光将影响对象曲面的漫反射属性。

高光反射(Specular)：启用此选项后，灯光将影响对象曲面的高光属性。

仅环境光(Ambient Only)：启用此选项后，灯光仅影响照明的环境光组件。

“投影贴图”(Shadow Map)选项组：

贴图(Map)复选框：启用该复选框可以通过贴图按钮投射选定的贴图。

贴图(Map)：单击该按钮可以从材质库中指定用作投影的贴图，也可以从任何其他贴图按钮上拖动复制贴图。

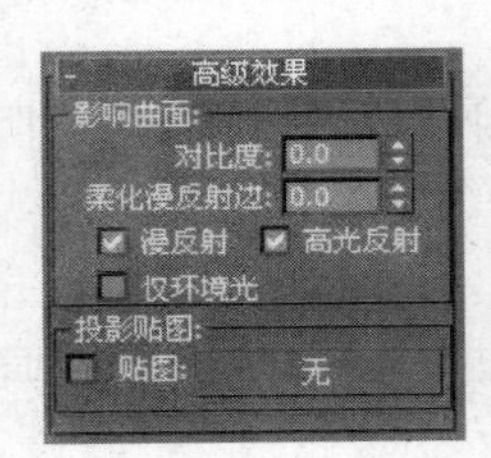

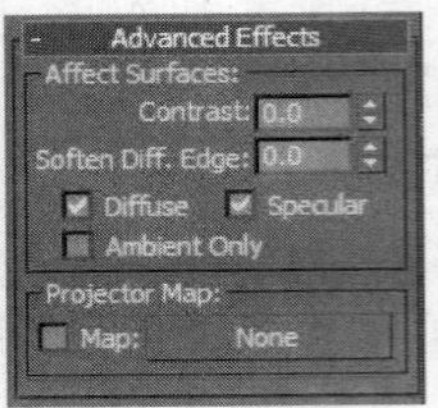

图 11-25

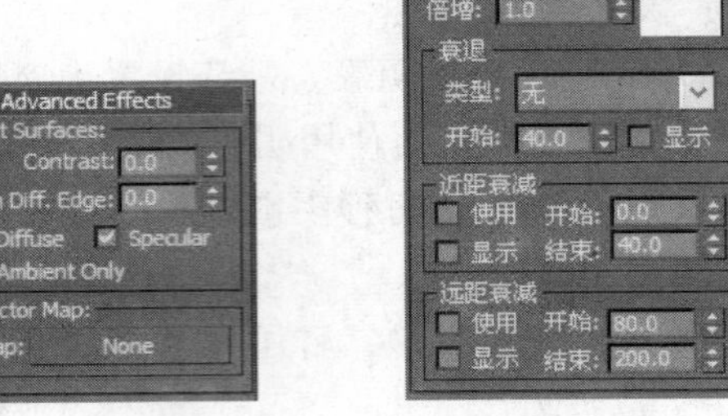

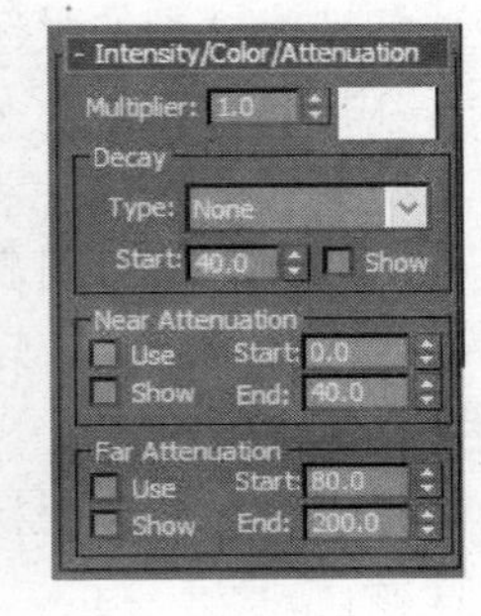

图 11-26

11.3.2 标准灯光的特有参数

所有标准灯光类型共用大多数标准灯光参数，除了上面讲过的与光度学灯光共有的一些参数外，标准灯光内部还有一些共有的常用参数卷展栏。

最常用的参数卷展栏是“强度/颜色/衰减”(Intensity/Color/Attenuation)卷展栏，如图 11-26 所示。

倍增(Multiplier)：将灯光的功率放大一个正或负的量。默认设置为 1.0。

色样：从图中可以看到的颜色块用来设置灯光的颜色。

“衰退”选项组：

类型(Type)：选择要使用的衰退类型。有三种类型可选择。

无(None)：默认设置，不应用衰退。从光源到无穷远灯光始终保持全部强度。

反向(Inverse)：应用反向衰退。在不使用衰减的情况下，公式为 R0/R，其中 R0 为灯光的径向源，或为灯光的近距结束值。R 为与 R0 照明曲面的径向距离。

平方反比(Inverse Square)：应用平方反比衰退。该公式为 $\left(\frac{R0}{R}\right)^2$。实际上这是灯光的“真实”衰退。

“近距衰减”选项组：

开始(Start)：设置灯光开始淡入的距离。

结束(End)：设置灯光达到其全值的距离。

使用(Use)：启用灯光的近距衰减。

显示(Show)：在视口中显示近距衰减范围设置。默认情况下，近距开始显示为深蓝色，近距结束显示为浅蓝色。

远距衰减选项组：

开始(Start)：设置灯光开始淡出的距离。

结束(End)：设置灯光减为 0 的距离。

使用(Use)：启用灯光的远距衰减。

显示(Show)：在视口中显示远距衰减范围设置。默认情况下，远距开始显示为浅棕色，远距结束显示为深棕色。

在 3ds Max 的标准灯光设置中，根据常规参数面板中阴影设置的不同，灯光对象所对应的参数卷展栏也不同。每种灯光阴影类型都有自己特定的设置参数卷展栏。

对应于高级光线追踪选项的“高级光线跟踪参数”(Adv. RayTraced Params)卷展栏，见图 11-27。

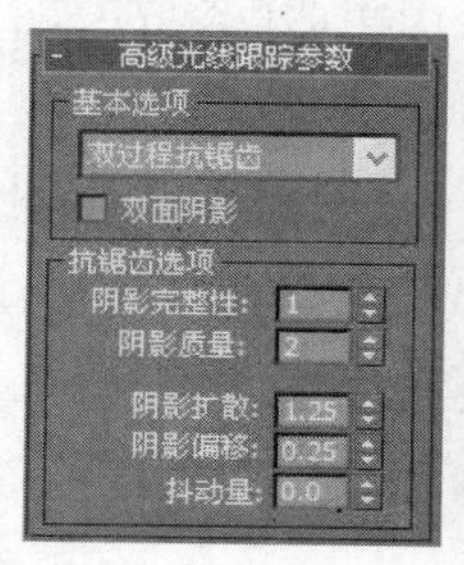

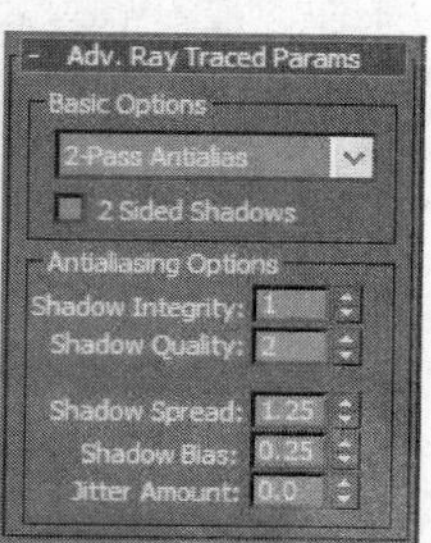

图 11-27

“基本选项”选项组：

模式下拉列表：选择生成阴影的光线跟踪类型。共有三种类型：

简单(Simple)：向曲面投射单个光线，不使用抗锯齿功能。

单过程抗锯齿(Antialias 1-Pass)：投射光线束。从每一个照亮的曲面中投射的光线数量都相同。

双过程抗锯齿(Antialias 2-Pass)：投射两个光线束。第一批光线确定是否完全照亮出现问题的点、是否向其投射阴影或其是否位于阴影的半影(柔化区域)中。如果点在半影中，则第二批光线束将被投射以便进一步细化边缘。使用第 1 周期质量微调器指定初始光线数。使用第 2 周期质量微调器指定二级光线数。

双面阴影(2-Sided Shadows)：启用此选项后，计算阴影时背面将不被忽略。从内部看到的对象不由外部的灯光照亮。这样将花费更多的渲染时间。禁用该选项后，将忽略背面。渲染速度更快，但外部灯光将照亮对象的内部。

“抗锯齿选项”选项组：

阴影完整性(Shadow Integrity)：从照亮的曲面中投射的光线数。

阴影质量(Shadow Quality)：从照亮的曲面中投射的二级光线数量。

阴影扩散(Shadow Spread)：以像素为单位模糊抗锯齿边缘的半径。

阴影偏移(Shadow Bias)：对象必须在着色点的最小距离内投射阴影，这样将使模糊的阴影避免影响它们不应影响的曲面。

抖动量(Jitter Amount)：向光线的位置添加随机性的波动。

对应于区域阴影选项的“区域阴影”卷展栏，见图 11-28。

该卷展栏中特有的参数为：

灯光模式下拉列表：选择生成区域阴影的方式，主要有 5 种方式，分别为简单(Simple)、长方形灯光(Rectangle Light)、圆形灯光(Disc Light)、长方体形灯光(Box

Light)及球形灯光(Sphere Light)。

采样扩散(Sample Spread)：以像素为单位模糊抗锯齿边缘的半径。值越大，模糊质量越高。

长度(Length)和宽度(Width)：设置区域阴影的长度和宽度。

对应于 mental ray 阴影贴图选项的"mental ray 阴影贴图"卷展栏如图 11-29 所示。

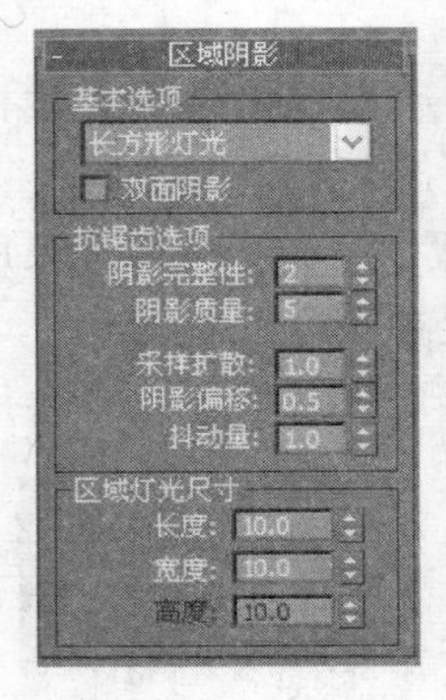

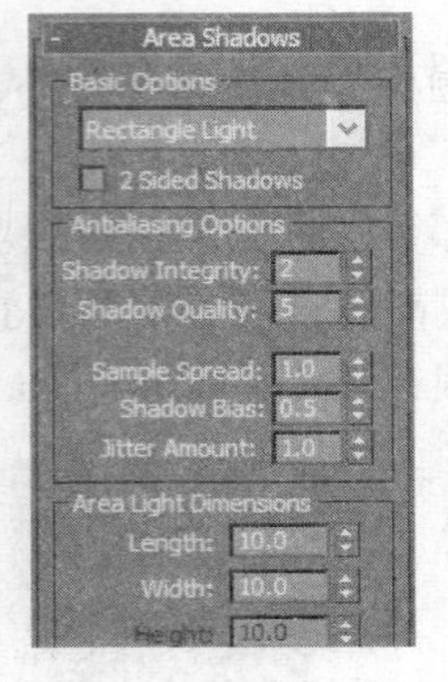

图 11-28

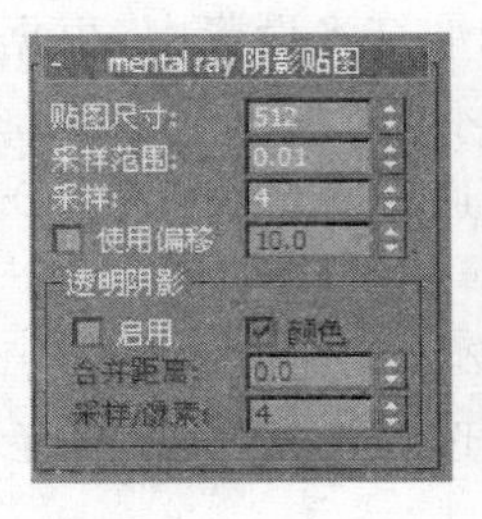

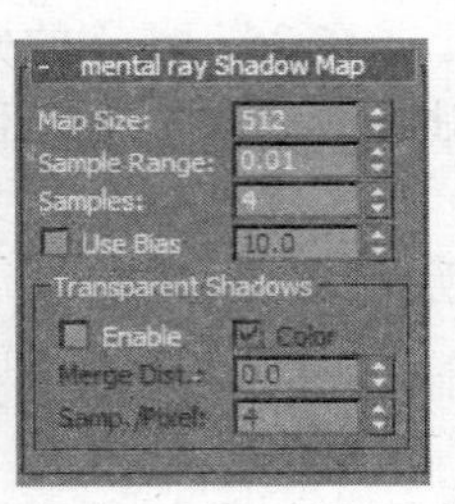

图 11-29

贴图尺寸(Map Size)：设置阴影贴图的分辨率。贴图大小是此值的平方。分辨率越高，要求处理的时间越长，但会生成更精确的阴影。默认设置为 512。

采样范围(Sample Range)：当采样范围大于零时，会生成柔和边缘的阴影。

采样(Sample)：设置采样数。

"透明阴影"选项组：

启用(Enable)：启用此选项后，阴影贴图与多个 Z 层一起保存，可以有透明度。

颜色(Color)：启用此选项后，曲面颜色将影响阴影的颜色。

采样/像素(Sample/Pixel)：在阴影贴图中用于生成像素的采样数。

对应于光线追踪阴影贴图选项的"光线跟踪阴影参数"卷展栏如图 11-30 所示。

光线偏移(Ray Bias)：设置光线投射对象阴影的偏移程度。

最大四元树深度(Max Quadtree Depth)：使用光线跟踪器调整四元树的深度。增大四元树深度值可以缩短光线跟踪时间，但却以占用内存为代价。默认设置为 7。

对应于阴影贴图选项的"阴影贴图参数"卷展栏如图 11-31 所示。

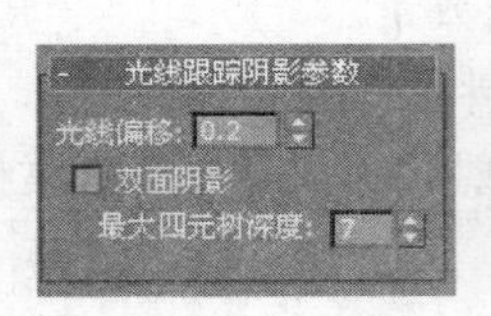

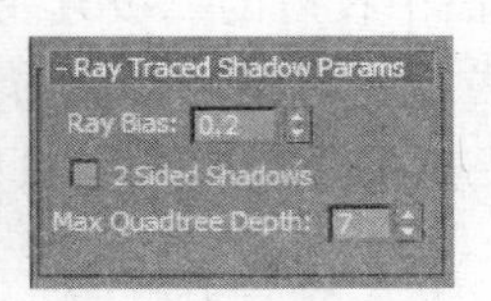

图 11-30

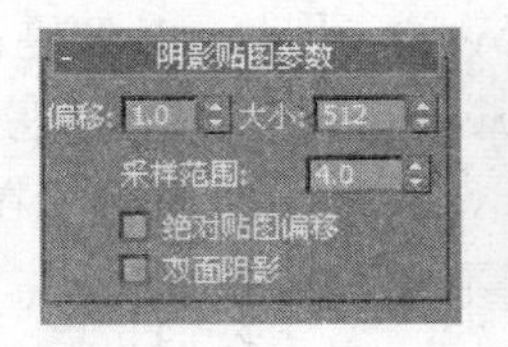

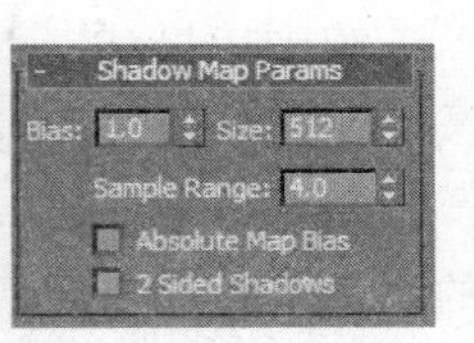

图 11-31

偏移(Bias)：位图投射靠近或远离对象的距离。

大小(Size)：设置用于计算灯光的阴影贴图的大小(以像素的平方为单位)。

采样范围(Sample Range)：设置阴影内分布的区域大小，这将影响柔和阴影边缘的程度。范围为 0.01～50.0。

绝对贴图偏移(Absolute Map Bias)：启用此选项后，阴影贴图的偏移未标准化。主要在动画出现阴影闪烁的时候启用。

11.3.3 光度学灯光的特有参数

所有光度学灯光类型共用大多数光度学灯光参数，最常用的参数卷展栏是“强度/颜色/分布”(Intensity/Color/Distribution)卷展栏，如图 11-32 所示。

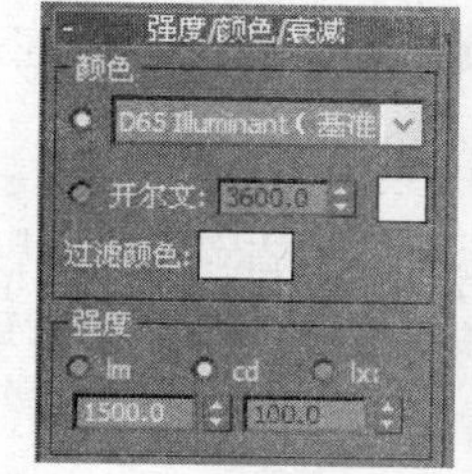

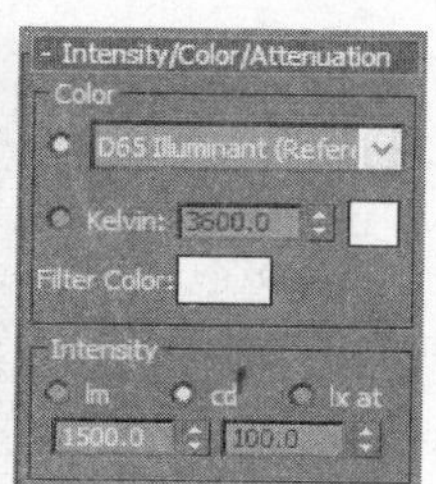

图 11-32

分布(Distribution)：描述光源发射的灯光的方向分布。可选择的类型有：等向(Isotropic)、聚光灯(Spotlight)、漫反射(Diffuse)及 Web 4 种。

“颜色”(Color)选项组：

灯光颜色下拉列表：挑选公用的关于灯光设置的规则，以近似地模拟灯光的光谱特征。

开尔文(Kelvin)：通过调整色温微调器来设置灯光的颜色。色温以开尔文度数显示。相应的颜色在温度微调器旁边的色样中可见。

过滤颜色(Filter Color)：使用颜色过滤器模拟置于光源上的过滤色的效果。默认设置为白色(RGB=255,255,255; HSV=0,0,255)。

“强度”(Intensity)选项组：

这些参数的修改在物理数量的基础上指定光度学灯光的强度或亮度。

设置光源强度的单位有以下几种：

lm(流明)：测量整个灯光(光通量)的输出功率。100W 的通用灯泡约有 1750lm 的光通量。

cd(坎迪拉)：测量灯光的最大发光强度，通常是沿着目标方向进行测量。100W 的通用灯泡约有 139cd 的光通量。

lx(lux)：测量由灯光引起的照度，该灯光以一定距离照射在曲面上，并面向光源的方向。勒克斯是照度的国际单位，等于 $1lm/m^2$。照度的美国标准单位是尺烛光 (fc)，等于 1 流明/平方英尺。要将尺烛光转化为勒克斯，应乘以 10.76。例如，指定照度为 35 fc，设置照度为 376.6lx。线光源参数卷展栏如图 11-33 所示。

长度(Length)：设置线性光的长度。区域光源参数卷展栏如图 11-34 所示。

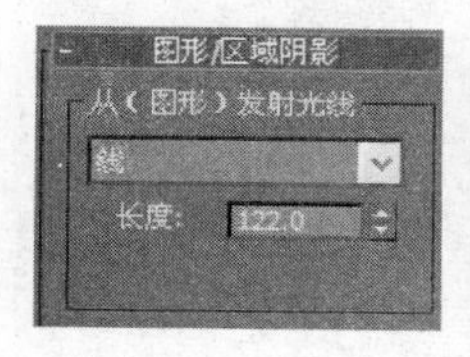

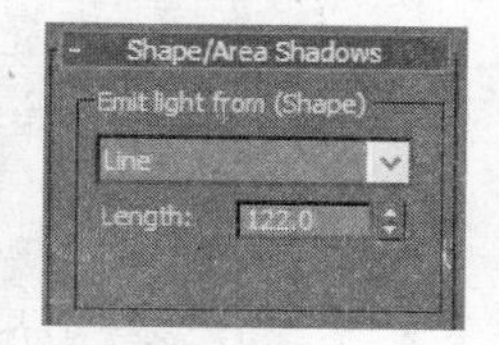

图 11-33

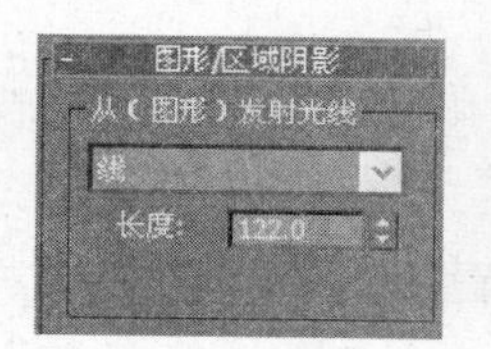

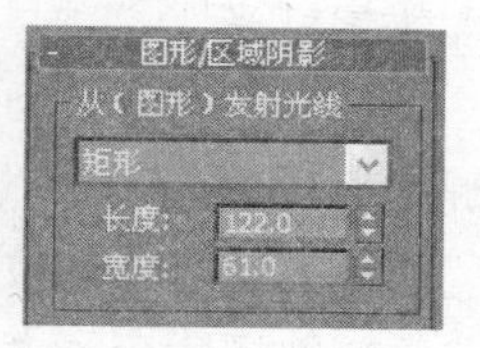

图 11-34

长度(Length)：设置区域灯光的长度。

宽度(Width)：设置区域灯光的宽度。

11.4 灯光的应用

本节学习灯光的具体使用。

1. 灯光的基本使用

例 11-1 创建自由聚光灯

在这个练习中，我们将给古建筑场景中增加一个自由聚光灯来模拟灯光的效果。

(1) 启动 3ds Max，在菜单栏中选取 File/Open，从本书的配套光盘中打开文件 Samples-11-01. max。

(2) 在创建面板中单击按钮并选择子面板中的"标准"(Standard Lights)。

(3) 在顶视口房间的中间单击，创建自由聚光灯，见图 11-35。

(4) 单击主工具栏的"选择并移动"(Select and Move)按钮。

(5) 将灯光进行移动，这时的摄像机视口如图 11-36 所示。

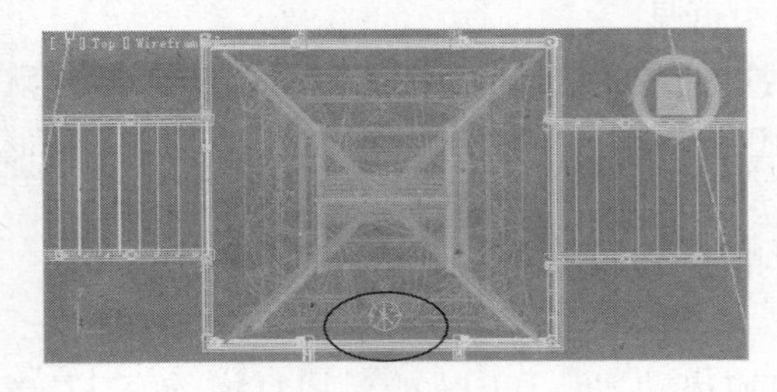

图 11-35

图 11-36

现在我们刚刚创建了一个自由聚光灯，调整聚光灯的参数，使其更加真实，最终实例文件是 Samples-11-01f. max。

2. 灯光的环境

例 11-2 灯光的动画以及雾的效果

(1) 启动 3ds Max，打开配套光盘中的文件 Samples-11-02. max。打开文件后的场景如图 11-37 所示。为了帮助实现效果，文件中已包含数盏灯光。

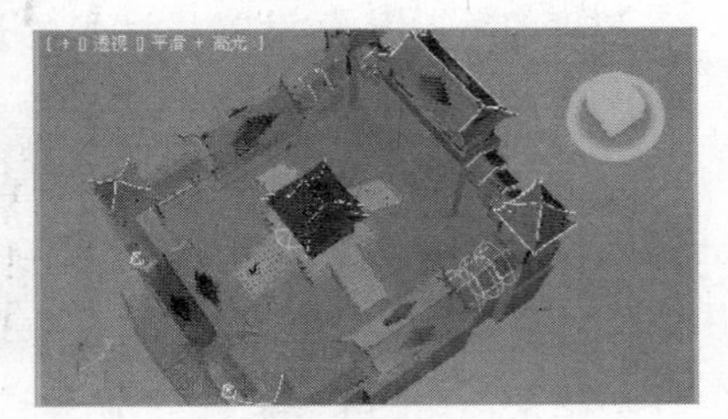

图 11-37

(2) 在场景中创建两盏聚光灯(前面课程已讲解如何创建)。

(3) 创建灯光位置如图 11-38 所示。

(4) 将命令面板中的"聚光灯参数"(Spotlight Parameters)卷展栏下的"聚光区/光束"(Hotspot/

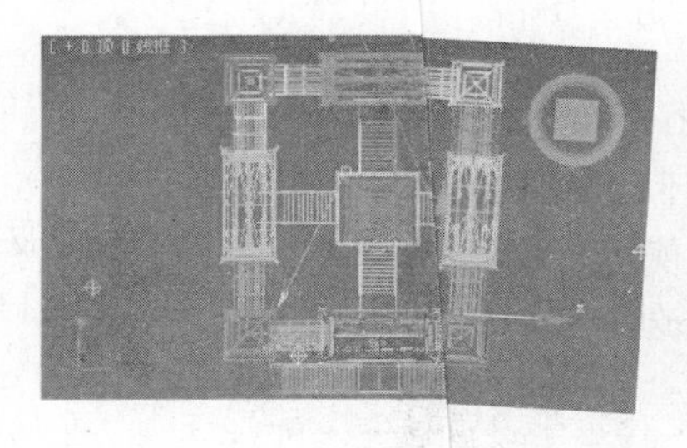

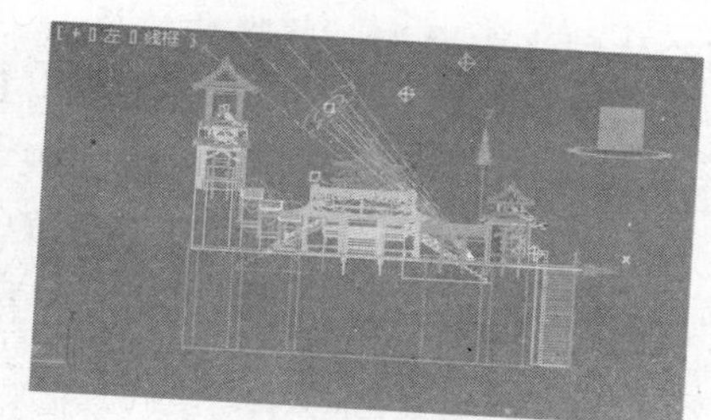

图 11-38

Beam)参数改为 9,将“衰减区/域”(Falloff/Field)参数改为 16,见图 11-39。

这时摄影机视口的渲染结图 11-40 所示。

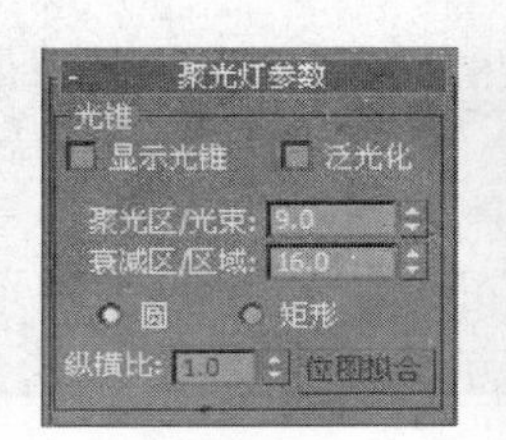

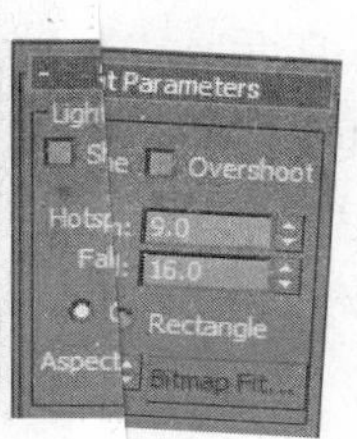

图 11-39

图 11-40

(5) 按 N 键,打开“自动关键Auto Key)按钮,将时间滑块移动到第 50 帧。确认激活了主工具栏中的“选择并移(Select and Move)按钮,在前视图选择聚光灯的目标点,然后将它向左移动到图 11-示的位置,并将第 0 帧关键点复制到第 100 帧,然后将时间滑块移动到第 0 帧。

(6) 到命令面板,展开“大气果”(Atmosphere & Effect)卷展栏,单击“添加”(Add)按钮,从弹出的“添加大气和”(Add Atmosphere or Effect)对话框中选取“体积光”(Volume Light),然后单击“(OK)按钮。

这样,该聚光灯已经被设置了果,渲染结果如图 11-42 所示。

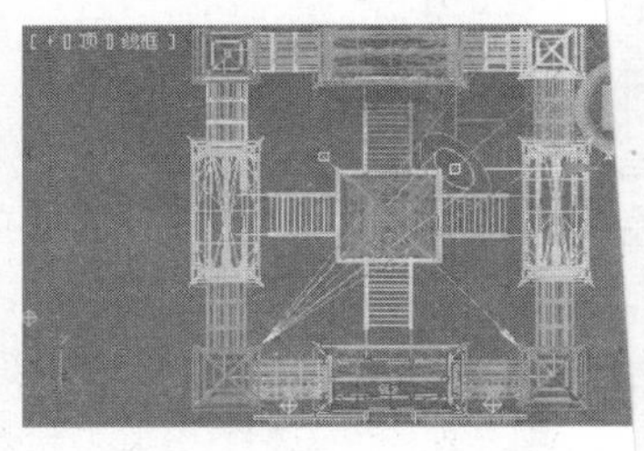

图 11-41

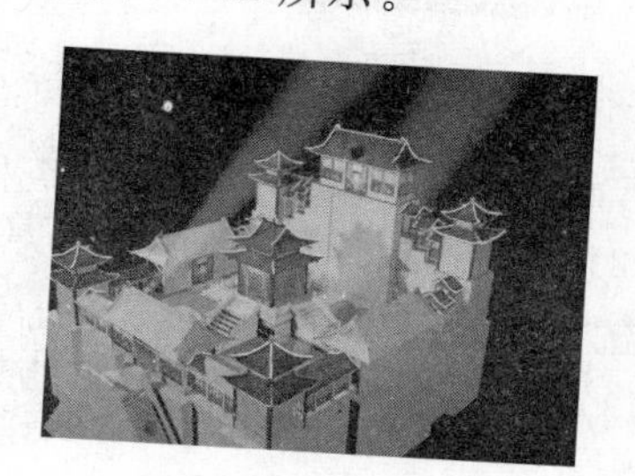

图 11-42

(7) 在“常规参数”(General Pas)卷展栏中打开聚光灯的阴影,阴影类用默认的“阴影贴图”(Shadow M图 11-43。

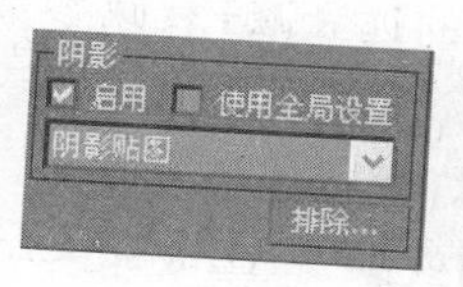

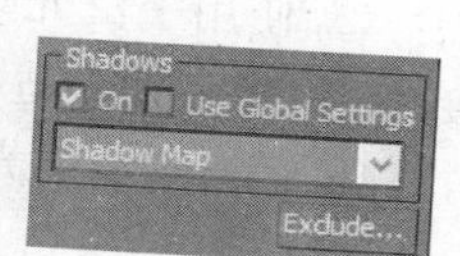

图 11-43

下面给体积光中增加一些噪波效果。

(8) 在"大气和效果"(Atmosphere & Effect)卷展栏取增加的"体积光"(Volume Light),然后单击"设置"(Setup)按钮,出现"环境"(Environent)对话框。

(9) 在"环境"(Environment)对话框的"噪波"(Noise区域,复选"启用噪波"(Noise On),将"数量"(Amount)的数值设置为0.6,选取"分形"(actal)单选钮,见图11-44。

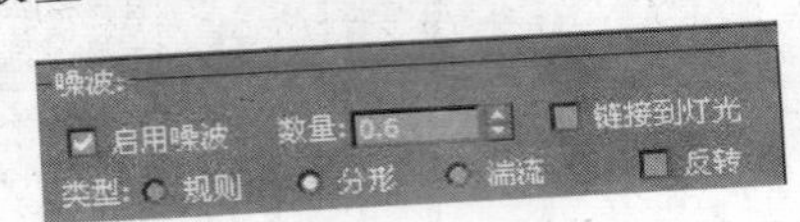

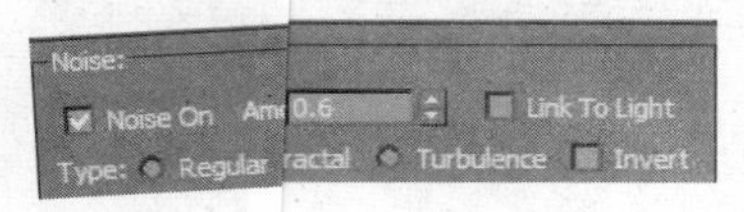

图 11-44

(10) 将时间滑块移动到第50帧。

这时摄影机视口的渲染结果如图11-45所示。

图 11-45

还可以在"环境"(Environment)对话框中改变体积的颜色等效果。文件中包含的其他灯光读者都可以自试一下更改效果或者变换位置,观察灯光对于场景效影响。

例 11-3 火球的实现

(1) 启动 3ds Max,打开配套光盘中的文件 Sam 11-03.max。场景中只有两盏泛光灯,见图11-46。渲视视口,渲染结果是预先设置的背景星空,见图11-47。

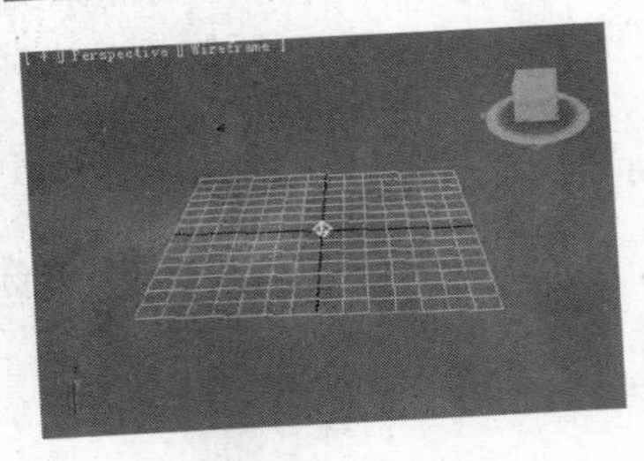

图 11-46

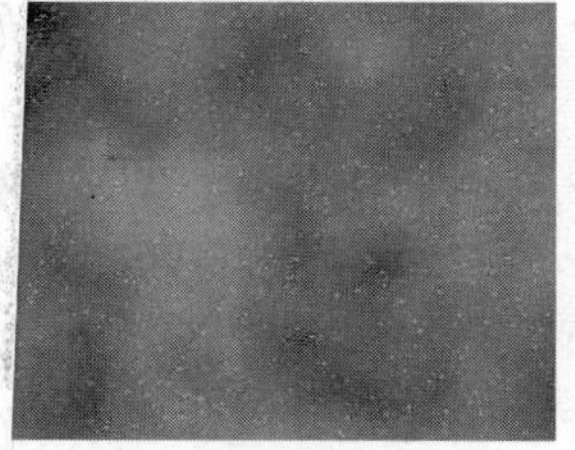

图 11-47

下面我们就通过设置体积光来产生燃烧星球的

(2) 按H键,打开"选择对象"(Select Object。在对话框中选取Omni01,然后单击"选择"(Select)按钮。

(3) 到修改(Modify)命令面板,查看Omni01。与默认的灯光相比,改变的主要参数有:

① 灯光的颜色改为黄色。

② 使用了泛光灯的远衰减,衰减参数设置8所示;该参数的大小是可以改变的,究竟多大合适,完全与场景有关。

下面我们给泛光灯设置体积光效果。

(4) 展开"大气和效果"(Atmosphere & Ef栏,单击"添加"(Add)按钮,从弹出的"添加大气和效果"(Add Atmosphere or 话框中选取"体积光"(Volume

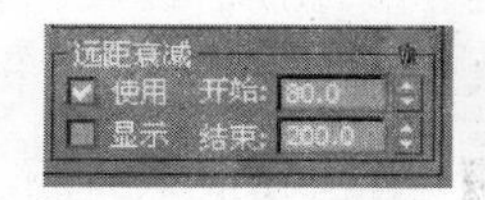

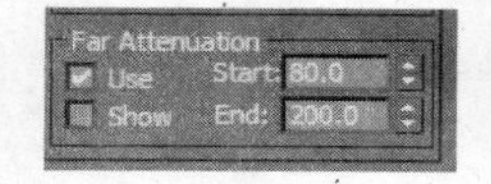

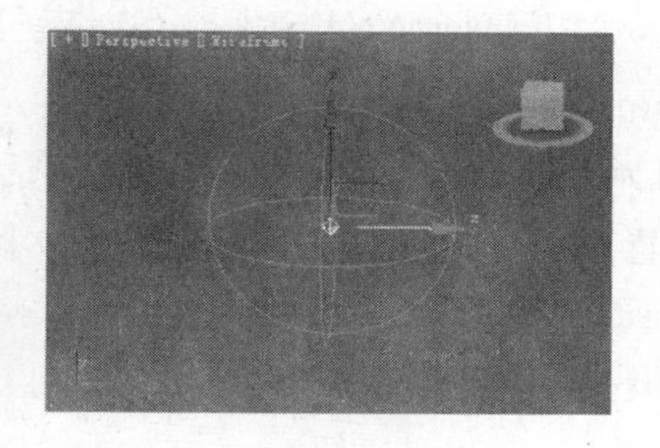

图 11-48

Light),然后单击"确定"(OK)按钮。

该泛光灯已经被设置了体积光效果,这时透视视口的渲染结果如图 11-49 所示。

该体积光的效果类似于一个球体。下面设置体积光的参数,使其看起来像燃烧的效果。

(5) 在"大气和效果"(Atmosphere & Effect)卷展栏,选取增加的"体积光"(Volume Light),然后单击"设置"(Setup)按钮,出现"环境"(Environment)对话框。

(6) 在"环境"(Environment)对话框的"体积光"(Volume)区域,将"密度"(Density)的数值设置为 30。在"噪波"(Noise)区域,勾选"启用噪波"(Noise On),将"数量"(Amount)的数值设置为 0.5,选取"分形"(Fractal)单选钮。

这时透视视口的渲染结果如图 11-50 所示。该体积光的效果类似于一个燃烧球体的效果。下面我们再给外圈增加一些效果。

图 11-49

图 11-50

(7) 按 H 键,打开"选择对象"(Select Object)对话框。在对话框中选取 Omni02,然后单击"选择"(Select)按钮。

(8) 到修改(Modify)命令面板,查看 Omni02 的参数。与默认的灯光相比,改变的主要参数有:

① 灯光的颜色改为黄色。

② 使用了反光灯的远衰减,衰减参数设置如图 11-51 所示;该参数的大小是可以改变的,究竟多大合适,完全与场景有关。

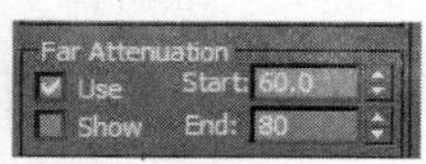

图 11-51

(9) 展开"大气和效果"(Atmosphere & Effect)卷展栏,单击"添加"(Add)按钮,从弹出的"添加大气和效果"(Add Atmosphere or Effect)对话框中选取"体积光"(Volume Light),然后单击"确定"(OK)按钮。

(10) 选取增加的体积光(Volume Light),然后单击"设置"(Setup)按钮,出现"环境"(Environment)对话框。

(11) 在"环境"(Environment)对话框的"体积"(Volume)区域,将"密度"(Density)的数值设置为 30。在"噪波"(Noise)区域,勾选"启用噪波"(Noise On),将"数量"(Amount)的数值设置为 0.90。

渲染透视视口,得到的效果如图 11-52 所示。

3. 高级灯光的应用

例 11-4 多种灯光的综合应用

(1) 打开本书配套光盘中的 Samples-11-04.max 文件,该场景是一个古建筑场景。下面我们加入灯管以实现夜晚的效果,单击渲染按钮,快速渲染场景,如图 11-53 所示。(前面实例所应用的场景文件中已经实现了夜晚的效果,可以作为这个例子的参照。)

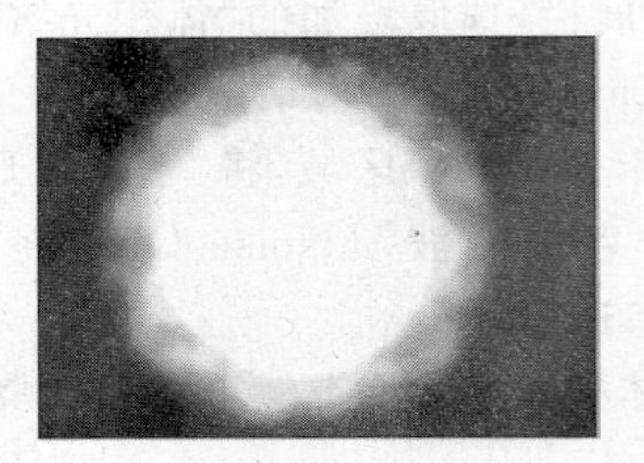

图 11-52

图 11-53

(2) 在创建面板中单击按钮并选择子面板中的"标准"(Standard Lights),如图 11-54 所示。

图 11-54

(3) 首先创建主光源,在顶视口中创建一盏"泛光灯"(Omni),单击主工具栏的"选择并移动"(Select and Move)按钮,移动到如图 11-55 所示的位置。

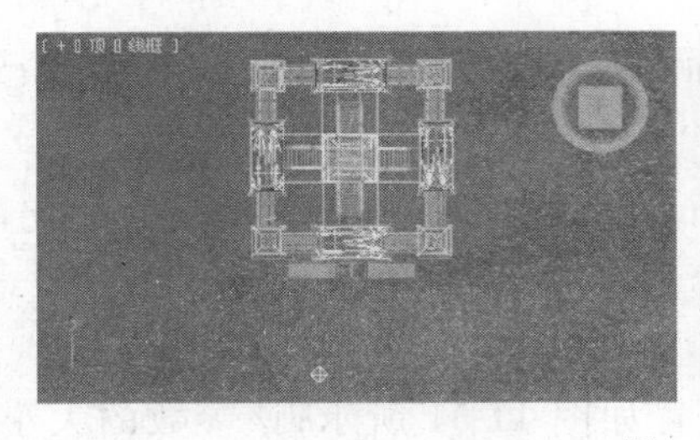

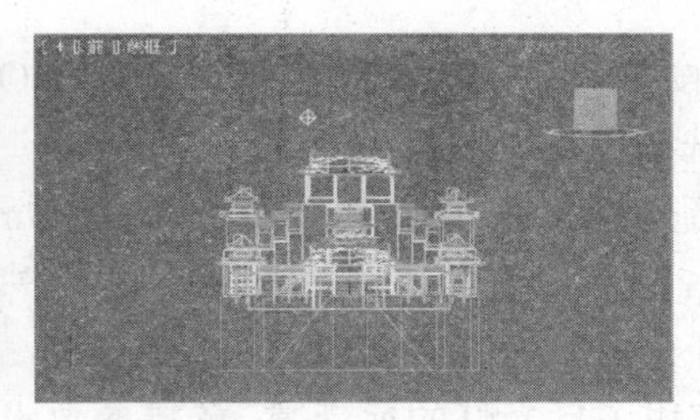

图 11-55

(4) 继续添加辅助光源和背光源,同样是添加"泛光灯"(Omni)。添加位置如图 11-56 所示。

(5) 调整三盏泛光灯参数,使其实现夜晚的效果,在顶视图窗口中选择之前创建的作为主光源的泛光灯。在"常规参数"卷展栏中启用阴影,转至"强度/颜色/衰减"卷展栏中

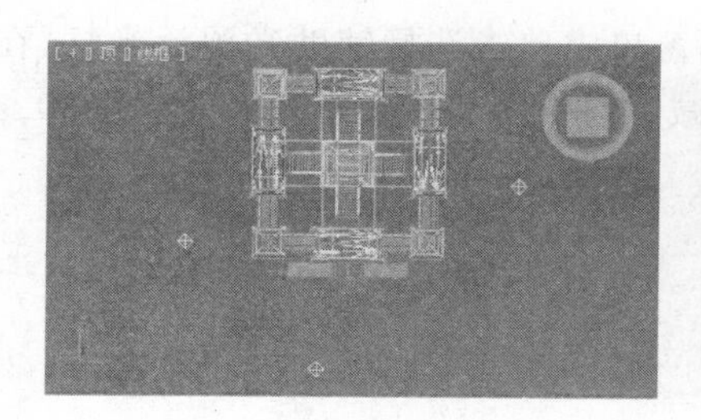

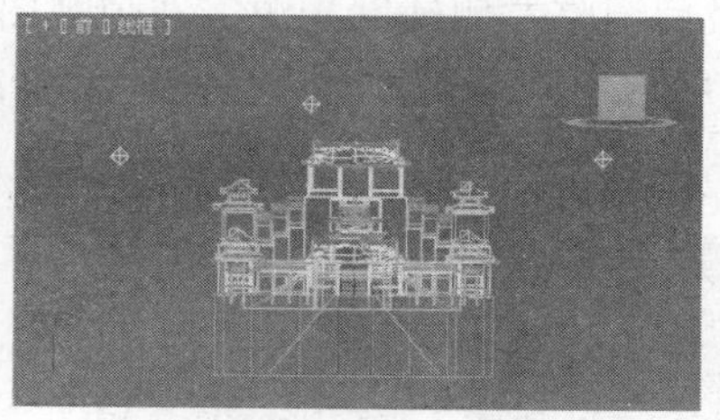

图 11-56

并将倍增参数修改为 0.6，并改变其颜色，如图 11-57 所示。

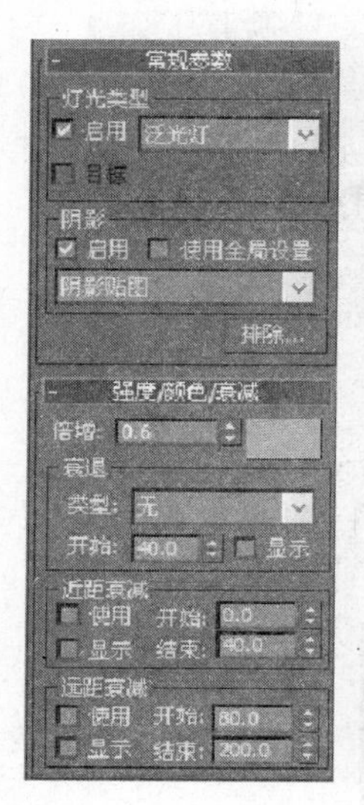

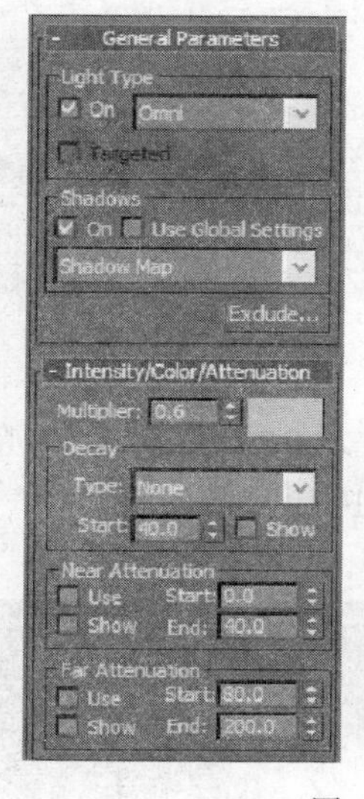

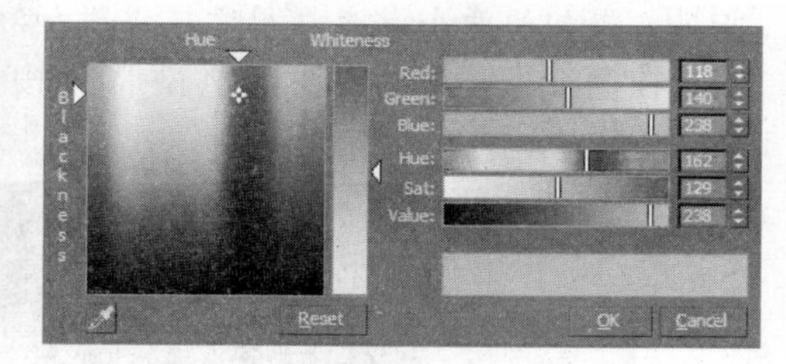

图 11-57

（6）在顶视图窗口中单击选择右侧背光源泛光灯，在“常规参数”卷展栏中取消启用阴影，转至“强度/颜色/衰减”卷展栏，将“倍增”值减小为 0.3，并改变其颜色，如图 11-58 所示。

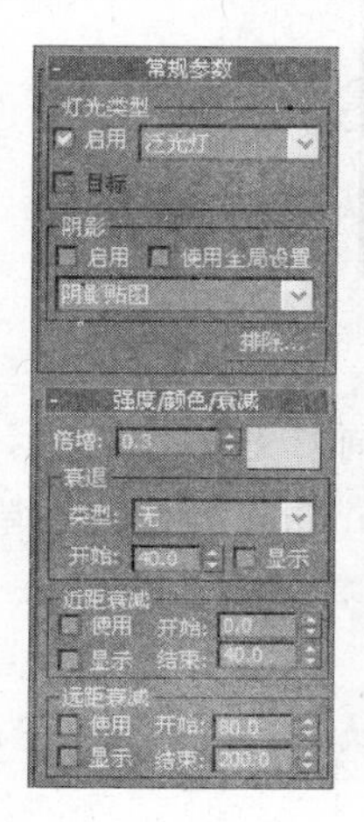

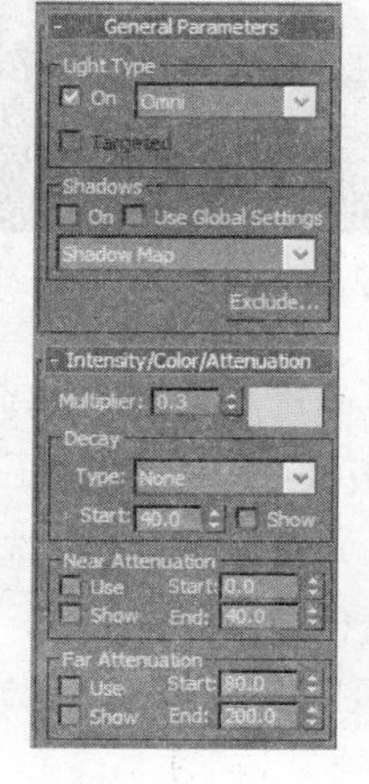

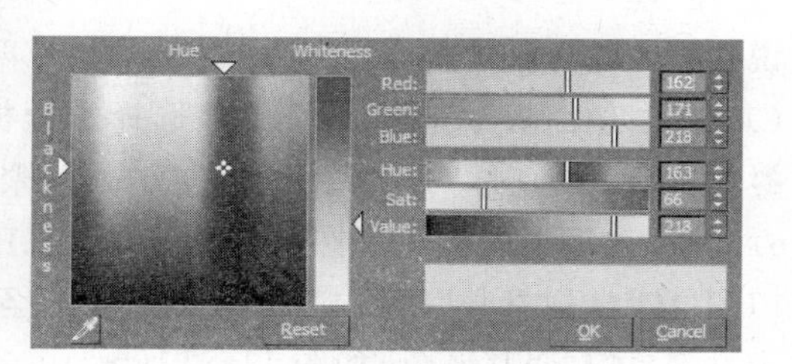

图 11-58

(7) 最后调整左侧辅助光源。在顶视图窗口中单击选择辅助光源泛光灯，在“常规参数”卷展栏中启用阴影，转至“强度/颜色/衰减”卷展栏，将“倍增”值减调整为 0.5，并改变其颜色，如图 11-59 所示。

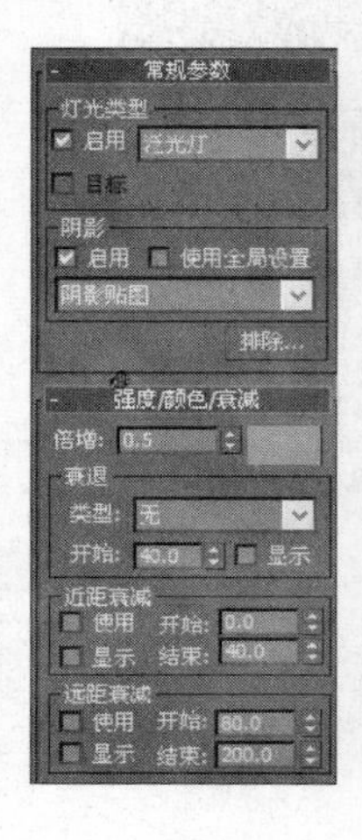

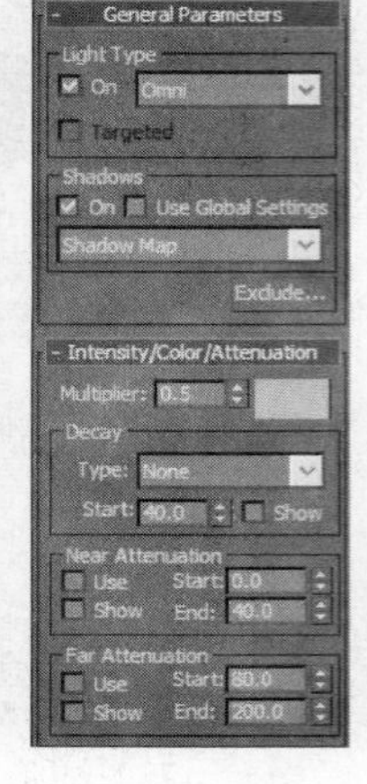

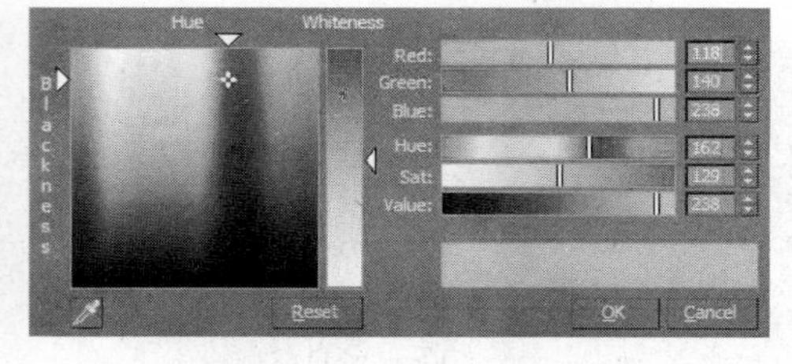

图 11-59

说明：添加的两个泛光灯用于提供附加灯光，并使得阴影不那么明显。

(8) 在透视图中单击“快速渲染”(或按快捷键 F9 或 Shift＋Q 来实现渲染)，如图 11-60 所示。

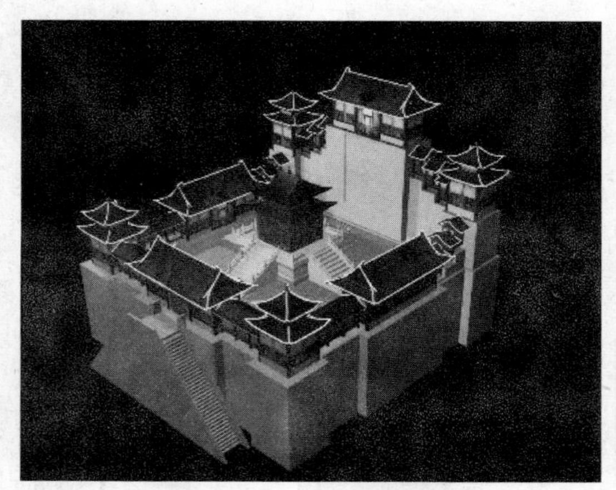

图 11-60

说明：这时场景看起来已有夜晚的效果。下面进一步模拟房间灯光。

(9) 在创建面板中单击按钮并选择子面板中的“标准”(Standard Lights)，单击主工具栏的“自由聚光灯”(Free Spot)创建一盏聚光灯，单击“选择并移动”(Select and Move)按钮，在顶视图和正视图中移动到如图 11-61 所示的位置。

(10) 在“常规参数”卷展栏中启用阴影，转至“强度/颜色/衰减”卷展栏，将“倍增”值调整为 0.8，并改变其颜色，如图 11-62 所示。

(11) 在“常规参数”卷展栏中启用阴影，转至“强度/颜色/衰减”卷展栏，开启“远距衰

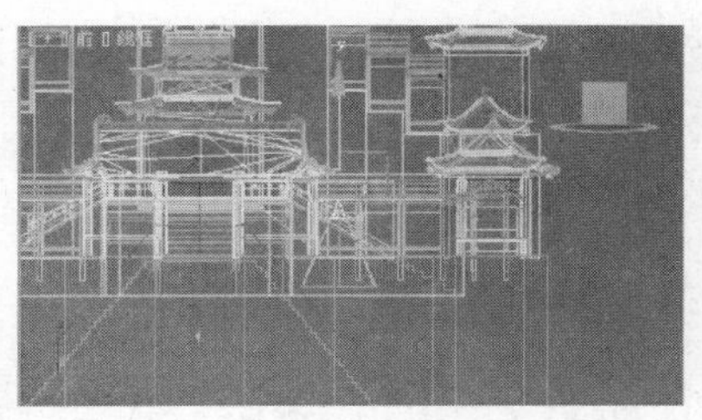
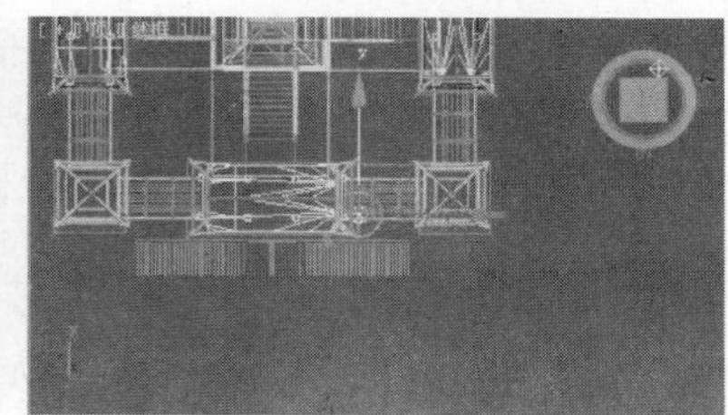

图 11-61

减”，并调整“开始”数值为 200，“结束”数值为 450，如图 11-63 所示。

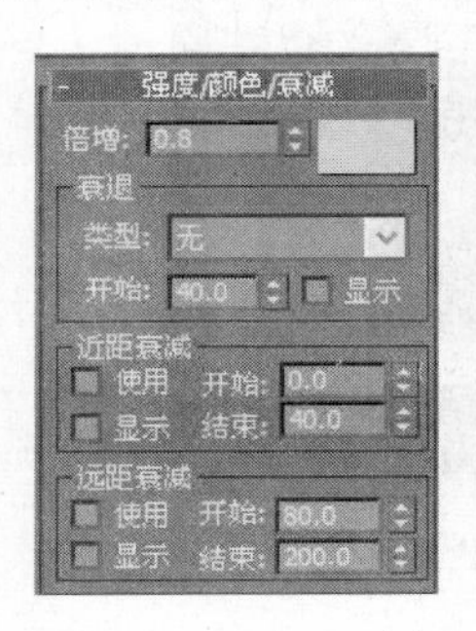

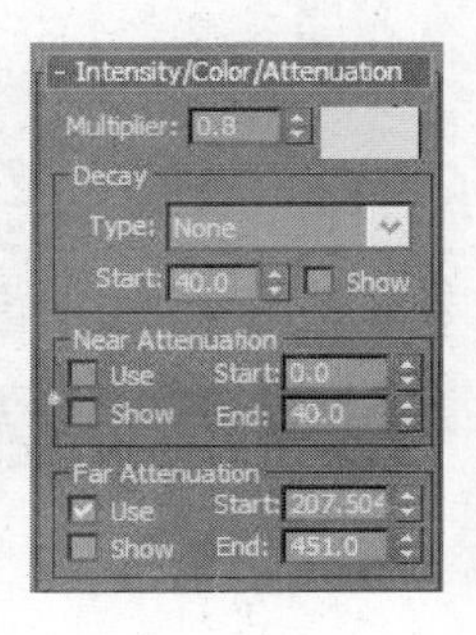

图 11-62

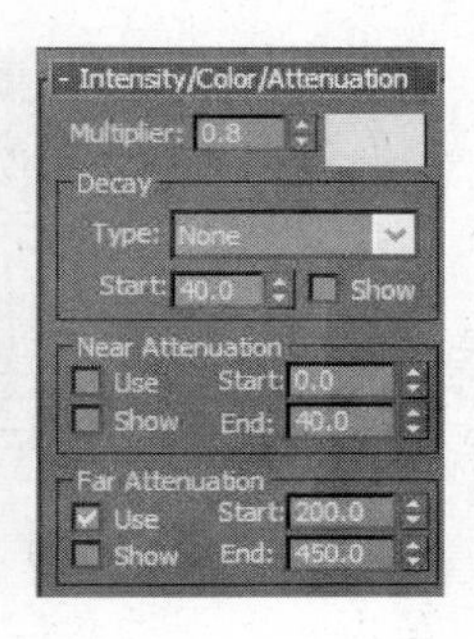

图 11-63

（12）在“聚光灯参数”卷展栏中调整“聚光区/光束”为 26，“衰减区/区域”为 45，如图 11-64 所示。

（13）按 H 键，选择 Fspot01，在顶视图中按住键盘 Shift 键，沿 X 轴拖动复制聚光灯到如图 11-65 所示的位置，在弹出的“克隆选项”(Clone Options)选择对象中的“实例”(Instance)副本数量为 2。如图 11-65 和图 11-66 所示。

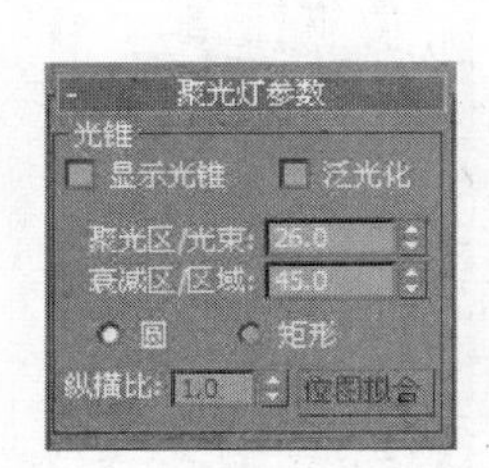

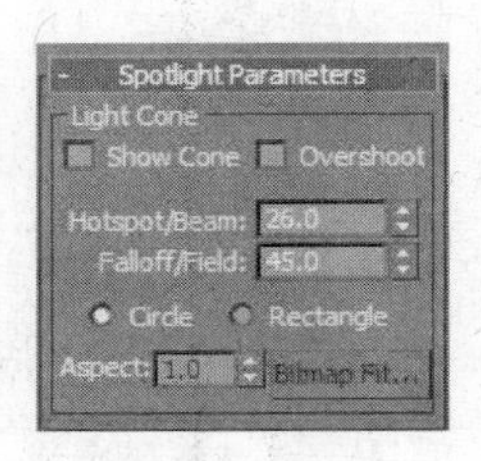

图 11-64

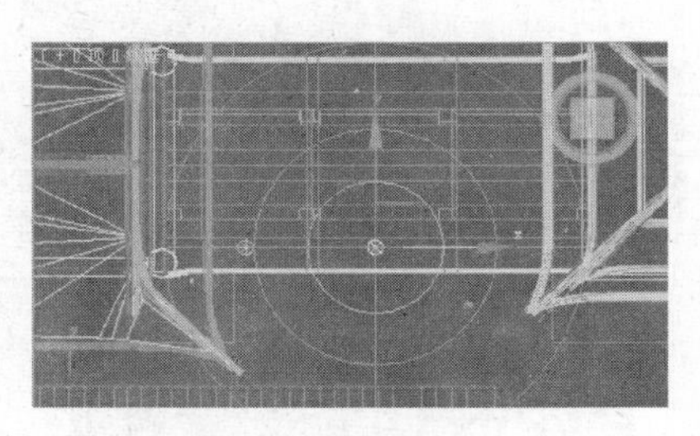

图 11-65

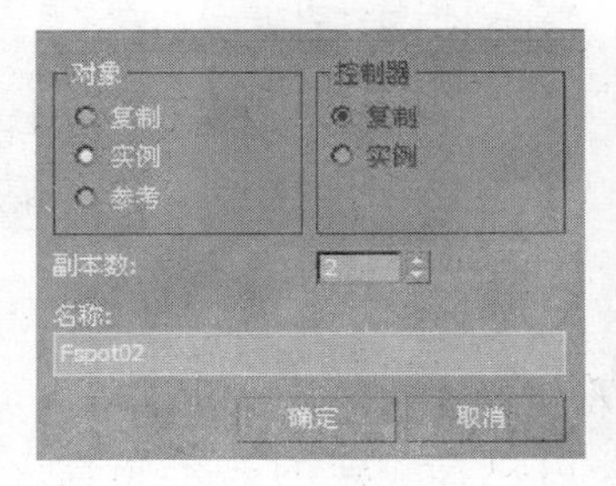

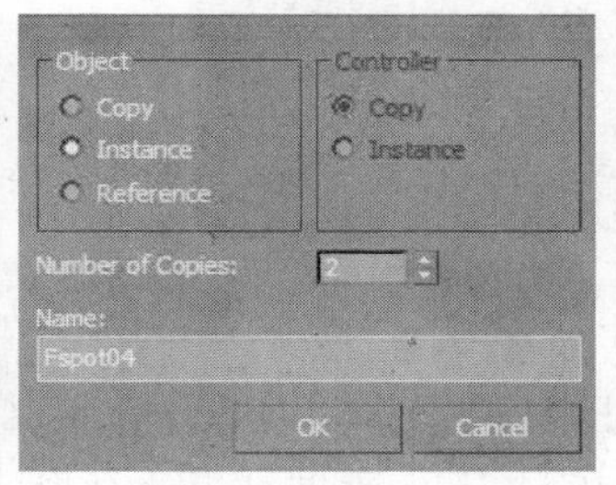

图 11-66

(14) 在透视图中单击“快速渲染”(或按快捷键 F9 或 Shift＋Q 来实现渲染)，如图 11-67 所示。

(15) 因为贴图坐标的丢失，在渲染的时候会提示贴图坐标，这里我们不用管，直接选择“不再提示”继续就可以了，见图 11-68。

图 11-67

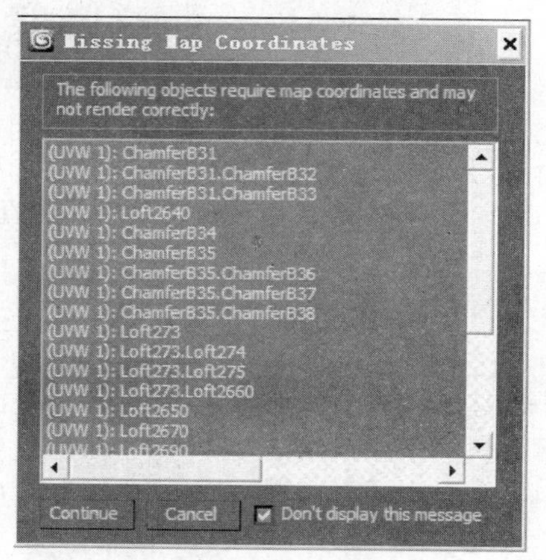

图 11-68

(16) 使用同样方法为其他走廊、门窗加上灯光，见图 11-69。

(17) 继续为场景添加灯光。在如图 11-70 所示的位置添加三盏自由聚光灯，将场景前门加亮以实现效果。

(18) 设置参数如图 11-71 所示。

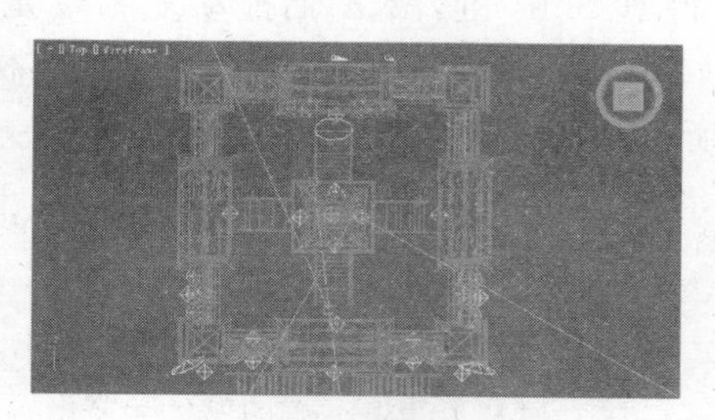

图 11-69

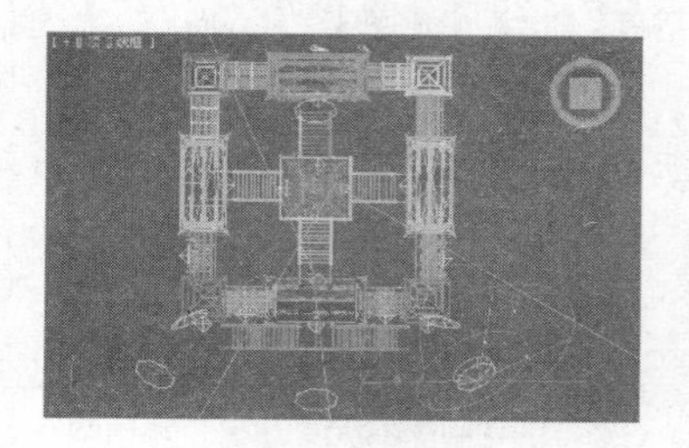

图 11-70

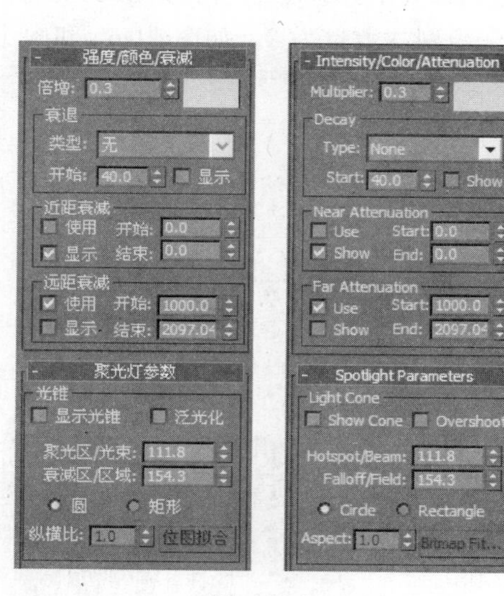

图 11-71

(19) 基本灯光应用至此已介绍完毕，此种打光方法的优点在于可以灵活控制最终形成的光照效果，并且渲染速度较快，但要求用户有一定的艺术感觉。读者可以根据

图 11-72 所示的正侧三幅图来练习灯光变化和应用。

图　11-72

灯光的运用技巧需要读者自己对色彩和环境加深理解和控制，可以根据最终完成的效果实例文件 Samples-11-04f.max 作为参考不断练习。

小　结

本章我们学习了一些基本的光照理论，熟悉了不同的灯光类型以及如何创建和修改灯光等。在本章的基本概念中，我们还详细介绍了灯光的参数以及灯光阴影的相关知识。如何针对不同的场景正确布光也是本章重要的内容，但是要很好地掌握这些内容，创建出好的灯光效果，还需要反复的尝试和长时间的积累。

此外，3ds Max 除了增强标准灯光的功能外，还有 Photometric(光度控制)、改进光线跟踪的效果、增加光能传递等新功能，极大地改进了 3ds Max 的光照效果。但是这些功能对计算机资源的要求要高一些。

习　题

一、判断题

1. 在 3ds Max 中只要给灯光设置了产生阴影的参数，就一定能够产生阴影。

2. 使用灯光阴影设置中的"阴影贴图"(Shadow Map)肯定不能产生透明的阴影效果。

3. 使用灯光中阴影设置中的"光线跟踪阴影"(RayTraced Shadows)能够产生透明的阴影效果。

4. 灯光也可以投影动画文件。

5. 灯光类型之间不能相互转换。

6. 一个对象要产生阴影就一定要被灯光照亮。

7. 灯光的位置变化不能设置动画。

8. 要使体积光不穿透对象，需要将阴影类型设置为光线跟踪阴影（RayTraced Shadows）。

9. 灯光的排除(Exclude)选项可以排除对象的照明和阴影。

10. 灯光的参数变化不能设置动画。

二、选择题

1. Omni 是________。

A. 聚光灯　　B. 目标聚光灯　　C. 泛光灯　　D. 目标平行灯

2. 3ds Max 的标准灯光有________种。

A. 2　　B. 4　　C. 6　　D. 8

3. 使用下面________命令同时改变一组灯光的参数。

A. 工具|灯光列表(Tools|Light Lister)

B. 视图|添加默认灯光到场景(Views|Add Default Lights to Scene)

C. 创建|灯光|泛光灯(Create|Lights|Omni Light)

D. 创建|灯光|天光(Create|Lights|Sunlight System)

4. 3ds Max 中标准灯光的阴影有________类型。

A. 2 种　　B. 3 种　　C. 4 种　　D. 5 种

5. 灯光的衰减(Decay)类型有________。

A. 2 种　　B. 3 种　　C. 4 种　　D. 5 种

三、问答题

1. 3ds Max 中有哪几种类型的灯光？

2. 如何设置阴影的偏移效果？

3. 聚光灯的 Hotspot 和 Falloff 是什么含义？怎样调整它们的范围？

4. 布光的基本原则是什么？

5. 在 3ds Max 中产生的阴影有 4 种类型：Adv. RayTraced、Area Shadows、Shadow Map 和 RayTraced Shadows。这些阴影类型有什么区别和联系？

6. 如何产生透明的彩色阴影？

7. Shadow Map 卷展栏的主要参数的含义是什么？

8. 灯光的哪些参数可以设置动画？

9. 如何设置灯光的衰减效果？

10. 灯光是否可以投影动画文件（例如 avi、mov、flc 和 ifl 等）？

第12章 渲染

在三维世界中，摄影机就像人的眼睛一样，用来观察场景中的对象。本章重点介绍3ds Max 2011 的渲染。

本章重点内容：

- 使用景深
- 使用交互视口渲染
- 理解和编辑渲染参数
- 渲染静态图像和动画
- 使用 mental ray 渲染场景

12.1 渲 染

渲染是生成图像的过程。3ds Max 使用扫描线、光线追踪和光能传递相结合的渲染器。扫描线渲染方法的反射和折射效果不是十分理想，而光线追踪和光能传递可以提供真实的反射和折射效果。由于 3ds Max 是一个混合的渲染器，因此可以给指定的对象应用光线追踪方法，而给另外的对象应用扫描线方法，这样可以在保证渲染效果的情况下，得到较快的渲染速度。

12.1.1 渲染动画

设置完动画后，就需要渲染动画。渲染完动画后，就可以播放真实的、有质感的动画了。为了更好地渲染整个动画，我们需要考虑如下几个问题。

1. 图像文件格式

可以采用不同的方法渲染动画。一种方法是直接渲染某种格式的动画文件，例如avi、mov或flc。当渲染完成后就可以播放渲染的动画。播放的速度与文件大小和播放速率有关。

第二种方法是渲染诸如tga、bmp、tga或tif一类的独立静态位图文件。然后使用非线性编辑软件编辑独立的位图文件，最后输出DVD和计算机能播放的格式等。某些输出选项需要特别的硬件。

此外，高级动态范围图像(HDRI)文件(*.hdr,.pic)可以在3ds Max 2010渲染器中调用或保存，对于实现高度真实效果的制作方法大有帮助。

在默认情况下，3ds Max的渲染器可以生成如下格式的文件：avi、flc、mov、mp、cin、jpg、png、rla、rpf、eps、rgb、tif、tga等。

2. 渲染的时间

渲染动画可能可能需要花费很长的时间。例如，如果有一个45s长的动画需要渲染，播放速率是15fps，每帧渲染需要花费2min，则总的渲染时间是：

$$45s \times 15fps \times 2min/f = 1350min(或22.5h)$$

既然渲染时间很长，就要避免重复渲染。有几种方法可以避免重复渲染。

3. 测试渲染

从动画中选择几帧，然后将它渲染成静帧，以检查材质、灯光等效果和摄影机的位置。

4. 预览动画

在菜单的“渲染”(Rendering)菜单下有一个“全景导出器”选项。该选项可以在较低的图像质量情况下渲染出avi文件，以检查摄影机和对象的运动。

例 12-1 渲染动画

(1) 启动3ds Max，在菜单栏中选取“文件/打开”(File/Open)，然后从本书的配套光盘中打开Samples-12-01.max文件。这是一个弹跳球的动画场景，见图12-1。

图 12-1

(2) 在菜单栏上选取“渲染/渲染”(Rendering/Render)，出现“渲染场景”(Render Scene)对话框。

(3) 在“渲染场景”(Render Scene)对话框“公用”(Common)选项卡中的“公用参数”(Common Parameters)卷展栏，选择“范围”(Range)。

(4) 在“范围”(Range)区域的第一个数值区输入0，在第2个数值区输入50，见图12-2。

(5) 在“公用参数”(Common Parameters)卷展栏的“输出大小”(Output Size)区域选择“320×240”按钮，见图12-3。

“图像纵横比”(Image Aspect)指的是图像的宽高比，320/240=1.33。

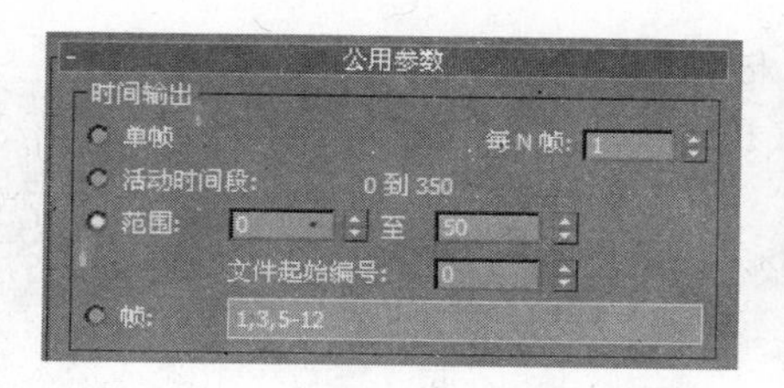

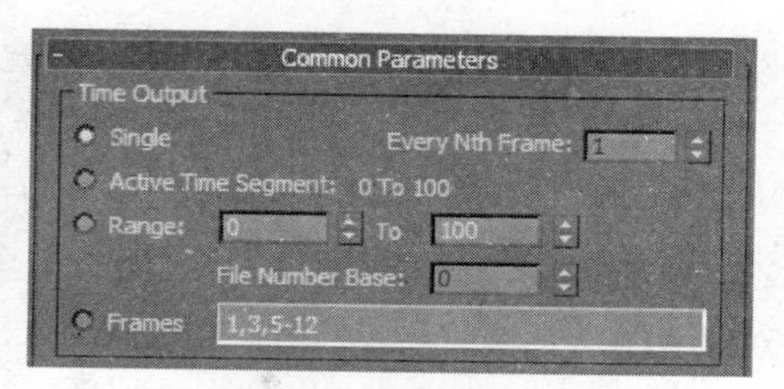

图 12-2

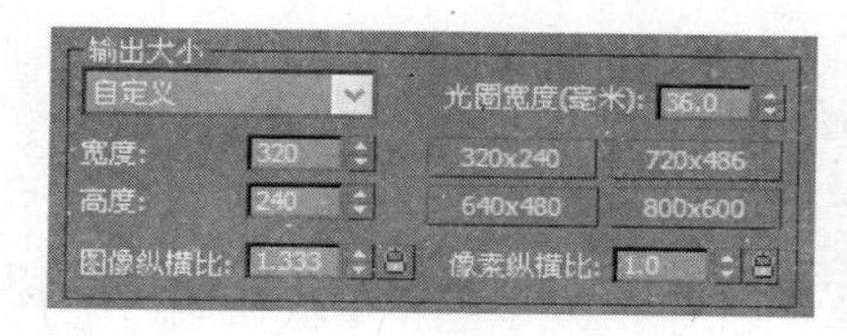

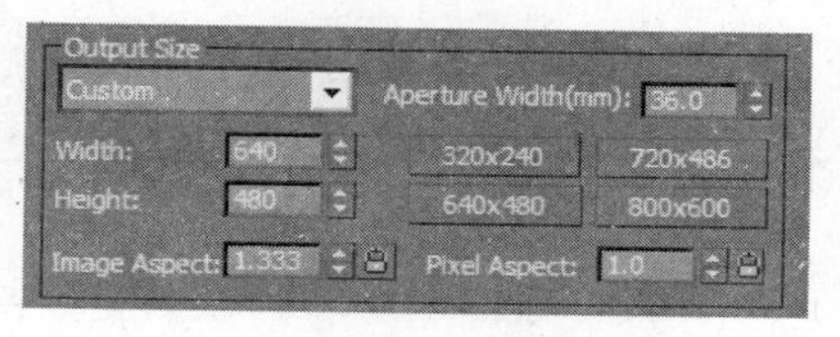

图 12-3

(6) 在“渲染输出”(Render Output)区域单击“文件”(Files)按钮。

(7) 在出现的“渲染输出文件”(Render Output File)对话框的文件名区域指定一个文件名,例如 Samples-12-01。

(8) 在保存类型的下拉列表中选取 *.avi,见图 12-4。

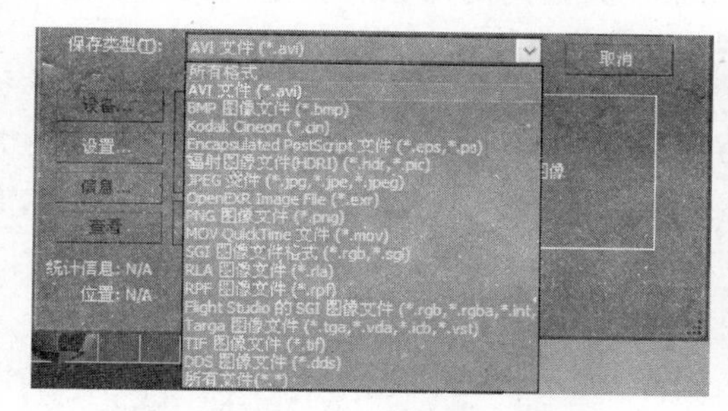

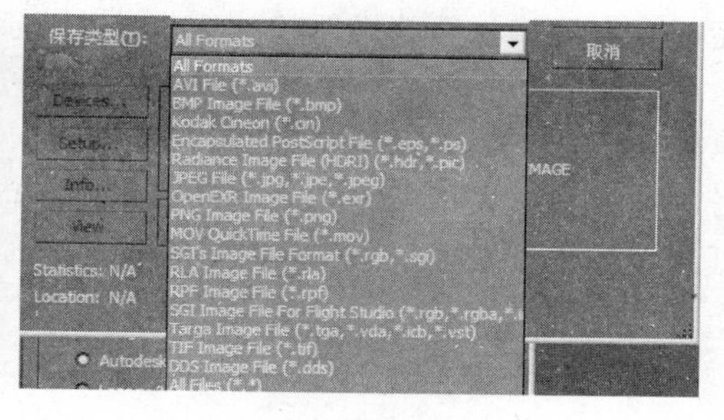

图 12-4

(9) 在“渲染输出文件”(Render Output File)对话框中,单击“保存”(Save)按钮。

(10) 在“AVI 文件压缩设置”(AVI File Compression Setup)对话框单击“确定”(OK),见图 12-5。

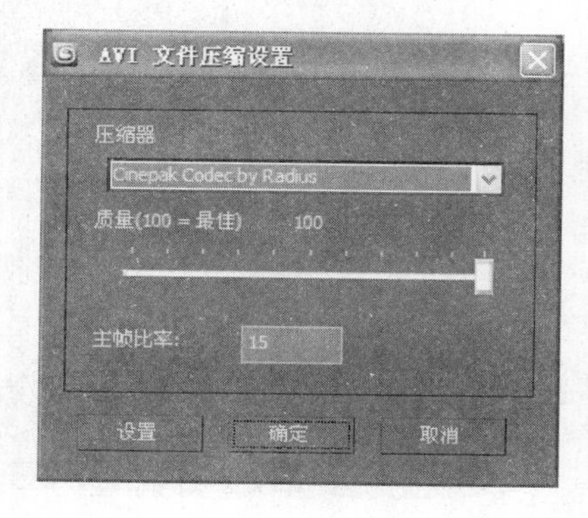

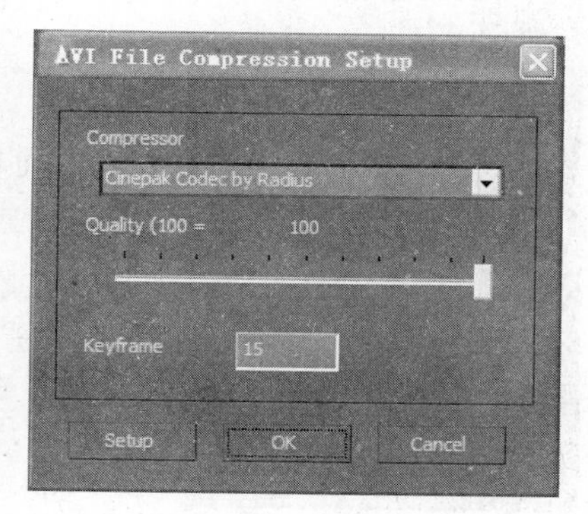

图 12-5

说明：压缩质量的数值越大，图像质量就越高，文件也越大。

(11) 单击“渲染”按钮，出现“渲染”(Render)进程对话框。

(12) 完成了动画渲染后，关闭“渲染场景”(Render Scene)对话框。

(13) 在保存的目录下选择打开保存的 avi 文件，观察效果，图 12-6 是其中的一帧。

图 12-6

12.1.2 ActiveShade 渲染器

除了提供最后的渲染结果外，3ds Max 还提供了一个“交互渲染器”(ActiveShade)，以产生快速低质量的渲染效果，并且这些效果是随着场景的更新而不断更新的。这样就可以在一个完全的渲染视口预览用户的场景。交互渲染器可以是一个浮动的对话框，也可以被放置在一个视口中。

交互渲染器得到的渲染质量比直接在视口中生成的渲染质量高。当“交互渲染器”(ActiveShade)被激活后，诸如灯光等调整的效果就可以交互地显示在视口中。“交互渲染器”(ActiveShade)有它自己的右键菜单，用来渲染指定的对象和指定的区域。渲染时还可以直接将材质编辑器的材质直接拖曳到交互渲染器中的对象上。

激活“交互渲染”(ActiveShade)有两种方法。一种方法是在视口左上角视图上单击鼠标左键，选取“交互渲染器”(ActiveShade)选项，则视口变为动态着色视口，见图 12-7。另一种方法可以选取主工具栏中的“动态着色浮动框”(ActiveShade Floater)按钮，也可以在渲染设置面板下选取“交互渲染器”(ActiveShade)选项，见图 12-8。

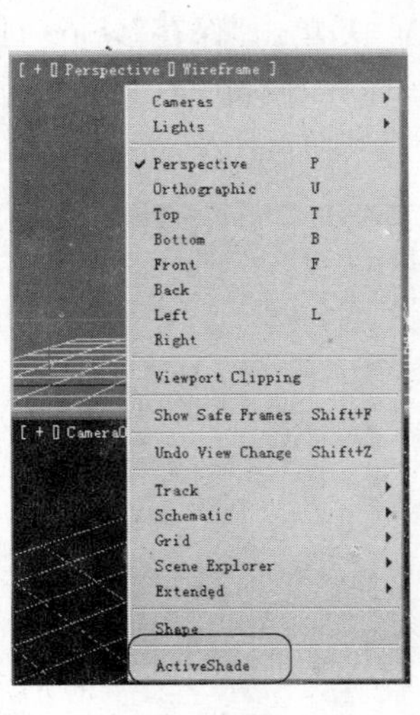

图 12-7

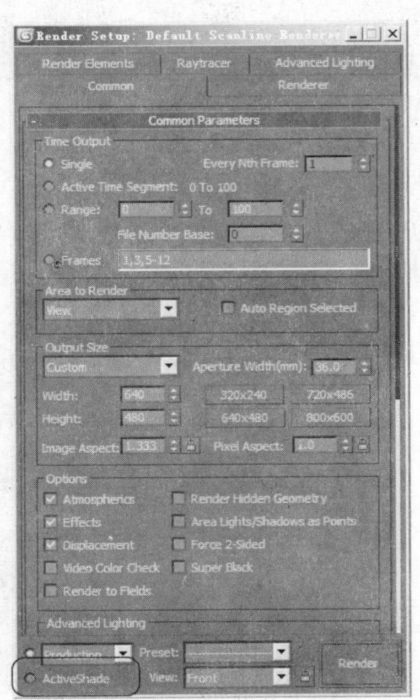

图 12-8

例 12-2 “交互渲染器”(ActiveShade)

在这个练习中,将打开一个“动态着色浮动框”(ActiveShade Floater)对话框,然后使用拖曳材质的方法取代场景中的材质。

图 12-9

(1) 启动 3ds Max,在菜单栏中选取“文件/打开”(File/Open),然后从本书的配套光盘中打开 Samples-12-02. max 文件。

(4) 按下主工具栏的“渲染产品”(Render Production) 按钮,然后在弹出按钮中选取“交互渲染器”(ActiveShade)按钮,这样将打开一个 ActiveShade Floater 对话框,如图 12-9。打开时可能需要一定的初始化时间。

(5) 单击主工具栏的“材质编辑器”(Material Editor)按钮,打开材质编辑器,见图 12-10。

(6) 在材质编辑器中选择 metal 材质球,然后将材质拖曳到 ActiveShade Floater 对话框中左前方的茶壶上。

这样将使用新的铁皮材质取代之前的灰色材质,实现了动态着色的功能,效果如图 12-11 所示。

图 12-10

图 12-11

12.1.3 Render Scene 对话框

一旦完成了动画或者想渲染测试帧的时候,就需要使用“渲染设置”(Render Setup)对话框。这个对话框包含 5 个用来设置渲染效果的卷展栏,分别是“公用”(Common)面板、Render Elements 面板、“光线跟踪器”(Raytracer)面板、“高级照明”(Advanced Lighting)面板和“渲染器”(Randerer)面板。下面分别进行介绍。

1. 公用(Common)面板

“公用”(Common)面板有 4 个卷展栏，见图 12-12。

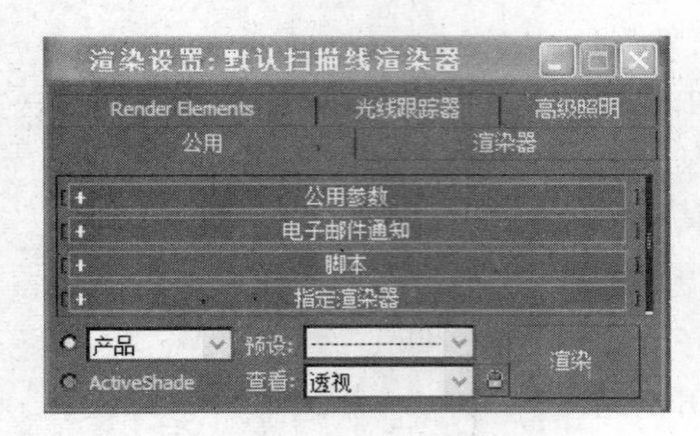

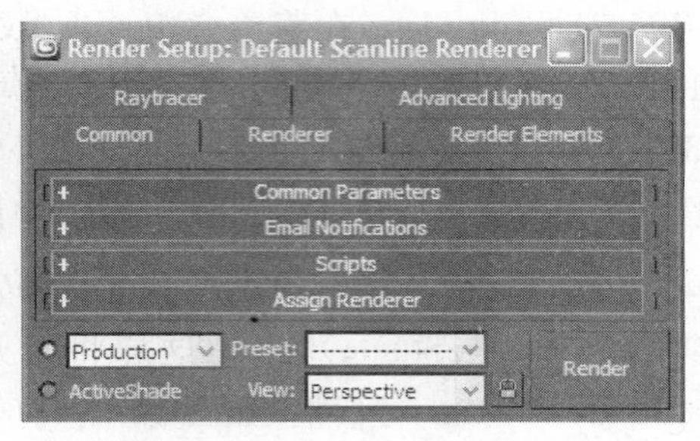

图 12-12

1) 公用参数(Common Parameters)卷展栏

该面板有 5 个不同区域。

(1) Time Output(输出时间)：该区域的参数主要用来设置渲染的时间。

- 单帧(Single)：渲染当前帧；
- 活动时间段(Active Time Segment)：渲染轨迹栏中指定的帧范围；
- 范围(Range)：指定渲染的起始和结束帧；
- 帧(Frames)：指定渲染一些不连续的帧，帧与帧之间用逗号隔开；
- 每 N 帧(Every Nth Frame)：使渲染器按设定的间隔渲染帧，如果 Nth Frame 被设置为 3，那么每 3 帧渲染 1 帧。

(2) 输出大小(Output Size)：该区域可以使用户控制最后渲染图像的大小和比例。可以在下拉式列表中直接选取预先设置的工业标准，见图 12-13，也可以直接指定图像的宽度和高度。

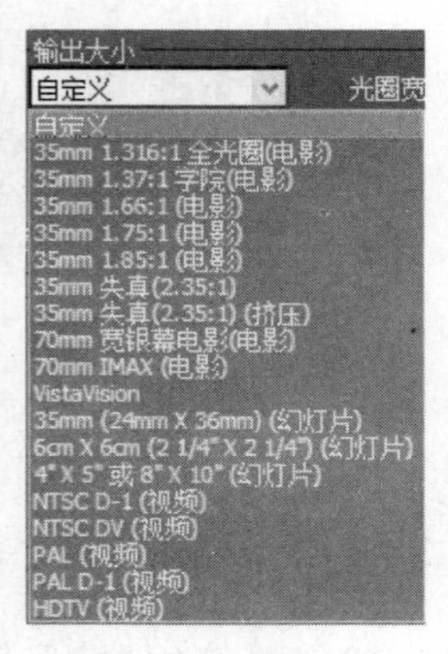

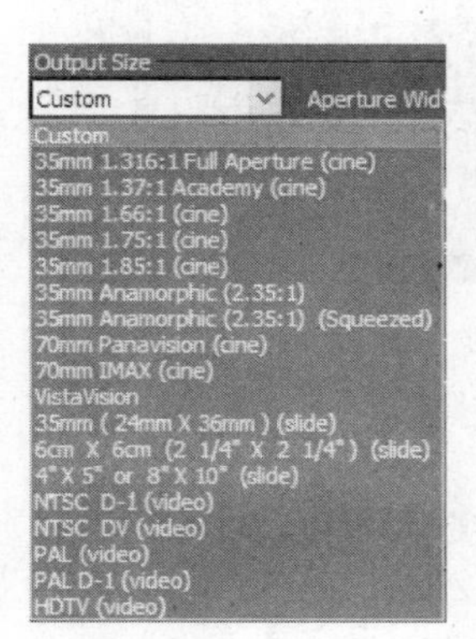

图 12-13

- 宽度(Width)和高度(Height)：这两个参数定制渲染图像的高度和宽度，单位是像素。如果锁定了“图像纵横比”(Image Aspect)，则其中一个数值的改变将影响另外一个数值。

• 预设的分辨率按钮：单击其中的任何一个按钮将把渲染图像的尺寸改变成按钮指定的大小。在按钮上单击鼠标右键，可以在出现的“配置预设”(Configure Preset)对话框(见图 12-14)中定制按钮的设置。

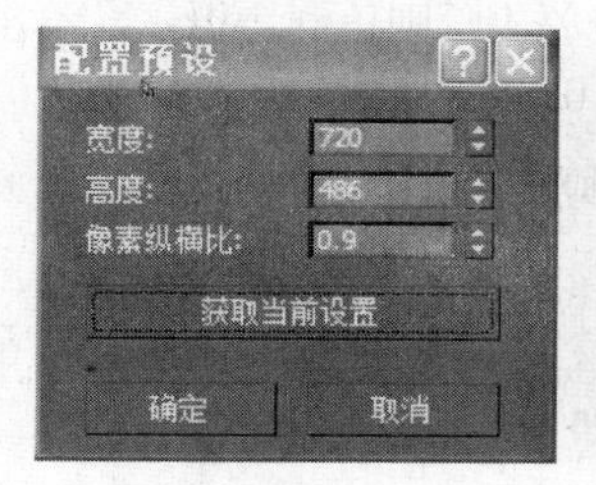

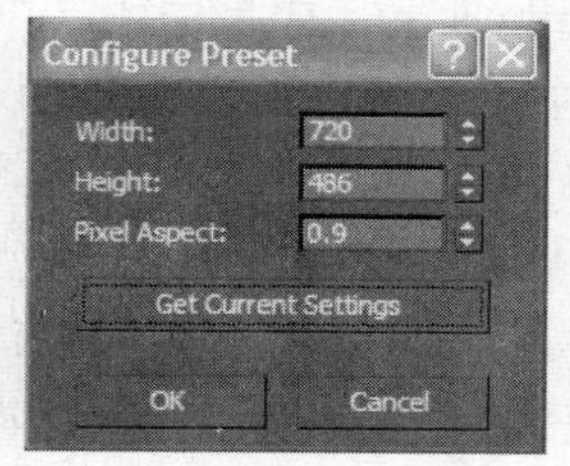

图 12-14

• 图像的纵横比(Image Aspect)：这个设置决定渲染图像的长宽比，见图 12-15。

图 12-15

• 像素纵横比(Pixel Aspect)：该项设置决定图像像素本身的长宽比。如果渲染的图像将在非正方形像素的设备上显示，就需要设置这个选项。例如标准的 NTSC 电视机的像素的长宽比是 0.9，而不是 1.0。如果锁定了 Pixel Aspect 选项，则不能够改变该数值。图 12-16 是采用不同像素长宽比设置渲染的图像。当该参数等于 0.5 的时候，图像在垂直方向被压缩；当该参数等于 2 的时候，图像在水平方向被压缩。见图 12-16。

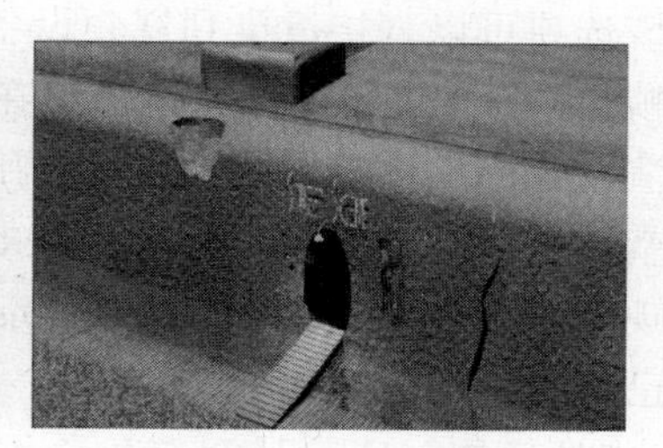

图 12-16

(3) 选项(Options)：这个区域包含 8 个复选框用来激活不同的渲染选项。

• 视频颜色检查(Video Color Check)：这个选项扫描渲染图像，寻找视频颜色之外的颜色。

- 强制双面(Force 2-Sided)：这个选项将强制 3ds Max 渲染场景中所有面的背面。这对法线有问题的模型非常有用。
- 大气(Atmospherics)：如果关闭这个选项，则 3ds Max 将不渲染雾和体积光等大气效果。这样可以加速渲染过程。
- 特效(Effects)：如果关闭这个选项，则 3ds Max 将不渲染辉光等特效。这样可以加速渲染过程。
- 超级黑(Super Black)：如果要合成渲染的图像，则该选项非常有用。如果复选这个选项，将使背景图像变成纯黑色，即 RGB 数值都为 0。
- 置换(Displacement)：当这个选项被关闭后，3ds Max 将不渲染置换贴图。这样可以加速测试渲染的过程。
- 渲染隐藏的几何体(Render Hidden)：激活这个选项后将渲染场景中隐藏的对象。如果场景比较复杂，在建模时经常需要隐藏对象，而渲染的时候又需要这些对象的时候，该选项非常有用。
- 渲染到场(Render to Fields)：这将使 3ds Max 渲染到视频场，而不是视频帧。在为视频渲染图像的时候，经常需要这个选项。一帧图像中的奇数行和偶数行分别构成两场图像，也就是一帧图像是由两场构成的。
- 区域光源/阴影视作点光源(Area Lights/Shadow as Points)：将所有区域光或影都当作发光点来渲染，这样可以加速渲染过程。

(4) 高级光照(Advanced Lighting)：该区域有两个复选框来设定是否渲染高级光照效果，以及什么时候计算高级光照效果。

位图代理(Bitmap Proxies)：显示 3ds Max 是使用高分辨率贴图还是位图代理进行渲染。要更改此设置，单击"设置"按钮。

(5) 渲染输出(Render Output)：用来设置渲染输出文件的位置，有如下选项：

- 保存文件(Save File)和文件(Files)按钮。当"保存文件"(Save File)复选框被勾选后，渲染的图像就被保存在硬盘上。"文件"(Files)按钮用来指定保存文件的位置。
- 使用设备(Use Device)：除非选择了支持的视频设备，否则该复选框不能使用。使用该选项可以直接渲染到视频设备上，而不生成静态图像。
- 渲染帧窗口(Rendered)：这个选项在渲染帧窗口中显示渲染的图像。
- 网络渲染(Net Render)：当开始使用网络渲染后，就出现网络渲染配置对话框。这样就可以同时在多台机器上渲染动画。
- 跳过现有图像(Skip Existing Images)：这将使 3ds Max 不渲染保存文件的文件夹中已经存在的帧。

2)"电子邮件通知"(Email Notification)卷展栏

"电子邮件通知"(Email Notification)卷展栏提供了一些参数来设置渲染过程中出现的问题(如异常中断、渲染结束等)时，给用户发 Email 提示。这对需要长时间渲染的动画来讲非常重要。

3）“脚本”(Scripts)卷展栏

“脚本”(Scripts)卷展栏允许用户指定渲染之前或者渲染之后要执行的脚本。要执行的脚本有4种，分别为：MAXScript 文件(MS)、宏脚本(MCR)、批处理文件(BAT)、可执行文件(EXE)。渲染之前执行预渲染脚本。完成渲染之后执行后期渲染。也可以使用“立即执行”按钮来“手动”运行脚本。

4）“指定渲染器”(Assign Renderer)卷展栏

“指定渲染器”(Assign Renderer)卷展栏显示了产品级和 ActiveShade 级渲染引擎以及材质编辑器样本球当前使用的渲染器，可以单击 ... 按钮改变当前的渲染器设置。默认情况下有4种渲染器可以使用：默认扫描线渲染器、mental ray 渲染器、Quicksilver 硬件渲染器和 VUE 文件渲染器，如图 12-17 所示。

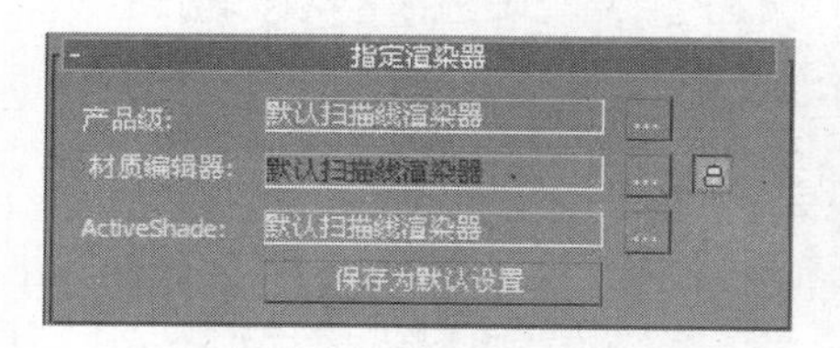

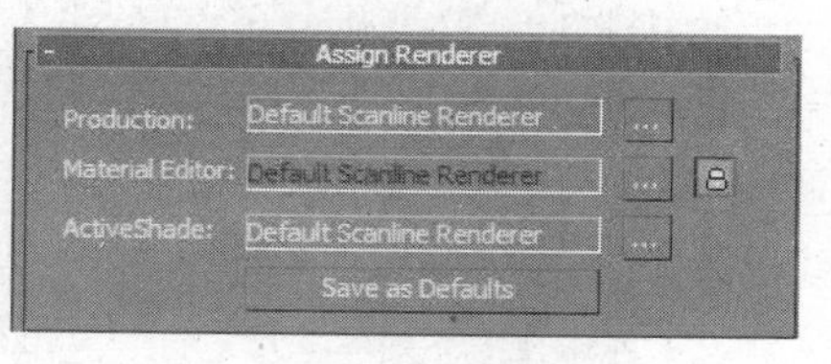

图 12-17

- 按钮：默认情况下，材质编辑器使用与产品级渲染引擎相同的渲染器。关闭这一选项可以为材质编辑器的样本球指定一个不同的渲染器。
- 保存为默认设置(Save as Defaults)：单击此按钮，将把当前指定的渲染器设置为下次启动 3ds Max 时的默认渲染器。

2. Render Elements 面板

当合成动画层的时候，Render Elements 卷展栏(见图 12-18)的内容非常有用。可以将每个元素想象成一个层，然后将高光、漫射、阴影和反射元素结合成图像。使用 Render Elements 可以灵活地控制合成的各个方面。例如，可以单独渲染阴影，然后再将它们合成在一起。

下面介绍该卷展栏的主要内容。

1）卷展栏上部的按钮和复选框

- 添加(Add)按钮：该按钮用来增加渲染元素，单击该按钮后出现图 12-19 所示的 Render Elments 对话框。用户可以在这个对话框中增加渲染元素。
- 合并(Merge)按钮：该按钮用来从其他 max 文件中合并文件。
- 删除(Delete)按钮：删除选择的元素。
- 激活元素：当关闭这个复选框后，将不渲染相应的渲染元素。
- 显示元素：当勾选该复选框后，在屏幕上显示每个渲染的元素。

2）选定元素参数(Selected Element Parameters)区域

这个区域用来设置单个的渲染元素，有如下选项。

- 启用(Enable)复选框：用来激活选择的元素。未激活的元素将不被渲染。

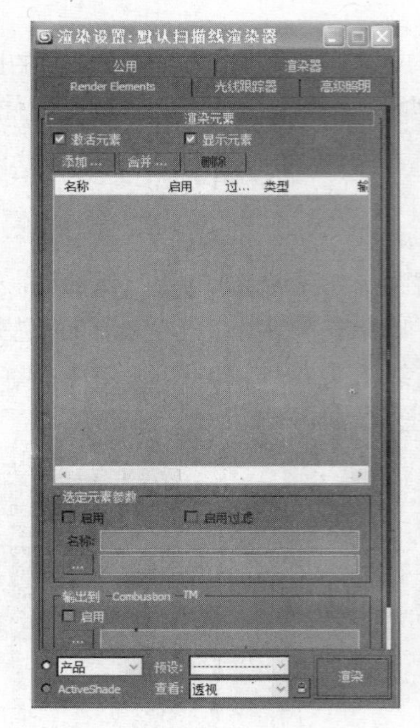

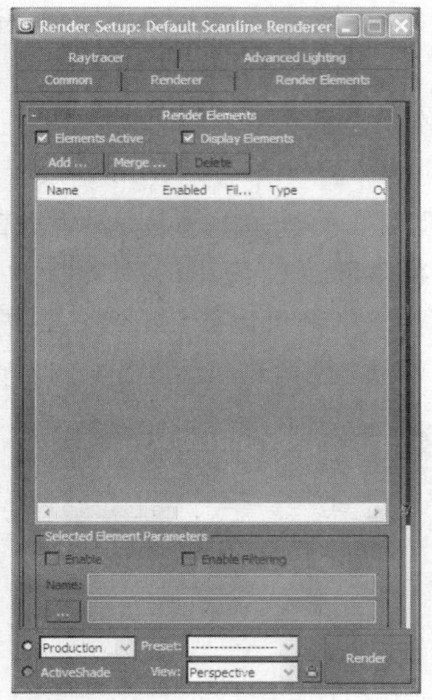

图 12-18

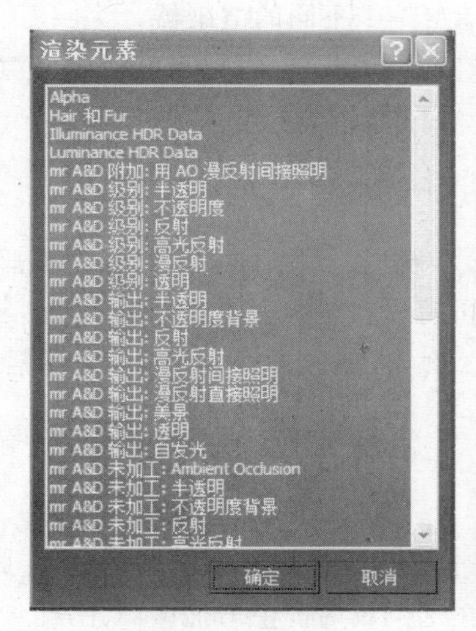

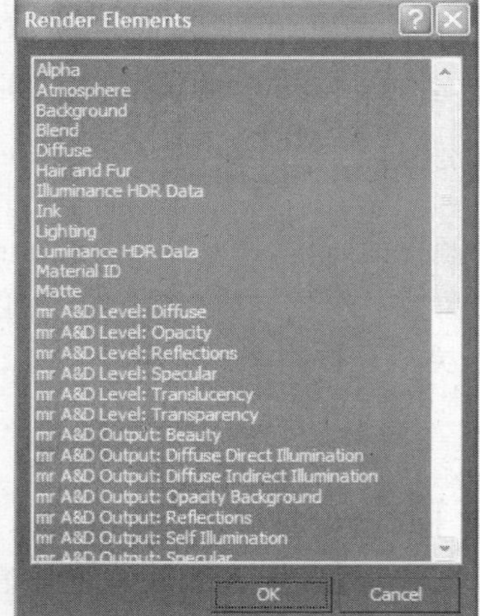

图 12-19

- 启用过滤(Enable Filtering)复选框：用来打开渲染元素的当前反走样过滤器。
- 名称(Name)区域：用来改变选择元素的名字。
- Files...按钮：在默认的情况下，元素被保存在与渲染图像相同的文件夹中，但是可以使用这个按钮改变保存元素的文件夹和文件名。

3）输出到-Combustion (Output to Combustion)

打开这个区域可以提供 3ds Max 与 Discreet 的 Combustion 之间的连接。

例 12-3 渲染大气元素

(1) 启动 3ds Max 或者在菜单栏选取“文件/重置”(File/Reset),复位 3ds Max。

(2) 在菜单栏中选取“文件/打开”(File/Open),然后从本书配套光盘中打开 Samples-12-0(3).max 文件。图 12-20 是打开文件后的场景。

图 12-20

(4) 单击主工具栏的“渲染设置”(Render Setup)按钮。

(5) 在“渲染设置”(Render Setup)对话框的“渲染元素”(Render Elements)卷展栏中单击“添加”(Add)按钮。

(6) 在出现的“渲染元素”(Render Elements)对话框(见图 12-21)中,选取“大气”(Atmosphere),然后单击“确定”(OK)按钮。

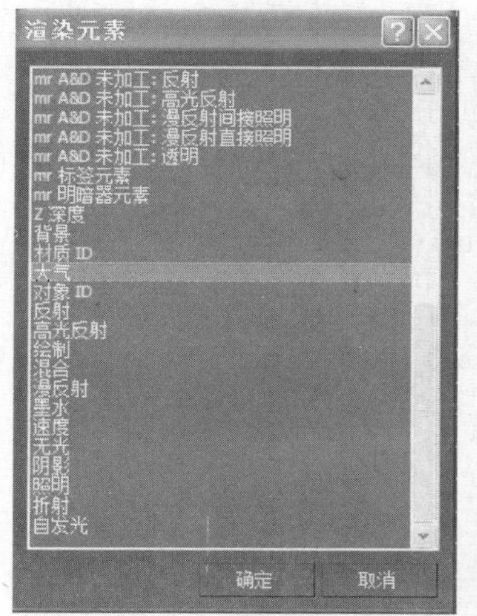

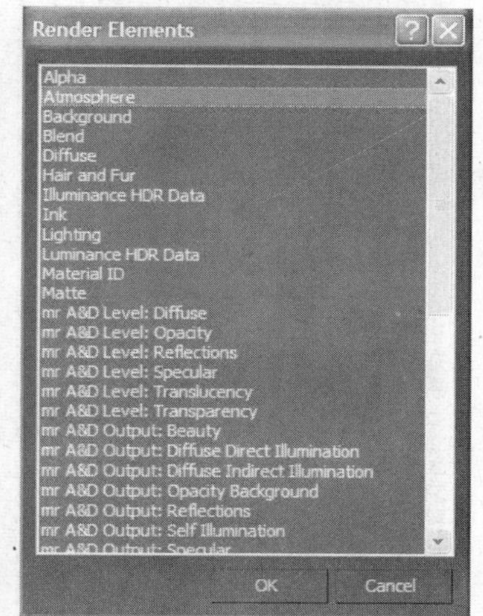

图 12-21

(7) 确认“公用参数”(Common Parameters)卷展栏中的“时间输出”(Time Output)被设置为“单帧”(Single)。

(8) 在“公用参数”(Common Parameters)卷展栏中单击“渲染输出”(Render Output)区域中的“文件”(Files)按钮。

(9) 在“渲染输出文件”(Render Output File)对话框的保存类型下拉式列表中选取 tif。

(10) 在“渲染输出文件”(Render Output File)对话框中,指定保存的文件夹。

(11) 指定渲染的文件名,然后单击“保存”(Save)按钮。

(12) 在“TIF 图像控制”(TIF Image Control)对话框中单击“确定”(OK)按钮。

(13) 在“渲染设置”(Render Setup)的“查看”(View)区域中确认激活的是 Camera01。

(14) 单击“渲染”(Render)按钮开始渲染。

渲染结果如图 12-22 所示。左图是最后的渲染图像,右图是大气的效果。

图 12-22

3. 渲染器(Renderer)面板

渲染器(Renderer)面板只包含一个卷展栏：默认扫描线渲染器(Default Scanline Renderer)卷展栏，在这里可以对默认扫描线渲染器的参数进行设置，如图 12-23 所示。

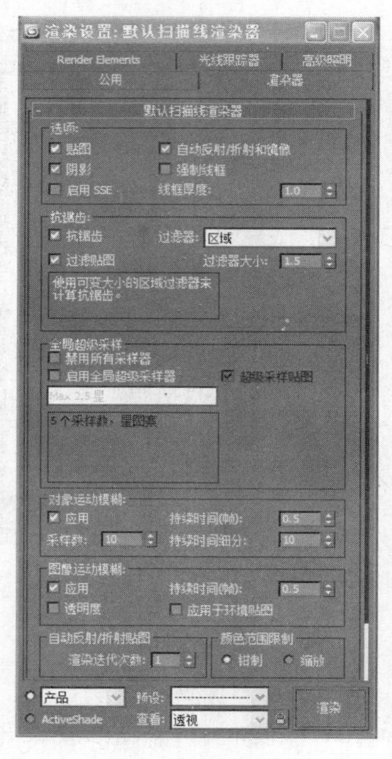

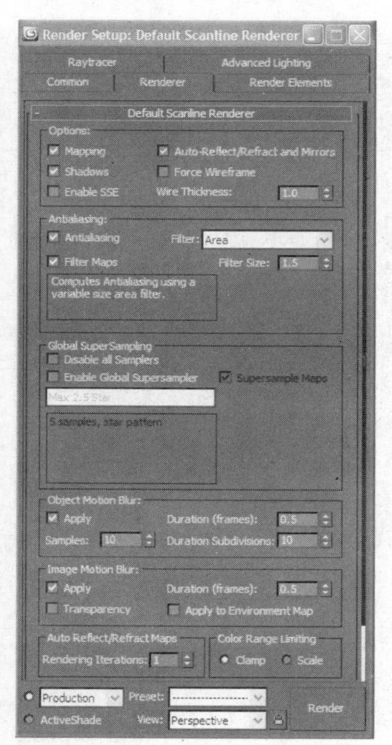

图 12-23

1) 选项(Options)选项组

"选项"(Options)区域提供 4 个选项来打开或者关闭"贴图"(Mapping)、"阴影"(Shadows)、"自动反射/折射和镜像"(Auto-Reflect/Refract and Mirrors)和"强制线框"(Force Wireframe)渲染。"线框厚度"(Wire Thickness)的数值用来控制线框对象的渲染厚度。在测试渲染的时候常使用这些选项来节省渲染时间。

- 贴图(Mapping)：如果关闭这个选项，则渲染的时候将不渲染场景中的贴图。
- 阴影(Shadows)：如果关闭这个选项，则渲染的时候将不渲染场景中的阴影。

- 自动反射/折射和镜像(Auto-Reflect/Refract and Mirrors)：如果关闭这个选项，则渲染的时候将不渲染场景中的“自动反射/折射和镜像”(Auto-Reflect/Refract and Mirrors)贴图。
- 强制线框(Force Wireframe)：如果打开这个选项，则场景中的所有对象将按线框方式渲染。
- 启用SSE(Enable SSE)：选中时将开启SSE方式，若系统的CPU支持此项技术，渲染时间将会缩短。
- 线框厚度(Wire Thickness)：控制线框对象的渲染厚度。图12-24所示的线框粗细为4。

2）抗锯齿(Antialiasing)选项组

该区域选项用于控制反走样设置和反走样贴图过滤器。

- 抗锯齿(Antialiasing)：该复选框控制最后的渲染图像是否进行反走样，反走样可以使渲染对象的边界变得光滑一些。图12-25右边的图像使用了反走样，左边的图像没有使用反走样。

图 12-24

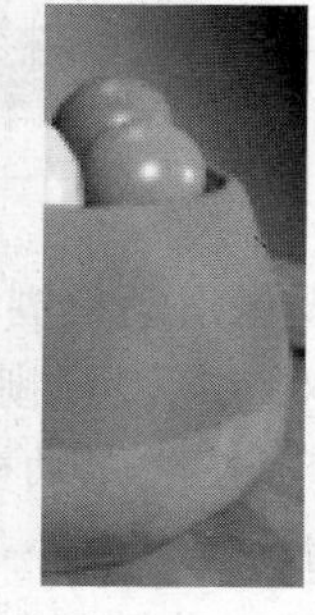

图 12-25

- 过滤贴图(Filter Maps)：该复选框用来打开或者关闭材质贴图中的过滤器选项。
- 过滤器(Filter)：3ds Max提供了各种各样的反走样过滤器，使用的过滤器不同，最后的反走样效果也不同。许多反走样过滤器都有可以调整的参数，通过调整这些参数，可以得到独特的反走样效果。
- 过滤器大小(Filter Size)：调节为一幅图像应用的模糊程度。

3）全局超级采样区域(Global SuperSampling)区域

- 禁用所有采样器(Disable all Samplers)：激活这个选项后将不渲染场景中的超级样本设置，从而加速测试渲染的速度。
- 启用全局超级采样(Enable Global Supersampler)：选中时，对所有材质应用同样的超级采样。若不选中此项，那些设置了全局参数的材质将受渲染对话框中设置的控制。
- 超级采样贴图(Supersampler Maps)：打开或关闭对应用了贴图的材质的超级采样。
- “采样”(Sampler)下拉列表框：选择采样方式。

4）对象运动模糊(Object Motion Blur)区域

该区域的选项用来全局地控制对象的运动模糊。在默认的状态下，对象没有运动模糊。要加入运动模糊，必须在“对象属性”(Object Properties)对话框中设置“运动模糊”(Motion Blur)。

• 应用(Apply)复选框：打开或者关闭对象的运动模糊。
• 持续时间(帧)(Duration (frames))：设置摄影机快门打开的时间。
• 采样数(Samples)：设置“持续时间细分”之内渲染对象显示的次数。
• 持续时间细分(Duration Subdivisions)：设置持续时间内对象被渲染的次数。

如图12-26所示，左图的采样和持续时间细分被设置为1，右图的采样被设置为3，右边的图像有点颗粒状效果。

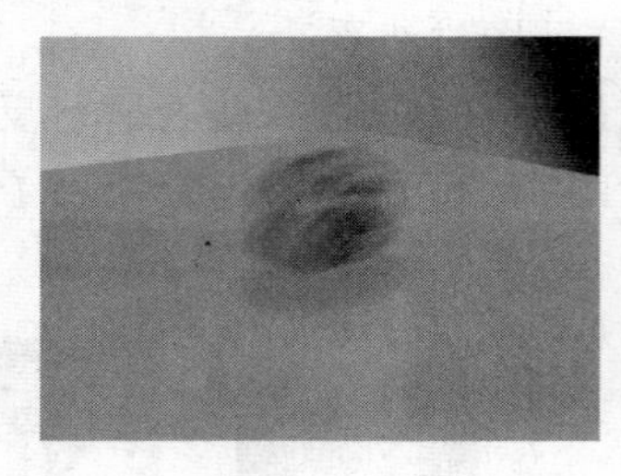 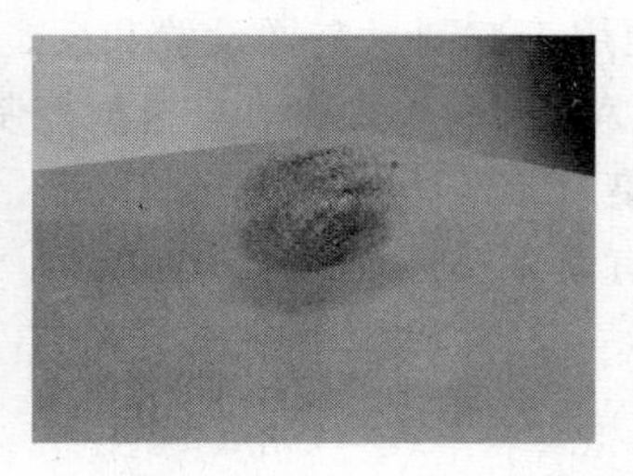

图 12-26

5）图像运动模糊(Image Motion Blur)区域

与“对象运动模糊”(Object Motion Blur)类似，图像运动模糊也根据持续时间来模糊对象。但是图像运动模糊作用于最后的渲染图像，而不是作用于对象层次。这种类型的运动模糊的优点之一是考虑摄影机的运动。必须在“对象属性”(Object Properties)对话框中设置“运动模糊”(Motion Blur)。

• 应用(Apply)复选框：打开或者关闭对象的运动模糊。
• 持续时间(帧)(Duration(frames))：设置摄像机快门打开的时间。
• Samples(样本)：设置 Duration Subdivisions 之内渲染对象显示的次数。
• 透明度(Transparency)：如果打开这个选项，即使对象在透明对象之后，也要渲染其运动模糊效果。
• 应用于环境贴图(Apply to Environment Maps)：激活这个选项后将模糊环境贴图。

6）自动反射/折射贴图(Auto Reflect/Refract Maps)区域

这个区域的唯一设置是“渲染迭代次数”(Rendering Iterations)数值，这个数值用来设置在“自动反射/折射贴图”(Auto Reflect/Refract Map)中使用“自动关键点”(Auto Key)模式后，在表面上能够看到的表面数量。数值越大，反射效果越好，但是渲染时间也越长。

7）颜色范围限制(Color Range Limiting)：这个区域的选项提供了两种方法来处理超出最大和最小亮度范围的颜色。

• “钳制”(Clamp)单选钮：该选项将颜色数值大于1的部分改为1，将颜色数值小于0的部分改为0。
• “缩放”(Scale)单选钮：该单选钮缩放颜色数值，以便所有颜色数值在0～1之间。

8）内存管理（Memory Management）区域

这个区域的“节省内存”（Conserve Memory）选项使扫描线渲染器执行一些不被放入内存的计算。这个功能不但节约内存，而且不明显降低渲染速度。

“渲染设置”（Render Setup）对话框的底部有几个选项（见图 12-27），分别用来改变渲染视口、进行渲染等工作。

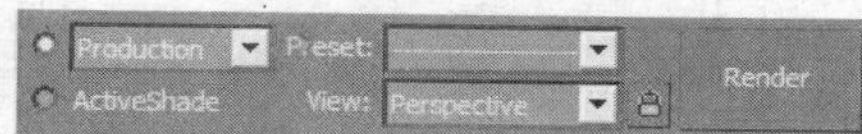

图 12-27

左边的两个单选钮用来选择渲染级别。3ds Max 2011 提供两种渲染级别：产品级和 ActiveShade 级。

“预设”（Pender）列表框用于选择以前保存的渲染参数设置，或将当前的渲染参数设置保存下来。

视口下拉式列表用来改变渲染的视口，锁定按钮用来锁定渲染的视口，以避免意外改变；单击“渲染”（Render）按钮就开始渲染；单击“关闭”（Close）按钮“渲染设置”（Render Setup）对话框，同时保留渲染参数的设置；单击“取消”（Cancel）按钮关闭渲染场景对话框，不保留“渲染设置”（Render Setup）的设置。

4. 光线跟踪器（Raytracer）面板

“光线跟踪器”（Raytracer）面板中只包含一个“光线跟踪全局参数”（Raytracer Global Parameters）卷展栏，如图 12-28 所示，可用来对光线跟踪进行全局参数设置，这将影响场景中所有的光线跟踪类型的材质。

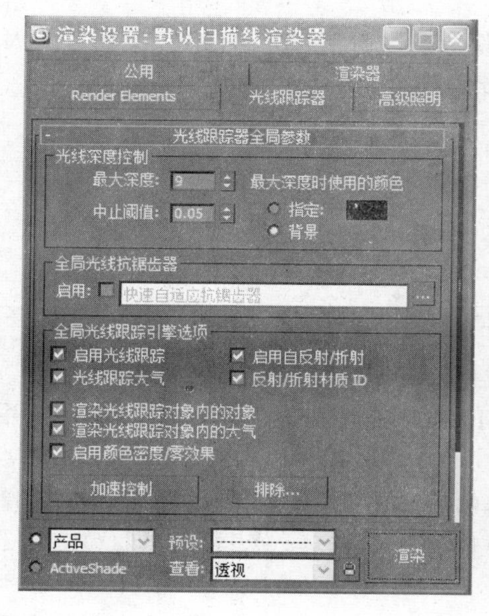

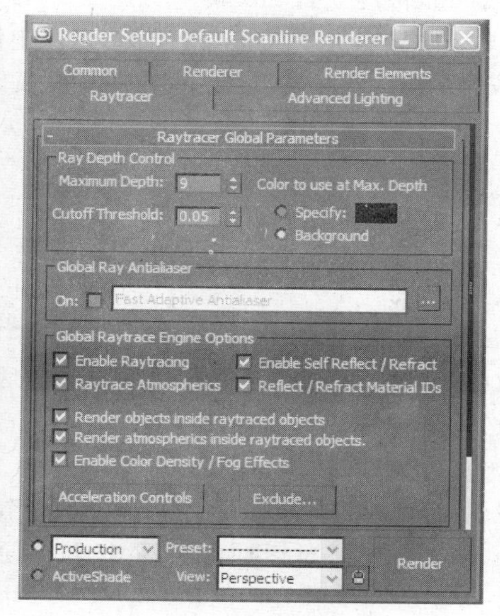

图 12-28

5. 高级照明(Advanced Lighting)面板

该面板中只包含“选择高级照明”(Select Advanced Lighting)卷展栏，如图 12-29 所示。不同的选项对应不同的参数面板，主要用于高级光照的设置。

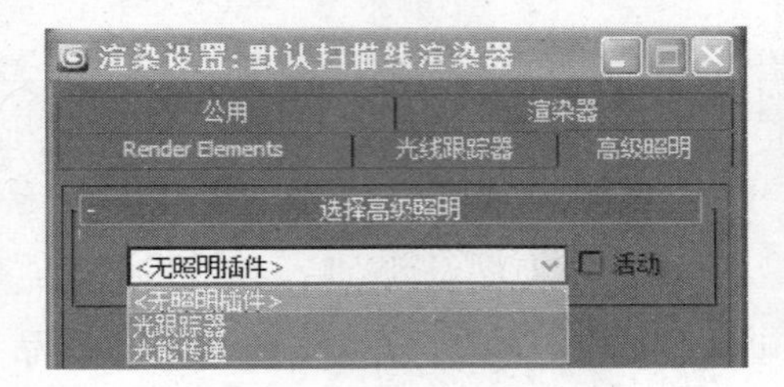

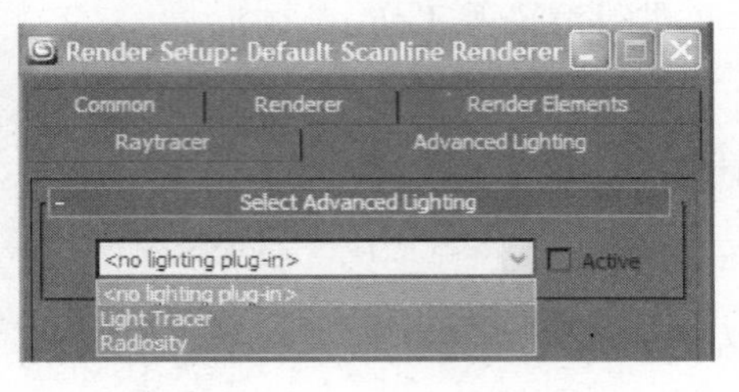

图 12-29

例 12-4 通过渲染序列帧的方法渲染场景

(1) 启动 3ds Max 或者在菜单栏选取“文件/重置”(File/Reset)，复位 3ds Max。

(2) 在菜单栏中选取“文件/打开”(File/Open)，然后从本书的配套光盘中打开 Samples-12-0(4). max 文件。打开文件后的场景如图 12-30 所示。

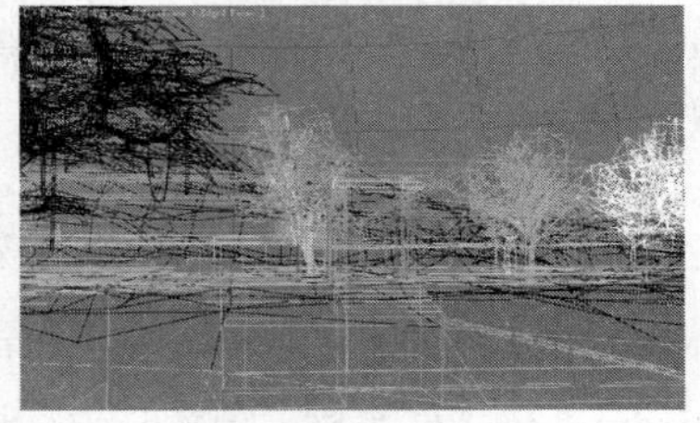

图 12-30

(3) 单击主工具栏中的“渲染设置”(Render Setup)按钮，出现“渲染设置”(Render Setup)对话框。

(4) 在“公用参数”(Common Parameters)卷展栏的“时间输出”(Time Output)区域中选取活动时间段(Range)：0～510 帧，或者“默认的时间段”(Active Time Segment)：0 到 510 帧。

(5) 在“输出大小”(Output Size)区域中使像素比为 1.067，并锁定，把图片的大小设置为 720 * 404(宽 * 高)，最后锁定图像纵横比，见图 12-31。

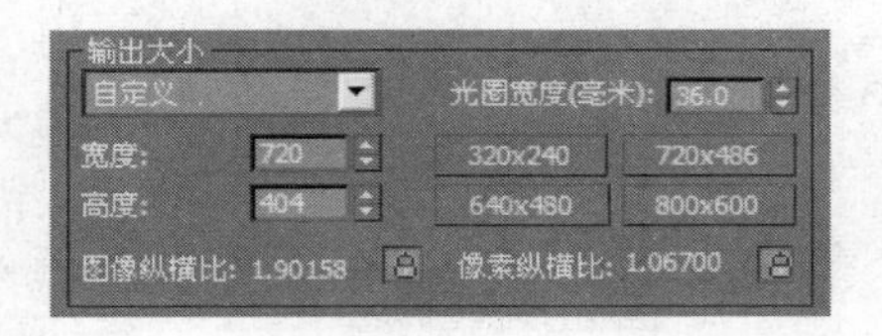

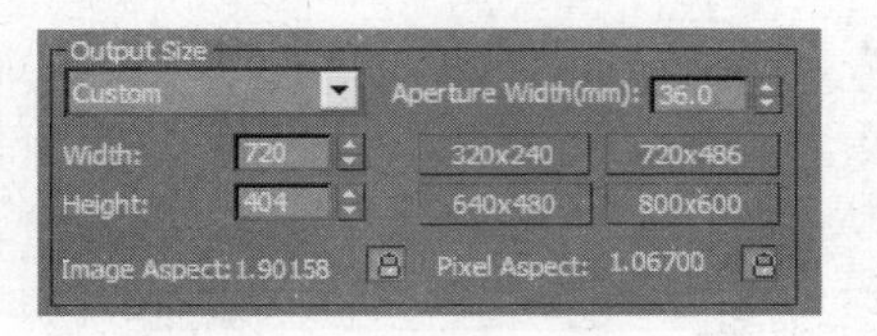

图 12-31

(6) 在“渲染输出”(Render Output)区域中单击 Files 按钮。

(7) 在“渲染输出文件”(Render Output File)对话框中选择保存文件的位置，并将文件类型设置为 tga。

(8) 在文件名区域输入“镜头 c02. tga”，然后单击“保存”(Save)按钮。在新弹出的“Targa 图像控制”对话框内选择 32 位带透明通道的选项，单击“确定”(OK)按钮，见图 12-32。

(9) 注意勾选“对象运动模糊”(Object Motion Blur)和“图像运动模糊”(Image

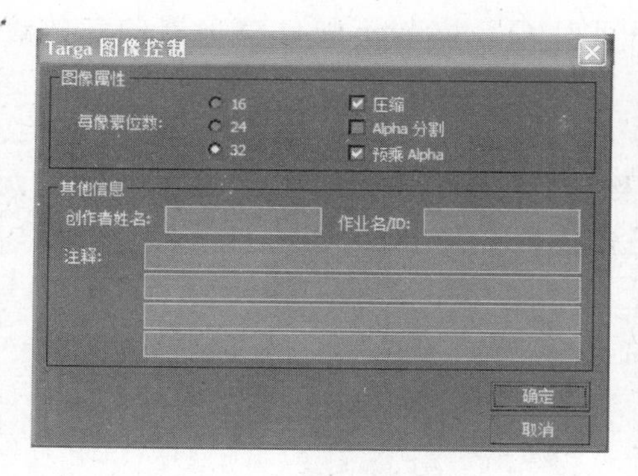

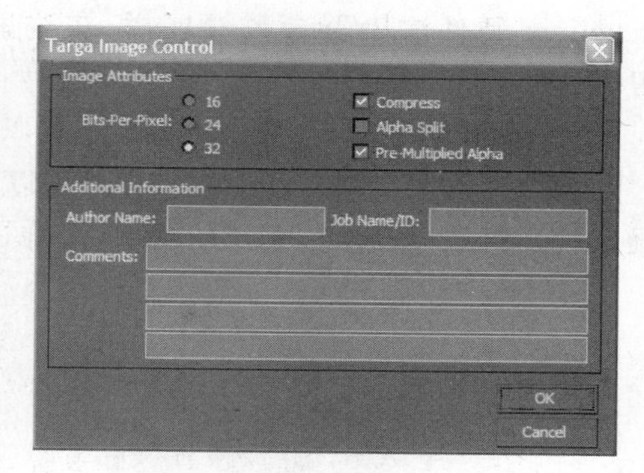

图 12-32

Motion Blur)中的"应用"(Apply)复选框,如图 12-33 所示。

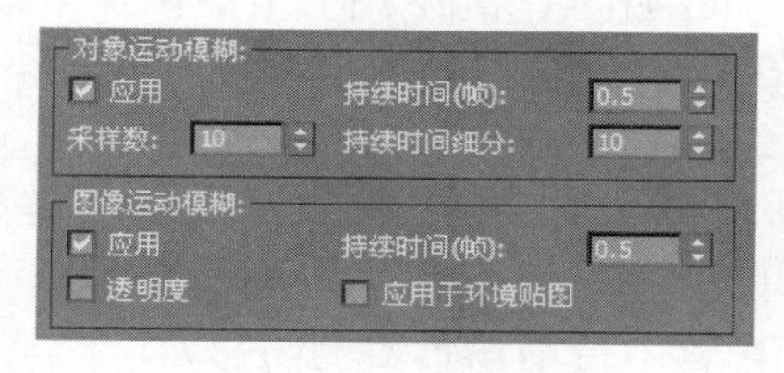

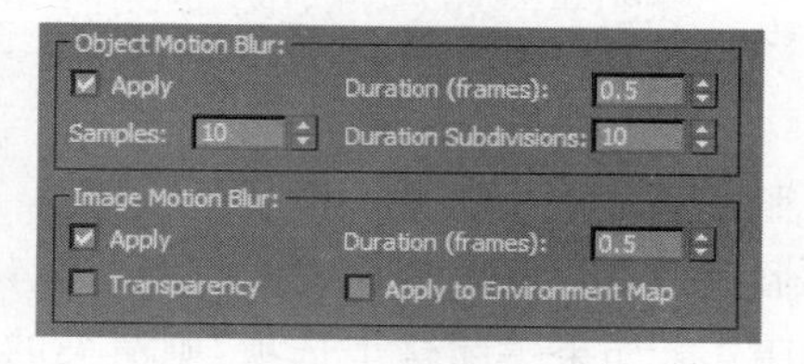

图 12-33

(10) 在"渲染设置"(Render Setup)对话框中单击"渲染"(Render)按钮。

这样就开始了渲染,图 12-34 是渲染结果中的一帧。

图 12-34

12.2 Quicksilver 硬件渲染器

Quicksilver 硬件渲染方式能够根据实际的需要设置渲染的复杂程度,渲染效果相对粗糙,渲染耗费的时间也就相对较短;渲染效果越精致,渲染耗费的时间就越长,当用户渲染复杂场景时,能够在短时间内得到渲染效果,在测试渲染阶段节省大量时间。

在 Quicksilver 硬件渲染器中选择"渲染器"选项卡,渲染器面板只包含一个卷展栏:

Quicksilver 硬件渲染器参数卷展栏，在这里可对 Quicksilver 硬件渲染器的参数进行设置。

1）图像精度(抗锯齿)区域

该区域可以调节基于硬件的采样倍率以及基于软件的采样倍率，结果采样值为两者相乘。较高级别会产生更平滑的结果，代价是多花费一些渲染时间。如图 12-35 所示。

(a) 具有默认(草图级)设置的硬件渲染

(b) 硬件采样增加到8x的硬件渲染

图 12-35

2）照明区域

- 照亮方法：可以选择场景灯光或默认灯光
- 阴影：如果关闭这个选项，则渲染的时候将不渲染场景中的阴影。
- 软阴影精度(倍增)：调节模拟阴影的过渡的渐变效果，在阴影周边制造虚化的效果。
- Ambient Occlusion(AO)：调节物体和物体相交或靠近的时候遮挡周围漫反射光线的效果。AO 通过将对象的接近度计算在内来提高阴影质量。当 AO 启用时，它的控件变为可用。默认设置为禁用状态。
- 强度/衰减：AO 效果的强度，值越大，阴影越暗。
- 半径：以 3ds Max 单位定义半径，Quicksilver 渲染器在该半径中查找阻挡对象。值越大，覆盖的区域越大。
- 间接照明：通过将反射光线计算在内，提高照明的质量。
- 倍增：控制间接照明的强度。
- 采样分布区域：控制采样点分布的方形区域的大小。值越大，分散的采样点越多，这会降低有效采样质量。
- 衰退：控制间接光线的衰退率。值越大，衰退越快。
- 启用间接照明阴影：当启用时，渲染器间接照明可以生成阴影。

3）透明度/反射区域

- 透明度：当启用时，具有透明材质的对象被渲染为透明。
- 反射：当启用时，渲染显示反射。启用反射只会启用静态反射。要查看对象的动态反射，必须使用子控件明确包括它。

勾选“包含”复选框后，单击“包含”按钮可显示“包含/排除”对话框。包含对象会使其生成反射，排除对象会从反射中将其排除，从而节省渲染时间。

- 材质 ID：当启用时，可选择一个材质 ID 值，该值用于标识将显示反射的材质。

• 对象 ID：当启用时，可选择一个对象 ID 值，该值用于标识将显示反射的对象。

4）景深区域

启用景深时，可选择“来自摄影机”或“覆盖摄影机”。

当选择“来自摄影机”时，Quicksilver 渲染器使用“摄影机环境范围”设置来生成景深。

当选择“覆盖摄影机”时，可以选择用于生成与“摄影机”设置不同的景深的值。

• 焦平面：将焦平面设置为与摄影机对象的距离。
• 近平面：将近平面设置为与摄影机对象的距离。
• 远平面：将远平面设置为与摄影机对象的距离。

12.3 mental ray 渲染器

12.3.1 mental ray 简介

mental ray 是一个专业的渲染系统，它可以生成令人难以置信的高质量真实感图像。它具有一流的高性能、真实感光线追踪和扫描线渲染功能。它在电影领域得到了广泛的应用和认可，被认为是市场上最高级的三维渲染解决方案。在 3ds Max 6 之前，mental ray 仅是作为插件来使用，现在可以直接从 3ds Max 中访问 mental ray。与 mental ray 的无缝集成使 3ds Max 的用户几乎不需要学习就可以直接使用。

mental ray 的主要功能有：

（1）全局的照明模拟场景中光的相互反射。

（2）借助于其他对象的反射和折射，“散焦”(Caustic)渲染灯光投射到对象上的效果。

（3）柔和的光线跟踪阴影提供由区域灯光生成的准确柔和的阴影。

（4）矢量运动模糊创建基于三维的超级运动模糊。

（5）景深模拟真实世界的镜头。

（6）功能强大的明暗生成语言提供了灵活的编程工具，以便于创建明暗器。

（7）高性能的网络渲染几乎支持任何硬件。

12.3.2 mental ray 渲染场景

例 12-5 运动模糊效果

（1）启动 3ds Max 或者在菜单栏选取“文件/重置”(File/Reset)，复位 3ds Max。

（2）在菜单栏中选取“文件/打开”(File/Open)，然后打开本书配套光盘中的 Samples-12-0(5).max 文件。场景中包括一个车轮、几盏灯光和一个摄影机，如图 12-36 所示。

（3）单击“播放动画”(Play Animation)按钮，可以看到车轮已经设置了动画。在前一部分车轮在原地打转，到 24 帧时车轮开始滚动。

(4) 在主工具栏中单击“按名称选择”(Select by Name)按钮，在弹出的“选择对象”(Select Objects)对话框中，选择 Lugs、Rim 和 Tire 对象，如图 12-37 所示，单击“确认”(OK)按钮。

图 12-36

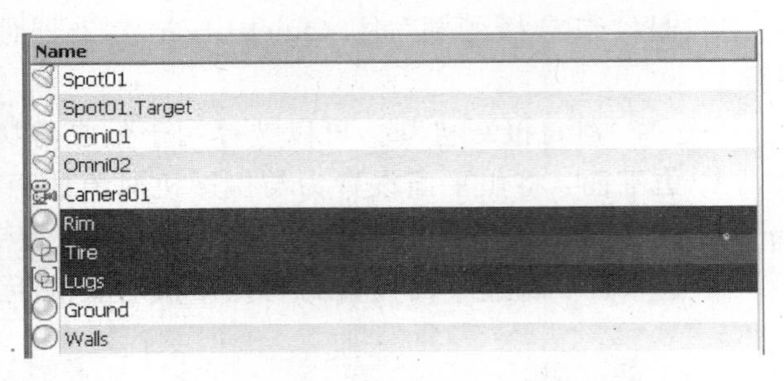

图 12-37

(5) 在 Camera01 视口中单击鼠标右键，在弹出的四元菜单中选择“变换/属性”(Transform/Properties)，如图 12-38 所示，则弹出“对象属性”(Object Information)对话框。在“常规”(General)面板的“对象信息”(Object Information)选项组中，名称文本框中显示的是“选定多个对象”(Multiple Selected)。

(6) 在“运动模糊”(Motion Blur)选项组中，将“运动模糊”(Motion Blur)类型改为“对象”(Object)，如图 12-39 所示。

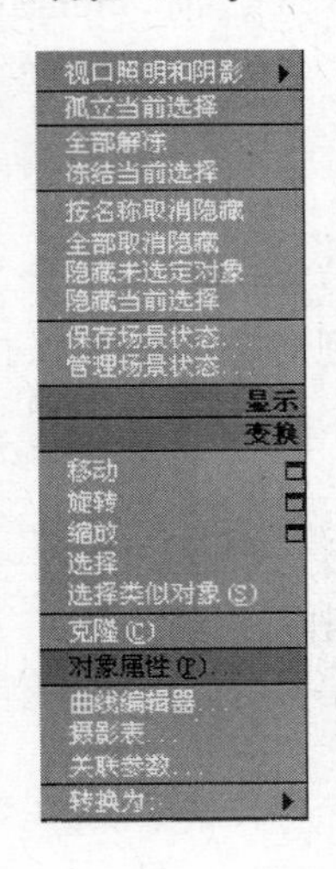

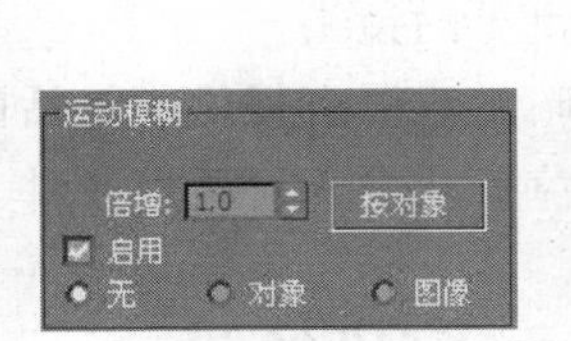

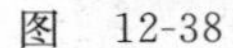

图 12-38

图 12-39

(7) 使用 mental ray 渲染产生运动模糊。单击主工具栏上的“渲染设置”(Render Setup)按钮，打开“渲染设置”(Render Setup)对话框。

(8) 在“公用”(Common)面板中的“指定渲染器”(Assign Renderer)卷展栏中，单击“产品级”(Production)右边的灰色按钮，在弹出的“选择渲染器”(Choose Render)对话框中双击“mental ray 渲染器”(mental ray Renderer)选项，如图 12-40 所示。

(9) 进入“渲染器”(Renderer)面板，在“摄影机效果”(Camera Effects)卷展栏的“运动模糊”(Motion)选项组中勾选“启用”(Enable)复选框。注意这时“快门持续时间(帧)”

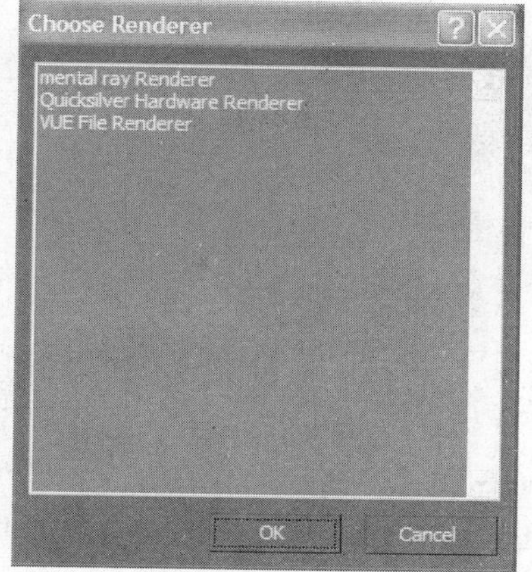

图 12-40

(Shutter Duration(frames))参数值为默认的 1.0，如图 12-41 所示。

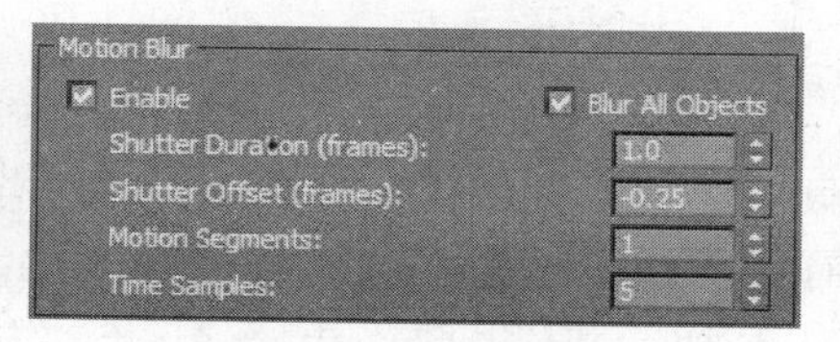

图 12-41

(10) 将时间滑块拖动至第 20 帧，渲染场景，如图 12-42 所示。在渲染过程中可以看到 mental ray 是按照方形区域一块一块地进行分析渲染的。

(11) 将“快门持续时间”(Shutter Duration)参数值调至 0.5，如图 12-41 所示，渲染场景，如图 12-43 所示。

图 12-42

图 12-43

(12) 将“快门持续时间”(Shutter Duration)参数值调至 5.0，如图 12-44 所示，渲染场景，可见在 mental ray 中，快门持续时间参数值越低，模糊的程度越低。

(13) 将快门持续时间参数值调回 1.0，拖动时间滑块至第 25 帧，即车轮已经开始向前滚动，再次渲染场景，如图 12-45 所示。

本实例的最终动画效果见本书配套光盘的 Samples-12-05f.avi 文件。

图　12-44

图　12-45

例 12-6　反射腐蚀效果

(1) 启动 3ds Max 或者在菜单栏选取“文件/重置”File/Reset，复位 3ds Max。

(2) 在菜单栏中选取“文件/打开”(File/Open)，然后打开本书配套光盘中的 Samples-12-0(6). max 文件。场景中包括游泳池、墙壁、梯子和投射于游泳池表面的聚光灯。

图　12-46

(3) 单击“渲染产品”(Render Proudution)按钮，渲染 Camera01 视口，如图 12-46 所示。可以看出，因为水的材质没有反射贴图，所以看起来不够真实。

(4) 添加反射贴图。单击打开“材质编辑器”(Material Editor)按钮，打开“材质编辑器”(Material Editor)，选中 Ground_Water 材质(第一行第一个样本球)，如图 12-47 所示。

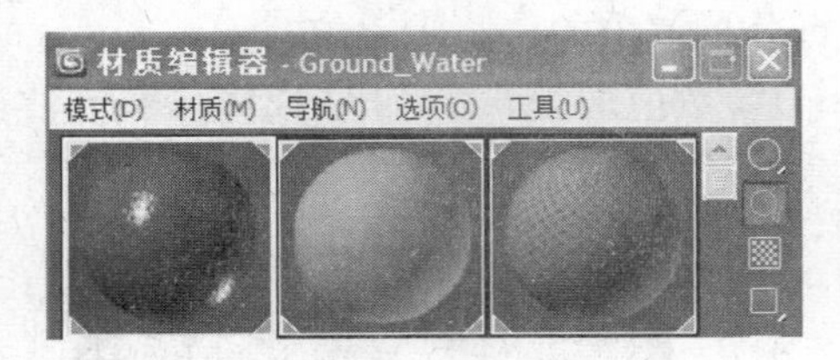

图　12-47

(5) 打开“贴图”(Maps)卷展栏，给“反射”(Reflection)通道指定一个 Raytrace，再次渲染场景，如图 12-48 所示。

图　12-48

(6) 设置水的焦散效果。在视口中，单击“按名称选择”(Select by Name)按钮，选择命名为 Water 的 box 对象，然后在摄影机视口中单击鼠标右键，在弹出的四元菜单中选择“变换/属性”(Transform/Properties)。

(7) 在弹出的“对象属性”(Object Properties)对话框中，进入 mental ray 面板，勾选“生成焦散”(Generate Caustics)复选框，如图 12-49 所示，单击“确定”确认。

(8) 单击“按名称选择”(Select by Name)按钮，在视口中选择 Spot01 对象。

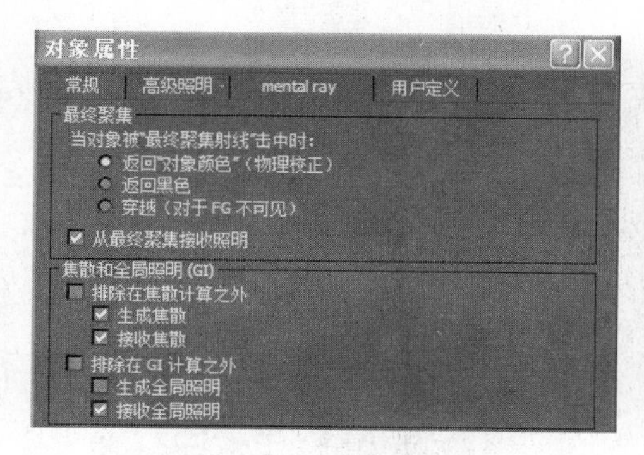

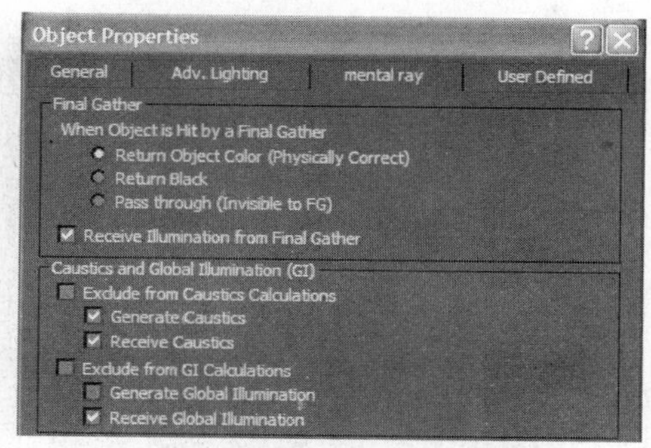

图 12-49

(9) 单击按钮,进入修改面板。打开"mental ray 间接照明"卷展栏,改变"能量"参数值为 30,如图 12-50 所示。

(10) 单击"渲染设置"(Render Setup)按钮,在"渲染设置"(Render Setup)对话框中,进入"间接照明"(Indirect Illumination)卷展栏,在"焦散"(Caustics)选项组中勾选"启用"(Enabled)复选框,如图 12-51 所示。

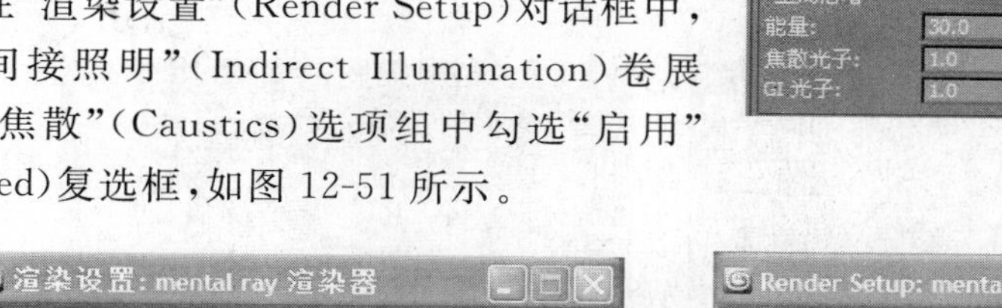

图 12-50

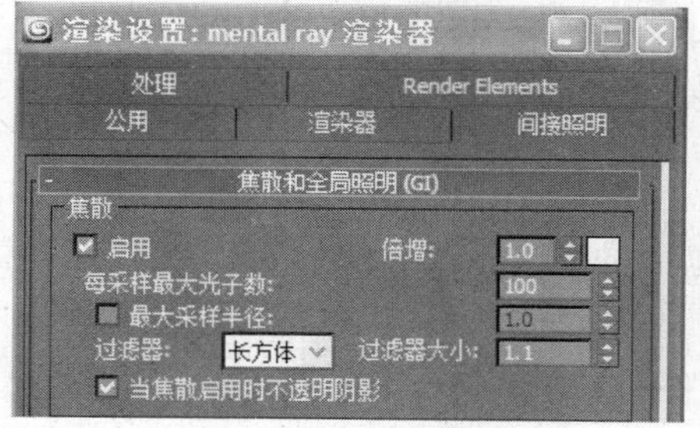

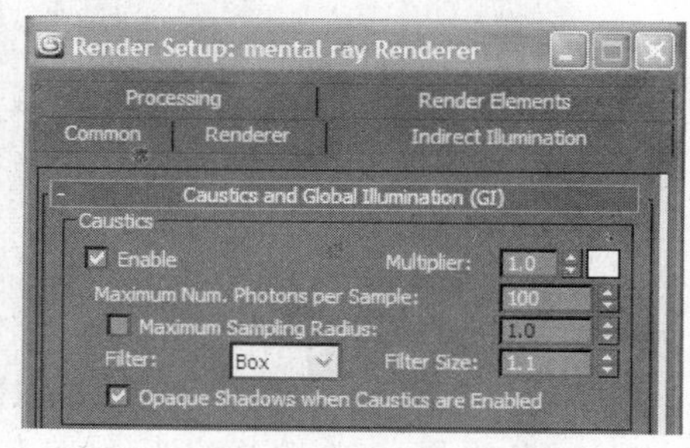

图 12-51

(11) 单击渲染按钮,渲染场景,如图 12-52 所示。

图 12-52

(12) 可以看到,水面反射到墙壁上的焦散效果扩散的程度很大。下面调整光子的半径。在"间接照明"(Indirect Illumination)卷展栏的"焦散"(Caustics)选项组中,勾选"最大采样半径"(Maximum Sampling Radius)复选框并且使其值为默认的 1.0,如图 12-53 所示。

(13) 渲染场景。如图 12-54 所示。

(14) 将"半径"(Radius)参数值设为 5.0,再次渲染场景,如图 12-55 所示。

(15) 可以看到焦散的效果有些繁乱。在"间接照明"(Indirect Illumination)卷展栏的"焦散"(Caustics)选项组中,在"过滤器"(Filter)下拉列表中选择"圆锥体"(Cone)作为过滤类型,如图 12-56 所示,这样可以使焦散看起来更加真实。

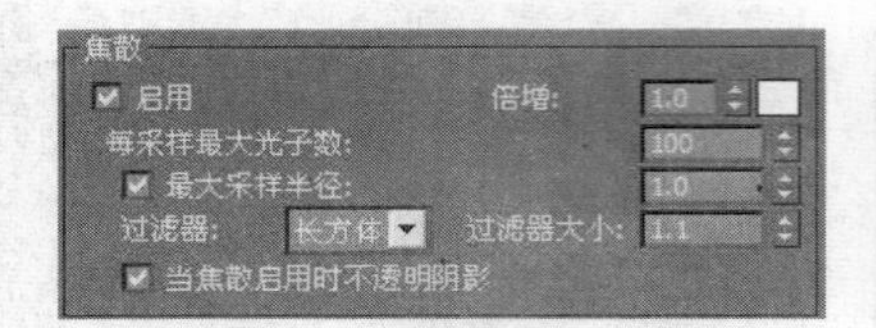

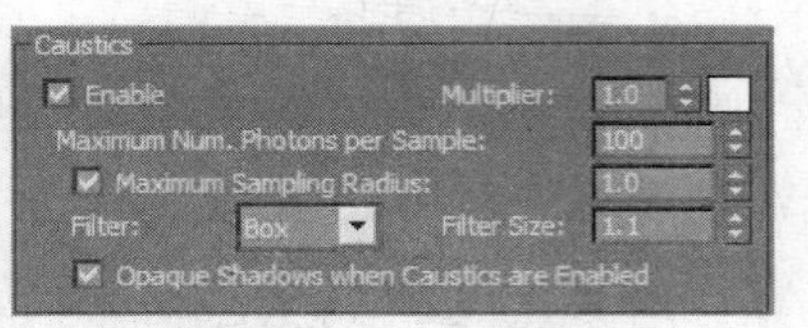

图 12-53

图 12-54

图 12-55

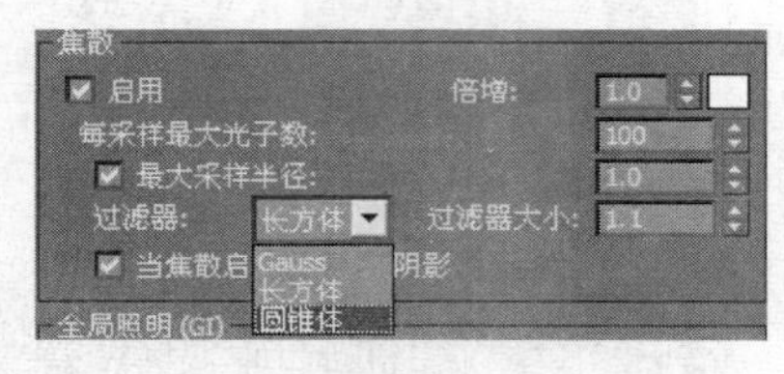

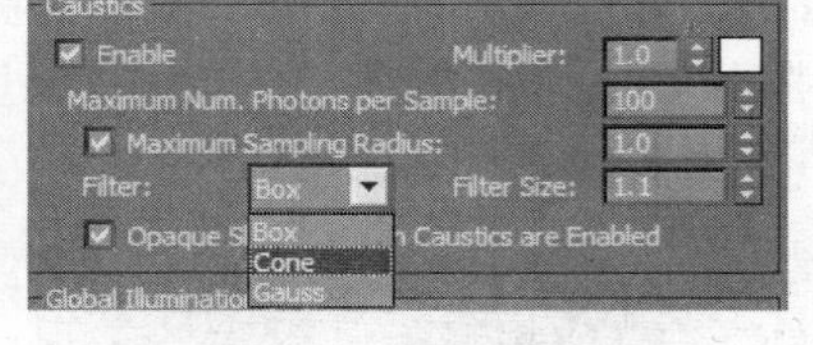

图 12-56

(16) 渲染场景。如图 12-57 所示。

本实例的最终的动画效果见本书配套光盘中的 Samples-12-06f. avi 文件。

例 12-7 全局照明效果

(1) 启动 3ds Max 或者在菜单栏选取"文件/重置"File/Reset,复位 3ds Max。

(2) 在菜单栏中选取"文件/打开"(File/Open),然后打开本书配套光盘中的 Samples-12-07. max 文件。

(3) 单击"渲染产品"(Render Production)按钮,渲染 Camera01 视口。可以看出整个场景非常阴暗,如图 12-58 所示。

图 12-57

图 12-58

(4) 添加全局照明。单击"渲染设置"(Render Setup)按钮,在"渲染设置"(Render Setup)对话框中进入"间接照明"(Indirect Illumination)面板。在"焦散"

(Caustics)和“全局照明”(Global Illumination)选项组中，勾选“启用”(Enable)复选框，如图 12-59 所示。

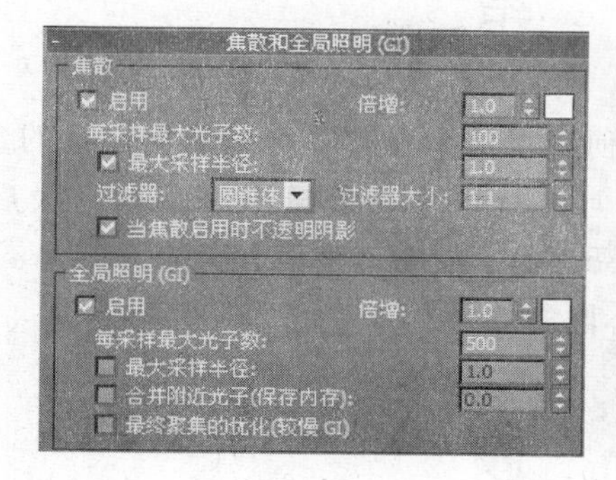

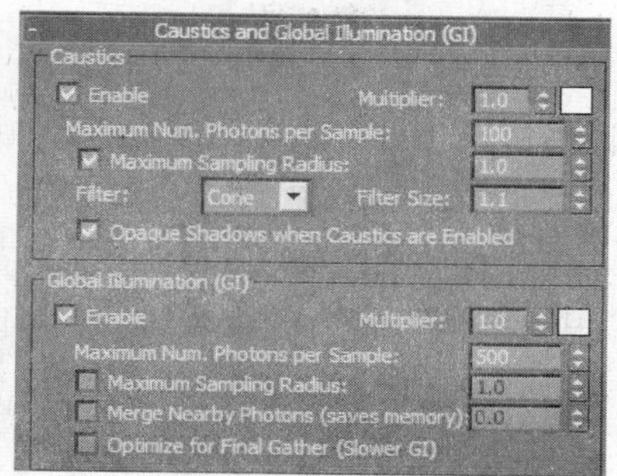

图 12-59

(5) 渲染场景，如图 12-60 所示。

(6) 在“间接照明”(Indirect Illumination)卷展栏中的“最终聚焦”(Final Gather)选项组中，勾选“启用”(Enable)复选项，渲染场景，如图 12-61 所示。

图 12-60

图 12-61

(7) 回到“全局照明”(Global Illumination)选项组，关闭“启用”(Enable)选项，关闭全局照明效果，渲染场景，如图 12-62 所示。

注意：“最终聚焦”(Final Gather)与“全局照明”(Global Illumination)是相互独立的，但是，若要获得精细的渲染，常常将全局照明和最终聚集一起使用。

(8) 在“全局照明”(Global Illumination)选项组中，再次勾选“启用”(Enable)项，并把倍增调整为 1.5。渲染场景，如图 12-63 所示。

图 12-62

图 12-63

小　　结

本章详细讨论了如何渲染场景，以及如何设置渲染参数。合理掌握渲染的参数在动画制作中是非常关键的，尤其应该注意如何进行快速的测试渲染。本章最后介绍了mental ray渲染的几个实例，mental ray是3ds Max中的功能强大的渲染器，渲染真实感强，读者可根据实例自行设置参数，以达到不同的效果。

习　　题

一、判断题

1. 摄影机的“运动模糊”(Motion Blur)和景深参数(Depth of Field)可以同时使用。

2. 在3ds Max中，背景图像不能设置动画。

3. 在默认的状态下打开“高级照明”(Advanced Lighting)对话框的快捷键是9。

4. 一般情况下，对于同一段动画来说，渲染结果保存成flc文件的信息量要比保存成avi文件的信息量要小。

5. 3ds Max 2011自带的渲染器只有默认扫描线渲染器和mental ray渲染器两种。

二、选择题

1. 3ds Max能够支持的渲染输出格式是________。

A. PAL-D　　B. HDTV　　C. 70mm IMAX　　D. 以上都是

2. 在使用扫描线渲染器渲染的时候，想要关闭对材质贴图的渲染，最好采用以下________方法来实现。

A. 在扫描线渲染器参数中将贴图复选框关闭

B. 将相关材质删除

C. 将相关材质中的贴图全部关闭

D. 使用mental ray来渲染

3. 想要将图像运动模糊赋予场景中的环境背景，应该________。

A. 勾选图像运动模糊参数组中的“赋予环境贴图”复选框

B. 使用mental ray渲染器来渲染

C. 关闭场景中所有物体的运动模糊

D. 直接渲染即可

4. 下列________图像格式是具有Alpha通道的。

A. HDR　　B. JPG　　C. TGA　　D. BMP

5. 想要用 mental ray 生成焦散光效果，一定要________。

A. 使用 DGS 材质

B. 设置生成焦散光效果的物体来激活其生成焦散的属性

C. 使用 HDR 图像

D. 使用玻璃明暗器

三、问答题

1. 剪切平面的效果是否可以设置动画？

2. 如何使用景深和聚焦效果？两者是否可以同时使用？

3. PAL 制、NTSC 制和高清晰度电视画面的水平像素和垂直像素各是多少？

4. 图像的长宽比和像素的长宽比对渲染图像有什么影响？

5. 如何使用元素渲染？请尝试渲染各种元素。

6. 如何更换当前渲染器？

7. 对象运动模糊和图像运动模糊有何异同？

8. 如何使用交互视口渲染？

9. 在 3ds Max 中，渲染器可以生成哪种格式的静态图像文件和动态图像文件？

10. 使用 mental ray 的“景深”(Depth of Field(mental ray))渲染如图 12-64 所示的效果，图 12-65 为原图。源文件为本书配套光盘中的 Samples-12-08.max。

图 12-64

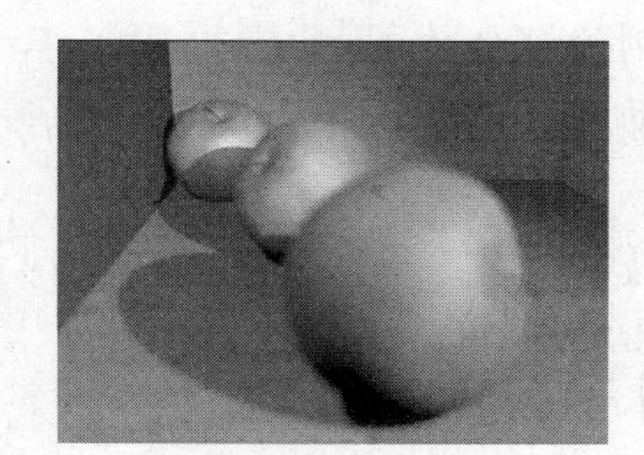

图 12-65

第13章 综合实例

创建场景需要使用 3ds Max 2011 的许多功能,包括建模、材质、灯光和渲染等。在本章我们将通过两个综合实例的实现来说明 3ds Max 2011 创作的基本流程。

本章重点内容:

- 创建简单集合体来模拟场景物品
- 创建并应用材质,使场景变得更美丽
- 创建有效的灯光,使场景具有生命力

13.1 山间院落场景漫游动画

本例为综合练习,我们根据制作建筑漫游动画的常规流程,来实现一个山间院落场景的漫游动画。最终效果如图 13-1 所示。

13.1.1 设置项目文件夹

(1) 首先执行以下操作来创建本例的项目文件夹,选择"应用程序"菜单/"管理"/"设定项目文件夹",如图 13-2 所示。

(2) 在弹出的对话框中选择自己电脑中的一个盘符,单击"新建文件夹"创建一个新的文件夹并将其命名为 Samples-13-01,单击"确定",这时 Samples-13-01 文件夹下就自动生成了本例的一系列工程文件夹,如图 13-3 所示。

(3) 打开本书配套光盘,将"第 13 章 综合实例源文件"文件夹下的所有.max 文件复制到 Samples-13-01 项目文件夹下的 scenes 子文件夹,将光盘"Samples-13-01maps"文件夹下的所有图片文件复制到 Samples-13-01 项目文件夹下的 sceneassets/maps 子文件夹中。这样就便于有效地管理本例的一系列工程文件了。

13.1.2 创建场景模型

1. 整理建筑主题场景

下面举例说明如何整理建筑主题场景。

图 13-1

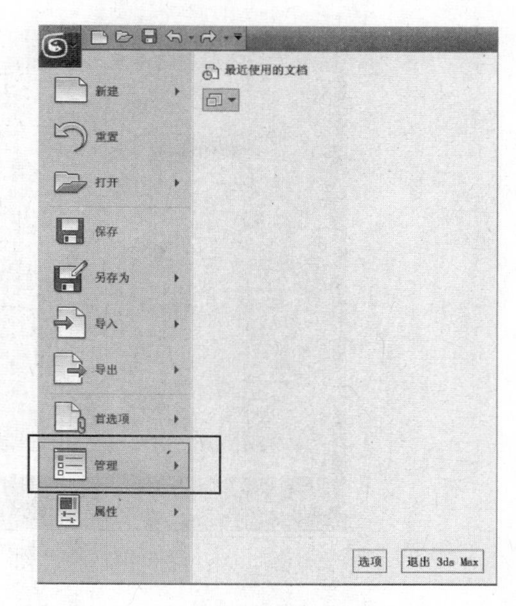

图 13-2

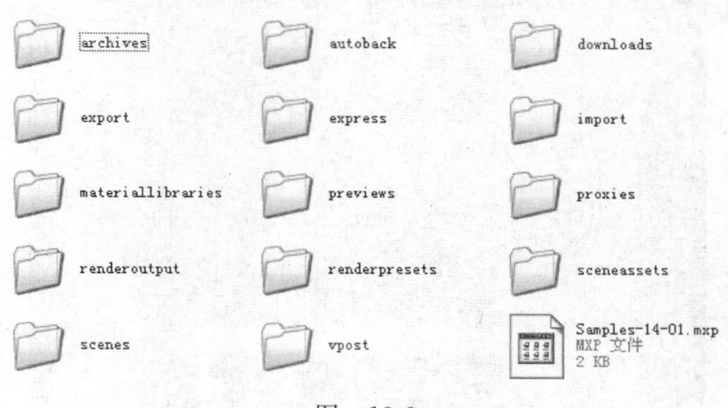

图 13-3

(1) 打开 scenes 文件夹中的 Samples-13-01. max 文件，如果弹出“缺少外部文件”(Missing External Files)对话框，如图 13-4 所示，需进行以下操作。

(2) 单击“缺少外部文件”(Missing External Files)对话框中的“浏览”(Browse)按钮，弹出“配置外部文件路径”(Configure External File Paths)对话框，如图 13-5 所示。

(3) 单击“添加”(Add)按钮，弹出“选择新的外部文件路径”(Choose New External Files Path)对话框，如图 13-6 所示。

(4) 在该对话框中，执行下列操作之一：

- 在“路径”字段输入路径。
- 进行浏览，以查找路径。

如果要在此路径中包含子目录，请启用“添加子路径”。

(5) 单击“使用路径”。此时新的路径将立即生效，丢失的贴图文件也重新找了回来。这时，Samples-13-01. max 的场景效果如图 13-7 所示。

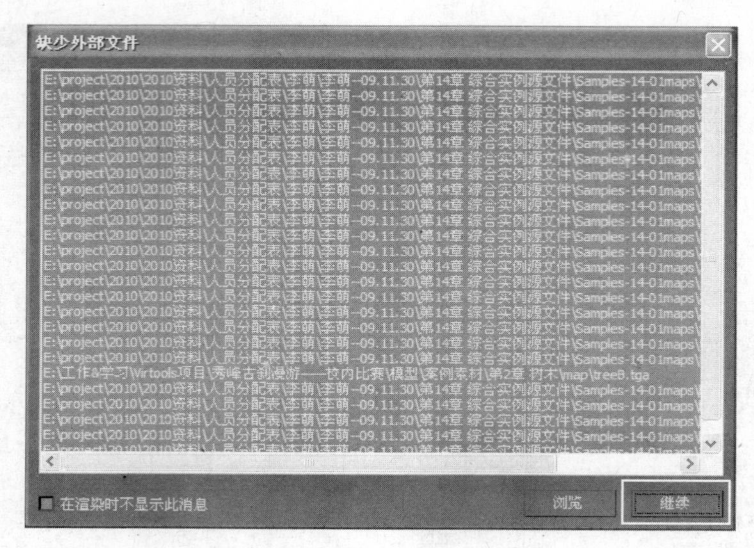

图　13-4

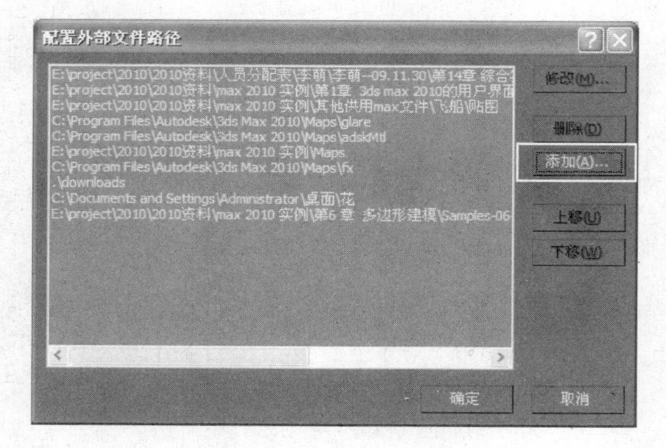

图　13-5

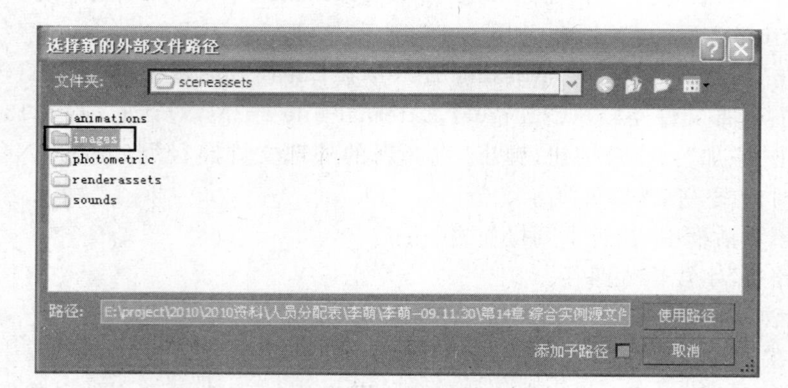

图　13-6

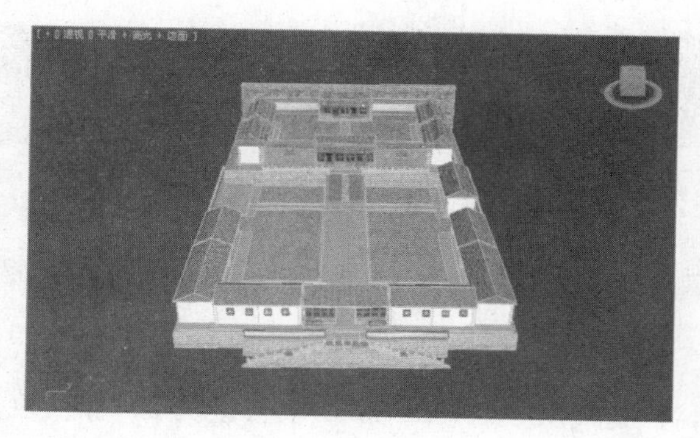

图 13-7

2. 创建地形环境

下面举例说明如何创建地形环境。

(1) 在顶视口主体建筑位置创建一个“平面”(Plane),将其名称和参数面板上的各项参数进行修改,如图 13-8 所示。将其重新命名以便于以后对其进行管理。

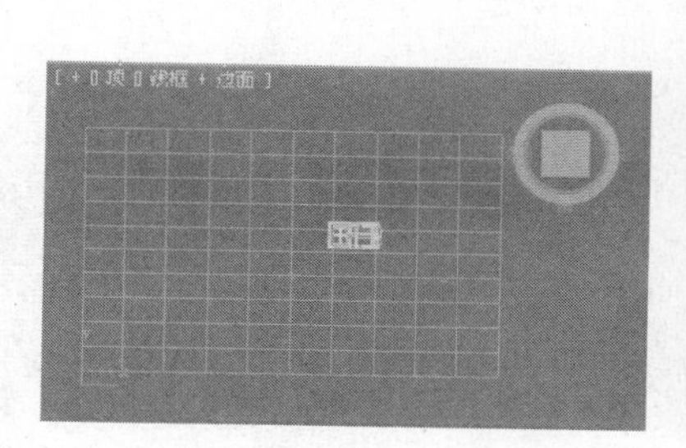

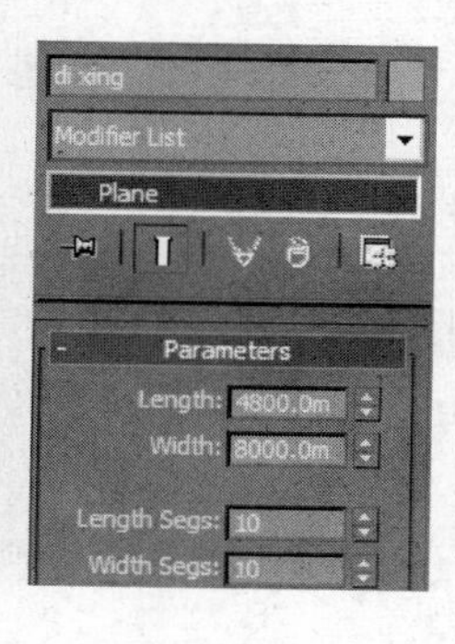

图 13-8

说明:分段数值可以设置得更大,但是会导致面数增多,影响渲染速度。

(2) 进入修改命令面板,在修改器列表中选取“编辑多边形”(Edit Poly)命令,然后进入“顶点”(Vertex)层级,在“软选择”(Soft Selection)命令面板进行修改,参数如图 13-9 所示。

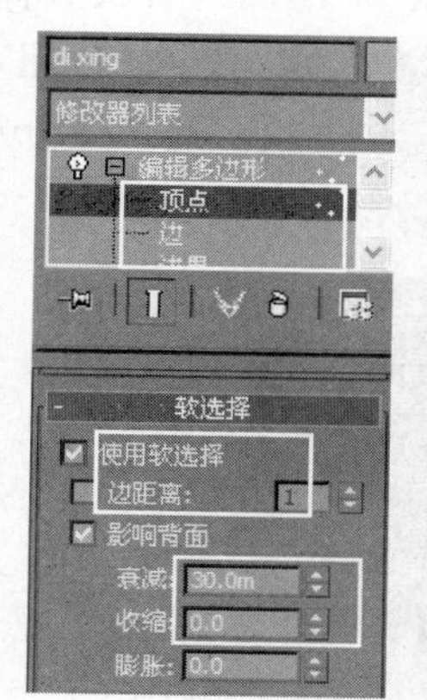

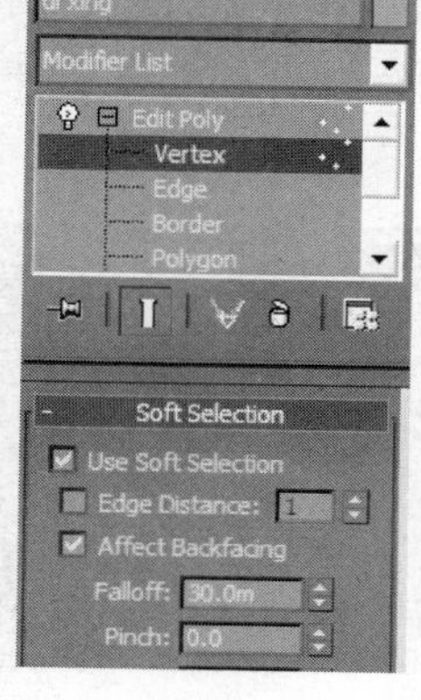

图 13-9

(3) 在透视视图选择主体建筑周围的部分顶点,沿 Z 轴向上拖曳,形成凸起的山体,如图 13-10 所示,在此基础上再对相应的顶点进行编辑修改,其间也可根据具体情况修改软选择的“衰减”(Falloff)参数,直至将山体修改到自己满意的形态,效果如图 13-11 所示。

(4) 为了使山体更加真实,应该使其平滑一些。在修改器列表里选择“网格平滑”

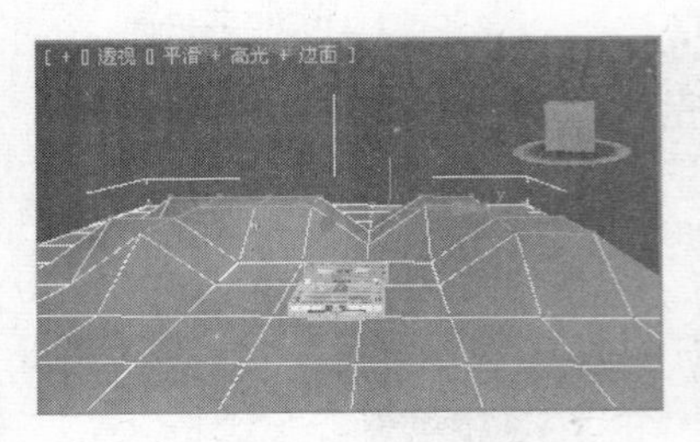

图　13-10

图　13-11

(MeshSmooth)命令,将“迭代次数”(Iterations)值修改为2,同时,取消局部控制面板中的“等值线显示”(Isoline Display)选项,使其处于非选择状态,如图13-12所示,此时山体便平滑了很多,效果如图13-13所示。

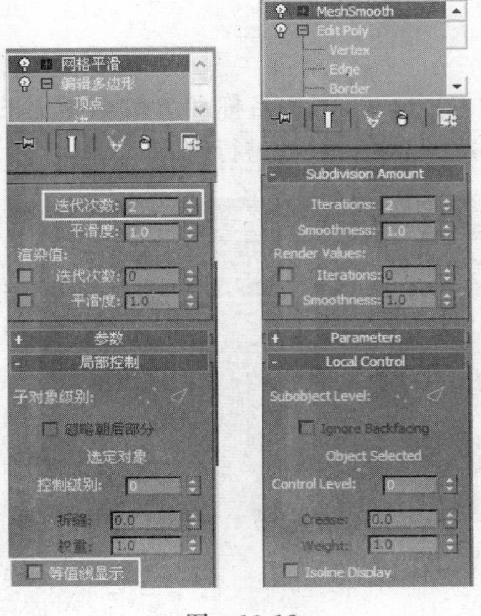

图　13-12

图　13-13

(5) 接下来给山体增加材质,使其变成一座郁郁葱葱的苍山。按M键进入材质编辑器,选择一个材质球,为其命名为“shan ti”,单击材质名称右侧的“标准”(Standard)按钮,在弹出的“材质/贴图浏览器”(Material/Map Browser)对话框中选择“顶/底”(Top/Bottom)材质,如图13-14所示。

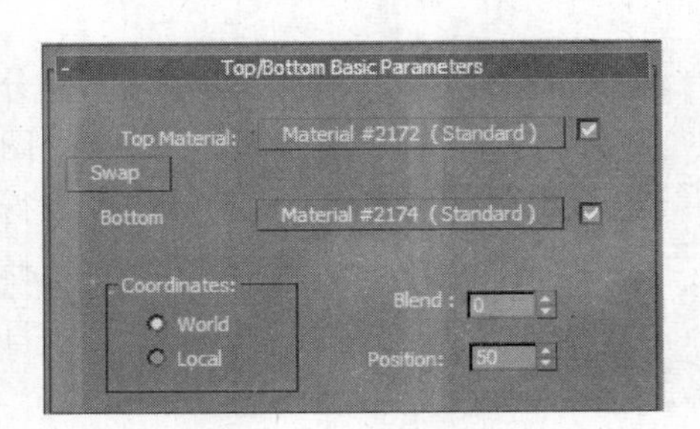

图　13-14

(6) 单击“顶材质”(Top Material)按钮，进入顶材质编辑面板，顶材质默认为标准材质类型。在“贴图”(Map)卷展栏为山体材质添加“漫反射颜色”(Diffuse Color)和“凹凸”(Bump)贴图，分别选择项目文件夹 sceneassets/maps 子文件夹中的图片 grass. jpg 和 grass-bump. jpg，并将“凹凸”(Bump)数值设为 80，如图 13-15 所示。

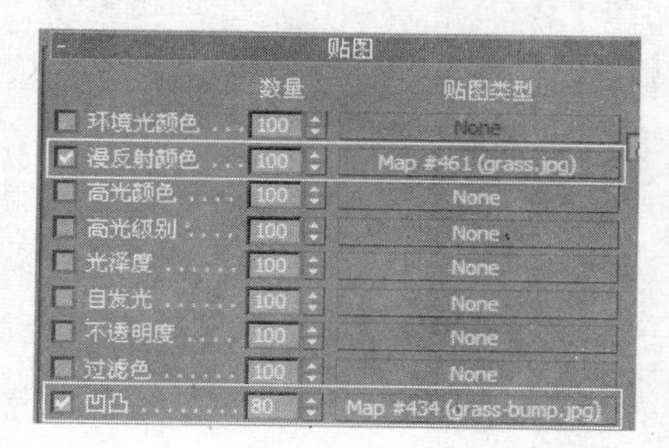

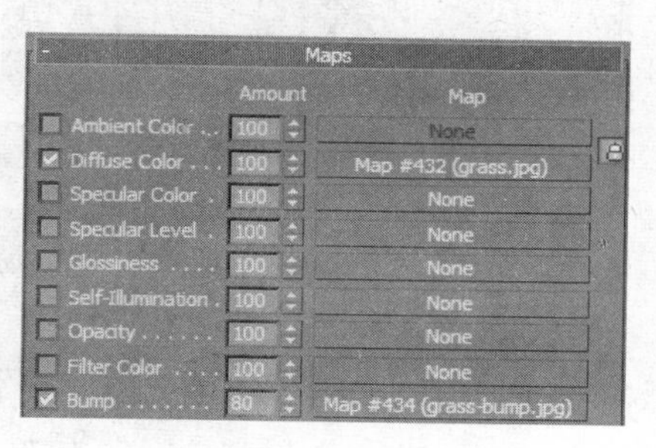

图 13-15

注意：本案例所有的贴图文件都在项目文件夹 sceneassets/maps 子文件夹中，下面不再赘述。

(7) 返回“顶/底”(Top/Bottom)材质编辑器面板，现在设置底材质，为其添加石头材质的效果。在“贴图”(Map)卷展栏为山体材质添加“漫反射颜色”(Diffuse Color)贴图，选择 stone. jpg，然后向上回到父层级，并设置“顶/底”(Top/Bottom)材质的“混合”(Blend)和“位置”(Position)参数，分别为 80 和 90，如图 13-16 所示，同时观看材质球的变化。

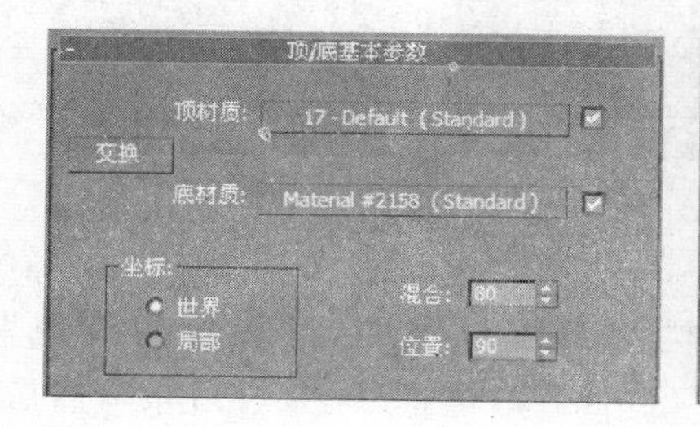

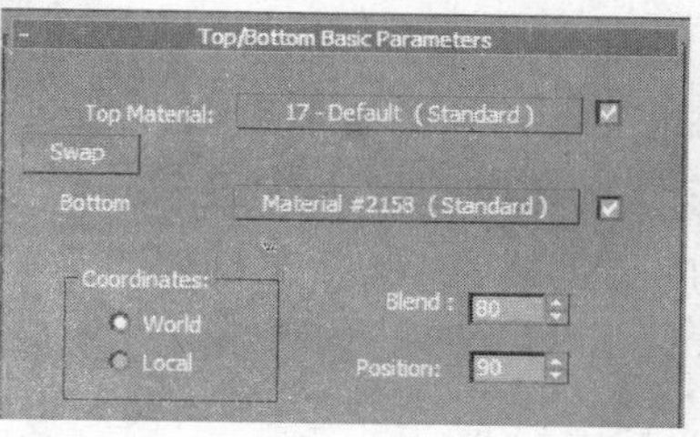

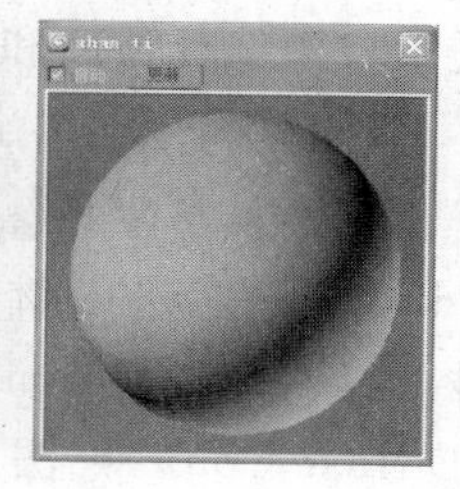

图 13-16

(8) 然后，将刚刚设置完成的“顶/底”(Top/Bottom)材质赋予山体模型。确定选择了当前调整好材质的材质球和场景中的山体对象，然后依次单击“将材质指定给选定对象”(Assign Material to Selection)、“显示最终结果”(Show End Result)和“在视口中显示标准贴图”(Show Standard Map in Viewport)，此时，在视口中就可以实时地观察到郁郁葱葱的苍山了，效果如图 13-17 所示。

整个山体地形基本上就制作好了，接下来，给整个场景增加天空环境。

3. 创建天空环境

下面举例说明如何创建天空环境。

(1) 在顶视口主体建筑和山体位置创建一个“圆柱体”(Cylinder)，将其名称更改为

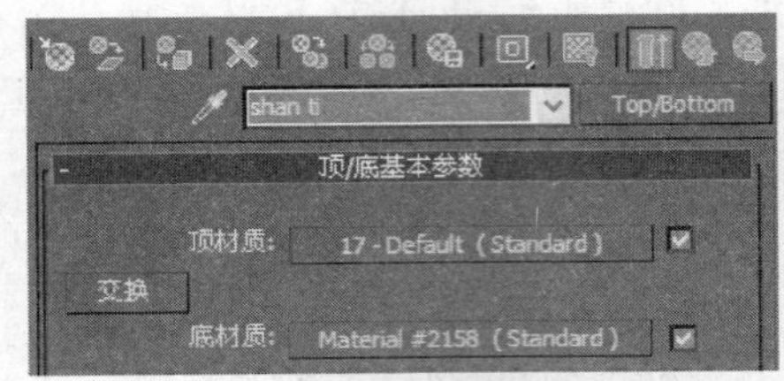

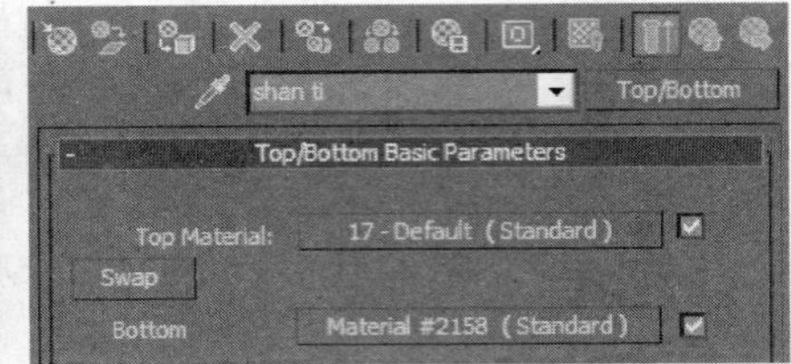

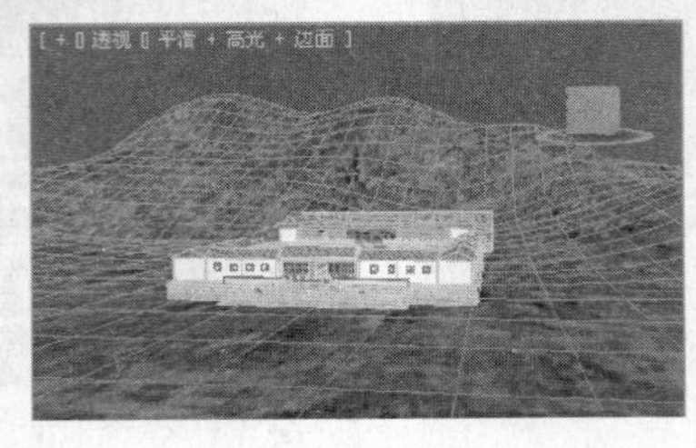

图　13-17

"tian kong",各项参数设置如图 13-18 所示。

(2) 为了后面更好地设置灯光环境,现在需要将圆柱体的顶面和底面删除。选择刚刚创建好的"tian kong"对象,单击鼠标右键,选择四元菜单中的"可编辑网格"(Editable Mesh)将圆柱体转变为可编辑网格,然后进入其"多边形"(Polygon)子层级,见图 13-19,在透视口中选择顶面和底面,将其删除。

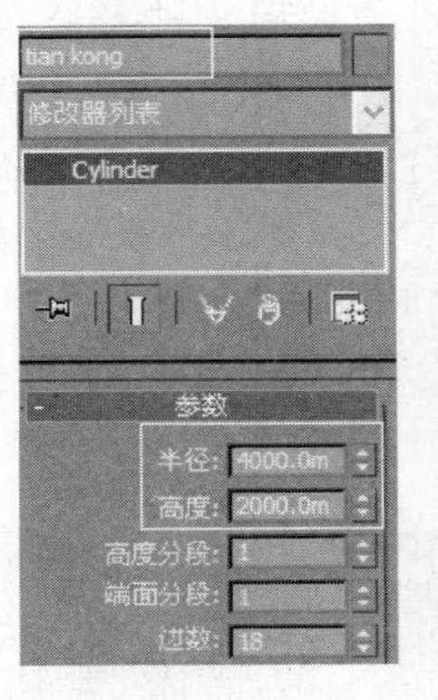

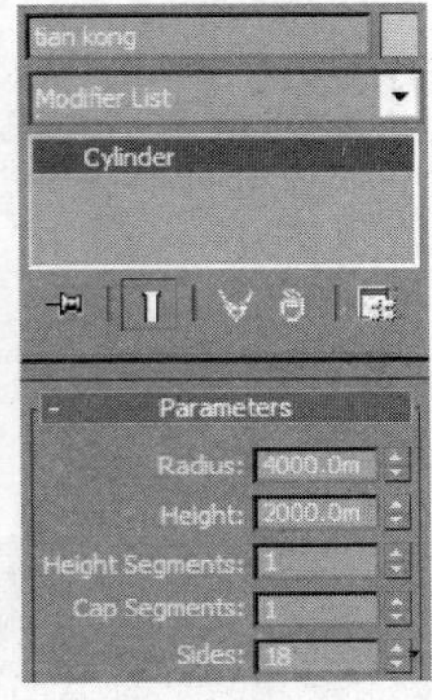

图　13-18

(3) 接下来给"tian kong"对象增加贴图,单击主工具栏上的"材质编辑器"(Material Editor)按钮,进入材质编辑器,选择一个材质球,为其命名为"tian kong",在"贴图"(Map)卷展栏为山体材质添加"漫反射颜色"(Diffuse Color)贴图,选择"风景.jpg",为"不透明度"(Opacity)选择"风景 T.jpg",然后向上回到父层级,勾选"明暗器基本参数"(Shader Basic Parameters)面板下的"双面"

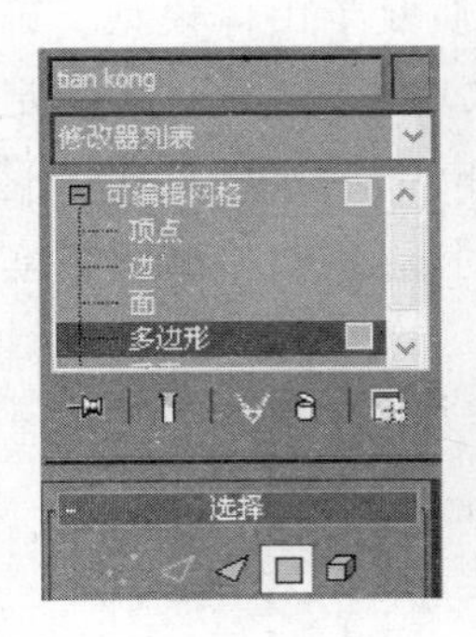

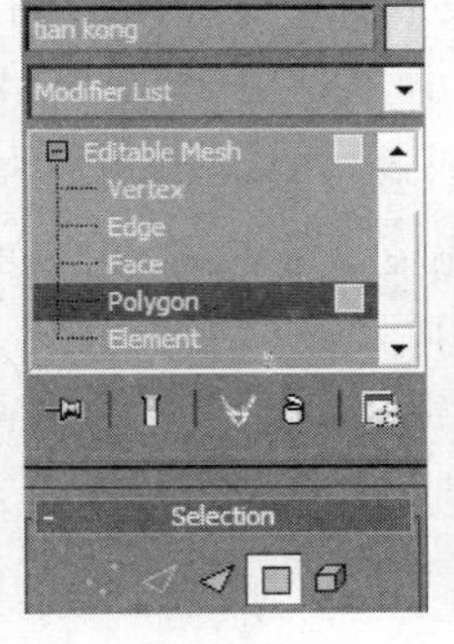

图　13-19

(2-Sided)选项，见图 13-20。将赋予贴图的材质球赋予场景中的“tian kong”对象。

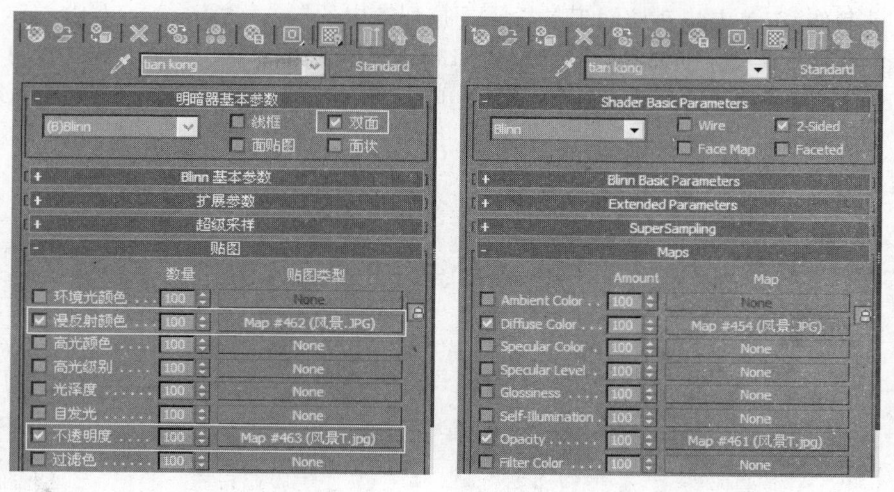

图 13-20

(4) 这时，可以看到场景中的贴图被拉伸了，下面给其增加 UVW 贴图来解决这个问题。在修改器列表中选择“UVW 贴图”(UVW Mapping)命令，勾选“参数”(Parameters)命令面板下“圆柱”(Cylindrical)贴图类型，同时，将“U 向平铺”(U Tile)选项的数值改为 3，如图 13-21 所示。

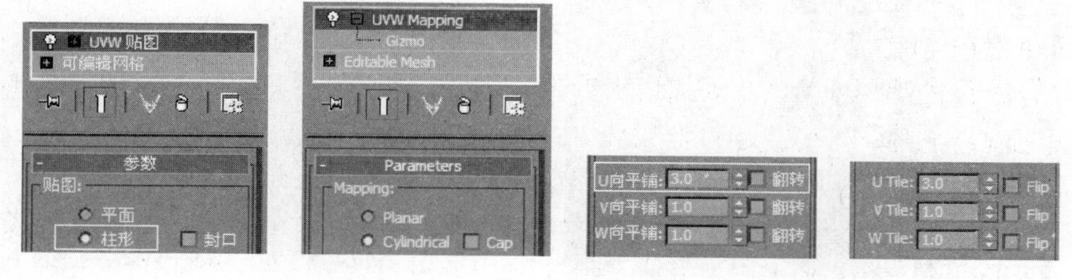

图 13-21

(5) 此时天空的贴图真实了很多，选择一个角度渲染一下观看其效果，如图 13-22 所示。

图 13-22

4. 绿化环境

下面为此场景添加绿色植物，以完善、绿化整个场景。

场景中可以增加的植物模型分为两种类型：复杂的实体植物模型和简单的面片交叉模拟的植物模型，分别用在不同的景别之中，距离我们的视点近的地方使用复杂的植物模型，以增加场景的真实度；距离我们视点远的地方使用简单的面片交叉模拟的植物模型，从而减少场景中的面片数量，避免影响到计算机的运算速度。

(1) 首先调入复杂的树木模型(在一般场景中使用的模型可从网络上下载或者购买,不必自己制作)。单击快速访问工具栏下拉列表中的“导入”(Import)/“合并”(Merge)命令,选择项目文件夹中名为“Samples-13-01-树木.max”的文件,在弹出的“合并”(Merge)对话框中单击“全部”(All),然后单击“确定”(OK),随后在出现的“重复名称”(Duplicate Name)对话框中选择第一个“合并”(Merge)选项,如图 13-23 所示。这时几种不同类型的树木模型就全部调入场景之中。

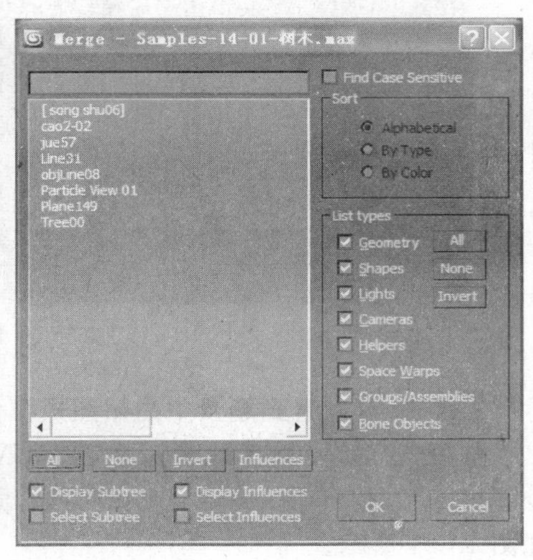

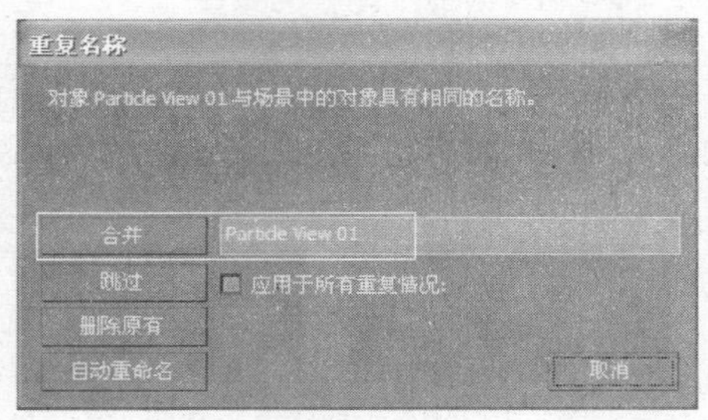

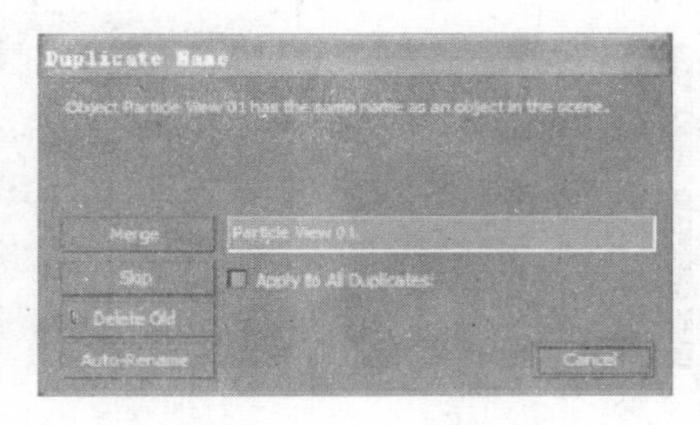

图 13-23

(2) 观察调入场景中的树木,其大小比例与场景正合适,贴图完全匹配,因此不需要进行编辑修改,但是数量相对于整个场景而言显得过于稀少,因此需要复制更多的植物来丰富场景。选择场景中的不同类型的树木进行复制,并且进行适当的缩放、旋转及移动等操作,一般情况下低矮的植物数量应该多一些,以便与高大的树木形成对比。经过此番编辑之后,场景显然丰富了很多,效果如图 13-24 所示。

(3) 接下来为场景创建一些简单的植物模型。在前视图创建一个“平面”(Plane),然后复制一个并将其沿 X 轴旋转 90°,使之形成一个十字交叉的形状,如图 13-25 所示。

(4) 现在从图上看起来这个模型跟植物似乎没有任何相似之处,下面的操作就会出现不同了。选择刚刚创建好的十字交叉面片,为其增加材质,这里还是使用漫反射类型贴图、不透明类型贴图和凹凸类型贴图,分别将名称为 tree01_C.jpg、tree01_T.jpg 和

tree01_A.jpg 的图片依次赋予以上三种类型的贴图，并将“凹凸”(Bump)值设置为 80，如图 13-26 所示。

图 13-24

图 13-25

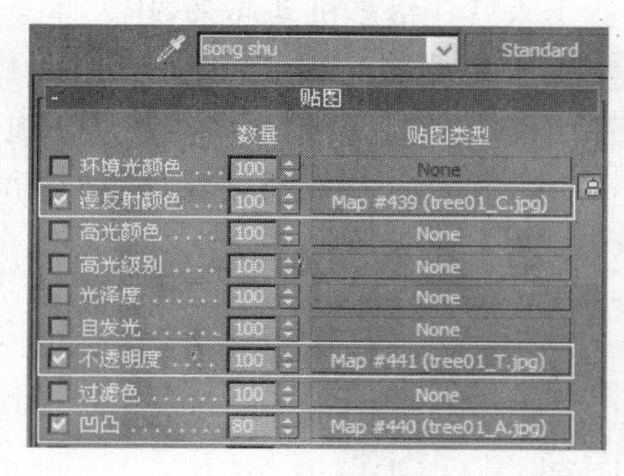

song shu　　Standard

Maps

	Amount	Map
Ambient Color . .	100	None
Diffuse Color . . .	100	Map #439 (tree01_C.jpg)
Specular Color .	100	None
Specular Level .	100	None
Glossiness	100	None
Self-Illumination .	100	None
Opacity	100	Map #441 (tree01_T.jpg)
Filter Color	100	None
Bump	80	Map #440 (tree01_A.jpg)

图 13-26

(5) 下面将调整好的材质赋予十字交叉面片，并将最终效果在视口中显示出来，此时从远处看起来，它就像一棵真正的松树了，效果如图 13-27 所示。

图 13-27

到此为止，场景的搭建就先告一段落。后面要根据摄影机的运动路径来布置场景，摄影机镜头之内的景色需要好好整理一下，镜头之外的景色应该尽量精简，以免过多地耗费我们的时间、精力和场景中的面数，从而降低工作效率。下面开始创建摄影机路径动画。

13.1.3 创建摄影机路径动画

(1) 在顶视图创建一个“目标摄影机”(Target)，位置如图 13-28 所示，创建时将“摄影机目标点”(Camera Target)定位在场景中主体建筑的中心。

(2) 到前视图将摄影机和目标点向上提高至 1.8m 的高度，这个高度大体上相当于人的视线高度。然后，将摄影机的目标点进一步向上提高一点，因为人在看远处时通常是仰视的。然后选择透视图，按 C 键进入“摄影机视图”(Camera Viewport)，此时看到的效果如图 13-29 所示。

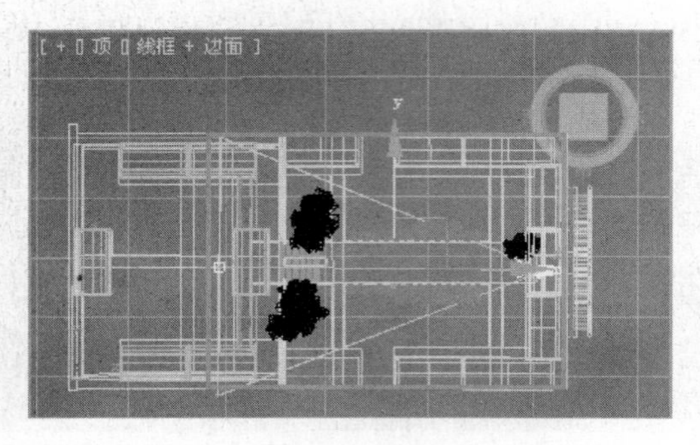

图 13-28

图 13-29

(3) 现在静止的摄影机视口内画面不错，接下来就让摄影机动起来，让人体会到犹如自己在如此漂亮的场景中游览的感觉。单击"时间配置"(Time Configuration)按钮，将动画时间长度增加到 510，然后打开"自动关键点"(Auto Key)按钮，将时间滑块拖动到第 200 帧，在顶视图移动摄影机的位置，如图 13-30 所示。这一段距离比较远，此时第 0 帧和第 200 帧的自动关键点就自动生成了，因此该关键帧的间隔比较大。

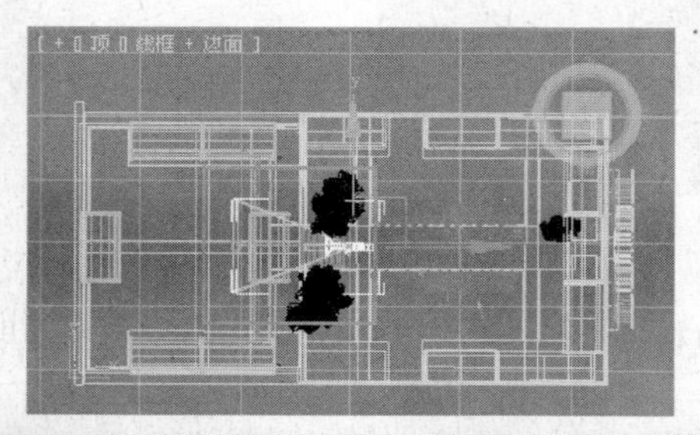

图 13-30

(4) 将时间滑块拖动到第 300 帧，然后相应地在顶视图以及透视图移动并旋转摄影机和目标点的位置，直至满意，此时第 300 帧的自动关键点也生成了，顶视图以及摄影机视图看到的效果如图 13-31 所示。

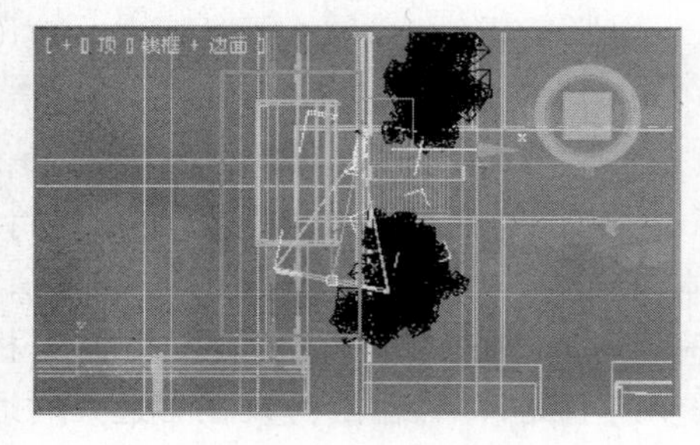

图 13-31

(5) 第 4 个自动关键点设置在场景正房左侧的小门附近，时间滑块拖动到第 400 帧，遵循上面的步骤，调整摄影机和目标点的位置至图 13-32 所示的位置，然后相应地观察摄影机视图的效果，如图 13-33 所示。

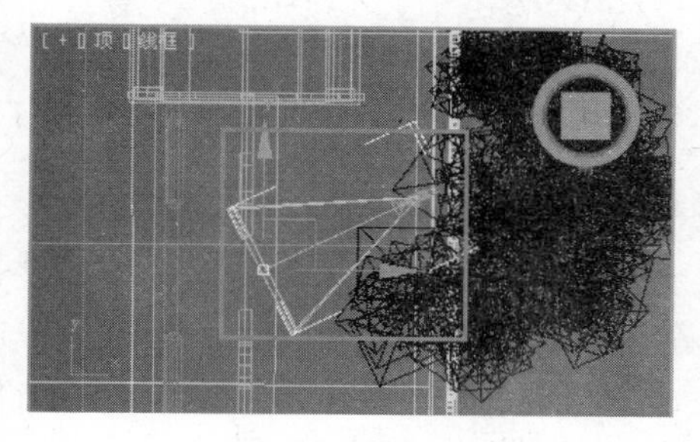

图 13-32

图 13-33

(6) 最后将时间滑块拖动到第 500 帧，然后调整摄影机和目标点的位置，如图 13-34 所示，再观察相应的摄影机视图效果，如图 13-35 所示。

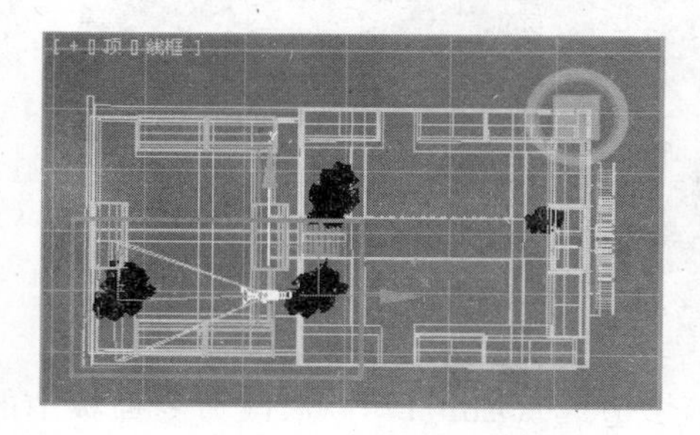

图 13-34

图 13-35

(7) 为了提高渲染时画面的真实性，再进一步设置摄影机的属性。单击选择摄影机，进入修改面板，在参数栏的“备用镜头”区域单击选择 24mm 镜头，见图 13-36。

(8) 拖动参数面板，进入“多过程效果”(Multi-Pass Effect)选项区域，勾选“启用”(Enable)，在下面的“多过程效果”下拉菜单中选择“景深”(Depth of Field)，其他参数的设置如图 13-37 所示，这一步骤可以提高画面的真实度，不过会大大增加渲染时间。

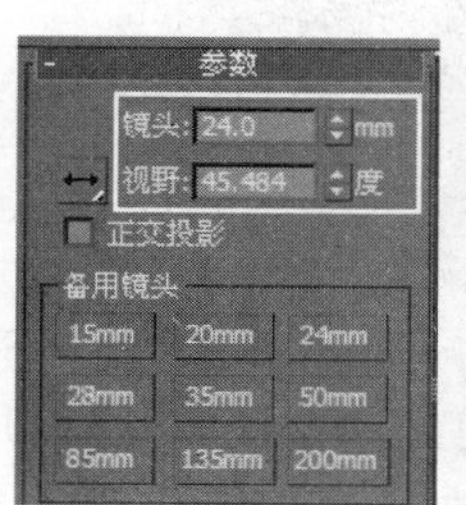

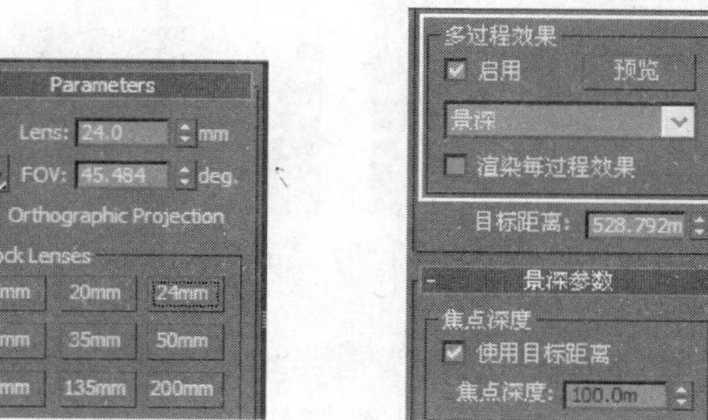

图 13-36

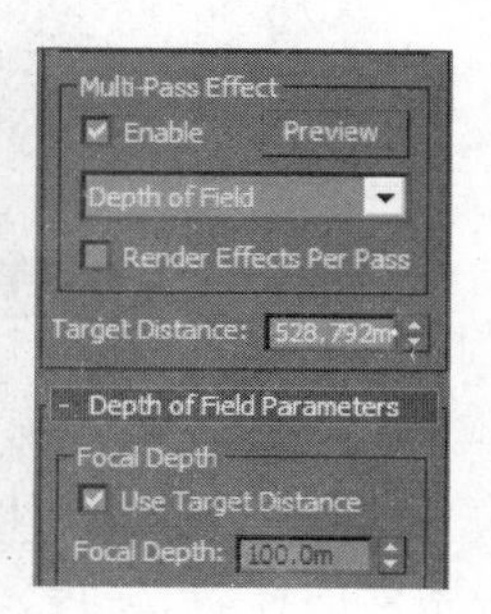

图 13-37

至此为止，整个摄影机动画就调整完毕，可以单击▶"播放动画"(Play Animation)按钮来观察动画效果了，如果有不满意的地方，可以随时调整。下面就可以根据摄影机的运动路径来调整并最终确定场景中的所有模型了。

13.1.4 调整场景模型

调整场景中的模型首先从大的对象入手。先根据摄影机的运动路线观察一下，整个镜头从始至终出现的山体模型都是其高高隆起的山峰部分，因此，选择山峰以外的部分将其删除，并随时观察镜头(摄影机视口)中的山体模型不要删除得太多造成某些镜头中山体模型不完整的情况。为了更明显地看出来效果，先观察一下未进行删减工作前的山体模型，如图 13-38 所示。

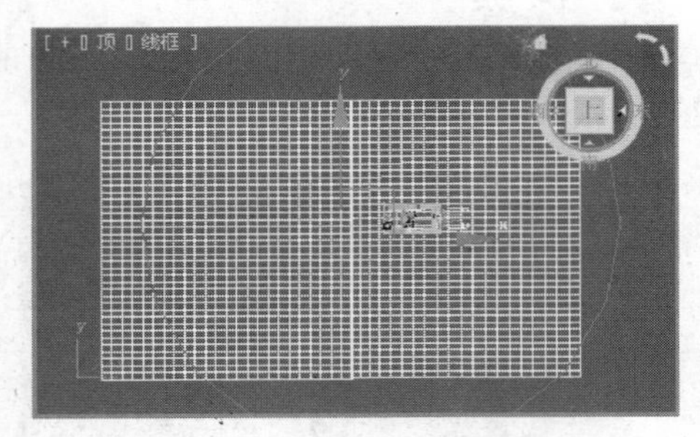

图 13-38

(1) 选择场景中的山体模型对象，进入"编辑多边形"(Edit Poly)修改命令面板中的"顶点"(Vertex)子层级，在摄影机视口选择高高隆起的山峰部分的顶点，如图 13-39 所示，然后按快捷键 Ctrl+I(反选)，此时便选择了镜头以外的顶点，按 Delete 键将其删除，此时再观察一下各个视图内的山体模型，可见其面片减少了很多，但是对于镜头中的效果没有任何影响，如图 13-40 所示。

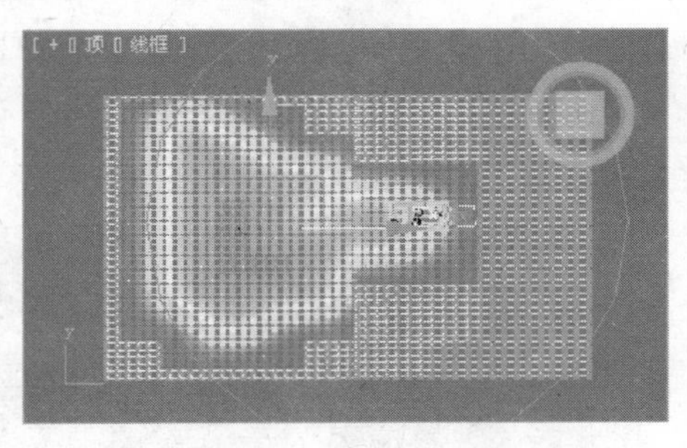

图 13-39

(2) 调整完山体模型之后，再根据镜头适当地调整一下天空的模型和贴图，通过使用一系列的移动、旋转、缩放和调整 UVW 贴图等变化方式，直至天空在镜头内完全合适为止，具体操作方法不再进行详细描述。

(3) 接着调整场景内的植物模型，现在看起来路边低矮的蕨类植物过于密集和单一，

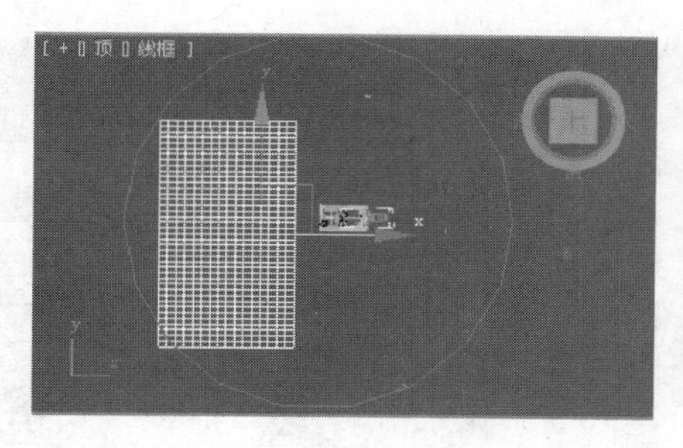

图　13-40

要对其进行适当的调整。为了平衡画面中红绿颜色的比例，再适当地点缀几棵桃树，这样画面内容就丰富了许多，效果如图 13-41 所示。

要做室外的漫游动画，就要模拟室外的光线环境。在 3ds Max 场景中，默认的灯光系统能够把整个场景照亮，但是并不自然。现实中的光是有光源的，对于外景来说，太阳是最大的光源，因此应尽量模仿太阳光照，下面就给整个场景添加灯光环境。

图　13-41

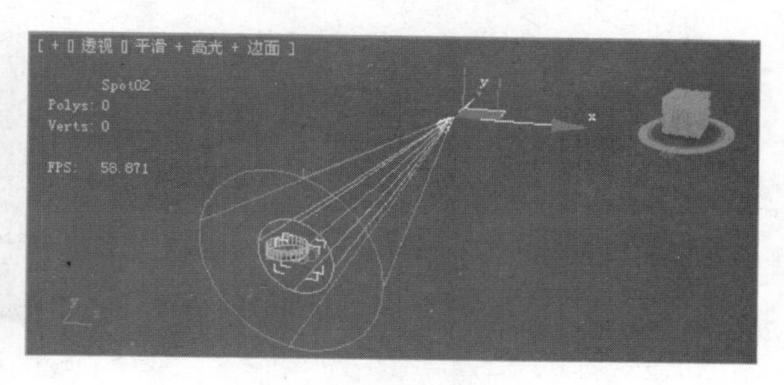

图　13-42

13.1.5　设置灯光环境

(1) 单击“目标聚光灯”(Target Spot)，在场景中设置一盏主光，主要模拟日间阳光的照射，颜色设定为暖色，如图 13-42 所示。

(2) 选择刚刚创建的“目标聚光灯”(Target Spot)，在场景中建立并关联复制若干盏辅光，模拟环境光照，颜色设定为浅蓝，分布于场景周围，每盏灯光与被照射场景的距离尽量有一些变化，从而能产生有变化和有层次的环境灯光效果，具体参数设定如图 13-43 所示。

(3) 单击目标聚光灯，在场景中继续建立和关联复制几盏辅光，主要照亮场景的阴影部分，因为真实场景中的物体阴影面也是有来自地面、周边环境物体的反射光照的，详细布光方式如图 13-44 所示。

(4) 根据渲染效果，耐心地调整各组灯光参数，以达到理想的效果。

注意：此种打光方法优点在于可以灵活地控制最终形成的光照效果，并且渲染速度较快，但要求用户有一定的艺术感觉。设置日光的方法有很多，读者也可以直接采用建立天光来达到理想的日光效果。

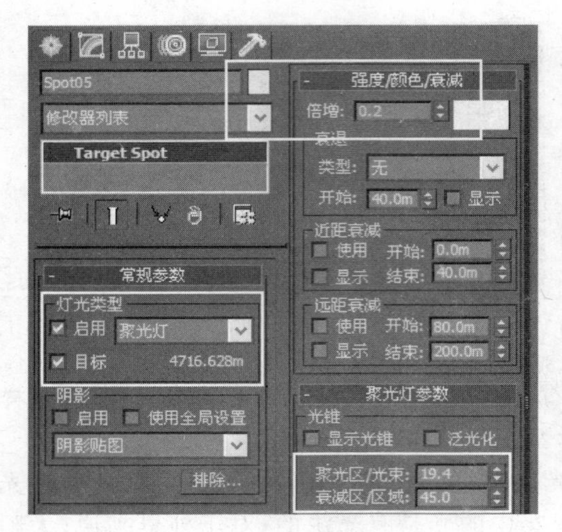

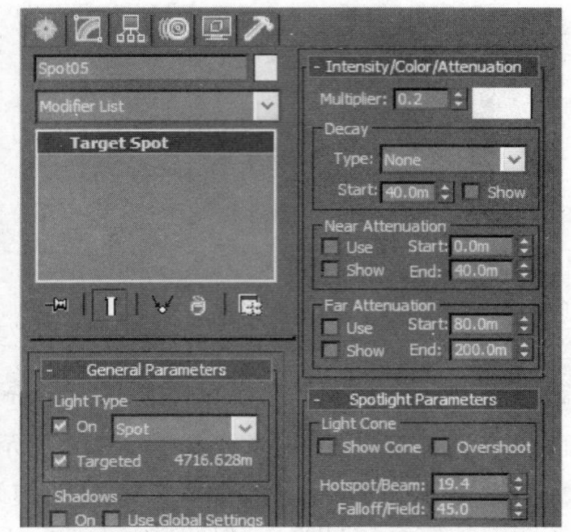

图 13-43

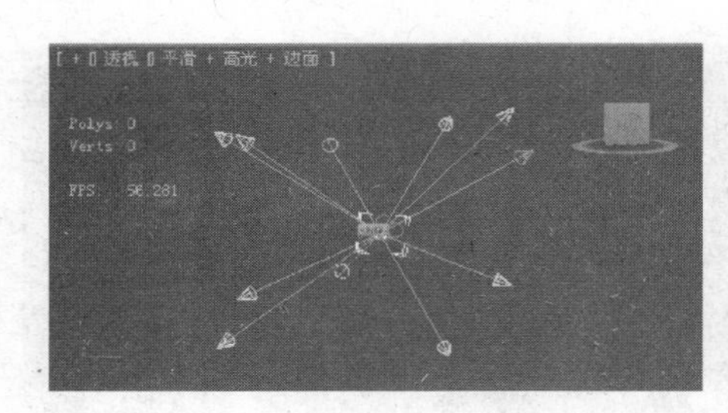
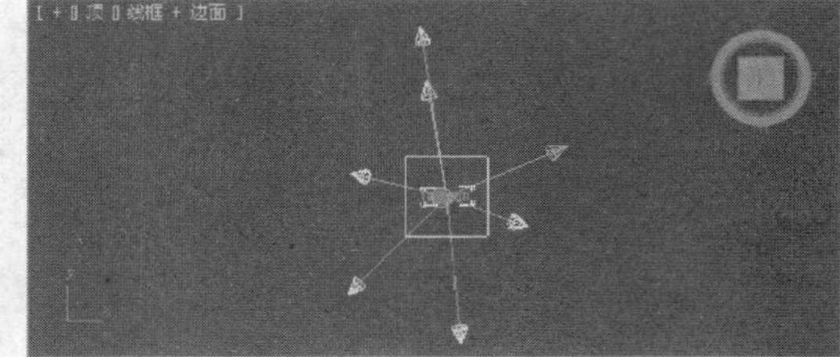

图 13-44

这时,漫游效果就基本做完了。以上参数主要作为参考,读者可根据自己场景的效果自行设定。最后需要做的就是把做好的动画渲染输出。

13.1.6 渲染输出动画

(1) 为了避免之前做好的动画出现差错,在输出最后的视频之前,最好预先渲染一下关键帧,如果各个关键帧都没有问题,整个片子基本上也就不会有大的差错。

(2) 单击"渲染设置"(Render Setup)按钮,在弹出的"渲染设置"对话框中将"公用参数"面板下的"时间输出"(Time Output)/"活动时间段"(Active Time Segment)和"输出大小"(Output Size)选项进行一定的修改,具体参数如图 13-45。

(3) 最后在"渲染输出"(Render Output)命令参数面板勾选"保存文件"(Save File)选项,并单击其后的"文件..."(Files...)按钮,在弹出的"渲染输出文件"(Render Output File)对话框中选择要保存该动画的路径和文件名,并将"保存类型"选择为"AVI 文件(*.avi)",然后单击"保存"按钮,如图 13-46 所示,此时计算机便自动渲染输出动画了。

本例的最终文件为配套光盘中的文件 Samples-13-01f.max。

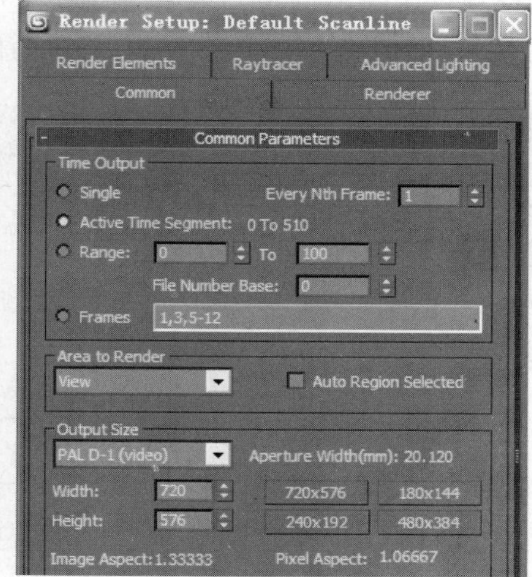

图 13-45

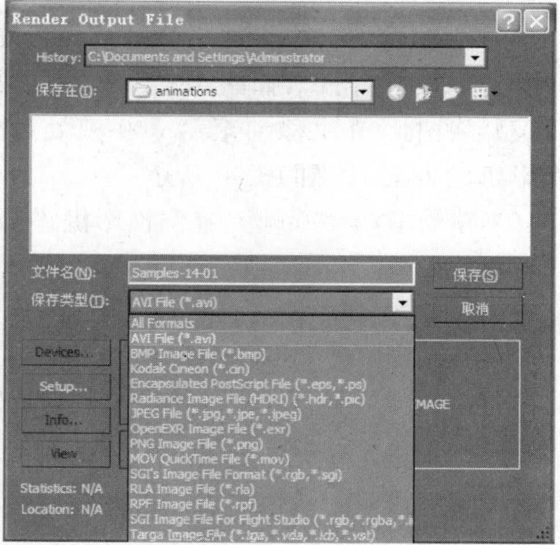

图 13-46

13.2 居室漫游

(1) 打开本书配套光盘中的文件 Samples-13-02.max。单击"时间配置"(Time Configuration)按钮，在弹出的"时间配置"面板中将帧数改为 800 帧。单击"自动关键点"(Auto Key)按钮，启用动画记录。这时，当前关键帧位于动画栏的起始位置，摄影机视口如图 13-47 所示。

(2) 将关键帧拖动到第 100 帧位置，在视口导航区单击"推拉摄影机"(Dolly

Camera)按钮，在弹出的可选择按钮中选择"推拉摄影机＋目标"(Dolly Camera & Target)按钮，推进镜头到如图 13-48 所示的位置。

图 13-47

图 13-48

(3) 按照上面的方法每隔 100 帧推动一次摄影机，同时还可选择"环游摄影机"(Orbit Camera)按钮功能来调整摄影机的位置。读者可以根据喜好自己建立动画路径，以下的摄影机移动位置仅供参考。

(4) 移动至第 200 帧处并再次推拉摄影机和目标，从而正好位于门口，如图 13-49 所示。

图 13-49

(5) 将时间滑块移动至第 300 帧处，此时要改变摄影机的方向，如图 13-50 所示。

(6) 移动至第 400 帧并定位摄影机，使其与如图 13-51 所示的视图相匹配。

图 13-50

图 13-51

(7) 移动至第 550 帧并定位摄影机，使其显示从走廊可看到的钢琴，如图 13-52 所示。

(8) 移动至第 650 帧并定位摄影机和目标，以便看到大型落地窗，如图 13-53 所示。

图 13-52

图 13-53

(9) 移动至第 700 帧并定位摄影机和目标,以便看到壁炉和书架,如图 13-54 所示。

(10) 在第 800 帧处,移动摄影机和目标,以便回头可以看到门口和室内大体布局,如图 13-55 所示。

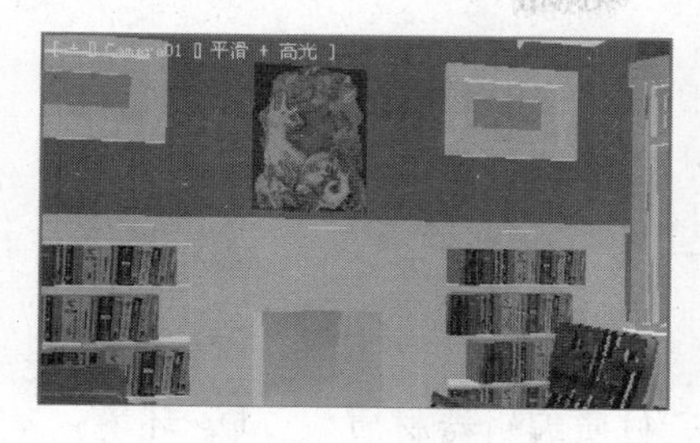

图 13-54

图 13-55

(11) 全部关键帧就设定完毕了,关闭"自动关键点"(Auto Key)按钮模式。

最终效果见配套光盘中的文件 Samples-13-02f.max。

小　　结

本章为综合练习,通过室外、室内两个建筑漫游的实例,使用一些较为实用的手法,包括地形场景创建,地形材质的设置,天空贴图创建,室外大型灯光系统的搭建,模型的合并,室外摄影机漫游,动画渲染设定等。我们希望通过这两个例子给读者的个人创作一种启示,那就是在学习或创作的过程中要勇于实践自己的想法,要勇于尝试各种方法,将想法变成步骤一步一步地去实现。

习　　题

一、判断题

1. 如果希望为物体增加可见性轨迹,应当在轨迹编辑器的物体层级上添加。
2. 路径约束控制器可以制作出一个物体随多条路径运动的动画。
3. 在摄影表模式中观察关键帧的颜色旋转关键帧是蓝色的。
4. *.avi 文件类型是可以用于音频控制器的。
5. 如果要制作手拿取水杯的动画,水杯的控制器应当是链接约束控制器。

二、选择题

1. 在建筑动画中许多树木是用贴图代替的,我们移动摄影机的时候希望树木一直朝向摄影机,这时会使用________控制器。

A. 附加　　B. 注视约束　　C. 链接约束　　D. 运动捕捉

2. 如果两个物体互相接触，可以随其中一个物体运动而选择另一个物体上的相应网格点的修改器为________。

A. 面片选择　　B. 网格选择　　C. 体积选择　　D. 多边形选择

3. 制作表情动画时应该使用________。

A. 变形修改器　　B. 面片变形修改器

C. 蒙皮修改器　　D. 蒙皮变形修改器

4. 让物体随着样条曲线发生变形可以使用________修改器。

A. 倒角　　B. 弯曲　　C. 路径变形　　D. 扭曲

5. 块控制器属于曲线编辑器层次树的________层级。

A. 对象　　B. 全局轨迹　　C. 材质编辑器材质　　D. 环境

三、实践操作题

1. 试着改变 Samples-13-01.max 中的地形材质，调节出不同的效果。

2. 采用面片建模，重新制作 Samples-13-01.max 中的建筑。

3. 在 Samples-13-02.max 别墅室内动画中，试着将关键点动画和路径动画合并成一个动画。

4. 自己制作 Samples-13-02.max 别墅二层楼的漫游动画。

5. 运用所学的全部知识，搭建一个自己想象的 3D 场景空间。

课后习题参考答案

第一章　3ds Max 2011 的用户界面

一、判断题

1. 错误　2. 错误　3. 正确　4. 错误　5. 正确　6. 正确　7. 错误　8. 错误

二、选择题

1. C　2. D　3. B　4. D　5. D　6. C　7. A　8. B

第 2 章　场景管理和对象工作

一、判断题

1. 错误　2. 正确　3. 正确　4. 正确　5. 正确　6. 错误　7. 错误　8. 错误
9. 正确　10. 错误

二、选择题

1. D　2. A　3. A　4. A　5. D　6. B　7. A　8. A
9. A　10. C

第 3 章　对象的变换

一、判断题

1. 错误　2. 错误　3. 正确　4. 正确　5. 错误　6. 错误

二、选择题

1. C　2. C　3. D　4. A　5. C

第 4 章　二维图形建模

一、判断题

1. 错误　2. 错误　3. 正确　4. 错误　5. 正确　6. 正确　7. 错误　8. 错误
9. 错误　10. 正确

二、选择题

1. D　2. C　3. A　4. A　5. E　6. D　7. D　8. B
9. D　10. B

第 5 章　编辑修改器和复合对象

一、判断题

1. 错误　2. 正确　3. 正确　4. 正确　5. 正确　6. 正确　7. 错误　8. 正确

二、选择题

1. A 2. C 3. A 4. A 5. D 6. A 7. D 8. C
9. D 10. C

第6章 多边形建模

一、判断题

1. 错误 2. 正确 3. 正确 4. 错误 5. 正确

二、选择题

1. B 2. D 3. A 4. A 5. D 6. D 7. C 8. A
9. C 10. A

第7章 动画和动画技术

一、判断题

1. 错误 2. 错误 3. 错误 4. 正确 5. 正确

二、选择题

1. D 2. D 3. B 4. A 5. B 6. B 7. B 8. D

第8章 摄影机和动画控制器

一、判断题

1. 错误 2. 错误 3. 正确 4. 正确 5. 正确 6. 正确

二、选择题

1. B 2. A 3. A 4. A 5. B 6. C 7. A 8. D

第9章 材质编辑器

一、判断题

1. 正确 2. 错误 3. 正确 4. 正确 5. 错误 6. 正确 7. 正确 8. 错误
9. 正确 10. 错误

二、选择题

1. A 2. D 3. A 4. D 5. D 6. D 7. C 8. C
9. A 10. D

第10章 创建贴图材质

一、判断题

1. 正确 2. 正确 3. 错误 4. 正确 5. 正确 6. 错误 7. 正确 8. 错误
9. 正确 10. 正确

二、选择题

1. D　　2. A　　3. B　　4. D　　5. D　　6. B　　7. C　　8. C
9. D　　10. B

第11章　灯　光

一、判断题

1. 错误　2. 正确　3. 正确　4. 正确　5. 错误　6. 错误　7. 错误　8. 错误
9. 正确　10. 错误

二、选择题

1. C　　2. D　　3. A　　4. D　　5. A

第12章　渲　染

一、判断题

1. 错误　2. 错误　3. 正确　4. 正确　5. 错误

二、选择题

1. D　　2. A　　3. A　　4. C　　5. B

第13章　综合实例

一、判断题

1. 正确　2. 正确　3. 错误　4. 错误　5. 正确

二、选择题

1. B　　2. C　　3. A　　4. C　　5. B

参考文献

1. Steven Elliott, Phillip Miller. 3D Studio MAX 2 技术精粹. 黄心渊, 胡雪飞, 葛建涛, 译. 北京: 清华大学出版社, 1999.
2. 黄心渊. 3ds Max 5 命令参考大全. 北京: 北京科海电子出版社, 2003.
3. 黄玉青, 郑雨涵. 3ds Max 8 游戏设计与制作宝典. 北京: 科学出版社, 2004.
4. 水晶石数字科技. 建筑表现技法Ⅰ. 北京: 中国青年出版社, 2004.
5. 水晶石数字科技. 建筑表现技法Ⅱ建模篇. 北京: 中国青年出版社, 2006.
6. 贾否, 路盛章. 动画概论. 北京: 中国传媒大学出版社, 2005.
7. 陈志民, 3ds Max 6 建筑动画漫游. 北京: 机械工业出版社, 2005.
8. 腾龙视觉设计工作室. 视觉设计风暴: 3ds max 6.0 三维动画创作精粹. 北京: 中国水利水电出版社, 2004.
9. 陈家伟, 赵景亮. 3ds Max 6 动画创作轻松入门. 北京: 科学出版社, 2004.
10. 李化, 马飞, 李杨. 3ds Max 6 渲染的艺术. 北京: 中国电力出版社, 2004.
11. 王国良. 渐入佳境——3ds Max 材质技术精粹. 北京: 人民邮电出版社, 2004.
12. 火星时代. 3ds Max 8 白金手册. 北京: 人民邮电出版社, 2006.
13. 黄心渊, 林杉, 刘小玲. 3ds Max 三维动画. 北京: 高等教育出版社, 2005.
14. 龙奇数位艺术工作室. 高级游戏美术设计. 北京: 兵器工业出版社, 北京希望电子出版社, 2006.
15. 张宇. 游戏动画设计. 北京: 海洋出版社, 2006.
16. 季小武, 李振华, 龚正伟. 动画设计师完全手册. 北京: 清华大学出版社, 2006.
17. 白光宇. 3ds Max 经典案例课堂. 北京: 中国青年出版社, 2003.
18. Autodesk 3ds Max 2011 中文帮助手册. 2011.